무기체계

획득 & 종합군수지원(ILS)

김문조 · 김백현 · 전종순 공저

良書閣

머리말

무기체계란 "부여된 임무를 달성하기 위해 주 임무 무기와 이에 관련된 인력, 보조 장비, 지원시설 및 정비기술, 군수지원, 그리고 전략, 전술, 교육훈련 등이 통합된 전체의 체계"를 말한다. 환언하면 단위 무기 그 자체로는 그 기능을 제대로 발휘할 수 없고, 위의 여러 가지 구성요소 즉, 전력화지원요소가 총체적으로 운용될 때 최상의 기능을 발휘하게 된다. 이러한 전력화지원요소 중 종합군수지원요소는 무기체계의 수명주기비용을 최소화하고, 전력발휘의 완전성을 보장하기 위한 핵심적인 요소이다.

한편, 2000년대 초부터 군사학이 학문의 한 분야로 자리매김하면서 일반대학에도 군사학과나 부사관학과 등을 개설하여 많은 인재를 육성해오고 있다. 이 과정에서 무기체계 분야는 교재도 발간되었고, 참고자료도 획득하기가 용이하지만, 종합군수지원 분야는 아직까지 교재가 발간된 적이 없고, 관련 자료도 군(軍) 내부로 제한되어 있어 이 분야에 관심있는 학생이나 관련 기관 및 업체 등에서 연구하는데 많은 제한이 되고 있다.

또한 국방예산의 감소 추세로 무기체계 운영유지분야의 예산 역시 점차 줄어들고 있는 상황에서 수명주기비용을 최소화하기 위한 방위산업 관련 기관·업체의 노력이 절실한 시점이다. 특히 무기체계 총 수명주기 비용의 약 70% 정도를 차지하는 종합군수지원(ILS: Integrated Logistics Support)분야는 운영유지 분야에만 국한되는 것이 아니라 소요제기, 개발 및 배치 단계를 포함한 수명주기(life cycle) 전 단계에 걸쳐 적용되어야 하며, 운영유지 관련 기관뿐만 아니라 무기체계 개발 및 획득 전 기관이 이해하고 서로의 정보를 공유해야 하는 요소이다. 그렇지만 각 관련 기관 간 상호 공통적이며 명문화된 자료가 제한되어 무기체계 전력발휘의 완전성을 보장하는데 다소 어려움이 있는 것도 사실이다.

이러한 측면에서 이 책은 종합군수지원 분야에 중점을 두되, 무기체계의 전반적인 개념과 획득 및 지원절차를 이해할 수 있도록 구성하였다.

또한 이 책은 무기체계의 획득 및 지원에 있어 가장 중요한 요소인 무기체계의 운용개념과 발전추세를 무기체계별로 정리하여 향후 종합군수지원요소를 어떻게 개발하고 적용할 것인가에 대한 방향을 제시하였으며, 아울러 다양하게 분류하고 있는 무기체계를 국방전력발전업무훈령을 토대로 분류하여 정리하였다.

종합군수지원 분야는 현재까지 발전된 내용 외에 장차전 양상 및 무기체계 발전추세 등의 변화되는 환경에 부합되는 군수지원제도 등을 포함하여 미래지향적으로 사고(思考)하고 연구하는데 일조하고자 하였다.

앞서도 기술하였지만 무기체계의 획득과 종합군수지원 요소는 서로 떼어놓고 생각할 수 없는 문제이다. 그렇지만 획득부서 주 무기체계의 개발 및 획득분야만을 생각하고 종합군수지원 분야는 소홀히 함으로써 배치 후 운영유지 단계에서 정비 및 보급지원에 많은 문제가 발생하고 있는 것도 사실이다. 반면에 종합군수지원 담당부서도 무기체계 개발 및 획득 전단계를 이해하고 수명주기 비용을 최소화하기 위해 적극적으로 참여해야 하나 개발·획득의 메커니즘을 이해하지 못함으로써 이 분야가 제대로 반영되지 못하는 경우도 비일비재하다. 이런 측면에서 종합군수지원 각 요소별로 사례를 제시하여 이 분야를 처음 접하는 사람뿐만 아니라 실무차원에서도 참고로 할 수 있도록 하였다.

아무쪼록 이 책이 군의 간성이 될 꿈을 가진 학생과, 무기체계 분야의 전문가가 되길 희망하는 군의 간부들이 무기체계의 획득 및 종합군수지원 분야에 대한 개념을 정립하는데 일조하고, 방위산업 관련 기관 및 업체의 요원들이 업무를 수행하는데 참고자료로 활용되길 바라며, 앞으로도 종합군수지원 발전을 위해 독자 여러분의 많은 지도와 고견을 바란다.

끝으로 이 책이 출간되도록 도움을 주신 모든 분들께 감사드린다.

2011년 3월
저자 일동

차 례

I 무기체계 획득 & 전력화지원

제5장 군수지원 분석(LSA) •• 351

부 록

I

무기체계 획득 & 전력화지원

제1장 총 론

제 1 절 무기체계의 개념 및 특성

1. 무기체계의 정의 및 범주

무기체계(Weapon System)는 개념상으로 명확하게 구분하기는 어렵다. 협의로는 무기 자체만을 의미하나 광의로는 무기 및 이와 관련된 물적 요소와 인적 요소의 종합체계라고 할 수 있다. 원래 무기란 전쟁에서 적을 죽이거나 상처를 입혀서 물리치거나 승리하기 위하여 사용하는 도구로서 이 같은 무기는 고대에서는 칼이나 활 등 개인이나 팀 단위로 운용된 간단한 것이었으나, 과학기술의 발달로 무기가 점점 정교해지고 복잡화됨으로써 무기체계로 진화되었다. 즉 과학기술의 발전에 따라 지상무기, 항공무기, 해상무기와 이를 지원하는 군수, 통신, 기술인력 등이 하나의 팀으로 운영될 때에 그 무기는 제 기능을 발휘할 수 있게 되었다.

이러한 여러 가지 구성요소들이 함께 협력할 때 기능을 발휘하게 되는데, 이것을 체계(System)라고 부른다. 체계의 개념이 처음 사용된 것은 무기의 운용이 복잡해지기 시작한 제2차 세계대전 당시 미국이 '무기체계 평가단'을 설치하면서부터이다.

체계의 사전적 의미는 낱낱의 것을 그 구성부분에 따라 계통적인 것으로 통일한 전체를 의미한다. 또한 공학적으로는 어떤 공통목적에 기여하는 구성요소간의 상호의존 관계에 의하여 형성되는 복합체를 의미한다.

무기체계는 그 범위가 넓고 복잡하며, 사전이나 문헌들에도 여러 가지 내용으로 기술되고 있다. 군사학 대사전에서는 무기체계를 군수지원적 용어와 무기분석적 용어로 정의하고 있는데 군수지원적 용어에서 보면 무기체계는 폭격기, 미사일과 같은 하나의 전투용 기구와

이 기구를 표적이나 표적 상공에 운반하는데 동원되는 모든 부수적 장비, 지원시설 및 근무 등을 포함하는 하나의 총체적인 체계이다. 반면 무기 분석적 용어에서 보면 이것은 기능을 가진 구성요소가 복잡하게 통합되어 있는 하나의 전투용 기구를 의미한다.

국방전력발전업무 훈령은 무기체계를 "유도무기, 항공기, 함정 등 전장에서 전투력을 발휘하기 위한 무기와 이를 운영하는데 필요한 장비·부품·시설·소프트웨어 등 제반 요소를 통합한 것"으로 정의하고 있다.

합동참모본부가 발행한 합동무기체계는 "전투수단을 형성하는 주 임무 무기를 비롯한 보조장비들과 그 조직 및 운용기술이 망라된 복합체"로 정의하고 있다.

미국 국방부 군사용어사전(JP 1-02)은 "무기체계란 자족성을 만족시키기 위하여 필요한 모든 관련 장비, 물자, 서비스, 인력과 투발 및 전개수단을 포함한 하나 혹은 다수 무기의 복합체이다."라고 정의되어 있다.

이 같은 다양한 의견을 종합하여 보면 무기체계란 〈그림 1-1〉과 같이 "부여된 임무를 달성하기 위해 주 임무 무기와 이에 관련된 인력, 보조장비, 지원시설 및 정비기술, 군수지원 그리고 전략, 전술, 교육훈련 등이 통합된 전체의 체계"라고 정의할 수 있다.

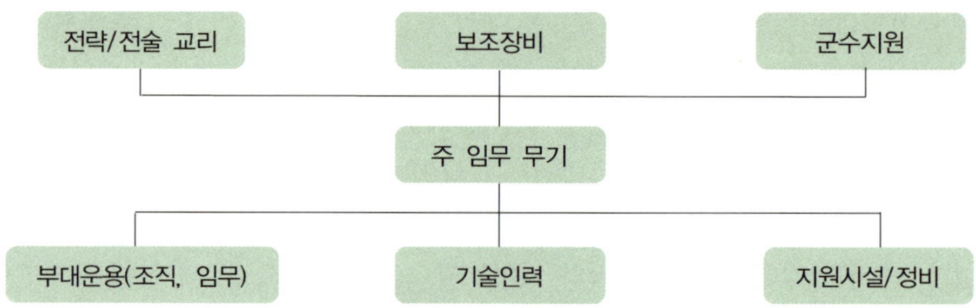

그림 1-1 무기의 체계성

무기체계의 간단한 예는 전쟁수단 즉, 창이나 활로 무장한 고대의 전사도 하나의 완전한 무기체계로 볼 수 있으며, 이들은 무기가 너무 간단하기 때문에 체계라는 접미어를 붙이지 않고 있을 뿐이다. 무기체계의 다른 예로 전술 전투기 무기를 들 수 있다. 여기서 전투기 자체는 물론 활주로, 관제시설, 연료 및 주유시설, 폭탄, 사격장치, 조종사와 정비사의 작전 및 기술수준까지를 종합하여 하나의 무기체계로 보아야 하며, 이 중에서 어느 한 가지가 미흡하여도 전술 전투기가 본래의 고유한 임무를 수행하는데 지장이 있다.

이처럼 현대전쟁에서 하나의 무기 자체로서는 완전한 기능발휘가 곤란하기 때문에 체계를 구성하고 있는 구성요소들이 기능적·유기적으로 결합되었을 때에 성능발휘가 가능하게 된다. 이와 같이 무기체계 구성요소의 상호관계를 클레멘트(Clement) 교수는 다음과 같이 설명하고 있다. 즉 "표적을 직접 파괴하는 화력에는 탄환, 포탄, 폭탄 등이 있다. 그런데 이들 화력은 소총, 야포, 전차, 차량, 미사일 발사대, 항공기 등의 기계적 수단이 있어야 표적으로 운반되고, 또한 이것을 위해서는 소총병, 조종사, 항해사, 무전사 등의 운용조작인원이 있어야만 비로소 그 기능을 발휘할 수 있다. 그러므로 이들 각각을 개별적인 단위로 운용한다면 무용지물이 될 것이다."라고 무기의 체계성을 강조하였다.

이에 따라 무기체계의 연구개발이나 선정 및 획득관리 분야에 있어서도 유기적인 체계성이 절실히 요구되고 있다. 예를 들면 무기체계를 국내에서 연구, 개발, 생산할 때 무기의 체계성은 대단히 중요한 요소이다. 만일 주 임무 수행을 위한 완성장비만을 생각한 나머지 그 절대 성능만을 고려하여 설계, 생산한 장비가 정비에 불편하고 조작이 어려워 수리 및 교육훈련 비용이 많이 든다면, 그 장비는 훌륭한 것이라고는 말할 수 없을 것이다. 무기체계를 해외에서 구입할 때도 마찬가지로 주 임무 수행을 위한 완성장비 하나만을 구입하고 수리부속 및 부대시설을 획득하지 않는다면 그 완성장비는 무용지물이 되며, 관련 부속장비 등을 뒤늦게 별도로 획득하려면 무기를 하나의 체계로 보고 획득할 때보다 훨씬 많은 비용이 들게 된다. 또한 무기의 체계성은 획득무기를 운용할 요원의 확보가 필수적이며, 이들의 기술과 지식이 절실히 요구된다.

무기체계의 범주는 무기와 군사작전에 직접 운용되는 주요 장비 및 물자 그리고 기타 무기체계의 적용범주로 결정된 물자가 해당된다. 또한 현대의 무기체계는 매우 다양하고 복잡하여 단일 무기체계에서 여러 무기체계가 동시에 통합 · 운용되는 복합무기체계로서의 역할이 확산됨에 따라 시스템 복합체계(Systems of Systems)의 의미로도 확산되고 있다. 시스템 복합체계는 구 소련이 1980년대 중반에 발전시킨 「정찰 · 타격 복합체계」에 기초를 둔 것으로 미국의 전 합참의장 Owens 제독에 의해 재해석 및 완성되어 1990년대 초반에 미국 군사변혁의 기본개념으로 발전되었다.

시스템 복합체계의 개념은 ① 정보 · 감시 · 정찰(ISR)과 ② 첨단 C4I체계 ③ 정밀유도무기(PGM)를 상호 연계시켜 새로운 복합시스템을 구축할 경우 전투능력을 증폭시켜 전투력의 극대화를 달성할 수 있다는 개념이다. 이러한 체계의 적용사례는 걸프전시 합동감시 및 표적공격 레이더체계(JSTARS : Joint Surveillance and Target Attack Radar Systems)와 위성 및 F-15로 연결된 시스템 복합체계를 적용하여 스커드를 파괴시켰으며, 이라크전쟁에서는 표적식별 후 신속히 공격할 수 있도록 레이저에 의해 유도되는 스마트탄과 토마호크미사일 및 재래식 폭탄을 손쉽게 스마트탄화 시킨 합동정밀공격탄(JDAM : Joint Direct Attack Munition) 등이 대량으로 사용된 것으로 추정된다. 스마트탄으로 불리는 레이저 유도폭탄은 레이저 조사기를 장착한 전투기가 표적에 레이저 광선을 비추면 레이저유도폭탄을 장착한 전투기가 그 반사파를 받아 폭탄투하에 가장 적절한 순간 폭탄을 발사하면 레이저반사파를 추적하여 표적에 명중하게 되는 원리이다.

최근에는 레이저를 비춰주는 비행기가 공격기의 안전을 위해 폭탄을 발사해 놓은 후 전투기는 현지를 이탈해도 폭탄 스스로 표적으로 돌진하는 Fire & Forget 방식이 적용되는 폭탄으로까지 발전되었으며, 이것이 바로 TV유도미사일인 매브릭(MAVERICK)이다. 이 폭탄 탄두에는 TV카메라가 달려있는데 전투기 조종사가 표적을 선택하여 그것을 카메라의 중앙 십자 선에 맞추고 이것을 매브릭탄 맨 앞의 무인 TV카메라가 표적을 계속 보고 찾아들어가는 것으로 PGM의 대표적인 유도폭탄이다.

2. 무기체계의 특성

재래식 무기로 전투를 했던 과거의 전쟁양상과는 달리 제2차 세계대전이 원자폭탄으로 종결되고, 아프간전, 걸프전 및 이라크전 등에서 최신 전차와 정밀유도무기의 위력은 우리들에게 현대 무기체계가 고도의 과학기술 무기체계임을 암시해 주고 있다. 더구나 이러한 무기체계가 사용될 전쟁의 형태 및 상황은 더욱 더 복잡하고 불확실하게 변화되어 기계로서의 무기, 이를 조작 및 운용하는 인력, 작전환경이 급변하는 다양한 상황 하에서 무기체계를 효과적으로 구상, 선정하고 국방재원의 제한에 따른 비용을 절감하면서 획득능률을 제고시킬 수 있도록 관리하기란 더욱 어려워지고 있는 상황이다. 이러한 인식을 기초로 현대 무기체계의 일반적이고, 공통적인 특성을 열거하면 다음과 같다.

가. 다양성(Diversification)

무기체계의 다양성은 특정 임무수행 시 대체적인 무기체계의 수가 점점 증가되는 속성을 말한다. 과거에는 특정 무기체계가 고유한 임무 하나만을 수행할 수 있도록 연구 개발되어 주어진 군사목표를 어떤 무기를 사용하여 그 목적을 달성할 것인가를 깊게 고려할 필요성이 많지 않았다. 그러나 최근 급속하게 발달되어 온 현대 과학기술이 무기체계 개발에 응용되자 한 무기체계의 기능과 역할이 다양화되고, 또한 특정한 군사적 임무를 수행할 수 있는 대체적 무기체계 또는 대체적 무기체계의 조합 수가 현저히 증가하였다. 예를 들면 과거에는 적의 전선 후방에 위치한 군사목표를 파괴하는 임무는 폭격기에 국한되었지만, 오늘날에는 작전의 목적에 따라 지대지 미사일, 함대지 미사일 등의 중장거리 미사일이나 헬리콥터에 의한 공중기동, 상륙작전 등 다양한 수단으로 수행할 수 있게 되었다.

나. 복잡성(Complexity)

이는 무기체계의 정밀성 등 성능향상으로 이에 부수되는 보조지원 장비, 부속 및 지원보급체계 규모의 증대를 의미한다.

과학기술의 발전은 무기체계의 성능과 형태에 일대 혁신을 초래하여 사거리, 정확도, 파괴력 등의 발전을 가져왔다. 이와 함께 이에 대한 대응무기체계와의 경쟁적 발전관계는 계속 추가적인 장치를 부가시킴으로써 무기체계의 범위를 확장시키고, 복잡성을 더 한층 증대시키고 있다. 특히 이러한 복잡성은 항공기, 미사일, 핵무기, 우주항공, 전자통신 및 전장감시 수단 등의 분야에서 두드러지게 나타나고 있다. 예를 들어 항공기는 방공무기의 발달로 피격률이 높아지자 이를 방호하기 위하여 전자방해장치(ECM : Electronic Counter Measures)를 발전시켰고, 방공무기의 성능을 더욱 발전시키자 이에 대하여 대전자방해장치(ECCM : Electronic Counter Counter Measures)를 한 단계 발전, 향상시키는 식이다.

최근 전자기술의 비약적인 발전은 무기체계의 복잡성을 보다 증대시키고 있다. 전자기술은 정찰, 조기경보장치, 지휘통제장치에 응용되는 것은 물론 표적을 획득 및 식별하고 화력을 분배하며 적에게 유도하는데 이용됨과 아울러 항법장치로 기동성을 향상시키고 있다. 그 예로써 C-141 수송기는 약 25만개의 부품으로 구성되어 있고, 기술도면만 약 2만 가지 이상이나 되는 복잡 다양한 구조를 가지고 있다. 일반적으로 현대 무기체계는 공군 및 해군 무기체계와 같이 한 무기체계가 수행할 수 있는 임무를 팽창시키려는 방향과 재래식 육군 무기와 같이 임무를 축소 단순화시키는 두 가지 패턴의 흐름을 보이고 있다. 그러나 육군 무기체계 중 전차와 같은 것은 자동 사거리 측정 장치 또는 자동 안전장치와 같은 첨단 과학 장치를 구비하고 있기 때문에 결코 단순하지는 않다.

무기체계의 기술적인 복잡성을 경제학적 용어를 빌어 자본집약형과 노동집약형으로 표현하기도 한다. 자본집약형 무기체계는 병사 1인당 무장도가 높은 복잡한 고가의 무기이며, 노동집약형 무기체계는 병사 1인당 무장도가 낮은 단순무기로써 무기운용에 많은 병력을 요구한다. 일반적으로 현대 무기체계가 점차 자본집약형으로 발전되어 감에 따라 군사계획자들에게 다음과 같은 문제가 제기되고 있다.

① 정비의 곤란성과 정비요원의 전문화
② 운용요원의 교육 및 훈련
③ 무기체계의 전술적 운용에 있어서 통합성 및 상호운용성
④ 전·후방 병력구조의 재편성

상기와 같은 문제는 필연적으로 무기체계를 최초 구상할 때부터 정비, 조작 및 운용이 용

이하도록 설계되어야 한다는 것을 말하고 있으며, 기술적 복잡성에 따른 전문화 및 장기복무관리의 필요성 등 인사관리 문제로도 파급된다.

다. 고가성

현대 무기체계는 복잡 다양하고 질적 수준이 계속 향상되어가고 있으며, 또한 무기의 질적 향상 추세는 무기체계의 획득비용 및 부수장비, 시설비용, 운영유지비, 조작요원의 훈련비 등을 급격히 증대시키고 있다. 예를 들어 주요 지상무기의 구매단가를 보면 1975년 155 mm 자주곡사포가 15만 달러인데 비해 2004년도 스트라이커(Stryker) 장갑전투차량이 150만 달러가 넘고 있고, 일본의 무인정찰기 개발비용은 20억 엔에 달한다고 한다. 우리나라에서 개발중인 최신전차는 100억원 대에 이를 것으로 전망되며, 운영유지비까지 포함한다면 엄청난 금액이 소요될 것이다. 따라서 무기체계의 획득관리에 있어서 핵심적인 과제는 비능률적인 낭비요인을 제거하고 비용을 절감하면서 양질의 무기를 획득하는 것에 있다. 획득관리의 기본은 비용인식에서 출발한다. 따라서 체계 획득비용과 유지비용을 동시에 절감할 수 있는 관리방식에 역점을 두어야 할 것이다. 특히 최소의 비용으로 획기적인 성능의 무기체계를 개발하는 군사기술혁신의 노력이 더욱 부각된다 하겠다.

라. 무기체계의 가속적 진부화(Obsolescence)

과학기술의 급속한 발달은 새로운 무기체계의 출현을 가속화시키고 특정 무기체계에 대한 대응무기체계의 출현이 급속하게 이루어져 기존 무기체계의 수명은 더욱 짧아지고 있다. 현재의 최신무기도 불과 수년 이내에 구식무기로 전락될 수 있다는 의미이다.

과학기술의 발전 속도가 가속화될수록 무기체계의 평균 유효수명은 이에 비례하여 대폭적으로 단축되고 있다. 극단적인 경우 어떤 무기체계는 연구개발되어 야전에 배치되기까지 상당한 기간과 많은 비용이 투입되었음에도 불구하고 신기술의 도입으로 불과 수개월 만에 퇴역하거나 개발도중에 포기되는 예가 허다하다. 이는 적 또는 잠재 적성국의 군사과학기술 수준을 확실히 파악하지 못하였거나 기술발전의 속도를 예측하지 못하는데서 비롯된다.

현대전에서는 과거 제2차 세계대전처럼 전쟁이 발발된 이후에 적의 무기와 비교하면서 실전무기를 개선하거나 신무기를 개발할 시간적 여유가 없다. 그러므로 무기체계의 진부화 문제는 소요를 결정할 때 과학기술 예측에 유의해야 할 중요한 사안이다.

마. 개발기간의 장기화 및 개발 실패의 위험성

무기체계를 선진국으로부터 구입한다면 그 무기체계의 군사적 소요제기에서부터 획득에 이르기까지 경과된 기간, 즉 획득 기간(Lead Time)이 짧지만 자체 생산을 할 경우에는 연구-개발-시제생산-평가-생산-배치 및 운용하는데 장기간이 소요된다. 일반적으로 표준개발기간은 일반무기의 경우 2~3년이 소요되는데 비해 첨단무기는 10년 이상이 소요된다. 그런데 통상 군사적 소요는 시간적으로 제약된 상태에서 긴급하게 제기되므로 시한성의 문제가 대두된다. 대부분의 경우 군사소요는 질적 우선주의에 의해 지나친 성능을 요구하게 되고, 장기간의 연구개발 도중에 규격 및 계획을 자주 변경하기도 하며, 연구개발 비용의 증대로 획득기간이 지연되기도 한다. 따라서 군사기획자들은 무기체계의 질(Quality), 양(Quantity), 시간(Time), 그리고 비용(Cost) 간의 상관관계를 분석해야 한다.

또한 무기체계의 연구개발은 기술적 불확실성에 의해 실패 위험성도 높게 된다. 예를 들어 영국은 세계 강대국으로서의 지위를 확보, 유지하기 위해서 독자적으로 많은 무기를 개발해 왔으나 연구가 한창 진행 중에 타국에서 더 좋은 무기가 생산되어 연구개발을 중단하게 되거나 자금지원 및 기술 미흡으로 실패하는 경우가 많았다. 이런 경우 실패한 사업은 결국 막대한 국방자원을 낭비하는 것을 의미하는 것이기 때문에 연구개발의 실패에 대한 위험부담을 감소시킬 수 있도록 하는 노력이 반드시 필요하게 된다.

바. 비밀성

군사과학기술이 실용화될 때, 상대국의 기술수준이 이를 쉽게 모방생산하게 되어 이에 대한 대응 무기체계가 출현하게 되므로 각국은 특정 핵심기술에 대한 공개를 꺼리게 된다. 전쟁에서 기술적 기습은 대단히 중요하며 능력 이상의 효과를 거두기 때문에 적대국은 물론 군사동맹국에게도 첨단기술의 비밀을 유지하는 속성이 있다. 따라서 기습적 충격효과를 증대시키기 위해서는 무기체계의 구상으로부터 배치에 이르기까지 비밀을 유지하여야 한다. 예를 들어 제2차 세계대전을 종식시킨 원자폭탄은 '맨해튼 계획(Manhattan Project)'이라는 베일에 싸여 일본 히로시마에 투하될 때까지 우방국조차도 몰랐었다.

특히 핵심 무기체계는 국가안보에 직결되는 문제로서 군사동맹국에게도 철저한 비밀로 유지된다. 중국과 구소련이 밀월시대에 있을 때 구소련의 어떤 공과대학에서 원자물리학을 전공하던 중국 유학생들이 귀국 도중 항공기가 공중 폭발하였던 예가 있다. 이는 핵심 무기체계의 비밀성을 유지하려는 좋은 본보기가 된다. 또한 무기의 비밀성은 상대국과 군비경쟁을 방지해야 한다는 관점에서도 그 중요성이 부각된다.

사. 수요의 제한성

무기체계는 국가가 유일한 수요자이다. 이와 같이 수요의 제한은 경제적 생산규모

(Economic Scale)를 갖출 수 없게 되어 생산단가가 높아진다. 많은 공장 기계시설이 유휴화되어 기업은 채산성을 잃게 될 뿐만 아니라 무기소요는 간헐적으로 긴박하게 제기되므로 생산시설의 적정규모를 책정하기가 어렵게 된다. 또한 무기체계의 진부화와 연구개발의 실패 위험성으로 방산기업의 위험부담은 가중된다. 따라서 국방당국은 기본적으로 적정 방산수익률(Defense Profit)을 보상해 주어야 하며 수출에 주력하거나 국제협력개발 등 다양한 정책을 추진한다.

일반적으로 유도탄, 전차, 화포, 핵무기, 잠수함 등과 같이 전적으로 군수품인 자본집약형의 무기체계일수록 수요의 제한성이 높고, 민수품과 같이 노동집약형의 무기체계일수록 제한성이 낮다. 노동집약형 무기는 비교적 경쟁적인 시장가격기구에 의해 어느 정도는 합리적으로 가격이 결정되지만, 자본집약형 무기는 기술수준의 첨단화 및 투입자본의 증대로 독과점 형태에서 시장상황을 형성하므로 합리적인 가격결정이 어려워진다. 따라서 획득분야 관리자는 이와 같은 무기체계 시장의 특성을 고려하여 획득전략 및 개발계획을 수립해야 한다.

아. 기술적 · 경제적 파급효과

방위산업 기술로써 무기체계를 연구, 개발, 생산, 배치하는 과정에서 소요되는 첨단 과학기술과 여기에서 얻어진 첨단기술을 민수산업에 이전하여 얻어진 경제적 이익의 파급효과는 엄청난 것이 되고 있다. 예컨대 첨단과학 무기체계일수록 최신기술을 개척할 수 있는 기회를 많이 갖게 되고, 또 여기에서 획득된 방위산업기술은 민수산업의 기술향상에도 크게 기여하여 민간에 상용화된 상품이 많은 경제적 이익을 얻도록 하고 있다.

무기체계의 기술 확산과 민간 상품의 생산효과를 확인하기 위해 무기체계 기술이 민수산업으로 확대된 사례를 보면 〈표 1-1〉과 같다.

국방과학기술은 국가안보와 직결된 전략기술이면서 민수산업 기술로 전환되어 파급효과가 큰 민군겸용 과학기술로 사용되고 있다. 그 사례로 제2차 세계대전 당시 군사적 무기체계로 정찰 · 통신 · 기동장비로 사용하였던 오토바이는 오늘날 민수용 교통수단으로 사용하고 있으며, 기동로 개척 · 장애물 제거 · 비행장 건설에 사용되었던 도자 및 포클레인은 민수산업 건설장비로 운용되고, 원자폭탄을 만들었던 기술과 자원은 평화적인 원자력 발전소로 이용되고 있다. 그 뿐만 아니라 미국 국방성이 군사적 목적으로 개발하여 사용하고 있는 위성항법장치(GPS : Global Positioning System)는 오늘날에 민수산업인 내비게이션으로 비행기 · 선박 · 자동차 등에 사용하며, 제2차 세계대전에서 독일이 영국을 공격했던 V-1과 V-2 로켓기술은 대륙간탄도미사일(ICBM) 및 잠수함 발사탄도미사일(SLBM) 로켓 발사기술로 발전되었고 그 기술은 다시 민수산업기술로 진화되어 달 및 우주탐사 로켓 발사기술에 전용되었다.

표 1-1 무기체계 기술의 파급효과

무기체계 기술	민수산업 활용
• 지대지 미사일 추적 장치	• 카메라 개발에 응용
• 화포 사격통제장치	• 가스보일러 통제장치 개발
• 탄약 신관 AL 소재 제작	• VTR, 복사기 드럼 소재 개발
• 탄도계산기, 레이저 거리 측정기	• 적외선 경보기 제작
• 공중 기상관측장비	• 라디오 손데, 에어컨 손데 제작
• 무선 통신장비	• 전송장치(FM/VHF/UHF)
• 전자 유도무기 및 레이더	• 선박용 레이더, 해상 전자장비
• TTY용 프린터	• 민간 프린터
• 군사장비 도저 및 포클레인	• 민간 건설장비 도저 및 포클레인
• 원자폭탄 제조기술	• 원자력 발전기술
• 군함 건조기술	• 민간 선박 건조기술
• 군 항공기 제작 기술	• 민간 항공기 제작 기술
• 위성항법장치(GPS)	• 내비게이션 활용
• 전차 생산을 위한 용접 · 가공 기술	• 전동차 및 철도 차량 제작
• 군용 차량 및 오토바이	• 민간 차량 및 오토바이
• 전자 유도무기 및 레이더 기술	• 자동차 추돌 방지용 레이더
• 전자과학 추적 기술	• 비디오/디지털 카메라 및 반도체
• 전차 포술 시뮬레이터	• 전동차/다양한 장비 시뮬레이터

또한 로켓에서 인공위성 및 핵탄두를 분리하는 기술은 자동차 에어백에 사용되고 있다. 그리고 항공무기체계로 사용된 강력한 공기흡입 기술은 가정에서 진공청소기로 사용된 것을 비롯해서 정수기, 마이크로웨이브, 의료용 검사기인 CT와 MRI 등 파급효과는 헤아릴 수 없다.

이와 같이 방위산업에서 무기체계 기술은 민수산업의 기술 향상에도 크게 기여하고 있다. 그리고 연구개발 및 생산체계가 거대하여 많은 과학자, 기술자, 근로자를 흡수함으로써 고용증대 효과를 거두게 되고, 다양한 기업이 만들어낼 수 있는 부가가치 높은 무기체계 혹은 민수상품은 국가성장 동력으로서 국가안보 및 국가이익에 기여하게 된다.

자. 무기체계 운영유지 측면에서의 특성

위와 같은 무기체계 고유의 특성 외 운영유지 측면에서 특성을 고찰해 보면, 첫째, 체계성으로 어느 한 요소만이라도 정상적으로 운용되지 않으면 임무수행에 제한을 주게 된다. 주어진 목적을 달성하기 위하여 이를 운영유지하는데 소요되는 제반 시설, 지원장비, 보급

물자, 운용 및 정비요원 등 어느 하나만 결여되어도 안 된다.

둘째, 과학기술의 발전은 무기체계의 특성과 형태에 급격한 변화를 초래하고 있으며, 최근에는 정보통신 기술의 비약적인 발달과 성능향상을 위한 추가적인 기능의 기술적 첨가로 인해 무기체계의 복잡성을 촉진하고 있다. 이러한 복잡성으로 인하여 단순한 어느 부품 하나라도 고장이 발생하면 전체 무기가 임무를 수행할 수 없다. 이에 따른 고가의 수리부속과 고도의 운용 및 정비기술이 필요하게 되었다.

셋째, 무기체계의 고도 정밀화로 인하여 무기체계의 획득비용과 운영유지비용을 급격히 증가시키고 있으며, 때로는 수명주기비용의 주요 비용항목인 운영유지비용이 무기체계의 획득비용을 능가하는 경우도 발생되고 있다. 무기체계를 운영 유지하는데 소요되는 부수적 무기체계 장비 및 시험장비, 교범, 시설 등을 확보하는데 소요되는 비용이 무기체계 자체 획득비용의 85%를 초과하는 경우도 있다.

3. 무기체계의 효과요소

무기체계 특성의 발전, 진화는 무기체계의 향상을 의미하고 있다. 그러면 왜 무기체계의 질적 수준은 향상되어야 하는가? 무기의 어떤 성능을 왜 발전시키며 앞으로의 발전전망은 어떠한가?

이러한 문제는 어려운 문제들이지만 반드시 분석되어야 장차 무기체계를 기획하고 계획, 발전시킬 수 있게 된다. 무기는 적을 섬멸, 무력화시키지 않으면 자신의 생존이 위협을 받는 전장상황 하에서 전투원이 전투효율을 증대시키기 위하여 사용하는 일종의 기계적 도구이다. 즉 무기는 전투원의 팔, 다리, 두뇌 및 오감기능을 확대하여 발전시킨 것이라고 볼 수 있다. 이와 같이 무기체계는 인간이 자신의 능력한계를 극복하고자 노력한 결과로 획득된 전쟁의 기계적 수단으로서 무기를 획득하기 위하여 투자된 비용은 국가의 생명보험이 되고 있다.

지휘관들은 자주 "전쟁의 승패는 화력, 기동력 및 지휘통신 능력에 달려있다."라고 말한다. 이들 세 가지는 생존성, 가용성 및 신속성과 더불어 무기체계의 전투능력을 결정하는 주요 효과요소가 되기 때문이다. 중요한 것은 이들 효과요소들이 균형 있게 조화되어 기대하는 전투효과를 얻을 수 있도록 노력해야 한다. 이와 같은 무기체계의 기본적인 효과요소를 알아보면 다음과 같다.

가. 화력(Fire Power)

화력은 기동성과 함께 전투에서 핵심적인 요소이다. 일반적으로 대 전차전에서 전차 주포의 화력은 전투에서 승리의 주요인이 되며, 주포의 화력은 구경에 비례한다.

화력의 크기는 흑색화약이 도입된 이후 기동성을 무력화시켰으나, 전차와 수륙양용전차가 출현하여 다시 기동성이 제기되었다. 그러나 최근 핵무기와 같은 초대형 화력은 다시 기동장비를 지하에 고착시키고 있다. 그러나 핵무기의 확산 및 다변화 현상이 정치적·전략적 위협무기로 변질되어 감에 따라 화력과 기동성이 공존하는 시대에 놓여있다. 즉 기동성의 향상으로 부대는 소단위로 분할하여 분산 운용하고, 화력은 점차 실용적인 소 위력의 전술적인 무기로 발전되어 가고 있다.

나. 기동성(Mobility)

기동성은 화력과 함께 무기의 가장 기본적인 효과요소이다. 특히 기동성은 병력 집중 및 분산의 기본수단이기 때문에 전투에서 매우 중요하다. 일반적으로 기동성이 없는 군대는 화력이 월등하게 우세하지 않는 한 기동성이 우수한 군대에게 패하기 마련이다. 예를 들면 프랑스가 쌓은 마지노선(Maginot Line)은 인류 최대의 값비싼 정치적 차원의 방어무기였으나 기동성이 없는 것이 제한사항이었다. 따라서 전투 초기에는 나름대로 그 효과를 발휘하였으나 일단 아르덴느 숲이 독일의 기동성 있는 전차군단에 돌파되자 이 방어선은 무용지물이 되어버렸다. 기동성은 전투에서 병력 절약의 효과를 주며, 동시에 병력 집중과 분산의 수단이 된다.

특히 현대 전쟁에서 기동에 의한 속도전·기습전은 충격과 공포 군사전략에서 필수적인 요소가 되고 있다.

이와 같은 기동성 확대를 위해 '엔진'이란 기계가 발명되어 차량·전차·수송선 및 전투함, 수송기, 전투기, 헬리콥터, 우주무기 발전에 근원이 되었다.

다. 생존성(Survivability)

무기는 극한적 전장상황 하에서 적을 제압하기 위한 것이기 때문에 적을 제압하기 이전에 자신이 우선적으로 보호되어야 한다. 따라서 모든 무기는 생존성을 고려하여 개발·운용되어야 한다. 보병의 헬멧과 위장, 기사의 갑옷과 방패, 전차의 장갑, 그리고 항공기의 방어적 전자전(ECCM) 장비 등이 모두 자신을 보호하기 위한 조치이며, 수단이다.

현대 무기는 전자기술의 발전으로 대응무기 간에 서로 먼저 탐지하려고 경쟁하고 있다. 과거에 공산권의 무기는 무기의 안전도보다는 절대성능을 강조하였지만 미국제 무기는 그에 못지않게 생존성을 강조하였다. 그러나 생존성을 너무 강조하면 무기에 불필요한 장비나 장치가 많아져 중량이 증가하고 전투효율이 감소할 가능성이 있기 때문에 신중을 기해야 한다.

라. 지휘 및 통제(Command and Control)

현대전은 입체전이다. 해저에는 잠수함, 해상에서는 전함 및 기동함대, 육상에서는 전차 및 야포로 장비된 기동부대, 공중에서는 헬리콥터, 공중기동부대 및 공수부대가 있는 가운데 전투기와 폭격기가 비행하고 수륙양용 전투차량이 바다에서 육지로 상륙하는 등 공간적 입체전이다. 이 거대한 장비와 부대의 입체적 전투를 지휘·통제하는 수단은 대단히 중요하다.

현대 과학기술의 발달은 무전기, 레이더, 컴퓨터 및 인공위성을 발명하여 군사적 목적에 많이 기여하고 있으며, 특히 조기경보체제의 도입은 전선에서 적의 징후를 사전에 포착하는 데 많은 도움을 주고 있다. 따라서 앞으로의 현대 무기체계는 화력, 기동성 및 지휘·통제·통신 수단이 조화가 되는 상태에서 발전되도록 구상해야 한다.

마. 가용성 및 신뢰성(Availability and Reliability)

무기체계는 일단 계획되어 완성된 후에 배치·실전단계에서는 개선이 어려우며, 개발단계에서만 개선될 수 있기 때문에 무기개발에 있어 앞으로의 가용성 및 신뢰성을 확보해야 한다. 무기체계가 화력이 좋고, 기동성이 우수하며 통신능력이 양호하고 생존성이 높도록 설계되었다 하더라도 주어진 성능을 제대로 발휘하지 못하고 고장빈도가 높다거나, 고장 수리시간이 많이 소요되어 사용할 수 있는 기간이 제약을 받는다면 우수한 무기라고 할 수 없다. 즉 정비시간이 많이 소요되면 무기의 가용성에 제한을 받으며, 고장빈도가 높으면 임무수행에 실패할 확률이 높게 된다. 무기체계의 신뢰성을 좌우하는 요인들에는 다음과 같은 사항이 있다.

(1) 무기체계의 책임

무기체계의 신뢰성은 그 무기체계를 조립하는 책임자들의 책임소재와 권위 있는 계약책임 하에 모든 노력이 얼마나 집중적으로 통합되는가에 달려 있다.

(2) 시험과 평가 제도

무기개발 단계의 부단한 시험과 평가는 무기체계의 신뢰성을 확보하는 중요한 요소이다. 오늘날의 첨단 과학기술 발전은 무기의 수명을 극단적으로 단축시키기 때문에 신뢰성이 낮은 무기체계는 곧 폐기되어야 한다.

(3) 정비대책

적절한 정비 및 유지대책은 무기체계의 신뢰성을 좌우하는 요소가 된다. 간편한 정비대책과 운영 및 유지를 위한 예비품, 임무수행을 위한 사전의 품질검사와 예방정비는 무기체계의 신뢰성을 증대시킨다.

(4) 기술요원의 전문화

무기체계의 신뢰성에 영향을 줄 기술요원을 군에서 확보하고 교육·훈련을 시키는 것은 중요하며, 군 복무 때 무기체계에 관련되는 기술요원이 전역 후에 어느 정도 같은 무기 개발업체에 취업하느냐 하는 것도 신뢰성에 영향을 주는 요소이다.

(5) 보도체계

무기체계 발전에 공동목적을 가지고 있는 군과 개발업체가 이용할 수 있는 모든 보도수단을 단일체계 하에 통합 조절하는 것도 무기체계의 신뢰성에 영향을 주게 된다.

제 2 절 무기체계 발전과정 및 추세

1. 무기체계와 전술·전략의 변화

무기체계와 군사작전과는 밀접한 관계가 있다. 어떠한 무기를 선택하느냐에 따라서 어떻게 전투를 수행할 것이냐 하는 것이 결정되고 또 어떠한 작전을 전개할 것인가에 따라서 어떠한 무기를 사용할 것인지도 결정된다. 어떠한 작전에 있어서는 무기체계를 약간만 변경시켜 그 작전을 가장 효과적으로 수행할 수 있는 경우도 있으며, 또한 약간의 작전 변경으로 기존 무기를 가장 효과적으로 이용할 수도 있는 것이다. 따라서 무기체계에 관한 연구는 필수적으로 전술 및 전략에 관한 연구가 병행되어야 한다. 예를 들어 프랑스는 1346년 크레시 전투[1)]에서 영국보다 2배나 되는 병력의 우세에도 불구하고 패하였다. 그 원인은 영국의 긴 활(Long Bow)이 프랑스의 짧은 활(Cross Bow)보다 사거리나 정확도 면에서 훨씬 우세함에도 프랑스는 병력 수의 우세만을 믿고 상대방의 무기 특성을 고려한 적절한 전술을 개발하지 않았기 때문이었다. 또 다른 예는 영국이 최초로 전차를 개발하였으며 전차를 이용한 전술 및 전략을 발전시켰는데도 불구하고 독일의 전차에 의해 유린당하였다. 그 이유는 영국은 전차를 방어전용으로 사용하였는데 반해 독일은 영국이 개발한 전차와 전술을 도입한

---

1) 크레시전투(Battle of Crecy) : 1346년 8월 26일 북부 프랑스 항구도시 칼레 남쪽에 위치한 크레시 지방에서 일어난 전투로 프랑스와의 10년 만에 처음으로 영국군이 승리한 전투이다. 이 전투에서 영국군은 새로운 무기와 전술의 혼합을 통하여 기사도의 시대를 끝냈다고 역사가들은 평가하고 있다.

후 이를 발전시켜 PANZER 부대를 편성하여 전격전에 사용하였기 때문이었다.

무기체계의 변천과정을 단계적으로 구분할 때 〈표 1-2〉에서와 같이 통상 4개 기(期)로 나누고 있다.

무기 제1기는 고대전쟁에서 사용된 창, 칼, 화살, 투척기, 방패 등과 같이 근력(筋力)에 의한 에너지를 축적하여 일격에 이것을 방출하는 무기로부터 시작된다.

무기의 역사에 있어서 제2기는 화승총과 화포 등 화약의 힘으로 탄환을 날리는 화포의 실현 이후이며 완력 대신 화학적 에너지를 사용하는 무기의 출현으로서 이는 전쟁을 크게 변화시키는 단서가 되었다. 14~18세기에 걸친 제2기 시대에 있어서 무기의 진보는 완만했지만 그 때문에 오히려 사회의 변혁이나 군대의 변화와의 상관관계가 명백해진 계기가 되었다.

무기 제3기는 18세기 말부터 19세기 초에 걸친 이른바 산업혁명으로 화기의 비약적인 진보가 이루어졌으며, 이에 따라 병기 기술의 이론적 연구가 촉진됨과 아울러 병기 개발·생

표 1-2 무기체계와 전술의 변천과정

전 쟁	무 기 체 계	전 술
고대전쟁 (BC 490~249)	• 무기 제1기 · 공격용 : 창, 칼, 화살, 투석기 · 방어용 : 갑주, 방패	• 집단대형 • 종대대형
중세전쟁	• 무기 제2기 · 화승총, 화포	• 선 전투(1차원) 횡대대형
근대전쟁 (1775~1913)	· 총검	• 종대대형 • 내선작전
	· 철도, 전신	• 외선작전
현대전쟁 (1914~)	• 무기 제3기 · 기관총, 야포	• 평면전투(2차원) · 후티어 돌파전술[2] · 구로우 종심방어[3]
	• 무기 제4기 · 핵폭탄	• 전격전, 입체전투(3차원) / 냉전(冷戰)
	· 전자무기, 회전익 항공기 · COIN[4] 무기	• 비정규전
	· 정밀유도무기	• 공세이전

2) 후티어(Hutier) 돌파전술(독일) : 공격부대가 포병 탄막사격을 후속하면서 공격을 실시, 신속한 전과확대로 적을 포위, 섬멸하는 전술 개념

산의 파급효과에 의하여 민수산업이 발전하게 되었다. 이 시기에는 무연화약이 등장하고 자동화기와 화학무기가 출현하였으며, 특히 내연기관의 발명은 무기에 획기적인 기동성을 부여하게 되었다. 또한 빛이나 음향, 전자파, 전기, 전자, 적외선, 초음파, 사진 등을 이용하는 신기술에 의하여 주 무기의 효율성을 향상시키기 위한 여러 가지 문제의 해결이 시도되고, 거기에 따라 무기는 점차 복잡화되어 갔다. 투척무기는 조준, 사격통제, 목표 탐지 및 표적, 통신 및 무선명령 등의 부수장치와 불가분의 관계로 무기 그 자체가 아닌 시스템으로 발전되어 갔다. 이 시기의 무기체계는 현대전쟁에서도 사용하는 기관총, 야포, 전차, 항공기 그리고 잠수함까지를 포함한다.

무기 제2기와 비교할 때 제3기의 두드러진 특징은 무기의 구식화가 매우 빨라졌다는 것이다. 무기의 발달 속도가 매우 빨랐기 때문에 어떤 신무기가 사용된지 얼마 되지 않아 그 존재 의미를 잃어가는 일이 흔히 있었다. 이 같은 무기의 가속적 진부화는 보다 나은 무기를 탄생케 하는 촉진제가 되면서 기술의 발달은 급속도로 확산되어 갔다.

무기 변천과정의 제4기는 최초의 원자폭탄이 일본의 히로시마에 투하된 1945년 8월 6일 이후를 말한다. 핵탄두는 기존의 포탄이나 폭탄보다 발생 온도가 훨씬 높고, 폭풍속도가 크며 또 무서운 방사선을 방출하기 때문에 이것에 의한 피해는 화약과 비교가 되지 않고, 효력반경만 큰 것이 아니었다. 핵무기 효력의 향상과 수량의 증가, 그 운반수단인 미사일의 진보에 의하여 모든 사람의 전쟁관이 바뀌었다. 핵전쟁은 지구의 파멸을 가져오기 때문에 제4기의 40여 년간은 전쟁 억제의 수단이 되어왔으나 국지적 무력분쟁은 제3기에 비해 오히려 증가되었다.

무기의 변천과정에 있어서 제4기의 특징으로는 미국과 소련은 물론 영국, 프랑스 등 핵보유 국가들이 거대과학(Big Science)의 조직적 대결에 익숙해졌다는 것이다. 제3기의 시대감각으로는 상상조차 할 수 없었던 고도의 무기가 예상을 뛰어넘어 단기간에 완성되어도 전혀 이상하게 생각하지 않게 된 것이다.

기술의 발달은 여기에 머무르지 않고 또 다른 새로운 무기를 개발하고 새로운 전쟁을 유발케 하였는데, 이른바 하이테크 전쟁인 걸프전이 그것이다. 걸프전에서 핵무기의 사용은 없었으나 첨단 정보수집 수단 및 무기의 등장으로 근접전투가 아닌 원거리에서 요구하는 지점에 정확하게 타격하는 형태의 전투가 수행되었다. 종래의 지상·해상·공중 합동작전으로부터 이제는 인공위성의 등장으로 우주까지도 전장화가 되어가고 있는 고도 입체전의 양상

---

3) 구로우(Gouraud) 종심방어(프랑스) : 후티어 전술에 대응하기 위한 종심방어전술로 조직적인 경계지대를 형성, 진지를 기만하고 적의 돌파를 저지할 수 있는 종심 깊은 방어 편성

4) COIN(Counter Insurgency, 대반란전) : 폭도들을 격퇴하기 위해 정부가 취하는 군사, 준군사, 정치, 경제, 심리 및 대민활동

을 보여주고 있다.

반면 미군의 이라크 침공 후 안정화작전 기간에는 폭도, 반란군, 테러리스트와의 전쟁을 수행하기 위한 무기체계도 요구되고 있으며, 이러한 측면에서 현대전의 냉전과 비정규전에 사용된 핵무기, 전자무기 및 유도무기 등을 제4기의 무기로 분류할 수 있다.

일반적으로 무기에 대한 거대한 투자는 전술 및 전략을 그 무기에 고착시키는 경향이 있다. 만일 한 국가가 어떤 무기체계를 획득하기 위하여 많은 예산을 투자하였다면, 투자된 비용을 고려하여 자연히 그 무기체계를 사용할 수 밖에 없으며 그 무기체계에 따른 고유의 전술을 발전시키지 않을 수 없게 된다. 더구나 현대 무기체계는 핵무기를 비롯하여 그 획득비용이 한층 더 거액화 되어가고 있으며, 현대 과학기술의 급속한 발전으로 군 및 민간 기업에서도 무기체계 개발에 많은 노력을 기울이고 있다. 따라서 군과 국가의 중요한 임무는 새로이 개발되고 등장하는 현대 무기체계의 특성을 잘 이해하는 것이며, 이 특성이 군사적 전술과 전략에 미치는 영향을 면밀히 분석하여 적합한 무기를 선정하고, 이에 부합하는 전술을 발전시켜 전략·전술 및 부대구조가 병행 발전되도록 해야 한다.

2. 미래전 양상

전쟁의 양상은 과학기술의 발전에 따른 새로운 무기체계의 등장에 따라 변화해 왔으며, 미래전의 양상은 전쟁에 대한 관점과 인식의 차이에 따라 매우 다양한 측면에서 논의될 수 있다. 즉 미래전의 내용을 좀 더 깊이 파고들어가 보면 한 가지 용어로는 표현하기 어려운 다양한 특징들이 복합되어 있고, 전쟁 및 군사전략 전문가들 역시 다양하게 미래전의 양상을 예측하고 있다.

이와 같이 미래전의 양상을 변화시키는 요인은 다양하게 논의될 수 있으나 공통적으로 다음과 같은 키워드로 제시되고 있다.

첫째, 군사과학기술의 발달이다. 군사과학기술의 발달은 무기체계의 전쟁목표, 전쟁수행 개념 및 방식 등에 영향을 미치고 있으며, 전쟁의 근본적인 사고의 틀(paradigm)까지도 변화시키고 있다. 먼저 과학기술의 발달로 무기체계는 소형·지능화되고 정밀유도 및 장거리 타격이 보편화되며, 이러한 발전이 지휘통제 기능 및 정찰·감시와 연계한 복합타격체계(C4ISR+PGMs)[5] 운용을 가능하게 한다.

첨단 정보통신기술(IT) 발전으로 네트워크 중심의 작전환경이 조성되어 실시간 정보공유,

5) 복합타격체계(C4ISR+PGMs) : 지휘(Command), 통제(Control), 통신(Communications), 컴퓨터(Computers)와 정보(Intelligence), 감시(Surveillance), 정찰(Reconnaissance), 정밀유도무기체계(PGMs : Precision Guided Missiles systems)를 말함. 즉 전장감시체계와 지휘·통제체계 및 타격수단이 연동된 복합체계이다.

상황인식 및 지휘통제가 구현될 것이다. 따라서 미래에는 물리적 영역뿐만 아니라 적의 정보 및 네트워크 능력을 파괴하고 전쟁 통제능력을 마비시키는 새로운 전쟁양상이 전개될 것이다.

둘째, 위협유형의 다양화이다. 현재의 전면전 및 국지전에 대한 위협은 미래에도 여전히 존재할 것이다. 또한 첨단 과학기술의 급격한 발달과 더불어 세계화의 가속화로 인해 국가간, 지역간 상호의존성이 심화될 것으로 보인다. 국경개념이 약화되면서 세계 여러 지역에서 발생하는 특정 문제도 국가의 안보에 직·간접적으로 영향을 미치게 될 것이다. 특히 테러, 재해 재난 등 다양한 초국가적·비군사적 위협의 등장은 전통적인 적과 위협에 대한 개념을 바꾸어 놓았다. 이에 따라 전·평시 지속적인 국가기능 및 질서유지를 위한 안정화작전 소요도 점차 증가하게 될 것이다.

셋째는 전쟁수행 개념의 변화이다. 최근 발발했던 전쟁사례를 통해 동시성·통합성에 기초한 새로운 전쟁개념의 효용성이 입증되고 있다. 걸프전은 공지전투(Air-Land Battle)개념을 적용한 신속기동전을, 아프가니스탄전은 특수작전부대와 장거리 정밀타격 전력을 결합한 정보전 개념을 입증하였다. 이라크전에서는 네트워크 중심의 작전환경 속에서 대규모 공중정밀타격과 지상전을 병행함으로써 최단시간 내 전쟁목적을 달성하려는 신속결정작전(RDO : Rapid Decisive Operation)과 불필요한 대량파괴를 최소화하면서 설정된 요망효과를 달성하는 효과중심작전(EBO : Effect Based Operations)을 적용하여 조기에 주요 작전을 종결할 수 있었다.

최근의 전쟁사례에서 보듯이 정밀타격무기의 발전에도 불구하고 산악 및 도시지역과 같은 작전환경에서는 여전히 전문화된 인간의 전투기술에 의존하지 않고는 전투를 종결할 수 없었다. 즉, 지상전에 의해서만 최종 전투를 종결할 수 있다는 사실이 이라크전에서 입증되었다. 따라서 미래에는 효과위주의 작전이 강조되기도 하겠지만 특수작전 등 병력에 의한 전쟁수행 방식 또한 여전히 필요할 것이다.

이와 같이 미래전에 대한 변화를 전망해 볼 때 미래의 작전환경은 네트워크를 기반으로 한 작전환경으로 급속히 변화해 나갈 것이다. 이에 따라 미래전에서는 정보에 대한 의존성이 증가될 것이며, 이 때문에 전쟁목표 또한 물리적 파괴나 영토 확보의 개념에서 적의 정보와 네트워크 능력을 파괴하여 전쟁통제능력을 마비시키는 개념으로 변화될 것이다. 결국 미래전 양상은 다양한 이론과 논의를 종합해 볼 때 지식·정보 기반의 작전, 효과위주의 작전, 인명을 중시하는 작전, 전력운용의 승수효과 달성을 위한 통시·통합전의 형태가 될 것이다.

가. 네트워크 중심전

정보기술의 발전에 따라 전통적인 전쟁이 플랫폼(platform)[6)]별 독자적인 탐지-타격수단을 이용한 형태로 수행되어 왔다면 미래는 지식·정보능력을 바탕으로 플랫폼뿐만 아니라 제 작전요소들이 네트워크로 상호 연결되어 실시간 정보공유가 가능한 환경으로 변화될 것이다. 이러한 환경에서는 복합타격체계(C4ISR+PGMs) 운용이 보편화될 것이며 제 작전요소들이 시간적·공간적으로 넓은 영역에 분산된 상황에서도 전장정보를 상호 공유 및 활용함으로써 지휘관 의도의 신속한 구현과 작전목적 달성을 위한 전투력의 동시·통합 운용이 가능하게 될 것이다.

나. 지식·정보 기반의 작전

미래전에서도 기동과 화력의 중요성은 여전히 강조될 것이다. 그러나 네트워크화 된 전장환경에서 적과 아군, 그리고 작전환경에 대한 사용자 중심의 지식·정보의 우위 달성여부가 승리의 관건이 될 것이다. 정보 우위 및 공유를 통해서 지휘관은 적보다 신속한 지휘결심의 완전성을 보장받게 된다. 이러한 제반 지식·정보를 지휘관 및 부대가 공유한 가운데 작전을 수행함으로써 상대적 전투력[7] 우위 달성과 주도권 장악이 가능하게 될 것이다.

다. 효과 중심의 정밀타격전

효과중심의 정밀타격전이란 전략적·작전적·전술적 수준에서 아군의 군사적 역량과 비군사적 역량을 모두 활용한 정보작전, 압도적인 기동, 정밀공격으로 적의 전쟁수단이나 의지를 단순히 파괴하기 보다는 핵심적 기능마비를 통제할 수 있는 효과성과 경제성에 초점을 맞춰 타격하는 것이다. 전통적인 전쟁에서는 적의 군사력을 대량파괴하거나 살상함으로써 적의 의지를 굴복시키고자 하였다. 그러나 미래에는 장사정유도무기의 획기적인 발전으로 적의 군사력을 대량으로 파괴하지 않고서도 적의 군사력을 통제할 수 있게 될 것이다. 여기서 '통제'란 전략적 요소들에 대한 적의 영향력을 지배할 수 있는 능력으로서 적의 일부 중요 핵심 시스템의 무력화로 국가의 전체 기능을 무력화시키는 능력을 의미한다.

이와 같은 변화에 따라 미래에는 파괴중심에서 효과중심으로, 영토의 점령에서 시스템 통제로, 군사력의 행사에서 군사적 영향력의 과시로, 순차적 공격에서 동시 병렬공격으로, 투입중심에서 산출중심으로 급속히 전환할 수 있는 효과중심의 정밀타격전이 수행될 것이다.

---

6) 플랫폼(platform) : 군사행동(행위, 조치)을 위한 능력을 갖춘 무기체계로 통상 개별적으로 표적을 탐지하고 타격할 수 있는 전차, 화포, 함정, 전투기 등을 말한다.

7) 상대적 전투력(Relative Combat Power) : 피아 상호간에 실제로 발휘되는 힘. 전투는 상대적이므로 전장에서 실제로 발휘되는 힘은 절대적 전투력 보다는 상대적 전투력으로 발휘되며, 전투의 승패는 상대적 전투력의 우열에 의해 결정되므로 지휘관은 결정적인 시간과 장소에서 아군의 전투력을 집중하고 적군의 전투력 발휘를 방해함으로써 상대적 전투력의 우세를 달성해야 한다.

라. 인명을 중시하는 작전

미래에는 도시화와 인구집중 현상으로 작전환경이 변화되고 무기체계가 고도로 발달함에 따라 단기간 내에 많은 인명피해가 발생할 수도 있다. 그러나 대중 언론매체의 발달로 물리적인 대량 살상이나 민간인 피해 발생 시 실시간대의 전파를 통한 반전여론이 조성되어 국내 및 국제적인 지지를 얻을 수 없게 될 것이다. 또한 아군의 피해 역시 반전여론이나 사기저하에 영향을 미친다는 점에서 미래전은 인명을 중시하고 피해를 최소화하는 개념으로 변화할 것이다.

마. 승수효과[8] 달성을 위한 동시 · 통합전

네트워크 기반 작전환경에서의 작전수행은 제반 능력과 활동을 유기적으로 연동시켜 전력운용의 승수효과를 달성하는 형태로 발전하고 있다. 동시 · 통합전은 광범위하게 분산된 위치에서도 가용 전투력을 시간적 · 공간적인 면에서 동시에 운용하여 적 전투력의 균형을 와해시키고 중심[9]을 파괴하기 위해 모든 능력과 활동을 연동시키는 것이다. 따라서 미래전은 전략적 · 작전적 · 전술적 수준 등 전 제대에서 다양한 형태의 동시 · 통합적 노력을 통해 승수효과를 달성하는 형태로 전개될 것이다.

3. 무기체계 발전추세

걸프전에서는 병렬전(Parallel War)이라는 새로운 전쟁방식이 위력을 발휘하였다. 이 새로운 전쟁은 전략, 작전, 전술 목표들을 동시에 공격하여 복구가 불가능하도록 피해를 가하였다. 이러한 전쟁이 가능했던 이유는 인공위성, 감시 및 표적획득 시스템(J-STARS), 공중조기경보시스템(AWACS : Airborne Warning and Control System) 등 전장관리 시스템과 우주자산을 이용하여 대량파괴 및 살상을 피하고 군사표적만을 정확하게 식별하여 정밀하게 명중 파괴할 수 있었기 때문이다.

이라크전쟁의 또 다른 성과는 소프트 킬(Soft Kill)[10]이 하드 킬(Hard Kill) 못지않게 위

8) 승수효과(Synergy Effect) : 전체적 효과에 기여하는 각 요소의 공통 작용과 협동을 통해서 어떤 두 가지 이상의 요소가 복합적으로 작용하여 나타나는 상승효과이다.

9) 중심(重心, Center of Gravity) : 피아의 힘의 원천 또는 근원이 되는 중심축으로 파괴시 전체적인 구조가 균형을 잃고 붕괴될 수 있는 물리적 · 정신적 요소이다. 중심은 적 주력, 지휘소, 포병 등 물리적 형(形)이 될 수 있지만, 통상 힘의 유지를 가능하게 하는 세(勢)에 초점을 두고 식별되어야 한다. 따라서 적의 중심은 적 의도와 전투수행 능력, 아군의 작전목적과 능력을 고려하여 식별해야 하며, 동시에 아군의 중심도 확보해야 한다. 전술제대에서의 중심은 핵심표적과 같은 개념이 될 수도 있다.

력이 있음을 증명한 전쟁이었다.

코소보전쟁은 최초로 전장이 우주에서 사이버까지 확대된 전쟁이었다. 전자우편(e-mail)의 대량 살포, 중국의 인해전술식 해커전 수행 등이 있었으며, 무인항공기를 활용한 무인전투 전개 및 탄소섬유탄[11]과 같은 비살상무기가 일부 운용되었다. 또한 최근 들어 과학기술의 혁명적 발전은 미래전 양상의 급격한 변화를 가속화하고 있다. 대표적인 혁명적 과학기술은 정보통신기술, 나노기술, 신물질·신소재 기술, 로봇기술, 항공우주 기술 등이다.

앞에서 기술한 바와 같이 미래의 전쟁은 전장의 가시화와 정보의 공유화가 가능해 질 것이다. 전장은 각종 인공위성과 공중감시체계로 가시화되며, 모든 정보는 네트워크화로 공유가 가능하게 된다. 정밀교전이 보편화되어 무기체계의 숫자보다 질이 더욱 중요하며, 오차가 거의 존재하지 않는 정밀성의 혁명이 가능하게 될 것이다. 모든 전장 공간은 우주 및 사이버 공간까지 확장되고 중첩되게 되며, 감시체계와 타격체계의 순간적인 결합이 가능하게 될 것이다. 또한 전쟁 수준의 중첩도 감시체계와 장거리 정밀타격 수단의 상호 연관관계가 증대될 것이다. 전자전 및 사이버전의 위력이 발휘될 것이며, 전투 의사결정 사이클이 가속화되어 전장에서의 시간개념이 획기적으로 단축되며 이에 따라 전투 의사결정 절차도 OODA(Observation-Orient-Decision-Action)로부터 IDA(Information-Decision-Action)로 단축될 것이다. 이러한 미래 전장에서 요구되는 무기체계는 재래식 기술과 개념으로는 달성할 수 없다. 따라서 미래 전장 무기체계의 특성은 첨단기술에 기초하고 있으며, 새로운 기술의 발명은 새로운 미래 무기체계로 활용될 수 있다는 가능성을 지니고 있고 실제로 각종 기술이 무기체계에 적용됨으로써 새로운 전쟁개념을 탄생시키고 있다. 이러한 측면에서 선진 세계 각국의 군사과학기술 발전추세는 다음과 같이 변화되어 가고 있다.

첫째, 신기술을 기반으로 하는 군사혁신을 추진하고 있다. 군사혁신이란 신기술을 혁신적으로 적용하고, 기술에 발맞추어 교리, 작전개념, 조직개념 등을 갱신하여 군 작전의 성격을 근본적으로 바꾸어 주는 것이다. 세계는 새로운 안보환경을 맞이하여 모든 부문에서의 혁신을 도모하고 있다. 직접적인 군사적 위협이 사라진 후 다양한 형태의 잠재적 위협이 등장하고 있으며, 이를 대비하는 개념은 기존의 연장선상이 아닌 혁신적인 사고를 필요로 하고 있

---

10) 소프트 킬(Soft Kill) : 물리적이고 가시적인 피해효과, 즉 열, 폭풍, 충돌 등(Hard Kill)에 의한 직접파괴를 유발시키지 않고 컴퓨터 바이러스 침입, 해커, 전자적 교란 및 기만 등의 방법을 통해 임의의 체계에 대하여 전체 또는 부분적인 기능의 마비 및 장애를 가져다줌으로써 물리적 파괴에 버금가는 피해효과를 유발시키는 제반 공격 형태를 말한다.

11) 탄소섬유탄 : 탄소 섬유(Carbon Fiber)의 고내구성, 흡착성, 고전도성 등을 이용하여 상대국의 발전소, 통신시설, 지휘시설 등 주요 전략적 목표에 대해 광범위한 전기적 단락 현상을 일으켜 무력화시키는 것으로, 다른 첨단 비살상무기와 마찬가지로 대량파괴 및 대량살상을 수반하지 않고서도 상대방의 군사적인 능력을 상실하게 하는데 매우 효과적인 무기체계이다.

다. 미래전 양상은 적의 힘과 의지를 신속히 붕괴시키기 위하여 고도의 치사성과 기동력이 있는 일련의 통합된 동시작전이 고속으로 또 전 지역의 전 종심에서 병렬적으로 수행될 것으로 예상되고 있다. 이러한 형태의 전쟁에 대비하기 위한 군사혁신의 기본방향은 월등한 정보력의 유지와 다양한 기능간의 긴밀한 협조를 통한 시너지 효과, 비선형 비교전적(非交戰的) 전투의 활용 및 군사와 민간의 경계 모호로 인한 군사업무의 민간참여 확대 등을 들 수 있다.

둘째, 첨단 무기체계를 통해 질적인 면에서의 군사력 강화를 추진하고 있다. 미국의 국가안보과학기술보고서나 일본 방위대강의 공통된 핵심내용은 미래 국방을 위해 장비 및 군대의 규모는 축소하나 질적 능력은 강화한다는 것이다. 따라서 새로운 양상의 전쟁수행개념을 충족하는데 소요되는 무기체계의 질을 향상시키기 위하여 군사과학기술분야의 연구개발 투자가 대단히 중요시되고 있다.

셋째, 군사 분야와 민간 분야의 연계가 강화되고 있다. 세계적인 공통사항으로 직접적인 군사위협이 사라진 대신 새롭게 등장한 위협의 하나는 군사력 규모와 국방비에 관한 축소 압력이다. 이에 따라 미국을 비롯한 선진 각국은 국방능력을 국가안보와 경제안보간의 새로운 시작으로 관계를 설정하고 있다. 즉 국방능력의 기반을 국가산업의 전반적 기술 및 경쟁력에 두고, 방위산업과 민간산업 경제를 통합하는 소위 민·군 겸용기술이 투자전략의 핵심으로 등장하고 있다.

위와 같은 무기체계의 발전추세는 결국 진보된 군사 첨단기술의 발전과 함께 이루어지는 것으로 과학기술의 발전이 없이는 위에서 기술한 발전목표를 달성하기 곤란할 것이며, 미래 무기체계의 발전을 위해서도 과학기술의 의존도는 더욱 더 심화될 것이다.

무기체계별로 발전되어가고 있는 추세를 요약해보면 다음과 같다.

지상무기 중 전차는 전차포가 130～150 mm급으로 대구경화 및 활강화, 전자열포 개념으로 발전하고 신소재 개발을 통한 방호력의 확대와 차고(車高)를 낮춤으로써 피탐률을 줄이는 방향으로 발전될 것이다. 화포는 장사거리, 발사속도 증가, 명중률 향상, 자동화, 자주화 등 기술발전 추세에 따라 발전되고 있으며, 고체 추진제 대신 액체 추진제를 활용하여 발사속도를 증대시키고, 전자열(Electro Thermal)을 이용한 포구속도 증대, 상온 초전도체 개발에 따라 전자력에 의한 전자포(Electro-Magnetic Force or Rail Gun)의 출현으로 포구속도 및 사거리가 증대되고, 탄두는 밀리미터파 또는 적외선 감지센서를 장착한 고정밀 센서의 개발로 정확도가 향상되며 활주로 파괴, 견고표적 및 통신·레이더 시설 등을 파괴하기 위한 특수목적 탄두가 개발될 것이다.

해상 및 수중무기 분야 중 수상함은 복합 해전능력을 지닌 전투 시스템으로 발전하고, 소음 감소 및 스텔스화로 생존성이 증대되며, 새로운 추진방식의 도입으로 고속화됨과 아울러 대공 및 대유도탄 방어능력을 갖추어 다수의 표적을 처리 공격할 수 있는 이지스(Aegis)함으로 발전하고 있다. 또한 초전도체의 발달로 자기유체(MHD : Magnetic Hydro Dynamic) 추진 및 연료전지에 의한 추진 등의 소음 감소 및 고속화도 예상되고 있다. 잠수함은 대형화, 고속화 및 은밀화를 목표로 발전될 것이며, 추진동력은 폐회로 증기터빈, 폐회로 디젤기관, 소형 핵추진장치 및 연료전지의 개선으로 잠항능력이 확대되고, 공기불요추진체계(AIPS : Air Independent Propulsion System), 흡음재료 등의 개발로 소음이 감소될 것이다. 어뢰의 발전추세는 잠수함의 속도에 비례하여 고속화 및 항주거리가 증대될 것이다. 또한 추진방식은 소음감소의 잇점으로 배터리 방식이 유지되고, 배터리의 성능이 획기적으로 향상되며 항주거리 증가를 위해 폐회로 추진도 채택될 것이다. 유도방식은 기존의 능동호밍방식의 개량, 선 유도방식 및 표적의 추진기에서 발생하는 항적(Wake)을 찾는 방식이 발전될 것이며, 동시에 복합유도방식에 의해 지능화될 것으로 예상된다.

항공기의 발전추세는 신소재의 사용으로 스텔스화가 되고, 초기동성, 최소 공기저항 및 형상 통제형 항공기가 출현할 것이며, 항공전자의 발전으로 비행제어항법, 사격통제 등이 자동화될 전망이다. 또한 각종 시스템을 통합화하고 비행제어 및 무장시스템을 연계하여 자동 조정됨으로써 조종사의 임무가 단순화 될 것이다.

유도무기 분야는 표적획득 수단 및 탐지 · 추적 장비의 발전, 고성능 탐색기 및 정밀유도 조종 장치의 개발로 정확도가 향상되고, 전략탄두 및 목표물별 고성능 탄두의 개발로 타격능력이 증대되며, 대전자전 능력과 스텔스 능력의 보유로 생존성이 향상될 것이다.

지대지 유도무기는 향후 기존방식의 개량을 통한 성능향상에 초점을 맞출 것으로 예상되며, 특수 구조재료를 사용해서 경량화하고, 영상레이더를 이용한 종말유도장치가 개량될 것이다.

통신 · 전자분야는 초고속직접회로(VHSIC) 기술, 마이크로파 집적기술(MIC), 광학집적기술(IOC) 분야의 GaAs 반도체 소자 응용기술의 발전이 급진전됨에 따라 고정밀, 고밀도, 고속화 및 신뢰성이 향상될 것이다.

지휘통제 분야는 광섬유 통신을 이용하여 고속, 대용량 통신이 가능하고 다중 컴퓨터의 병렬처리, 분산처리 기술로 연속속도의 고속화와 신속성이 향상되며 인공지능(AI)을 활용하여 지휘관의 의사결정을 지원할 것이다. 통신 분야는 현재보다 10배 정도 빠른 주파수 도약이 가능하고 데이터 전용회선을 확보하여 패킷교환이 가능한 복합교환방식으로 발전될 것이며, 새로운 주파수 개발을 위해 밀리미터파, 극저주파(ELF : Extremely Low Frequency), 초저주파(VLF : Very Low Frequency) 통신이 발전될 것이다.

전자전 분야는 레이저와 전자빔 무기의 실용화, 인공지능기술의 적용, 고에너지, 고주파 송수신 및 핵융합제어 등의 발전에 의해 기술혁신이 예상되고 있다.

이밖에도 자동화기술, 인공지능의 적용 등으로 지능을 가진 로봇이 전장감시, 항공작전, 지뢰제거, 수색정찰, 생화학 작용제 오염지역 제독 등 인간이 직접 수행하는데 위험이 따르는 작전에 활용될 것이다. 철기시대가 막을 내리고 경량, 고장도, 내열성 및 내식성을 가진 신소재가 개발되어 각종 구조재, 스텔스 재료, 정밀부문 등에 사용되어 무기체계에 적용될 것이며, 국제적인 핵무기 규제에 따라 핵무기에 버금가는 초에너지 물질인 기화폭탄, 준안정 헬륨탄이 개발될 것이다. 또한 기능상실, 무력화를 목표로 한 비살상 무기체계가 개발되어 발전소, 변전·송전 시설의 파괴를 목적으로 탄소섬유(Carbon Fiber) 탄두의 개발과 핵폭발에 의한 고에너지 방출과 같은 효과로 통신기, 컴퓨터 등 전자제품에 치명적인 손상을 입히는 EMP(자기) 폭탄의 개발 등이 예상되고 있다.

제 3 절 무기체계별 운용개념 및 발전추세

1. 무기체계의 분류

무기체계는 ① 군사작전에 직접 운용되거나 전투력 발휘에 직접 영향을 미치는 장비·물자 ② 무기체계의 전투력 발휘에 영향을 미치는 장비·물자 ③ 전투력 발휘에 영향을 미치는 주요 전술훈련 장비 및 소프트웨어와 관련 시설 등을 말하고, 운용목적, 용도 및 필요성 등에 따라 분류하며, 분류기준은 대분류, 중분류 및 소분류로 구분한다.

대분류는 지휘통제·통신 무기체계, 감시·정찰 무기체계, 기동무기체계, 함정무기체계, 화력무기체계, 방호무기체계, 기타 무기체계로 분류한다.

중분류는 무기체계 대분류를 중간 기능별로 재분류한 것으로 예를 들면 기동무기체계를 전차, 장갑차, 전투차량, 개인전투체계 등 중간 단계의 기능별로 분류한 것이다.

소분류는 무기체계 중분류를 다시 소기능별로 재분류한 것으로 중분류된 장갑차를 전투용, 지휘통제용, 전투지원용 등 전장에서의 구체적인 용도에 따라 소기능으로 분류한 것으로 세부 내용은 다음과 같다.

가. 지휘통제·통신무기체계

1) **지휘통제체계** : 합동 지휘통제체계, 지상 지휘통제체계, 해상 지휘통제체계, 공중 지휘통제체계 등
2) **통신체계** : 전술통신체계, 위성통신체계, 공중중계체계 등
3) **통신장비** : 유선장비, 무선장비, 기타 통신장비 등

나. 감시 · 정찰 무기체계

1) 전자전장비 : 전자지원장비, 전자공격장비, 전자보호장비 등
2) 레이더장비 : 감시레이더, 항공관제레이더 등
3) 전자광학장비 : 전자광학장비, 광증폭야시장비, 열상감시장비, 레이저장비 등
4) 수중감시장비 : 음탐기, 어뢰음향대항체계, 수중감시체계, 기타 음파탐지기 등
5) 기상감시장비 : 기상위성감시장비, 기상감시레이더, 기상관측장비 등
6) 기타

다. 기동 무기체계

1) 전차 : 전투용, 전투지원용 등
2) 장갑차 : 전투용, 지휘통제용, 전투지원용 등
3) 전투차량 : 전투용, 지휘용, 전투지원용 등
4) 기동 및 대기동지원장비 : 전투공병장비, 간격극복 및 도하장비, 지뢰지대 극복장비, 기동항법장비 및 기타 지원장비 등
5) 지상무인전투체계 : 전투용 및 전투지원용 등
6) 개인전투체계

라. 함정 무기체계

1) 수상함 : 전투함, 기뢰전함, 상륙함, 지원함 등
2) 잠수함(정) : 잠수함, 잠수정 등
3) 전투근무지원정 : 경비정, 수송정, 군수 · 근무지원정, 상륙지원정, 특수정 등
4) 함정전투체계 : 호위함전투체계, 구축함전투체계 등
5) 해상 전투지원장비 : 함정사격통제장비, 함정피아식별장비, 함정항법장비, 침투장비, 소해장비, 구난 및 구명장비, 기타 지원장비 등

마. 항공 무기체계

1) 고정익 항공기 : 전투기, 폭격기, 공격기, 수송기, 훈련기, 정보 및 전자전기, 해상초계기, 기타 등
2) 회전익 항공기 : 기동헬기, 공격헬기, 정찰헬기, 탐색구조헬기, 지휘헬기 등
3) 무인 항공기 : 무인전투기, 무인정찰기, 대공제압무인기 등

4) **항공전투지원장비** : 항공기사격통제장비, 정밀폭격장비, 항공항법장비, 항공기피아식별 장비, 기타 지원장비 등

바. 화력 무기체계

1) **소화기** : 개인화기, 기관총 등
2) **대전차화기** : 대전차로켓, 대전차유도무기, 무반동총 등
3) **화포** : 박격포, 야포, 다련장 로켓, 함포 등
4) **화력지원장비** : 표적탐지·화력통제레이더, 전차 및 화포용 사격통제장비, 기타 화력지원장비 등
5) **탄약** : 지상탄, 함정탄, 항공탄, 특수탄약, 유도탄능동유인체 등
6) **유도무기** : 지상·해상·공중발사유도무기, 수중유도무기 등
7) **특수무기** : 레이저무기 등

사. 방호 무기체계

1) **방공** : 대공포, 대공유도무기, 방공레이더, 방공통제장비 등
2) **화생방** : 화생방보호, 화생방정찰·제독, 연막 등

아. 기타 무기체계

1) **전투필수시설** : 작전지휘시설, 통신시설, 전투진지 및 경계시설, 해상 및 항공작전시설, 부대개편에 따른 시설, 부두 보강 등 기타 시설
2) 국방 M&S[12], 전술훈련모의장비 등

2. 화력 무기체계

화력 무기체계는 소화기, 화포(박격포), 대전차 무기, 유도무기 및 특수무기와 이들 화기의 탄약체계와 같은 단위 무기체계들로 구성된다.

12) M&S(Modeling and Simulation) : 모델링(Modeling)과 시뮬레이션(Simulation)의 합성어로 방위력개선사업의 전 과정을 과학적으로 지원하기 위하여 실제와 유사한 가상상황을 조성하여 각 요소들의 효과를 측정·평가해주는 도구 및 수단을 말한다.

가. 소화기

1) 운용개념

소화기는 기본적으로 병사 자신을 보호하고 부여된 임무의 종결을 확인할 수 있는 최후의 무기로서 사용 용도는 다음과 같다.

가) 적 인원, 장갑차 및 테러행위 제압
나) 최종 돌격사격 지원
다) 치열한 방어사격 및 방어 시 최후의 보루
라) 저격수 임무수행
마) 사기 진작(the boost of morale)

소화기는 개인 기본화기와 2~3인이 운용하는 공용화기로 대별되며, 〈표 1-3〉과 같이 그 용도 및 특성에 따라 권총과 같은 개인 방어화기, 소총으로 대표되는 개인 전투화기, 기관총 및 유탄발사기 등의 공용화기, 그리고 특수화기로 분류된다.

권총은 허리 휴대용 화기로서 신속한 사격이 가능한 개인방호화기로 운용되며 리볼버, 피스톨 등이 있다.

소총은 높은 명중률과 우수한 제압능력을 확보하는 개념으로 운용되며, 일반 전투화기인 돌격 소총, 저격 소총, 카빈 소총 등이 있다.

기관총은 공용화기로서 현재 보병용과 차량 탑재용으로 구분하고 있는데 전자는 경량, 소형화가 요구되고, 후자는 어느 정도의 지속발사 능력이 요구된다. 이에 따라 보병용 기관총은 경(輕) 기관총 및 범용기관총이 사용되며, 차량 탑재용은 중(重) 기관총이 사용되고 있다. 특히 차량 탑재용은 각종 차량에 탑재 무장 또는 장갑차나 전차의 동축 기관총으로 지상표적 제압 및 대공표적 제압의 임무도 부여되고 있다.

유탄발사기는 대인, 대경장갑 능력을 갖추고 소총, 기관총 등의 소화기와 박격포 중간 사거리의 전술적 공간을 담당하는 지원화기로 운용되며 주로 40 mm 탄약을 사용한다.

2) 발전추세

소화기 발전추세를 기술적 측면에서 소총을 중심으로 살펴보면 다음과 같다.

가) 표준화

대량생산을 통한 생산원가의 절감과 보급의 용이성을 목적으로 각 화기별 대표적인 규격탄으로의 표준화를 지향하고 있다.

표 1-3 소화기의 분류 및 운용개념

구 분			특성 및 용도
개인화기	방어화기	권총 handgun	• 리볼버(revolver) : 탄창 회전식 권총 • 권총(pistol) : 반자동식 권총 • 기관권총(machine pistol) : 전자동식 권총
	전투화기	기관단총 SMG*	• 소총보다 짧으며 총구속도도 낮으나 발사속도가 큰 화기
		소총 rifle	• 돌격소총(assault rifle) : 일반적인 소총 • 저격소총(sniper rifle) : 정밀사격용 소총 • 카빈소총(carbine rifle) : 경량 · 소형화된 단 소총
공용화기	기관총 machine gun		• 경기관총(LMG : Light Machine Gun, SAW : Squad Automatic Weapon) : 소총과 동일한 구경인 7.62 mm 미만의 탄약과 양각대를 사용하는 화기 • 범용기관총(GPMG : General Purpose Machine Gun): 소총보다는 약간 큰 구경인 7.62 mm 이상 12.7 mm 미만의 탄약과 삼각대를 사용하는 화기 • 중(重)기관총(HMG : Heavy Machine Gun) : 12.7 mm 이상의 탄약과 삼각대 혹은 거치대를 사용하는 화기
	유탄발사기 Grenade Launcher		• 유탄기관총 : 차량 탑재 및 지상겸용으로 연속사격이 가능한 화기 • 유탄총 : 개인화기로 수동 또는 반자동 단발사격이 가능한 유탄발사 전용화기 • 소총 부착식 유탄발사기 : 소총의 총구 부분에 직접 장착하는 부착식 유탄발사기
	특수화기		• 산탄총(shot gun) • 수중총(underwater weapon)

* SMG : Sub Machine Gun

나) 소구경화

미국은 1952년부터 수행된 Salvo 연구에서 제2차 세계대전 당시 소화기와 화포에 의한 사상자 수의 불균형을 지적하고, 한 명의 사상자에 대해 과도한 소총탄이 소요되었음을 거론하면서 기존의 7.62 mm 소총에 대한 명중률을 제기하였다. 그리하여 소총 구경을 5.56 mm로 축소함으로써 소총의 명중률 향상과 전술적 운용능력의 증대를 시도하였다. 최근에는 소총과 기관총의 구경을 5.56 mm의 소구경으로 단일화하려는 추세로 발전하고 있는데, 이러한 경향은 발사용 화약의 성능향상과 제조기술의 향상으로 살상에 필요한 에너지를 소형화하면서도 얻을 수 있기 때문이다.

다) 경량화

가볍고 위력이 큰 소화기를 개발하려는 노력이 끊임없이 이루어져 왔는데, 이는 유효사거리의 단축화로 소구경화가 실현되고 경합금, 합성수지 또는 복합재료 등 경량재료의 개발이 가능해졌기 때문이다. 소화기는 총열이 소구경화 됨에 따라 탄약과 화기도 소형화되고 있다. 이러한 소형화는 무기체계의 경량화에 기여할 뿐만 아니라 탄알집 용량의 증가와 반동력의 감소 및 명중률을 향상시키는 효과를 달성할 수 있다.

소화기의 길이를 결정하는 요소는 총열, 몸통 및 개머리판이다. 총 몸통은 사용 탄약의 길이에 따라 결정되며, 소총길이(전장 : 全長)를 단축하는 방법은 총열길이의 단축, 접이식 또는 신축식 개머리판의 사용, 노리쇠를 포함하는 작동기구와 탄알집을 방아쇠 후방에 위치시킴으로써 동일한 총열장을 유지하면서도 전장을 축소시킬 수 있는 설계방식인 Bullpup형 구조설계를 이용하여 이루어지고 있다.

라) 반동력 감소

소화기 사격 시 발생하는 반동현상은 심리적 작용에 의해 격발과 조준에 영향을 미치고, 연발사격 시 총구를 상승시켜 명중률을 감소시킨다. 그러므로 사수에게 작용하는 반동력을 감소시키는 추세로 소화기가 개량되고 있다. 사격 시 발생하는 반동력의 감소는 소구경화에 따른 탄약 위력을 축소시키거나, 개머리판을 직선화하여 우력에 의한 총구 앙등현상을 감소시키고, 총구 제퇴기를 사용하는 방법, 완충기 구조를 개선하는 방식으로 이루어지고 있다. 이러한 경향으로 현대의 소총은 거의 총구 제퇴기를 장착하고 직선형 개머리판을 사용하고 있다.

마) 소진탄피 개발

제2차 세계대전 말에 독일은 금속탄피의 수요 부족에 대처하기 위해 소진탄피(CCC : Combustible Cartridge Case) 분야에 대한 연구개발을 실시하였다. 최근 미국 및 유럽 각국에서는 금속탄피와 약포를 소진탄피로 대체, 활용하는 것이 보편화되었고 소진탄피, 무탄피탄약, 소진 기폭장치 등 여러 가지의 형태가 사용되고 있다.

소진탄피는 금속탄피와 비교하여 생산비가 저렴하고 발사 후 탄피를 제거할 필요성이 없으므로 자동장전이 용이하며, 추진에너지의 활용도를 높일 수 있을 뿐만 아니라 총신 마모 및 부식이 감소되는 장점이 있는 반면, 기계적 특성이 부족하여 탄약이 외적 환경요인으로 손상을 입기 쉽고, 불발탄의 제거가 어렵다. 현재 소화기탄으로의 이용을 계속 연구 중에 있으나 화포 탄약, 전차포탄 및 박격포탄에 주로 이용되고 있다.

바) 복합화기의 개발

소화기의 기술적인 발전에 있어 가정 최근의 양상은 복합화기의 개발이다. 즉, 두 개 이상 종류의 소화기를 일체화시켜 보병의 전투력 수준, 임무수행 범위를 획기적으로 강화하는 것인데 이러한 소총을 차세대 소총(OICW : Objective Individual Combat Weapon)이라고도 한다. 여러 국가에서 발전시키고 있는 OICW는 주로 소총, 유탄발사기 기능을 하나의 화기에 통합시킨 형태이며, 주야간 조준경과 열영상장비, 레이저 거리측정기, 그리고 컴퓨터에 의한 첨단 사격통제장치 등을 갖추어 전장에서의 자연적 환경에 구애받지 않고 정밀교전에 유리하다.

나. 화 포

1) 운용개념

화포는 넓은 의미로는 권총, 소총 등의 소화기로부터 곡사포, 평사포 등의 대구경화기에 이르기까지 모든 화기를 포함하나, 일반적으로 그 크기 및 중량 때문에 한 사람이 다룰 수 없는 포열을 가진 화기로 정의한다.

화포의 등장은 전쟁사와 무기체계 발전사에 한 획을 긋는 것으로 백년전쟁 중이었던 1346년 최초로 등장하였다. 그러나 진정한 의미의 화포는 1490년 말(馬)이 견인하는 청동제 프랑스 화포의 등장이라 할 수 있다.

화포란 화약을 사용하는 대구경 병기, 즉 화기의 일종으로 그 임무는 적 종심공격, 대포병사격, 전투차량 제압, 보병부대 직접지원 등이다.

화포는 탄두를 발사하는 포신과 지지 및 운반을 위한 포가(砲架)로 구성되어 있고, 탄두의 비행 특성과 운반수단, 용도에 따라 야포, 박격포, 다련장으로 구분한다.

화포는 제1, 2차 세계대전을 통해 보병이 가장 두려워하는 무기체계로 자리매김하였다. 미국, 유럽 등 서방국가는 105 mm, 155 mm 등의 야포가 표준형이며, 러시아 등 구 공산권은 122 mm, 152 mm 등이 표준구경이다.

현재 포병이 운용하는 화포는 그 용도 및 특성에 따라 다음과 같이 구분한다.

표 1-4 화포의 분류

구 분	내 용
형태에 따른 분류	• 평사포(gun) : 장(長) 포열(30 구경장 이상), 저(低) 사각, 고(高) 포구속도의 포 • 곡사포(howitzer) : 중(中) 포열(20～30 구경장), 고(高) 사각, 중간 포구속도의 포 • 박격포(mortar) : 단(短) 포열(10～20 구경장), 고(高) 사각, 저(低) 포구속도의 포 • 무반동총 : 주퇴장치가 없는 포. • 다련장 로켓 : 여러 개의 비유도 로켓발사기 • 유도탄 : 지대지 미사일

표 1-4 계속

구 분	내 용
용도에 따른 분류	• 야포 : 포병 포 • 대공포 : 대공용 포 • 해안포 : 해안에 설치하여 해상표적을 파괴할 목적으로 사용되는 화포류 • 대전차포 : 대전차 파괴용 포 • 박격포 : 보병 지휘관의 판단으로 운용되는 단(短) 포열 고(高) 사각 포 • 함포 : 함정에 장착하여 사용되는 포
전술에 따른 분류	• 경(輕)포 : 120 mm 이하 구경 포 • 중간포 : 121~160 mm 구경 포 • 중(重)포 : 161~210 mm 구경 포 • 초중포 : 210 mm 초과 구경 포
수송수단에 따른 분류	• 견인포 : 차량에 의해 견인되는 포 • 자주포 : 자체의 기동장치로 이동되는 포 및 발사대

2) 발전추세

미래의 전장환경은 다양한 위협, 전천후 환경 및 전방위 작전 수행능력(Full Spectrum of Operation) 확보로 운용개념이 변화되고 있으며, 네트워크 기반의 입체정보에 의한 지휘통제와 표적에 대한 입체적 대응이 가능한 화력 무기체계의 개발이 요구되고 있다. 화포는 군사전략 및 운용개념에 따라 다소 차이는 있지만 일반적으로 곡사포 무기체계는 견인식, 자주식을 불문하고 포의 구경을 표준화시키고, 사격통제장치의 자동화, 포구 에너지 증가에 의한 사거리 증대, 에너지 목표 집중에 의한 정밀발사능력 보유, 발사속도 증대 등의 화력 성능 외에 경량화에 의한 기동성 확보와 조준의 자동화, 탄약의 자동 이송 및 장전 등 조작상의 개량이 시도되고 있다. 또한 표적획득 수단의 발전, 탄약운반차량의 개발 등도 이루어지고 있다.

자주포의 경우는 전투수행, 훈련, 교리 및 편제를 과학적으로 해결하기 위하여 워 게임 및 전투시나리오를 개발·발전시키고 있다.

다. 박격포

1) 운용개념

박격포는 고각으로 사격하고 포판을 통하여 주퇴력을 직접 지면으로 전달·흡수하게 하는 포를 말한다. 현재 널리 사용되고 있는 재래식 박격포는 포구장전식이고, 활강 포열을 사용하며, 날개 안정탄을 아음속으로 발사하고, 장약량의 가감과 사각의 변화로 사거리를 조정할 수 있다.

박격포는 탄두를 발사하여 비행시키는 포신, 포신을 일정한 위치로 조절하고 고정시켜 주는 포 다리, 사격 시에 발생하는 충격력을 지면에 전달, 흡수하게 하는 포판, 그리고 포의 자세를 나타내는 조준구로 구성된다.

박격포는 다음과 같이 구분한다.

표 1-5 박격포의 분류

구 분	내 용
이동수단에 따른 분류	• 휴대 운반형 박격포 • 차량 견인형 박격포 • 자주형 박격포
탄약 장전방식에 따른 분류	• 포구장전식 박격포 • 포미장전식 박격포
포열의 강선 유무에 따른 분류	• 활강식 박격포 • 강선식 박격포

박격포의 최대 장점인 45° 이상의 고사각 탄도 특성은 화포에 비해 상대적으로 월등한 고사계 사격을 가능하게 하여 고지 후방 및 참호와 고층건물 사이에서 벌어지는 현대의 시가전에서 효과적인 공격능력을 제공하며, 지면에 거의 수직으로 낙하하는 탄두에 의해 보다 넓은 살상면적을 제공한다. 그러므로 120 mm 구경의 박격포탄으로 최신형 155 mm 곡사포 탄두 65~85% 수준의 살상위력을 발휘할 수 있다. 또한 81 mm 이하 중·소구경 박격포는 운용병이 휴대하여 운반함으로써 우수한 기동성을 발휘하며, 일반 야포에 비해 빠른 발사속도는 단시간 내에 집중화력을 제공한다. 그러나 구경이 커질수록 기동성 및 생존성을 강조하는 현대적 특성에 부합되게 차량에 장착하는 형태로 다양하게 발전하고 있는데, 최근에는 자동화된 사격통제장치를 보유한 자주박격포가 출현하였다.

현재 운용중인 전통적 구조의 박격포는 1900년대 초 프랑스에서 개발되었으며, 미국을 비롯한 전 세계에 보급되었다. 박격포는 초기의 보병 휴대 운반형인 구경 60, 81 mm(동구권 82 mm)급에서 1980년대 이후 120, 160 mm 대구경 박격포로 전환되었고, 현재는 4.2인치(207 mm), 240 mm, 420 mm까지 등장하였다. 그러나 세계적으로 주력체계는 점차 120 mm급으로 전환되어 견인형 및 탑재형으로 운용되고 있다.

현재 각국에서 운용중이거나 개발 중인 박격포는 그 성능이 최근 크게 향상되어 60 mm

급 박격포는 사거리가 1.5~2.0 km에서 3.5~4.0 km 수준으로, 81 mm급 박격포는 3.5~5.0 km에서 5.5~7.0 km까지 연장되었다.

2) 발전추세

1910년 경 박격포가 등장한 이후로 수십 년 동안 구조에서는 큰 변화가 없으면서도 대구경화, 사거리 증대, 경량화, 발사속도의 증대, 탄 위력의 증대 등 지속적인 성능향상이 이루어져 왔으며, 최근에는 현대전의 전투개념 변화에 따라 기동성, 생존성, 화생방 방호 능력을 갖춘 자주박격포와 다련장 박격포 등이 등장하고 있는 추세이다.

가) 대구경화 및 단일화

보병이 신속하고도 충분한 포병의 화력지원을 받을 수 있었던 과거에는 보병이 무거운 대구경 박격포를 운용할 필요가 없었으나, 오늘날에는 포병의 주력 화포가 155 mm 구경으로서 종심 깊은 적 표적 제압을 대상으로 운용개념이 변화하고 있어서 보병의 자구적인 측면에서 화력이 큰 대구경 박격포가 요구되며, 실제적으로 그렇게 추진되고 있는 것이 세계적인 추세이다.

박격포 구경의 발전추세를 살펴보면 서구권 국가들은 60, 81 mm, 4.2인치 및 120 mm 등을, 러시아를 비롯한 동구권 국가들은 보병부대의 주요 화력지원화기로 박격포체계를 매우 선호하여 82, 120, 160, 240 mm를 개발하여 운용하여 왔다. 그러나 최근 들어 동서양을 막론하고 박격포체계의 주력 구경은 120 mm로 통합되고 있는 추세이다.

나) 사거리 증대

일반적으로 사거리를 증대시키는 방법으로는 포열 길이를 증대시키거나, 탄두에 작용하는 약실압력을 증가시켜 포구속도를 증대시킴으로써 가능하다. 그러나 박격포의 포열 길이는 인간공학적 측면과 탑재형의 경우 장갑차 내부 공간 측면에서 약 2 m 수준으로 제한되며, 약실압력도 사격시의 충격력 등과 같은 기술적 요소에 의해 제한을 받아서 고폭탄으로 달성 가능한 120 mm 박격포의 최대사거리는 8.5 km 내외로 하고 있다.

다) 발사속도의 증대

박격포의 발사속도를 증가시키는 한 방법으로 다수의 포탄을 동시에 발사하는 방식인 스위스의 쌍열 박격포와 이라크의 다련장 박격포가 제작되었다. 그러나 대부분의 국가에서는 장갑차량에 탑재하여 자동장전장치를 부착하고 탄 발사속도를 증가시키는 방향으로 개발을 추진 중에 있다.

라) 살상위력 증대

살상력의 증대는 다목적 근접신관을 이용하여 일정한 지상 높이에서 공중 폭발시키거나 탄체의 파편효과를 증대시키는 재질을 사용하거나, 위력이 큰 충전폭약을 사용하는 방법 등으로 가능하다. 또한 탄체 내에 수십 개의 자탄을 넣은 분산탄을 사용하는 경우로서 살상위력을 약 2배 이상 증대시키고, 자탄이 갖는 성향장약에 의한 장갑판 관통능력도 보유하고 있다.

마) 경량화 추구

박격포는 운용 목적 상 보병이 휴대운반을 하여야 하는 60 mm 및 81 mm급 박격포와 필요시 단 · 중거리 휴대운반을 필요로 하는 특수부대용 120 mm 박격포는 중량을 대폭 감소시킨 경량 박격포로 발전하고 있다.

박격포의 주요 구성품인 포열, 포다리, 포판 자체를 현재 사용하고 있는 강철 대신 알루미늄 합금, 마그네슘 합금, 복합재료 등과 같은 경량소재를 사용하고, 포다리의 구조개선, 포신 두께의 최적화 등을 통하여 경량화를 추구하는 추세이다. 또한 포신과 포판 사이의 완충장치를 사용하여 포판을 소형화하는 방법으로 경량화를 추진하고 있다.

바) 자주화

기동성 제공을 통한 생존성 증대 측면에서 장갑차를 중심으로 한 자주화가 이루어지고 있는데, 일반적으로 차체는 타 무기체계 차체와 공용하면서 차량 탑재형과 포탑형 자주박격포인 두 가지 형태의 구조를 갖고 있다.

포탑형 자주박격포는 NBC 방호가 가능하고 필요시 탄약을 자동장전하면서 직사 사격도 구현할 수 있는 형태로 발전되는 추세이다. 한편으로 탑재형 자주박격포는 직사 사격이 불가하고 사격간 NBC 방호가 어렵다는 제한이 있으나 생산 및 정비유지 비용이 저렴한 경제적 이점이 있어서 현재 상태로 운용될 것이다.

사) 활강 혹은 강선 포열의 채택

120 mm 박격포의 경우 현재 일반적으로 운용중인 활강식과 프랑스에서 개발되어 각국에서 운용중인 강선식 박격포 두 종류가 사용되고 있다.

활강식 박격포는 날개 안정탄을 사용하므로 비행탄도가 안정적이고, 85° 고각까지 사격이 가능하여 산악전투 및 시가전에서 유리하며, 최소사거리가 약 200 m 수준으로서 근접화력지원 능력을 제공할 수 있다. 그러나 날개 안정탄의 특성상 비행 중 공기의 영향을 상대적으로 많이 받으므로 강선식 박격포보다 분산도가 큰 단점이 있으나 고사계사격이 많아 탄착 시 낙각이 크므로 탄두 위력은 강선식과 거의 대등하다.

강선식 박격포는 회전 안정탄을 사용함으로써 분산도가 상대적으로 낮으므로 초탄 명중률이 높다. 또한 상대적으로 탄두의 크기가 날개 안정탄보다 크므로 동일 낙각의 경우 탄두 위력이 날개 안정탄보다 다소 클 수 있다. 반면에 탄두 비행 특성상 65° 고각까지만 사격이 가능하므로 산악전투 및 시가전에서 불리하고, 최소사거리가 약 1100 m 수준으로 근접 화력지원에 제한을 받는 단점이 있다.

아) 사격통제장치의 자동화

장차의 박격포는 사격통제장치가 자동화되어 사격임무가 하달되면 GPS 및 관성항법장치를 이용하여 자기 위치를 식별하고, 입력된 적의 좌표를 이용하여 디지털 탄도계산을 실시함으로써 초탄명중이 가능하도록 탄종, 장약, 사각, 편각 등의 사격제원이 산출되어 포신이 조준되도록 할 것이다. 한편 탄약 장전은 일반적으로 포구장전이지만 포탑형의 경우는 포미로 자동장전하고, 탑재형은 포신 하단부위의 탄약 트레이에 올려놓은 탄약이 포구위치로 상승되어 포강에 삽입되도록 발전할 것이다. 이러한 개념을 이용하여 미국은 무인화 원격조정 120 mm 자주형 박격포인 Dragon Fire를 시험 중에 있다.

라. 대전차무기

1) 운용개념

일반적으로 대전차무기는 적 전차를 파괴하거나, 무력화 또는 기동을 방해함으로써 적의 기동화력을 상실 또는 저지하기 위해 사용되는 무기들을 통칭한 것이다. 대전차무기는 초기에는 텅스텐 철심이 들어있는 기관총탄이 사용되었고, 그 후 13 mm 대전차총이 개발되었으며, 1930년대 들어 37 mm, 57 mm 대전차포가 개발되기에 이르렀다. 이후 무반동총, 대전차로켓에 이어 현재의 대전차 유도미사일이 등장하게 되었다.

대전차무기는 사용 제대별로 보병용, 기갑용, 포병용, 항공용, 공병용 대전차무기로 분류되나, 본 절에서는 보병용 대전차무기에 국한하여 제시하고자 한다.

보병용 대전차무기는 보병이 전투전단에서 적의 주력전차와 조우하였을 경우 적 전차를 공격하거나 적 전차의 공격을 방어하기 위해 운용되는 근접 대전차 전용 무기체계이기 때문에 기타 대전차전에 활용할 수 있는 무기체계와 구분하여 다음과 같이 분류할 수 있다.

단거리 대전차무기는 현대 전차의 장갑두께가 크게 증가하여 과거의 개인 휴대용 단거리 대전차무기로 사용하였던 57 mm, 90 mm급 무반동총이나 대전차 로켓무기로는 주력전차의 전면 장갑을 공격하기 보다는 경질 표적 및 콘크리트 구조물(벙커, 도시형 건물 등)을 공격할 수 있는 다목적 무기 또는 벙커 파괴무기로 활용하고 있다. 일반적으로 장갑 관통력이 450 mm 이하인 경우를 대장갑무기, 그 이상인 경우를 대전차무기로 분류하고 있다.

전차의 방호력이 증대됨에 따라 기존에 중 대전차무기(MAW)로 분류되었던 90 mm 및

표 1-6 대전차무기의 분류

구 분	내 용
운용·중량에 따른 분류	• 경(輕)대전차무기(LAW : Light Antitank Weapon) • 중(中)대전차무기(MAW : Medium Antitank Weapon) • 중(重)대전차무기(HAW : Heavy Antitank Weapon)
운용 전투종심에 따른 분류	• 단거리 대전차무기 • 중거리 대전차 유도무기 • 장거리 대전차 유도무기
화기종류에 따른 분류	• 무반동총 • 대전차 로켓무기 • 대전차 유도무기
운반수단에 따른 분류	• 휴대용 대전차무기 • 차량 탑재형 대전차무기 • 헬기 탑재형 대전차무기

106 mm 무반동총과 B10 비반충포 등의 무기체계는 대전차무기로서의 기능이 미흡하게 되고, 다목적 대장갑무기로도 부적합하여 도태되고 있는 추세이다. 또한 MAW가 개인 휴대 운용 보병대대급 편제화기로 운용됨에 따라 휴대성 및 생존성 향상을 위한 경량화가 요구되어 이 개념의 유도무기가 개발 및 운용되고 있다.

장거리 대전차유도무기는 기존의 MAW를 포함하는 개념으로서 대전차 공격조에 의한 휴대운반 운용개념도 있으나 주로 차량 및 헬기 탑재무기로 운용되고 있다. 대부분의 장거리 대전차유도무기는 2세대 반자동 시선지령(SACLOS : Semi-Automatic Command to Line of Sight) 무기로서 1970년대 전후에 개발된 이후 중거리 대전차유도무기와 같이 지속적으로 성능이 향상되어 다양한 모델이 혼용되고 있다.

2) 발전추세

현대 지상전에 있어서 전차는 주 전투장비로 화력, 기동력 및 방호력이 고도로 발달됨에 따라 전차에 대한 대응수단 발전이 불가피하게 되어 대기갑무기의 기술경쟁은 더욱 가속화될 전망이다. 현재 각국에서 운용 중에 있는 대부분의 대전차 유도탄은 유무선, 반자동 시선지령(SACLOS) 유도방식의 2세대형으로 유도탄 발사 후 표적에 명중될 때까지 표적을 추적 조준하는 방식이나, 미국, 이스라엘, 유럽 등 선진국들은 적외선 영상추적 방식에 의한 Fire & Forget 형태의 3세대 유도무기를 개발 또는 운용하고 있다.

대기갑무기는 전차의 전면 장갑 방호력이 대폭 보강됨에 따라 2세대 시선지령유도무기는 TOW-2B와 같이 상부공격 방식이나 적외선 영상추적 방식과 같이 사격 후 망각형(Fire & Forget)의 3세대 유도방식으로 발전하고 있다. 또한 전방감시 탐색기의 영상처리 기술과 대량의 영상정보를 실시간 전송하는 광섬유통신기술을 접목하여 발사 후 망각뿐만 아니라, 발사대의 전시장치를 통하여 전방감시에 의한 유도탄의 표적 유도가 가능한 FOG-M(Fiber Optic Guided Missile) 유도탄을 개발하여 사거리 연장과 대전차 유도무기의 비시선 운용 가능성을 획기적으로 향상시키고 있다. 탄두는 전차의 반응장갑에 대응하기 위해 이중으로 성형 장약탄두를 배열하거나 상부공격형 폭발성형 관통제(EFP : Explosively Formed Penetrator)를 장착하는 등 획기적으로 향상시키고 있다.

경대전차무기는 무유도 무기체계로서 첨단 사격통제장치를 부착하여 명중률 및 사거리를 증대하는 방안과 단순한 유도방식과 유도 조종 장치를 사용하는 저렴한 유도무기로 발전시키려는 방안이 대두되고 있다. 또한 서방국가들은 경대전차무기를 로봇형 무인 운용체계로 개발하여 운용하고 있다.

기동성과 생존성은 상호 연관되어 있으며, 휴대 운용하는 경(輕) 및 중(中)급 대전차무기는 가능한 한 경량화하고 있으며, 후폭풍을 감소시켜 제한된 공간에서 사격이 가능하게 함으로써 사수의 생존성을 향상시키고 있다. 차량, 장갑차 또는 헬기에 탑재 운용하는 중(重)급 대전차유도무기는 사거리를 가능한 한 연장하여 기동성과 생존성을 동시에 보장토록 하고 있다. 또한 최근 발전되고 있는 전차의 능동방어체계에 대응하기 위해 스텔스 기술을 광범위하게 적용할 것으로 예상된다.

마. 유도무기

1) 운용개념

유도무기의 발달은 제2차 세계대전 말기 독일 육군이 프랑스 해안에서 "어떻게 하면 영국 본토의 목표물을 정확히 공격할 수 있을 것인가?"라는 생각에서 고안해 낸 V-1(Buzz Bomb)과 V-2로켓이 효시이다. 이와 같이 제2차 세계대전 말부터 본격적으로 개발되기 시작한 유도 무기체계는 그동안 기술적 발전을 거듭하여 대표적인 첨단 정밀무기체계로 발전하여 왔다.

유도무기는 표적파괴를 위해 탄두를 장착하고 비행궤도를 자율적으로 제어하는 비행체를 말한다. 유도무기는 대포에서 발사되는 포탄처럼 겨냥해서 사격하는 것이 아니라 그 체계 안에 사람의 두뇌, 신경, 감각에 해당하는 장비를 갖추고 있어 발사된 후에 속도 및 방향을 측정하고 수정하여 목표에 명중시키는 기능을 갖고 있다. 이러한 유도무기는 크게 나누어기체(비행체), 유도 조종 장치, 추진기관, 탄두로 구성되어 있으며, 그 외에도 유도무기가 병기로서의 체계(system)를 형성하기 위해서는 발사대, 지상 장비, 정비장비 등의 부 체계(subsystem)를 필요로 한다.

유도무기는 공격방법에 따라 지대지, 공대지, 지대함, 함대함, 공대함, 지대공, 공대공, 함대공, 휴대용 무기 등으로 분류된다. 지상무기 범주에서는 지대지 유도무기와 지대공 유도무기, 휴대용 유도무기(대전차 유도무기)로 대별할 수 있다. 지대지 유도무기는 발사대 및 유도방식에 의거 지상에서 발사되어 지상의 전략목표를 타격하는 비행물체의 공격형 무기로서 대부분 핵탄두를 결합할 수 있는 전략무기이다.

지대공 유도무기는 지역 및 국지방공무기로 운용된다. 대전차 유도무기는 사거리에 따라 LAW, MAW, HAW급으로 분류하며 개인이 휴대하거나 차량, 헬기, 항공기에 탑재하여 운용된다.

전 세계적으로 운용되고 있는 유도무기의 종류는 220~250여 종에 이르며, 이들 유도무기는 발사지점과 표적의 위치, 표적과 탄두의 운반수단, 사거리, 사용목적에 따라 다음의 〈표 1-7〉과 같이 구분할 수 있다.

표 1-7 유도무기의 분류

<table>
<tr><th>구 분</th><th colspan="2">분 류 내 용</th><th>유 도 탄</th></tr>
<tr><td rowspan="7">발사지점과 표적의 위치</td><td colspan="2">지대지 유도무기(Surface to Surface Guided Weapon)</td><td>현무, 스커드, ATACMS</td></tr>
<tr><td colspan="2">지대공 유도무기(Surface to Air Guided Weapon)</td><td>Hawk, Patriot</td></tr>
<tr><td colspan="2">공대지 유도무기(Air to Surface Guided Weapon)</td><td>Redeye, Tomahawk</td></tr>
<tr><td colspan="2">공대공 유도무기(Air to Air Guided Weapon)</td><td>Sidewinder, Sparrow</td></tr>
<tr><td colspan="2">지대함 유도무기(Surface to Ship Guided Weapon)</td><td>Harpoon</td></tr>
<tr><td colspan="2">함대함 유도무기(Ship to Ship Guided Weapon)</td><td>Harpoon, SSM-700K(한국)</td></tr>
<tr><td colspan="2">함대공, 공대함, 대잠수함, 함대지 유도무기 등</td><td>Harpoon, Tomahawk</td></tr>
<tr><td rowspan="2">표적과 탄두 운반수단</td><td>표적 종류</td><td>대 전차 유도무기,
대 헬기 유도무기</td><td>TOW, Hellfire</td></tr>
<tr><td>운반 수단</td><td>휴대용, 궤도차량용, 차륜차량용,
레일 수송용, 항공기용,
무인항공기(UAV)용, 유도무기 등</td><td>Mistral, Milan, Javelin</td></tr>
</table>

표 1-7 계속

구 분	분 류 내 용	유 도 탄
사거리	단거리(100 km 미만)	Tomahawk, Minuteman Pershing
	중거리(100 km~2,400 km)	
	장거리(2,400 km 이상)	
사용목적	전술용 유도무기(1,500 km 이하)	ICBM
	전략용 유도무기(2,400 km 이상, 핵탄두 장착)	

유도무기는 전략적 또는 전술적 사용목적에 따라 단거리에서 장거리까지 많은 종류가 개발되고 있다. 전략유도탄은 전략 핵탄두를 탑재한 대륙간 탄도미사일(ICBM : Inter-Continental Ballistic Missile)과 같은 대형 유도탄으로 주로 공격용 무기체계 역할을 하며, 전쟁억지력의 수단이 되기도 한다. 전술유도탄은 통상 전장에서 공격 혹은 방어목적으로 사용되는 중·소형의 유도탄을 말한다.

2) 발전추세

지대지 미사일은 대량파괴, 정확도 향상, 생존성 증대 등의 발전이 전망되며, 지대공 유도무기는 정밀탐지 및 추적, 대전자전 능력 향상 등으로 발전하고 있고, 대전차 미사일은 반응장갑의 기술과 대응책의 발전에 따라 정면공격보다 상부공격용으로 전환되고 있다.

탄도탄 분야에서의 세계적 발전추세는 유도탄의 위력 증대를 위한 정확도 향상, 사거리 증대 및 탄두 다양화 기술의 발전에 중점을 두고 있으며, 유도탄의 생존성 증대와 운용능력 향상을 위해 발사대의 기동성과 신속 발사기술 발전이 추구되고 있다. 탄도탄 분야의 기술적 발전 동향을 요약하면 다음과 같다.

가) 정확도 향상

관성항법장치는 고 정밀도, 신속 반응, 고 신뢰도, 경량화, 저가화를 추구하고 있으며, 보정항법 및 종말유도가 적용되고 있다. 링레이저 자이로와 GPS의 통합적용이 일반적 추세로서 미국의 전술유도탄인 ATACMS(Army Tactical Missile System)와 중국의 DF-11A, 15A에 적용하고 있으며, 앞으로 계획되는 모든 유도탄에 적용될 것으로 보인다. 또한 지능자탄과 같이 단거리 탄도탄에 각종 탐색기가 탑재되어 고정표적뿐만 아니라 이동표적도 타격이 가능할 것이며, 전천후 주야간으로 더욱 높은 정확도를 갖게 될 것이다.

나) 사거리 증대

현재 고성능 추진제와 복합소재의 경량화 추진기관이 일반화되고 있으며, 미래 추진기관으로 비추력이 높고 추력조절이 가능한 추진기관들이 연구되고 있다. 현재 활발히 연구되는 것은 핀틀(pintle) 모터와 겔(gel) 추진기관이다. 이 두 추진기관은 연료 저장성과 안정성이 뛰어난 고체 추진기관의 특성을 가지고 있으면서도 액체 추진기관의 장점인 추력조절 성능을 동시에 갖고 있다.

다) 파괴력 증대

탄종 및 크기가 표적별로 선정 가능한 고성능 탄두를 탑재할 수 있도록 발전하고 있다. 자탄별 종말유도로 표적을 효과적으로 제압하기 위해 영상, 적외선, 초고주파 탐색기를 활용하는 추세이다. 전술 탄도탄에서는 민간 피해를 최소화 하면서 견고한 군사표적만을 무력화시키는 능력의 중대가 요구되므로, 넓이보다 깊이 방향의 탄두효과가 중시되고 있다.

라) 운용적 발전

운용 면에서 볼 때 단거리 탄도탄 단독으로 운용되기보다는 C4ISR과 연계하여 신속발사가 가능하도록 사격통제 기술이 발전하고 있다. 유도탄은 지상 이동용, 함상용, 잠수함용 등으로 다양하게 기동화 된 발사 플랫폼에서 운용 가능하도록 발전하고 있다.

전술유도탄은 보증탄 개념의 발사관 일체형으로 궤도식 장갑차량에 탑재하여 기동성을 향상시키고 있으며, 별도의 전원공급 차량 및 사격통제 차량 없이 발사대 1대로 모든 지상운용을 하고 있다. 체계 생존성 증대를 위하여 유도탄 스텔스화와 무연추진제를 사용하고, 대공방어에 대처하기 위해 레이더 신호를 추적하여 방어 레이더를 파괴하거나 대공방어 미사일을 탐지하여 조우 직전에 회피기동을 함으로써 위협을 피한 후 지상표적을 명중시키는 능동방호도 발전되고 있다.

발사대 역시 스텔스화, 장갑화와 더불어 능동방호체계를 겸비하는 추세이다. 또한 순기비용을 줄이기 위한 통합적 종합군수지원(ILS) 적용과 상용장비의 군용 적용화 기술개발도 발전되고 있다.

각종 감시와 규제의 특별대상이 되고 있는 장거리 탄도탄과 달리 전술용 단거리 탄도유도탄은 미사일 기술 통제체제(MTCR : Missile Technology Control Regime) 규제범위인 사거리 300 km, 탄두무게 500 kg을 넘지 않는 선에서 계속 개발되고 있다.

미래의 기술개발 측면은 적외선 영상과 밀리미터파 등 각종 탐색기를 이용하여 이동표적에 대한 정확도가 더욱 향상될 것이고, 재밍기술에 대응하여 GPS 정확도를 유지하기 위한 안티 재밍 기술도 함께 발전할 것으로 보인다.

3. 기동 무기체계

기동 무기체계는 전차, 장갑차, 전투차량, 기동 및 대기동 지원장비, 지상무인전투체계 및 개인전투체계로 분류된다. 본 절에서는 전차 및 장갑차와 주로 공병장비로 구성되어 있는 기동 및 대기동 지원장비에 국한하여 알아본다.

가. 전 차

1) 운용개념

영국은 제1차 세계대전 당시 참호전으로 인해 교착상태에 빠진 서부전선에서 적의 화력으로부터 방호를 제공받음과 동시에 진지를 공격할 수 있는 새로운 무기체계를 개발하였는데 이것이 최초의 전차이다.

그 후 제1차 세계대전을 거치면서 세계 각국은 고유의 전차를 개발하였으며, 처음에는 보병공격의 보조역할을 하는 수준이었으나 제2차 세계대전시에는 1차 세계대전의 경험을 바탕으로 성능이 크게 향상되어 전차의 성능이 전투의 승패를 가늠하는 결정적인 역할을 하였다.

전차는 화력, 기동력, 방호력이 결합된 복합기능을 갖는 무기체계이다. 이러한 복합기능의 기능별 비중은 전차의 발전과 전쟁양상, 그리고 기술수준에 따라 국가별로 차이를 갖고 변화해 왔으며, 최근에는 이들 세 가지의 기능이 조화를 이루면서 생존성과 체계의 신뢰성을 향상시키는 방향으로 발전하고 있다.

전차는 넓은 전장에 분포되어 있는 표적이나 이동하는 표적을 신속하고 정확하게 타격할 수 있을 뿐만 아니라 적의 각종 위협에 대해서는 충분히 보호될 수 있도록 운용된다. 따라서 전차는 적의 전차나 진지를 제압할 수 있는 화력을 보유하고 높은 기동력으로 전장을 신속히 기동하면서 전투를 수행해야 하는 무기체계로, 그 구성은 일반적으로 무장을 탑재하고 회전이 가능한 포 및 포탑, 주행 장치와 동력장치를 장착한 차체로 이루어진다. 전차를 운용하는 승무원은 통상 전차장, 포수 그리고 탄약수 등 4명으로 편성되나 자동장전장치가 장착된 일부 전차에서는 그 이하의 승무원으로도 운용되고 있다. 조종수는 전차의 선단부분에 위치하고 해치를 닫은 상태에서는 잠망경을 이용해 운행과 전방관측이 가능하고, 야간에는 야시장비를 이용한 기동도 가능하다. 전차장과 포수, 그리고 탄약수는 포탑 내에 위치하여 포탑과 함께 회전하도록 함으로써 사격을 신속하게 할 수 있다.

최근에 와서 대전차지뢰, 대전차 미사일 및 대전차 공격헬기 등과 같은 대전차 공격수단이 급속히 발전하고 전쟁의 형태가 각종 첨단무기들이 운용되는 전자전 형태로 변화됨에 따라 일부에서는 전차 무용론이 대두되기도 했다. 그러나 최근의 이라크전에서 증명되었듯이 기갑부대 중심의 강력한 공격력을 바탕으로 한 지상전을 통해서만 적의 군사력 및 전쟁의지를 말살하고 전쟁 수행목표를 달성할 수 있다는 사실로부터 기갑전력의 핵심인 전차의 중요성은 변하지 않았으며, 장차전에서 계속 중요한 역할을 수행할 것이 확실시 된다. 전차에 대한 이러한 기대는 전차라는 무기체계가 순간 교전성과 명중도가 매우 우수하고 근거리 전투에서 비효과 지역이 없으며, 전자파 방해로부터 안전하여 제일선 작전에 필수적으로 사용될 수 있다는 기능상의 독특성과 이를 대체할 수 있는 지상무기체계가 없다는 데에 기반을 두고 있다.

전차는 임무수행 역할에 따라 다음과 같이 분류할 수 있다.

가) 전투용 전차
나) 구난용 전차 : 전차 고장발생 시 구난용으로 사용
다) 교량용 전차 : 전차가 계곡 통과를 위한 교량용으로 사용

전차는 제1, 2차 세계대전, 중동전 및 걸프전 등을 통해 발전하여 왔으며, 개발시기 또는 기술적 관점을 고려하여 분류하면 다음과 같다.

표 1-8 전차의 세대별 구분

구 분	특 징	주 력 전 차
제1세대 (~1960년)	• 주포구경 : 90 mm급 • 광학식 사통장치 • 가솔린 엔진	• M47, M48(미) • Centurion • AMX 13(프) • T-54, 55(러) • 61식(일)
제2세대 ('61~1970년)	• 주포구경 : 105 mm급 • APDS* 탄 등장 • 사통장치 성능향상 • 포 안정장치/적외선, 야시장비 탑재 • 디젤엔진	• M60(미) • Chieftain • AMX 30(프) • T-62(러) • Leopard(독)
잠정세대 ('71~1980년)	• 주포구경 : 115 mm • 날개안정철갑탄(APFSDS)** 사용 • 레이저 거리 측정기 • 전자계산기 * 2세대 전차의 성능개량	• M60A2, 3(미) • AMX 32(프) • T-64, 72(러) • LP-1A4(독) • 74식(일) • Merkava(이)

표 1-8 계속

구 분	특 징	주 력 전 차
제3세대 ('81~1990년)	• 주포구경 : 120~125 mm급 • 최신 사통장치 및 열 영상장치 부착 • 화생방 방호 및 특수 장갑	• K1, K1A1(한) • M1, M1A2(미) • T-80(러) • Leopard-2(독) • 90식(일) • MK Ⅱ, Ⅲ(이) • 80식, 90식(중)
제4세대 (1991년~)	• 주포구경 : 135~140 mm급 • 레이저 경보장치 및 신 장갑 장착 • 자동 항법장치 및 인공지능 시스템	• 차기세대 전차

* APDS : Armor Piercing Discasting Sabot

** APFSDS : Armor Piercing Fin Stabilized Dicasting Sabot

2) 발전추세

세계 각국은 미래전에 대비하여 지상전의 핵심 무기체계인 전차에 대한 연구를 진행하고 있다. 각국의 미래 전차는 소형화·경량화와 함께 전자장비와 발달된 컴퓨터를 이용하여 자동화, 디지털화될 전망이며, 특히 정보통신의 발달에 따라 정보공유를 통한 통합된 전투수행이 가능할 것으로 보인다.

가) 방호력

동력장치의 소형 고출력화, 각 기능장치의 소형화 및 집중화, 자동장전장치에 따른 승무원의 감소 등을 통해 전차의 체적을 감소시켜 적에 의한 피탐지율 및 피탄율이 감소될 것이다.

장갑 측면에 있어 장갑판 재료의 개발과 설계의 혁신으로 방호력이 증대되며, 능동방호 시스템 채택으로 적의 위협을 사전에 탐지 및 경고하고 이를 효과적으로 방어하거나 피해를 최소화하도록 발전할 것이다. 또한 생존성 보장을 위해 스텔스 기능 또한 검토 및 발전되고 있다.

나) 기동력

전차는 체적 감소와 동시에 중량도 감소시켜 20~30톤 사이에서 미래 전차의 중량이 결정될 것으로 보여 현재의 주력 전차에 비해 기동력이 크게 향상될 것이다. 미래 전차의 전체 시스템은 전기 구동식으로 동력장치 분야는 엔진과 변속기를 전자 제어하여 지형에 적합한 출력을 제어토록 함으로써 고속기동, 연비향상, 차체 안정성이 향상될 것이다. 특히 능동현수장치를 채택하여 지형의 요철에 따라 자세를 능동적으로 제어함으로써 차체의 흔들림에 의한 영향 없이 고속주행이 가능하게 될 것이다.

다) 화력

전차포는 현재 고체 추진제로 인한 한계를 극복하기 위해 전열 화학포, 레일 건 등을 장착하여 탄의 관통력이 크게 향상될 것이다. 사격통제장치는 전자화, 자동화되어 탄도계산기와 자동화 시스템이 연결된 헌터-킬러 기능, 신속한 사격 및 연속사격이 가능한 자동장전장치, 열상장비와 신호처리 기법의 발전에 따른 자동 표적탐지 및 추적기능이 적용되어 공격력이 크게 향상될 것이다.

라) 전장관리시스템(BMS : Battle Management System)

미래 전차는 비트로닉스(Vetronics)[13]에 의해 이러한 방호력, 기동력, 화력을 통합하여 제어하는 것이 가능하게 될 것이다. 즉 무인정찰기나 인공위성에 의한 정확한 정보획득을 통해 효율적인 지휘통제가 가능하도록 C4I체계, 전자 감시체계 및 정밀타격체계 등을 하나로 통합하여 전투효율의 극대화와 다차원 동시 · 통합전투가 가능하게 하는 전장관리시스템이 미래 전차에 적용될 것이다.

나. 장갑차

1) 운용개념

독일은 제2차 세계대전의 유럽 동부전선 전투 시 전차를 동반한 보병이 차량에 탑승한 경우에도 전투를 수행함으로서 강력한 저항을 제압할 수 있는 차량의 필요성을 절감하였고, 이러한 필요성에 의해 최초로 개발한 무기체계이다.

초기의 장갑차는 전장에서 보병에게 기동력과 방호력을 제공하며, 전차만으로는 탈취한 목표의 계속적인 확보가 곤란함에 따라 전차와 협동작전을 수행할 수 있는 보병의 능력이 요구되었으며, 이를 위해 인원 수송용 차량(APC : Armored Personnel Carrier)이 개발되었고, 보병은 하차한 상태에서만 전투가 가능하였다. 그러나 독일은 제2차 세계대전 중 유럽 동부전선에서 얻은 경험을 토대로 전차를 동반한 보병이 적의 강력한 저항을 제압하려면 탑승한 상태에서 전투를 할 수 있어야 한다는 유리한 점을 강조하여 탑승전투의 새로운 전술개념을 발전시켰다. 이에 따라 세계 각국에서는 차체 내에 총안구와 관측구를 설치, 개인화

13) 비트로닉스(Vetronics) : Vehicle과 Electronics의 합성어로 컴퓨터, 통신장비, 데이터 버스 시스템 및 각종 센서 등 전차에 탑재되는 전자장비의 통합된 시스템.

기를 사용할 수 있게 설계하여 탑승전투가 가능하고 적의 장갑차 파괴, 하차 보병에 대한 화력지원 등이 가능하며, 도하작전 시 교두보 확보능력이 가능한 보병 전투장갑차(IFV : Infantry Fighting Vehicle)를 개발하였다.

일반적으로 보병 전투장갑차의 운용개념은 다음과 같이 요약할 수 있다.

가) 기갑 및 기계화부대에 편성하여 단독 또는 보전포 협동작전을 수행한다.
나) 대장갑차량 파괴 및 인원 살상을 주 임무로 하고 필요시 대공사격 임무를 수행한다.
다) 전투병력을 수송한다.
라) 탑승전투를 수행하고 대장갑파괴가 가능한 무장을 탑재·운용한다.
마) 기동간 및 주야간 전천후 임무를 수행한다.
바) 수상 및 고·저온 하 등 혹독한 작전환경에서 운용이 가능하다.

장갑차는 전술적 운용요구에 따라 다양하게 개발 운용되고 있으며, 전투용 장갑차를 기본형으로 하고 그 기본형 차체를 활용하여 다음과 같이 계열화하고 있다.

가) 전투용 장갑차(IFV)
나) 인원 수송용 장갑차(APC)
다) 전투지휘용 장갑차
라) 박격포 탑재 장갑차
마) 화기 탑재 장갑차
바) 화생방 정찰용 장갑차
사) 구난용 장갑차
아) 탄약 운반용 장갑차
자) 구급용 장갑차
차) 전투 공병용 장갑차
카) 수륙 양용 장갑차

2) 발전추세

전차로만 구성된 기계화부대는 기동속도를 가진 보병과의 협동작전이 요구되는 바, 이는 장갑화된 차량을 이용한 기계화보병에 의해 보완이 가능하다. 그러므로 인원 수송용 차량에서 대 기갑전투가 가능한 수준의 전투능력까지 보유한 보병 전투장갑차로의 발전이 요구되고 있다. 이러한 요구에 부응하기 위한 미래의 장갑차는 포와 미사일을 동시에 장착하고 주야간 및 기동 간 사격능력을 갖추며, 관성항법과 GPS를 채택하고, 경량화된 신 장갑 재료와 능동 방호력을 갖춘 생존성 보장과 야지 기동성을 구비하여 전장관리시스템에 의한 전천후 고속 기동전을 수행할 수 있는 체계로 발전할 것이다.

장갑차의 각 항목별 발전추세를 요약하면 다음과 같다.

표 1-9 대전차무기의 분류

구 분	항 목	발 전 추 세
체계	차체크기	승무원 및 보병의 임무에 따라 최적의 공간 배치
	전투중량	방호력 향상 및 계열화에 따라 20~30톤 수준
	재 료	중량 감소를 위한 신 장갑재료 적용
	체계공학	동시 공학 및 시뮬레이션 기술
기동력	톤당마력	25마력/톤 이상으로 엔진 고출력화
	야지 주행성	전차와의 협동작전 및 야지주행성 향상을 위한 현수장치 능력 증대
	수상 운행성	수상 운행 및 안정성을 고려한 보조키트와 수상 추진키트 적용 증대
화 력	주 무장	적 위협분석에 따라 중구경 화기 탑재
	대전차무기	대전차능력 확보를 위한 유도무기 탑재
	사격통제 장 치	기동간, 주야간 전천후 사격능력 및 표적획득 능력을 고려한 사격통제장치 구성 : 전장관리체계(BMS)와 연계하여 전장의 디지털화
방호력	방호구조	방호력 수준에 따라 부가 장갑 적용
	피탐지성	장갑 재질, 장갑 배열 및 부가 장갑종류에 따라 최적화 설계 및 모듈화 장갑
	화생방 방호	양압 유지, 식별, 경보 및 전파
	기 타	생존성 증대를 위한 체계의 외부 방출신호 감소 및 외부 형상관리(Signature Management)

다. 기동 및 대기동 지원장비

1) 운용개념

기동 지원장비는 전투부대의 기동을 지원하는 수단으로 하천이나 계곡, 경사지 등을 극복할 수 있는 **도하 및 간격극복 장비**와 인공장애물이나 지뢰지대를 통과할 수 있도록 통로를 개척해주는 **통로개척 장비**로 구분된다.

도하 및 간격극복 장비로는 리본부교, 간편 조립교, 교량전차 등이 있다.

가) 리본부교

사단급 부대의 도하작전을 지원하며, 가설길이 213 m, 폭 8.13 m로 60톤의 하중을 지탱할 수 있고, 1개 중대 규모의 병력이 구축하는데 약 1시간 정도 소요된다.

나) 간편 조립교

사단 규모의 기동작전을 지원하며, 파괴된 교량을 복구하는데 운용되는 트러스식 교량이다. 가설길이는 최대 49.4 m, 폭 4 m로 60톤의 하중을 견디며 24명이 구축하는데 60분 정도 소요된다.

다) 교량전차

K-1전차의 차체를 사용하는 접철식 간격극복 장비로 기갑 및 기계화부대의 기동속도를 보장하며, 가설길이는 20.5 m로 3명이 설치 시 3분, 회수 시 10분이 소요된다.

통로개척 장비로는 장갑전투도자, 지뢰지대 통로개척용 장비, 다목적 굴삭기 등이 있다.

라) 장갑전투도자

기동로 개척, 장애물 및 진지구축 장비로 자체 수상도하가 가능한 장갑화된 장비이다.

마) 지뢰지대 통로개척 장비

지뢰지대나 철조망 같은 장애물을 제거하기 위한 장비로 휴대용 통로개척 장비인 POMINSⅡ(Portable Mine Neutralization System)와 차량에 견인하여 운용하는 MICLIC (Mine Clearing Line Charge)이 있다.

바) 다목적 굴삭기

장애물의 설치, 제거, 도로개설 및 복구, 방호시설 구축, 중량물 적하 지원 등 다양한 능력을 발휘하는 장비이다.

대기동 지원장비는 적의 기동을 차단하거나 기동속도를 둔화시키기 위하여 지뢰지대와 같은 장애물 설치에 운용되는 장비이다.

지뢰지대 설치를 위한 지뢰살포기는 적의 기동을 제한하기 위한 대인 및 대전차 지뢰의 지상 살포수단으로 살포거리는 40 m이며, 지뢰의 자폭시간을 조정할 수 있는 장비이다.

도로대화구 폭파 킷(KM180)은 도로, 비행장 등에 대화구(큰 웅덩이)를 형성하여 적의 기동을 방해하기 위한 장비로 1개 폭파 킷은 폭 5 m, 깊이 1.2 m의 화구를 형성할 수 있으며, 최대 15개까지 폭파 킷을 연결하여 사용할 수 있다.

2) 발전추세

도하장비는 전투부대와 함께 기동하면서 어떠한 지형이나 전투여건 하에서도 신속히 간격 장애물을 극복할 수 있도록 차량 탑재, 교량 전차, 트레일러 탑재교, 자주부교 및 문교형태로 발전하고 있으며, 통과 하중 증대, 교량 경량화 및 모듈화, 가설 및 회수의 자동화 방향으로 발전되고 있다.

전투공병 장비는 기동력을 향상시키고 작업 장비를 다수 탑재하여 융통성 있게 임무를 할 수 있도록 기동화, 장갑화, 다기능화뿐만 아니라 전자제어장치의 발달에 따른 새로운 기능의 추가와 사용자 편의성을 제고하는 방향으로 발전하고 있다.

지뢰부설 및 탐지장비 중 지뢰부설 장비는 전자식 자기감응센서에 의해 목표물에 직접 접촉하지 않고 격파범위에 들어오면 자동 폭파되도록 함으로써 기폭률을 증대시키는 한편 설치한 지뢰를 전파신호를 이용 원격조종으로 폭파시킬 수 있는 지뢰도 개발되고 있다. 또한 요망되는 저지시간 이후에는 자동적으로 폭발함으로서 아군 행로의 장애요소를 해소하고, 다양한 지뢰투발 수단에 의해 다목적 운영지뢰로 발전하고 있다.

탐지장비는 근거리 전자식 지뢰탐지기의 성능 향상과 헬기에 탐지 헤드를 장착한 반사레이더 조사식으로 저공 저속 비행을 통하여 지뢰지대를 탐지하는 원거리 탐지기술의 발전과 폭약식, 기계식 및 전자식 무력화 장비의 개발이 전망된다.

4. 방호 무기체계

방호 무기체계는 방공 무기체계와 화생방 무기체계로 구분된다.

가. 방공 무기체계

1) 운용개념

방공무기는 전쟁양상이 지상전 중심에서 공지 합동전으로 전환되면서 출현하여, 제공권 확보 중요성의 증대와 함께 발전을 거듭하여 왔다.

최초의 대공포는 1870년 보불전쟁 당시 기구에 대한 방어수단으로 개발된 65 mm 고사포였는데, 이는 기존의 야포를 고각사격이 가능하도록 개조한 것이었다. 이어 1870년 프랑스에서는 표적의 진행속도를 고려하여 사전에 폭파시기 장입이 가능한 75 mm 고사포를 개발하였으나 성능은 주간에 2,000～4,000 m 고도의 비행기를 공격할 때 평균 4,000발에 1발이 명중될 정도였다. 제1차 세계대전 기간 동안 비행선과 항공기에 의한 폭탄투하가 본격화되면서 각국에서는 대공포의 필요성을 절감하여 이의 개발에 적극 참여하게 되었으며, 그 결과 종전 이후에는 원거리 측정이 가능하고 포구속도와 발사속도가 크게 향상된 대공포가 등장하게 되었다.

이러한 75～120 mm의 고사포 계열 대구경 대공포는 제2차 세계대전까지 대공무기의 주를 이루었으나 제2차 세계대전 이후 대공미사일이 출현하면서부터 큰 변화를 가져오게 되었다. 즉, 대공미사일이 기존의 대구경 고사포 계열이 방어하던 중·장거리를 담당하면서 고사포계열의 대공포가 서서히 자취를 감추고 오늘날과 같은 대공무기체계의 틀이 갖춰지게 된 것이다.

방공무기는 대기권 내의 적 유도탄 및 항공기를 파괴 또는 무력화하거나 공격효과를 감소시키기 위하여 사용되는 제반 무기체계로서 일반적으로 지대공 유도탄(SAM : Surface to Air Missile), 대공포, 복합 대공화기, 그리고 이들 무기의 탄약체계와 단위 무기체계들로 구성된다. 이 가운데 지대공 유도무기는 유효사거리에 따라 장거리, 중거리 및 단거리 지대공 유도무기와 휴대용 대공 유도무기(PSAM : Portable Surface to Air Missile)로 구분된다.

현재 세계적으로 운용되는 방공 무기체계는 크게 대공포와 유도무기로 나누어지는데 대공포는 대부분 20~40 mm의 소구경으로 저고도 근거리 방어를 담당하고, 대공포의 사거리를 벗어나는 표적에 대하여는 각종 유도무기가 운용된다.

표 1-10 방공무기의 분류

구 분		주요 무기체계
대공포 (Gun)	중구경 대공포	비호(30 mm), 대공포(40 mm)
	소구경 대공포	발칸(20 mm), M45/55(12.7 mm)
지대지 유도무기 (SAM)	중·고고도 및 장거리 SAM	나이키(NIKE), 페트리어트(Patriot)
	중·저고도 및 중거리 SAM	호크(Hawk), M-SAM
	단거리 SAM	천마
	휴대용 SAM	재블린, 미스트랄, 신궁(K-PSAM)

방공작전은 육군과 공군의 상호협조 하에 중·고고도 이상에서 이루어지는 지역방공은 공군에서, 중·저고도 이하에서 이루어지는 국지방공은 육군에서 주로 실시한다. 여기에서 고도에 대한 기준은 NATO의 수직 고도분류 기준을 따른다.

표 1-11 나토의 수직고도 분류기준

구 분	지상고도(m)
초 고고도	15,000 이상
고고도	7,500~15,000
중고도	600~7,500
저고도	150~600
초 저고도	150 이하

초 고고도 및 고고도에서는 주로 전천후 작전능력과 전자전 대응능력이 우수한 유도무기가 사용되는데, 우리나라에서 운용하는 고고도 이상의 방공무기로는 공군에서 운용하는 호크나 나이키 허큘리스 등이 있다.

한편 중고도 이내는 국지방공이 이루어지는 고도로 사거리 9 km 이내에서는 천마가 운용되고, 사거리 5 km 이내에서는 스팅거(stinger), 미스트랄(mistral), 신궁 등의 휴대용 미사일, 그리고 사거리 3 km 이내의 근거리에서는 발칸, 오리콘, 비호 등의 대공포가 각각 운용된다.

2) 발전추세

방공무기는 자주화, Gun과 SAM을 통합한 복합화, 전천후 주야간 및 적 전자공격에 대비한 탐지 · 추적 센서의 이중화, 명중률 및 대응성 향상 추세로 발전하고 있으며, 일부 체계는 동시 교전능력, 정밀유도무기 요격능력 등도 보유하고 있다. 이에 따라 향후 방공무기체계는 Gun, 탐지 및 추적레이더, 전자광학 추적기, 전동포탑, 컴퓨터, 차량 및 각종 소프트웨어가 집약된 정밀 종합무기체계로 발전될 전망이며, 이를 요약하면 다음과 같다.

가) 복합무기체계 또는 혼합 운용체계 개발

대공포와 SAM의 상호보완적인 특성을 이용하여 공중위협에 효과적으로 대처하기 위해 복합화하거나 대공포와 유도무기를 통합 운용하는 혼합 운용체계(Command Control of Gun and Missile System)로 개발되고 있다.

나) 명중률과 신속 대응력 향상

작고 빠른 표적과 교전하여 명중률을 향상시킬 수 있도록 정밀 전자 장비를 부착하고, 높은 발사율 및 낮은 분산도 형태로 정밀화될 것이다. 또한 공격하는 항공기의 노출시간이 감소함에 따라 대공포의 반응시간 단축을 위해 견인형보다는 자주형으로, 자주형에서는 정지 후 즉시 사격 또는 주행 중 사격이 가능한 형태로 발전하고 있다.

다) 전천후 주야간 공격능력 보유

항공기가 전천후 주야간 공격이 가능해짐에 따라 대공포 역시 전천후 주야간 작전능력을 보유하는 추세이다.

라) 센서의 이중화

주 추적 센서로서 Active 센서인 추적레이더와 Passive 센서인 전자광학 추적기를 전장상황에 따라 통합 또는 개별 운용하여 전자공격(EA : Electronic Attack) 및 적외선 대응수단(IRCM : Infra-Red Counter Measures) 등에 효과적으로 대응이 가능하도록 발전하고 있다.

나. 화생방 무기체계

1) 화학 보호체계

화학장비는 탐지경보체계, 보호체계, 제독장비체계, 해독 및 개인제독체계로 구분한다.

가) 탐지 경보체계

탐지 경보체계는 적의 화학작용제 공격 직후 작용제의 존재 유무 및 오염지역을 신속히 탐지하여 아군으로 하여금 보호수단을 취하게 하는 것과, 제독과정을 거친 후 작전지역에 잔류될 수 있는 작용제의 위험수준을 지속적으로 관찰하여 전투효율을 극대화하는데 있다. 이러한 화학탐지경보 장비는 운용형태에 따라 개인이 휴대하거나 고정설치 또는 차량, 함정 및 헬기에 탑재하여 조기경보용, 지속관찰용 및 정찰용 등으로 운용되며, 탐지방식에 따라 작용제와 탐지기가 접촉하여 탐지하는 점(point) 운용 탐지기와 작용제 운(雲)을 원거리에서 탐지하는 원격탐지기로 구분된다.

현재 화학 탐지 경보체계는 새로운 기술개발보다는 현용 기술을 이용하여 소형 · 경량화, 전력소모 감소 및 기능 추가를 통한 성능개량으로 발전하고 있다. 또한 새로운 작용제 발견 시 현 운용 장비에 추가적인 탐지능력을 가질 수 있는 확장성이 있고, 탐지 현황을 다른 부대나 지역으로 자동 전파해 줄 수 있는 통신 기능을 갖는 체계로 발전하고 있다.

원격탐지 기술의 경우는 탐지한 정보를 C4I체계에 전송해 주기 위한 통신기능과 화학 및 생물학 작용제를 동시에 탐지할 수 있고, 탐지거리도 원거리까지 확장할 수 있도록 발전시키고 있다. 또한 현용 장비가 주로 공기 에어로졸 형태의 화학작용제를 탐지하는 제한성을 해소하기 위해 초고주파 및 인공신경망을 이용, 지표면 아래로 침투된 작용제의 탐지와 액체작용제를 탐지할 수 있도록 발전시킴과 동시에 위성 탑재형 탐지센서 기술도 연구 및 개발 중에 있다.

나) 보호체계

화학 상황 하에서 개인 및 집단 인원을 보호하기 위해 운용되는 무기체계는 방독면, 보호의, 가스입자 여과기가 있다. 이들의 방호성능은 고성능 입자 여과지(HEPA Filter)에 의한 입자 여과 성능과 활성탄(Activated Carbon)에 의한 기체흡착 성능에 의해 발휘되며 기체, 에어로졸 상태의 화생방 오염물질로부터 인명을 보호한다.

방독면은 각각의 용도에 따라 구조적으로 다소 상이한 형태를 갖고 있긴 하지만 공통적으로 고무로 된 안면부와 입자여과지 및 활성탄으로 된 정화통으로 구성되어 있어 오염상황 하에서 호흡기를 보호할 수 있다.

침투성 보호의는 발수 · 발유(Water and Liquid Repellency) 처리된 위장무늬 외피와 분말 활성탄이 침지된 플로우레탄 폼(foam)/나일론 적층 직물의 내피를 봉제하여 제조된 것으로 외피에 의한 액체 및 에어로졸 상태의 오염물질 차단과 내피에 의한 오염 증기 흡착작용에 의해 피부를 보호할 수 있다.

가스입자여과기(KM8A3, KM13A1)는 전투차량 승무원을 보호하기 위해 운용되며, 각각 12 및 20 CFM(Cubic Feet per Minute)의 정화된 공기를 승무원의 안면에 공급할 수 있도록 입자여과기와 가스여과기로 구성되어 전차용 방독면과 연계 운용할 수 있다. 집단보호시설에서는 KM6A1(300 CFM), KM9A2(600 CFM) 가스입자여과기, 원통형 가스입자여과기(600 CFM) 등이 시설의 크기 및 설계특성을 고려, 적정한 수준의 양압을 유지할 수 있도록 설치 운용되고 있다.

방독면은 착용 압박감 해소, 호흡 저항 감소, 경량화를 목표로 하여 안면부 재료의 선정, 안면부 설계, 정화통 설계 등에 많은 노력을 기울이고 있으며, 미래 전장환경에서 예상되는 화학 및 생물학 작용제에 대해서도 방호능력을 부여하기 위해 성능향상이 꾸준히 이루어지고 있다.

보호의의 경우는 방호 성능뿐 아니라 착용감을 개선하는 것에도 중점을 두고 있다.

가스입자여과기 분야는 운영수명 향상에 초점을 맞추어 새로운 여과기술의 개발에 노력하고 있다. 현재 가스입자여과기에 사용되는 활성탄은 평시에도 대기 중 수분이나 환경오염물질 등에 의해 여과성능이 저하될 수 있으므로 활성탄의 작용제 흡착기능을 대체할 화학작용제 분해용 촉매를 사용하거나 플라즈마 발생장치를 사용하는 새로운 공기정화 기술을 실용화하기 위해 노력하고 있다.

다) 제독장비체계

제독장비체계는 오염된 장비 및 지역을 제독하기 위한 것으로 KM11 휴대용 제독기, KM13 중형 제독기, KM9 제독차 등이 있으며, 공통적으로 DS-2 및 STB와 같은 제독제가 사용되고 있다.

제독장비체계의 발전추세는 DS-2나 STB 등의 작용제가 제독능력은 우수하지만 부식성이 강해 장비의 부식을 최소화하고 환경오염 측면을 고려한 새로운 제독제를 개발하고 있으며, 이를 이용하여 인체, 장비 및 지역제독 임무를 동시에 수행할 수 있는 모듈화 된 신형제독차도 개발될 전망이다.

라) 해독 및 개인제독체계

인원이 오염되었을 때 생체를 제독하기 위한 해독제를 투여하고, 피부오염을 제독하기 위한 장비(물자)를 말한다. 현재 대부분의 국가에서 사용하고 있는 대표적인 해독제는 아드로핀 자동주사기이다.

이러한 해독제는 인체에 대한 고도의 안전성과 독성물질에 대항 유효성, 보관 및 운용상의 장기간 안정성 등에 역점을 두고 신약개발이라는 차원에서 발전되고 있다.

2) 생물학 보호체계

생물학 작용제에 대한 방어대책은 근본적으로 화학작용제의 경우와 유사한 개념으로 수립된다. 즉, 적 공격 시 신속한 탐지식별이 최우선적으로 요구되며, 물리적 보호 및 제독이 뒤따르고 감염에 대비한 치료 및 예방 등의 해독방책이 강구되어야 하는 것으로, 이들은 상호 균형 있고 조화 있게 운용되어야 효율적인 방어가 가능하다.

가) 탐지 경보체계

생물학전 방어 중 탐지 경보체계의 중요한 역할은 작용제 공격 직후 작용제의 존재유무를 신속히 탐지하고 아군으로 하여금 보호수단을 지속적으로 취하게 하여 전투효율을 극대화하는데 있다. 생물학작용제 탐지 경보장비는 생물학작용제의 고유 특성과 평상시에도 자연 환경에 상존하는 유사 작용제의 간섭성 때문에 야전에서 실시간 탐지, 식별할 수 있는 장비가 미흡한 실정이고, 현재에는 생물학 표본 수집키트로 시료를 수집하여 탐지 및 식별하는 방법으로 운용되고 있다. 그러나 가까운 장래에 대기 중 부유하는 탐지 간섭물질(세균, 곰팡이, 포자, 꽃가루 등)의 배경 기준치를 설정하고 유사시 증가되는 작용제를 실시간으로 탐지하여 최단시간(수분 내지 수 시간 이내)에 식별할 수 있는 장비가 개발될 전망이다.

미국의 경우 정찰차량에 생물학작용제를 수집 및 탐지할 수 있는 장비들을 탑재하여 이동식 실험실 개념을 갖는 생물학 통합 탐지시스템(BIDS : Biological Integrated Detection System)을 운용하며, 주요 탑재장비로는 부유 입자선별 농축기, 에어로졸 특성 분석기, 부유입자 총량 분석기, 시료 후송 장치, 기상장비 및 통신장비 등이다. 또한 바이오센서(Biosensor) 기술에 의하여 고감도 및 특이 반응성을 지닌 장비가 개발완료 단계에 있고, 열분해 질량 분석법에 의한 실시간 탐지 식별 연구도 활발히 진행되고 있다.

나) 해독체계

생물학전 해독은 예방을 최우선으로 하되, 완전한 예방이 어려울 경우에는 진단 능력과 치료대책을 향상, 사상자를 감소시켜 임무에 조속히 복귀가 가능하도록 하고 있다. 이에 따라 연구개발 프로그램은 생물학 시료수집 및 처리 분야와 함께 백신, 톡소이드, 항독소(항혈청), 항생제, 항바이러스제와 같은 예방 치료제와 신속 야전진단 식별체계 및 역학조사 분야까지 포함하고 있다.

생물학작용제에 있어서는 병원성 미생물의 작용이 하루나 이틀 정도 조금 늦게 나타난다는 점에서 방어대책의 우선순위가 늦어지는 감이 있지만 대개 탄저균과 보툴리눔 독소에 대한 방어에 각국이 주안점을 두고 있다. 일반적으로는 광범위 항생제나 화학 요법제를 써서 병원균을 살멸시키는 약품이 주종을 이루고 있으며, 탐지·식별과 더불어 예방주사와 같은 백신과 항독소를 개발하고 있는 중에 있지만 각국이 배치해둔 것은 아직 뚜렷하게 없다. 제독제도 대개는 일반 병원에서 사용하는 소독제 위주로 개발되어 있다.

해독 구성 체계별 발전방향과 핵심기술 현황은 다음과 같다.

표 1-12 해독 구성 체계에 따른 발전방향 및 핵심기술 현황

구성체계	발전방향	핵심기술
시료수집처리	• 시료수집 킷	• 시료보존 및 선택 배양
백 신	• 재조합 유전자 담체 제조 • 면역방어기전 규명 • 면역보강제 개선	• 백신용 담체제조 • 공통항원 규명 • 항원성 유전자 분석/발현
항 독 소	• 톡소이드 제조 • 융합세포주 선별 • 항독소유권자 증폭 및 발현	• 독소 정제 기술 • 인간세포 융합기술 • 항독소 유전자 분석/발현 기술
치 료 제	• 광범위 항생제	• 항생체 탐색기술
진 단 체 제	• 신속진단기법 개발 • 소요장비의 야전화	• 면역학/유전학적 식별 • 작용제별 공통 마커 개발 • 조기 식별체계 야전화

5. 감시·정찰 무기체계

감시·정찰 무기체계는 전자전 장비, 레이더 장비, 전자광학 장비, 수중 감시 장비, 기상 감시 장비 및 기타 장비로 구분되며 본 절에서는 전자전 장비와 레이더 장비에 국한하여 알아본다.

가. 전자전 장비

1) 전자지원 장비(Electronic Support)

전자지원이란 적이 방사하는 전자기 에너지를 탐색·분석·식별하는 제반 군사활동을 말한다. 즉, 적의 통신 및 비 통신장비로부터 방사되는 전자파를 탐색 → 감청 → 방탐 → 식별하여 지휘관의 결심에 필요한 정보를 지원하고, 전자전 작전(전자공격, 전자보호) 및 전술

활동(타격, 대정보, 전장피해평가) 등에 필요한 정보를 제공하며, 아군의 전자공격 및 전자보호 효과를 파악하는 것이다. 전자지원에는 전술적 위치탐지와 전술적 위협 경고도 포함된다. 전자지원의 종류는 다음과 같다.

가) 탐색 및 감청

적 통신 및 비 통신 주파수를 찾고, 탐색된 주파수의 통신내용, 전파 제원 등을 청취, 녹음, 기록하는 행위를 말한다.

나) 방탐

적 전자방사기의 도래 방향을 탐지하는 행위를 말한다.

다) 식별

감청, 방탐된 내용을 분석하여 전술적 위치를 탐지하고, 위협을 경고하는 행위를 말한다.

전자지원 장비는 주로 표적탐지와 경보를 위해 전술적 신호탐지/식별 및 방향탐지 기능을 수행하는 전자지원 장비를 운용하고 있다. 헬리콥터와 무인기를 포함한 항공기는 각종 레이더 경보수신기, 레이더 추적 및 경보장치, 레이저 경보수신기, 적외선 경보수신기, 후방경보 레이더 등 각종 경보·방호용 장비를 운용하고 있다. 함정에서도 위협을 식별하고 방탐·추적을 위해 레이더 신호 감지 및 방사기 식별을 자동으로 처리하는 각종 전자지원 장비가 운용되고 있다.

전자지원 분야는 적의 전파 방사원에서 발생하는 신호대역이 광역화됨에 따라 수신신호의 동시처리를 위한 장비대역의 광역화가 이루어지고 있으며, 전자공학의 발전에 의한 장비의 디지털화 추세에 따라 신호의 식별, 탐지(방탐), 분석 및 대응능력이 향상되고 있다.

2) 전자공격 장비(EA : Electronic Attack)

전자공격은 적의 C4I체계를 교란, 마비시키거나 전투능력을 저하, 무력화, 파괴시키기 위해 적의 병력, 장비, 시설에 대하여 전자기 또는 지향성 에너지를 사용하는 활동이다. 전술적 수준에서 전자공격은 통상 전자지원 장비와 통합 운용된다.

전자공격은 전자방해/전자기만과 같은 전자기 스펙트럼을 사용하여 적 전자기 스펙트럼의 효과적인 사용을 방해하는 비 파괴적 전자공격과, 대 방사 유도탄, 또는 지향성 에너지 등으로 인원, 장비, 물자 등을 물리적으로 파괴시키는 파괴적 전자공격으로 구분한다.

가) 전자방해(Electronic Jamming)

전자방해는 수신자의 전자파 수신을 저하 또는 방해하기 위하여 고의적으로 전자파를 방사 또는 재방사하여 적 장비에 원하지 않는 전자신호의 수신을 강요하는 활동이다. 수행방법에 따라 능동적으로 방해전파를 방사하는 전자적 방해와 피동적·기계적으로 적을 교란시키는 기계적 방해가 있으며, 전자 방해의 성공여부는 방해기의 출력, 표적과의 거리, 지형, 안테나의 형태에 따라 영향을 받는다.

나) 전자기만(Electronic Deception)

모방 전자기만과 조작 전자기만, 모의 전자기만으로 구분되는데, 모방 전자기만은 적으로 위장, 적 통신망에 직접 개입하여 허위첩보를 제공하는 것이다. 조작 전자기만은 적으로 하여금 틀린 정보를 맞는 것으로 믿게 만들어 중대한 전술적 과오를 범하게 하거나 전자방사 자산을 허비하도록 유도하는 형태이다. 모의 전자기만은 아군의 통신전자체계를 위장하기 위해 방사하는 형태이다.

다) 대방사 미사일(Anti-radiation Guidance Missile)

적 레이더에서 방사되는 전파신호를 탐지하고, 해당 레이더를 추적하여 파괴하는 미사일이다.

라) 지향성 에너지(Direction Energy)

전자기에너지를 집속하여 표적을 파괴, 무력화, 저하시키는 무기체계이다. 이러한 무기형태는 레이저, 무선주파수, 입자 빔 등이 있으며 미래 전장에서 전자전의 강력한 수단으로 활용될 전망이다.

주요 전자공격 장비로는 전자파를 이용한 적극적 공격 장비인 레이더 및 통신전파 방해장비와 기계적 레이더 전파방해 장비인 채프·플레어를 들 수 있다. 능동방해 또는 기만전파를 발사하여 고의적으로 적 전자장비의 기능을 봉쇄하거나 저하시키는 장비를 Jammer라고 하는데 Jammer는 좁은 의미에서 적극적 전자공격의 한 방법인 방해만을 의미하나, 전자전 장비로서의 Jammer는 통상 전자적 방해 기능과 전자적 기만 기능을 포함한다. 항공기 자체 보호용 ECM장비로는 적 레이더와 미사일을 방해하기 위해 항공기 외장형 Pod와 내장형 장비를 개발 운용하고 있다.

전자공격 장비의 발전추세는 제한된 Jamming 자원을 효과적으로 분할 사용하는 출력관리(Power Management) 개념에 의하나 고출력 Jamming으로 다중위협에 신속히 대응하는 추세이다. 다중위협에 동시에 대응하기 위해서는 주파수대역 분할, 시분할(Time Sharing)에 의한 Jamming 자원의 할당과 공간 분할에 의한 전자식 순간 빔 조향으로 적 레이더에 집중적인 고출력 Jamming이 가능해야 한다.

전자방해 기술로는 적 무기체계의 레이더, 통신장비 등에 대한 Jamming 효과를 크게 하기 위해 장비 Jamming 출력을 높이며, 디지털 주파수 기억(DRFM : Digital Radio Frequency Memory) 기술을 사용하여 송신 유효방사 출력을 높이는 코히어런트(Coherent)

기만기법과 같은 다양한 Jamming 기법을 적용하고 있으며, 펄스 도플러 레이더를 포함한 다기능 레이더에 대해 전파방해 능력을 갖춘 장비 등이 개발되고 있다.

최근의 신형 유도무기체계는 표적 추적 후 발사까지의 준비시간이 약 5초 이내로 단축되었는바, 적 미사일의 발사준비 전에 효과적으로 대응하기 위해 다중위협 환경에서 2~3초 이내에 대응할 수 있도록 반응시간을 단축시키는 추세이다. 또한 디지털 초고주파 기억장치(Digital RF Memory)의 기술혁신으로 정교하고 다양한 Jamming이 가능하게 되었다. 따라서 적 위협 특성, 운용 모드, 취약성을 분석하여 가장 적합한 전자전 대응기법을 적용하는 추세이다.

3) 전자보호 장비(EP : Electronic Protection)

전자보호는 적 또는 아군의 전자전 운용에 의해 아군의 전투능력이 저하, 무력화 또는 파괴될 가능성이 있는 인원, 시설 및 장비를 보호하기 위하여 취하는 제반 군사 활동을 말한다. 적의 전자전 활동 및 전자기 간섭으로부터 아군의 전자파 사용을 보호하고 전자 무기체계 및 C4I체계의 효율적 운용을 보장하기 위한 것으로 대전자전 공격과 대전자전 지원으로 대별된다.

대전자전 지원(Anti-ES)은 적 전자전지원 활동으로부터 아군에 대한 첩보수집 효과를 최소한으로 억제하기 위하여 취해지는 모든 활동을 말하는 것으로 다음과 같은 활동을 포함한다.

- **전자 방사 통제(EMCON)** : 불필요한 전자 방사를 통제 및 조정하는 행위이다.
- **회피** : 적의 도청 가능 거리를 벗어나거나 출력을 줄여서 적의 전파탐지를 피하는 행위이다. 사용 주파수 통제, 음어 및 암호 사용 등 공간적 · 시간적 · 기술적 방법을 통한 적 전자전 회피방책을 사용한다.
- **전자위장** : 비화장비, 호핑방식 무전기 등 허위 전자신호를 방사하거나 변형하여 적으로부터 목표물을 위장하는 행위이다.

대전자전 공격(Anti-EA)은 적 전파방해 활동으로 인하여 아군의 전자장비가 방해 또는 기만을 받을 때 이를 최소화하고 전자장비의 기능을 최대로 유지토록 하는 활동이다. 전자기술 개발 및 배치, 주파수 통제, 운용자 교육 등이 포함된다.

전자보호 기법 및 장비의 종류는 다음과 같다.

- **방해방어 레이더 수신기** : 레이더 수신기에 부착하여 레이더가 적의 전자방해에 대항할 수 있도록 하기 위한 전자보호용 서브시스템이다.
- **Anti-Jam Module** : 적 전파방해로부터 보호하기 위해 전술용 무전기 수신부에 혼합 운용함으로써 적 전파방해 신호를 제거시켜주는 보호 장비이다.

- SNAP(Steerable Null Antenna Processor) : 안테나에 수신된 신호 간의 위상차를 검출 처리하여 장비에 수신되는 방해신호를 제거하고, 원하는 신호만 무선장비 수신에 인가되도록 하는 전술통신장비이다.
- 대역 확산기법(Spread Spectrum Technique) : 적 전파방해 하에서 전파 품질의 저하를 방지하고 통신보안 향상을 위한 보호기법으로 협대역 신호를 광대역으로 전환시켜 송신하는 기법이다.

레이더의 신호밀도가 급속히 높아지고 전파방해 신호가 고 지능화되면서 이에 대응하기 위하여 모든 처리 영역에서 전자파 탐지 분해 능력을 대폭 향상시키고, 표적탐지의 정확도와 신뢰도를 높이기 위한 각종 알고리즘이 개발되고 있다. 이와 같은 대전자전 기법으로 신호탐지 추적방지, 저 감청성(LPI : Law Probability of Intercept)기법, 저 피탐성(LPD : Low Probability of Detection)기법, 대 방사유도탄 회피기법(Anti-ARM), 항 재밍(Anti-Jamming) 능력, 적응성, 다차원 신호처리 및 표적식별 기법 등이 발전되고 있다.

프로세서 성능개선과 관련된 기술로는 다중모드 신호처리와 고집적회로(VLSI : Very Large Scale Integration Circuit) 기술이 있으며, 프로세스 알고리즘 성능개선을 필요로 하는 적응 배열, 적응 간섭 제거, 송수신 분리 탐지기법 등이 적용될 전망이다.

신형 정밀레이더들은 펄스 도플러, 펄스 압축레이더와 같은 암호화된 펄스를 사용하고, 운용모드별로 다른 신호특성을 가짐으로써 탐지 식별하기 어려운 다중모드 다기능 레이더(Multi Function Radar)로 발전하고 있다. 또한 주파수와 펄스 특성의 급속한 변경능력, 대 ARM(Anti Radiation Missile) 능력, 기만, 은폐, 위장기법 등의 발전으로 대전자전 능력이 고도화되고 있다.

나. 레이더 장비

1) 운용개념

레이더(Radio Detection And Ranging)란 전자기파를 방사 후 표적으로부터 발사된 신호를 수신하여 표적의 존재 유무를 탐지하고 표적위치와 이동속도 등의 정보를 추출하는 장비로서, 적의 대공침투를 경고하고 아군의 대공무기를 통제하기 위해 개발되었다. 초기에는 적 항공기 탐지 등의 군사적 용도로만 사용되었으나, 현재는 비행기의 항법, 해상에서의 탐색 및 구조, 조기경보, 사격거리 내에 들어올 표적에 대한 화력제어, 미사일 유도, 피아식별, 지형영상 획득 등 다양한 분야에 이용되고 있다.

레이더는 용도에 따라 탐지, 추적, 다기능, 영상, 피아식별 레이더로 분류된다.

가) 탐지레이더

표적을 탐지하고 표적에 대한 거리, 방위각, 속도를 측정하는 레이더로서 천마 탐지레이더, 해안 감시레이더(GPS-98K), 지상감시 레이더(RASIT) 등이 있다.

나) 추적레이더

탐지된 표적 중 하나 이상의 표적을 지속적으로 추적하는 레이더로서 천마 추적레이더 등이 있다.

다) 다기능레이더

1대의 레이더가 탐지, 확인, 추적 등의 기능을 동시에 수행하는 레이더로서 대포병 탐지레이더(AN/TPQ-36/37) 등이 있다.

라) 영상레이더

항공기, 위성 등에 탑재되어 표적(또는 고정설치 시 이동표적)의 수신신호를 합성하여 영상으로 제작하고 관심 있는 표적(영상 속의 건물 등)을 식별하는 레이더로서 합성영상레이더(SAR : Synthetic Aperture Radar)라 부르기도 한다. 대표적인 영상레이더로는 위성탑재용 SEASAT[14)]이 있다.

마) 피아식별 레이더(IFF : Identification of Friend or Foe)

탐지된 표적이 적인지 아군인지 식별하기 위한 레이더로서 사전에 약속한 암호화 된 질문과 응답으로 식별하며, 보통 피아식별 장비라 부르고 Mode-4 등이 있다.

2) 발전추세

최근 레이더의 세계적 발전추세는 다량의 표적 동시 탐지 및 추적 기능을 보유하기 위한 탐지 능력의 확장, 해상 및 지상 클러터 제거, 대전자전 능력 향상 등에 주력하고 있으며, 전자식 스캔방식의 3차원 레이더 형태에 의한 효율성이 부각되고 있다.

현대의 세계적인 기술발전은 전자분야가 주도하고 있는 현실이며, 레이더의 주된 기술은 전자공학 전 분야에 걸쳐 광범위하게 구성되어 있어 일부 구성기술이나 새로운 이론의 발전이 레이더 기술발전의 기반으로 작용하고 있다. 레이더 기술은 초고주파 기술(안테나, 송수신기), 디지털 기술(신호처리, 자료처리기, 전시기), 체계 및 종합기술로 대별되는데 이에 따른 레이더 기술의 발전방향은 탐지 및 추적 성능 향상, 다기능 보유, 운용자 인터페이스 최소화, 대전자전 능력 강화, 소형 경량화, 저 전력소모, 신뢰성 증대에 중점을 두고 발전할 전망이다. 특히 신호처리 기술은 컴퓨터의 고속화, 메모리 부품의 급속한 발전 등으로 추출자

14) SEASAT : SEA(바다)와 SATelite(위성)의 복합어로 해양의 자료를 수집하는 자원 탐사 인공위성을 말한다.

료의 다양화와 함께 자료의 정확성이 향상되고 있으며, 처리능력의 확대로 레이더의 다기능화에 적합한 자료를 생산할 수 있게 되고 있다.

6. 지휘·통제·통신 무기체계

지휘·통제·통신 무기체계는 지휘통제체계, 통신체계, 통신장비 등으로 구분된다.

현대전은 군의 기동성 및 전략전술, 무기의 파괴력과 정확성이 급격하게 증대되어 적의 활동을 신속히 탐지하고 지휘통제에 필요한 방대한 정보량을 보다 신속히 탐지하여 지휘계통에 전달·처리함으로써 군 지휘체계의 속도와 능률을 증대시키는 것이 승리의 필수요소가 되었다. 이에 따라 통신의 역할은 미래전의 중추로 여겨지고 있는 실시간 정보공유와 신속한 의사결정을 가능하게 하는 C4I체계의 전송매체로서, 종래의 음성이나 간단한 전문 송수신뿐이었던 통신에서 지휘 및 통제에 필요한 종합된 대량정보의 교환, 실시간의 지휘, 명령 전달 등을 가능케 하기 위한 수단으로서 그 요구조건이 확대되고 있다.

가. 지휘통제체계(C4I)

1) 운용개념

C4I(Command, Control, Communication, Computer and Intelligence System)는 지휘관이 부여된 임무달성을 위해 지휘·통제·통신·컴퓨터 및 정보 등 5가지 각 요소를 유기적으로 통합, 연결하여 실시간에 정보수집 및 분석, 지휘결심, 계획·지시, 작전수행이 가능하게 하는 모든 시설·장비·인원 및 절차로 구성되는 통합된 지휘통제체계를 말한다. 즉, C4I체계는 지휘관에게 먼저 보고(先見), 먼저 결심(先決)하여, 먼저 타격(先打)할 수 있도록 군사력을 운용하는 총체적인 수단과 절차를 제공하는 것을 목표로 다음과 같은 역할을 수행한다.

첫째, C4I체계는 전장의 지휘관 및 전투요원들에게 다중매체(영상·음성·사진·화상 등)를 통하여 입체적이고 정확한 전투현장 상황(피아)을 제공한다.

둘째, 전장의 지휘관 및 전투요원들에게 구체적이고 명확한 목표를 제시함으로써 목표를 보면서 작전을 수행할 수 있도록 한다.

셋째, C4I체계는 전장 기능요소 간 노력의 통합 및 분권화된 시행을 지원함으로써 통합 전투력 발휘를 보장한다.

전장관리수단으로서 C4I체계는 감시체계(sensor)와 타격체계(shooter)를 연결시켜 주는 통신체계, 수집된 첩보 및 가공된 정보를 저장하는 데이터베이스, 이 데이터베이스를 이용하여 의사결정에 필요한 각종 자료를 가공 및 제공하는 응용 소프트웨어, 구성요소 간의 상호운용 및 인터페이스를 보장하는 공통 소프트웨어, 하드웨어와 이 체계를 운용하는 부대편성 및 조직으로 구성된다.

국방 C4I체계의 목표는 최고 지휘관에서 말단 전투원에 이르기까지 필요한 전장상황과 정보를 보면서 지휘결심 및 전파, 행동할 수 있는 체계를 구축하는 것이다. 이러한 국방 C4I체계는 합동 C4I체계를 중심으로 각 군 및 전술제대 C4I체계가 연결되어 상호운용이 가능하도록 하는 것이다.

이 가운데 지상전술 C4I체계(ATCIS : Army Tactical Command Information System)는 전략제대 C4I체계인 합동 C4I체계(KJCCS : Korea Joint Command and Control System)에 통합되는 각 군 전술제대 C4I(해군 전술자료체계, KNTDS : Korea Naval Tactical Data System / 공군 중앙 방공통제소, MCRC: Master Control and Report Center) 중 육군의 전술제대 C4I체계로서 군단급 이하까지 연결된다.

2) 발전추세

지휘 및 통제체계는 원거리 및 광역의 정찰, 지휘통제, 타격시스템을 발전시키고, 통신기술의 발전에 따라 네트워크화, 분산 DB화 및 시스템의 지능화를 통해 합동차원에서 운용할 C4I체계를 발전시키는 추세이다.

우리 군도 기 구축된 C4I체계를 기반으로 연합/전략/전술 C4I체계 간 상호연동 및 운용성을 구축할 수 있도록 발전시키고 있다. 또한 C4I체계 간 생존성과 이동성 향상을 위한 무선 LAN을 확대하고, 초고속 국가 망과 연계된 군 광대역 통신망(MISDN : Military Integrated Services Digital Network)을 완성할 수 있도록 통합된 지능형 합동 C4I체계로 발전될 것이다.

나. 통신체계(SPIDER체계)

1) 운용개념

현재의 통신체계인 SPIDER체계는 기존 통신망의 제한점을 해소하고 전술 C4I체계를 효율적으로 지원하는 디지털 방식의 자동화된 통신체계로서 과거의 점대점 통신방식을 생존성, 신뢰성, 융통성이 향상된 격자형 지역지원 통신체계로 개선한 신형 전술통신체계(MSC-500K)이다. SPIDER라 함은 거미를 의미하는데, 이것은 거미가 복잡한 형태의 줄을 쳐서 집을 짓듯이 복잡한 듯하면서도 체계적이고 현실적이며 생존성과 신뢰성을 향상시킨 것을 뜻한다. 기존 통신망과 SPIDER체계를 비교해 보면 〈표 1-13〉과 같다.

표 1-13 기존 통신체계와 SPIDER체계 비교

<table>
<tr><th>기존 통신체계</th><th>구 분</th><th>SPIDER체계</th></tr>
<tr><td>• 전용통신망
- 나뭇가지(tree)형 구조형태
• 기능별 독립 통신망
- 교환망, 전송체계 분리형
☞ 유 · 무선통신 분리형
- 교환 장비 : 단순 전화교환</td><td>통신망 구 조</td><td>• 공용통신망
- 격자형, 별 형, 나뭇가지 형 등 복합 구성형태
• 기능 통합 통신망
- 교환 + 전송체계 통합형
☞ 유 · 무선 통신 통합형
- 교환 장비 : 종류 다양, 역할 상이</td></tr>
<tr><td>• 음성전화 및 전신타자(TT) 위주의 통신제공
• 수동, 아날로그 방식
• 대전자전(EP) 기능 미 보유</td><td>특성 및 기능</td><td>• 음성전화 + 데이터통신 + 이동간통신 (음성, 데이터)
• 자동화, 디지털 방식
• 대전자전(EP) 기능 보유</td></tr>
<tr><td>• 별도의 통신회선 필요
• 전투부대 통신소요 가중</td><td>전투지원/ 근무지원 부대통신</td><td>• 별도의 통신회선 불필요
• 최기지역 통신소에서 가입 운용</td></tr>
</table>

기존 통신체계는 작전을 지휘하는 시설과 통신시설이 1개 지역에 집중되어 적 특수부대의 침투나 포병 및 항공 공격 시 동시 피해가 예상되었고, 차후 작전을 위하여 지휘소를 이동하거나 부대를 전개하고 배치할 때 통신망을 설치하고 철수하는 시간이 과다하게 소요되었다. 반면 SPIDER체계는 지역지원 통신소(이하 노드 : Node) 간 격자형으로 통신망을 구성하는 한편, 통신망을 사용하게 되는 각 부대는 어느 지역에서도 가장 가까운 노드에 가입할 수 있어 신속한 통신망 구성과 운용이 가능하다.

기존 통신체계는 제대별 나뭇가지 형태로 구성되어 통신망 두절시 우회가 제한되었지만 SPIDER체계에서는 격자형으로 통신망이 연결되어 있어 통신 두절이나 적 전파방해 시 자동 우회를 통해 통신이 가능하다.

또한 기존의 통신체계는 교환망과 전송체계가 분리되어 유선과 무선이 분리된 통신이 이루어졌고 교환 장비는 단순한 전화교환 수준이었다. 그렇지만 SPIDER체계는 교환과 전송체계를 통합하여 유선과 무선통신이 교환기를 거쳐 상호통화가 가능하며, 교환 장비도 단순한 전화교환 수준이 아니라 데이터 통신까지 지원이 가능하다.

기본적으로 기존의 교환 장비는 고정된 위치에서 통신 서비스를 제공하였지만 SPIDER체계는 기동화 된 차량에 탑재되어 운용되므로 신속한 통신지원이 가능하다.

SPIDER체계는 이동 통신 지원과 장비의 소형 경량화, 차량화로 기동성을 보장하며, 적의 통신 방해와 자연적인 전자 잡음 환경 하에서 운용이 가능하고, 적의 감청 및 도청을 회피할 수 있는 대전자전(EP) 기능을 보유함으로써 보안성이 우수하다. SPIDER체계의 주요 특성은 다음과 같이 요약할 수 있다.

첫째, SPIDER체계는 고속 및 대용량의 정보 전송이 가능한 디지털 자동화 통신망을 구성하고, 제대별 통신망과의 연동을 제공함으로써 전술 C4I체계 운용 시 요구되는 음성, 전화, 전신타자, 데이터 및 모사전송 등의 통신을 제공할 수 있다.

둘째, 피 호출자가 가입된 통신소 위치를 자동으로 탐지(확산 탐색 신호방식)하고 호출을 위한 회로연결을 제공해 준다. 일부 노드 간선의 고장이나 가입자의 위치이동 간에도 즉시 가입자의 통신소 위치를 자동 탐지하여 지속적이고 적시적인 통신지원이 가능하다.

셋째, 공용망 운용개념(Common User Concept)을 적용한다. 기존의 통신체계는 제대별, 기능별로 독립된 통신망을 운용하여 정보유통이 제한되고 융통성이 제한되며, 회선구성이 복잡하였다. 그러나 공용망 운용개념은 하나의 공용통신망에 각 제대와 전장기능별 부대들이 함께 가입하여 실시간으로 자유로운 정보유통을 제공하고, 교환대 간의 격자망이 우회 및 예비경로를 제공하여 통신의 생존성과 융통성을 보장해 준다.

넷째, 컴퓨터에 의한 통신망 자동화관리 및 통제로 전술통신 운용의 효율성과 체계 간의 상호지원 및 신속성을 보장한다. 여기에서 제시한 성능은 중요한 사항만을 요약한 것이고 이외에도 많은 장점과 성능을 갖고 있으며, 현재도 지속적인 성능개선 및 개량으로 발전시켜 나가고 있다.

2) 발전추세

향후 통신체계는 다음과 같은 요구 성능을 충족하는 방향으로 발전할 것이다.

가) 신속성 및 정확성

실시간 또는 근 실시간 정보의 처리가 가능하고, 수집된 정보의 오류를 제거함과 동시에 단시간 내 많은 정보의 비교분석이 가능할 것이다.

나) 신뢰성

인공지능 기술을 활용하여 지휘관의 적시 적절한 결심을 지원하며, 이를 위해 기 개발된 하드웨어 및 소프트웨어의 최신기술을 적용할 것이다.

다) 보안성

적의 간섭 및 방해로부터 보호될 수 있도록 정보보호 대책이 더욱 강화되고, 각종 유・무선통신도 적의 방해 없이 활동이 가능하도록 망 보안대책이 강구될 것이다.

라) 생존성

물리적으로는 견고화, 이중화, 분산화, 기동화를 통해, 기술적 측면에서는 백업통신 확보, EMP(Electro Magnetic Pulse)대책, TEMPSET(Transient Electro Magnetic Pulse Emanation Standard), 해킹 대책 강구 등을 통해 신뢰성이 더욱 향상될 것이다.

마) 상호 운용성

고도의 정밀무기, 정보·전자전 체계와 상호 운용 및 통합되고, 급변하는 정보화 기술에 대처할 수 있는 개방형 체계를 구축하여 연합·합동 작전이 가능하도록 상호운용성이 더욱 증대될 것이다.

바) 융통성

급속히 변화하는 기술적 환경변화에 따라 이를 수용할 수 있는 확장 및 적응성이 향상될 것이다.

사) 편리성

사용자 입장에서 설계 및 운용이 가능하고 야전에서 전투원이 휴대 및 운용이 용이하도록 소형화·경량화 될 것이다.

7. 함정 무기체계

국방전력발전업무훈령(제1252호, 2010. 6. 21)은 함정 무기체계를 수상함, 잠수함(정), 전투근무지원정, 함정전투체계, 해상 전투지원장비로 구분하고 있으며, 세부적인 분류기준은 다음과 같다.

표 1-14 함정 무기체계의 분류

구 분	내 용
수 상 함	전투함, 기뢰전함, 상륙함, 지원함 등
잠수함(정)	잠수함, 잠수정
전투근무지원정	경비정, 수송정, 군수·근무지원정, 상륙지원정, 특수정 등
함정 전투체계	호위함 전투체계, 구축함 전투체계 등
해상 전투지원 장비	함정 사격통제장비, 함정 피아식별장비, 함정 항법장비, 침투장비, 소해장비, 구난 및 구명장비, 기타 지원장비 등

수상함 중 전투함은 항공모함, 순양함, 구축함, 호위함, 초계함, 고속정 등으로 구분하며 본 절에서는 이들 전투함 위주로 알아보고자 한다.

가. 항공모함

1) 운영개념

항공모함을 보유하고 운용하는 목적은 지상에서 멀리 떨어진 곳에서도 항공 전력을 투사하여 목표를 달성하는데 있다. 따라서 항공모함의 운용에 있어 핵심적 주제는 어떻게 하면 가장 많은 함재기를 적재할 수 있으며, 또 어떻게 하면 효과적으로 이·착함시킬 수 있는가 하는 것이다. 이를 위해 항공모함은 3보(寶)라 불리는 격납고, 캐터펄트, 엘리베이터 이외에도 거대한 함정으로서 효율적이고도 안전한 운행과 임무수행을 위해 일반 함정과는 다른 독특한 장비나 운영체제를 갖추고 있다. 그 중에서도 함재기 운용이 목적인 항공모함은 이·착함하는 활주갑판과 평상시 함재기를 보관·보호하는 격납고의 효율적 배치 구도에 중점을 두게 된다.

현대의 항공모함은 탑재기와 운용법에 따라 다음과 같이 5가지로 구분한다.

가) 초대형 항공모함은 대형제트기를 캐터펄트로 발함시키고 와이어로 구속 착함하는 것으로 미국의 각 항공모함이 여기에 해당된다.

나) 중형 항공모함은 대형 제트기를 운용할 수 있지만 탑재 가능 기수는 적다. 프랑스 해군의 항공모함은 캐터펄트를 장비하고 있으나 러시아의 쿠즈네스초프는 이함시 함수에 설치된 ski 점프대를 이용한다. 착함은 구속식이다. 러시아의 쿠즈네스초프와 프랑스의 샤를 드골 및 포슈가 여기에 해당된다.

다) 구식 항공모함은 메커니즘 상으로는 앞의 초대형 항공모함과 같지만 신세대 함재기의 운용이 불가하고, 구식 항공기를 운용하는 항공모함이다. 아르헨티나의 Veinticinco와 브라질의 Minas Gerais가 여기에 해당된다.

라) V/STOL(Vertical/Short Take-Off and Landing) 항공모함은 V/STOL기를 ski jump로 발진시키며 수직으로 착함시킨다. 영국의 Invincible, 인도의 Viraat, 태국의 차크리 나루에벳 등이 여기에 속한다.

마) 헬기 항공모함은 보통 헬기만을 탑재하며, 작전형태에 따라서는 V/STOL기도 운용할 수 있다. 미국의 Tarawa급이나 Wasp급과 같이 타국의 V/STOL 항공모함을 상회하는 능력을 갖고 있으나, 기본적으로는 상륙함이다. 미국의 LHD나 LHA 등이 여기에 속한다.

항공모함의 가장 큰 장점은 '항모전투단'을 편성 운용할 수 있다는 것이다. 항모전투단은 해양무기의 총체적 집합체로 해중으로는 잠수함, 해상으로는 순양함, 구축함, 군수지원함 등이 모두 한 진형을 이루어 움직이는 유기체로서, 각 함정의 무기체계나 방어체계가 서로 상승효과를 일으키게 된다. 이러한 항모전투단은 특정 지역에 고정되어 있는 기지와 달리 이동하는 해양기지로서 현장상황에 적합한 작전이 용이하다.

2) 발전추세

항공모함은 비행갑판 및 격납고의 대형화로 이·착함 시 상호 간섭의 최소화, 상부 구조물의 소형화로 스텔스화, 전자기식 항공기 사출장치 개발 등을 추진하고 있다.

나. 순양함

1) 운용개념

순양함은 함대 방어 유도탄 또는 전략·전술 대함 유도탄이 장착되어 있으며, 중(重) 구경 함포(5인치 이상)를 주요 무기로 중무장되어 있는 수상전투함으로 항공모함보다는 작지만, 1만 톤 이상이며 대양에서의 지휘 및 통제 능력을 보유하고 있다.

순양함이라는 이름은 독자적인 전투능력과 충분한 군수품을 적재하여 대서양을 왕복 항해하면서 작전할 수 있는 순양능력을 갖춘 것에 기인한다.

순양함의 운영개념은 일반적으로 항공모함 전투단의 방어임무 수행 및 상륙작전을 지원하며, 수상함대의 기함으로서 대 잠수함 작전, 대지 미사일 공격, 대 수상함 공격 등의 독자적인 작전을 수행한다.

순양함의 탑재무장과 장비는 임무와 목적에 따라 다르나 함대함·함대공 유도탄, 함포, 어뢰, 대 유도탄 기만체계, ESM/ECM, 미사일·함포·대잠 사통장비, 대공·대함·항해 레이더, 능동 소나 등을 보유하고 있다. 순양함은 다음의 〈표 1-15〉와 같이 분류한다.

표 1-15 순양함의 분류

분류	내용	특징
CA	대형 순양함	주포 : 5.5인치 이상 다련장 함포
CG	유도탄 순양함	함포의 유도탄 탑재
CGN	핵추진 유도탄 순양함	핵추진기관 사용, 함포의 유도탄 탑재
CH	항공기 탑재 순양함	항공기 탑재 능력 보유
CL	경 순양함	주포 : 5.5인치 이하 다련장 함포

2) 발전추세

순양함은 다중 위협에 대처할 수 있도록 설계되며, 다양한 무기체계 탑재, 핵추진 체계 도입, 우수한 성능의 무장 및 전자장비 탑재형으로 발전하고 있다.

다. 구축함

1) 운용개념

구축함이란 대양에서 독자적으로 작전할 수 있는 수상전투함이나 순양함보다 크기가 작고 무기체계도 적게 장착되어 있으며, 항속거리가 짧다.

구축함의 운용개념은 대잠전, 대공방어, 항공모함 및 선단 호위, 해상교통로의 보호, 대잠초계, 해상구조 및 항공기 통제 등 다양한 임무를 수행하는 것이다.

구축함이라는 이름은 'Torpedo Boat Destroyer'라는 어뢰정 구축함으로부터 기인한다. 1892년 영국은 당시 어뢰정의 공격으로부터 대형함인 전함, 순양함들을 보호할 목적으로 200톤급 전후의 어뢰정 위협에 대비 400톤급의 구축함을 설계하게 되고, 이러한 유형이 30노트 이상의 고속을 내면서 함포와 어뢰를 탑재하여 어뢰정의 위협제거에 크게 기여하면서 다양한 구축함으로 발전하게 되었다.

오늘날의 구축함은 대잠·대공·대함전 전투능력을 고르게 갖춘 중·소형 전투함으로써 5,000톤~10,000톤급이 주류를 이루고 있다. 구축함은 다음과 같이 분류한다.

표 1-16 구축함의 분류

분 류	내 용	특 징
DD	구축함	일반적인 구축함
DDG	유도탄 탑재 구축함	기본무장 외 유도탄을 탑재한 구축함
DDH	항공기 탑재 구축함	전천후 항공기 3대 이상 탑재 가능
DE	호송 및 호위 구축함	일반적인 구축함보다 성능 및 크기가 다소 떨어짐

2) 발전추세

첫째, 함정의 피탐 방지를 위해 스텔스화를 추진할 것이며, 함대지, 함대공, 대유도탄 방어 유도탄 등을 탑재하여 무장의 다양화 및 중무장화로 발전할 것이다.

둘째, 중거리 대공유도탄, 근거리 대공유도탄 등의 유도탄과 근접방어무기체계(CWIS) 등을 탑재하여 대공방어능력을 강화할 것이며, 복합적인 전장상황에서 정보수집, 전시(展示),

평가 및 신속한 무장 할당이 가능하고, 무장통제기능을 보유한 함정전투체계를 탑재하여 지휘통제 능력을 강화할 것이다.

셋째, 원거리에 위치한 잠수함을 탐지하고 공격하기 위해 음향탐지기 및 대잠 무기체계를 탑재하여 대잠전 능력을 강화할 것이며, 탑재무기 성능의 증대, 헬기 탑재능력 보유 및 원해장기 기동작전 능력 보강 등 함정의 대형화로 발전할 것이다.

라. 호위함

1) 운용개념

호위함은 2등급 구축함이라고 평가되며, 구축함은 다양한 임무를 수행하는 반면, 호위함은 한 가지 임무만을 수행하도록 되어있고, 크기도 작다.

호위함을 '프리깃(frigate)'이라는 이름으로 최초 사용한 국가는 프랑스였다. 이 함정은 소형으로서 속력이 빠르고 경무장을 하므로 최전선 해상전을 수행하는 대형함의 작전을 지원하는 정보수집이나 관측함의 역할이 주 임무였다.

호위함의 운용개념은 전투지대에 편성되어 대공, 대함 및 대잠전 등을 주 임무로 수행하고, 조기경보 및 정보 전파, 상륙세력 및 선단 호송 등의 임무를 부가적으로 수행한다.

초계함으로는 불가능한 영역의 임무수행을 위하여 제2차 세계대전 후 다양하게 발전한 함형으로서 유틸리티 구축함으로 발전하고 있다.

호위에 가장 적합하며 잠수함 킬러, 대공전, 정보수집 및 관측, 항공기 유도 등의 임무에서 가장 보편화된 전투함으로 3,000톤~4,000톤급의 배수량이 주류이다. 1개의 주요 임무를 수행하기에 적합하도록 특수화 구상되며, 약간의 다른 임무 수행능력을 갖추도록 설계되고 있다.

호위함의 일반적인 공통점은 대함 미사일, 방어용 무장, 다목적 헬기의 탑재이다.

호위함은 다음과 같이 분류한다.

표 1-17 호위함의 분류

분 류	내 용	특 징
FF	호위함	• 1,500톤 이상 • 대양작전 능력 보유
FFG	호위 유도탄함	• 기본무장 외 유도탄 탑재
FFL	경 호위함	• 1,500톤 정도 • 한정된 임무수행

2) 발전추세

호위함은 설계단계부터 함정의 전투력 유지를 위해 후속 개량 지원 및 대체가 용이한 모듈화된 무기체계, 선체건조와 무장탑재를 동시 병행하여 건조기간을 단축하는 방향으로 발전하고 있다.

마. 초계함

1) 운용개념

초계함은 호위함에 비하여 열세한 대잠 및 대함전 능력을 갖추고 연·근해의 초계임무 수행을 목표로 하는 1,000톤 내외의 군함이다.

함포와 함대함 미사일을 주 무장으로 하며 특수한 경우 함대공 미사일이나 76 mm 중구경포와 기타 소구경 함포 및 임무용 무장을 탑재한다. 또한 어뢰발사관을 보유하는 등 톤수에 비해 강력한 무장을 탑재하는 형도 있으며, 헬기를 탑재하는 중무장형도 있다.

초계함은 대체로 연안경비 및 초계임무를 수행하며, 해상상태가 비교적 평온한 상태에서만 작전할 수 있다. 미국은 이런 유형을 운용하지 않으며, 중·소형 해군국 및 방어적 해양 전략을 채택하는 국가에서 운용하는 경향이 있다. 초계함은 다음의 〈표 1-18〉과 같이 분류한다.

표 1-18 초계함의 분류

분 류	내 용	특 징
PG	호위초계함	• 2.3인치 이상 함포 • 대잠전, 대함전 수행
PGF	초계함	• 속도 20노트 이하
PGG	유도탄 초계 전투함	• 기본무장 외 대함 유도탄 탑재
PHM	유도탄 초계 전투함 (수중익)	• PGG에 수중익 형태
PGGH	수중익 유도탄 초계함	• PGG에 수중익 형태 • 미국 해군 PHM
PGMG	유도탄 연안 전투함	• 함대함 유도탄 탑재 • 속도 35노트 이하

2) 발전추세

초계함은 대함 및 대공방어능력을 보강하는 추세로 발전하고 있다.

바. 고속정

1) 운용개념

고속정은 주로 연안에서 활동하며 약 400톤 이하의 함정을 말한다. 현재 세계에 취역중인 고속정은 1,820여 척이며 해군력을 갖추기 시작하는 신흥 해군국의 실질적인 주력함으로서 유도탄정, 대잠정, 초계정, 함포정 및 어뢰정 등으로 다양한 유형이 있으며, 속력을 내기 위하여 선형은 활주형, 배수량형, 수중익정, 표면효과정(SES : Surface Effect Ship), 해면효과정(WIG : Wing In Ground Effect) 등 여러 형태로 개발되고 있다.

고속정은 속도가 우선이며 가장 보편적인 최고속도는 30~40노트이나 50노트 이상도 있다. 저비용으로 해군력을 증강할 수 있다는 점에서 작전반경이 그다지 중요하지 않은 제3세계에서 중시되고 있으며, 빠른 속력을 보유하고 있어 대함미사일을 탑재하고 있으면 소형 고속정이라도 주 전투함을 격침시킬 수 있다는 장점도 갖고 있다.

고속정의 운용개념은 연안방어 및 항만방어이며 다음과 같이 분류한다.

표 1-19 고속정의 분류

분 류	내 용	특 징
PB	연안경비정	• 100톤 이하
PBF	고속경비정	• 능력은 PB와 유사(35노트 이상)
PBH	수중익 초계정	• 수중익형태의 선형(40노트 이상)
PC	연안초계정	• 비유도 단거리 대함유도탄 장착(24노트 이하)
PCF	고속 초계/공격정	• 능력 PC와 유사(24노트 이상)
PCS	구잠함	• 전장 43 m 이상, 주임무 : 대잠전
PSB	항만경비정	• PB보다 소형, 주로 항만경비 수행
PT	어뢰정	• 100톤 이하, 주 무장 : 어뢰 • 대잠전, 대수상함전 수행 가능
PTG	유도탄 경비정, 유도탄 정	• 주 무장 : 대함유도탄

2) 발전추세

고속정은 잠수함 탐지 능력과 공격 무기체계 탑재로 대잠, 대함, 대공능력을 보강한 신형함을 개발하는 추세이다.

사. 기뢰전함

1) 운용개념

기뢰전함은 기뢰 소개함(MSO(Mine Sweeper Ocean : 미국(Mine Sweeper Coastal), MSC : 영국 · 일본)과 기뢰부설함으로 구분하고, 기뢰 소해함은 부설된 기뢰를 제거하여 해상의 안전을 확보하며, 함대의 행동과 통항을 보호하고 해상 우세권을 유지하는 목적으로 운용한다.

2) 발전추세

기뢰부설함은 대함 · 대공 레이더 등의 탐지장비와 함포, 음탐기, 어뢰 등의 무장을 탑재하여 생존성이 향상된 함형으로 발전하고 있으며, 기뢰부설 작전 이외에 전투함, 소해지원함, 군수지원함 임무를 수행할 수 있는 다목적 함형으로 발전하고 있다.

아. 상륙함

상륙작전은 적이 장악한 지역에 부대를 투입하는 것이므로 사전에 상륙지역에 대한 공중 및 해상, 그리고 인근 육상에 대한 충분한 방호 및 방어계획이 확보되어야 하며, 상륙시 효과적으로 해안 교두보를 확보하고 유지할 수 있도록 제반요소가 고려되어야 한다.

상륙함의 운용개념은 상륙전 전대에 편성되어 상륙돌격 임무를 수행하고 도서부대 군수물자 수송지원 등의 임무를 수행하는 것이다.

현대의 상륙함은 강습상륙 임무의 경함모급 상륙함(LHD, LPH, LHA), 지휘통제체계를 보유한 상륙함(LCC), 상륙주정 탑재 및 수송지원이 가능한 도크형 상륙함(LSD, LPD)과 일반상륙함(LST, LSM) 및 공기부양선형 고속상륙정(ACV) 등으로 구분한다. 이 가운데 LST는 인근 해안에서 발진하여 부대와 장비를 양륙시키거나 함 자체를 해안에 접안하도록 고안된 것이며, 도크형 상륙함은 고속 상륙주정을 함 내의 수몰갑판(wet deck)에 탑재하여 발진시킬 수 있도록 고안된 것이다. 이외에도 헬기에 의한 입체 양륙을 목적으로 하는 돌격 상륙함 및 복잡한 상륙작전을 일사분란하게 지휘할 수 있도록 설계된 상륙 지휘함 등이 있다.

자. 지원함

해상에서 장기간 작전하는 전투함을 지원하기 위해서는 다양한 지원함이 필요하다. 유류와 탄약, 청수(淸水) 및 군수물자를 지원하는 군수지원함과 사고 함정을 구조하고 수리하는 지원함, 해양 및 적의 정보를 수집하는 해양 정보함, 실습 및 훈련지원함 등 매우 다양한 전력이 이 범주에 포함된다.

앞의 내용을 종합하면 수상함의 발전추세는 미래의 위협과 임무에 따른 해군의 조직구조, 임무 및 역할의 개념 등에 따라 연구되고 발전될 것이다. 수상함의 전투단위는 함정 한 척이 될 수도 있지만 일반적으로 기동부대를 편성하여 전투를 수행하고, 기동부대는 모든 전투체계와 수상함을 통합정보망으로 기동부대 및 전투단의 모든 능력을 최적화함으로써 보다 큰 잠재 전투능력을 갖춘 형태가 될 것이다.

미래 기동부대의 전략적 개념을 구현하기 위한 수상함의 구조는 스텔스 기술을 이용하여 극도로 낮고 납작한 형태를 가지도록 함포, 마스트, 레일, 안테나 등의 상부 구조물을 제거토록 설계함으로써 광학적 신호감소와 적외선 탐지로부터의 회피를 가능하게 할 것이다. 또한 40년 이상의 수명주기를 가지는 표준화된 함정, 무기, 전자 및 함정 보조 장비를 교환할 수 있는 모듈화 개념으로써 고도의 자동화를 추구할 수 있으며, 사용자에게 편리를 제공함으로서 승조원을 감소시키는 함정 탑재체계 형태로 함정구조가 발전될 것이다.

수상함의 전투체계는 자동화 정보체계와 타격체계를 통합한 형태로 원거리 정보수집과 수집된 정보를 분석하고 타 함정들과 연동함으로써 정보를 공유하고 가장 효과적인 타격수단을 이용하여 위협을 제거하게 될 것이다. 또한 타격체계는 원거리 타격수단(사정거리 10,000 km 이상의 ICBM)을 보유하게 되고, MEGA(Multinational Extended Global Area Air Defense) 방공망을 위하여 다양한 형태의 대공방어 타격수단을 구비하게 될 것이다.

수상함의 추진체계는 더 높은 출력과 가볍고 작으며 연료소모가 적은 가스터빈 및 디젤엔진을 개발 및 시험 중에 있고, 엔진은 배기가스 냉각을 통해 적외선 신호를 감소시키는 방향으로 추진되고 있다.

향후 수상함은 생존성 향상을 위한 Smart Ship 개념을 적용할 것이고, 공격 및 방어가 가능한 적정 수준의 기뢰부설함을 개발할 것이며, 상륙함은 상륙병력 및 장비 이송이 가능한 고속상륙정을 확보하고, 지원함은 자동화된 군수지원체계를 구비하게 될 것이다.

차. 잠수함

1) 운용개념

잠수함이란 전투, 보조역할, 연구개발 등 어떠한 경우에 사용되더라도 약간의 전투능력을 보유하면서 자체 잠수할 수 있는 함정으로 자신의 위치를 노출시키지 않는다는데 큰 장점을 가진 장비이다. 잠수함은 추진에너지, 크기 및 운용목적에 따라 다음과 같이 구분한다.

가) 추진에너지에 의한 분류

잠수함은 추진에너지원에 따라 원자력 잠수함과 재래식 잠수함으로 구분한다. 발전기를 이용하여 필요한 전기에너지를 생산하면 재래식 잠수함이고, 원자력으로 전기를 생산하면 원자력(핵) 잠수함이라 한다. 핵미사일을 탑재했더라도 추진기관이 재래식이면 재래식 잠수함으로 분류한다.

나) 크기에 따른 분류

잠수함을 크기에 따라 분류하는 방법은 세계적으로 통일되어 있는 것은 없다. 정해진 규정 없이 소형, 중형, 대형 등으로 구분하고 있으며, 굳이 분류한다면 목적에 따라 분류하고 있고, 이것도 미국의 방법을 따라 분류한다.

우리나라는 크기에 따라서 잠수정, 연안잠수정, 연안 및 대양 잠수함, 대양 잠수함 등으로 분류하고 있다. 잠수정은 200~500톤급으로 항만 및 연안침투용 혹은 특수요원 작전에 유리한 것이 특징이다. 연안잠수함은 300~800톤급이므로 천해작전에 유리하고, 연안 및 대양 잠수함은 1,000~1,700톤급으로 연안 및 대양 작전이 가능한 잠수함이다. 대양 잠수함은 2,000톤급 이상으로 대양작전용으로 분류하고 있다.

다) 목적에 따른 분류

잠수함은 통상 SS로 표기하고 목적에 따라서 대부분 SS 뒤에 필요한 약자를 붙이고 있으며, 원자력 잠수함은 SS의 기본문자에 N을 붙이고 있다. 잠수함을 목적에 따라 분류하면 다음의 〈표 1-20〉과 같다.

표 1-20 잠수함의 분류

분 류	내 용	특 징
SS	공격잠수함	• 200톤급, 22노트 • 주 무장 : 어뢰, 어뢰발사관 발사유도탄, 로켓 • 장보고함(한), 밍급(중)
SSB	탄도유도탄 잠수함	• 18,000톤급, 24노트 (재래식) • 유도탄 미사일 탑재 • 오하이오급(미)
SSBN	핵추진 탄도탄 잠수함	• 26,000톤급, 25노트(핵추진기관 사용) • 탄도유도탄 탑재 • 타이푼급(러), 오하이오급(미)
SSN	핵추진 잠수함	• 1,500톤 이상, 35노트 (핵추진기관 사용) • 아쿨라급(러), 씨울프급(미)

표 1-20 계속

분 류	내 용	특 징
SSG	순항유도탄 잠수함	• 2,100톤급, 13노트 (재래식) • 순항유도탄 탑재 • 줄리엣급(러)
SSGN	핵추진 순항유도탄 잠수함	• 18,000톤급, 28노트(핵추진기관 사용) • 유도미사일 탑재 • 오스카급(러)
SSK	아사시오급 잠수함	• 2,750톤, 20노트(재래식) • 대잠수함용 어뢰 탑재 • 하루시오급(일) 잠수함의 최종함
SSM	잠수정	• 150톤급 이하 • 전투임무 수행

2) 발전추세

잠수함은 다양한 무장, 고성능 센서 및 각종 전자장비 탑재 요구로 대형화, 생존성 증대를 위해 수중 속력(재래식 잠수함; 20~25노트, 원자력 잠수함; 30~40노트)의 고속화, 저소음 장비의 개발로 은밀화, 통합 전투시스템 등을 통한 자동화, 전략 및 전술적 운용개념에 따라 탄도미사일, 순항미사일, 어뢰 · 기뢰 등 탑재 무장의 다양화 및 동시다발적 표적에 대처하기 위하여 발사관 수 및 탑재무장 수를 증가시키는 추세로 발전하고 있다.

8. 항공 무기체계

항공 무기체계는 항공분야와 관련하여 공중공간에서의 전투에 사용하기 위한 목적이 있거나 운용이 공중공간을 통해 이루어지는 무기체계를 의미한다. 대표적인 항공 무기체계로는 항공기를 들 수 있으며, 거의 모든 항공 무기체계는 항공기를 중심으로 상호 밀접한 관계를 갖고 있다. 그러나 지대지 미사일은 비록 미사일 그 자체는 비행체라 할지라도 지상에서 조작, 운용되고 또한 지상목표물 공격을 그 목적으로 하고 있기 때문에 항공 무기체계로 보지 않고 지상 무기체계로 분류한다. 이러한 무기체계 분류상의 혼돈을 피하기 위해 항공 무기체계의 범위를 다음과 같이 한정하기로 한다.

- 공중공간을 통하여 또는 공중공간에서 상대방에게 피해를 줄 수 있는 무기 및 물자
- 항공작전을 수행하고 지원하는데 직접 사용되는 장비 및 물자
- 항공력과 관련된 교육 및 훈련에 필수적으로 요구되는 장비 및 물자

항공 무기체계는 고정익 항공기, 회전익 항공기, 무인항공기 및 항공 전투지원 장비로 구분되며 이를 세부적으로 분류하면 다음과 같다.

- **고정익 항공기** : 전투기, 폭격기, 공격기, 수송기, 훈련기, 정보 및 전자전기, 관측 및 통제기, 해상초계기, 기타
- **회전익 항공기** : 기동헬기, 공격헬기, 정찰헬기, 탐색구조헬기, 지휘헬기
- **무인항공기** : 무인전투기, 무인정찰기, 대공제압 무인기
- **항공 전투지원 장비** : 항공기 사격통제장비, 정밀폭격장비, 항공항법장비, 항공기 피아 식별장비, 기타 지원 장비

항공기란 공기부양력과 추진력을 이용하여 공중을 비행하는 기기를 총칭하는 것으로 임무 및 기능에 따라 다음의 〈표 1-21〉과 같이 분류한다.

가. 전투기

1) 운용개념

전투기(Air Combat Aircraft)는 원래 적의 전투기를 공중에서 제압하여 제공권을 장악하는 순수 제공작전용 항공기를 의미하였으나, 현대의 전투기는 자체무장으로 공대공 전투와 공대지 공격 모두를 겸비한 항공기를 총칭하는 개념으로 발전하고 있다.

현용 대부분의 신예 전투기는 다목적 전투기이며 개발단계부터 다목적으로 설계된 미국의 F-16, F-18, 영국의 Tornado, 스웨덴의 JAS-39 등과 최초 공중우세기로 개발되었다가 무장과 탑재장비를 개량하여 공대지 공격능력을 추가한 F-4E, F-14, F-15E 등의 유형이 있다.

일반적인 다목적 전투기의 특징은 기체를 가볍게 하고 고성능 엔진을 채택하여 기동성과 가속성을 향상시키며 무장 및 연료 적재량을 증대시켜 장거리 항속능력을 갖추게 하는 것이다.

탑재장비로는 공대공 전투 및 공대지 공격임무 겸용 다기능 레이더와 장거리 항법 및 공격 장비를 갖추고 있으며, 자체 생존성 증대를 위해 전자전 장비를 탑재하고 있다. 기본 무장으로는 파괴력이 강한 기관포 및 단거리 공대공 미사일을 장착하고 있으며, 임무에 따라 공대공 또는 공대지 공격용 무장을 운용할 수 있도록 설계되어 있다. 또한 다목적 전투기는

표 1-21 항공기의 분류

구 분		임무 및 기능	항 공 기
전투기	공중우세기	공대공 전투	F-14, F-15, MIG-29
	다목적 전투기	공대공 전투, 공대지 공격	Tornado, F-16, F-18
공격기		후방차단, 전장차단(BAI) 근접지원(CAS)	A-10, F-117, SU-25
폭격기		전술 및 전략 폭격	B-2, B-52
수송기		병력 및 물자 수송	C-130, C-141
전자전기	조기경보기	조기경보 및 통제	E-2, E-3
	전자교란기	적 레이더 및 통신 교란	EA-6B, EF-111B
	대공제압기	적 대공무기 제압	Tornado ECR
정찰기		광학 및 전자 정찰	U-2, J-STARS
해상초계기		해상 감시 통제(해군용)	Atlantic-2, P-3C
관측 및 통제기		전장감시, 전방항공통제	OA-10, OV-10
훈련기		조종사 훈련	KT-1, T-50
헬리콥터		다목적 기능	UH-60, AH-64
무인기 (UAV)	정찰/목표 탐지용	광학 및 전자정찰	Pioneer
	정보/전자전용	통신정보 및 영상 정찰	JIN DIVIX
	표적/기만용	훈련용 모의 표적	MQM-107A Skeet
	공중공격용	적 방공망 교란 및 레이더 파괴	Brave 3000 Harpy

필요에 따라 정찰 또는 전자전 장비를 탑재하여 정찰, 전자교란 또는 대공제압임무도 수행할 수 있도록 설계되었다.

(2) 발전추세

최근 항공선진국에서는 경쟁하듯 차세대 전투기를 개발하고 있는데, 미국의 F-22, 프랑스의 Rafale, 영국, 독일, 이탈리아, 스페인의 EF-2000, 러시아의 SU-37 등이 대표적이다. 차세대급 전투기들은 일반적으로 초음속 순항(Supersonic Cruise) 능력, 뛰어난 기동성, 스텔스 능력, 첨단 항공 전자장비 및 무장 등을 장비하고 있거나 제한적으로 갖추고 있다.

초음속 순항능력은 엔진의 성능을 지속적으로 개선함으로써 모든 고도에서 가능해질 것이며, 뛰어난 기동성은 러시아의 SU-37에 적용된 추력변향제어(TVC : Thrust Vectoring

Control)[15] 엔진을 통하여 더욱 발전할 것이다. 또한 기체는 은밀한 침투가 가능하도록 스텔스 기술을 적용할 것이다. 첨단의 항공 전자장비와 무장의 탑재는 21세기 전투에서 요구되는 가시거리 밖(Beyond Visual Range) 전투능력을 향상시킬 것이다.

나. 공격기

1) 운용개념

공격기는 전선에서 작전 중인 지상전투를 지원하는 근접항공지원, 적 지상군 제2제대의 전선투입을 거부하기 위한 전장항공차단 등 적 지상군에 대한 공격임무를 수행하며, 부가적인 임무로서 적의 후방지역에 대한 공격임무인 항공 후방차단과 적 해상전력에 대한 대함공격임무 등을 수행한다.

2) 발전추세

향후 공격기는 지상군 무력화를 위해 속도는 다소 저하되더라도 무장 탑재량을 증가시키고, 임무에 따라 항속능력과 침투능력을 고려한 자체방어용 전자 장비를 장착하며, 레이더에 의한 노출을 최소화하기 위해 스텔스 기술을 적용해 나갈 것으로 예상된다.

다. 폭격기

1) 운용개념

폭격기는 적국의 군사목표는 물론 전선 후방에 위치한 전략적 목표 및 산업기반 자체를 초토화시켜 전쟁의지를 무력화시키는 역할을 주 임무로 하는 항공기를 말한다.

폭격기가 공중에서 폭격하는 방식은 적지 침투 후 다량의 재래식 폭탄을 투하하거나, 재래식 폭탄에 화력통제장비를 연동 또는 유도장치를 장착하여 정밀도를 높인 폭탄을 투하하든지 아니면 고도의 정밀도를 가진 미사일을 공중에서 발사하는 것 등이다. 현대의 폭격기는 이와 같은 방식 모두를 활용할 수 있는데, 이 가운데 공중발사 순항미사일(ALCM : Air Launched Cruise Missile)을 고고도에서 발사할 수 있는 능력을 갖춘 미국의 B-52, B1B, B-2 등과 구소련의 TU-26, 95, 160 등은 상당히 위협적인 존재로 인식되고 있다.

현대의 전략폭격기는 대륙간탄도미사일(ICBM) 및 잠수함 발사 탄도미사일(SLBM)과 더불어 초강대국의 전쟁억제력으로 운용되고 있다. 전략폭격기가 ICBM이나 SLBM에 비해

15) TVC : 기존의 엔진에 별도의 추력 변향 노즐을 장착하여 배기구를 상하로 가변시켜 순간 방향전환 능력, 높은 공격 각도, 짧은 이착륙거리, 저속·저고도 조종 성능 등을 개선하는 것임.

목표도달 시간이 길고 적의 방공망에 취약한 약점에도 불구하고, 전쟁억제력을 갖는 이유는 운용상의 융통성과 유사시 핵탄두 순항미사일을 탑재하여 핵 보복 전략으로 활용할 수 있기 때문이다.

2) 발전추세

폭격기는 정밀도가 높아진 순항미사일을 포함한 공중발사 미사일을 탑재하는 방식으로 변화되고 있다. 또한 장거리 저공 침투를 위해서 저고도 초음속 폭격기나 순항미사일 및 다량의 재래식 폭탄을 탑재한 채로 고고도에서 은밀하게 침투 가능한 스텔스기를 개발해 나가고 있다.

라. 수송기

1) 운용개념

초기의 군용 수송기 임무는 후방에서 연락이나 병력 및 장비의 소규모 수송에 그쳤으나, 항공기의 발달과 그에 따른 작전운용개념의 발전과 더불어 오늘날의 수송기는 전략 및 전술적으로 매우 중요한 역할을 하고 있다.

수송기는 통상 전략물자를 대양너머로 수송할 수 있는 능력의 유무에 따라 전략수송기와 전술수송기로 구분하는데, 현재 전략수송기를 운용하고 있는 국가는 미국과 러시아뿐이며 대부분 전술수송기를 운용하고 있다. 전술수송기는 전투지역 내에서 다양하게 군사작전을 지원하는 역할을 하는데 공정부대의 침투, 특수전부대의 투입 및 철수, 부상자 후송, 보급물자 공중투하 등의 임무를 수행한다.

2) 발전추세

최근 수송기는 병력 및 장비 등을 장거리 대량 수송하기 위한 전략수송과 전투지역 내에서 작전을 지원하는 전술수송을 동시에 달성할 수 있는 혼합형 수송기로 발전하고 있다. 이를 위해 수송기는 위성항법장치, 전자전 장비 등의 첨단 항공 전자 장비를 탑재하여 높은 위험 하에서도 주야간 공수임무가 가능하고, 초대형 탑재능력, 단거리 이착륙 및 고속비행 능력을 가진 체계로 발전하고 있다.

마. 전자전기

전자전기는 적 징후 조기경보와 공중조기경보통제기(AWACS : Airborne Warning And Control System), 적 레이더 및 통신을 교란하는 것을 주 임무로 하는 전자교란(Electronic Jamming)기, 그리고 적 지대공 미사일 등 대공무기를 파괴하거나 무력화시키기 위한 대공제압(SEAD : Suppression of Enemy Air Defense)기를 포함하는 포괄적인 개념으로 사용된다.

1) 공중조기경보통제기(AWACS)

AWACS는 걸프전 당시 전쟁 초반부터 이라크군의 지휘통제 망을 붕괴시키고 제공권을 장악케 함으로써 다국적군의 일방적인 승리를 이끌어내었다. AWACS는 지상레이더보다 우수한 수색 및 탐지능력을 가지며, 360° 전 방위 수색능력과 아군 항공기의 효과적인 공중통제가 가능하여 항공무기체계의 발전에 따라 그 중요성이 더욱 부각되고 있고, 현대전에 있어서 전쟁의 승패를 판가름할 수 있는 공군 C4I체계의 핵심이다.

21세기의 AWACS는 지상발사 미사일의 발진을 사전에 탐지하고, 미사일의 비행항로를 추적하기 위하여 적외선 추적기, 레이더, 기타 센서 등을 사용하며, 위성통신체계와 컴퓨터 체계를 상호 연결하여 육·해·공군에 조기에 경보함으로써 다가올 위협요소를 발진 전이나 비행 중에 파괴하도록 발전해 나갈 것이다.

2) 전자교란기(EJ) 및 대공제압기(SEAD)

전자교란기는 적 레이더의 전파를 교란함으로써 침투 항공기에 대한 탐지를 불가능하게 하는 소극적 방공제압기라고 한다면, 적의 레이더에 방사되는 전파를 탐색 및 추적하여 파괴하는 항공기를 적극적인 대공제압기라고 한다.

정보통신기술의 발달에 의하여 전자전 장비와 대전자전 장비가 획기적으로 발전하게 되었으며, 이들 기술이 항공기와 결합함으로써 전자전기가 더욱 빠른 속도로 발전하는 계기가 되었다.

EJ 및 SEAD는 고도의 전자공학기술을 요구하고, 기술개발 및 체계개발 시 막대한 비용과 시간 및 노력을 필요로 하므로, 전자전 전담기를 개발하기 보다는 기존 항공기를 기본모델로 하여 성능을 개량하는 것에 주력하고 있다.

향후에도 여러 중진국의 수요를 고려하여 고가의 전자전기보다는 성능이 다소 떨어지더라도 가격이 저렴하고 운용성이 좋은 전자전기가 개발될 전망이다.

바. 정찰기

1) 운용개념

항공정찰은 항공기가 전쟁무기로 사용되기 시작한 때부터 수행되어온 고전적 임무로, 무기체계가 발전하고 전쟁양상이 더욱 복잡해짐에 따라 항공정찰의 중요성이 더욱 증대되었으며, 여기에 전자 광학기술의 발달은 정찰기의 발전에 새로운 활력을 불어넣었다.

정찰기는 운용목적에 따라 전선지역의 전술목표를 정찰하는 전술정찰기와, 국가의 전략목표를 정찰하는 전략정찰기로 구분할 수 있다. 최근에 전술정찰기는 저가 소형의 안전한 무인정찰기로 대체되어 개발되는 추세이고, 전략정찰기는 첨단 광학장비 및 사진판독장비의 발달로 인해 첩보 및 정찰위성에 그 자리를 점점 내어주고 있는 실정이다.

2) 발전추세

전자 정찰장비의 발달은 정찰기를 사진 정찰에서 신호정보(SIGINT : Signal Intelligence) 수집까지 확대시켜 나가고 있다. SIGINT는 상대방 레이더의 능력과 특성을 파악하는 전자정보(ELINT : Electronic Intelligence)와 통신 내용을 파악하는 통신정보(COMINT : Communication Intelligence) 수집 모두를 포함하는데, 향후 정찰기는 이들에 대한 수집능력을 강화시키는 방향으로 발전해 나갈 전망이다.

사. 회전익항공기

1) 운용개념

1942년 장거리 순항비행이 가능한 헬기가 군용으로 채택된 이후 50년대는 터보 엔진과 무장을 탑재한 헬기가 등장하였다. 1960년대 이후 베트남전쟁에서는 수송헬기가 대활약을 함과 동시에 이들 헬기를 엄호하기 위해 헬기에 기관총을 장착하게 되었으며, 마침내 공격용 헬기가 등장하게 되었다. 헬기가 군용으로 그 중요성이 부각됨에 따라 방탄성, 내충격성, 전투성이 엄격히 요구되어 민간용에서 분리, 군의 특성에 맞도록 개발되었다.

헬기는 여러 가지 종류가 있으나 크게 임무형태와 로터(프로펠러) 형태에 의해 다음과 같이 구분한다.

가) 임무형태에 의한 분류

헬기의 임무 혹은 용도에 의한 분류로서 기동헬기(UH-1H, UH-60P), 정찰헬기(BO-105), 공격헬기(500MD, AH-1S, AH-12, AH-64D, KA-52), 수송헬기(C-470)로 구분할 수 있다. 기동헬기는 공지작전을 위한 소규모 인원수송이나 작전지휘 등 다목적으로 운용되는 헬기이다. 정찰헬기는 탐지 및 식별을 목적으로 운용되고, 공격헬기는 대전차 미사일, 로켓, 기관포 등을 탑재하여 적의 핵심표적을 공격할 목적으로 운용되며, 최근에는 공격헬기에 적을 탐지·식별하는 정찰헬기의 역할을 통합하는 추세이다. 수송헬기는 화물수송을 목적으로 운용된다.

나) 로터형태에 의한 분류

헬기는 로터의 형태에 따라 단일 회전익, 동축 회전익, 양축 회전익으로 구분한다.

단일 회전익은 양력과 추력을 모두 하나의 로터로부터 얻는 전형적인 헬기로서 꼬리에 붙은 테일 로터는 메인 로터에 의해 발생한 회전력을 상쇄시키기 위한 토크를 발생시키고 제자리 비행 시 헬기의 방향을 좌우로 바꾸는데 사용한다(UH-1H, UH-60P, 500MD, AH-1S, BO-105, AH-64D 등).

동축 회전익은 로터의 회전반력을 상쇄시키기 위하여 하나의 축에 두 개의 로터를 서로 반대방향으로 돌게 한 헬기로, 양력 및 추력 조절을 두 로터에서 동시에 이루어지도록 되어 있다(KA-50, KA-52).

양축 회전익은 회전축이 앞뒤로 배치된 TTR(Twin Tandem-Rotor)과 TSR(Twin Side by side Rotor)로 구분된다. 이들은 로터의 회전력이 서로 상쇄될 수 있게 반대방향으로 도는 두 개의 로터를 가지고 있으며, 서로 충돌하지 않도록 동기(同期) 회전축에 연결되어 있다(CH-47D, V-22).

2) 발전추세

헬기는 복합소재 사용으로 기체는 경량화하고, 성능 면에서는 속도 및 기동성 향상, 항속거리 증가, 그리고 최신 탑재 및 임무장비를 장착하여 생존성을 증대시키면서 전천후 운용이 가능하도록 발전되고 있다.

아. 공중급유기(Aerial Refueling Tanker Aircraft)

1) 운용개념

공중급유기는 각종 군용 항공기의 항속거리를 연장시켜 작전행동 반경을 증가시키는 역할을 한다. 전술 폭격기도 공중급유를 통해 대양횡단이 가능하고, 전투기나 공격기도 공중급유를 통해 항속거리 신장 및 체공시간 연장으로 초계임무를 계속 수행할 수 있다. 또한 공중전으로 연료를 다 소모하더라도 무장이 남아있는 경우 공중재급유를 통해 작전을 계속 수행할 수 있다.

2) 발전추세

첫째, 수송기와 공중급유기의 역할을 겸비하는 방향으로 개발될 전망이다. 대부분의 공중급유기는 중·대형 수송기를 바탕으로 개발된 것이므로, 필요시에는 연료저장 공간을 비우고 병력과 군용물자를 운반하는 등 다목적으로 개발되고 있다.

둘째, '플라잉 붐(flying boom)'과 '프로브 앤 드로그(probe & drogue)' 방식의 급유장비를 함께 탑재하여 동시 급유가 가능한 항공기의 수를 증대시키는 방향으로 발전하고 있다.

셋째, 공중급유기에 통신 및 지휘통제 장비의 탑재까지도 가능하도록 하여 조기경보(통제)기에 준하는 역할 수행이 가능하도록 발전하고 있다.

자. 훈련기

1) 운용개념

훈련기간 조종사를 양성하고 조종사의 전기연마를 위해 조종훈련이 용이하고, 교육단계별 기종 전환이 가능하도록 설계된 항공기를 말한다.

2) 발전추세

훈련기는 터보엔진을 장착한 초음속 고등훈련기(T-50)가 등장하고 있으며 필요시 무장 및 항공 전자 장비를 탑재하여 전술기로 임무전환을 할 수도 있도록 발전하는 추세이다.

차. 무인항공기(UAV : Unmanned Aerial Vehicle)

1) 운용개념

무인항공기란 조종사의 탑승 없이 비행작전 수행능력을 보유한 비행기로서, 정찰 및 특수목적용 무기의 탑재가 가능한 무인 비행체를 말한다. 무인항공기는 원거리에서 무선으로 원격조종되거나 입력된 프로그램에 따라 조종되는 모든 비행체를 의미하는 반면, 원격조종 무인정찰기(RPV : Remotely Piloted Vehicle)는 통신 링크를 통해 원격조종되고, 회수 가능하나 자율비행을 할 수 없는 UAV로 한정된다. 극히 초보적인 체계를 제외한 대부분의 정찰용 무인항공기 체계는 자율비행이 가능하므로 RPV가 아닌 UAV로 볼 수 있다.

UAV는 사용목적에 따라 무인 공격기 · 전투기 · 정찰기 및 기타 무인항공기로 구분한다. 무인공격기는 적 레이더나 전차, 화포 등을 탐지하여 자폭형의 공격임무를 수행하는 비행체를 의미하며, 무인전투기는 미사일 등을 무장하여 공대지 또는 공대공 전투임무를 수행하는 비행체이다. 무인정찰기는 적진 깊숙이 침투하여 다양한 정보를 실시간에 수집 · 전파하고 필요시 정밀공격을 유도하는 기능을 수행하며, 기타 통신중계, 기상관측, 화생방 탐지 등에도 운용이 가능하다.

무인항공기를 성능에 따라 분류하면 근거리(CR : Close Range), 단거리(SR : Short Range) 중거리(MR : Medium Range) 및 체공 형(Endurance)으로 구분할 수 있다.

가) 근거리 무인항공기

작전반경이 약 50 km 이내인 사단 및 군단 전술제대의 작전·관심지역에서 활동하는 무인항공기로 발사 및 회수가 용이하고 소수의 운용요원으로 운용이 가능하며, 비교적 운용유지비가 저렴하다.

나) 단거리 무인항공기

군단급 제대에서 작전반경 약 150 km 범위 내 운용하며, 합동 및 연합작전 지원이 가능하도록 확대된 개념의 무인항공기이다.

다) 중거리 무인항공기

작전반경 약 650 km 범위 내에서 운용되며, 근 실시간에 고화질의 영상정보를 제공할 수 있고 표적지역에 신속히 접근하여 종심지역에서 활동이 가능한 무인항공기이다.

라) 체공 형 무인항공기

전략제대에서 운용하고, 작전반경이 약 5,500 km까지 운용되며, 인공위성을 대신해서 임무수행이 가능하도록 개발되고 있다.

2) 발전추세

미래에는 인명손실의 위험이 적고 비용 대 효과측면에서 우수한 무인항공기가 더욱 폭넓게 활용될 것이며 다음과 같은 추세로 발전해갈 것이다.

첫째, 공동화로서 미국의 무인기 종합개발계획의 가장 큰 특징 중 하나는 무인체계의 특성 상 전체 획득비에서 15% 정도를 차지하는 비행체는 작전운용성능, 특히 비행성능에 따라 다른 기종으로 개발하되, 획득비의 대부분을 차지하는 통신링크, 탑재감지기, 임무계획/통제장비, 종합군수지원(ILS) 요소 등은 공통성을 가질 수 있도록 하는 것이다.

둘째, 주요 국가에서 개발 중인 일부 대형 무인기체계는 유인기 보완개념에서 벗어나 유인기를 대체하는 대형 고성능화 개념으로 발전하고 있다.

셋째, 탑재장비 및 기체의 소형 단순화는 앞서 대형 고성능화 추세가 유인항공기의 임무를 보완하는 것인 반면 전술정보 획득을 위주로 운용 중인 정찰용 무기체계를 소형화하고, 운용의 편이를 추구하고자 하는 것이다.

넷째, 무인체계를 구성하는 주요한 요소인 지상 운용요원에 대한 업무를 경감하고자 자동화 추세로 발전하고 있다.

다섯째, 동급의 무인기에 탑재 가능한 경량의 전자전 장비로 개발 중이어서 곧 실용화될 전망이며, 이럴 경우 임무에 따라 다양한 임무장비를 쉽게 바꿔가며 운용할 수 있게 될 것이다.

여섯째, 무인전투기는 위험한 임무에서 조종사를 대신하고, 유인기 운용 시보다 작전범위를 확대할 수 있도록 무인전투 회전익기(UCAR : Unmanned Combat Armed Rotor craft) 시스템을 개발함으로써 전투용 무기체계가 유인헬기와 함께 합동 운용되는 다양한 용도로 개발될 것이다.

참고문헌

1. 국방기술품질원, "성과기반 군수지원 및 신뢰성업무 발전방향", 2008.
2. 국방대학교 안보문제연구소, "국방운영의 효율화와 신경제 성장", 2009.
3. 국방대학교 안보문제연구소, "국방자원의 효율화 방안", 2007.
4. 국방대학교 안보문제연구소, "미래지향적 국방운영 혁신전략", 2007.
5. 국방부, "국방전력발전업무훈령(국방부 훈령 제1252호)", 2010. 6. 21
6. 김봉환 외, (정보화시대에 있어서 군사변혁을 위한) 『현대전쟁 연구』, 황금소나무, 2008.
7. 김철환 · 윤춘택, 『전쟁, 그리고 무기의 발달』, 양서각, 1997.
8. 방위사업청, "방위사업관리규정(방위사업청 훈령 제122호)", 2010. 3. 10
9. 방위사업청, "종합군수지원 개발 실무지침서", 2009.
10. 손태종, 노훈 외, "네트워크중심전", 한국국방연구원, 2009.
11. 안보경영원구원, "성과기반 군수지원지원(PBL) 계약제도 적용방안 연구", 2009.
12. 이상헌 외, "미국의 국가정비지원체제 연구 및 한국 적용방안 연구", 국방대학교, 2010.
13. 이성연 외, (미래전에 대비한) 「군사혁신론』, 황금소나무, 2008.
14. 이진호, 『무기의 이해』, 양서각, 2009
15. 이희각 외, 『신편 무기체계학』, 청문각 2005.
16. 장기덕 외, 『군수혁신』, 한국국방연구원, 2005.
17. 제임스 F. 더니건, 김병관 역, 『무엇이 현대전을 움직이는가』, 플래닛미디어, 2008.
18. 제임스 V. 존스 저, 삼성탈레스(주) ILS 역, 『ILS 핸드북』, 지식의 풍경, 2005.
19. 조영갑 외, 『현대 무기체계론』, 선학사, 2009.
20. 최석철, 『무기체계@현대 · 미래전』, 21세기군사연구소, 2003.
21. 최석철, "총수명주기체계관리(TLCSM) 집행통제방안 구축", 국방대학교, 2009.
22. 피터 W. 싱어 저, 유강은 역, 『전쟁대행주식회사』, 지식의 풍경 2005.

제 2 장 무기체계 획득

제 1 절 무기체계 획득 개념

1. 무기체계 획득의 중요성

인류의 역사가 시작된 이래 모든 전쟁에서 한 국가를 방위해 온 핵심 무기체계는 항상 존재해 왔다. 예를 들어 일본의 조총은 조선의 칼과 활에 승리하였고, 이순신 장군의 거북선은 평면병선을 격침시켰다. 또한 2003년 이라크전쟁에서는 미국의 최첨단 무기에 의해 이라크군의 재래식 무기는 전투다운 전투 한번 해보지 못하고 5주 만에 패배하였다. 결국 한 국가가 어떤 무기체계를 획득하고 무기와 관련된 전술 및 전략을 어떻게 발전시키는가는 그 국가의 안전보장에 직접적으로 관련된다고 할 수 있다.

무기체계 '획득(Acquisition, ACQ)'의 개념은 "사용자(수요군)를 위하여 무기체계를 개발, 생산, 공급하는 제반 업무과정으로, 개념형성 단계로부터 사용자에게 최종생산품이 공급될 때까지의 제반 활동"을 말하며, 획득단계란 무기체계 소요제기로부터 구매 및 연구개발, 그리고 생산·배치까지의 모든 활동을 계획하고 집행하며 평가하는 일련의 단계를 말한다.

한 국가의 무기체계는 그 나라의 국민성, 지형, 기후, 자원, 사회적·경제적 요인, 그리고 과학기술을 고려하여 그 국가에 적합하도록 설계되어야 한다. 중동전쟁의 예를 들어보면, 당시 아랍연합군측은 소련제 전차를, 이스라엘군은 미국제 전차를 각각 획득하여 전쟁에 투입하였다. 결과는 아랍연합군의 참담한 패배였다. 그것은 혹한의 기온 하에서 운용을 목표로 설계된 소련제 전차는 그와는 전혀 다른 중동의 사막지형과 높은 기후에서는 성능을 제대로 발휘할 수 없었기 때문이었다. 그 반면 이스라엘군은 미국제 전차를 획득하여 높은 기온과 사막지형에서 기능을 발휘할 수 있도록 개조·운용하여 작전을 수행함으로써 승리할 수 있었던 것이다.

2. 무기체계 획득의 기본원칙

방위사업청 훈령(제122호, 2010. 3. 10)은 무기체계 획득사업의 효율적인 수행을 위해 다음과 같은 기본원칙을 제시하고 있다.

첫째, 무기체계 획득업무의 효율성을 높이고 시행착오를 최소화할 수 있도록 심층적인 선행연구를 실시하며, 소요군 및 관련기관으로부터 충분한 의견을 수렴하여 통합사업관리가 시행되어야 한다.

둘째, 국방과학기술의 발전을 통한 자주국방을 실현하기 위하여 연구개발을 활성화하고, 국산화와 민·군 겸용 기술의 활용도를 높이도록 해야 한다. 특히 연구개발을 수행하는 경우에는 개발비용의 절감과 개발기간의 단축 등을 위해 M&S와 가상시험 등을 확대한다.

셋째, 국방과학기술의 증진을 위해 국가과학기술과 국방과학기술의 종합적인 발전을 고려하여 사업을 추진하고, 핵심기술의 개발을 장려한다.

넷째, 예산편성은 육상·해상·공중 전략의 통합전력 발휘를 극대화할 수 있도록 자원을 배분한다.

다섯째, 최적의 전투력 발휘를 위하여 무기체계를 적기에 경제적으로 획득할 수 있도록 하며, 무기체계의 효율적인 운영을 위해 안정적이고 경제적인 군수품의 획득 등 종합군수지원 대책을 강구한다.

3. 무기체계 획득방법

무기체계를 획득할 수 있는 방법은 통상 연구개발과 구매의 두 가지로 나눌 수 있다. 연구개발은 국외기관 참여여부에 따라 국내연구개발과 국제공동연구개발로 구분하며, 구매는 그 형태에 따라 국내구매, 국외구매 및 임차로 구분한다.

일반적으로 기술수준이 높고 국방가용자원이 풍부한 선진국은 대부분의 무기체계를 국내생산에 의해 획득하고, 기술과 자본이 미약한 후진국은 국외구매에 의존한다. 한국의 무기체계 획득방법은 국방전력발전업무훈령(국방부 훈령 제1252호, 2010년 6월 21일)에 명시되어 있으며 기본적으로 국익에 유리한 방법을 선정하되 성능, 소요기간, 소요량, 기술 파급효과, 경제성, 군수지원 및 단가 등을 고려해야 한다.

가. 무기체계 연구개발

연구개발이란 우리가 보유하지 못한 기술을 국내 단독 또는 외국과 협력하여 공동으로 연구하고, 연구된 기술을 실용화하여 필요한 무기체계를 생산·획득하는 방법이며, 이 가운데 국내연구개발은 국내 기술진에 의하여 개념을 설정하고 이를 설계·시제품 제작·시험평가를 통해 특정 무기체계 또는 핵심기술·부품을 개발하는 것이다. 또한 연구개발은 생산대상·방법에 따라 무기체계 연구개발, 핵심기술 연구개발, 기술협력 생산의 세 가지로 구분한다.

진정한 의미의 연구개발은 무기체계를 연구개발, 시험 및 평가하고 생산하여 자국의 방위요소를 충족함은 물론 그 여력을 수출하여 국가발전의 성장 동력 역할을 할 수 있어야 한다. 따라서 연구개발 무기체계는 일반적으로 자국의 안보상황에 부합된 무기체계를 적시에 수요만큼 획득할 수 있다. 즉 자국의 지형적 특성에 적합하고, 자국의 전략·전술에 알맞은 무기체계 획득이 가능하며 국방의 자주성을 확보할 수도 있다. 또한 국가산업의 생산능력을 확대함과 아울러 이익을 증대시키며 기업이 성장할 수 있는 기회를 제공하는 등 경제적·기술적 파급효과를 얻을 수 있다. 그러나 후진국의 경우는 연구개발 비용이 구매보다 많이 소요되며 소요기간도 구매에 의한 방법보다 훨씬 장기간이고 연구개발의 실패 위험성도 크다는 부담을 안고 있다.

1) 무기체계 연구개발 단계

무기체계 연구개발 절차는 탐색개발, 체계개발, 양산 단계로 구분하며 각 단계별 주요 내용은 〈표 2-1〉과 같다.

표 2-1 연구개발 단계(무기체계)

단 계	주 요 내 용
탐색개발	• 체계개발을 위한 기본설계 • 작전운용성능 결정 • 체계개발 일정 및 비용 산출
체계개발	• 확정된 작전운용성능을 만족하는 시제품 개발 • 시험평가
양 산	• 생산된 무기체계를 소요군에 배치 • 초도양산, 후속양산

2) 핵심기술 연구개발

핵심기술 연구개발은 무기체계 또는 비무기체계의 국내개발 또는 생산에 필요한 고도의 첨단기술을 연구 및 개발하는 활동으로 기초연구, 응용연구, 시험개발의 단계를 거쳐 이루어진다.

3) 기술협력생산

기술협력생산은 차기 무기체계 개발을 위한 기술축적을 위하여 외국의 원 제작업체와 기술협력에 의해 생산권한을 양도, 대여 또는 지원받아 국내에서 생산하는 것이다. 기술협력생산은 국내 기술수준, 기술협력 정도, 국산화율 및 방산 파급효과를 고려하여 공동생산, 또는 외국의 기술지원 없이 생산권한만을 양도 또는 대여 받아 생산하는 면허생산(License Production : LP)으로 구분한다.

4) 연구개발의 장단점

연구개발 획득방법의 장점은 다음과 같다.

첫째, 자국의 실정에 부합되는 무기체계를 획득할 수 있다.

둘째, 산업의 생산능력(기계, 시설)을 확대하고 이익을 증대시키며, 기업이 성장할 수 있는 기회를 제공한다.

셋째, 연구개발을 함으로써 고용인구가 증가하고 기업이윤 및 유효수요를 증진시켜 국가경제에 효과적 파급효과를 유발한다.

넷째, 기술축적의 기회를 제공하며 획득된 국방과학기술을 민간부분에 파급시켜 민수제품의 질을 향상시키고 국가경쟁력 향상에 기여한다.

다섯째, 자체 생산 무기체계로 무장된 군대는 사기가 높고 일반적으로 국민 전체의 안보의식이 높아지게 된다.

반면 연구개발의 단점은 다음과 같이 요약할 수 있다.

첫째, 개발도상국은 자체 생산비용이 외국에서 무기를 직수입할 때보다도 많이 든다는 것이다. 따라서 무기 수입국은 수입단가가 저렴한 것을 이유로 무기를 수입하고, 수출국은 비용이 저렴하다는 이유를 판매 촉진수단으로 사용하고 있다.

둘째, 무기획득에 소비되는 시간이 직수입보다 훨씬 길다. 따라서 선진국은 순수 자체개발을 할 때 기존무기의 차기세대를 5~10년 앞서서 구상하고, 개발도상국은 군사소요의 긴급성을 이유로 직수입에 의존한다.

셋째, 연구개발의 실패 위험성이 크고 연구개발 비용이 든다는 것 등을 들 수 있다.

나. 구 매

구매에 의한 획득은 국내구매와 국외구매 및 임차로 구분하되, 국가이익을 고려하여 국내구매를 우선적으로 추진하고 국내구매가 곤란한 경우에 한해 국외구매를 추진토록 되어 있다.

국외구매는 국내에서 운영 중인 정보체계, 장비·물자를 일부 개조 또는 성능을 보강하여 구매하는 것이다.

국외구매는 소요군이 요구하는 무기체계를 연구개발이나 국내구매로 획득이 제한되는 경우 외국에서 운용 중이거나 개발 중인 무기체계를 획득하는 것으로 크게 대외군사판매(FMS : Foreign Military Sales)와 상업구매(CS : Commercial Sales)로 구분한다.

1) 대외군사판매(FMS)

대정부간 구매의 한 형태로 미국정부가 무기수출통제법(Arms Export Control Act) 등 관련 법규에 의해 우방국 및 동맹국 또는 국제기구에 정부 간의 계약에 의하여 대외지급수단 및 차관금액으로 군사상 필요한 물자를 유상으로 판매하는 방법을 말한다. 미국의 대외군사판매는 1961년 9월에 제정된 대내지원법과 1968년 10월에 제정된 대외군사판매법[1])에 의거 미국의 안전보장 및 세계평화 증진을 위하여 모든 우방국가와 국제기구 등에 방산 물자 및 용역을 민간계통을 통하지 않고 미국정부가 대리하여 구매국의 정부에 대외지급수단, 차관금액 등 유상으로 제공하는 판매의 형태로 자국 이익을 도모하는 제도이다. 이는 정부 간의 거래이므로 일반상용과 구별되며 방산물자란 점에서 상용물자와 그 성질이 다른 까닭에 정치적·외교적 차원에서 많은 제한을 받는다.

대외군사판매의 본질적인 특징은 정부 대 정부 간의 계약에 의존하여 거래되는 형태로서 사전에 그 거래규모에 따라 미 의회의 승인을 받아야 하며 금액, 수량 등에서도 제한을 받을 뿐만 아니라 판매대상국 선정 및 판매대상장비 등 많은 제한요소가 있다. 또 하나 특이한 것은 미국이 판매국을 대리하여 미국 내 업자로부터 방위물자 및 용역을 조달해주는 대가로 그에 수반되는 인건비, 행정비, 기타 제 비용을 구매국에서 부담하는 조건으로 미국의 군수물자를 판매하고 있다는 것이다.

대외군사판매는 지정구매, 총괄구매 및 군수보급지원 약정으로 구분한다.

지정구매(Defined Order Case : DO)는 대상품목, 수량, 예상가격 및 인도예정일 등 제반

---

1) 대외군사판매법(The Foreign Military Sales Act) : 1968년 10월 미국은 대외군사판매 법안을 제정하여 1961년에 제정한 대외지원법으로부터 군사판매만을 독립시켰다. 이로써 미국은 우방국 및 국제기구에 대하여 공동생산과 협동군수지원을 포함한 방위물자 및 용역판매를 위한 단일 입법조치를 강구하게 되었다.

조건을 청약 및 수락서상에 구체적으로 명시하여 구매하는 계약방법으로 지정판매계약을 통하여 판매할 수 있는 물자는 주요 장비, 탄약, 유류, 동시조달수리부속(CSP), 시험장비 등이다. 교육훈련이나 공사, 용역 등도 이 지정구매에 의하여 획득할 수 있다.

총괄구매(Blanket Order Case : BO)는 구매 대상품목에 대해 총금액 및 구매기간만을 명시하여 계약한 후 그 범위 내에서 수시로 청구하여 구매하는 계약방법으로 수리부속, 발간물, 교육보조자료, 지원장비 등을 총괄구매에 의해 획득할 수 있다.

군수보급지원약정(Cooperative Logistics Supply Support Arrangements : CLSSA)은 미국 국방성 군수지원체제를 통하여 외국에 군수지원을 제공해 주는 국제 협동군수지원체제로서 미국과 해당 우방국간의 군별 쌍무약정에 의해 평시 지속적인 계획의 일환으로 시행되고 있는 대외판매의 형태이다. 군수보급지원약정에 의하여 획득할 수 있는 품목은 현행 미군의 표준장비나 무기체계의 수리부속에 한정되어 있으므로 한미 간의 협정을 통하여 먼저 지원대상장비를 선정하고 장비별 연간지원규모를 결정한다.

2) 상업구매(CS : Commercial Sales)

상업구매란 외자구매에 있어 FMS 구매와 구분되는 개념으로 해외 생산업자 또는 공급자와 직접계약에 의해 구매하는 제도이다.

상업구매의 특성 즉, FMS 구매와 다른 점을 요약하면 다음과 같다.

첫째, 계약당사자에 있어서 FMS 구매는 정부 대 정부의 계약이지만 상업구매는 민간 판매제도로서 생산자와 수입국간의 계약에 의한 거래이다.

둘째, FMS 구매는 미국의 일반적인 불평등계약인데 반해 상업구매는 일반무역거래 법규와 예산회계법규에 의거 당사자 간의 협상에 따라 이루어지는 계약이다.

셋째, 구매대상국에 있어서 FMS 구매는 미국과 거래할 수 있는 제도이나 상업구매는 대상국의 제한이 없어 자유우방 어느 나라와도 거래할 수 있다.

넷째, FMS 구매는 가격적용에 있어 계약납품 후 정산을 전제로 계약하나 상업구매는 확정계약을 원칙으로 하므로 특수한 경우를 제외하고는 계약 후 가격의 변동이 없다.

3) 임 차

임차는 소요 무기체계를 외국에서 유상으로 빌려서 운용하는 것으로 다음과 같은 상황이 발생할 때 적용하는 획득방법이다.

첫째, 구매에 의한 장비획득보다 경제적일 경우

둘째, 구매에 의한 장비획득으로는 전력화 요구 시기 충족이 불가능한 경우

셋째, 장비의 진부화, 구식화 또는 지속적인 장비 성능개량 등으로 장비를 임차하는 것이

효율적일 경우

넷째, 장비운영 필요기간이 5년 이하로써 구매획득이 비효율적일 경우

다섯째, 소요량 및 전력화 시기 등 제반 여건상 임차만이 유일한 도입방법일 경우

여섯째, 기타 가용재원, 후속군수지원 등을 고려 시 임차사업이 효율적일 경우

4) 국외구매의 장단점

국외구매의 장점은 다음과 같다.

첫째, 국외구매를 할 경우 개발도상국의 입장에서 볼 때 획득단가가 연구개발 및 기술협력생산보다 훨씬 저렴하다는 것이다.

둘째, 군사적으로 결정된 무기체계 획득 요구사항이 절박할 때 국외구매는 유일한 획득원이 될 수 있다.

셋째, 연구개발의 실패 위험성을 배제할 수 있다.

넷째, 무기 수출국가와 정치·경제·군사적 유대가 강화될 수 있다.

반면 국외구매의 단점을 요약하면 다음과 같다.

첫째, 무기체계의 종속화가 우려되며 대외 의존적인 국방체제가 될 수 있다.

둘째, 기술이전 및 축적의 기회가 상실된다.

셋째, 국가경제 및 산업발전에 미치는 파급효과가 없다.

넷째, 운영·유지단계에서 수리부속비용의 비중이 크고 해외정비에 많이 의존할 가능성이 높다.

다섯째, 구매국의 작전환경과 신체적 조건에 맞지 않을 경우가 많다.

다. 무기체계 획득대안 구상 시 고려사항

무기체계 획득을 위해서는 다음과 같은 제약조건을 극복해야 하며, 각각의 조건들이 균형있게 조화를 이루어야 한다.

1) 정치적 제약조건

첫째, 군비경쟁의 유발 가능성을 고려해야 한다. 무기를 구입할 수 있는 경제력이 있다고 해서 얼마든지 무기체계를 획득할 수는 없다. 무기생산국이 국제적인 힘의 균형을 파괴한다고 판단할 때에는 수출을 금지하고 있는 것도 그러한 이유이며, 또한 무기수출국이 행사할 수 있는 국제질서의 통제력이기도 하다.

둘째, 군사동맹국과의 관계 유지에 대해 고려해야 한다. 예전의 서독은 자체 생산능력이 있어도 NATO에 소속된 여러 나라로부터 무기를 수입 또는 기술협력생산 등을 추진하였는데 그 이유는 이 같은 행위가 NATO의 결속력을 확인시키고 일단 유사시에는 서독의 안보를 위해 적극적인 지원을 유도하기 위함이었다.

셋째, 정치적·전략적 무기의 생산 및 수출을 금지하는 조항으로 전후 서독과 일본은 연합국에 의해 방위산업이 금지된 바 있으며 핵무기는 현재도 강대국들이 규제하고 있다.

2) 경제적 제약조건

첫째, 현대 무기체계 특징 가운데 하나는 엄청난 획득비용이 소요된다는 것이며, 이러한 제약조건을 극복할 수 있는 국가경쟁력이 우선되어야 한다.

둘째, 무기의 획득비용이 고가인 것은 무기 수요량 제한의 주요인이 될 수 있다. 이를 극복하기 위해서 민수겸용 생산, 무기수출 등의 대안을 고려해야 한다.

셋째, 무기체계 산업은 그 나라의 중화학공업 및 첨단산업에 기반을 두고 있다. 중기계, 석유, 화학, 선박, 항공, 전자통신, 컴퓨터 등의 여러 분야가 유기적으로 관련되어 각 분야가 원자재, 부품생산 및 조립에 이르기까지 상호보완하면서 체계적으로 계열화되어야 한다.

3) 기술적 제약조건

첫째, 무기체계는 고도의 정밀 과학기술을 요구하고 있다. 따라서 과학기술 수준의 미숙으로 군사적 요구수준을 만족시킬 수 없다면 자체생산은 곤란하다.

둘째, 효과적으로 무기체계를 개발하려면 유사한 분야에서 연구개발한 경험이 누적되어 있어야 하고 위험과 비용을 절감하는 관점에서 복잡한 연구개발 사업을 관리할 수 있는 능력이 갖추어져 있어야 한다.

4) 군사적 제약조건

첫째, 군사적 획득시한을 충족해야 한다. 무기체계는 본질적으로 적을 의식하고 획득하는 것이므로 적의 위협이 크면 클수록 대응 무기체계의 획득시한이 짧게 된다.

둘째, 군수지원의 가능성으로, 수리부속품 및 부품의 문제는 대단히 중요하다. 실제 대부분의 국가가 무기 국산화의 동기를 수리부속품 조달에 두고 있다. NATO 제국(諸國)도 처음에는 미 군원에 의해 무장되었으나 점차 장비가 노후화되어감에 따라 수리부속품, 수리비용이 국방예산의 약 30%를 점유하자 이를 탈피하는 차원에서 국산화 시도가 활발하게 추진되었다.

셋째, 작전환경 및 인체공학적 특성을 고려해야 한다. 조작 및 운용요원의 신체조건과, 작전지역의 환경·기후를 고려하여 무기체계를 설계해야 하며 조작기술의 습득이 용이한 무기를 획득할 수 있어야 한다.

넷째, 획득되는 무기체계는 국방 기본목표를 지원할 수 있고, 기존 무기체계와 조화를 이룰 수 있어야 한다.

다섯째, 방위산업은 중화학공업이기 때문에 공해, 오염, 노동문제 등을 수반하게 되므로 이에 대한 대책을 사전에 수립하고 추진해야 한다.

이러한 제반사항을 고려하여 무기체계 획득방법의 결정은 획득방법별 장단점을 분석하고 합리적인 의사결정을 통해 이루어져야 하며, 안보정책, 국방정책, 군사전략과 가용자원, 국가의 전력구조, 방위산업체의 능력과 기술수준, 발전전망 등을 정확하게 종합분석하고 예측해야 한다.

제 2 절 무기체계 획득절차

1. 개 요

무기체계 획득절차를 이해하기 위해서는 먼저 국방전력발전업무의 전반적인 체계를 이해해야 한다. 국방전력발전업무는 무기체계 및 비무기체계의 전력증강과 관련된 업무의 절차와 지침을 규정하는 것으로 〈그림 2-1〉과 같이 크게 소요기획, 획득, 운영유지의 세 단계로 구분한다.

이 가운데 무기체계 획득은 무기체계 소요가 결정되어 연구개발(또는 구매) 단계를 거쳐 완성된 시제품을 시험평가한 후 양산·배치되기까지 모든 활동을 계획·집행·평가하는 일련의 활동으로 야전부대가 임무수행을 위해 보급된 무기체계를 운용하는 활동은 포함되지 않는다. 또한 여기서 '무기체계 소요'란 국방목표, 승인된 군사목표, 임무 또는 책임을 완수할 수 있는 능력을 갖추는데 필요한 자원을 말한다.

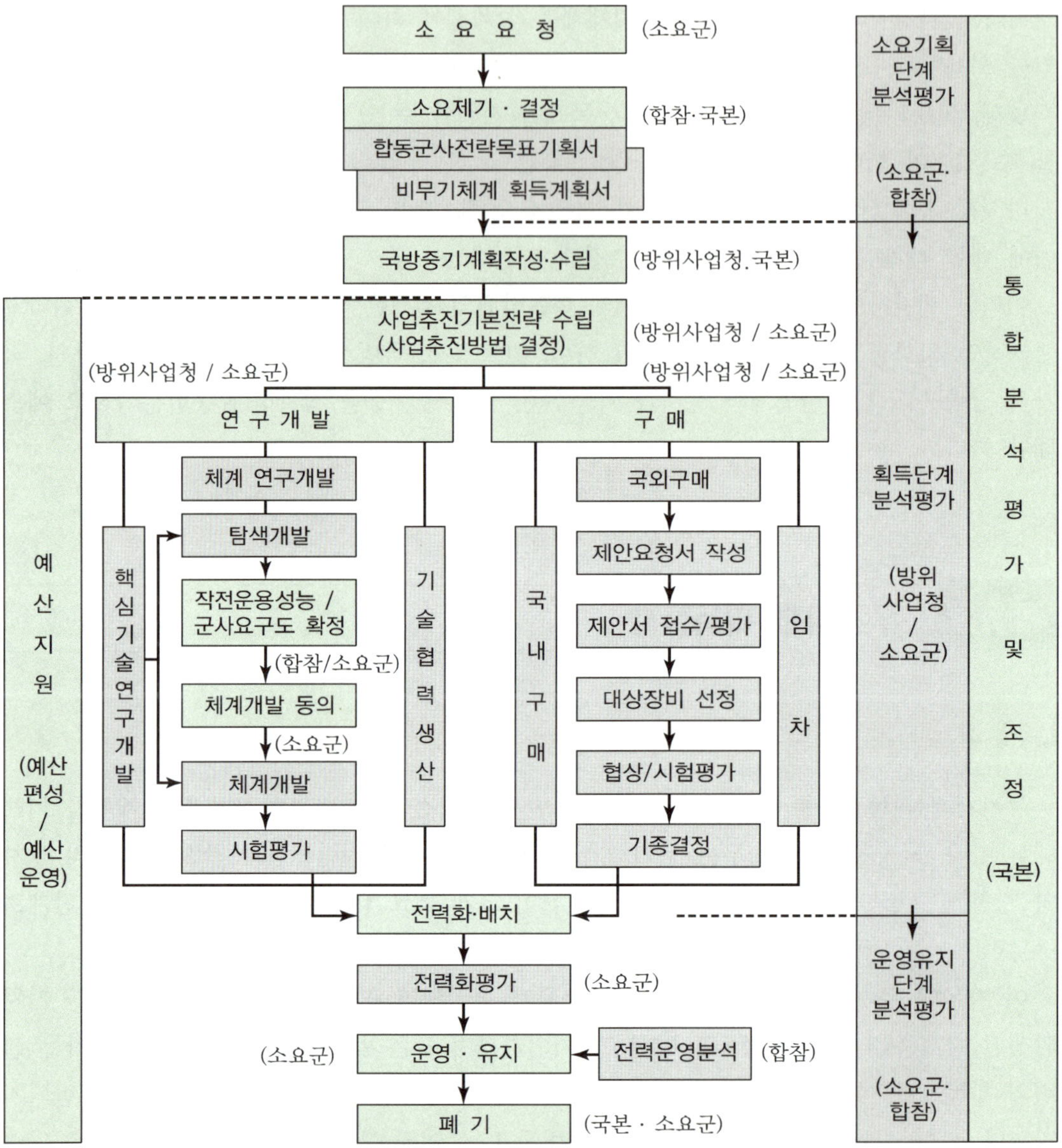

그림 2-1 국방전력발전업무 절차도

2. 소요기획단계

가. 소요요청

소요요청이란 군이 임무를 수행하기 위하여 일정 기간 또는 시기에 필요하다고 지정한 군수품에 대해 충족되어야 할 조건 등을 포함하여 소요제기기관에 요청하는 것을 말한다.

소요요청 기관은 국방부본부, 합참, 각 군, 방위사업청과 국직기관 및 합동부대이며, 이들 기관은 합동개념을 구현할 수 있도록 필요성, 편성 및 운영개념, 전략화 시기, 소요량, 작전운용능력 또는 작전운용성능 및 전력화지원요소를 포함하여 〈그림 2-2〉와 같이 소요를 요청한다.

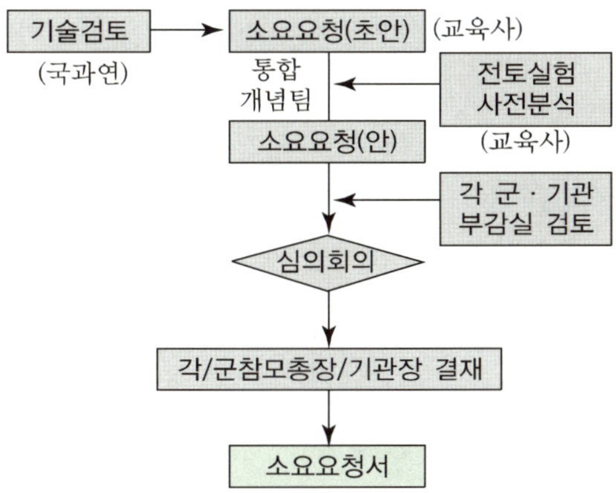

그림 2-2 소요요청 절차(소요군)

나. 소요제기 · 결정

소요제기란 소요요청 기관에서 요청한 소요에 대하여 분석 · 검증 등 기획관리체계에 의한 절차를 거쳐 심의 · 조정한 소요를 기획하여 소요결정 기관에 제출 및 보고하는 것을 말한다. 소요제기 기관은 합참과 각 군 및 기관이고, 소요를 결정하는 기관은 국방부이며 소요제기 · 결정 절차는 〈그림 2-3〉과 같다.

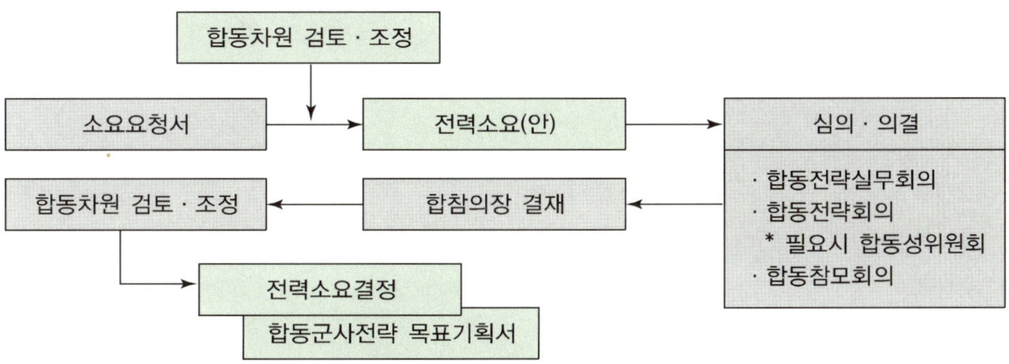

그림 2-3 소요제기 · 결정 절차

소요요청서는 소요제기 기관 이외의 기관이 소요제기 기관인 합동참모본부에 제출하는 것으로 장기 전력소요청서와 중기 전력소요요청서로 구분하며 중·장기 전력소요서는 소요 종합문서로서 중·장기 합동군사전략목표기획서 작성의 근거를 제공한다.

장기 전력소요요청서는 F+8~F+17년까지의 장기 전력소요를 요청하는 문서로서 선행연구 및 탐색개발의 근거를 제공한다.

중기 전력소요요청서는 F+3~F+7년까지 중기 전력소요를 요청하는 문서로서 체계개발의 근거를 제공한다.

무기체계 소요결정은 소요요청기관으로부터 무기체계 소요요청서를 접수받은 합동참모본부에서 단위전력의 합동성, 완전성 및 통합성, 상호운용성과 소요의 우선순위 등을 검토하여 합동참모회의 심의를 거쳐 국방부에 소요를 제기하고 장관결재를 거쳐 최종 소요를 결정한다.

3. 국방중기계획 수립 및 예산 편성·집행

가. 국방중기계획 수립

국방중기계획은 국방정책과 군사전략 구현을 위하여 군사력 건설 및 유지소요를 향후 5개년 간 가용한 국방재원 규모 내에서 연도별 대상사업과 소요제원을 구체화하는 것이다. 국방부장관은 국방정보판단서, 국방기본정책서, 합동군사전략목표기획서 및 국방과학기술진흥실행계획서 등을 근거로 합리적인 군사력 건설을 위하여 방위력 개선분야 및 경상운영분야, 부대계획분야, 복지 분야에 관한 국방중기계획을 대통령의 승인을 득하여 수립하며, 절차는 〈그림 2-4〉와 같다.

다만 중기계획 초년도(F+2)에 신규 반영하는 사업은 별도로 국방장관의 승인을 받도록 되어있다. 이러한 절차를 통해 수립된 국방중기계획서는 국방예산 편성의 근거와 지침을 제공하게 된다.

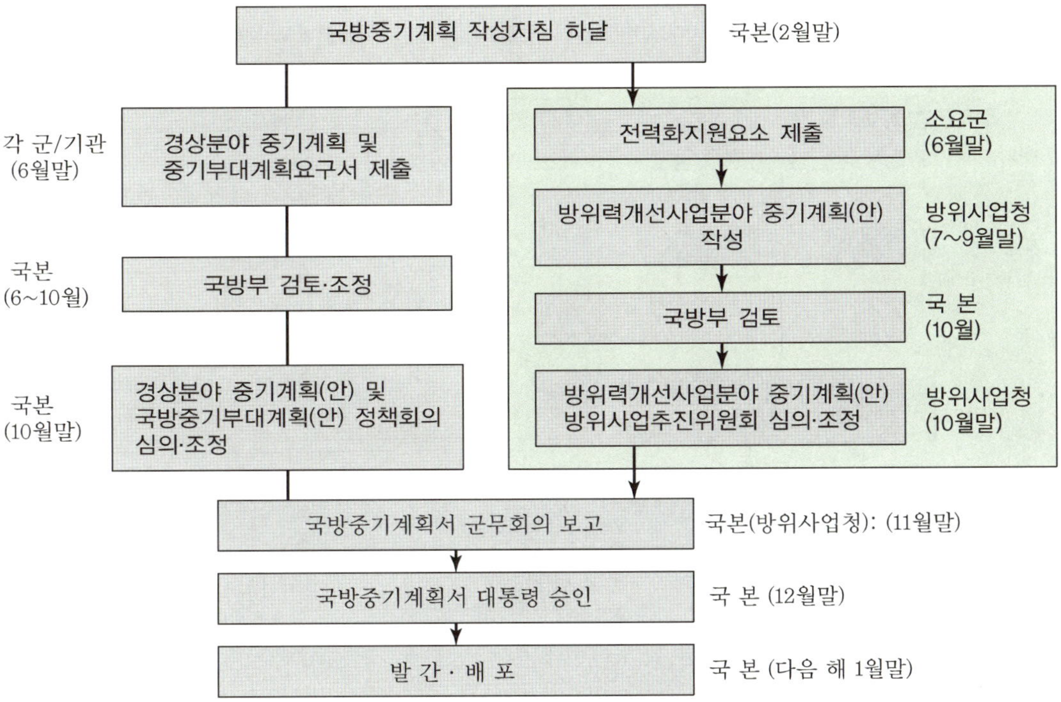

그림 2-4 국방중기계획 수립 절차

나. 예산편성 및 집행

국가중기재정운영계획 및 국방중기계획서를 기준으로 예산을 편성하고, 중기계획에 반영되지 않은 신규사업(F+1)의 예산편성에 대해서는 별도로 국방부장관의 승인을 얻어야 하며, 예산편성 절차는 〈그림 2-5〉와 같다.

요구되는 재원에 비해 가용재원이 부족할 경우에는 합동군사전략목표기획서 등 각종 기획서의 우선순위를 기준으로 사업 및 예산의 조정이 가능하긴 하지만 효율성과 적기 전력화를 고려하여 최적의 배합이 되도록 해야 한다.

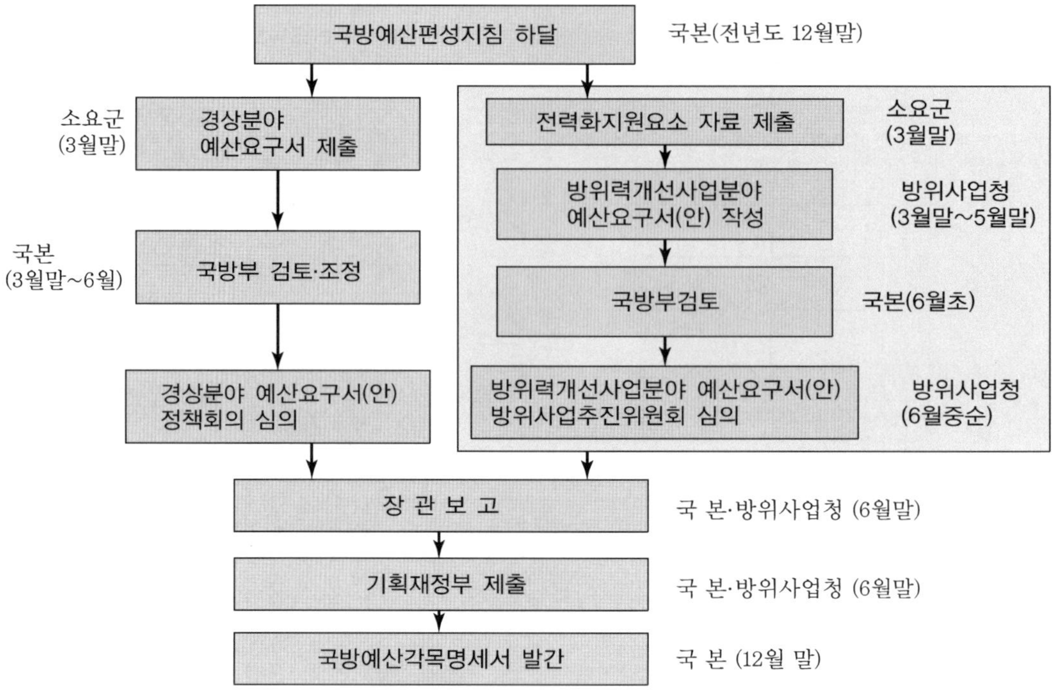

그림 2-5 국방예산편성 절차

4. 사업추진방법 결정

방위사업청은 소요결정 결과를 접수 후 선행연구를 실시하여 해당 무기체계에 대한 연구개발 가능성, 소요시기 및 소요량, 국방과학기술 수준, 방위산업 육성효과, 기술적 · 경제적 타당성 및 비용 대 효과분석 등에 대한 조사 · 분석을 통해 연구개발과 구매로 구분하여 사업추진방법을 결정한다.

5. 연구개발 절차

연구개발 사업 형태는 국내 연구개발사업, 기술협력생산, 국제공동 연구개발사업 등으로 구분하며, 연구개발 절차는 〈그림 2-6〉과 같이 탐색개발, 체계개발, 양산단계로 구분한다.

가. 탐색개발단계

탐색개발은 선행연구 시 검토한 개념연구결과가 체계개발로 전환 가능한지의 여부를 검토

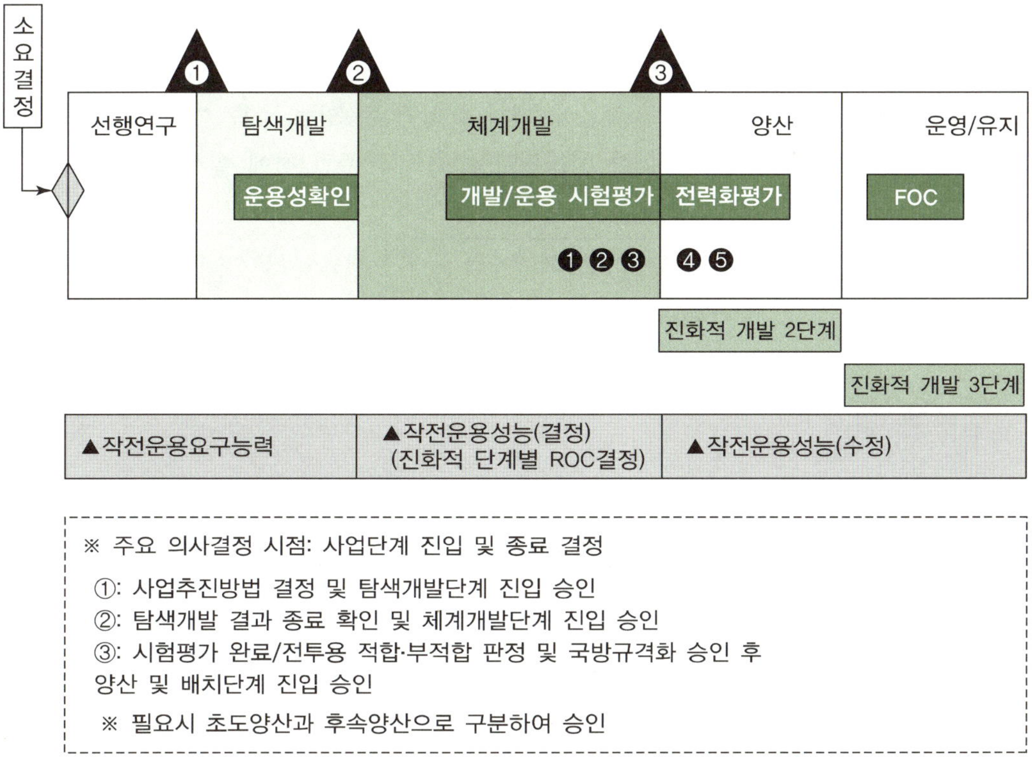

그림 2-6 연구개발 무기체계 획득절차

하는데 주안을 두고 실시하며, 시뮬레이션, 모형제작 및 시험 등 다양한 방법을 통해 무기체계의 핵심부분에 대한 기술을 개발하여 기술의 완성도 및 적용가능성을 확인하는 단계이다.

나. 체계개발단계

체계개발은 무기체계의 작전운용성능(ROC)을 만족하는 무기체계를 설계, 시제품 제작, 시험평가를 통해 양산할 수 있는 무기체계를 개발하는 단계로서 설계를 통해 체계의 통합성을 확인하고 시제품을 제작하여 시험평가를 통해 검증한다.

다. 시험평가

무기체계 연구개발에 대한 시험평가 방법은 개발시험평가(DT: Development Test)와 운용시험평가(OT : Operational Test)로 구분하되, 시험평가 전에 운용성 확인을 할 수 있으며, 탐색개발단계부터 수행하는 것을 원칙으로 한다. 무기체계 시험평가 절차는 〈그림 2-7〉과 같다.

1) **개발시험평가** : 개발 장비의 시제품에 대하여 요구 성능 및 개발목표 충족 여부, 종합군수지원 입증 등을 확인하기 위한 시험평가로서 개발기관(업체)이 실시한다.

2) **운용시험평가** : 개발 장비의 시제품에 대하여 작전운용성능 충족 여부, 군 운용 적합 여부, 종합군수지원 분야 확증을 위한 시험평가로 소요군 주관 하에 실시한다.

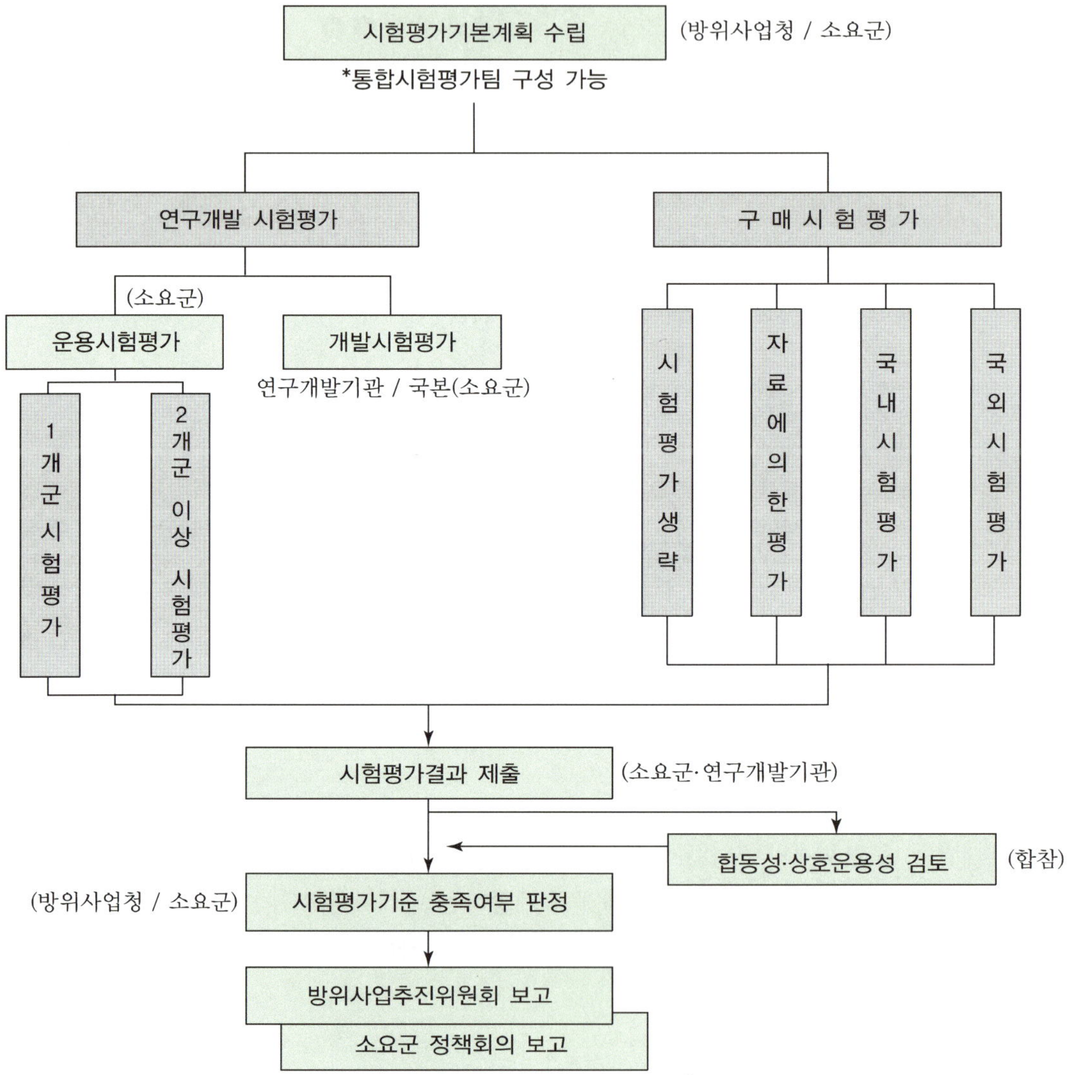

그림 2-7 무기체계 시험평가 절차

라. 양산단계

체계개발이 완료된 무기체계를 양산하여 소요군이 운영할 수 있도록 배치하는 단계로서,

시험평가에 의한 전투용 적합 판정 및 국방규격화 완료 후 착수를 원칙으로 하며, 사업의 효율적인 관리를 위해 초도양산과 후속양산으로 구분 시행한다.

6. 구매절차

구매사업은 구매형태에 따라 국내구매, 국외구매 및 임차로 구분한다. 구매사업은 국내구매를 우선 추진하되, 국내구매가 곤란할 경우에 국외구매를 추진하며, 필요시 임차에 의한 도입을 추진할 수 있다. 구매에 의한 무기체계 획득절차는 〈그림 2-8〉과 같다.

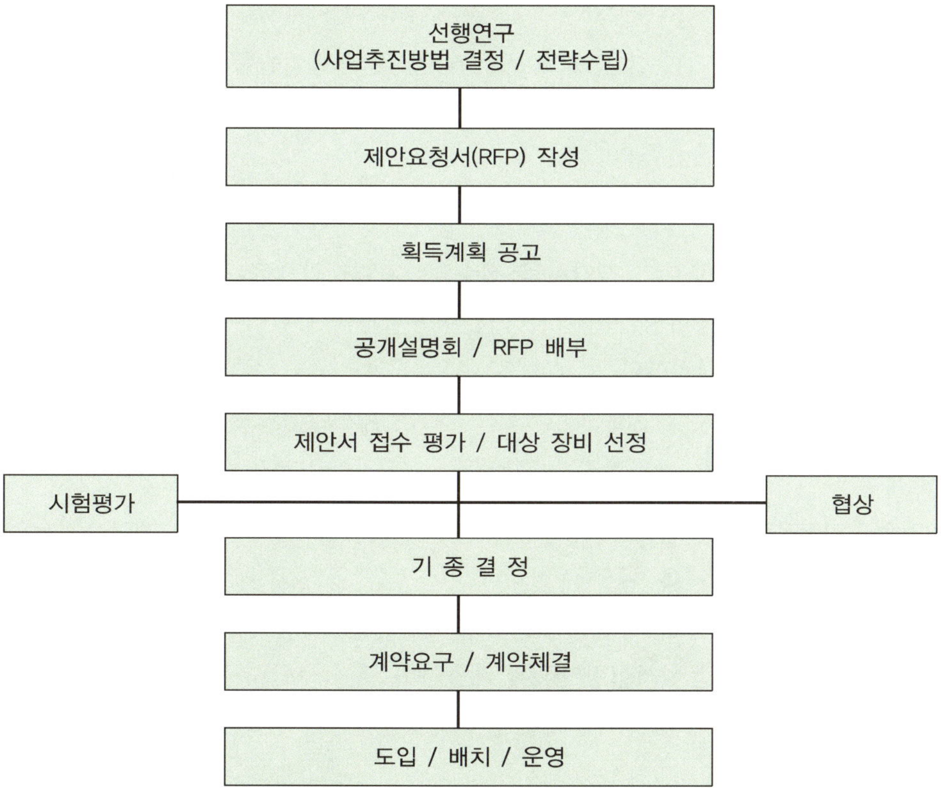

그림 2-8 구매에 의한 무기체계 획득절차

가. 제안요청서 작성

제안요청서(RFP : Request For Proposal)는 소요 무기체계 대상 장비의 시험평가와 협상에 관련된 자료 등을 요구하는 문서로 사업공고에 필요한 제반 기술적 자료(성능, 종합군수지원 및 신뢰성 등)와 상업적 자료(비용, 계약조건 및 절충교역 등)를 포함하며, 대상 장비 선정, 도입방법 및 기종 결정 등의 평가기준, 요소 등을 제시한다. 제안요청서는 사업추진 기본전략을 기준으로 사업관리본부(통합사업관리팀)가 작성하며, 방위사업청 내 관련부서, 합참, 소요군, 국과연 및 국방기술품질원 등의 검토지원을 받아 확정한다.

나. 획득계획 공고

통합사업관리팀은 공고기간(통상 40일간)을 고려하여 관보, 국방일보, 인터넷, 국방부 게시판 등을 이용 획득계획을 공고한다.

다. 공개설명회 및 제안서 배부

통합사업관리팀은 관련기관(합참, 소요군, 국과연 및 국방기술품질원)과 협조하여 공개설명회를 개최하며, 여기에 참가하는 업체에 제안요청서를 배부 및 설명한다.

라. 제안서 접수 종합평가 및 대상 장비 선정

통합사업관리팀은 업체로부터 제안서를 접수 후 관련기관으로 구성된 제안서 평가 팀을 편성하여 제안서에 대한 종합평가를 실시하고, 평가결과를 종합하여 사업관리분과위원회 심의를 거쳐 대상 장비를 선정한다.

마. 협상 및 시험평가

통합사업관리팀은 계약관리본부에 협상을 의뢰하고, 계약관리본부는 제안요청서의 요구조건을 기준으로 대상 업체와 협상을 실시한다.

소요군은 분석시험평가국의 시험평가계획, 업체제안서, 각종 자료 등을 근거로 시험평가를 실시한 후 그 결과를 분석시험평가국에 제출하며, 분석시험평가국은 제출된 시험평가결과를 검토하여 최종 판정하고, 그 결과를 통합사업관리팀에 통보한다.

바. 기종결정

기종결정은 획득비, 운영유지비, 대금 지불일정, 지불 이행조건 등의 비용요소와 무기체계 성능 및 절충교역 등 비비용 요소로 구분하여 판단하며, 기종결정의 평가기법은 사전에 제안요청서에 명시한다.

제3절 시험평가

1. 개 요

시험평가란 특정무기체계가 기술적 측면 또는 운용 관리적 측면에서 소요제기서에 명시된 제반 요구조건의 충족여부를 확인 검증하는 절차를 말한다.

가. 용어의 정의

1) 시험(Test) : 개발 및 운용측면에서 무기체계의 객관적인 성능을 검증하고 평가하는 기초자료를 획득하는 과정이다.

2) 평가(Evaluation) : 시험을 통하여 수집된 자료와 기타 수단으로 획득된 자료를 근거로 사전에 설정된 판정기준과 비교분석함으로서 대상무기체계가 사용자요구에 일치하는지를 검증하고 운용목적에 부합하는지의 적합성을 판단하는 과정이다.

3) 시험평가(Test and Evaluation, T&E) : 특정 무기체계가 기술적 측면 또는 운용 관리적 측면에서 소요제기서에 명시된 제반요구조건의 충족여부를 확인 검증하는 절차이다.

4) 개발시험평가(Development Test and Evaluation : DT&E) : 체계개발 단계에서 제작된 시제품에 대하여 기술상의 성능(신뢰도·유지성·적합성·호환성·내환경성·안정성 등)을 측정하고 설계상의 중요한 문제점이 해결되었는가를 확인 평가하여 무기체계 획득과정에 있어서 기술적 개발목표가 충족되었는지를 결정하기 위하여 수행되는 시험평가를 말한다.

5) 운용시험평가(Operational Test & Evaluation : OT&E) : 소요군이 시제품에 대하여 각종 작전환경 또는 이와 동등한 조건에서 작전운용성능 충족여부를 확인하고, 교리·편성·교육훈련·종합군수지원요소 등에 대한 적합성을 시험평가 하는 것을 말한다.

나. 시험평가의 목적

1) 무기체계의 유용성 및 비용대 효과측면에서 유리성을 평가하기 위하여 적시에, 정확하고, 적절한 정보를 의사결정자에게 제공한다.

2) 획득과 관련된 위험도를 사전에 감소시킨다.

3) 획득관련기관으로 하여금 운용측면에서 효과성 및 적합성이 높은 무기체계가 획득되도록 보증한다.

다. 시험평가의 중요성

현대 무기체계의 복잡성 및 획득비용의 증가에 따라 획득 초기단계부터 시험평가가 요구되며, 또한 성능, 일정, 비용의 최적화로 국방예산의 효율성 제고를 위해 시험평가를 통하여 사업의 위험이나 제한사항을 조기에 식별 및 해소하고, 수명주기 차원의 효과분석 및 운영상의 적합성을 판단하여 전투용 사용 가·부 판단과 기종결정 판단의 기초자료를 제공해야 한다.

라. 시험평가 원칙

1) 투명성 보장을 위해 객관적이고 합리적인 시험평가 기준, 방법 및 절차를 적용한 공정한 시험평가

2) 적합성을 위해 합동전장 운영개념에 부합되고, 작전운용성능을 충족시키며 적기에 전력화를 보장하는 시험평가

3) 신뢰성 보장을 위해 시험평가 전문요원에 의한 과학적인 방법과 기법으로 책임성 있는 결과를 판정

2. 시험평가 구분

시험평가는 일반적으로 개발시험평가와 운용시험평가로 구분하기도 하지만, 시험평가 대상에 따라 다음의 〈표 2-2〉와 같이 구분한다.

표 2-2 시험평가의 구분

구 분		내 용
시험평가 대상에 따른 분류		• 무기체계 시험평가 • 비무기체계 시험평가 • 핵심기술개발 시험평가 • 정보체계 시험평가
무기체계	연구개발	• 운용성 확인 • 개발시험평가 • 운용시험평가

표 2-2 계속

구 분		내 용
무기체계	구 매	• 자료에 의한 시험평가 • 실물에 의한 시험평가 - 국내시험평가와 국외시험평가로 구분 • 시험평가 생략
핵심기술개발		• 개발시험평가 • 운용시험평가
비무기체계		• 개발시험평가 • 운용시험평가

가. 무기체계 연구개발 사업에 대한 시험평가

1) **운용성 확인** : 탐색개발기간 중 잠재적인 운용효과와 운용적합성에 관한 의사결정자료를 조기에 제공하기 위하여 실시하는 평가

2) **개발시험평가** : 개발장비의 시제품에 대하여 요구성능 및 개발 목표 등의 충족여부를 검증하기 위한 시험평가

3) **운용시험평가** : 개발장비의 시제품에 대하여 작전운용성능 충족 여부 및 군 운용 적합 여부를 확인하기 위한 시험평가

나. 핵심기술개발 시험평가

응용연구단계로 종결되는 사업 또는 시험개발단계의 핵심 기술사업에 대하여 수행하는 시험평가를 말한다.

1) **개발시험평가** : 개발된 기술 또는 장비에 대하여 요구성능, 개발목표 등의 충족여부를 확인하는 시험평가

2) **운용시험평가** : 개발된 기술 또는 장비를 적용할 무기체계가 있는 경우 체계연동에 따른 개발시험 후에 실시하며, 적용무기체계에 대한 사용 적합 및 군사용 적합 유무를 확인하기 위한 시험평가

다. 무기체계 구매사업에 대한 시험평가

1) 자료에 의한 시험평가

수집된 각종자료 및 정보 등의 관련 자료를 이용하여 작전운용성능·종합군수지원요소

등을 포함한 요구성능의 충족여부를 판단하는 시험평가

2) 실물에 의한 시험평가

국내시험평가 또는 국외시험평가로 구분하며 작전운용성능, 군 운용 적합성 및 전력화지원요소 등을 포함한 요구성능의 충족여부를 판단하는 시험평가

3) 시험평가 생략

구매무기체계가 단일체계로서 국제 공인기관에서 품질을 인정한 체계와 국내·외에서 현재 운용중인 표준체계에 한하여 시험평가를 생략할 수 있다.

라. 비무기체계 시험평가

방위산업체 또는 소요군이 시험평가가 필요하다고 판단한 경우에 실시하는 시험평가

1) 개발시험평가 : 무기체계 시험평가 업무절차 준용 수행
2) 운용시험평가 : 무기체계 시험평가 업무절차 준용 수행

3. 시험평가 결과 판정

가. 연구개발 무기체계에 대한 시험평가 결과

1) 운용성확인

체계개발 단계 전환 적합성에 대한 전반적인 의견 제시. 이 경우 초기 작전운용성능, 예비 체계운용요구서, 예비 체계운용시나리오 등을 기준으로 주요 결함사항, 도출된 문제점, 개선 및 발전시킬 사항 등을 파악한다.

2) 개발시험평가는 개발업체 자체적으로 실시하나 필요시 소요군과 사업관리부서에서 참관이 가능하며 "기준 충족" 또는 "기준 미달"로 판정한다.

3) 운용시험평가는 소요군이 "기준 충족" 또는 "미달"로 시험결과를 보고하면 방위사업청에서 최종적으로 "전투용 적합" 또는 "부적합"으로 판정한다.

나. 구매 무기체계 시험평가 결과

"전투용 적합" 또는 "부적합"으로 판정

다. 핵심기술 연구개발 시험평가 결과

1) 적용 무기체계가 있는 경우

가) 개발시험평가 : "기준 충족" 또는 "미달"로 판정
나) 운용시험평가 : "군사용 적합" 또는 "부적합"으로 판정

2) 적용 무기체계가 없는 경우

무기체계 적용 가능" 또는 "불가능"으로 판정

4. 시험평가 단계별 수행절차

무기체계(연구개발, 구매사업), 비무기체계 및 핵심기술 개발에 공통적으로 적용되는 시험평가 단계별 수행절차는 다음과 같다.

표 2-3 시험평가 단계별 수행절차

단 계		수 행 절 차
1 단계	자료수집 및 기초연구	• 운용성 확인, 개발시험평가 입회 • 운용시험평가 준비계획 작성
2 단계	시험평가계획(안) 작성	• 운용시험평가계획(안) 작성 • 운용시험평가 세미나 • 운용시험평가계획 검토회의 • 운용시험평가계획(안) 완성 / 보고
3 단계	시험평가 실시	• 운용시험준비 검토회의(TRR) • 시험결과 자료수집 • 시험평가관별 점검표 작성 / 의견 수렴 • 일일 시험일지 작성 • 결함 / 문제점 도출 • 주간단위 시험결과 작성 / 보고
4 단계	운용평가결과 분석 / 평가	• 시험결과분석 / 종합 • 시험결과 검토회의
5 단계	시험평가 결과 보고	• 운용시험평가결과 보고
6 단계	사후검토 / 후속조치	• 사후검토결과(교훈집) 보고 • 운용시험평가결과 자료존안 • 전력화평가 참여(필요시)

제 4 절 형상관리

1. 정 의

형상(Configuration)이란 연구단계, 개발단계, 생산배치 및 운영단계에 걸쳐 제품 및 소프트웨어 품목의 기능적·물리적 특성을 말한다. 이것은 형상품목(Configuration Item)에 대한 기능적·물리적 특성 및 필수사항을 제작, 생산 및 형상관리에 적합하도록 완전하고 명확하게 묘사한 규격서, 도면, 부품목록 등의 기술문서로 표현된다.

형상관리(Configuration Management)는 형상제품의 특성을 식별하여 문서화하고 변경내용을 통제 및 기록유지하며 각종 기술자료와 제품의 합치여부를 점검하는 절차와 제도로써 무기체계 전 순기활동 가운데 중요한 기술 활동이다. 즉 하드웨어, 소프트웨어 품목 및 특정 부품에 대하여 기술문서로 표현되고 제품으로 구분되는 기능적·물리적 특성을 연구단계, 개발단계, 생산·배치 및 운영단계에서 관리하는 제반 활동으로 체계의 획득 수명주기 동안 선택된 체계 구성품과 형상품목으로 지정된 것들의 기능적·물리적 특성을 식별하고, 기능적·물리적 특성의 변경을 통제하며 변경과정의 실행상태를 기록 유지하는 것이다.

형상관리는 체계 개념연구단계의 초기에 체계공학과정으로부터 자료가 입력되는 것에 의해 시작되고, 체계가 개발되고 수정되는 획득수명주기 동안 계속된다.

체계 수명주기 동안 형상변경은 ① 체계설계, 운영유지 개념에 대한 더 많은 지식이 획득되고, ② 임무요구가 변경되며, ③ 설계에 영향을 미치는 비용 및 일정과 같은 비 기술적인 요소가 변경됨에 따라 발생한다. 이런 변경은 변경이 비용 효과적이며 동시에 모든 사용자가 현재 형상상태를 알 수 있도록 통제됨과 동시에 기록 유지되어야만 한다. 이러한 형상관리는 형상식별(Configuration Identification), 형상통제(Configuration Control), 형상확인(Configuration Audit), 형상자료 유지(Configuration Status Accounting) 등 4가지 활동으로 구성되어 있다.

2. 목적 및 이점

형상관리 제도를 활용하는 목적은 다음과 같다.

첫째, 가장 낮은 총 순기 비용으로 요구되는 성능, 운영, 군수지원 및 전투준비태세를 달성할 수 있도록 노력하는 조달획득 정책을 직접 지원한다.

둘째, 현상변경의 필요성, 이득, 소요비용 및 적용시가와 관련하여 이를 관리함에 있어 최대의 효과를 도모한다.

셋째, 연구개발시 제품의 생산기간, 품질보증 및 시험평가와 관련된 내용을 최대한 반영하여, 제품의 생산성을 도모한다.

넷째, 정부 각 관련부서, 정부 및 계약업체 상호간에 각종 정책, 절차, 자료, 양식 및 보고서의 일관성을 도모한다.

다섯째, 적용될 제품의 특성에 따라 효율적인 절차를 적용한다.

여섯째, 형상관리 품목의 표준화에 기여함으로써 최적의 설계 및 개발을 가능하게 하고 최적기에 생산 및 군수지원을 위해 필요한 형상통제(기술변경) 수행을 가능하게 한다.

일곱째, 예를 들면 시험기와 같은 비교적 단순한 제품에 대해서는 형상관리 절차를 관련 규격서와 생산 장비의 수락검사만으로 관리하고, 반면에 복잡한 제품에 대해서는 프로그램의 목표를 달성할 수 있도록 고도의 조직화된 절차가 요구된다.

개발 초기부터 형상관리를 적용함에 있어 어떠한 고정된 개념으로 적용하는 것이 아니라 이를 통제하고 조정할 수 있도록 모든 절차 면에서 도와주는 역할을 의미하고 있으며, 모든 상기 목적은 개발절차가 일관성 있도록 함과 동시에 융통성 있게 만드는 윤활작용에 그 초점을 맞추고 있다는 것이다. 이러한 목적으로 형상관리 제도를 적용함으로써 얻는 이득은 다음과 같다.

첫째, 제품의 성능, 군수지원 및 장비상태를 보장할 수 있다.

둘째, 향상된 제품의 표준화 및 품목 통제가 가능하다.

셋째, 조달 시 경쟁 입찰방법이 가능하다.

넷째, 각종 기술자료와 소요 추정이 가능하다.

다섯째, 계약행정의 일관성과 통일성을 향상시킬 수 있다.

여섯째, 모든 단계에서 관리상 의사결정의 효과를 향상시킬 수 있다.

일곱째, 군수품 개발 관련 계약제도, 자원관리 가치공학, 기술자료 관리 및 규격표준화제도를 병행하여 활용할 수 있다.

여덟째, 보증된 하드웨어 및 소프트웨어 성능과 개선된 군수지원 및 무기체계의 보급이 가능하다.

아홉째, 불확실한 기술적 자료를 감소시킬 수 있다.

열째, 다른 프로그램과의 상호 연관성을 확보할 수 있다.(가치공학, 기술자료 묶음(TDP) 관리 및 표준화, 시스템 공학, 자원관리시스템 등)

이처럼 형상관리 제도는 군수품 개발에 보다 체계적이고 효율적인 방법으로 총 순기비용을 최적화 할 수 있도록 적용되어진다.

3. 형상관리 기능

가. 형상식별

형상식별이란 요구조건을 식별하고 요구조건을 만족하기 위해 필요한 하드웨어나 소프트웨어 등 품목의 기준 특성을 정의하는 문서의 작성업무로서 설계 또는 개발주기 동안에 형상항목이나 체계를 설명하는 규격서 및 도면을 의미한다. 식별은 설계가 생산을 향해 진척되어감에 따라 더욱 정확해진다. 이러한 문서의 모임은 전체 체계 및 형상항목 수명주기를 통해 개발, 생산, 시험, 인도, 운영, 유지보수에 대한 근거를 제공한다.

나. 형상통제

형상통제란 형상기준이 설정된 식별문서의 변경을 통제하는 업무로서 형상관리에서 가장 눈에 잘 띠는 양상이다. 왜냐하면 이 일에 종사하는 사람은 기술 요구 조건의 완화와 면제뿐만 아니라 기술변경 제안을 평가하며 승인 혹은 기각하기 때문이다. 형상통제는 이미 설정된 기술의 변경을 요할 때 적용하며 형상통제의 목적은 불필요한 변경은 억제하고 가치있는 변경은 조장하는데 있다. 즉 정부에 필요하거나 현저한 이익을 가져오는 다음과 같은 변경만을 시행한다. ① 결함사항의 시정, ② 운용상 또는 군수지원 상 요구를 충족하기 위한 변경, ③ 순기비용의 절감, ④ 승인된 생산 일정의 지연 방지

형상 통제에는 기술변경, 규격 완화, 면제 등 3가지가 있다.

1) 기술변경은 이미 설정된 기술을 영구히 변경할 필요가 있을 때 적용하며 그 절차는 다음과 같다.

- 변경 필요성 제기(제안자)
- 변경의 등급 분류 및 처리 우선순위 판단(제안자)
- 기술검토 제안서 작성
- 기술검토 및 평가(정부)
- 승인 또는 기각 결정
- 승인된 변경사항의 보고, 전파, 이행

기술변경 처리업무의 핵심은 무엇보다 제안된 기술변경이 시행될 경우 이의 파급효과 및 영향을 완전하게 검토 분석하는 것이다. 따라서 기술변경 제안서를 작성하여 제출할 때는 파급효과 및 영향을 충분히 검토해야 한다.

제안된 변경에 대한 정부의 기술검토 및 평가도 설정된 기술수준(설계수준)의 변경에 따른 모든 면 즉, 성능, 설계, 비용, 사업계획, 운용효과, 군수지원 등을 고려하여 평가하며, 복합 시스템·품목에 대한 변경은 복합적인 파급효과를 판단하여야 한다. 또한 장비 또는 시스템의 성능과 전 순기 비용증감을 비교 검토하고 변경에 따른 전체적인 효과를 고려하며, 이를 위해 각 분야에서 평가 활동을 담당할 전문가를 임명하고 위원회를 구성(형상관리위원회)하여 심의, 처리한다.

기술변경 제안서가 인가되면 계획의 변경 이행을 위해 필요한 예산 조치를 한다. 예산 인가 금액이 변경 이행에 부합되지 않을 경우에는 기술 변경 안을 재검토하여 그 범위 등을 조정한다. 최종적으로 기술변경에 대한 승인 또는 기각이 결정되면 이에 대한 이유를 문서화하여 기록하고 제안자에게 통보하며, 이행 여부를 확인 감독하는 일련의 행위가 통제이다.

2) 규격완화(Deviation)

변경통제의 일종으로 특정 형상관리 품목에 대해 생산 개시 이전에 규정된 요구조건을 일시적으로 벗어나는 것을 승인받고자 할 때 규격완화를 제안하며 그 처리절차는 기술변경의 경우와 유사하다.

3) 면제(Waiver)

변경통제의 일종으로 생산 중이거나 생산 후 검사과정에서 규정된 요구사항을 충족하지 못하는 품목이 발생했을 때 기술적인 타당성 검토를 통하여 규격을 면제받고자 할 경우 적용하며, 그 처리절차는 기술변경의 경우와 유사하다.

다. 형상자료 유지

형상자료 유지란 형상 식별서 현황에 따른 품목형상을 지속적으로 기록 유지·보고하는 업무로서 형상 베이스라인 및 변경의 추적 가능성을 제공하며, 변경의 효과적인 실행을 용이하게 하기 위한 관리정보체계이다. 이는 형상에 대해 영향을 미치는 변경 보고서 및 그 변경으로 인해 발생한 기록문서로 구성되어 있으며, 그 내용은 다음과 같다.

1) 제품의 형상을 효율적으로 관리하기 위하여 개발단계별로 승인된 형상식별서, 기술변경 제안사항 및 변경의 이행 현황 등 형상관리 품목에 관련된 자료들을 기록 유지한다.

2) 모든 형상관리 품목은 변경된 형상 내용에 따라 규격서 및 도면 등의 관련 기술자료가 최신의 것으로 수정되고 적용되어야 한다.

라. 형상확인

형상 확인이란 개발 요구사항의 성취 여부와 함께 산출물 형상이 형상 항목 및 관련 기술문서와 비교하여 제품의 만족도 및 형상식별서에 명시된 제품과의 일치 여부를 점검하고 입증하는 업무로서 그 내용은 다음과 같다.

형상확인은 개발이 만족하게 완성되어 목적한 성능을 발휘하는가를 점검하는 기능적 형상확인과, 최종 개발 품목이 제품 형상식별서에 수록된 제품 기준에 맞게 완전하고 정확하게 제조되었는지를 기술문서로 점검하는 물리적 형상확인으로 구분한다.

1) 기능적 형상확인

기능적 형상확인이란 보통 시제품(Prototype/Preproduction)에 대해서 수행하나, 시제품을 제조하지 않을 경우에는 첫 번째 양산제품에서 수행한다.

2) 물리적 형상확인

물리적 형상확인의 목적은 제작된 형상관리 품목의 형상이 제품 형상식별서와 일치함을 보증하기 위하여 수행하며, 규제된 수락시험 요구조건이 품질보증 부서에 의한 제품수락에 적절함을 보증하기 위해 수행된다. 형상확인이 완료되면 제품 형상식별서에 반영된 대로 제품기준이 확립되고, 형상관리품목의 생산 및 수락에 사용될 수 있음을 의미한다. 또한 기능적 형상확인을 위해 선정된 품목의 차이가 있으면, 이러한 차이가 기능 특성에 영향이 없음을 인증하여야 한다. 물리적 형상확인은 생산에 사용된 도면, 규격서, 기술자료 및 시험에 대한 세부적인 확인 작업이다.

이상에서 살펴본 형상관리 기능을 요약하면 다음의 〈표 2-4〉와 같다.

표 2-4 형상관리 기능

구 분	내 용
형상식별	• 모든 형상관리 품목을 기술문서로 작성 형상확인, 통제 및 유지를 위한 기본 활동
형상확인	• 형상식별서와 제품이 기능적·물리적으로 합치 여부 점검
형상통제	• 형상변경에 대한 승인, 기각 및 승인된 변경사항의 이행 (기술변경, 규격완화, 면제)
형상자료 유지	• 형상정보를 기록 유지하는 활동

4. 획득단계별 형상관리

가. 연구개발 단계

연구개발의 형상관리 활동은 각종 기술자료를 작성하고 이에 대한 설계검토를 시행하는 활동으로서 기술자료는 요구되는 설계형상을 정의하며 제품 성능의 적합성을 나타낼 수 있는 규격서, 도면, 표준서, 성능 요구조건, 품질보증요구서, 포장자료, 특수제조과정 등이 포함된다. 개념형성단계에서 기능형상이 식별되며, 탐색개발 단계에서 해당 부품의 형상이 식별되어 체계개발단계에서 생산을 위한 형상이 식별되도록 각종 기술자료가 발전된다.

나. 양산단계

연구개발 단계를 통하여 형상기준이 설정되고 규격화가 승인이 되면 공식적인 변경절차에 의거 형상통제가 수행된다.

형상통제(기술변경) 제안은 성능, 설계내용, 비용, 운용효과, 군수지원, 운용환경 등에 대해 평가를 하며, 전문요원으로 구성된 형상관리위원회에서 심의·확정된다. 형상통제(기술변경)에 대한 처리절차는 내용의 정도에 따라 Ⅰ급, Ⅱ급으로 분류되고, 초긴급, 긴급, 보통으로 제안 처리되어 우선순위를 구분하여 신속히 처리한다.

참고문헌

1. 국방대학교 안보문제연구소, "국방운영의 효율화와 신경제 성장", 2009.
2. 국방대학교 안보문제연구소, "국방자원의 효율화 방안", 2007.
3. 국방대학교 안보문제연구소, "미래지향적 국방운영 혁신전략", 2007.
4. 국방부, "국방전력발전업무훈령(국방부 훈령 제1252호)", 2010. 6. 21.
5. 김종하, 『획득전략 이론과 실제』, 북코리아, 2006.
6. 김철환, 『무기체계 획득관리』, 국방대학교, 2001.
7. 방위사업청, "방위사업관리규정(방위사업청 훈령 제122호)", 2010. 3. 10.
8. 방위사업청, "종합군수지원 개발 실무지침서", 2009.
9. 손태종, 노훈 외, "네트워크중심전", 한국국방연구원, 2009.
10. 시스템 공학원, "국방전력발전 업무체계 개선방안 연구보고 : 국방획득체계 개선연구", 2008.
11. 안보경영원구원, "국방획득체계 개선연구 : 국방획득체계 진단 및 개선방안 연구", 2008.
12. 이성연 외, (미래전에 대비한)『군사혁신론』, 황금소나무, 2008.
13. 이희각 외, 『신편 무기체계학』, 청문각 2005.
14. 최기출, 『획득군수관리론』, 2009.
15. 최석철, 『무기체계@현대 · 미래전』, 21세기군사연구소, 2003.

제3장 전력화지원

제 1 절 군수지원 환경의 변화

1. 군수지원 측면의 현대 무기체계 특징

대부분의 현대 무기체계는 전자 또는 광학장치들을 사용한 구성품들의 복합체로서 군수지원 과정이 복잡하고 군수지원 측면에서도 재래식 장비와는 다른 다음과 같은 특징을 갖고 있다.

첫째, 완성장비나 구성품을 정비할 때 잘못된 고장진단을 할 가능성이 높을 뿐만 아니라 고장여부의 판단마저 어려워 정비의 효율성이 저조한 편이다.

현대 무기체계에 있어서 고장이란 갑작스런 부품의 고장이 아니라 점차적인 성능의 저하를 의미하며 이는 운용정도 또는 운용환경에 따라 상이한 증상을 보인다. 이에 따라 고장증상이 단속적(斷續的)으로 또는 특정 운용 상태에서만 나타나지만 무기체계의 기온, 습도, 진동, 하중 등 운용환경을 재현할 수 있는 시험장비가 부족하고 평시 훈련의 제한성으로 특별한 증상만으로는 고장진단을 내리기가 어렵다.

둘째, 무기체계의 과도한 정교화 및 High-Tech 위주 성능 발전으로 정비의 융통성이 낮다. 현대 무기체계는 구조, 성능 등이 복잡해서 고가의 전용 검사·고장진단 장비를 사용해야 하며, 숙련된 정비요원에 의해 적절한 정비지원 없이는 전시 상황에서 무기체계 성능이 현저하게 저하되어 정비유지비를 증가시킨다.

셋째, 소프트웨어 비중이 증가하고 하드웨어와 소프트웨어의 구분이 모호하며, 소프트웨어의 버전 변경에 따른 일괄 교체소요가 발생한다.

넷째, 대부분 구성품의 모듈화로 낮은 정비계단에서 모듈화를 통한 정비지원소요가 증가한다. 이에 따라 정비창 수준의 완성장비 분해 소요 수리는 감소하고, 구성품 모듈의 재생 소요는 증가하며, 구성품이 고가이고 정비의 효율성이 낮아 정비유지비는 급증하는 추세이다.

다섯째, 완성장비 및 구성품 가격이 고가이기 때문에 이를 충분히 확보하는데 많은 비용이 소요되며 따라서 정비를 위한 구성품을 충분히 확보하는데 어려움이 있다. 이에 따라 제한된 예산 하에서 정비지원을 효과적으로 수행하기 위한 방안의 조속한 도입이 요구되며 상태기반정비(CBM : Condition Based Maintenance)는 그 좋은 예라 할 수 있다.

여섯째, 전자전 장비, 조기경보기 등 고가의 희소무기체계(High Cost Low Density Items)는 정비지원에 많은 애로가 있다. 희소무기체계는 전군 보유대수가 적기 때문에 고장 발생의 불확실성이 높아 보유수량이 많은 무기체계에 비해 상대적으로 높은 수준의 수리부속을 확보해야 하므로 정비유지비를 증가시킨다.

이와 같은 군수지원 측면에서의 현대 무기체계 특징은 미래에도 더욱 복합화·고가화·지능화 추세로 발전할 것이며, 이에 따라 〈표 3-1〉에 요약한 바와 같이 정비환경의 변화가 예상된다.

표 3-1 현대 무기체계의 특징과 정비환경

현대 무기체계 특징	정 비 환 경
전자·광학장비를 사용한 고가의 정밀장비	•수리의 난이도 증대 •고가의 정비장비 필요 •외주정비 소요 증대 •정비부대 전문화 필요
무기체계 하부 시스템 및 구성품의 모듈화, 독점기술화	•부대정비 대상품목(단순교환) 확대 •고가 부속의 소요 증대로 정비예산 증가 •구성품·모듈의 획득, 분배의 중요성 증대
고가 무기체계의 다종 소량화	•무기체계의 책임 정비지원 필요성 증대
통합(관측, 통제, 사격) 무기체계의 점진적 확대	•무기체계 중심의 정비부대 편성 및 인력확보 필요성 증대 •소프트웨어에 대한 정비개념 정립 필요

2. 군수지원 환경의 변화

미래전은 네트워크중심전의 양상을 띠게 될 것이며 이에 따라 재래전과는 다른 작전환경으로 변화되고 그에 따른 군수지원환경도 크게 변화될 것으로 예상된다. 또한 무기체계의 변화와 전략적 환경변화에 부응하여 군수지원환경도 다음과 같은 모습으로 변화해 갈 것이다.

첫째, 투자비의 압박에 따른 실질 운영유지 예산의 감소추세로 군이 필요로 하는 장비 및 물자, 군수지원능력의 적정 수준 확보가 곤란하다.

둘째, 군사력의 감축은 군수지원 인력의 감축을 동반할 것이며, 이에 따라 군수 단위조직의 지원능력은 현저히 저하될 것이다. 실례로 미국의 경우 군사기구의 축소는 주로 후방지원 분야에 집중되었는데 미 물자사령부(AMC : Army Materiel Command)의 경우 전체 규모의 60%가 축소되었다.

셋째, 무기체계의 복합화 · 고가화 및 지능화는 정비 운영유지비의 급격한 증가를 초래하여 군수유지예산의 압박을 가중시키며, 군수지원(보급, 정비 등)의 즉응능력 부족으로 전투준비태세를 현저하게 저하시키게 될 것이다.

넷째, 국방예산의 투명성, 책임성에 대한 요구가 증대되고 있으며, 사회 전반적인 경영혁신 추세는 예산의 정확성, 투명성을 제고하고 투입자원(input)과 성과(output-performance)를 연계시키며 군수지원업무의 효율성을 근본적으로 재검토하여 적은 예산으로 높은 수준의 전투준비태세를 유지할 수 있는 군수업무에 대한 개혁을 요구하고 있다. 따라서 국방자원 운영에 대한 성과관리체계가 정립되어야 하며, 군수지원 성과는 사용자(전투부대) 입장에서 평가되어야 한다.

다섯째, 무기체계의 고도 정밀화와 군의 정보화추세에 대응할 수 있는 우수인력의 확보가 제한될 것이다. 따라서 군수지원의 생산성이 떨어지고 전시에는 복합시스템에 대한 적시적인 지원이 곤란하며, 재래식 무기체계에 비해 많은 혼란을 야기할 것이다. 이를 위해서는 우수인력의 확보도 중요하지만 민간부문을 최대한 활용하여 군 자체의 인력소요를 절감시키는 등 다각적인 대책이 필요하다. 특히 무기체계의 복합화 · 고가화로 인한 운영유지비의 급격한 증가를 방지하기 위해서는 무기체계 획득 초기단계에서부터 종합군수지원을 활성화하는 등 무기체계 운영유지비 절감을 체계적이고 적극적으로 추진해야 하며, 무기체계 운용 중에도 신뢰도 및 정비도(Reliability & Maintainability)의 개선으로 군수지원의 부담을 줄이고 무기체계의 가용도(Availability)를 높이는 지속적이고 체계적인 활동이 필요하다.

3. 총 수명주기체계관리

가. 개 념

총수명주기체계관리(TLCSM : Total Life Cycle Systems Management)는 '무기체계의 소요제기로부터 폐기 시까지 총수명주기 비용을 최소화하고 장비가동률을 향상시키기 위해 사업관리자(PM : Project Manager)에게 소요제기, 획득, 배치, 운영유지, 성능개량, 비축, 폐기 등에 대한 사업관리 책임을 부여하는 관리체계'로 다음의 개념을 포함하도록 하고 있다.

- 책임의 단일화
- 진화적 획득
- 중요 성과요소로서 지원성 및 운영유지 반영
- 군수를 포함한 성과기반 전략
- 신뢰성 향상 및 군수범위의 감소
- 운영유지 전략에 대한 지속적인 검토

총수명주기체계관리는 무기체계의 소요에서부터 획득 및 운영유지 간의 단절된 관리체계를 사업관리자를 통해 일원화함으로써 획득업무와 운영유지 업무의 균형적 발전을 통해 국방경영의 효율성을 극대화하려는 노력의 총체라 할 수 있다.

무기체계를 연구개발 할 경우 총수명주기비용은 〈그림 3-1〉과 같이 연구개발비, 투자비, 운영유지비, 폐기비 등으로 구분되며, 이 가운데 운영유지비는 수명주기비용의 가장 많은 부분을 차지하고 있다.

반면 현재의 군수지원환경은 투자비의 압박으로 인해 최상의 전투준비태세를 요구하면서도 운영유지비는 최소한으로 사용할 것을 요구하고 있다. 이에 따라 전 수명주기단계에 걸쳐 일관성 있는 획득·군수 업무를 추진함으로써 비용분석을 통한 예산절감과 단일화된 업무 및 예산편성이 가능한 총수명주기체계관리의 제도화가 필요한 시점이다.

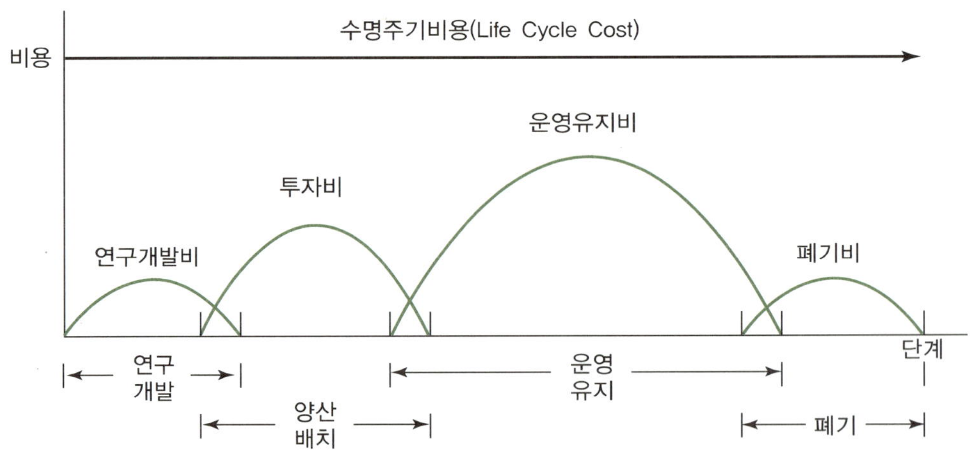

그림 3-1 수명주기비용

실례로 과거 미국의 무기체계 획득과정을 살펴보면 〈그림 3-2〉와 같이 사업관리자는 무기체계 획득단계에서만 책임을 갖고 있고, 운영유지분야는 소요군에게 이관함으로써 획득과 운영유지가 분리된 관리체계였다.[1] 이로 인해 파생된 문제점은 사업관리자는 오직 성능 위주로 무기체계를 개발하고 무기체계의 신뢰도와 정비도 등 운영유지분야에 대한 관심을 게을리 함으로써 무기체계를 유지하는 동안 막대한 양의 운용 및 정비자금(Operating and Maintenance Fund)이 소요되었던 것이다.

이러한 문제점을 해소하기 위해 사업관리자로 하여금 무기체계 소요 · 획득 · 운영유지 및 폐기에 걸쳐 일관된 책임을 갖게 함으로써 과거 제도의 부정적인 요인을 제거할 수 있는 장점 외에도 진화적 개발과 성능개량 등에도 많은 도움이 될 수 있는 제도를 추진하게 되었다.

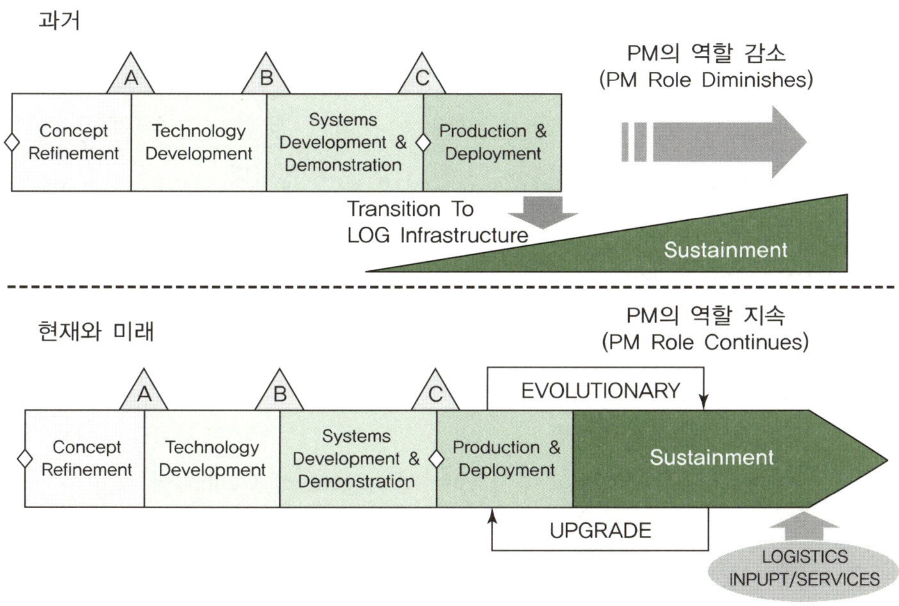

그림 3-2 총수명주기관리체계 하에서 PM의 역할

나. 총수명주기체계관리의 배경 및 목적

미국, 영국 등 선진국을 비롯하여 많은 국가들에서 무기체계 획득에 있어 총수명주기 관점의 획득관리에 대한 필요성을 조사한 결과 다음과 같은 공통적인 요소들을 발견할 수 있었다. 이러한 공통점은 비단 다른 나라들뿐만 아니라 국내 무기체계 환경에서도 동일한 필요성을 제시하고 있다.

---

1) 이와 같이 획득과 운영유지가 분리되는 지점을 미국은 사업관리 책임이관(PMRT : Program Management Responsibility Transfer) 이라 하였다.

첫째, 첨단화된 무기체계의 복잡성·전문성·첨단성으로 인해 운영유지 비용이 급격한 증가를 초래한 반면 제한된 국방예산과 첨단 무기체계의 소요 확대로 인해 운영유지 예산을 점차 확보가 어려워 무기체계의 준비태세율이 현저히 저하되었기 때문이다.

둘째, 주장비 획득위주의 사업관리로 운영유지 분야에 대한 관심이 저조하였고,

셋째, 소요, 획득 및 운영부서간 정보공유 및 의사소통이 제한되었기 때문이다.

넷째, 앞에서 기술한 사업관리 책임이관(PMRT)에서 보는 바와 같이 획득과 운영유지 업무체계 및 책임이 분리되어 전체 수명주기를 고려한 효율적인 예산집행이 제한되었기 때문이다.

총수명주기체계관리는 위와 같은 제한사항을 극복하고 다음과 같은 목적을 위해 도입되었다.

첫째, 효율적인 예산집행 및 적정 수준의 운영유지비 예산 확보를 통해 최상의 전투준비태세를 보장한다.

둘째, 총소유비용[2] 분석을 통해 획득 및 운영유지비를 경제적·효율적으로 사용한다.

셋째, 사업관리자로 하여금 획득 및 군수지원을 포함한 전 수명주기체계에 대한 권한과 책임을 부여함으로써 일관된 획득 및 군수지원 업무를 수행한다.

다. 주요 특징

총수명주기체계관리는 운용 측면에서 다음과 같은 특징을 갖고 있다.

첫째, 무기체계의 개발, 획득, 운영, 폐기에 이르기까지 전반적인 관리 책임을 사업관리자에게 부여하여 책임을 일원화한다.

둘째, 수명주기관리센터(LCMC : Life Cycle Management Center)를 설치하여 획득·유지분야의 교량역할을 수행함으로써 수명주기 전반에 걸쳐 비용요소에 초점을 맞추어 사업관리 업무를 수행한다.

수명주기관리센터는 미 육군의 경우 물자사령부(AMC) 예하에 항공·미사일, 통신·전자, 전차·기갑, 합동탄약, 화학장비 등 5개의 수명주기사령부를 지정하여 계열별 무기체계의 수명주기체계관리 임무를 수행하고 있다.

셋째, 무기체계 개발·획득·운영·폐기에 이르기까지 전반적인 관리책임의 단일화를 통해 준비태세를 효과적으로 달성하고 운영 및 유지비용을 최소화한다.

---

2) 총소유비용(Total Ownership Cost, TOC) : 군이 무기체계를 보유함으로써 발생하는 모든 비용을 망라하여 관리하는 것으로 무기체계의 획득, 배치, 운영유지, 폐기 과정에서 소요되는 모든 국방자원(인력, 장비, 물자, 시설 등)의 비용의 합을 의미하며, 모든 국방자원에 대한 광범위한 개념이다. 총소유비용은 무기체계의 수명주기 비용에서 운영유지 비용이 커짐에 따라 운영유지단계에서도 비용절감을 위한 체계적인 노력이 필요하다고 인식되어 비용절감을 위한 수단으로 도입되었다.

넷째, 군수수요 및 총소유비용의 최소화를 위해 군 정비창, 보급창, 업체 등 군 및 민간영역을 통합하여 군과 기업의 파트너십을 확대하는 성과기반 군수지원(Performance Based Logistics : PBL)을 수행한다.

4. 성과기반 군수지원

가. 성과기반 군수지원의 개념

성과기반 군수지원(Performance Based Logistics: PBL)이란 전투준비태세 성과목표를 설정하고 무기체계 개발단계로부터 해당 사업에 적합한 생산업체를 선정하여 개발, 배치, 운영유지 등 전 분야 또는 일부분을 생산업체에 전담하는 제도로 민군협력을 통한 인력 및 예산절감 효과와 완벽한 전투준비태세 보강에 기여하고자 하는 개념이다.

앞에서 제시한 총 수명주기 체계관리는 무기체계 개발 · 획득 · 운영 · 폐기에 이르기까지 전반적인 관리책임을 단일화하기 위한 구조적 제도이고 성과기반 군수지원은 이러한 총 수명주기 체계관리제도 하에서 효과적 · 효율적으로 군수지원을 제공하기 위한 수행전략이다.

무기체계에 대한 관리는 〈그림 3-3〉과 같이 총 수명주기 체계관리 하에서 사업관리자가 전반적인 수명주기군수(Life Cycle Logistics : LCL)에 관한 책임을 진다. 이를 위해 무기체계 개발단계에서는 신뢰도 향상과 유지분야 소요를 최소화하기 위해 시스템 엔지니어링(System Engineering: SE) 측면에서 군수지원을 계획하고 설계하며, 양산단계를 거쳐 장비가

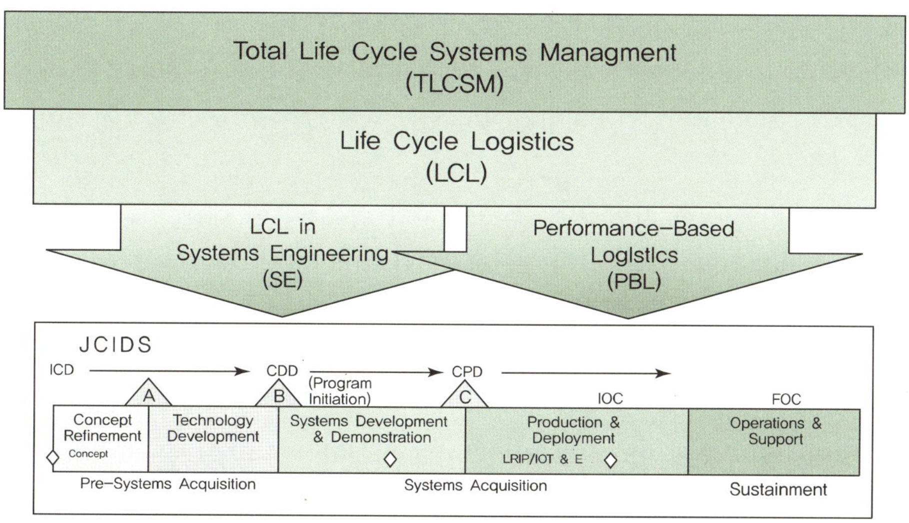

그림 3-3 총 수명주기체계관리와 성과기반 군수지원의 관계

야전에 배치된 이후부터는 성과기반 군수지원을 통해 군수지원을 효과적으로 수행하기 위한 임무를 수행한다. 즉 총수명주기체계관리라는 전반적인 구조 하에서 수명주기군수는 시스템 엔지니어링을 통해 유지소요를 최소화하기 위한 개발초기 전략이며, 성과기반 군수지원은 운영유지단계에서 사용자의 전투준비태세를 극대화하기 위한 지원전략이다.

나. 성과기반 군수지원 도입의 필요성 및 시행배경

현대 무기체계의 첨단성을 고려했을 대 무기체계의 유지분야는 군 독자적으로 수행하는 것이 제한되며 다음과 같은 이유에서 민군협력의 중요성이 더욱 증대될 것으로 전망되고 있다.

첫째, 군의 무기체계는 더욱 첨단화·복잡화되며 운용수량은 줄어드는 반면에 운용되는 무기체계의 종류는 더욱 다양해질 것이다. 이에 따라 군의 정비계단은 2~3계단으로 줄어들겠지만 다양한 정비시설과 기술 인력을 확보해야 하며 따라서 창정비를 수행하기에는 재정·인력·기술 등의 측면에서 많은 제한사항이 발생할 것이다.

둘째, 세계적인 병력감축 추세와 가용자원 부족에 따라 군수지원 인력운용은 제한되어 있다. 이에 따라 민간용역과 외주정비의 확대가 필요할 것이다.

셋째, 전시에 효과적인 정비지원을 위해서는 군직정비가 유리하다고 판단할 수 있으나, 장기전으로 진행될 경우 국가 총력전 개념으로 업체의 정비능력을 평소부터 관리 및 보유해 나간다면 전투준비태세 측면에서 오히려 유리할 것이다.

넷째, 현재 일부 무기체계에 대해 군과 업체가 병행하여 실시하는 창정비 능력 구축 등과 중복투자를 방지함으로써 국가적 차원의 재정 및 자원낭비를 예방할 수 있다.

다섯째, 민간분야는 과학기술과 수송·물류 기반체계 관리능력이 급속도로 발전하여 이러한 민간의 우수한 기술과 능력을 활용해야 할 필요가 있다. 특히 소량의 복합 다기능 무기체계에 대해서는 개발업체, 민간정비업체, 물류업체 등의 기술과 능력을 활용하여 경제성을 도모할 수 있다.

여섯째, 민군규격 통일화 사업 확대 추세에 따라 공통품목에 대해 민간업체 정비지원을 적용함으로써 정비지원의 신뢰도, 가용도, 정비도와 정비지원의 신속성 및 경제성을 향상시킬 수 있다.

일곱째, 업체가 보유하고 있는 전문기술인력과 야전운영 데이터베이스를 활용하여 정비와 동시에 무기체계 성능개량을 수행할 수 있다.

여덟째, 방위산업 부문에 있어서도 장기적이고 안정적인 정비물량을 제공함으로써 방위산업 가동률 향상으로 방산 활성화에 기여할 수 있다. 또한 국외 정비물량을 확보할 수 있게 되면 규모의 경제로 인해 경제성을 달성하고, 국가경제 면에서도 고용 증대 및 무역수지개선에 기여할 수 있다.

미국은 위에서 제시한 민군협력의 필요성을 인식하고 1990년대부터 계약업체 군수지원을 적용하여 업체로부터 창정비 수준의 교환 및 정비지원을 제공받음으로써 군수지원 책임을 계약을 체결한 민간 업체로 이관하여 군 병력 및 시설 축소를 통한 예산절감을 도모코자 하였다.

이 제도는 계약자가 부품이나 수리부속, 기술지원 등을 제공하며, 군은 필요할 때마다 이를 이용함으로써 무기체계 운용에 대한 낮은 위험부담을 갖게 되는 반면, 업체는 많이 팔면 팔수록 이익을 얻는 결과가 나타나는 구조였다. 한편 군의 입장에서는 소요예측이 어렵고 구매량의 결정이 어려우며 수리부속을 개별단가로 구매함으로써 비용 상승을 초래하기도 하였다. 이러한 제반 문제 해결을 위해 '군수지원 혁신'계획을 수립하여 의회에 보고하였고, 민간기법 개념을 적용한 성과기반 군수지원제도를 「2001년 4년주기 국방정책검토보고서(QDR)」와 「DoD Policy for Fiscal Year 2003」을 통해 방위산업 관련 업체에 통보하고 적용을 요구하였다. 또한 '성과기반 군수지원 시행지침서(Performance Based Logistics : A Program Manager's Product Support Guidebook)'를 제작 배포하였고, 이후 각 군별로도 수행지침서 작성과 제도 시행에 필요한 종합군수지원 규정 등을 개정하여 체계적인 적용을 도모하였다.

성과기반 군수지원은 군수지원체제의 일부분을 변형하는 것이 아니라 새로운 제도의 도입이며, 무기체계 정비지원에 가장 적합한 업체와 명확한 책임 및 권한을 바탕으로 장기계약을 체결함으로써 무기체계의 성과목표를 충족시키고 무기체계 전투준비태세 최적화를 위해 통합된 군수지원 패키지를 획득하며, 이를 통해 무기체계 군수소요와 총소유비용을 최소화할 목적으로 수행된다.

다. 성과기반 군수지원의 특징

성과기반 군수지원은 다음과 같은 주요 특징을 갖고 있다.

첫째, 총 수명주기체계관리제도 하에서 개별 부품이나 수리부속 혹은 용역 등 단편적 기능을 구매하는 것이 아니라 통합 패키지화된 군수지원 성과(Performance Outcomes)를 구매하여 효과적·효율적으로 군수지원을 제공하기 위한 전략이다.

둘째, 업체의 군수지원 성과를 구매함으로써 업체의 이익 창출을 위한 효율적인 군수지원을 유도하고, 업체의 성능개량, 품질관리, 보급망 관리 등의 분야에 동기부여가 가능하다.

셋째, 사용자(전투부대)의 성과를 극대화하기 위한 지원성[3]을 비용, 일정, 성능과 동일한

3) 지원성(Supportability) : 지정된 개념과 절차에 따라 지원되었을 때 요망되는 준비태세 수준에서 시스템의 성과를 위해 제공되는 시스템과 그 지원시스템 설계의 특징(미 육군규정 700-127 : Integrated Logistics Support), 2005년 12월.

것으로 인식한다.

넷째, 군수지원 성과에 따라 비용을 차등 지불하는 업체 중심 군수지원으로 업체 군수지원 성과의 증대가 가능하다.

다섯째, 〈표 3-2〉에서 보는 바와 같이 기존 군수지원은 무엇을, 언제, 어떻게 살 것인가에 대한 결정을 구매자가 하였다면, 성과기반 군수지원 하에서는 계약자가 결정을 한다. 기존에는 군에서 구매의 대상인 물품과 용역의 소요를 산출하여 구매 및 재고관리를 하고, 업체는 단지 계약금액에 맞추어 물량을 공급하는 형태로서 정확한 소요예측 및 구매물량 판단에 대한 책임을 군만이 갖게 된다. 이러한 방식은 더 많이 팔면 더 많은 이익이 생기게 되는 업체 입장에서는 부품의 신뢰성 및 품질향상에 대한 동기부여가 미흡하고 오로지 공급능력에만 초점을 맞추게 하여 많은 기반시설 투자 및 개별단가의 상승으로 높은 비용을 유발하게 한다.

반면 성과기반 군수지원은 군수지원 성과(Performance)를 구매 대상으로 하며 업체가 소요예측 및 구매량을 결정하고 전투원의 요구를 충족시킬 책임을 진다. 따라서 업체입장에서는 군의 요구 성과를 달성하되 사용량을 줄여야 이익을 극대화할 수 있기 때문에 제품의 신뢰성 및 품질향상, 수리절차 개선, 지속적인 단종 관리 등을 통해 군수소요와 비용을 최적화하기 위한 지속적인 동기부여를 받게 된다. 만일 전투원의 요구가 충족되고 군수소요 및 비용이 최적화될 경우 최적의 비용으로 최대의 효과를 이끌어낼 수 있다는 점에서 성과기반 군수지원은 군 및 업체에게 상호 Win-Win 전략이라 할 수 있다.

표 3-2 성과기반 군수지원과 기존군수의 차이점

구 분	성과기반 군수지원(PBL)	기존 군수
개 념	성과기반(Performance Based)	재고기반(Inventory Based)
구 매	군수지원 성과(Performance)	물품 및 용역(Material or Service)
목 표	최상의 가치(Best Value)	저비용(Low Cost)
군 역할	공급자관리(Manage Suppliers)	물품관리(Manage Supplies)
결 과	• 고객 서비스, 신뢰성 및 준비태세 초점 • 신뢰성 증가 및 품질 향상 • 더 적은 기반시설 확충 • 낮은 총비용	• 보급 가용성 초점 • 신뢰성 및 품질향상 노력에 대한 인센티브 미비 • 더 많은 기반시설 확충 • 높은 총비용

라. 성과기반 군수지원 유형 및 적용

성과기반 군수지원 프로그램 적용형태는 무기체계에 따라 상이하며 이때 고려할 사항은 다음과 같다.

첫째, 무기체계 수명주기

둘째, 현존 지원 기반시설 구비여부

셋째, 정비·보급창과 업체의 능력

넷째, 법률과 규정의 제한사항 등

성과기반 군수지원은 무기체계에 대한 군수지원전략으로 〈그림 3-4〉와 같이 군과 계약업체의 제휴관계 정도에 따라 군 및 업체지원 위주 형태를 표방하고 있다.

미군이 적용하고 있는 성과기반 군수지원 형태는 군과 계약업체의 성과기반 군수지원 제휴관계 정도에 따라 군 중심의 성과기반 군수지원과 업체중심의 성과기반 군수지원으로 구분되고 다양한 유형이 적용되는데 전체체계 지원협력(TSSP : Total System Support Partnership), 업체협력(Industry Partnering), 서비스 수준의 협약(Service Level Agreement), 정부 및 업체 제휴(Government/Industry Partnering), 성과기반 신속 군수지원(PALS : Performance Based Agile Logistics Support), 소규모 저장품목 성과기반 군수지원(PBL-MSP : Mini-Stock Point), 주공급자지원(PVS : Prime Vendor Support), 계약업체 운송체계(CDS : Contractor Delivery System), 공급자 직접 배송(DVD : Direct Vendor Delivery) 등이 있다.

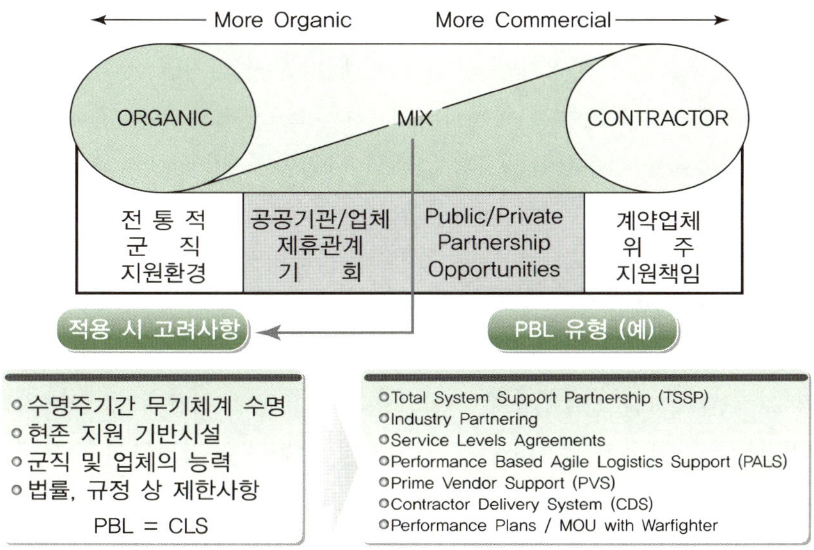

그림 3-4 성과기반 군수지원의 민·군 제휴

대상 무기체계별로 성과기반 군수지원 적용 내용을 살펴보면 〈표 3-3〉과 같이 계약 유형, 계약 기간, 성과지표, 인센티브 제공, 위험부담, 진부화 관리, 장기 제휴관계를 각각 달리 적용하고 있다.

표 3-3 민·군 제휴관계 정도에 따른 성과기반 군수지원 적용내용

구 분	내 용
계약 유형	확정계약, 원가 정산계약, 성과기반 군수지원 계약
계약 기간	5~10년, 추가 연장 가능
성과지표	작전준비태세율, 정비 순환주기, 세부척도 적용 등 무기체계별 다양
인센티브	이익 조정, 성과금·상여금 지급, 계약 연장 등
위험 분담	계약기간 연장, 해결책 제공, 이익 분담
진부화 관리	제품 수명주기 관리, 사전 활동 접근
장기 제휴관계	공급자 투자 확대, 기술력·투자 수익률 제공

마. 우리 군의 무기체계 획득 시 성과기반 군수지원 시행

1) 성과기반 군수지원 시행절차

방위력개선사업의 경우, 방위사업청은 무기체계가 야전에 배치됨과 동시에 운영될 수 있도록 전력화지원요소의 획득 및 발전업무 수행 시 성과기반 군수지원 개념을 포함하여 추진하며, 이와 별도로 소요군의 성과기반 군수 시행에 따른 성과기반 계약업무를 지원한다.

이때 사업관리본부장은 무기체계 획득사업에 대해 소요군으로 부터 전력화지원요소에 대한 성과기반 군수 소요를 접수하여 군 및 업체의 지원능력, 비용 및 지원요소 등에 주안을 성과기반 군수 적용대상 후보사업을 선정한다.

성과기반 군수 적용대상 후보사업 해당 통합사업관리팀장은 소요군 등의 지원을 받아 비용 대 효과분석 등의 예비분석을 실시하여 사업관리본부장에게 성과기반 군수사업 시행승인을 건의한다.

사업관리본부장은 소요군 군수참모부장에게 성과기반 군수 적용대상 및 범위를 통보하며, 통합사업관리팀장은 운영유지의 최소화와 군수지원 가능성을 검토하여 소요군의 동의하에 전력화지원요소의 획득 및 발전업무 수행 시 성과기반 군수 개념을 포함하여 추진한다.

해당 계약관리부장은 전력화지원요소의 획득 및 발전업무 수행 시 성과기반 군수지원 개념을 확인하여 반영하며, 통합사업관리팀장은 전력화평가 후속조치가 완료될 때까지 관리하

고 소요군에서 성과기반 군수지원 적용 대상사업으로 추진할 경우 소요군 성과기반 군수지원 통합사업관리팀에 성과기반 군수지원 검토사항을 인계한다.

2) 성과기반 군수지원 적용 대상사업 선정

방위력개선사업의 경우 방위사업청은 성과기반 군수지원 적용 대상사업 선정에 있어 국내도입 무기체계는 군직 정비능력을 초과하거나 보유하지 않았을 때 우선 적용을 검토하며, 국외도입 무기체계는 전시 지원능력을 고려하여 점진적인 시행을 검토한다.

방위사업청은 다음과 같은 절차에 의해 성과기반 군수지원 대상사업을 선정한다.

첫째, 사업관리본부장은 무기체계 획득사업에 대해 소요군으로 부터 전력화지원요소에 대한 소요를 접수하여 계획운영부 종합군수지원 개발팀에서 군 및 업체의 지원능력, 비용 및 지원소요 등에 주안을 두고 타당성을 검토하며, 통합사업관리팀이 성과기반 군수지원 적용 대상 후보사업을 선정한다.

둘째, 성과기반 군수지원 적용 대상 후보사업 해당 통합사업관리팀장은 소요군 교육사령부 및 학교기관·군수참모부·분석평가단, 국방대학교, 한국국방연구원, 국과연, 국방기술품질원 등의 지원을 받아 비용 대 효과분석 등의 예비분석을 한 후 사업관리본부장에게 성과기반 군수지원 시행 승인을 건의한다.

셋째, 사업관리본부장은 비용 대 효과분석 등 예비분석 결과를 토대로 실무검토회의 후 성과기반 군수지원 적용(안)을 확정하며, 방위사업추진위원회에서 승인한다.

넷째, 사업관리본부장은 소요군 군수참모부장에게 성과기반 군수지원 적용대상 및 범위를 통보한다.

소요군의 성과기반 군수지원 적용 대상사업 선정절차는 다음과 같다.

첫째, 소요군 군수사령부는 신규 배치계획 중에 있거나 운용 중에 있는 무기체계를 대상으로 후보사업으로 선정한다.

둘째, 신규 배치계획 중에 있는 무기체계 등은 체계개발~생산 및 배치단계에 성과기반 군수지원 후보사업으로 선정한다.

셋째, 소요군은 성과기반 군수지원 초기 통합사업관리팀장을 선임하여 팀장이 국방부 군수관리관실, 방위사업청, 한국국방연구원, 국과연, 기술품질원, 국방대학교, 소요군 군수참모부, 교육사령부, 군수사령부, 정비창, 종합보급창, 학교기관, 전투부대(사용자), 업체(계약 이후) 등의 관련 인원을 추천 및 인원선발 후 성과기반 군수지원의 타당성을 검토한다.

넷째, 소요군에서 성과기반 군수지원 적용 대상사업을 국방부에 보고한다.

성과기반 군수지원 적용 대상사업의 타당성 분석은 소요군 분석평가단 등에서 의사결정 지원기법인 경영실태 분석(BCA : Business Case Analysis)을 활용하여 다음과 같은 절차에 의해 적합성 여부를 결정한다.

첫째, 두 가지 이상의 지원 대안을 선정하여 비교 평가분석을 실시한다.

둘째, 기존 무기체계의 지원전략을 변경하거나 새로운 무기체계의 지원전략을 수립할 경우 실시한다.

셋째, 비용, 정량적 · 정성적 요소를 포함하여 비용분석, 편익분석, 민감도 분석, 위험도 분석을 실시한다.

5. 계약업체에 의한 군수지원(CLS : Contractor Logistics Support)

가. 배 경

장차전 양상은 고속 기동전, 작전 지역 확대 및 신속한 부대 전개가 요구됨에 따라 5계단 정비의 문제점은 정비부대 비대화로 부대전개가 제한되고, 군직정비 능력 확보비용이 과다하게 소요되는 문제점을 해소하고자 정비계단을 5계단에서 3계단으로 축소하고 업체능력을 최대한 활용하기 위하여 계약업체에 의한 군수지원의 필요성이 대두되었으며 이를 통해 군수부대 경량화 및 비용절감을 달성하고자 시작되었다.

나. 계약업체에 의한 군수지원의 의미

계약업체에 의한 군수지원(CLS : Contractor Logistics Support)이란 상업적 조직이 계약에 의해 군 장비에 대하여 군수지원을 하는 것을 말하고, 여기서 말하는 군수지원은 보급 및 분배, 정비, 훈련, 소프트웨어 지원, 재생 및 오버홀(overhaul), 개조, 시스템 지원 등을 뜻한다.

계약업체에 의한 군수지원은 일시적 계약자 군수지원(ICS : Interim Contractor Support)과 수명주기 계약자 군수지원(LCCS : Life Cycle Contractor Support)으로 구분된다. 일시적 계약자 군수지원은 사전에 결정된 기간(일반적으로 3년을 초과하지 않는 것을 원칙으로 함) 동안 군을 지원하며, 최초 야전배치를 위한 계약자 지원이 여기에 포함된다.

수명주기 계약자 군수지원은 시스템의 수명주기 전반에 걸쳐 지원을 지속시킬 목적으로 계약에 의해 무기체계 군수지원의 전체 또는 일부를 제공하는 방법이다. 수명주기 계약자 군수지원은 지원개념에 가까운 반면 일시적 계약자 군수지원은 무기체계 획득분야에 가깝다는 차이가 있다. 미군의 경우 통상 일시적 계약자 군수지원은 무기체계 획득비에서 지불하고, 수명주기 계약자 군수지원의 경우는 운영유지비에서 지불한다.

현재 미군의 정책은 수명주기 계약자 군수지원만을 허용하고 있으며, 계약업체에 의한 군수지원 시에는 반드시 성과기반 군수지원에 의한 계약을 요구하고 있다. 즉, 현재의 미국 군수지원정책에서 계약자 군수지원은 성과기반 군수지원의 지원 수단 중 한 가지로 판단된다.

우리나라에서는 계약업체에 의한 군수지원에 대하여 방위사업법 시행령(대통령령 제20120호, 2007. 6. 28) 제28조(전력화지원요소의 확보 등)에 "소요군이 동의하는 경우 일정기간 동안 계약에 의하여 방산업체 등으로 하여금 후속적인 군수지원의 전부 혹은 일부를 수행할 수 있다."고 명시되어 있으며, 국방전력발전업무 훈령(국방부 훈령 제1252호, 2010. 6. 21)에는 신규 무기체계, 고가의 첨단장비로 소요군의 정비능력이 제한되는 무기체계를 계약자에 의한 군수지원 대상사업으로 제시하고 있다. 적용기간은 방위사업추진위원회 또는 방위사업추진위원회 사업관리 분과위원회에서 정한 기간 또는 소요군 군수지원능력 확보 시까지의 기간으로 명시하고 있으며, 군수지원 개념은 업체 요원이 야전에 상주하면서 현장위주 군수지원을 하고, 종합군수지원 11대 요소의 일부 또는 전부(정비, 수리부속 보급, 운용 및 정비요원 교육, 야전 경험제원 산출 등)를 지원토록 하고 있다.

다. 지원개념

정비지원 개념은 야전부대에서 사용자 정비와 직접지원 정비를 실시하고 사용자 정비는 장비사용 전·중·후 정비와 자기진단 기능 및 휴대용 정비장비를 이용하여 정비한다.

직접지원 정비는 정비부대에서 평시부터 전투부대에 상주하면서 정비를 지원하고 휴대용 정비지원 장비 및 직접지원용 정비장비를 활용하여 정비하며 가동율 향상에 주안을 두고 구성품 교환 위주 정비를 실시한다.

업체의 야전정비기술요원은 정비, 수리부속 보급 및 후송업무, 사용자 및 정비요원에 대한 교육 등 야전부대와 업체와의 교량적인 역할을 수행하고 야전부대 기술지도 및 교육을 실시한다.

후방에서는 업체 정비지원으로 후송된 구성품 수리 및 재생, 야전 보급, 사용자 및 정비요원에 대한 교육 등 일반지원정비 및 창정비 지원을 제공한다.

이와 같이 3계단으로 정비계단을 축소하고 업체능력을 최대한 활용하여 운영유지비를 절감하고 정비시간을 감소시켜 전투준비태세를 높인다는 것이 계약업체 군수지원개념이다.

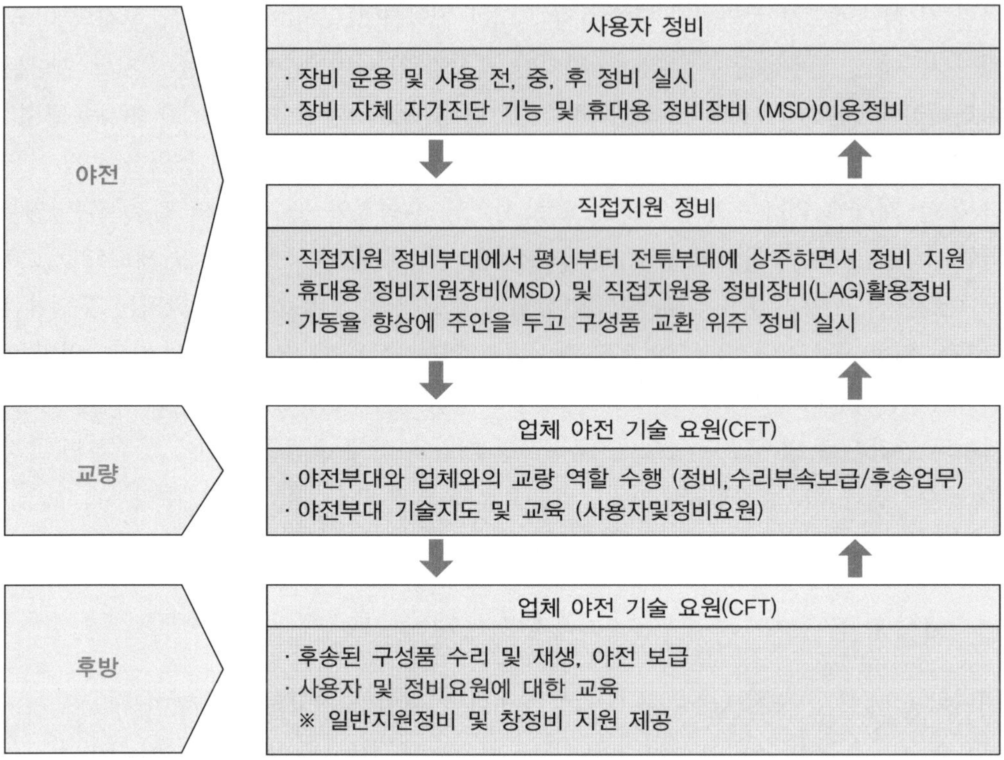

그림 3-5 계약업체 군수지원 개념

라. 계약업체에 의한 군수지원 사례

미국의 계약업체에 의한 군수지원 사례를 보면 록히드마틴사는 1999년 3월 5년간 M270A1에 대한 수명주기 계약자 군수지원을 계약하였다. 계약은 군수지원 성과지표를 확정계약의 형태로 체결하였으며, 군수지원 성과 결과에 따라 원가의 +3%~-3%의 이익조정이 포함되었다. 부가적으로 대외군사판매에 의해 판매된 무기체계에 대한 군수지원과 관련된 내용도 계약서에 포함되었는데 이는 미군에서 비용부담을 하지 않는 선택사항이었다.

2년간 계약업체에 의한 군수지원을 통한 성과기반 군수지원 결과는 위의 〈표 3-4〉와 같이 무기체계 준비태세율은 99%를 상회하였고, 운송임무능력과 평균 수리순환시간도 계약조건 이상의 성과를 달성하였다.

우리나라 계약업체에 의한 군수지원 사례 가운데 가장 많이 알려진 사업 역시 MLRS(Multiple Launcher Rocket System)의 M270A1 개량형 발사대에 대한 사업이다. M270A1 개량형 발사대에 대해서 계약업체에 의한 군수지원을 하게 된 배경은 M270A1 개량형 발사대가 사격통제장치와 발사장치 등을 포함하고 있어 국내의 기술로는 정비지원이

표 3-4 미군의 M270A1 계약업체에 의한 군수지원 성과 결과

군수지원 성과 척도		계약조건	2005~2006년 결과
체계 준비태세율(Systems Readiness Rate)		92%	99.9% 이상
운송임무능력 (Mission Capable Deliveries)	국내(CONUS)	24시간	14시간 이내
	국외(OCONUS)	96시간	1시간 이내
평균 수리 순환 시간 (Repair Turnaround Average)	일선교환품목 야전수리 (LRU Field Repairs)	5일	1.2일 이내
	일선교환품목 계약자 수리 (LRU Vender Repair)	45일	34일 이내

제한되고, 관련 정비시설을 갖추기 위해서는 많은 비용이 소요되었기 때문에 이러한 문제점을 해결하기 위한 것이었다.

개량형 발사대에 대한 군수지원 중 정비지원 방법은 〈표 3-5〉와 같이 일반적인 5계단 정비가 아닌 3계단 정비가 적용되었고, 야전정비부대에 계약업체 야전기술팀(CFT : Contractor Field Technician)이 상주하여 정비지원을 실시하였다.

표 3-5 M270A1 정비에 적용된 3계단 정비

구 분	정 비 업 무
전투부대	• 고장발견, 정비요청, 예방정비
야전정비부대	• CFT 상주 정비/기술지원 • 고장부품 후송, 복귀, 정비교육
업 체	• 후송부품 검사 및 수리, 최신기술 전파 • 수리부속 저장관리

개량형 발사대에 대한 계약업체에 의한 군수지원의 경우, 계약기간은 총 3년이며, 2차에 걸쳐서 계약을 하였다. 1차 계약기간은 2005년 11월부터 2006년 12월이고, 2차 계약기간은 2007년부터 2008년까지로 하였다. 계약방법은 최초 고정계약(Firm Fixed Price)에서 차후에 원가보상이윤확정계약(Cost Plus Fixed Fee)으로 전환하였다.

해당 장비에 대한 계약업체에 의한 군수지원을 적용함으로써 얻은 가장 큰 효과는 정비에 소요되는 시간이 줄어들었다는 것이다. 실례로 기존의 정비방식을 채택한 기본형 발사대는

고장수리에 약 12~18개월이 소요되었으나 개량형 발사대는 2~3개월만이 소요되었다. 또한 당시의 계약이 비교적 고가라는 평가가 있으나, 창정비 능력 구축에 소요되는 비용과 비교하면 상대적으로 적은 규모의 예산이 소요된다는 점에서 경제성도 높다고 평가할 수 있다.

제 2 절 전력화지원

1. 전력화지원요소의 정의

전력화지원요소란 무기체계 획득 시 야전배치와 동시에 전력화할 수 있도록 발전시켜야 할 군사교리, 부대편성, 교육훈련, 시설 및 무기체계 상호운용을 위해 필요한 하드웨어, 소프트웨어(주파수 확보 포함) 등의 전투발전지원요소와 효율적이고 경제적인 군수지원 보장을 위한 종합군수지원으로 구분한다.

방위사업청과 소요군은 무기체계가 야전에 배치됨과 동시에 운영될 수 있도록 전력화지원요소의 획득 및 발전업무를 추진하며, 시험평가, 기종결정 및 계약의 주관부서와 기관은 이를 확인해야 한다.

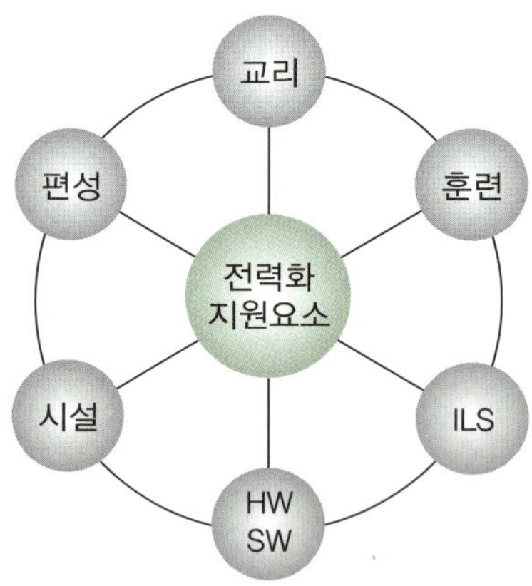

그림 3-6 전력화지원요소

2. 수행체계

방위사업청은 방위력개선사업의 중기계획 및 예산편성 단계에서 소요군으로부터 개략적인 소요를 접수하여 판단하고 이를 계획에 반영하며, 그 중 종합군수지원요소는 방위사업청

주관 하에 개발·확보 방안을 강구하고 소요군의 의견을 반영한다.

방위사업청은 무기체계 획득에 따라 소요되는 시설, 무기체계의 상호운용에 필요한 하드웨어·소프트웨어 및 종합군수지원요소를 무기체계와 동시에 획득한다.

소요군은 무기체계 획득에 따라 소요되는 군사교리, 부대편성 및 교육훈련 요소 등을 발전시킨다.

3. 전투발전지원요소

전투발전지원요소는 소요군의 전투발전을 위해 무기체계 획득과 연계하여 수정·발전시키거나 신규로 개발·획득하여 지원하는 요소로 군사교리, 부대편성, 교육훈련, 시설, 무기체계의 상호운용에 필요한 하드웨어 및 소프트웨어(주파수 포함)로 구분한다.

가. 군사교리

군사교리란 광의의 의미로 '군사문제에 관한 원칙이나 원리로서 전쟁에 대비한 군사력의 건설, 유지 및 관리 그리고 군사력 사용에 대하여 공식적으로 승인된 원칙과 행동지침'이며, 군사력 운용에 초점을 맞춘 협의의 의미로 군사교리는 '군부대와 그 구성원이 국가목표를 달성하기 위해 공식적으로 승인된 군사행동의 기본원칙과 지침'으로 정의할 수 있다.

전력화지원요소로서의 군사교리는 무기체계 운용개념 정립, 중장기 교리발전 소요판단, 관련 교리문헌(교리, 교범, 교육회장, 교육참고 등)을 발간 및 정비하는 활동이 포함된다.

소요군은 획득중인 무기체계와 관련된 군사교리를 발전시키고 이에 필요한 교리문헌을 발간하며, 방위사업청은 획득 무기체계의 관련 교리문헌이 무기체계와 동시에 야전에 배치될 수 있도록 확인한다.

나. 부대편성

부대구조 편성은 가용자원(정원, 장비, 예산)을 기초로 군사력 소요를 달성하기 위하여 지휘통제부대, 전투부대, 전투근무지원부대, 학교 및 기타 부대로 구분, 전투력 발휘가 용이하도록 임무와 기능에 입각하여 지휘체제를 편성하는 것이다.

방위력개선사업에 있어서의 부대편성은 소요군이 무기체계 획득과 연계하여 부대의 부여된 임무, 기능 등을 수행하는데 필요한 최적 인적 소요를 판단하여 중기부대계획에 반영하고, 편제표를 작성·발간하는 것으로 이때 고려요소는 부대 증·창설 및 해체·감편 소요, 병력(정비운용 인력을 포함) 증감 소요, 편성구조 발전소요 등이며, 소요군은 부대편성 소요를 판단하여 중기부대계획에 반영하고, 편제표를 작성·발간하며, 방위사업청은 각 군의 부대편성 변동소요를 확인하여 방위력개선사업 수행과정에서 이를 반영한다.

다. 교육훈련

교육훈련이란 임무수행에 적합한 지혜와 판단력을 함양하기 위하여 개인의 지능을 개발하는 교수 및 학습활동을 의미하는 교육과, 개인 및 부대에 대하여 군사전문기술을 가르쳐 이를 숙달시키기 위한 실천적 활동을 의미한다.

교육훈련은 부대훈련과 학교교육으로 구분되며, 부대훈련은 학교교육을 통하여 습득된 군사기본지식을 토대로 부대의 임무수행 능력을 배양하기 위하여 실시하는 개인훈련과 집체훈련 등으로 구분한다.

방위력개선사업에 있어서 교육훈련은 무기체계 획득에 따른 교육훈련 기획소요를 판단하고, 교육훈련을 위한 장비 및 교보재 등을 확보하며, 방위사업청은 각 군의 교육훈련 계획 및 장비·교보재 확보 여부를 확인하고 필요시 각 군에 예산을 지원하도록 되어있다.

라. 시 설

무기체계의 운용·시험·훈련을 지원하는데 필요한 부동산과 관련 설비로 무기체계와 패키지(package)로 확보되어야 하는 시설(무기체계 운용에 필요한 시설, 훈련장, 사격장 등), 부대 증·창설에 따른 시설, 국방부(합참, 소요군)에서 방위력개선사업으로 소요가 결정된 단위시설사업으로 구분한다.

소요군은 무기체계 소요요청서에 아래 사항을 포함한다.

- 현존 시설의 사용·개조·개량 가능성
- 장비운용에 필요한 부대시설 및 편의시설 건설 소요
- 시험평가 실시 장소 및 시설 소요
- 시설 보안 및 전술적 측면 검토
- 운용시설의 환경대책
- 특수시설 및 훈련시설 소요

방위사업청은 무기체계 배치와 동시에 확보되어야 하는 패키지 시설사업과 무기체계 운용 또는 추가적인 소요에 의해 무기체계와 관계없이 건설되는 단위시설 사업으로 구분하여 추진한다.

마. 무기체계 상호운용에 필요한 하드웨어 및 소프트웨어

무기체계간 상호 연동 및 통합운용에 필요한 장비 및 물자로 하드웨어 및 소프트웨어, 주파수 확보 등이 포함된다.

소요군은 소요요청 시 무기체계의 상호연동 및 통합운용에 필요한 하드웨어 및 소프트웨어를 포함하고, 방위사업청은 운용중인 무기체계와 통합전투력 발휘를 위해 소요되는 하드웨어 및 소프트웨어를 주장비와 동시에 확보하되, 무기체계 운용에 필요한 주파수는 합참 및 소요군과 협조하여 확보한다.

무기체계 획득방법별 전력화지원요소 확보절차는 다음의 〈그림 3-7〉과 같다.

1) 연구개발의 경우

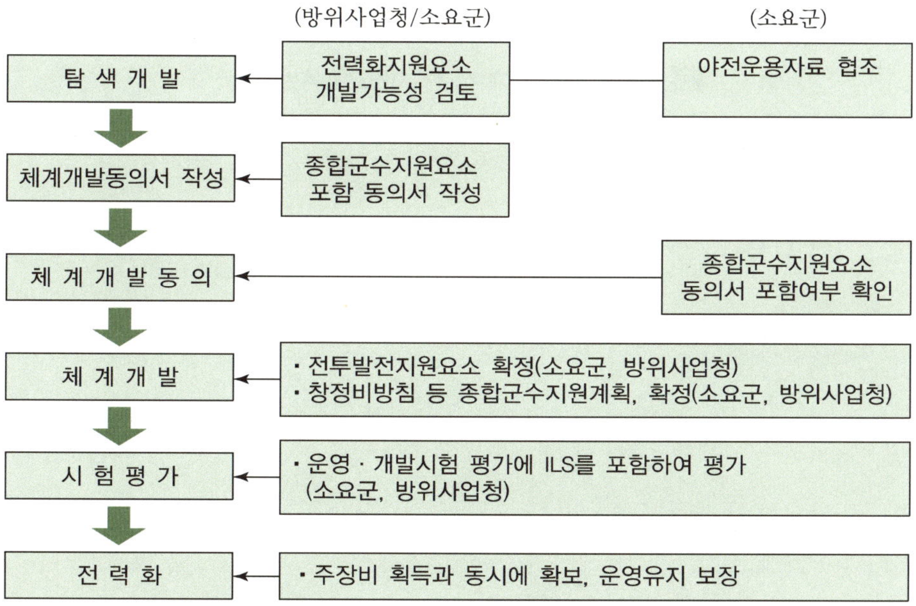

그림 3-7 연구개발 시 전력화지원요소 확보절차

2) 국외구매의 경우

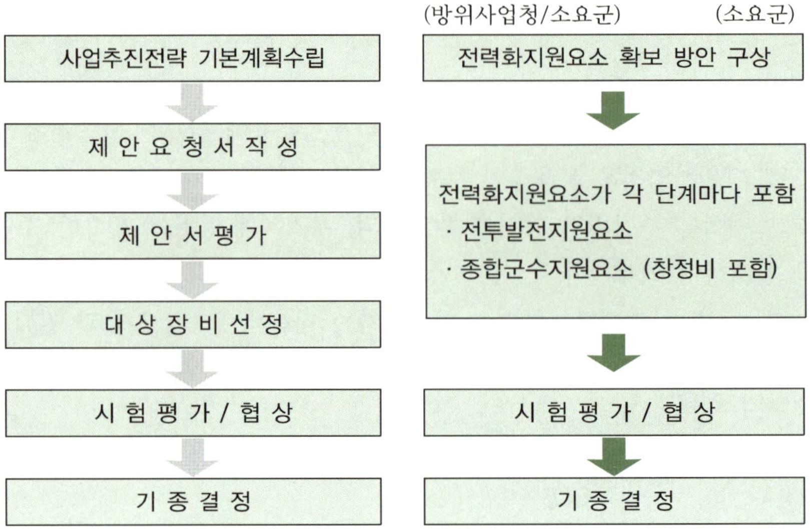

그림 3-8 무기체계 전력화지원요소 확보 절차

바. 종합군수지원

종합군수지원에 관한 사항은 2부 제1장에서 세부적으로 설명된다.

참고문헌

국내자료

1. 국방기술품질원, “성과기반 군수지원 및 신뢰성업무 발전방향”, 2008.
2. 국방대학교 안보문제연구소, “국방운영의 효율화와 신경제 성장”, 2009.
3. 국방대학교 안보문제연구소, “국방자원의 효율화 방안”, 2007.
4. 국방대학교 안보문제연구소, “미래지향적 국방운영 혁신전략”, 2007.
5. 국방부, “국방전력발전업무훈령(국방부 훈령 제1252호)”, 2010. 6. 21
6. 김봉환 외, (정보화시대에 있어서 군사변혁을 위한) 『현대전쟁 연구』, 황금소나무, 2008.
7. 김철환 · 윤춘택, 『전쟁, 그리고 무기의 발달』, 양서각, 1997.
8. 방위사업청, “방위사업관리규정(방위사업청 훈령 제122호)”, 2010. 3. 10.
9. 방위사업청, “종합군수지원 개발 실무지침서”, 2009.
10. 손태종, 노훈 외, “네트워크중심전”, 한국국방연구원, 2009.
11. 안보경영원구원, “성과기반 군수지원지원(PBL) 계약제도 적용방안 연구”, 2009.
12. 이상헌 외, “미국의 국가정비지원체제 연구 및 한국 적용방안 연구”, 국방대학교, 2010.
13. 이성연 외, (미래전에 대비한) 『군사혁신론』, 황금소나무, 2008.
14. 이희각 외, 『신편 무기체계학』, 청문각 2005.
15. 장기덕 외, 『군수혁신』, 한국국방연구원, 2005.
16. 제임스 F. 더니건, 김병관 역, 『무엇이 현대전을 움직이는가』, 플래닛미디어, 2008.
17. 제임스 V. 존스 저, 삼성탈레스(주) ILS 역, 『ILS 핸드북』, 지식의 풍경, 2005.
18. 조영갑 외, 『현대 무기체계론』, 선학사, 2009.
19. 최석철, 『무기체계@현대 · 미래전』, 21세기군사연구소, 2003.
20. 최석철, “총수명주기체계관리(TLCSM) 집행통제방안 구축”, 국방대학교, 2009.
21. 피터 W. 싱어 저, 유강은 역, 『전쟁대행주식회사』, 지식의 풍격 2005.

국외자료

1. Aviation and Missile Command(AMCOM), “Army Transformatiom”, 2004.
2. DoD, “Directive 500.1”, 2003.
3. DoD, “Logistics Transformation”, 2003.
4. DoD, “Performance Based Logistics : A Program Manager's Support Guidebook”, 2004.
5. Headquarters of the Department of the Army, “AR 700-127 : Integrated Logistics Support”, 2005.

II 종합군수지원

제 1 장 총 론

제 1 절 개 요

1. 개 관

종합군수지원 업무는 최초에는 무기체계를 개발하는데 적용되어 왔으나 현대에 와서는 무기체계 뿐만 아니라 상용 장비를 개발하는데도 적용되고 있으며 국가의 정책이나 사업계획을 수립하는데 종합군수지원의 적용이 필요하다.

따라서 종합군수지원의 활용도가 점점 증가되는 현실을 감안하면 종합군수지원 분야의 많은 연구가 필요하고 업무영역을 확대 발전시켜야 한다.

2. 종합군수지원 개념

가. 정 의

종합군수지원(ILS : Integrated Logistic Support)은 무기체계의 성능을 유지하고 경제적인 군수지원을 보장할 수 있도록 소요제기 시 부터 폐기 시까지 수명주기 전기간에 걸쳐 제반 군수지원 사항을 종합 관리하는 활동이다.

"종합"(Integrated)이란 의미는 무기체계의 설계 · 개발 · 획득 과정에서 군수지원 업무를 주장비 획득과 동시에 이루어지도록 관리함으로써 군수지원의 적시성을 보장하는 것이며, 군수지원 요소별 업무를 기능적으로 종합한다는 것이다.

1) 성능 유지(군수지원의 효과성 보장)

무기체계에 부여된 성능을 지속적으로 실현할 수 있도록 보장하는 것으로, 이를 위해서는 장비의 불가동 시간을 최소화하여 가동시간을 증가(가동률 향상)시켜야 한다.

가) 주장비 획득(개발)시에 고장빈도, 정비시간 최소화 반영

나) 장비 유지에 필요한 군수지원 소요의 확충

2) 경제적 군수지원(군수지원의 경제성 보장)

수명주기 비용 특히, 경상운영비를 최소화하여야 한다.

가) 주장비 획득(설계)시 군수지원 소요의 최소화 반영

나) 장비 운용시 군수지원 요소(자원)의 최소 유지

나. 출현배경

60년대 초에 미국은 핵 위주의 전략에서 탈피하여 재래식 무기의 전략적, 전술적 가치를 재평가하게 되었으며, 이에 따라 재래식 정밀무기 개발에 박차를 가하기 시작하였다. 그러나 세계를 상대로 한 방대한 장비소요와 투자비 증대, 고도의 과학기술 응용에 따른 장비의 정밀성과 복잡성으로 더 이상 주장비 위주의 개발만을 추구할 수 없게 되었다. 따라서 무기체계 개발의 종합적 관리가 강조되었으며, 특히 성능의 지속적 보장, 연구개발 투자비의 효율성 증대, 군수지원 요소의 적시, 적절한 개발 및 배치를 위하여 1964년부터 미 국방성에서 종합군수지원제도를 적용하기 시작하였다.

우리 군의 종합군수지원제도 도입배경은 미국의 경우와 맥락을 같이 한다. 과거 군원시대, 외국으로부터의 장비획득 혹은 단순병기의 모방개발 수준에서 70년대 말에는 정밀유도병기의 자체 연구개발소요가 증가함에 따라 종합군수지원제도의 필요성이 대두되었다. 즉, 외국에서 개발되었거나 운용중인 장비를 패키지(Package) 단위로 획득, 운용함으로써 단지 장비의 운용유지에 따른 문제점만을 고려하였던 과거와는 달리, 독자적인 연구개발을 추구함에 있어서는 개발초기 단계에서부터 군수지원요소의 식별, 군수지원의 용이성과 지원요소를 최소화하기 위한 주장비 설계, 주장비와 동시적인 군수지원 요소의 개발, 생산, 배치 그리고 배치 후의 정비, 보급문제 등 과거에는 볼 수 없었던 수많은 난제들에 부딪히게 되었다.

우리 군의 직접적인 출현배경과 발전과정을 살펴보면, 1978년에 국산장비의 야전운용 실태조사를 근거로 한 육군 방위력개선 사업실적 분석과정에서 수많은 군수지원 문제가 제기되었으며, 이에 따라 막대한 국방예산의 낭비를 초래하고 있다는 사실을 확인하고, 1980년

대 초에 연구 및 토의를 거쳐 종합군수지원 관련규정을 제정하고, 기구 및 조직을 편성하였다. 그러나 현재까지 그 중요성에 대해서는 공통적으로 인식하면서도 완전히 정착시키지 못하고 있는 실정이다.

다. 필요성

종합군수지원의 필요성은 무기체계 획득실태와 종합군수지원이 지니는 기능면에서 각각 파악할 수 있다.

1) 무기체계 획득실태면

우리 군은 1970년대 초에 자주국방체제로 전환하면서 군사력 건설의 일환으로 방위산업의 발전을 통한 독자적인 무기체계 개발을 위해 많은 노력을 투입해왔다. 그 결과 〈표 1-1〉에서 보는 바와 같은 발전을 이룩하였다.

그러나 이러한 무기체계 획득과정에서 주장비 위주의 획득관리를 추구함으로써 획득장비의 운용시 군수지원상에 많은 문제를 야기시켰다. 즉, 고장빈도가 높고, 고장발생 시 정비업무량이 과다하게 소요되는 등 불가동시간이 장기화됨으로서 장비의 가동률이 낮아지고, 경상운영비가 과다하게 소요되었다.

표 1-1 방위산업의 발전과정

구 분	내 용
60 년대	• 소총류 재생 자급 (M-1, 칼빈, 소화기탄)
70 년대	• M-16, M60 박격포, 무반동총 • 곡사포, 전차(M48A3, A5) 및 장갑차 개조 • 유무선 장비, 지대지 유도탄(장거리, 중거리) ☞ 기본병기 양산체제 구축 및 정밀무기 생산기반 조성
80 년대	• 지대지, 지대공 유도탄 • K-1 전차 개발, F5F 전투기 조립생산 ☞ 고도 정밀무기 국산화 및 독자개발 기반구축
90 년대	• 전차, 장갑차, 자주포 양산체제 구축 • 전투함, 중·장거리 미사일 개발 ☞ 첨단 정밀무기체계 개발 및 기반 구축
현 재	• K-2 전차, 자주포, 다련장, 장갑차, 탄운차 개발 • F-5K 전투기, 잠수함, 전투함, 미사일 등 첨단 무기체계 개발

2) 종합군수지원의 기능면

현대 무기체계의 특성은 체계성, 복잡성, 고가성 등을 들 수 있으며 이러한 무기체계의 특성으로 인해 군수지원 업무는 고도로 복잡화, 전문화되어 가고 있다. 종합군수지원은 이와 같이 난해한 군수지원 업무를 체계적이고, 과학적으로 수행할 수 있게 한다.

가) 체계성

무기체계는 하나의 무기나 장비가 주어진 목적을 달성할 수 있도록 운영, 유지하는데 소요되는 제반시설, 지원 장비, 보급물자 그리고 일정수준의 기술을 가지고 조작 운영하는 인적자원 전부를 망라한 총합체로서, 이중 어느 하나가 결여되어도 부여된 임무를 원활히 수행할 수 없다. 예를 들면, 전차라는 무기체계는 전차 자체 뿐만 아니라 제반시설, 연료, 탄약, 통신장비, 승무원, 정비병, 기술제원, 수리부속품, 공구, 시험장비 등이 종합된 하나의 체계로서 운용할 경우에 기대하는 기능을 발휘하게 된다.

이와 같이 현대 무기체계는 주장비와 확대된 전력화지원 요소가 총합하여 하나의 체계성을 지니게 됨으로써 무기체계상에서 군수지원의 중요성은 점점 증가하고 있다. 따라서 무기체계 획득 시에 군수지원 문제는 주장비 못지 않은 관리노력으로 해결하지 않으면 안될 중요한 과제로 대두되고 있다.

나) 복잡성

과학기술의 발전은 무기체계의 성능과 형태에 급진적인 변혁을 초래하고 있다. 특히 사거리, 정확도, 파괴력 등의 발전적 추세와 이에 대한 대응 무기체계의 경쟁적 발전관계는 계속적인 추가장치를 부가시킴으로써 복잡성을 가일층 야기시키고 있으며, 최근 통신전자 기술의 비약적인 발전은 무기체계의 복잡성을 더욱 촉진시키고 있다. 이에 따라 주장비에 수반되는 지원 및 시험장비, 보급 및 정비지원체계 등의 군수지원 체계도 크게 변화하여 복잡화 됨으로써 다음과 같은 군수지원 문제가 야기되고 있다.

(1) 정비의 곤란성과 정비요원의 전문화 요구
(2) 군수요원의 소요 증가
(3) 군수요원의 교육훈련 소요 증가
(4) 군수분야 인력소요의 상대적 증가

이와 같은 군수지원상의 문제들을 해결하거나 감소시킬 수 있는 기능을 지닌 것이 종합군수지원이다.

다) 고가성

현대 무기체계는 정밀화와 복잡화로 인하여 무기체계 획득비용과 경상운영비를 급격히 증가시키고 있다. 특히 경상운영비는 전투준비태세 유지성(Sustainability)을 제고시키기 위한 수명주기 비용의 중요 비용항목이 되고 있으며, 때에 따라서는 경상운영비가 무기체계 획득비용의 수십 배를 능가할 경우도 있다. 또한 정비에 필요한 공구, 시험장비, 교범 및 시설 등을 획득하는데 소요되는 비용이 무기자체 획득가격의 85%에 이르고 있으며, 100%를 초과하는 경우도 있다.

이러한 무기체계의 특성으로 인하여 급격히 증가하는 수명주기 비용, 특히 경상운영비를 최소화하여 경제성을 제고하는 것은 중요한 과제이며, 이를 실현시키는 활동이 종합군수지원이다

라) 수명주기비용의 조기확정

무기체계 수명주기 비용의 2/3이상이 획득초기인 체계개발 단계 초에 확정된다는 것이 일반적인 견해이며 〈그림 1-1〉은 무기체계 획득단계별 수명주기 비용의 확정범위를 도식한 것이다.

표에서 보는 바와 같이 개발단계 초에서 체계개발 단계 말로 진행되면 수명주기 비용이 거의 확정되므로 이후에 비용을 변경할 수 있는 융통성은 거의 없다. 그러므로 수명주기 비용이 확정되기 전에 비용을 예측하고, 비용이 최소화되도록 노력해야 한다. 이와 같은 비용의 조기예측 및 최소화 노력 등의 난해한 업무를 수행하는 것이 종합군수지원이다.

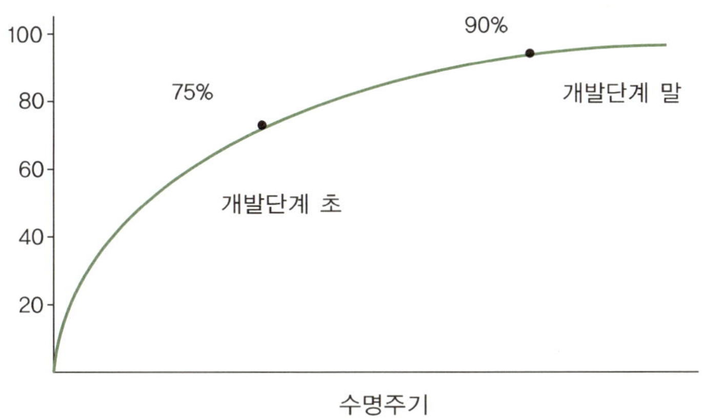

그림 1-1 무기체계 수명주기비용 확정시기

라. 종합군수지원의 목적 및 관리목표

1) 목 적

종합군수지원의 적용목적은 무기체계의 수명주기간에 필요로 하는 제반 군수지원 요소를 적시에, 적절하게 획득하고 유지하여 장비의 전투준비태세를 최대화하고, 수명주기비용을 최소화하는데 있다.

장비전투준비태세를 최대화하기 위해서는 비용 구성 항목인 획득비(연구개발비+투자비)와 운영유지비 중에서 특히 운영유지비를 감소시킬 수 있도록 노력해야 하며, 이는 군수지원의 질적, 양적 소요와 정비업무량을 최소화 시켜야 한다.

2) 관리목표

무기체계의 효과적, 경제적인 군수지원을 보장하기 위하여 소요, 개발, 시험, 획득, 야전배치 및 폐기 시까지 종합적으로 관리해야 하며 관리목표는 다음과 같다.

가) 무기체계의 작전운용성능(ROC)을 충족하면서 군수지원 소요를 최소화할 수 있도록 무기체계 설계에 반영

나) 주장비에 대한 정비 및 지원개념을 설정하고 세부 지원 요소들을 조기에 판단

다) 설정된 종합군수지원 요소들이 주장비와 동시에 계획, 개발, 시험평가, 획득 배치되도록 보장

라) 군수지원 분석 등을 통한 지원시스템의 요구조건 식별과 조직적인 종합군수지원 활동으로 최적의 지원 소요산출

마) 무기체계에 대한 표준화 및 호환성을 유지하여 개발

마. 종합군수지원 원칙

무기체계 획득 시 경제적이고 효과적으로 획득하기 위하여 다음과 같은 종합군수지원 원칙을 적용하여야 한다.

1) 주장비 성능과 군수지원성의 보완적 발전

무기체계 획득(설계)시 주장비 성능과 군수지원성을 상호 보완적 입장에서 발전시켜야 한다. 주장비 제작 시 결정된 모든 설계사항은 군수지원은 물론, 성능실현에까지 중대한 영향을 미친다.

예를 들면, 특수하고 복잡한 설계는 성능을 향상시킬 수는 있으나, 고장빈도가 높고 수리

에 많은 시간과 비용이 소요되어 결과적으로 전체적인 사용효과는 낮아지면서 경상운영비가 증가된다. 따라서 주장비 설계 및 제작시에 소요군은 군수지원이 용이하도록, 경상운영비가 최소화되도록 요구해야 하며, 설계자들은 그들의 설계 결정이 군수지원에 중대한 영향을 미친다는 사실을 명심해야 한다.

이러한 주장비 성능과 군수지원성의 보완적 발전을 실현하기 위해서는 전투개발자들의 군수지원에 관한 인식이 제고되어야 하고, 주장비 설계영향에 관한 교리가 개발되어야 하며, 전투개발자와 종합군수지원 요원간의 업무협조 체제가 확립되어야 한다.

2) 군수지원요소 상호간의 유기적 통합

군수지원요소는 그 대상이 무수히 많을 뿐만 아니라 상호 연관성을 지니고 있다. 그러므로 군수지원 요소의 획득(개발)시에는 이들 상호간의 연관성을 고려하여 균형과 조화를 이룰 수 있는 최선의 대안을 선정하여야 한다. 예를 들면, 고도로 숙달된 정비요원 육성이 곤란할 경우에는 미숙한 정비요원이 다루기 쉬운 지원 장비를 요구하거나, 수리대신 비수리체계를 확대하여 고장을 배제하게 된다. 이와 같이 군수지원교육, 지원장비, 정비계획, 기술교범, 보급지원 등의 군수지원 요소들이 상호 균형과 조화를 이룰 수 있도록 관리하여야 한다.

이를 실현하기 위해서는 군수지원요소 획득(개발)요원들의 전문인력이 확충되어야 하고, 군수지원 요소 개발기법이 실용화되어야하며, 특히 업무관련 부서간의 업무 협조체계가 확립되어야 한다.

3) 종합군수지원요소와 주장비의 동시 개발 및 배치

종합군수지원 요소의 개발, 생산, 배치 등 일련의 업무를 주장비 획득업무와 동시적으로 수행하여야 한다. 무기체계 획득과정 중의 주요 의사결정시에 군수지원성을 반영하고 전력화 일정계획을 준수하며, 적기에 소요예산을 판단하여 중, 장기 계획에 반영하기 위해 종합군수지원 업무는 반드시 주장비 개발업무와 병행하여 수행하여야 한다. 이를 실현하기 위해서는 종합군수지원 업무의 진도관리체계가 개발되어야 하고, 관리기관 특히, 조정 및 통제기관의 능력이 확충되어야 하며, 종합군수지원 요소 개발능력이 확보되어야 한다.

4) 종합군수지원요소 획득과 운용의 순환체계 유지

종합군수지원요소를 획득하여 배치한 후에 운용과정에서 경험제원을 수집, 분석, 평가하며, 분석평가 결과에 따라 부적합한 군수지원 요소에 대한 수정제기는 물론, 이들 경험제원을 축적하여 차후 유사무기체계 획득(개발)시에 한국적 군수지원 기준으로 활용할 수 있도록 관리하여야 한다.

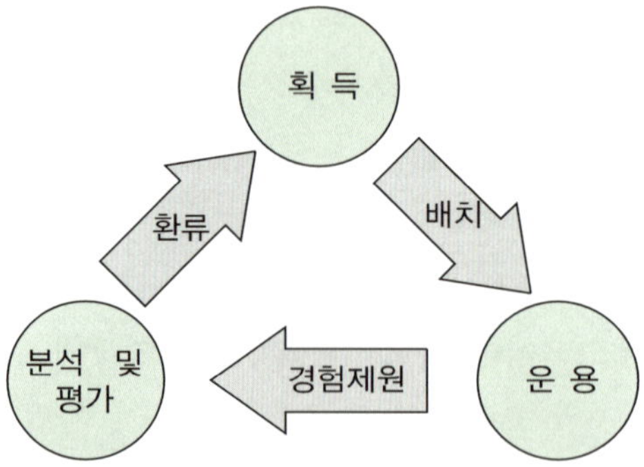

그림 1-2 종합군수지원요소획득과 운용의 순환체제

이를 실현하기 위해서는 군수지원 요소 획득과 운용의 연결고리 역할을 할 수 있는 종합군수지원 조직이 있어야 하고, 운용단계의 종합군수지원 관련교리가 보완되어야 하며, 특히 야전운영 경험자료 수집체계가 확립되어야 한다.

3. 무기체계와의 관계

가. 총합체계관리

1) 정 의

총합체계관리(Total System Management)는 무기체계 획득시에 주장비와 전력화지원 요소인 군사교리, 부대편성, 교육훈련, 시설 및 무기체계의 상호운용에 필요한 하드웨어 및 소프트웨어(주파수 확보 포함) 등의 전투발전지원요소와 효율적이고 경제적인 군수지원 보장을

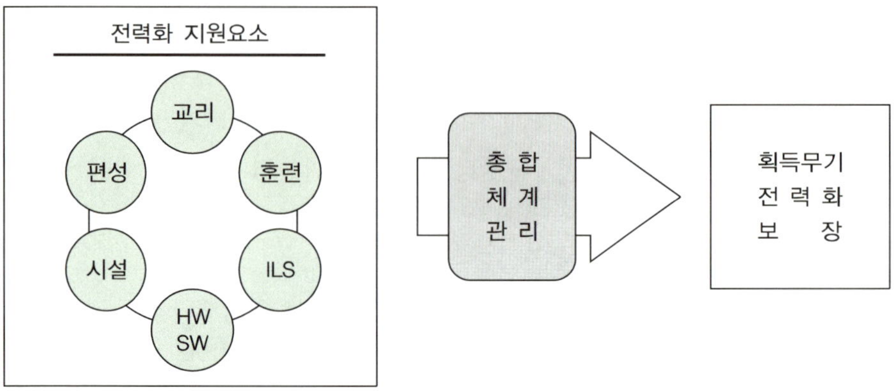

그림 1-3 총합체계 관리

위한 종합군수지원의 제요소를 유기적으로 동시에 발전시키기 위해 이들과 관련되는 모든 사항을 종합적으로 관리하는 활동이다.

현대 무기체계는 질 우선의 자본집약형으로 발전됨에 따라 가일층 복잡, 다양해지고 있으며, 이러한 무기체계의 발전추세에 따라 전력화지원요소의 비중은 물량(금액)면에서나 사용효과면에서 상대적으로 점증되어 가고 있다. 따라서 무기체계 획득시에는 전력화를 보장해 주는 필수적인 요소인 교리(교범), 편성(인원편성 및 부대편제), 교육훈련(운용 및 정비요원 양성), 종합군수지원 요소가 빠짐없이, 적절히 획득되어 주장비와 동시에 야전에 제공될 수 있도록 관리하여야 한다.

2) 적용배경 및 목적

우리 군의 무기체계 획득은 80년대까지 주장비 중심으로 관리되어 왔다. 국내개발 시에는 주장비 성능위주로 개발되었고, 해외구매의 경우도 주장비의 성능과 획득가격을 주요 대안결정 요소로 사용하여 기종을 결정, 구매하여온 것이 사실이다.

이와 같이 무기체계 획득과정에서 전력화지원요소가 상대적으로 소홀히 취급됨으로써 획득된 무기체계의 운영 유지시에 전력화지원요소와 관련된 문제점들이 많이 발생하였으며, 결과적으로 무기체계의 사용효과가 저하되고, 경상운영비가 과다하게 소요되는 경우가 허다하였다.

이러한 문제점을 해소하기 위하여 주장비와 전력화지원요소를 균형 있게 발전시켜 획득장비의 즉각적인 전력화를 보장하는 종합체계관리 개념이 무기체계 획득관리에 적용된 것이다.

3) 종합군수지원의 업무대상 및 위치

종합군수지원의 업무대상은 전력화지원요소 중의 종합군수지원 요소이며 군수지원 요소를 획득하기 위한 업무체제가 종합군수지원이다.

그러나 적시에 최적의 군수지원 요소를 획득(개발)하기 위해 전투발전지원요소(교리, 편성, 교육훈련)와의 통합, 그리고 주장비와의 보완적 문제까지 업무영역이 확대된다.

현대 무기체계에서 전력화지원요소는 주장비와 대등한 관리노력을 필요로 할 만큼 중요한 사항이며, 이중에서도 종합군수지원 요소는 수명주기 비용의 점유비중, 업무량, 무기체계 사용효과의 달성기여도 등에서 다른 전력화지원요소에 비해 그 중요성이 더욱 높이 인식된다.

따라서 군수지원 요소를 획득하는 종합군수지원 활동은 무기체계 획득관리 과정에서 반드시 완벽하게 적용되어야 한다.

나. 무기체계 획득관리상의 역할

일반적으로 무기체계 획득시에 고려되는 중요한 네가지 요소는 성능(Performance), 비용(Cost), 일정계획(Schedule), 군수지원성(Logistics Supportability)이다.

〈그림 1-4〉는 종합군수지원이 무기체계 획득시 고려하는 4대 요소를 표시한 것이다.

종합군수지원은 군수지원 요소의 유용성과 적절성을 높여서 무기체계의 성능을 보장하며, 수명주기 비용 중에서 50%이상을 점유하는 군수지원 비용의 최소화 노력으로 수명주기 비용 절감에 중요한 몫을 담당한다.

또한 종합군수지원은 업무량의 과다로 전력화 일정계획에 영향을 미치며, 고장빈도와 정비 소요시간 최소화, 군수지원 요소의 호환성 향상 등을 통해 군수지원성에 영향을 미친다.

그림 1-4 ILS LOGO

4. 종합군수지원 업무수행 전제조건

종합군수지원 업무는 일반적인 업무와는 달리 소요기획 업무, 관련규정 및 관련용어, 정비관리, 군 구조, 군수지원체제, 국방 획득체계, 조달, 규격화, 목록화 절차 및 방법 등 많은 관련지식이 요구되므로 종합군수지원 업무를 수행하는 요원은 기본적으로 다음과 같은 기본지식을 구비해야 한다.

가. 국방 기획관리 체계 이해

국방 기획관리는 국방목표를 설계하고 설계된 국방목표를 달성할 수 있도록 최선의 방법을 선택하여 보다 합리적으로 자원을 배분, 운영함으로써 국방의 기능을 극대화시키는 관리활동으로 국방 기획관리제도의 기획, 계획, 예산, 집행, 평가체계를 이해해야 국방자원배분상의 주요 의사결정의 흐름을 이해할 수 있다.

나. 무기체계별 획득절차 숙지

무기체계의 획득절차를 숙지하고 각 연구개발 단계별 종합군수지원 분야 조치사항을 숙지해야 한다.

다. 소요군의 정비지원체제 이해

종합군수지원 업무는 70% 이상 정비업무와 밀접한 관련이 있으므로 무기체계의 운용 및 정비개념을 이해해야 하며 지역별, 부대별 야전정비부대 편제 및 정비창별 기능을 이해해야 종합군수지원 업무를 이해하는데 큰 도움을 준다.

라. 종합군수지원 업무 수행조직, 임무 및 기능 숙지

국방부, 각 군의 군수사와 교육사, 정비창, 방위사업청, 국방과학연구소, 국방품질연구원, 업체 등의 기능과 업무분장을 이해해야 소요제기로부터 사업종료시까지 업무협조를 원활히 할 수 있다.

마. 무기체계 발전추세, 정비발전방향, 군구조 발전방향 이해

선진국의 무기체계 발전추세는 물론 우리군의 발전전망, 정비 분야 발전추세 및 전망, 군구조개선 미 발전방향을 이해해야 한다.

제 2 절 업무체계

1. ILS업무 수행기관 분류

가. ILS 업무 체계관리 수행기관

각군 본부(ILS 부서)는 ILS 업무에 대한 방침, 제도, 규정, 발전 및 체계관리 업무를 수행한다.

나. ILS 업무 책임기관

ILS 업무를 계획 및 시행하고 ILS 요소개발을 구체화하는 기관으로서 방위사업청(ILS 개발팀), 각 군 본부(군참부), 야전군, 군수사, 교육사, 연구개발 주관기관(국과연, 업체) 등이 이에 해당한다.

다. ILS 업무 협조기관

ILS 업무수행 관련부서인 각군 본부 부·감실과 원활한 ILS 업무수행을 위해 ILS 소요판단, 개발계획, 생산계획, 구매계획을 수립·시행하는 방사청(계약관리본부), 국방과학연구소, 기술품질원, 각 업체 등이 이에 해당한다.

2. 기관별 업무분장

가. 국방부

1) 무기체계 소요결정 및 수정에 관한 업무
2) 방위력개선사업에 관한 업무 및 사업 조정
3) 비무기체계 연구개발에 관한 정책수립·제도발전 및 업무 조정·통제

나. 합동참모본부

1) 신규무기체계, 무기체계 성능개량 등에 대한 소요 제기
2) 방위력개선 사업 분야 업무협조(분석평가, 국방M&S 등 각종 업무협조)

다. 각 군 본부

1) 전력단위별 관련부서 의견수렴, 중기계획 소요군 요구(안) 작성
2) 무기체계별 소요요청(안) ILS분야 검토
3) 신규 및 전력화중인 사업의 ILS 중기계획 및 예산 편성 의견수렴
4) 전력화중인 무기체계 사후관리(형상관리, 국산화, 성능개선 등) 지원
5) ILS 운용시험 평가계획 검토 지원 및 참여
6) 무기체계별 창정비 방침 검토 및 의견제시
7) 동시조달수리부속(CSP)[1] 소요산정 관련 야전운영제원 및 유사장비 제원 검토

8) 야전운영제원 수집 및 제공

라. 소요군 군수사령부

1) 창정비 요소개발 소요제안 및 시험평가 주관
2) 신규 무기체계 개발시 ILS 업무지원
3) 군수지원분석 필요 자료수집 및 지원
4) 동시조달수리부속(CSP) 소요산정 지원(야전제원 및 유사장비 제원 반영)

마. 소요군 교육사령부

1) 전자식 기술교범 · 책자형 기술교범 운영 관리
2) 군수지원분석에 필요한 자료지원
3) 학교 교육용 교보재 등 개발 소요제기 및 획득소요 종합 반영
4) 주특기 소요 검토 및 제기

바. 방위사업청

1) ILS 관련규정, 방침 및 제도 등 업무체계 발전
2) 해당 무기체계 ILS요소 분석결과 확인 및 검증, 환류
   ☞ IPR[2] 자료 검토 및 최신화 입력, RAM[3], LSA[4], 동시조달수리부속(CSP) 소요 산출 등
3) ILS 분석시스템 운영 및 기술자료 관리
   ☞ SOLOMON[5] 체계 유지 및 관리, RAM, LSA제원, 동시조달수리부속(CSP) 소요 산정 자료 등 기술자료 관리

---

1) 동시조달 수리부속(CSP : Concurrent Spare Parts) : 초도 및 후속보급되는 장비의 필수요소 수리부속품을 장비와 동시에 조달하여 효율적인 정비관리 및 장비유지를 도모하기 위해 확보되는 수리부속품을 말한다.

2) 사업 공정간 검토업무(IPR : In-Process Review) : 군수지원분석 출력자료를 검토하여 최적의 ILS 요소를 개발하는 업무를 말한다.

3) RAM : 신뢰성(도)(Reliability), 가용성(도)(Availability), 정비성(도) (Maintainability)의 약어로서, 어떤 체계의 고장빈도, 정비업무량 및 전투준비태세 등을 측정하는 척도로 활용한다.

4) 군수지원분석 (LSA : Logistics Support Analysis) : 무기체계의 수명주기간에 걸쳐 군수지원 요소를 확인, 분석, 구체화하는 활동으로 획득단계별로 주장비의 지원체계를 결정하는데 필요한 정보를 제공하며, 해당 무기체계의 운영유지 비용을 최적화시키는 동시에 무기체계 운용시 지속적인 군수지원이 이루어질 수 있도록 보장하는 종합군수지원 업무의 실체적인 활동이다.

5) 군수지원 분석용 표준 소프트웨어(SOLOMON : SOftware for LOgistics support analysis and data Management Of Next generation) : “주장비 설계정보, 군수지원분석, RAM 분석정보를 통합하고 분야별 SW간 유기적 연계를 통해 신속 · 정확한 LSA 수행체계를 구축하기 위한 소프트웨어 패키지로 ILS 요소개발을 위한 군수지원분석 지원체계”이다.

4) 사업단계별 ILS 분야 검토 지원

사. 국방과학 연구소

1) 국과연 주관 무기체계 및 핵심기술연구개발 ILS요소 개발
2) 핵심기술·부품개발의 산·학·연 협력 연구개발사업에 관한 업무
3) 국과연 주관 연구개발의 ILS 분야 개발시험평가 수행
4) 작전운용성능 결정 지원 및 국방기술 분야 대군 지원
5) 업체주관 연구개발사업의 지원 업무
6) 전력화지원요소 분야 개발관련 기술 지원

아. 국방연구원

1) 소요기획 및 획득단계의 비용분석 및 비용 대 효과분석 지원
2) 무기체계 수명주기간 운영유지비 분석 지원

자. 국방 기술 품질연구원

1) 중앙조달품의 초도 및 후속 양산 품질보증 활동
2) 양산 및 운영기간 중 형상관리 업무수행
3) 획득 추진 단계별 품질보증 계획 수립 협조 및 활동
4) 국방 신뢰성 분야 기술기획, 정책, 제도, 기법, 절차 연구 및 발전
5) 체계개발단계에서의 신뢰성 예측, 분석 및 평가업무 기술지원
6) 개발단계 신뢰성 분석결과 및 시험자료 등 데이터베이스 구축·운영
7) RAM 분석도구 및 기법 발전, 기술지원 등
8) 야전운용제원 데이터베이스 구축, 분석 및 관련기관 환류

차. 개발업체

1) ILS 개발계획(안) 작성, 개발
2) RAM, LSA, 동시조달수리부속(CSP) 입력제원 작성, 제출 및 최신화(유관기관 협조)
3) 종합군수지원계획서(ILS-P) 작성(업체주관 연구개발사업)
4) ILS요소개발 및 납품 관련 계약 이행

3. 종합군수지원 업무 수행시 고려사항

한국적 기후, 지형 및 전투 환경에서 군수지원이 용이하도록 개발해야하며, 장비 고장 시 적정 정비계단으로 조정하여 불필요한 정비소요를 감소시키고 기동화된 현장 및 근접정비 지원체제에 부합되도록 해야 한다.

또한, 직송 및 추진보급에 적합하고 기동부대에 종심 깊은 전투근무지원이 용이하도록 편성하고 주장비 배치 이전에 편성, 훈련, 보급지원 등 군수지원체제가 준비되도록 해야 한다.

4. 실무조정회의(ILS-MT)

가. 목 적

무기체계 획득업무 수행 중 종합군수지원 업무의 체계적인 관리와 신속한 업무처리를 위해 실무조정회의를 운영한다.

나. 운 영

1) 주관 : 사안 발생기관

2) 참가대상

가) 군 : 육본, 교육사, 군수사, 군지사, 정비창, 해당 병과학교
나) 대외기관 : 방사청, 국과연, 국품원
다) 기 타 : 방산업체

3) 운영시기

가) 정기
(1) 초기 군수지원분석을 위한 야전운용제원 및 입력제원 작성
(2) 국외구매 장비 제안요청서, 체계개발 동의서 및 시험평가계획 작성 시
(3) 연구개발 무기체계
(가) 국방부의 체계개발사업 승인 통보후 30근무일 이내
(나) 체계개발 단계에서 지원 및 부수장비, 특수공구 및 시험장비 개발여부 결정
(다) 군수제원 점검 및 확정, 운용 시험평가 계획 작성 시
(라) 체계개발동의서 작성, 반기 1회 개발실적 평가분석 시
(4) 종합군수지원 계획서(ILS-P)를 개발기관이 작성 완료 후
(5) 창정비 요소 개발 승인 후 30근무일 이내

(6) 초도배치 확인방문 및 전력화 평가 확인 전·후

나) 수시 : 의견 조정소요 발생시, 또는 필요에 따라

다. 주요 임무

1) ILS요소개발 및 사업추진 단계별 관련분야 의견수렴
2) 주장비 개발과 종합된 ILS요소 반영 및 협조
3) 종합군수지원 계획서
4) 군수지원분석(LSA) 입력 제원 작성 및 검토
5) ILS요소개발 범위 확정 및 개발 여부 결정 및 관리
6) 국외도입 무기체계의 ILS 획득소요 식별 및 검토, 확정
7) 동시조달 수리부속(CSP) 소요 산정 결과 확정

라. 관련기관별 임무

표 1-2 ILS-MT 관련기관별 업무분장

구 분	업무 수행 범위	비 고
관련 기관	• ILS-MT 주관(필요시) • ILS-MT 토의의제 검토 및 발표자료 준비 • ILS요소별 소요 정립 및 제출(연구개발기관) • 최적의 ILS요소 개념정립 및 소요결정(소요군)	
IPT	• ILS-MT 주관 • ILS요소 관련 주요 의사결정 및 ILS-P 반영 - 국산화 추진계획, ILS요소 확보계획 검토 • ROC, 운용요구능력서 수정사항 상정, 협의 처리 • 단계별 동시조달수리부속(CSP) 입력제원 기준 검토 • ILS 분야 주요일정 조정 및 확정	ILS-MT를 통한 의견 수렴 및 확정
종합 군수 지원 개발팀	• RAM, LSA분야 협조회의 주관(필요시) • ILS-MT 주관(요청시) • ILS요소 관련 주요의사 결정지원 ☞ RAM 및 군수지원분석 결과 기초 • RAM 및 군수지원분석, 동시조달수리부속(CSP) 분석기준 정립 - 무기체계별 RAM 분석기준 제시 - 군수지원분석 기준 제시 • ROC, 운용요구능력서 ILS 분야 정량화 및 구체화	RAM, LSA, 동시조달수리부속(CSP) 등 기준 제시 요청시 ILS-MT 주관

마. 후속 조치

회의 결과는 ILS-MT 주관기관에서 종합 작성하여 관련기관에 지시 및 통보한다.

참고문헌

국내자료

1. 김영기, "전력화지원요소 : 이론과 실제", 한국 학술정보, 2007.
2. 김철환 · 이건제, "무기체계 획득관리", 국방대학교, 2001.
3. 방위사업청, "방위사업관리규정(방위사업청 훈령 제122호)", 2010. 3. 10.
4. 방위사업청, "종합군수지원 개발업무지침서", 2009.
5. 정용길, "종합군수지원 : 이론과 실제(창정비 중심으로)", 북 코리아, 2008.
6. 육군종합군수학교, "종합군수지원", 2010.

국외자료

1. James V. Jones, 「Integrated Logistics Support Hand Book」, 학연 문화사, 2008.
2. Benjamin S. Blanchard, 「Logistics Engineering & Management」, 학연 문화사, 2008.

제2장 종합군수지원 요소 개발

제1절 개 요

1. 개 요

가. 종합군수지원 요소의 정의

효과적이고, 경제적으로 군수지원을 보장하는 제반 사항이며, 종합군수지원을 적용, 주장비와 병행하여 발전 또는 획득하여야 하는 주요 관리 대상(중점)이다.

나. 종합군수지원 11대 요소

우리 군의 종합군수지원요소는 '83년 美육군의 종합군수지원요소를 모방, 9개 요소로 설정한 이래 '92년 규정 개정시 13개 요소로 수정하였다가 '97년 규정개정시 11대 요소로 확정하였으며, 방위사업법('06. 1. 2), 시행령('06. 2. 28), 시행령규칙('06. 4. 24) 의거 일부를 조정하여 현재의 11대 요소로 확정하였다.

종합군수지원요소는 종합군수지원을 적용하여 발전시키거나 획득하려고 하는 주요대상이자 업무중점을 나타내는 것이므로 국가간, 군간에 서로 상이하게 적용할 수 있다.

따라서 종합군수지원요소가 서로 상이한 것은 별로 중요하지 않으며, 단지 업무수행 과정에서 어떤 분야에 비중을 두느냐 하는데 그 의미가 있으므로 무기체계에 따라 융통성 있게 적용할 수 있다.

표 2-1 종합군수지원 요소

구 분	'05년 이전	'06년 이후
1	연구 및 설계 반영	연구 및 설계 반영
2	표준화 및 호환성	표준화 및 호환성
3	정비지원	정비계획
4	지원 및 시험장비	지원장비
5	보급지원	보급지원
6	인력 및 인사	군수인력 운용
7	교육훈련 및 교보재	군수지원 교육
8	기술자료	기술교범
9	포장, 취급, 저장 및 수송	포장, 취급, 저장 및 수송
10	시설	정비 및 보급시설
11	군수관리 전산자료 지원	기술자료 관리

다. 종합군수지원 요소 개발

연구개발주관기관은 운영유지비 최소화 방안과 군수지원가능성 등을 검토하여, 소요군이 최적의 종합군수지원요소를 결정하도록 지원하고 방위사업청은 연구개발 단계별로 종합군수지원요소를 지속적으로 구체화하여 발전시켜야 하며, 그 결과는 종합군수지원계획서(ILS-P)에 반영한다.

2. ○○ 전차 ILS 요소 개발사례

○○전차의 초도배치는 86년에 되었으나 ILS 요소의 개발은 96년에 완료됨으로써 ILS 요소의 개발지연으로 야전운용 및 정비간 애로가 많았으며, 탐색개발 단계간 ILS업무를 미국의 제너럴 다이내믹 사(GDLS)에서 전담하는 등 개념 및 탐색개발단계 지원개념과 개발전략수립이 미흡하였다. 또한 잦은 설계변경과 특수공구 및 시험장비가 과다하게 획득되고 기술교범도 수회에 걸쳐 수정되는 등 실용 및 양산단계 ILS분석 및 반영이 미흡하였다. 이로 인해 전투준비태세에 많은 지장을 초래함은 물론 운영유지비의 증가를 초래하게 되었다.

표 2-2 ○○ 전차 ILS 개발사례

요 소	내 용
연구 및 설계반영	• 설계시 ILS업무 미실시로 설계변경 과다
표준화 및 호환성	• 국산화율 저조 및 규격화 지연
정비 계획	• 장비정비에 따른 정비지원부대 미보강 • 일반정비(GS) 지원체제 구비 지연 • 정비대충장비 미확보
지원 장비	• 특수공구 및 시험장비 일부 누락 • 엔진 인양장비 부적합
보급 지원	• 추가소요 수리부속 및 물자 미확보 • PLL 및 ASL 미 책정 • 4계절 부동액, 쌍안경, 유관 및 위장망 등
군수인력 운용	• 포탑 정비병 신주특기 지연인가 • M48 계열 : 기계식 • K 계열전차 : 전자식
군수지원 교육	• 실무교육(OJT)지연 • 장비배치 후 7개월 이후 실시 • 체계적인 학교교육 미흡 • 교관, 조교능력 저하 및 교보재 부족
기술 교범	• 기술교범 지연 보급 • 지원계획 미 전파
포장, 취급, 저장 및 수송	• 수송 미고려 설계로 재 설계
정비 및 보급시설	• 정비고, 탄약고 시설공사 지연

제 2 절 종합군수지원 11대 요소별 업무내용

1. 연구 및 설계 반영

가. 연 구

무기체계별 종합군수지원 소요의 탐색연구를 위하여 경험제원에 의한 종합군수지원 자료를 수집하고, 국외업체를 방문하여 무기체계별 종합군수지원 소요를 사전에 연구하는 활동이다.

연구는 군수지원 소요제기 시 부터 전력화평가시까지 각 단계 업무의 선행활동으로 수행한다.

1) 종합군수지원 자료수집 및 획득활동

가) 군수지원 개념설정
나) 정비기술 획득소요 판단
다) 장비 원생산국의 관리유지실태 확인

2) 핵심기술 획득 및 관리유지의 기술적 기반 구축활동

가) 현용장비의 관리유지체계 구축에 파급효과가 기대되는 분야
나) 현 보유 유사장비가 없는 신규 획득 장비 분야
다) 전략상 독자적으로 발전시켜야 할 관련 장비 분야
라) 차기 세대에 지속적으로 발전시켜야 할 관련 장비 분야

3) ILS 개념 형성과 ILS 요소 구체화를 위한 관리유지 기술습득 활동

가) 전투발전요소와 병행 발전시켜야 할 군수지원요소 확정
나) 요구운용능력(ROC)에 부합되는 최적의 군수지원 대안 도출
다) 야전배치 후의 예상 위험요소 해소 및 최소화

4) 탐색 및 연구활동 결과 반영

가) 체계개념 형성, 연구개발동의서 작성

나) 협상 및 가계약, 구매계약, 편성 및 운용개념 설정

나. 설계반영

무기체계의 소요기획, 연구개발, 시험평가, 야전배치 후 전력화평가에 이르기까지 종합군수지원 전 과정에 걸쳐 군수지원요소 및 요구사항을 설계에 반영하는 활동이다.

1) 설계에 반영하여야 할 사항

가) 수집한 무기체계별 종합군수지원 자료의 검토 결과
나) 주장비 선정 및 설계시 군수지원의 용이성·지속성 및 운영 유지비의 최소화를 위한 요구사항
다) 정비계획요소 중 주장비 설계에 의해 많은 영향을 받는 정비 개념·시설·인력·지원장비 등은 군수지원 가용성 및 운영유지비 절감방안
라) 개발 과정에서 설계변경이 요구될 경우의 군수지원소요와 운영유지비 및 불가동시간의 최소화 방안
마) 무기체계 탐색개발과 체계개발단계 초기에 종합군수지원 소요

다. 연구 및 설계반영 요소 개발절차(그림 2-1)

2. 표준화 및 호환성

가. 무기체계 개발 및 획득시 제품(장비, 결합체, 부분품, 재료, 물자 등), 방법(설계, 시험평가, 사용, 정비 등)에 대하여 최대한의 공통성을 성취하는 것으로 군수지원요소를 단순화시켜 군수지원성을 제고하는 활동이다.

나. 내 용

1) 신규개발로 획득할 장비와 배치운용 중인 장비간의 표준화·호환성이 유지되도록 무기체계 신규소요결정과 연구개발시 설계에 반영
2) 무기체계 주장비와 부수장비 등에 대한 표준화는 종합군수지원계획서(ILS-P)에 포함하여 추진
3) 부대 및 야전정비 계단에 대한 종합군수지원요소 개발시 표준화 및 호환성 반영

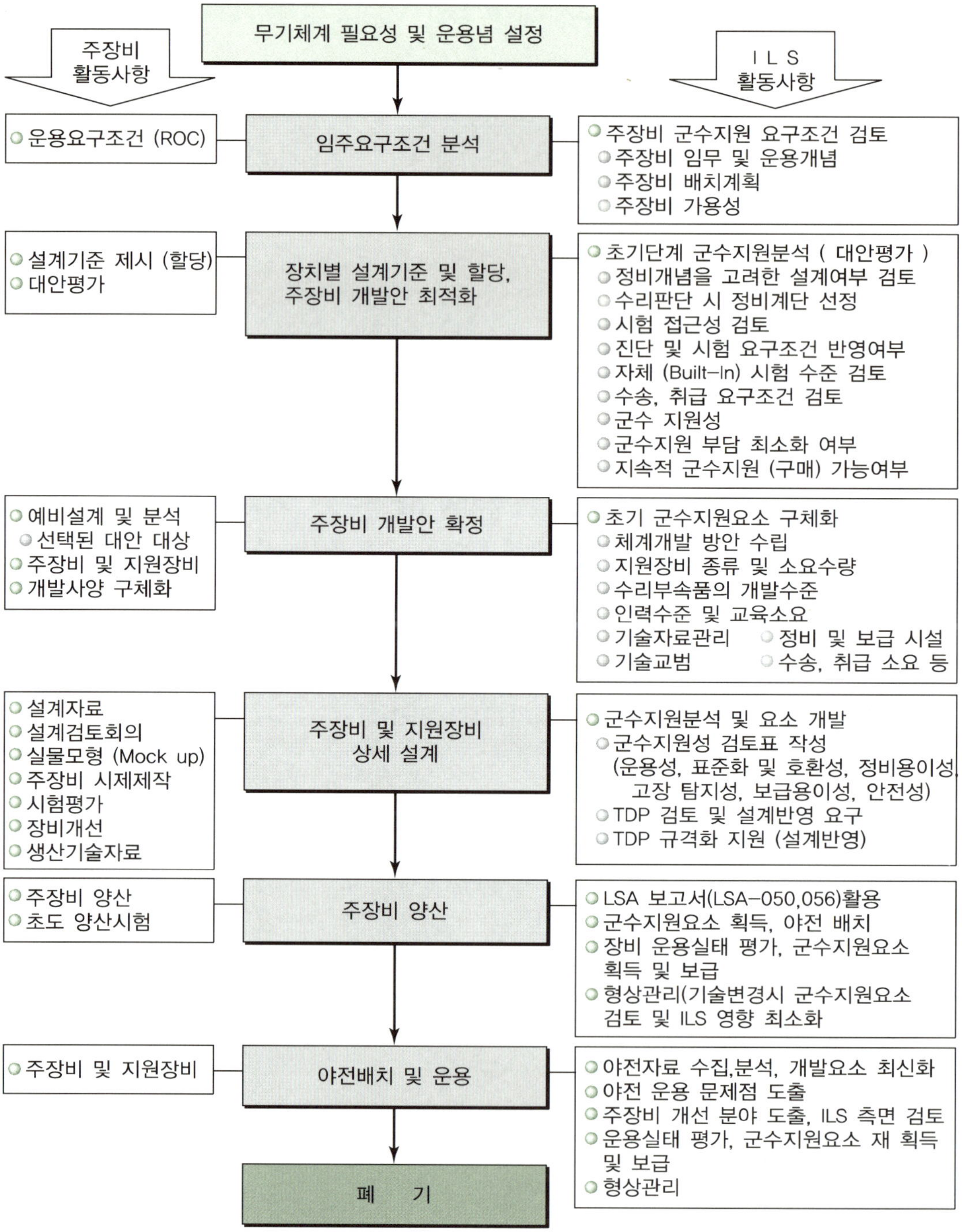

그림 2-1 연구 및 설계반영 요소 개발절차

다. 표준화 및 호환성 요소 개발절차(그림 2-2)

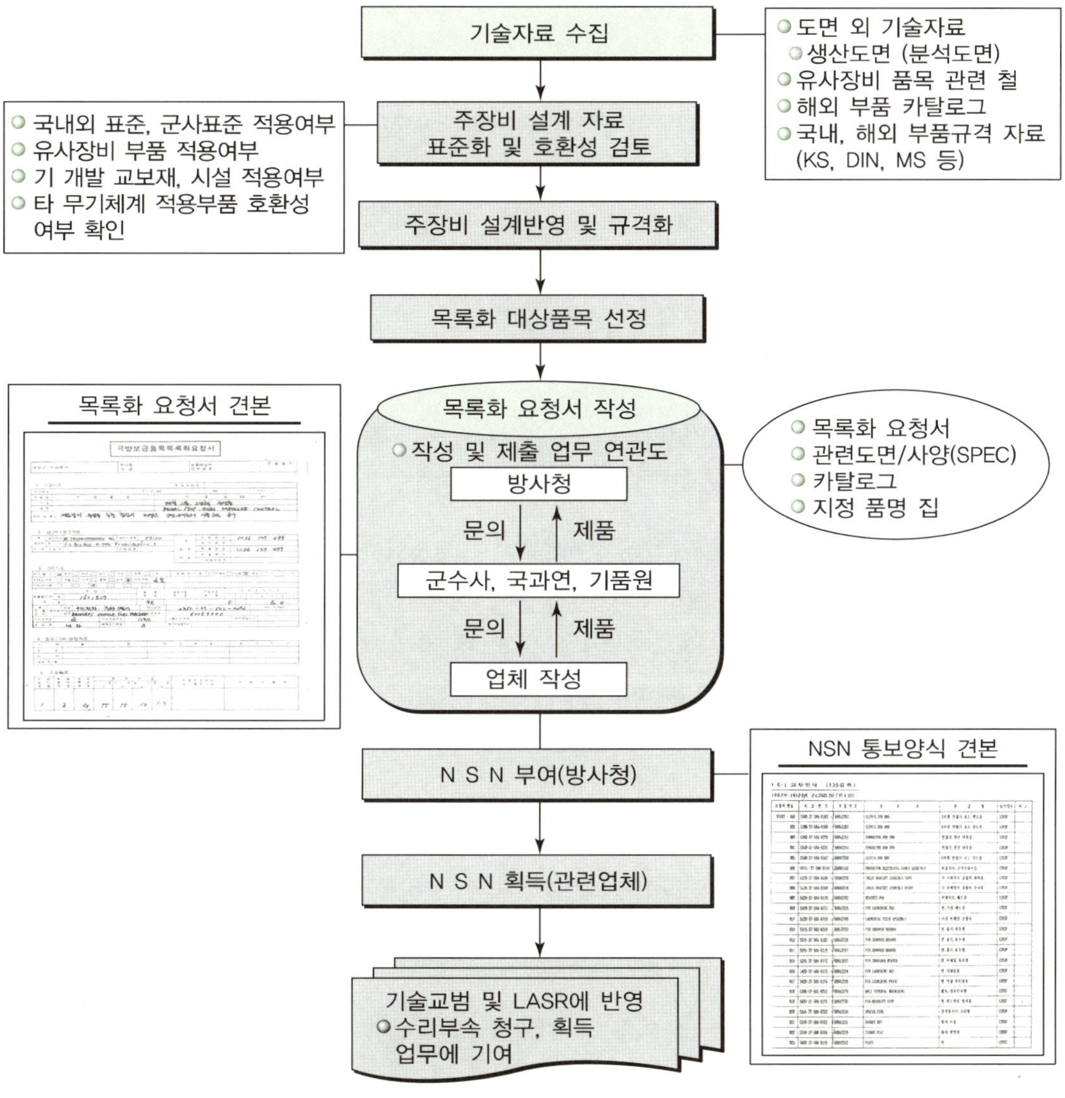

그림 2-2 표준화 및 호환성 요소 개발절차

3. 정비계획

가. 무기체계 운용시 정비업무의 용이성을 제고하기 위하여 정비관련 사항을 분석, 판단하고 획득과정을 통해서 계속 개선시키는 활동이다.

나. 내 용

1) 정비개념 설정

가) 정비개념은 무기체계의 운용개념을 기초로 무기체계의 기능 분석을 통하여 설계 전에 수립되어야 하며, 이 경우 무기체계의 정비계단 구분, 계단별 정비방침 및 책임, 정비 허용시간, 정비지원 여건 등을 포함

나) 정비개념을 설정할 경우에는 정비계단 설정 및 정비지원 책임, 정밀・고가장비 등 장비의 특수성, 목표운용 가용도, 임무수행에 대한 무기체계의 긴요성, 무기체계운용과 군수환경, 운영유지비의 최소화 등을 고려

다) 설정한 정비개념은 무기체계 설계시 군수지원 가능성 판단을 위한 기초를 제공하고, 군수지원 소요판단과 정비계획 수립, 정비할당표 작성을 위한 근거를 제공

2) 정비업무량 추정 및 분석

가) 정비대상 품목의 정비인시 소요를 예측하고, 예측된 정비업무량에 대하여 수리와 교환으로 구분하며, 적정 정비계단을 설정

나) 정비업무량 추정 및 분석은 개발기관이 주관하여 수행하고, 소요군은 개발기관의 요구가 있을 때 소요자료를 제공

3) 창정비 요소 개발

가) 연구개발장비의 창정비 요소 개발은 체계개발계획서에 창정비원(군직, 외주) 및 창정비 개발계획이 포함되어야 하며, 완성 장비와 구성품을 구분하여 창정비가 가능토록 추진하되 완성 장비의 창정비 도래 1년 전까지 완전한 창정비 능력을 구축토록 계획 및 개발

나) 구매 장비의 창정비 요소 개발은 업체제안서에 창정비능력 구축에 소요되는 기술자료묶음(TDP)의 지원이 가능토록 제안 요구서에 반영하여 장비도입 전에 창정비 방침이 결정되도록 추진

4) 정비지원시설 소요, 정비할당표

5) 정비지원을 위한 기술요원 주특기 소요 및 주특기별 기술수준

6) 정비대충장비(MF) 소요, 기능분류 및 지원책임

7) 하자보증 및 사후관리지원(AS)의 수행방법

다. 정비계획 요소 개발절차(그림 2-3)

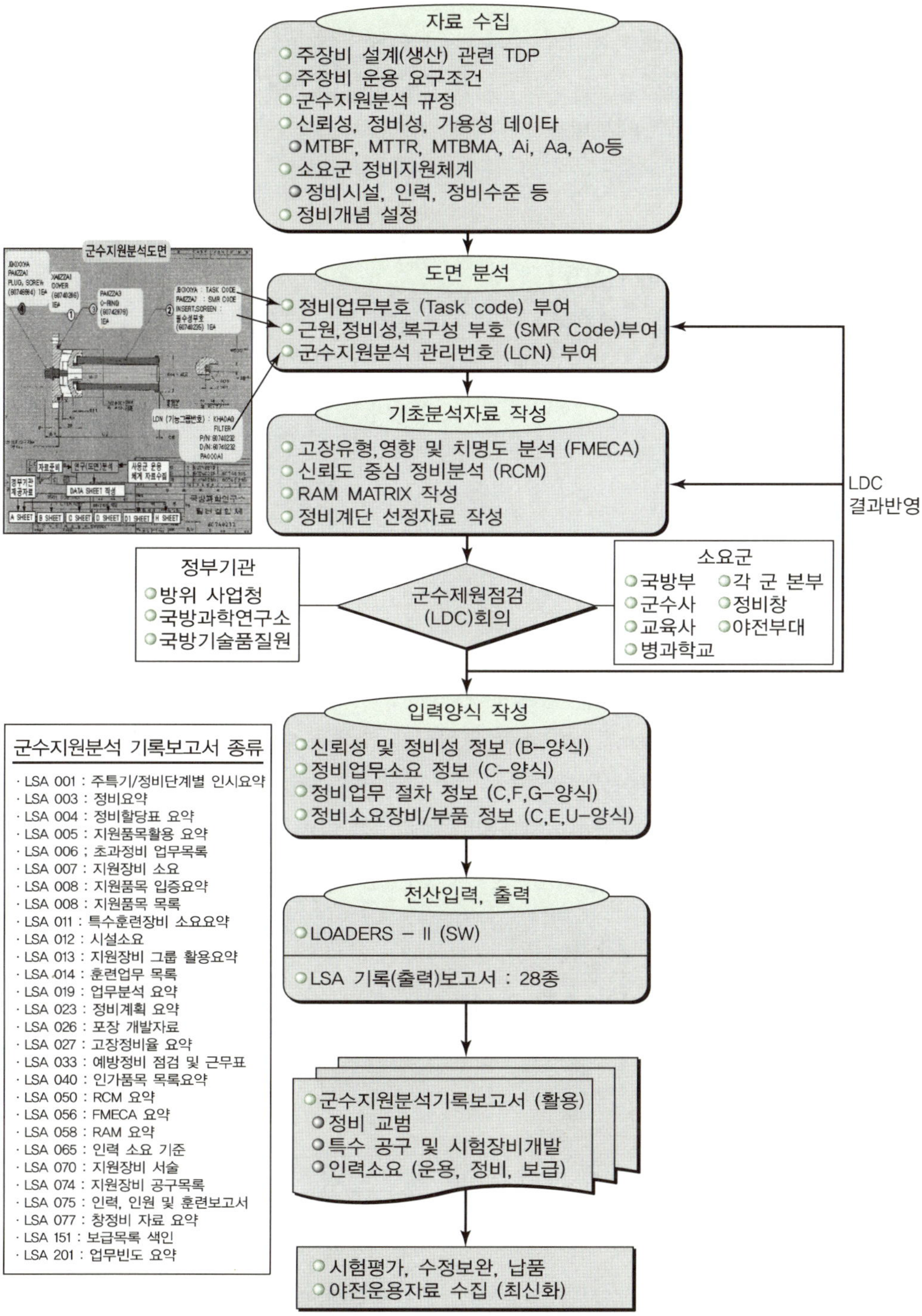

그림 2-3 정비계획 요소 개발절차

4. 지원 장비

지원 장비는 주장비의 운용, 유지에 필요한 모든 부수장비를 말한다.

지원 장비는 최대한 호환성을 유지시켜 현용 지원 장비를 최대한 사용할 수 있도록 개발에 반영되어야 하며, 포함할 세부내용은 다음과 같다.

가. 대상장비

1) 시험, 측정 및 검사장비(TMDE)
2) 정밀측정장비, 계측기, 교정장비
3) 물자취급장비(구난차, 크레인, 지게차 등)
4) 보조장비 및 물자 (발전기, 냉 · 난방기, 특수천막 등)
5) 유류, 탄약지원용 특수장비
6) 근접정비 지원용 장비

나. 업무책임

1) 사업관리본부는 직구매 장비의 견적서 획득시 국외 제작 업 체를 통하여 지원장비에 관한 제원을 획득하여 소요군에 제공한다.
2) 개발기관은 사업관리본부에 개발중인 무기체계 운영에 필요한 지원 장비 소요를 통보하고, 호환성 검토를 의뢰한다.
3) 사업관리본부 및 각 군은 정밀측정장비, 계측기 및 교정장비 등을 획득하고자 할 경우에는 소요식별 단계부터 정밀측정 전문 기관(공군 85정비창)의 사전 기술검토를 받아 반영한다.

다. 지원장비 요소 개발절차(그림 2-4)

5. 보급지원

보급지원은 주장비와 동시에 획득 보급되어야 할 초도보급 소요와 운영유지를 위한 물자, 제원 등 이와 관련된 사항을 포함한다.

가. 연구개발 주관기관은 초도보급 소요산정시 사용부대 및 지원시설부대의 3년간 보급지원을 고려하여 표준 소프트웨어에 의하여 군수지원 분석을 실시하되, 최소의 투자비용이 소요

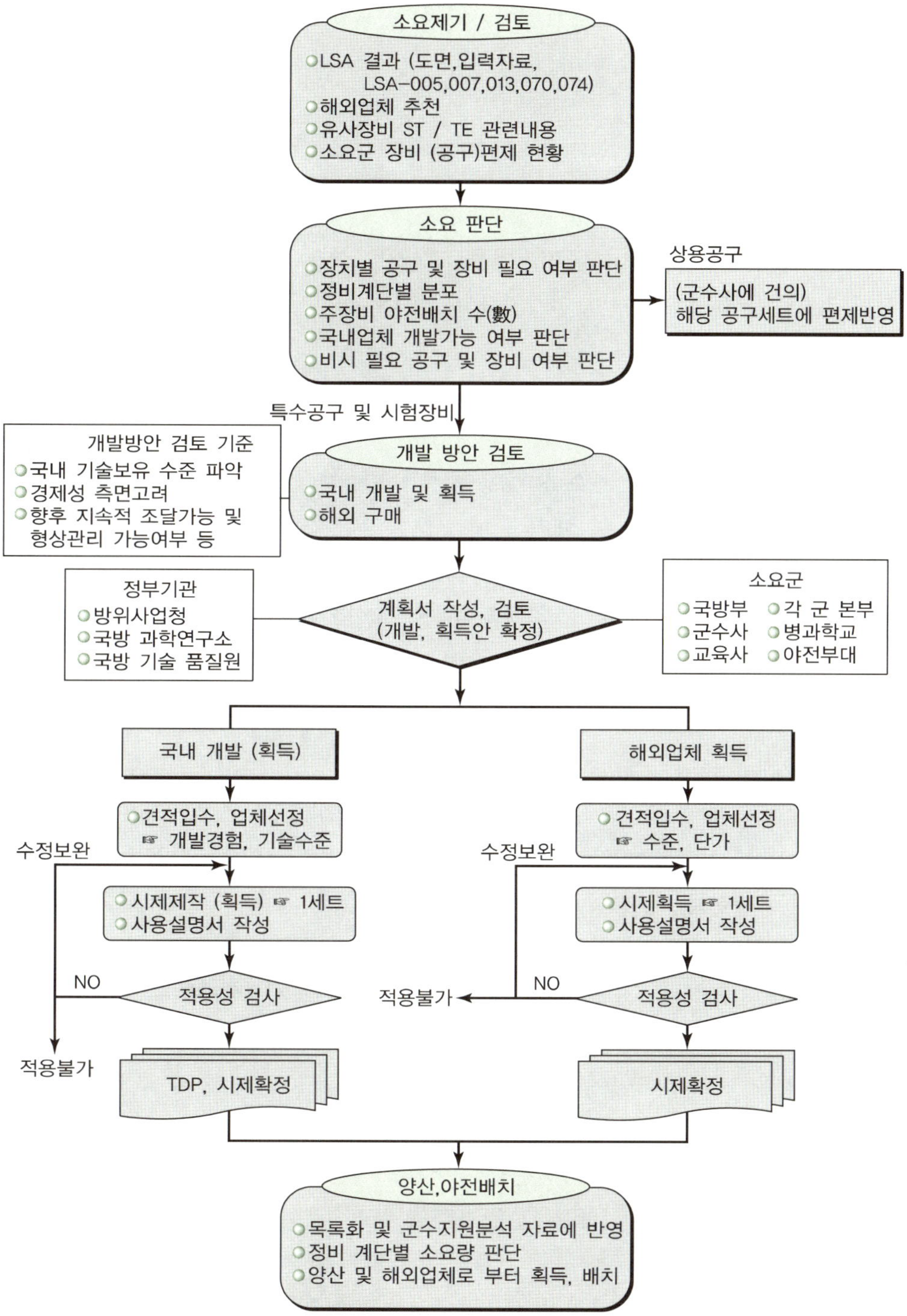

그림 2-4 지원장비 요소 개발절차

되도록 판정하여야 하고, 표준 소프트웨어 사용이 불필요하거나 비경제적일 경우에는 통합 사업관리팀장의 승인을 받아야 한다.

나. 보급지원 고려사항

1) 보급지원 및 지원절차 수립
2) 동시조달수리부속(CSP) 및 기본불출품목(BII) 소요 산정
3) 규정휴대량 목록(PLL) 및 인가저장 목록(ASL) 설정
4) 정비용 공구 및 공구킷
5) 유류 및 탄약 소요
6) 제대별 보급저장수준 설정
7) 보급지원 활동을 위한 소요판단 및 편성
8) 보급지원을 위한 목록 및 제원

다. 무기체계별 보급지원 요소 중 초도보급되는 동시조달수리부속의 소요를 검토할 기관의 임무 및 절차는 다음과 같다.

1) 소요군은 동시조달수리부속품 산출에 필요한 입력제원을 검토하여 개발시험평가 전에 연구개발 주관기관으로 제출한다.
2) 연구개발 주관기관은 동시조달수리부속품에 대하여 표준 소프트웨어에 자료를 입력하고 긴요도부호 부여품목과 확보 가능한 유사장비 제원을 작성하여 사업관리본부장에게 제출한다.
3) 방위사업청(사업관리본부장)은 연구개발 주관기관에서 제출한 동시조달수리부속 입력자료를 검토한 후 표준 소프트웨어를 활용하여 동시조달수리부속 소요를 산출하고, 동시조달수리부속의 입력자료, 운용시험평가 판정결과와 긴요도부호 부여품목 자료 등을 함께 소요군에 통보한다.
4) 소요군은 사업관리본부에서 통보한 긴요도부호 부여품목, 동시조달수리부속 소요 산출자료, 유사무기체계 및 야전운용 경험자료, 획득 우선순위 등을 고려하여 동시조달수리부속 소요를 산정하고 그 결과와 임무필수품목 목록을 작성하여 사업관리본부장에게 통보한다.
5) 사업관리본부장은 소요군의 동시조달수리부속 소요를 관련기관 검토와 종합군수지원 실무조정회의를 통해 보급소요량 및 납지 등을 확정할 수 있으며, 그 결과를 소요군과 개발기관에 통보한다.

라. 보급지원 요소 개발절차(그림 2-5)

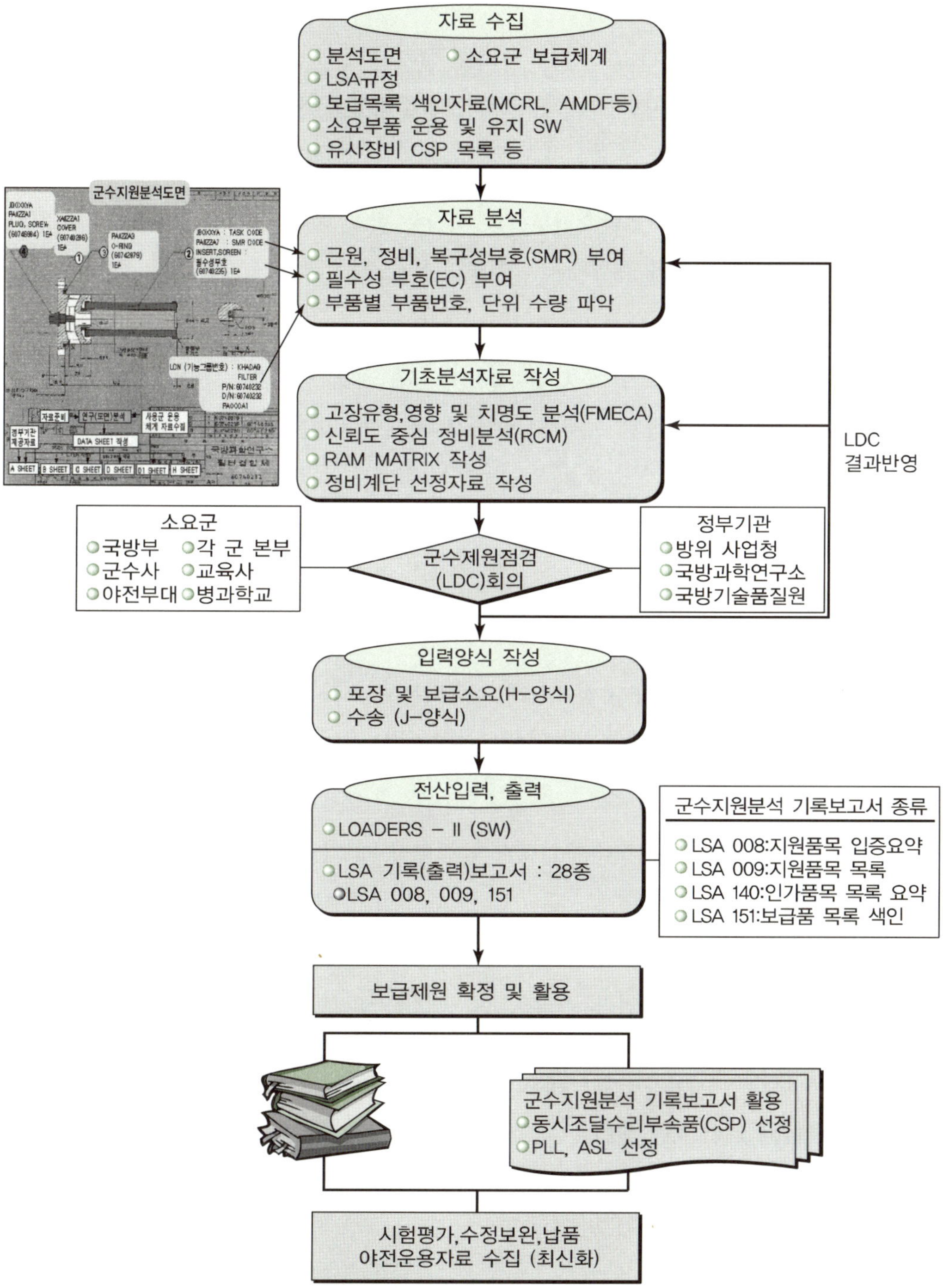

그림 2-5 보급지원 요소 개발절차

마. 자료 부족으로 표준 소프트웨어 사용이 불가한 경우 업체추천품목 및 유사 장비 운영경험자료 등을 근거로 초도 보급소요를 산정할 수 있다.

바. 방위사업청(사업관리본부)은 구매 장비의 견적서 확보시 국외 제작업체를 통하여 외국에서 운영중인 제원, 군수지원 분석 및 동시조달수리부속 소요 산출에 필요한 자료를 확보하여 각 군에 제공한다.

사. 계약관리본부장은 동시조달수리부속의 사장품 발생 예방을 위하여 납품 후 일정기간 동안 미사용한 품목에 대하여 재판매(Buy-Back) 또는 물물교환이 가능토록 계약조건에 반영할 수 있다.

아. 후속 양산되는 무기체계의 동시조달수리부속에 대해 소요군은 표준 소프트웨어 산출값, 야전 운용제원, 기존 보급된 동시조달수리부속 재고 및 운영재고를 고려하여 수리부속 소요를 산정하고, 사업관리본부장은 종합군수지원 실무조정회의(ILS-MT)를 통해 보급소요를 확정한다.

6. 군수인력 운용

군수인력 운용은 무기체계의 운영유지에 소요되는 인력과 인력충원 요소로써 장비운용요원, 정비요원, 보급요원, 교육소요인력 등이 포함되며, 요구되는 기술 수준에 맞는 인력이 충원되도록 계획한다.

가. 기술요원은 관련된 종합군수지원요소를 검토할 때 기술특기별 인력을 반영해야 한다.

나. 인력운용에 포함할 내용

1) 장비운용을 위한 소요인력 판단
2) 장비유지 및 지원을 위한 기술특기별 소요인력 판단
3) 특수기술 및 위험한 기술에 대한 인력소요 판단
4) 손실병력에 대한 경험제원
5) 무기체계 운영유지를 위한 편성인력의 기술특기별 충원계획
6) 학교교육을 위한 추가 교관 소요판단

다. 군수인력 운용 요소 개발절차(그림 2-6)

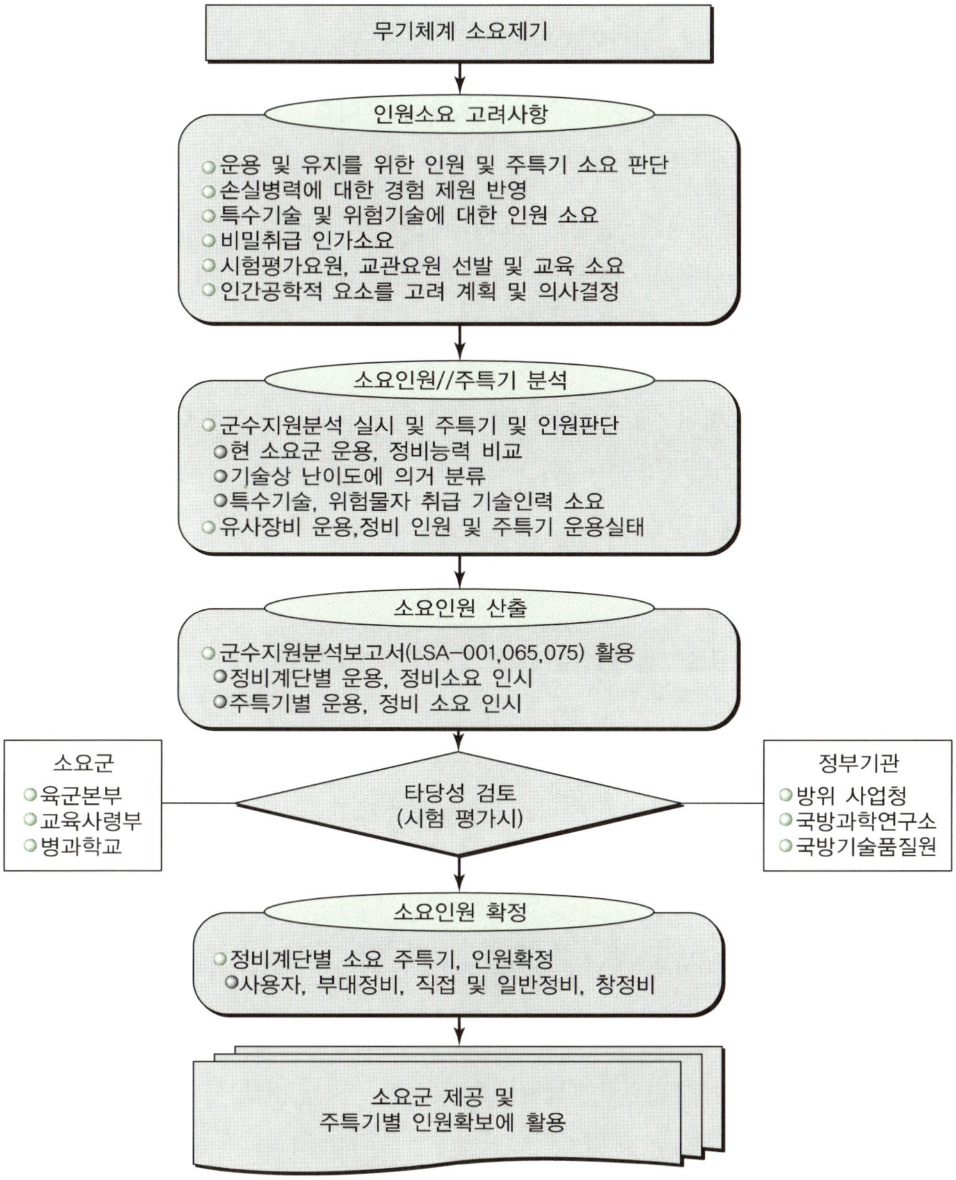

그림 2-6 군수인력 운용 요소 개발절차

7. 군수지원 교육

"군수지원 교육"은 새로운 무기체계의 전력화 후 효율적인 군수지원을 위하여 정비요원(부대 및 야전)에 대한 교육훈련 계획수립 및 실시, 그리고 주장비 개발시 Package화하여 교육훈련 장비 및 교육보조재료를 개발 · 획득하는 활동이다. 정비요원에 대한 교육훈련은 신규 무기체계를 운용하기 위한 초도 배치 전 교육과 전력화 이후 손실인원을 충당하기 위한 양성교육으로 이루어지며, 전력화지원요소의 교육훈련과 연계하여 발전시켜야 한다.

가. 기술요원에 대한 교육훈련은 운용자 교육훈련과 상호 협조되어야 하며, 설정된 기술수준에 도달되도록 교육계획이 수립되어야 한다.

나. 기술요원 교육훈련계획 수립시 고려되어야 할 사항

1) 종합군수지원 시험평가요원 및 교관요원 선발 · 훈련
2) 기술요원의 부대훈련 및 학교교육에 대한 소요판단
3) 신장비에 대한 훈련계획
4) 교육훈련 소프트웨어 · 훈련물자 · 장비 · 교육 교보재의 소요판단 및 개발
5) 교육 교보재의 지원방안

다. 방위사업청(사업관리본부)은 종합군수지원요소 개발시 운용 및 기술요원에 대한 초도배치 전 교육계획을 수립하여 종합군수지원계획서(ILS-P)에 반영한다.

라. 군수지원 교육 요소 개발절차(그림 2-7)

8. 기술교범

가. 기술교범은 정비교범(기본형, 통합형), 보급교범, 창정비 교범, 전자식 기술교범(IETM)[1]으로 구분된다.

나. 기술교범 개발자는 기술교범 작성 및 검증시 사용한 원천 기술자료(Technical Raw Data)를 기록 유지하여 추후 입증 가능토록 관리하여야 한다.

다. 소요군은 연구개발 주관기관에서 작성 · 검토한 기술교범을 「기술교범 · 국방규격서」에 의거 최종 확인 · 검증한 후 통합사업관리팀장에게 통보하고, 통합사업관리팀장은 이를 검토한 후 연구개발주관기관에 통보하여 발간한다.

전자식 기술교범은 표준 제작프로그램을 사용하여 개발하며 세부구성은 소요군과 협의하여 개발한다.

---

1) 전자식 기술교범(IETM : Interactive Electronic Technical Manual) : 무기체계의 고장진단 및 정비를 위하여 필요한 기술정보를 정비기술자와 상호 대화형식으로 보여줄 수 있는 구조와 형식을 최적화한 디지털 형태의 기술교범

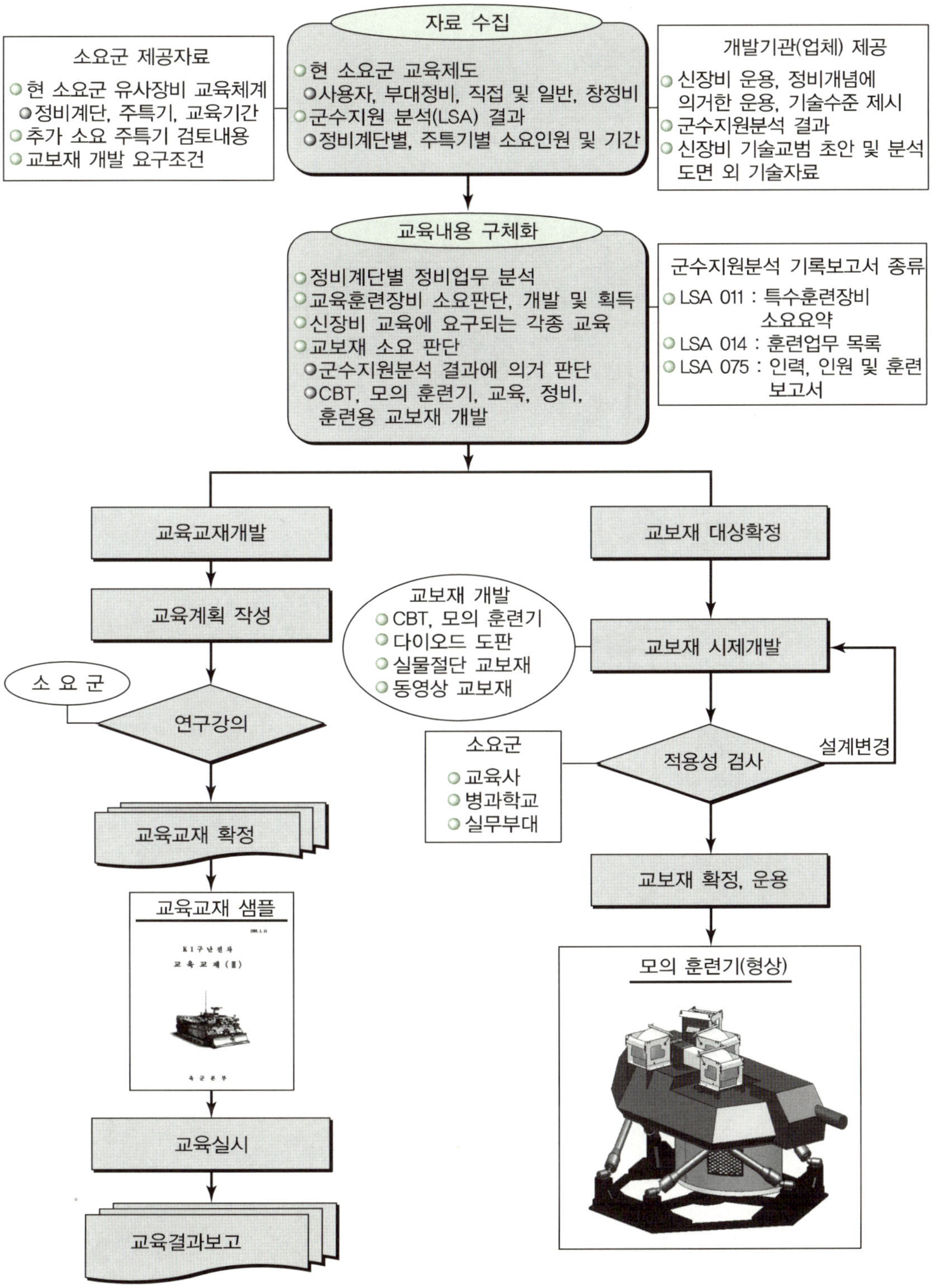

그림 2-7 군수지원 교육 요소 개발절차

라. 기술교범 요소 개발절차(그림 2-8)

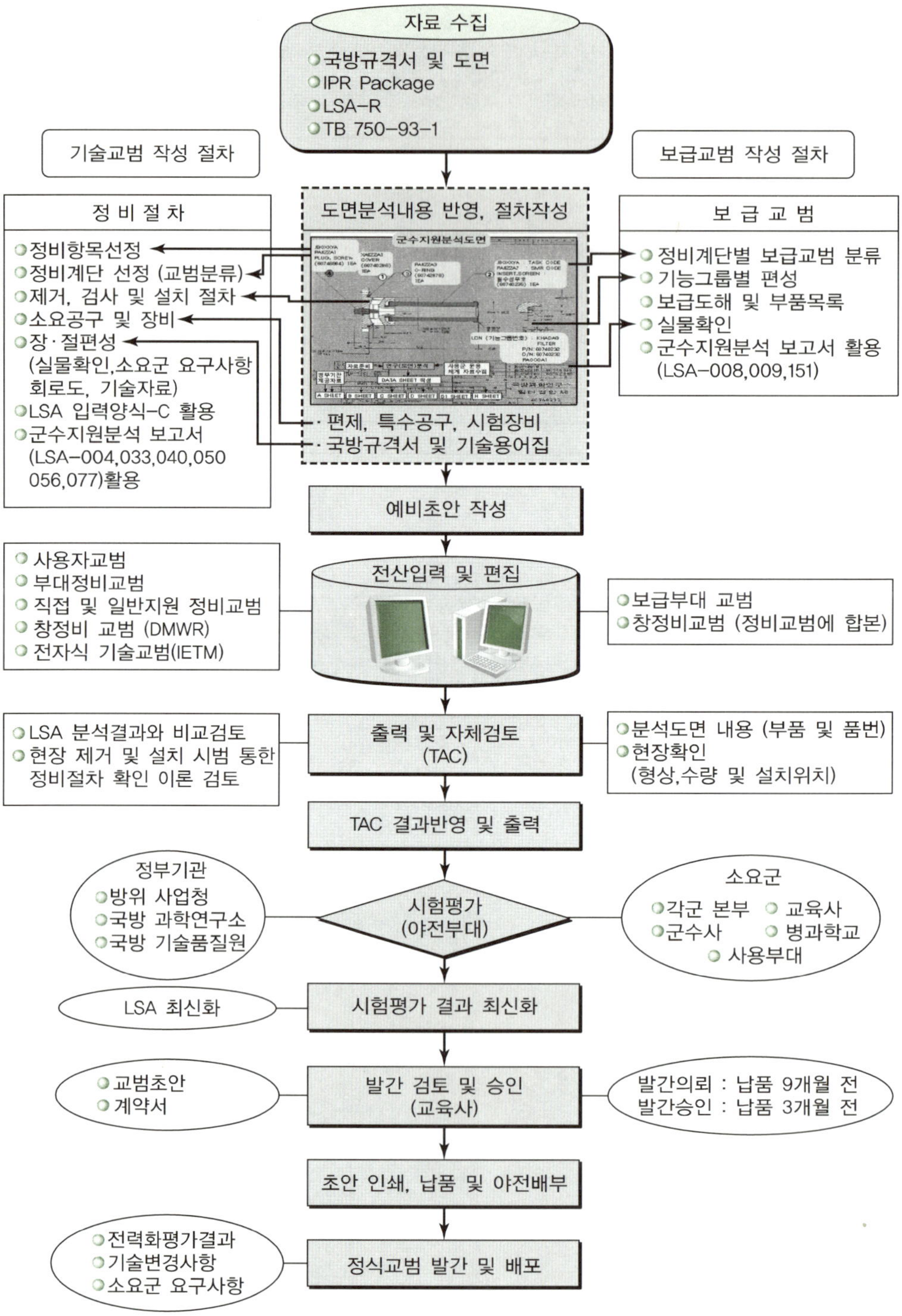

그림 2-8 기술교범 요소 개발절차

마. 방위사업청(통합사업관리팀장)은 번역・발간기간과 시험평가 및 교육훈련시기・소요군의 검증시기 등을 고려하여 연구개발주관기관에서 기술교범을 사전 납품하도록 조치하되, 도입장비가 야전에 배치되기 이전에 운영부대에 보급될 수 있도록 한다.

9. 포장, 취급, 저장 및 수송

무기체계의 포장, 취급, 저장 및 수송에 필요한 특성, 요구사항, 제한사항을 판단하여 획득업무에 반영하고 지원하는 활동이다. 이 요소의 업무중점은 주장비 및 군수지원요소를 경제적이고 안전하게 포장, 취급, 저장, 수송할 수 있도록 제원을 수립하여 설계 및 개발에 반영하며, 안전대책을 강구하는 것이다.

가. 무기체계의 주장비 및 군수지원요소가 안전하고 경제적으로 포장, 취급, 저장 및 수송될 수 있도록 설계시에 반영

나. 수송소요 및 수송형태는 체계개발동의서에 포함

다. 방위사업청(사업관리본부)은 구매 무기체계의 경우 차량 및 열차 등 수송문제와 항만・철도에서 적재・하역 등 취급에 관한 사항, 구성품 포장체계 및 저장에 관한 상세한 제원을 협상 및 계약시 획득하여 각 군에 통보

라. 내 용

1) 수송 제한사항(무게, 크기, 부피 등)을 설정하여 설계, 개발에 반영
2) 수송간 안전대책과 법적 제한사항에 대한 대책 강구
3) 보급품 포장의 국내・외 표준 규격화
4) 취급의 용이성, 안전성 보장
5) 수송, 취급, 저장작업의 효율성과 경제성 제고를 위한 보호수준 설정
6) 독성, 인화성, 부식, 동파, 변질 등에 대한 대책 강구

마. 포장, 취급, 저장 및 수송 요소 개발절차(그림 2-9)

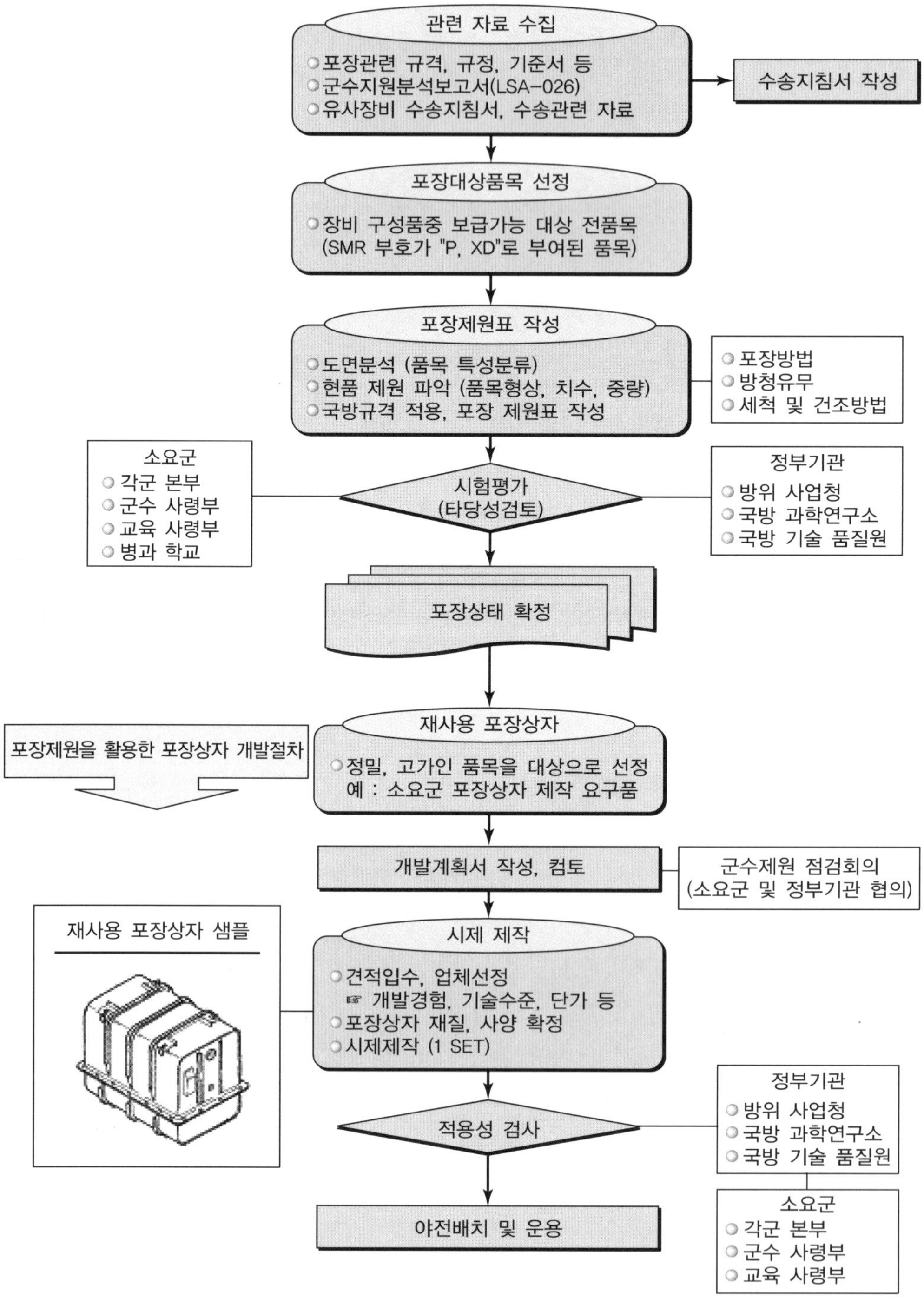

그림 2-9 포장, 취급, 저장 및 수송 요소 개발절차

10. 정비 및 보급시설

"정비 및 보급시설"이란 무기체계의 군수지원임무(저장 · 정비 · 보급 등)를 수행하는데 필요한 부동산과 관련 설비로, 무기체계의 획득과 병행하여 정비 및 보급시설 설계기준을 계속 보완 및 발전시켜야 한다.

가. 정비 및 보급시설은 무기체계 수명주기간의 지속적인 관리를 위해 시설계획 수립시 다음 사항을 고려하여야 한다.

1) 현존 시설의 사용 · 개조 · 개량 가능성 판단
2) 주장비 정비에 필요한 정비계단별 정비시설 소요
3) 온도 · 습도 · 먼지 · 자기장 · 방사능 및 특수전원 등의 정비시설 환경에 관한 대책
4) 보급품 저장시설 소요 및 저장 환경

나. 방위사업청(사업관리본부)은 정비 및 보급시설 소요를 무기체계 패키지 시설 사업에 포함하여 추진한다.

다. 정비 및 보급시설 요소 개발절차(그림 2-10)

11. 기술자료 관리

가. 종합군수지원 기술자료는 아래와 같이 구분하며, 필요시 영상 및 음향 자료를 포함한다.

1) 기술자료 묶음(TDP)

가) 개발 및 생산제원 : 규격서, 도면, 부품 및 공구목록, 생산 공정도 및 제원, 시험평가 제원, 포장 및 수송 제원, 지원장비 목록 등

나) 운영 및 정비제원 : 주유명령서, 수정작업명령서, 창정비작업 요구서, 검사 · 시험 및 교정절차, 설치지시서, 점검표 등

2) 운용제원

가) 수요제원 : 장비별, 품목별 수요량
나) 보급제원 : 기본불출품목, 지원장비, 탄약 등
다) 정비관리 제원
라) 기술특기별 현황 · 교육훈련 제원 및 수준

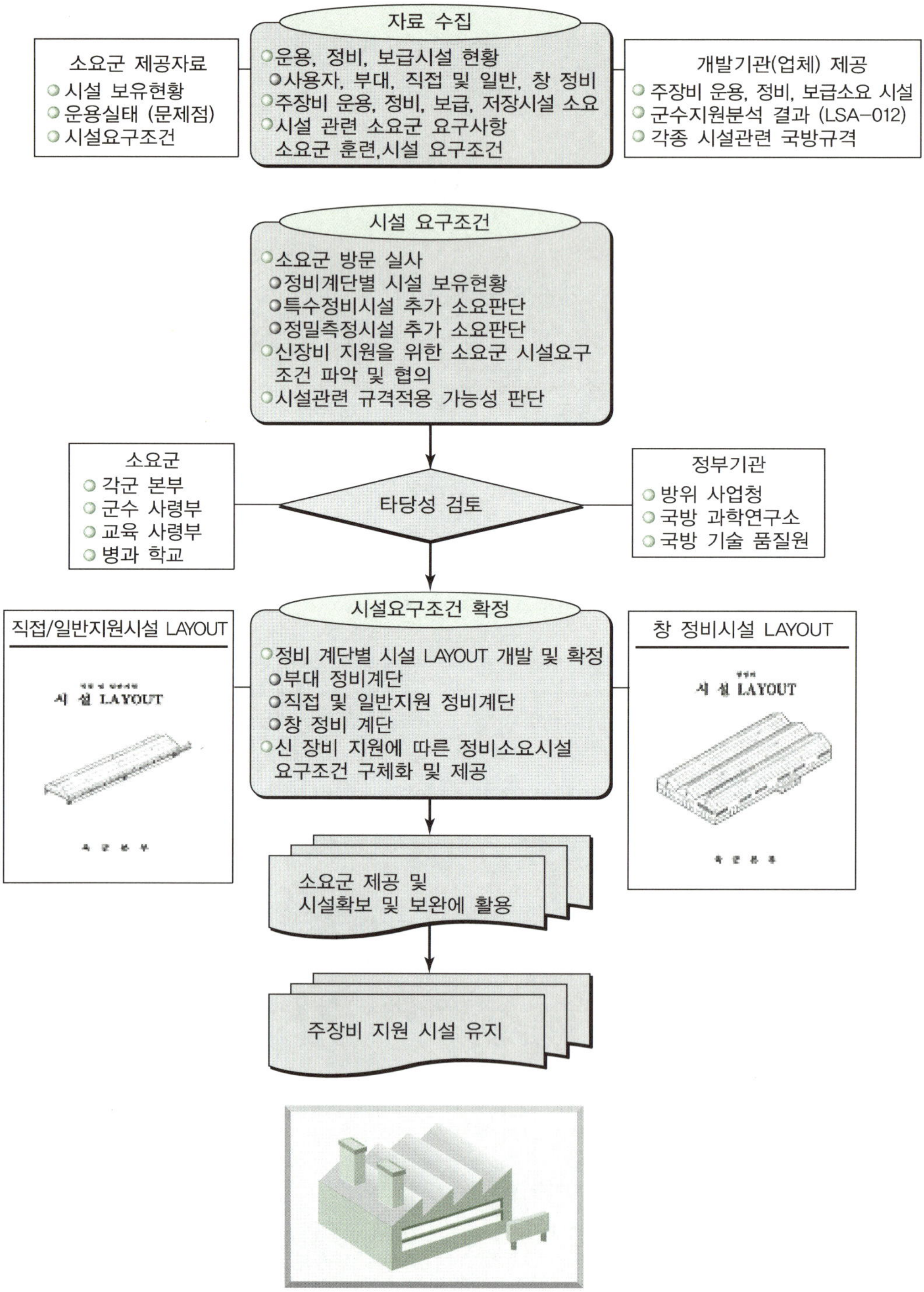

그림 2-10 정비 및 보급시설 요소 개발절차

나. 방위사업청(사업관리본부)와 연구개발 주관기관은 양산계약 이전에 기술자료 묶음을 기품원에 이전하며, 종합군수지원계획서에 따라 기술자료를 단계적으로 확보하고, 주장비 획득과 동시에 완료한다.

다. 방위사업청(사업관리본부)은 연구개발 주관기관으로부터 기술자료를 요구하여 확보하여야 하며, 연구개발 주관기관 및 기품원은 자체 보유중인 기술자료 묶음을 관리 · 유지하며 필요시 관련기관에 제공한다.

라. 방위사업청(사업관리본부)은 소요군이 무기체계별 운용제원을 발전시켜 유지하도록 하며, 국과연 및 기품원은 관리하고 있는 기술자료를 전산화하여 관리하고, 관련기관의 요청이 있을 때에는 이를 제공한다.

마. 기술자료 관리를 위한 전산체계 구축은 아래 사항을 고려하여 전산장비 확보, 관련 프로그램 개발 및 인력운영 등을 포함되어야 한다.

1) 전산체계 구성 및 하드웨어 소요
2) 무기체계별 소프트웨어 및 기술분석 자료
3) 인력 및 시설소요

바. 방위사업청(종합군수지원 개발팀장)은 개발기관의 전산자료 검증을 위하여 군수지원 분석 등에 관한 전산체계를 구축하여 군수지원분석을 위해 개발기관이 각 군에서 작성할 입력제원을 요청할 경우 소요군으로 하여금 이를 지원 한다.

사. 방위사업청(정비기술 지원팀)은 소요군 및 관련기관과 협조하여 종합군수지원계획서(ILS-P)에 대한 기술적 검토를 실시한다.

아. 기술자료 관리 요소 절차(그림 2-11)

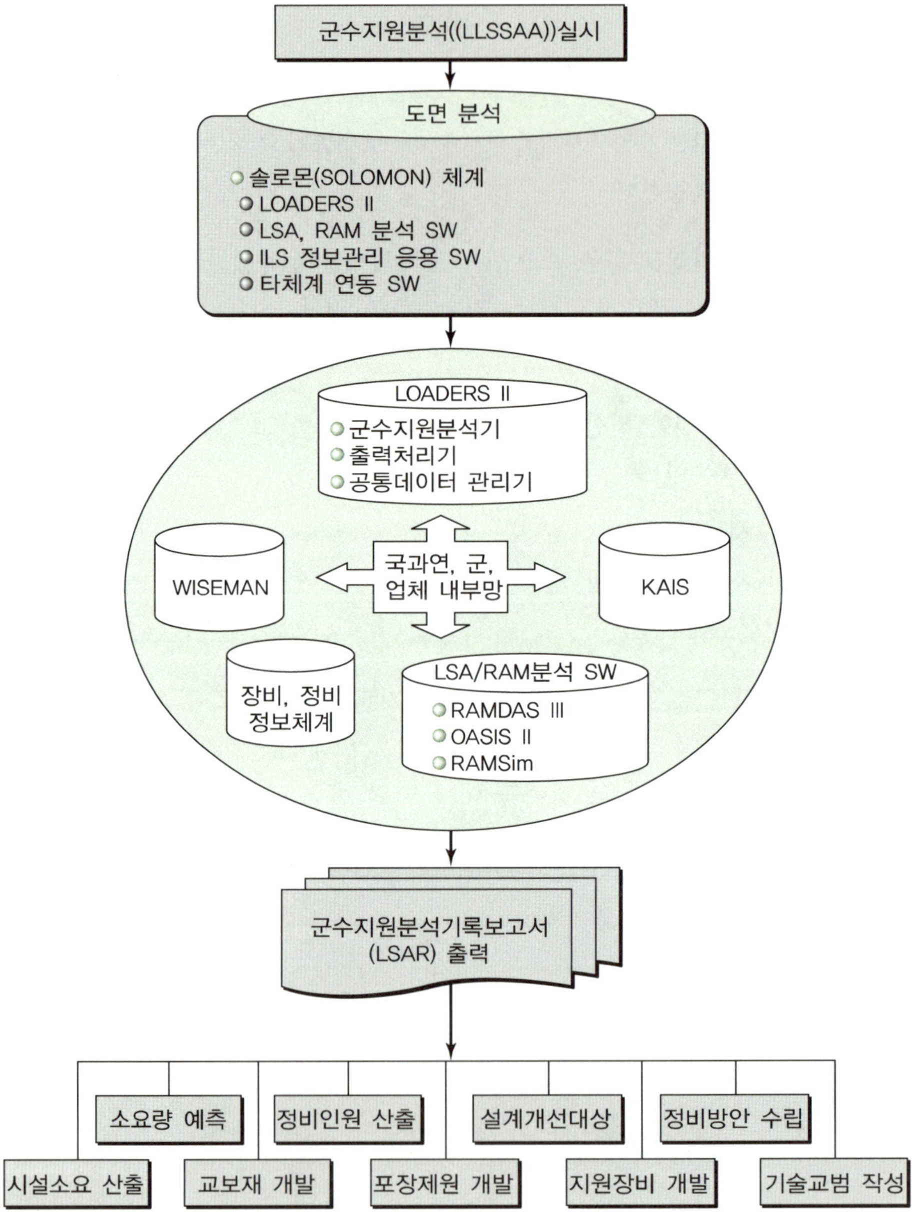

그림 2-11 기술자료 관리 요소 절차

참고문헌

국내자료

1. 김영기, "전력화지원요소 : 이론과 실제", 한국 학술정보, 2007.
2. 김철환 · 이건제, 『무기체계 획득관리』, 국방대학교, 2001.
3. 방위사업청 "방위사업관리규정(방위사업청 훈령 제122호)", 2010. 3. 10.
4. 방위사업청, "종합군수지원 개발업무지침서", 2009.
5. 육군종합군수학교, "종합군수지원", 2010.
6. 정용길, "종합군수지원 : 이론과 실제(창정비 중심으로)", 북 코리아, 2008.

국외자료

1. Benjamin S. Blanchard, 『Logistics Engineering & Management』, 학연 문화사, 2008.
2. James V. Jones, 『Integrated Logistics Support Hand Book』, 학연 문화사, 2008.

제3장 수명주기 단계별 ILS 업무

제 1 절 개 요

1. 개 요

연구개발 무기체계의 수명주기는 소요제안 및 선행연구, 탐색개발, 체계개발, 양산 및 배치, 운용·유지과정을 거치며, 국외구매 무기체계는 소요제안, 시험평가 및 협상, 기종결정, 구매 및 배치, 운영·유지과정을 거쳐 종료된다.

2. 수명주기 단계별 ILS 업무 절차

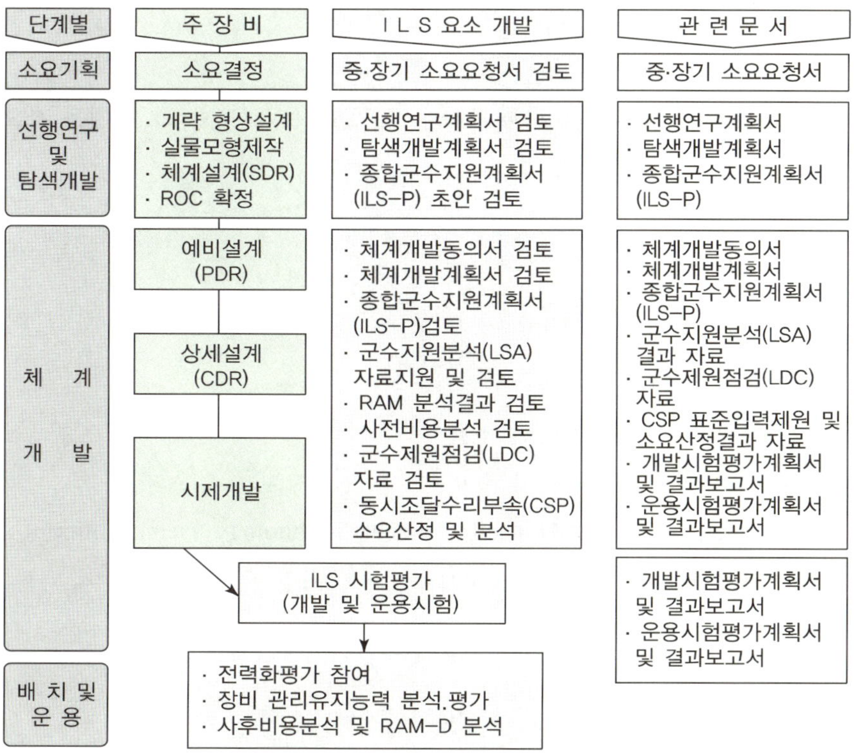

그림 3-1 수명주기 단계별 ILS 업무

제 2 절 소요 · 기획단계

1. 개 념

소요 · 기획단계란 장차전의 양상과 무기체계의 발전추세 및 현대화계획에 의하여 무기체계의 개발계획을 중·장기로 구분하여 중·장기 전력소요요청서를 작성, 소요제안, 소요요청, 소요제기, 소요결정 단계를 거쳐 문서에 반영하는 단계를 말한다.

2. 소요요청, 소요제기, 소요결정

가. 소요요청 기관

1) 국방부
2) 합동참모본부
3) 소요군(육, 해, 공군)
4) 국직기관 및 합동부대
5) 소요요청기관 이외의 기관 등이 무기체계 소요를 요청하고자 할 때에는 소요요청기관에 소요를 제안할 수 있다.

나. 소요제기 기관

1) 합 참

가) 신규 무기체계
나) 무기체계 편제보충 및 노후교체 소요
다) 수명연장을 포함한 무기체계 성능개량
라) 신개념기술시범(ACTD : Advanced Concept Technology Demonstration)
마) 무기체계 연구개발 관련 핵심기술소요

2) 각 군 및 기관

가) 국방정보화분야 자원관리정보체계 및 기반체계
나) 비 무기체계

다. 소요결정 관련기관

1) 국방부

가) 국방부장관 : 무기체계

나) 군수관리관실 : 국방정보체계와 기타 일반시설을 제외한 비무기체계

다) 정보화기획관실 : 국방정보체계(무기체계 제외) 및 정보화분야 핵심기술소요

2) 소요군(육, 해, 공군) · 국직기관 : 위임된 비 무기체계

3) 방위사업청 : 무기체계 핵심기술소요

3. 소요요청서의 ILS 분야 검토사항

가. 개 요

1) 목 표 : 장비의 전력화시 최종상태 기록

2) 정비환경 및 정비개념

가) 개 념

전력화시에 갖추어야 할 특수한 정비여건을 규정한 것으로 개발기관이 대책을 강구할 수 있는 범위 및 수준으로 제시하되 ILS 요소별 질적 소요와 상충 되거나 중복되지 않도록 해야 한다.

나) 반영대상 및 설정내용

(1) 반영대상

(가) 기후적 극복방안 : 온도 · 습도, 강우 · 폭설하의 현장정비대책

(나) 지형적 극복 방안 강구(예 : 구난전차 확보)

(다) 장비유지상 특정소요 : 자장(磁場) 및 방사능 차단, 인양 및 계양장비, 발전기 및 콤푸렛샤, 특수시설 소요 등

(라) 특수작전 상황하의 정비대책(화생방전 등)

(마) 정비작업시 안전성 문제

(바) 환경보전적 소요 : 수질, 대기, 토양보전 등

(2) 설정내용 "예"

(가) 엔진 및 밋숀 탈거 설치용 5.6톤 이상의 계양장비 확보

(나) 오일 냉각기망 청소용 콤프렛샤 필요

(다) 폭설 및 폭우시 야간 현장정비 방안 강구

(라) 붐, 윈치 조작자와 감독자의 의사소통 곤란 해소방안 강구

다) 설정절차

(1) 관련자료 수집 제공 : 소요군(군참부) → 군수사

(가) 주장비 편성 및 운영개념

(나) 현용 유사장비(개발기관 지원)

(2) 소요 설정/제시 : 군수사 → 소요군(군참부)

☞ 유사장비의 유지상 문제점 분석 및 반영

(3) 검토 및 조정, 소요제안 반영 : 소요군(군참부)

라) 착안사항

(1) 무기체계 발전추세 및 정비능력 구축에 따른 대안 판단 제시

(2) 작전환경에 부합된 정비지원체계 발전 및 극복대책

(3) 통신전자, 정밀복합무기체계의 정비환경변화에 대한 대안 등 제시

(4) 향후 정비정책 발전방향과 연계된 정비개념을 포함 기술

3) 운용 및 정비소요

가) 개 념

무기체계의 운용준비태세를 고려하는 요소로써 개발장비의 신뢰도에 직접적인 영향을 주며 군수지원능력을 구축하기 위한 정비임무, 정비빈도, 정비허용시간 등 개발 기준 및 정비개념설정의 기초자료로 활용된다.

무기체계 유사장비의 연간 운용일수와 운용제원 등을 고려, 운용일수를 판단하여 제시(장비운용시간, 운용발수, 운용거리등 적용가능 자료 판단)하며 단계화 및 최신화를 통한 자료는 소요제안으로부터 소요결정 후 중기전환 요청서에서 구체화되고 체계개발동의서(LOA)의 기본 자료가 되며 체계개발 간에 더욱 구체화 된다.

나) 운용소요

(1) 원천제원 설정 및 수집

(가) 장비의 임무유형 및 유형별 예상 적용비율

(나) 필수임무기능 : 표적탐지, 발사, 사격통제, 기동 등

(다) 작전형태별 운용시간 및 환경별 비율

(라) 임무유형 발생빈도 및 연간 평균 운용시간

(마) 1회 임무수행 시 기능별 소요

(2) 소요판단

(가) 소요자료 도출

① 전술, 적전계획 등을 기초로 제원 도출 : 1일 평균소요(시간, 거리), 연간 임무수행 일수

② 발사탄 수(1 CSR), 기동거리 등

(나) 소요판단 : (연간 임무수행 일자×1일소요×임무유형별 운용 비율)

(다) 전투발전부서의 설정 결과 인수, 소요제안서 반영

(3) 운용소요 산출 "예"

(가) 제 원

① 장 비 : 대공화기

② 임무유형 : 후방시설 방호(정적상태), 대공방어(동적상태)

③ 필수임무기능 : 사격기능, 기동기능

④ 예상 임무유형 발생빈도 및 연간 운용시간

㉮ 임무유형은 24시간 단위로 발생

㉯ 전시 연간 평균 운용시간은 200일

⑤ 임무유형별 예상비율

㉮ 후방시설 방호 : 70%

㉯ 대공방어 : 30%

(나) 임무요구분석 및 운용소요 결정

필수 임무기능	임무 유형		운용 소요
	후방시설 방호	대공방어	
사격 기능	240 발	160 발	43,200 발
기동 기능	12 km	30 km	3,480 km
운용 비율	70%	30%	

① 연간 발사탄수 : (200 × 0.7 × 240) + (200 × 0.3 × 160) = 43,200 발

② 연간 운용거리 : (200 × 0.7 × 12) + (200 × 0.3 ×30) = 3,480 km

다) 정비소요

(1) 개 념

군수지원 소요발생의 다소를 좌우하는 척도로서 군수지원 요소 개발기준으로 활용되며 소요제안에 반영된 수준을 운용연구(Use Study), 개발동의서 작성, 개발과정

중에 최신화하여 확정된다.

(2) 설정 절차 및 방법

(가) 척 도

① 신뢰도 : 평균 고장간 시간(MTBF), 거리(MKBF), 발사탄 수(MRBF)

② 정비도 : 사후 정비시간, 사전 정비시간

(나) 목표 운용가용도와 연계하여 설정

(다) 주요 구성품 단위로 설정, 제기

☞ 기동체계, 화력체계, 통신체계, 엔진 등

(라) 유사체계의 야전 운영경험 자료를 기초로 판단한 후에 체계의 특성을 비교, 조정하여 반영

(마) 판단 : 제4장 RAM 분석 참조

(바) 장비 정비 정보 체계(DELIIS) 자료활용, 판단

① 자료 : 정비관리 출력자료

② 수록제원 : 정비실적, 정비인시, MTBF, MTTR

(사) 비교 및 조정 협의부서 : 무기체계 담당관, 정비담당관, ILS 담당관

① 고려사항 : 장비특성 및 임무, 야전정비 능력, 작전운용 등

라) 운용소요 작성시 착안사항

(1) 운용소요는 할당 및 예측값으로 단계화하며 최신화해야 한다.

(2) 단계화 및 최신화는 소요제안, ROC, LOA 작성간이며 최종 할당값은 군수지원 분석결과를 통하여 할당하고 운용소요를 감소시킬 수는 없다.

(3) 장비별 기능별로 운용소요는 상이할 수 있으며 완편부대를 기준으로 운용소요 산출이 효율적이다.

마) 정비소요 작성시 착안사항

(1) 유사장비 경험제원 및 개발 진행장비의 예측값을 통하여 산출할 수 있으며 단계화하여 수정 및 보완한다.

(2) 적용공식 활용시 관련된 요소에 대한 산출근거를 제시하여 신뢰성을 증가시킨다. (고장 횟수, 정비조치 수 등)

(3) 평균 고장간 시간(MTBF), 평균 고장간 발수(MTBR), 평균 수리시간(MTTR)은 산출된 값을 적용한다.

4) 목표 운용 가용도

가) 개 념

군수지원의 효과성 척도로서 개발과정 중의 대안분석 기준으로 활용되며, 소요제안서에 반영, 제기하여 개발과정 중에 최신화 및 확정한다.

유사체계의 가동률 자료를 기초로 산출하여 대상 무기체계의 특성과 요망 전투준비태세를 고려하여 설정한다.

나) 설정방법 : 제4장 RAM 분석 참조

다) 설정절차

(1) 유사체계의 가동률 자료를 기초로 산출하여 대상 무기체계의 특성과 요망 전투준비태세를 고려하여 설정한다.

(가) 장비특성 : 기계식, 전자식 복합 정도 등

(나) 장비임무 유형 : 전투 및 전투지원, 임무의 긴요도 및 가혹도

(다) 전술개념 : 편제부대의 작전계획

☞ 평균 1일 운영시간, 기동거리, 발사탄 수 등

(라) 대응 무기체계의 가동률(가능시)

(2) 소요군(군참부)가 군수사와 국과연, 전투발전부서의 지원하에 설정

(가) 목표치와 판단근거 제시 : 교육사, 군수사, 국과연 및 업체

(나) 검토결과 접수, 협의를 통해 잠정적인 목표범위 설정

나. 종합군수지원 요소별 소요

1) 연구 및 설계반영

유사무기체계의 전력화 운용 장비의 성능 문제점 등을 분석, 재발방지 등 무기체계의 설계 시부터 군수지원정비의 용이성, 간편성, 전력화장비의 운용유지비의 최소화 대책을 반영하여 기술하고 특히 인체공학적인 요소를 반영토록 기술한다.

가) 기술적 사항을 지양하고, 군수운영 측면의 요구사항을 구체화하여 제시

나) ILS 요소별 설계반영 요구사항의 유기적 통합 및 제기

(1) 정비지원 : 고장확인 용이, Module화, 중복설계, 접근성 향상

(2) 지원 및 시험장비 : 장비 소요 감소, 운용 및 조작용이성 제고

(3) 보급지원 : 표준부품 사용증대, 보급품의 깃트화, 깃트 단위 목록도면 작성 및 재고

번호 획득, 보급단위 고려 도면(기교) 작성 등

(4) 인력 : 고유 주특기 창출 최소화, 인원소요 감소

(5) 시설 : 특수시설 소요(설비, 장치 등) 최소화

다) 인간공학적 요소 반영

(1) 신체, 감각, 생리적 적합성 보장

(2) 인명 위해(危害) 요소 최소화

라) 군수자원(인력, 지원 및 시험장비, 부속, 시설)의 재활용 확대

(1) 모방 및 성능개량 개발 : 완성장비 및 해당 품목별 재활용 범위 설정

(2) 혁신기술 개발 : 구성품 및 결합체별 검토, 판단

마) 환경보전적 요소 반영 : 수질, 대기보존, 소음 및 진동방지

바) 절차 및 방법

(1) 군수 운영면에서 군수지원 요소별 설계 요구사항 설정 및 제시
: 군수사 → 소요군(군참부)

(2) 장비별 의견 수렴(소요군) : ILS 부서
☞ 유사체계의 문제점 분석 신장비 설계 요구사항 도출

(3) 설계 요구사항 종합 및 제시 : 군수사 → 소요군(군참부)

(4) 군수지원 요소별 상충요소 배제, 요구사항 설정 및 반영

2) 표준화 및 호환성

신규 무기체계는 유사 무기체계의 특성을 고려하여 표준화 및 장비의 호환성을 기준으로 설계에 반영하고 주장비 유지비를 최소화할 수 있도록 하되 주장비의 진부화를 초래하지 않는 범위내에서 착안하여 기술한다.

가) 반영사항

(1) 기존 군수자원 재활용 범위 제시

(가) 기존품목(구성품, 결합체) 재결합, 개발장비 : 재활용 최대화

(나) 성능개량(구성품, 결합체) 개발장비 : 재활용 확대

(2) 혁신기술 적용, 개발장비 : 신규자원 소요 최소화

나) 설정 절차 및 방법

(1) 유사체계 선정 : 소요군 주관, 국과연 협조

(2) 유사체계 군수자원 목록 수집 및 제시 : 소요군

(3) 재활용 및 추가개발 군수자원 판단 : 국과연 및 개발업체
(4) 추가 개발 군수자원에 대한 목표적 규격 제시

3) 정비계획

현 정비개념을 기초로 신규 무기체계의 야전배치시 정비방침을 적용, 야전운용 측면과 군수지원의 용이성을 기술하고 기술의 발전추세와 정비 발전방향에 부합되는 진화되는 정비개념을 적용한다. 정비지원 및 책임을 명시하고 정비계단을 설정하여 야전운용 부대의 효율성과 전투준비태세 유지차원을 고려하며, 특히 정비대충장비(MF)의 확보를 주장비 전력화와 연계하여 연도별 균등하게 전력화 되도록 기술한다.

■ 설정절차 및 방법

(1) 정비개념 선정
(가) 대상 무기체계의 정비계단 구분 : 완성장비 및 체계의 정비계단 설정
(나) 소요제안 시는 3계단(부대-야전-창)으로 구분, 제기 가능
(다) 계단별 정비허용 시간은 정비소요 제기 내용과 연계하여 제시

(2) 정비시설 소요
(가) 기존시설 활용 여부, 기존시설의 개조 및 개량 소요, 신규건설 소요
(나) 시설 공간 및 설비 소요 판단, 제기 : 공간 면적, 고정배치 지원 및 시험장비, 안전설비, 항온 항습기, 수도 및 전기, 압축공기 연결 장치 소요
(다) 환경보전 소요판단 : 정화시설 소요, 오염물질 감소 대책

(3) 정비인력 소요
(가) 주특기 소요 판단

구 분	대 상
기존 주특기 재활용	• 기존 지원 및 시험장비 사용, 정비가능 장비 • 기존품목(구성품 및 결합체) 조립, 개발장비 • 기존기술 사용, 개발장비
주특기 변경	• 기존품목(구성품, 결합체) 성능개량 장비 • 개량기술 적용 개발 장비
신주특기 소요	• 혁신기술 적용 개발 장비(신주특기 소요 최소화)

(나) 인원소요 판단

구 분	방 법
직접 정비요원	연간 총 소요인시 ÷ 연간 1인당 가용 정비인시
연간 총 소요인시	지원 장비 수 × 연간 정비횟수 × 1회 정비 소요인시

(4) 정비대충장비 소요

(가) 소요판단

구 분	방 법
장비 배치전	유사체계의 확보비율(2~6%) 적용
운영 경험 자료 활용	• 장비 인가수 × (불가동률 ÷ 100) • 불가동률 : 100−(총불가동시간 ÷ 총운용시간 × 100)

(나) 가용예산 제한시 사후관리(AS) 지원기간 종료 연도부터 연도별 소요반영 가능

(5) 사후관리(AS) 지원반 운영 계획

(가) 종합군수지원 계획(ILS-P)에서 발전시킬 수 있는 기본방향 제시

(나) 운영 중점 및 임무, 운영기간, 사후관리반 구성방향 설정

(다) 사후관리반은 야전 정비요원 포함, 구성

(라) 협조사항 및 절차

- 정비소요 판단에 필요한 주장비 제원 제공 : 국과연 → 소요군
  - 구성 체계별 개발 개념
  - 개략적인 체계분류 구조별 소요기술 : 정비기술의 소요구분 예측
- 장기 소요제안 내용 : 소요군(군참부) → 군수사, 국과연

4) 지원 장비

신규 무기체계의 정비 효율성을 증대시키기 위한 자기진단기능(BIT), 야전시험장비, 특수정비공구, 계측기 및 정밀 검·교정 장비 등 확보와 제작 및 정비, 보급, 수송 활동에 기여하고 주 장비와 정비계획과도 연계되어 개발토록 하나 최대한 편제장비공구가 적용되도록 내용을 기술한다.

가) 설정절차 및 방법

(1) 장비 류(類)별로 구분하여 제기

구 분	내 용
정비업무용 장비	• 공구, 분해, 수리 및 결합용 장비
검사 및 시험 장비	• 시험, 측정 및 진단장비, 정비측정 장비, 계측기
기타 장비	• 환경조절 장비 : 발전기, 냉·난방기, 특수천막 • 물자취급 장비 : 구난차, 크레인, 지게차 • 근접정비 장비 : 수리부속 VAN, 정비 VAN

(2) 공통성 및 기능의 범위 등을 구분하여 명시

(가) 일반과 특수장비 구분 : 가능하면 특수장비 소요 최소화 제시

(나) 수동, 반자동, 자동 시험장비 구분 : 사용예산의 범위를 고려, 선정

(다) 시험장비는 자체, 외부 구분 : 교환품목의 범위 및 비율을 고려하여 결정

(3) 가능한 한 양적(量的) 소요를 설정, 반영

(4) 지원 및 시험장비의 소요 = 연간 총 소요시간 ÷ 대당 연간 가용시간

(가) 지원 및 시험장비의 연간 업무 소요시간(량) 판단

지원체계 수(Q) × [(∑업무빈도(TF) × 업무당 소요시간(ETT)]

(나) 대당 가용시간

나) 자료 활용

(1) 유사체계의 자료(목록) : 군수사 → 교육사

(가) 유사체계 자료수집, 가용성 분석

(나) 유사체계의 가용성 및 특성 반영, 소요설정

(2) 대상 무기체계의 정비개념 : 국과연 → 교육사

(가) 정비계단 구분

(나) 계단별 예상 정비 업무 및 기능

(3) 기술발간물 활용 : 교육사 ↔ 국과연 및 군수사

(가) 시험, 측정 및 검사장비 목록

(나) 기본불출품목 목록

(다) 시험, 측정 및 검사장비 목록

다) 설정(예 ○○장비)

(1) 자체시험장비(BITE)를 확대하되, 고장확인, 고장부위 지정, 검사 및 시험 기능 보유

(2) 야전정비용 시험장비는 자동시험 장비를 개발하고, 근접 정비지원 장비(SHOP, VAN)에 탑재, 운용가능

(가) 교정, 계측, 시험기능(TMDE) 포함 개발

(나) Module 단위까지 고장탐지 가능

(3) XX 체계(구성품)의 공구는 △△ 장비의 공구를 재활용(특수공구 소요 발생 억제)

(4) 구난전차는 기존 ○○ 무기체계의 ◇◇ 장비활용

(가) 구 난 : 최대 인양 25톤, 최대 견인 35톤

(나) 무 장 : MG 50, M72 LAW

(다) 중 량 : 56톤

라) 작성시 착안사항

(1) 질적(質的)소요 중심으로 설정, 제기

(가) 지원 및 시험장비 종류, 기능 및 특성

(나) 기준소요량 : 부대 또는 무기체계별 단위 소요량

(2) 지원 및 시험장비별 개발 요구사항 제시

5) 보급지원

신규 무기체계의 전력화와 동시에 각종 필요한 주요 수리부속을 포함한 보급체계의 절차를 기술하고 동시조달수리부속, 기본불출품목(BII) 기타 기술 및 군수제원 등을 포함한 내용을 기술한다.

가) 설정절차 및 방법

(1) 보급지원 체제 및 절차는 현 체제 및 절차에 준하도록 요구

(2) 동시조달수리부속(CSP) 소요는 OASIS 프로그램 운용에 필요한 입력자료 구축가능 여부에 따라 소요판단, 적용

(3) ASL, PL 대상품목을 설정하고, 소요제원 개발과 추천 소요량을 판단, 제시하도록 요구

(4) 탄약, 유류 소요는 야전교범, 관련인가 및 보급지침에 의거 판단, 반영

(5) 가능하면 보급품목의 단순화 요구

(가) 키트(Kit) 단위 재고번호 획득

(나) 키트 단위 목록도면 및 기술교범 작성

(6) 보급지원 인원 및 시설의 추가소요 여부와 추가소요 제원 설정, 제기

(7) 개발결과 군에 인도되어야 할 자료 제시

(가) 야전군수에 배포, 활용할 자료 : 동시조달수리부속(CSP), BII, PL

(나) 보급제원 목록화 기술문서

6) 군수인력 운용

신규 무기체계의 전력화와 동시에 정비인력의 과도한 편성요구는 제한되므로 현 주특기 및 편성 정비인원에 의해 정비가 되도록 인력소요도 판단하여 신규 주특기의 소요를 억제해야 하나 특수기술 정비인력판단 등 꼭 필수 소요가 반영되도록 기술한다.

■ 절차 및 방법

(1) 인력소요의 최소화를 위한 주장비 설계반영 사항 설정 제기

(가) 전력화 당시의 야전 정비능력 반영 : 인력 확보 전망, 지원장비, 시설의 가용성

(나) 인력수준에 영향을 미칠 사항과 교환분석 : 주장비 설계수준, 관련 ILS 요소의 특성(정비계획, 지원장비)

(2) 주특기 소요판단

(가) 현 주특기 재활용 : 현 주특기 구조에 의한 표준화

(나) 주특기 변경 및 신 주특기 : 주특기 자격요건 규정(자격증 급수, 신체적 특성, 적성 등)

(3) 주특기별 인원 판단

(가) 연간 정비인시 소요

(나) 직접 정비요원 수

(다) 간접 정비요원 수

7) 군수지원 교육

신규 무기체계의 새로운 기술습득과 정비기술을 익히기 위한 각종 기술 보조재료를 포함하여 정비기술 습득기간과 정비교육 인력을 판단하고 야전 정비부대의 기술전수에 관련된 교육 및 시험평가 요원들의 교육소요도 포함하여 기술한다.

가) 반영대상

(1) 시기별 소요

(가) 초도배치 전 교육훈련 : 개발기관 및 업체(국내·국외)

(나) 양성 교육훈련 : 소요군(학교기관 및 부대, 국내·국외)

(2) 대상별 소요 : 운용자, 정비요원, 정비감독자, 시험평가요원, 교관요원

나) 소요설정

(1) 교육내용, 소프트웨어(SW), 교육장비 및 교보재

(2) 운용(운전, 전술) 및 정비교육용 장비 및 교보재

(가) 교육장비 : 완성장비, 장치

(나) 교보재 : 장치 원리도, 시뮬레이터, CD, 실물 및 절개 교보재 등

(다) 사격기재 : 표적지, 타켓 크로스, 수리지, 교탄, 유류

(3) 교육훈련비

(가) 절차 및 방법

• 교육훈련 요소 개발은 소요시기에 맞도록 개발 요구

구분	소요제안	연구	개발	생산	배치
초도배치 전 교육훈련	소요반영	계획수립	준비	실시	
보충교육훈련	소요반영	계획수립	준비		실시

• 교육장비 및 교보재 소요

(나) 학급편성 계획 기준, 운영 및 정비교육 부대별 학급당 기준소요에 의거 판단

(다) 예상단가는 개발자 추정단가, 물가 조사표 단가, 계약자 견적단가 중 적절한 가격 적용

8) 기술교범

신규 전력화 무기체계의 주장비, 지원장비, 정비용 장비, 보급 등에 관련된 즉, 예방정비부터 창정비까지 모든 정비관련 교범과 장비 운용자 교육을 위한 자료 및 보급과 관련된 기술교범 인가 기준표에 의해 장비배치부대, 정비부대별 소요량을 판단한다. 단, 국방표준 규격에 준한 개발에 대한 내용을 기술한다.

■ 절차 및 방법

(1) 야전군의 정비기술 수준을 고려한 기술자료의 작성범위 및 수준 제시

(2) 개발결과 소요군에 인도하여야 할 기술자료의 종류 제시

(3) 정비기능별로 기술교범 인가기준표에 의거 장비보유 부대별, 교범종류별로 산출

(가) 예비량 5% 반영

(나) 발간 인쇄비는 인쇄 색인표에 수록된 1부당 인쇄비 적용

(다) 국외도입 장비의 번역비는 소요군이 산정한 페이지당 기준액 적용

9) 정비 및 보급시설

전력화 장비의 주장비 운용 중 고장발생으로 인한 정비입고시 정비를 위한 기반시설을

포함하여 경제성, 효율성, 능률성에 기초한 정비시설 전반에 관련된 내용을 기술하고 환경 영향 등도 평가토록 기술한다. 단, 6)항 군수인력 운용과 연계하여 검토 및 상세히 기술하되 시설증축 및 개량요구 시는 설계도면(Lay Out)을 포함하여 기술한다.

가) 개념

(1) 기존시설 재활용, 개조 및 개량, 신규시설 소요로 구분하여 제기

(2) 개조, 개량 및 신규시설의 소요설정, 제기

나) 반영대상

(1) 시설 기본 요구조건에 반영할 특수시설 소요

(2) 고정배치 지원 및 시험장비 소요

다) 절차 및 방법

(1) 시설 소요를 유기적으로 통합, 제기

(2) 유사체계의 시설에 대하여 가용성 분석, 소요판단

(가) 현 시설 활용

(나) 현 시설 개조, 개량 및 추가시설 소요판단

(3) 시설 규모 및 수준은 국방 시설기준을 적용, 추가 특수소요 반영

(4) 관련 ILS 요소의 소요 및 특성 반영 : 정비, 보급, 지원 및 시험장비, 교육훈련 및 교보재 시설

라) 소요판단 과정

(1) 현 시설 파악

(가) 유사 무기체계 지원시 운용되고 있는 현시설의 자료수집

(나) 신 장비 지원시 수행될 업무분석

(다) 현 시설의 능력과 신 장비 업무 비교, 분석으로 가용성 판단

(2) 현 시설 개조 및 신 시설 건설소요(질적 소요) 설정

(가) 시설 공간소요 : 정비, 보급, 교육훈련 시설

(나) 건축소요 : 길이, 폭, 천정높이, 통로 폭, 충격 및 진동의 내구도

(다) 입지조건

(라) 환경조건 : 건강, 위생시설, 수도 및 압축공기, 유압, 하수도 및 용수 설비, 온도 및 습도 유지설비, 환경보전 소요

(마) 기타 : 작업자 안전, 에너지 절약

(3) 고정배치 취급 및 특수지원 장비 소요와 설치 기간

(4) 시설의 사용 추정 연수

10) 포장, 취급 저장 및 수송

주장비, 지원장비 등 전력화를 위해 부대 배치 이동시에 무게, 크기, 부피, 수송 시 장비에 무리가 가지 않도록 KS규격 등을 포함 기술하되 이동의 편리성, 장기간 보관 시의 안정성 등도 반영하여 기술한다.

가) 반영대상

(1) 안전 및 경제적인 취급, 저장 및 수송 가능한 설계기준 설정, 제기

(2) 포장, 취급, 저장 및 수송 제원과 소요

나) 절차 및 방법

(1) 설계반영 사항 설정

(가) 기존의 포장기법 및 자원의 가용성 판단

(나) 특수포장, 취급, 저장 및 수송소요 최소화

(2) 포장, 취급, 저장 및 수송소요 최소화

(가) 포장 요령 및 규정

(나) 취급 장비소요 및 방법, 안전 규정

(다) 저장요령 및 안전 규정

(라) 수송방법(육로, 철도, 항공, 수로), 수송자재 소요, 안전규정

(3) 자료수집 및 분석 : 유사체계의 관련 제원 및 자원 분석 → 제한사항과 지원능력 → 관련 장비, 자재 및 기술 자료의 특성 → 제원 및 안전규정 개발

(4) 인력 취급의 경우 인간공학적 적정치 반영

(5) 취급장비 소요 : 지게차, 파렛트 잭, 로라 시스템, 크레인

(6) 포장소요 : 내·외 포장 강도, 방부재 소요, 기타 보호성 및 편리성 보장

11) 기술자료 관리

무기체계의 체계개발 기간중 각종 산출결과 및 군수지원분석, 비용 대 효과 분석자료, 시험평가 결과 등 개발 전단계의 관련 연구개발 자료를 차후 유사 무기체계에 기술개발 및 성능개량 시 활용을 위한 내용 기술한다.

다. 제한 및 요구사항

1) 요소별 소요제기에 대한 제한사항

2) 기술적 사항에 대한 개발기관의 연구사항

3) 대체 노후장비 전환 및 도태계획 반영 등

제 3 절 선행연구 단계

1. 개 요

선행연구란 소요가 결정된 무기체계에 대하여 방위사업청이 선행연구계획서를 작성하여 사업추진 기본전략 수립을 수립하고 사업 추진방법을 결정하는 단계를 말한다.

2. 선행연구계획서 작성

가. 개 념

방위사업청은 국방부에서 소요를 결정한 문서와 소요군에서 제출한 검토의견 및 관련자료 등을 참고로 선행연구계획서를 작성하여 사업관리본부장의 승인을 얻어 시행하고 선행연구계획서를 작성할 때 방위사업청에서 요구하거나, 자체적으로 검토의견을 제시할 수 있다.

나. 선행연구계획서에 포함할 사항

- 무기체계 개요, 작전운용요구능력, 전력화시기 및 개략소요량
- 선행연구 범위 및 추진 방향
- 개념연구(개발타당성 검토, 개념설계 등)의 필요성, 범위 및 추진방향(필요시)
- 전문 비용분석 등의 용역연구 대상 및 추진방법
- 선행연구 소요예산 및 일정
- 소요군, 국과연, 기술품질원 등의 전문가 인력 소요 판단
- 구성원의 업무 분장
- 연구용역의 필요성 검토 및 수행기관 선정에 관한 사항
- 개략적인 종합군수지원요소 개발계획 작성 등

3. 사업추진 기본전략 수립

방위사업청은 획득 대안과 획득 대안에 대한 분석평가를 종합하여, 최적의 사업추진방법 및 그 방법에 대한 사업추진 기본전략(안)을 수립하고 소요군은 방위사업청에서 지원을 요

청하거나, 자체적으로 사업추진 기본전략(안)에 대하여 검토의견을 제시할 수 있다.

4. 선행연구시 ILS 분야 검토사항

선행연구시에는 경험제원에 의한 개략적인 종합군수지원요소를 결정하여 반영하며 세부 수행업무는 아래와 같다.

- 군수설계 요구사항 및 규격
- 운용 및 호환성 개념
- 정비지원개념 : 정비계단, 기능, 제대별 정비소요
- 인력 및 인사관리계획서 : 주특기, 신규, 대체
- 수리부속 개념 : 제대별 보급수준
- 시험장비 및 공구 개념
- 교육훈련 개념 : 교육수준, 대상인원, 교보재
- 교보재개발 개념
- 교범발간 개념 : 전자식, 종이식
- 포장, 취급, 저장, 수송 개념 : 항공, 육상, 해상
- 시설능력 및 개념 : 기존시설, 신축 소요
- 표준화 평가(호환성 보장)

제 4 절 탐색개발 단계

1. 개 요

가. 개 념

탐색개발 단계는 개발기관(업체)에서 수행하는 단계로 연구개발 대상 무기체계에 대한 구체화된 연구개발계획 수립과 소요 핵심기술 획득계획에 따라 기술개발업무를 수행하고, 시뮬레이션 또는 모형 제작 및 시험 등을 통해 개발된 기술을 입증하는 단계이며, 선행연구단계에서 설정한 방향검토 및 체계개발시 개발할 ILS요소에 대한 개발범위, 개략적인 내용을 결정하고, 필요시 모형(Mock-up)제작도 할 수 있다.

정부투자 연구개발사업의 탐색개발은 연구개발 주관기관(국과연, 개발업체)이 수행하고, 이때 전력화지원요소 분석 중 종합군수지원에 관한 분석시 군 관련사항은 소요군으로 검토 의뢰한다.

나. 소요군의 관련 예하기관은 검토시 아래사항을 포함하여 그 결과를 소요군의 종합군수지원 담당 부서로 보고한다.

- 정비환경
  - 정비지원개념 및 계단설정
  - 지원장비 개발소요 및 미 개발소요
  - 야전정비(3 · 4계단)체계를 구축하기 위한 장비개발소요
- ILS 11대 요소별 개략개발계획
- 목표 운용가용도 충족가능성에 대한 판단 및 분석
- 운용 및 정비소요 충족가능성 판단 및 분석
- ILS요소 개발중 국외 도입품에 대한 국산화계획

2. 연구개발을 위한 기본 계획

가. 연구개발 기본계획서 : 탐색개발 기본계획서, 체계개발 기본계획서(방위사업청 작성)

나. 탐색개발 실행계획서(연구개발 기관 및 업체)

다. 탐색개발 사업관리계획서(방위사업청 작성)

라. 탐색개발 결과보고서(연구개발 기관 및 업체)

3. 탐색개발단계 ILS 분야 검토사항

탐색개발 단계에서는 종합군수지원계획서(ILS-P)와 체계개발동의서(LOA) 초안을 작성하여 검토하고 ILS 요소 획득계획 및 소요를 산출하여 개발예산을 판단한다.

세무 수행업무는 아래와 같다.

- 군수지원분석
- 표준화 및 호환성(계량화)
- 고장유형 및 영향분석-신뢰성 중심정비(RCM)
- 정비계획 : 정비할당표 초안
- 군수인력운용 : 인원소요, 인력판단서, 주특기, 부대계획 소요
- 수리부속품 획득일정계획
- 군수지원교육 계획
- 기술교범 및 교보재 개발계획
- 전산 SW 지원계획
- 포장, 취급, 저장 및 수송
- 정비 및 보급시설 판단, 예산

제5절 체계개발 단계

1. 개 요

소요가 결정된 무기체계의 작전운용성능을 만족하는 무기체계를 설계·시제품제작·시험평가를 통해 양산할 수 있는 무기체계를 개발하는 실질적인 개발단계를 말한다.

설계를 통해 체계의 통합성을 확인하는 체계설계통합과정과 시제품을 제작하여 시험평가를 통해 검증하는 체계시범과정으로 구분하여 추진 가능하며 체계개발단계종료 시점은 전투사용 적합 판정과 국방규격화 완료 시점을 원칙으로 한다.

2. 체계개발동의서 ILS분야 작성 및 검토사항

가. 개 요

체계개발동의서(LOA : Letter Of Agreement)는 탐색개발 후 방위사업청 통합사업팀장이 연구개발하는 무기체계에 대한 구성, 구성품의 성능, 전력화지원요소 개발, 시험평가 개략계획 등을 명확히 하기 위하여 작성하며, 합참이 작성한 작전운용성능(ROC)을 기반으로 군사교리·부대편성·교육훈련의 전투발전지원요소와 종합군수지원요소를 포함한 전력화지원요소를 고려하고 무기체계 체계개발의 근거가 된다. 또한 체계개발동의서는 소요군, 연구개발 주관기관 및 해당 정비기술팀으로부터 작성지원을 받아 작성할 수 있다.

체계개발동의서를 작성하기 위해서는 사전에 충분한 탐색연구를 거쳐야 하며, 구체화된 체계개발동의서는 ILS-P 작성 및 체계개발계획서 작성의 기초가 된다.

나. 작성절차

1) 체계개발동의서는 연구개발 주관기관(또는 업체) 선정 후 방위사업청 사업관리본부, 소요군 및 연구개발 주관기관(또는 업체)이 공동 서명함을 원칙으로 하되, 사업 추진일정, 업무효율성 등을 고려하여 미리 방위사업청(통합 사업관리팀)과 소요군 간에 공동 서명할 수 있다.

정부투자연구개발은 개발기관 및 업체와 협의하여 작성하고, 업체투자연구개발은 주 계약업체와 협의하여 작성하며, 국과연 주관 연구개발과 업체주관 연구개발은 방위사업청 통합 사업팀 및 연구개발 주관 수행기관, 주 계약업체와 협의하여 작성한다.

2) 소요군은 체계개발동의서 ILS 분야를 관련 부・감실과 협조 검토 및 확정하여 주장비 체계개발동의서에 포함하여 방위사업청에 통보한다.

3) 방위사업청(통합 사업관리팀)에서 작성한 체계개발동의서는 소요군(전력소요 담당부서)에서 관련부서의 의견을 수렴하여 합의 서명하여 각각 보관한다.

다. 종합군수지원 분야 검토사항

1) 소요군은 체계개발동의서 작성에 적극 참여하여 초기부터 종합군수지원요소 개발을 체계적으로 관리할 수 있도록 유도해야 한다.

2) 소요군은 체계개발동의서의 종합군수지원 분야 작성을 위해 다음 사항에 대하여 검토한다.

- 정비개념 및 방침
- 인원 및 주특기별 소요
- 정비계단별 지원 및 시험장비 소요
- 시설소요

3) 개발기관이 소요군에 통보할 사항(탐색개발 결과)

1. 연구개발 개요
2. 연구개발 결과
3. 무기체계 개발에 대한 기술분석 내용
4. 체계개발 방향 설정
   가. 개발 방법
   나. 개발 통제 형태
   다. 개발 추진계획
   라. 소요 예산
5. 비용 대 효과분석
6. 전력화지원 요소 분석
7. 종합군수지원 개략 계획
   가. 개 요
      1) ILS 요소별 판단 및 소요
      2) 단계별 개발 계획
      3) 시험평가 사항
      4) 결론 및 건의

나. 초기 군수지원분석 결과
1) 운용 및 정비개념
2) ILS 요소별 합의사항
3) 개발 및 추진계획 : 요소별 추진계획, 소요예산(개발비, 획득비) 및 획득 계획, 시험평가에 관한 사항
4) 결론 및 건의

4) 소요군이 개발기관에 사전 제시 할 사항

• 경험제원
  - 현행 군수지원 개념 및 문제점
  - 계단별 정비관리 제원
  - 기술인원 추가 소요
  - 현 보유 지원 및 시험장비
  - 보급품 목록
  - 기존 군수지원부대 지원 능력
• 운용 및 정비 소요 : 정비관리 제원 활용
• 시험평가 소요 예산

5) 소요군은 체계개발동의서의 종합군수지원분야 작성을 위해서 연구개발 주관기관(개발기관, 또는 업체)에서 제시한 초기 군수지원분석 결과를 참고로 다음 사항을 재정립한다.
가) 정비개념 및 방침
나) 인원 및 주특기별 소요
다) 정비계단별 지원 및 시험장비 소요
(1) 품명, 수행기능 및 능력
(2) 소요 근거
(3) 운용유지에 필요한 제반 제원
라) 잠정 지급기준 산출을 위한 보급품 소요
마) 시설소요
(1) 설계 기준, 소요 시기 등
(2) 소요 근거
바) 기술교범 초안
(1) 운용, 정비, 보급교범 초안
(2) 창정비 작업요구서(DMWR) 초안

3. 종합군수지원 계획서(ILS-P) 작성

가. 개 념

종합군수지원 계획서(ILS-P)는 연구개발 주관기관(국과연, 개발업체)이 작성하는 문서로 종합군수지원 업무수행을 위한 전반적인 계획을 말하며 종합군수지원요소의 획득단계별로 달성하여야 할 특정업무, 주관부서, 관련부서별 임무 및 분야별 세부 일정계획이 포함된다.

나. 종합군수지원 계획서 작성절차

1) 종합군수지원 계획서는 개발기관 및 업체에서 작성하되, 군 관련사항은 소요군으로 요청한다.

2) 소요군은 군 관련사항 요청내용을 작성하여 연구개발 주관기관에 통보하면 종합군수지원 계획서(안)을 작성하여 소요군에 통보한다.

3) 소요군은 종합군수지원 계획서(안)을 검토하여 연구개발 주관기관에 통보하고 연구개발 주관기관은 이를 보완하여 소요군에 통보한다.

4) 시험평가 기관은 시험평가계획에 종합군수지원 계획서(안)을 입증할 수 있도록 계획하고, 시험평가시 종합군수지원 계획서(안)을 입증하여 그 결과를 보고서에 반영한다.

5) 소요군은 시험평가 기관의 수정 및 보완내용을 개발기관(국과연, 업체)에 통보하여 종합군수지원 계획서(안)를 최신화하도록 한다.

6) 소요군은 개발기관에서 최신화시킨 종합군수지원 계획서(ILS-P)를 검토하고 확정하여 방위사업청에 제출한다.

7) 종합군수지원 업무의 관련기관은 배포 및 통보한 종합군수지원 계획서에 의거 자체 업무기능에 맞도록 세부추진계획을 작성 시행하며, 야전부대에서는 신규 무기체계 인수시 활용한다.

8) 개발기관은 발간승인을 받아 필요한 부수를 발간하여 납품(소요군 관련기관)하며 발간시 인쇄기관 선정 및 인쇄간 보안문제는 군사보안 업무규정(소요군 보안 규정)에 의한다.

4. 군수제원 점검(LDC : Logistic Data Check)

가. 개 요

군수제원점검이란 개발기관(국과연 및 업체)이 작성한 분석자료 및 군수지원요소에 대해 관련기관(방위사업청, 소요군, 개발기관 등)이 참석하여 실시하는 제원 점검회의를 의미한다.

점검 대상에는 신규 무기체계의 군수지원요소 및 지원성 관련 사항이 포함되며, 협의 및 확정결과를 토대로 군수제원을 최신화 환류하여 개발에 반영해야 한다.

체계개발 중 군수제원 점검을 통하여 ILS개발소요를 반영하여야 하며, 완료 후 개발기관(국과연, 주 계약업체)은 그 결과를 보완한 후 시험평가를 실시한다.

나. 목 적

군수제원 점검(LDC)회의의 목적은 군수지원분석 자료를 공정간검토(IPR)를 거쳐 LOADERSⅡ에 전산입력하여 생성된 검토자료를 각 기관이 회의를 통해 ILS 요소를 식별하고 분석의 적절성과 타당성을 검토하여 소요를 정량화하는데 있다. 통상 합의된 ILS 요소는 개발에 반영되며 ILS-MT, 시험평가 등을 통하여 조정 및 환류되기도 한다.

다. 회의시기

LDC 시기는 통상 상세설계검토 또는 군수지원분석이 종료된 후 이루어지며, 회의 주기 및 일정은 각 사업별 합의하여 결정한다.

라. 회의절차

개발기관에서는 검토자료를 회의 4주전에 소요군에 배포하여 검토시간을 보장하고, 소요군은 각 관련부서 및 예하부대의 검토의견을 수렴 및 종합하여 방사청을 경유, 회의 1주전에 개발기관에 통보한다. 개발기관은 통보받은 의견에 대해 개발반영 여부와 기타 의견을 제시하여 회의 시 발표한다. 회의 간 합의한 내용은 개발에 반영하며 합의가 되지 않거나 추가적인 자료검토가 필요한 사항은 차기 회의, 또는 기타 협조회의를 통하여 방안을 강구한다.

- 4주전 : 개발기관 검토자료 소요군에 배포
- 2주전 : 소요군 검토 및 의견종합
- 1주전 : 소요군 의견 개발기관에 통보
- 회의 : 토의 및 반영

마. 운영시기

군수지원분석 및 체계설계 완료시에 실시하며 군수제원 점검이 종료되면 종합군수지원

요소의 개발이 시작된다.

체계가 복잡한 경우 군수제원 점검은 군수지원분석 관리번호(LCN) 계열별로 실시하거나, 체계설계가 완료되는 구성장비 각각에 대하여 별도 또는 수차에 걸쳐 실시할 수 있으며, 군수제원점검 회의 최소 2주 전까지 관련기관에 회의 자료를 사전 배포하여 유관기관의 충분한 사전 검토시간이 보장되어야 한다.

바. 회의 주관 및 참석대상

회의 주관은 소요군과 개발기관간 의견조정, 통제 및 전체 사업관리 차원에서 방사청이 수행하며 필요시 정부기관(국과연 등)에서 대행할 수 있다. 참석대상은 사업별 합의하여 결정한다. 특히 소요군은 해당 무기체계를 직접 운용하거나 정비하는 요원이 참여하도록 해야 한다.

사. 검토자료 및 검토사항

1) 검토자료

개발기관은 공정간검토(IPR)를 거쳐 작성된 11종의 검토자료를 방사청에서 검증 후 소요군에 배부한다. 이중 램(RAM) 입력자료 및 근거자료는 사업별 협의를 통하여 제외시킬 수 있으며 소요군은 검토에 필요한 참고자료 또는 설명을 개발기관에 요청하여 제공받는다.

- 군수지원분석 요약자료
- 일반 분해목록(GBL)
- 신뢰도중심정비(RCM) 분석
- 정비업무 분석
- 램 매트릭스(RAM Matrix)
- LCN Family Tree
- 고장유형, 영향 및 치명도 분석(FMECA)
- 도면분석자료
- 정비계단 선정자료

☞참고자료 : 램(RAM)입력자료, 램(RAM) 근거자료

2) 주요 검토사항

- 근원 · 정비 · 복구성(SMR) 부호 적절성
- 정비업무 부호(Task Code) 부여 적절성
- LCN 부여의 타당성
- 계획정비 및 비 계획정비에 대한 정비인시 산정 타당성

- 고장유형, 영향 및 치명도 분석 결과의 타당성
- 특수공구 및 시험장비 선정 타당성, 유사체계와 호환성
- 표준화 및 호환성에 대한 설계반영 결과
- 램 매트릭스(RAM Matrix) 제원 일치성
- 기 타

아. 후속 조치

회의가 종료되면 회의록을 작성하여 각 기관 대표가 서명하며, 개발기관은 군수지원분석 전산자료에 회의결과 수정사항을 재입력하여 자료출력 후 방사청에 보고하고 방사청은 반영여부를 최종 확인 후 소요군에 통보한다.

5. 종합군수지원요소 개발

가. 개 요

종합군수지원요소의 개발은 종합군수지원 계획서(ILS-P)에 따라 주장비와 병행하여 개발하고 군수제원점검(LDC) 후 종합군수지원 실무조정회의(ILS-MT)를 통해 확정하여 실시한다.

나. 지원장비 개발

1) 주장비 운용에 필요한 모든 부수장비, 특수공구, 시험계기, 지원장비의 개발은 개발기관(국과연, 주계약업체)에서 개발제안서를 작성하여 소요군에 통보한다.

2) 방위사업청은 특수공구, 시험계기, 지원 및 부수장비 개발여부를 결정한 ILS-MT 결과를 소요군, 연구개발 주관기관(국과연, 개발업체)에 7근무일 이내에 통보해야 한다.

3) 개발제안서에 제기된 특수공구, 시험장비는 야전에 기 보급된 일반 및 특수공구, 시험장비와 호환성을 검토 후 개발여부를 결정한다.

4) 방위사업청은 연구개발 주관기관에서 국외구매 구성품의 특수공구, 시험계기, 지원 및 부수장비도 시제개발 진도에 맞추어 도입 여부를 결정하고, 시험평가전까지 도입을 완료해야 한다.

5) 소요군은 시험평가에서 확인 및 입증된 특수공구, 시험계기, 지원 및 부수장비는 중기계획 및 집행승인 건의에 반영하여 획득한다.

6) 해당 무기체계의 기술교범 부록으로 특수공구, 시험계기, 지원 및 부수장비의 운용 및 정비교범을 발간 또는 획득하며, 정밀측정 대상장비인 경우 정비교범(회로도 포함)을 이용하여 공군 정밀표준창에 등록하여 지원받는다.

7) 소요군은 연구개발 주관기관에 주장비 운용에 필요한 지원 및 시험장비 개발을 위한 현행 목록표를 지원하여 표준화 및 호환성이 반영되도록 한다.

다. 기술교범 개발

1) 기술교범의 구분

가) 기술교범

(1) 기본형

1계단(사용자) 교범부터 4계단(일반지원)정비 교범까지의 각 계단별 교범

(2) 통합형

1-2계단, 3-4계단, 1-3계단, 1-4계단 교범을 하나의 교범으로 통합한 것

나) 보급교범

다) 전자식 기술교범(IETM)

라) 창정비 작업요구서(DMWR)[1]

마) 정비할당표(MAC), 점검표

2) 연구개발 장비는 개발기관이 국외 구매시는 방위사업청이 생산업체와 협조하여 기술자료가 누락되지 않도록 획득 지원하고, 기술교범은 번역 및 발간기간과 시험평가 및 교육훈련시기, 소요군의 검증 및 발간 승인 시기 등을 고려하여 생산업체에서 사전 납품하도록 조치하며, 도입장비가 야전에 배치되기 이전에 운영부대에 보급될 수 있도록 한다.

3) 개발기관은 기술교범 개발형태(기본형, 통합형)를 소요군에 의뢰하면 소요군은 25근무일 이내로 소요군의 관련기관과 개발기관(국과연, 주계약업체)참여하에 ILS-MT를 실시하여 개발형태를 결정하고 7근무일 이내 결과를 개발기관(국과연, 주계약업체)에 통보한다.

4) 체계개발 기간 중 기술교범(IETM 포함) 개발은 1~4계단정비까지 개발을 원칙으로 하되 필요시 창정비 수준(전체 또는 DMWR 등 일부)까지 개발할 수 있으며 이는 창정비 방침 및 창정비 개발계획을 근거로 한다.

5) 전자식 기술교범(IETM) 개발은 표준 저작 SW를 사용하고 개발형태, 수준 및 범위 등은 소요군과 연구개발 기관 참여하에 ILS-MT를 실시하여 결정한다.

---

1) DMWR(Depot Maintenance Work Requirement) : 창정비 시 활용하는 5계단 기술교범

라. 동시조달수리부속(CSP) 업무

1) 개 념

동시조달 수리부속이란 초도 및 후속 보급되는 장비의 필수소요 수리부속품을 장비와 동시에 조달하여 효율적인 정비관리 및 장비유지를 도모하기 위해 확보되는 3년치의 수리부속품으로 주장비와 동시에 조달된다.

단, 보급기간, 보급원등의 사유로 부득이 품목별 3년분 이상의 동시확보가 필요할 때는 품목별 확보 타당성 입증자료(사유)를 첨부하여 방위사업청에 통보한다.

2) 표준 SW 운용

가) 표준 SW명칭 : OASIS - II[2] (Optimal Allocation of Spares for Initial Support)

나) 표준 SW는 소요군(군수사)에서 관리 운영한다.

다) 표준 SW의 보완, 수정, 교체 등의 변경사항 발생시 군수사는 소요군(군참부)으로 건의 및 승인 후 시행한다.

라) 표준 SW에 입력할 자료는 방위사업청에서 설정한 표준자료항목을 사용한다.

3) 소요산정 기준 및 범위

가) 초도 또는 후속보급되는 지원 및 시험장비의 동시조달수리부속 소요산출도 주장비에 준하여 산출한다.

나) 방위사업청은 계약시 동시조달 수리부속의 사장품 발생예방을 위하여 납품 후 4년동안 미사용한 품목에 대해서는 재판매(Buy-Back) 및 물물교환이 가능토록 계약조건에 반영하도록 하고 있다.

다) 국외 구매장비는 동시조달 수리부속 소요산출에 필요한 기술자료를 방사청 (계약관리본부) 또는 업체로 부터 획득 가능한 장비의 경우 연구개발 장비와 동일한 절차에 의해 소요산정 한다.

4) 동시조달수리부속(CSP) 산정절차

가) 소요군은 동시조달 수리부속 산출에 필요한 입력제원을 검토하여 개발시험평가 전에 연구개발 주관기관으로 제출한다.

---

2) OASIS-Ⅱ는 동시조달수리부속(CSP) 소요산출 표준 SW로서, 美 소요산출 모델(SESAME : Selective Essential item Stock Availability for Multi-Echelon)을 한국 실정에 맞게 국과연에서 연구개발(2007. 9부터 육군 적용)하였다.

나) 연구개발 주관기관은 동시조달수리부속에 대하여 표준 소프트웨어에 자료를 입력하고 긴요도부호 부여품목과 확보 가능한 유사장비 제원을 작성하여 사업관리본부장에게 제출한다.

다) 사업관리본부장은 연구개발주관기관에서 제출한 동시조달수리부속 입력자료를 검토한 후 표준 소프트웨어를 활용하여 동시조달수리부속 소요를 산출하고, 동시조달수리부속의 입력자료, 운용시험평가 판정결과와 긴요도부호 부여품목 자료 등을 함께 소요군에 통보한다.

라) 소요군은 사업관리본부에서 통보한 긴요도부호 부여품목, 동시조달수리부속 소요 산출자료, 유사무기체계 및 야전운용 경험자료, 획득 우선순위 등을 고려하여 동시조달수리부속 소요를 산정하고 그 결과와 임무필수품목 목록을 작성하여 사업관리본부장에게 통보한다.

마) 사업관리본부장은 소요군의 동시조달수리부속 소요를 관련기관 검토와 종합군수지원 실무조정회의를 통해 보급소요량 및 납지 등을 확정할 수 있으며, 그 결과를 소요군과 개발기관에 통보한다.

바) 자료 부족으로 표준 소프트웨어 사용이 불가한 경우 업체추천 품목 및 유사 장비 운영경험자료 등을 근거로 초도 보급소요를 산정할 수 있다.

사) 사업관리본부는 구매 장비의 견적서 확보시 국외 제작업체를 통하여 외국에서 운영중인 제원, 군수지원분석 및 동시조달수리부속 소요산출에 필요한 자료를 확보하여 각 군에 제공한다.

6. 종합군수지원 시험평가

가. 개 념

종합군수지원 시험평가는 주장비와 동시에 실시함을 원칙으로 하며 주장비와 종합군수지원 요소의 상호 운용성에 주안을 두고 실시한다.

나. 시험평가 방법

시험평가 방법은 개발 시험평가와 운용 시험평가로 구분한다.

1) 개발 시험평가

개발 시험평가는 개발기관 및 업체에서 주관하여 실시하며 소요군은 필요시 참여할 수 있으며 시험평가 결과를 방위사업청 시험평가국에 제출한다.

가) ILS분야의 개발시험평가는 무기체계는 국과연에서, 비 무기체계는 기품원에서 실시하며, ILS 운용시험 평가와 중복되는 사항은 소요군 시험평가부서에서 함께 확인한다.

나) 시험평가부서는 개발기관, 국과연, 기품원에서 개발시험평가 결과를 접수하여 ILS 운용시험평가를 준비한다.

2) 운용 시험평가

가) ILS분야의 운용 시험평가는 개발장비의 시제품에 대하여 개발시험평가 후 운용상의 적합성을 평가하고 확증하는 시험으로서, 소요군에 위임된 사업은 소요군 조정 · 통제하에 실시하고, 방위사업청은 관련자료와 의견제시 및 기술지원을 한다.

나) 시험평가 부서는 ILS 운용 시험평가계획 작성 시 관련기관에 계획초안을 설명하고 의견을 종합하여 ILS 요소 개발결과에 대한 성능입증 및 제반 ILS 요소를 확증할 수 있도록 한다.

다) ILS 운용 시험평가 종료 후 시험평가 결과보고서를 방위사업청으로 통보하면 방위사업청에서 최종판정을 실시하고 평가결과를 소요군에 통보한다.

라) 시험평가 결과가 전투용 부적합으로 판정된 경우에는 사업의 중단 또는 계속추진 여부를 결정하되, 사업의 계속추진으로 결정한 때에는 재시험평가가 필요한 항목(전항목 또는 일부항목으로 구분한다)을 정하여야 한다.

다. 종합군수지원 요소 시험평가내용(예)

요 소	항 목	세부 시험내용
연구 및 설계반영	군수지원 용이성	• 작업공간확보 • 제거 및 설치 용이 • 설계도면 준수 • 고장식별 용이 • 프로그램의 정확성 • 예비절차 단순 • 비정상 마모방지 • 부품단위 교환 • 시험부위 지정 • 낙뢰보호
표준화 및 호환성	표준화 및 호환성	• 표준품목 사용 실태 • 비 표준품목 규격화 준비실태 • 공구 • 부속품 • 지원장비

요 소	항 목	세부 시험내용
정비계획	정비지원체계	• 기능분류 • 정비계단 • 정비범위 및 책임한계 • 정비지원체계
	정비할당표	• 그룹번호 • 구성품 및 결합체 • 정비기능 • 정비계단 및 인시 • 공구 및 지원장비
	자체진단기능	• 탐지능력
	하자보증 및 AS 지원	• 하자보증 품목 및 기간 • AS 계획
지원장비	지원 및 시험장비	• 기존 장비 활용성 • 적용성 평가 • 운용지침서의 적절성
	일반 및 특수공구	• 일반공구 • 특수공구 적용성평가
보급지원	보급지원체계	• 초도보급 소요 • 운영유지 소요
	동시조달수리부속	• 품목선정의 적절성
	부수지원품목	• BII • ESML • CEOI • AAL
군수 인력운용	주특기 소요 및 정비인력 소요	• 현 주특기 활용성 • 신규 주특기 소요 판단 • 연간정비 소요 및 능력 • 추가 인력 소요 판단
군수 지원교육	교육훈련과정 및 교 보 재 소요	• 초도배치전 교육 • 양성 및 보수교육 • 정비용 교보재 학교 교육용
기술교범	기술교범	• 기술교범 규격서 준수 여부
	전자식 교범	• 전자식 기술교범 규격서 준수 여부
포장 · 취급 · 저장 및 수송	포장, 취급, 저장 및 수송	• 대상품목 • 제원표 • 수송지침서 작성여부
정비 및 보급시설	정비시설	• 정비공간 • 부수기재 • 정비환경
	보급시설	• 저장공간 • 저장환경
기술 자료관리	전산체제 구성 및 장비, 군수관리 SW, 기술자료	• 전산장비 체제구성 및 제반 프로그램 개발 • RAM 분석 • LSA • 동시조달수리부속(CSP) • 기술자료

7. 창정비 요소 개발

가. 개 요

창정비는 수리 및 분해나 재생이 요구되는 부분품 및 결합체에 대한 정비를 말하며, 이는 장비의 조달소요를 감소시킨다. 또한 필요한 경우에는 정비 부대의 정비능력 초과시에 지원하며 다음과 같은 사항을 제공한다.

- 결합체와 부분품의 신품, 분해수리품 또는 재생품 등을 사용하여 장비를 사용 가능한 상태로 복구
- 설계나 조립의 변경을 포함하는 물자의 수정
- 구성품의 교환과 보다 많은 위험이 수반되는 탄약 및 특수무기의 정비
- 야전정비부대의 기술능력이나 작업능력에 초과되는 정비지원 등을 포함한다.

1) 창정비요소 개발은 방위사업청에서 소요군의 동의를 얻어 확정한다.

2) 연구개발장비에 대한 창정비요소 개발은 무기체계별 특성을 고려하여 체계개발 초기단계부터 분석을 실시하고 창정비원(군직 및 외주)은 운용 시험평가결과 군사용 적합 판정 이후 결정하며 창정비 개발계획을 수립하여 적기에 개발 및 획득소요를 확정한다.

3) 구매장비의 창정비요소 개발은 업체제안서에 창정비능력 구축에 소요되는 기술자료묶음(TDP)의 지원이 가능토록 제안요청서에 반영하여 장비도입 전에 창정비 방침이 결정되도록 추진 한다.

4) 창정비요소 개발은 완성장비와 구성품을 구분하여 창정비 도래주기에 개발 및 획득이 가능하도록 하며, 완성장비의 창정비 도래 1년 전까지 정비능력을 구축토록 계획 및 개발한다. 단, 창정비 도래 이전에 정비소요가 발생하였으나 군직정비가 불가능할 경우에는 필요시 능력을 확보할 때까지 외주, 또는 해외정비를 실시할 수 있다.

5) 창정비요소는 창정비 주기가 도래한 주요 구성품 고장 시 창으로 후송하여 정비를 수행할 때 필요한 창정비 작업요구서(DMWR), 시험 및 정비장비, 특수공구, 시설 등으로 군수사 예하 정비창에서 군직 창정비 대상 장비 및 품목에 대한 정비가 가능하도록 획득되어야 하고, 전문인력이 양성되어야 한다. 또한 외주정비 시(군직·외주 병행 포함)에도 군수지원분석(LSA) 및 DMWR 등 요소를 개발하며, 요소별 단계화 개발개념을 적용하여 효율성과 경제성을 동시에 달성한다. 주요 창정비 요소는 〈표 3-1〉과 같다.

표 3-1 창정비 요소

요 소	내 용
창정비 작업요구서 (DMWR)	창정비 시 활용하는 5계단 기술교범
시험 및 정비장비	완성장비나 구성품에 대한 정비간 각종시험 및 정비를 실시하는데 사용되는 장비
특수공구	정비시 특정장비에만 적용하느 정비용 공구
시설	창정비를 하는데 필요한 정비시설(크레인 등 시설포함)
정비인력	시험평가, 창정비 임무를 수행하는 정비인원 획득 교육
시험평가	창정비요소 개발 완료후 정비절차에 의거 정비가 가능한지를 확인하는 종합적 평가
군수지원분석 (LSA)	창정비요소 개발과정에서 창정비 작업요구서(DMWR), 시험 및 정비장비, 특수공구 등의 소요를 도출하고 개발하기 위한 전반적인 군수지원요소에 대한 분석

나. 창정비요소 개발사업 관리

1) 방위사업청은 주장비 획득사업과 패키지로 창정비요소 개발사업을 추진함을 원칙으로 한다. 다만 방침결정 지연 등으로 불가피한 경우에는 별도사업으로 추진할 수 있다.

2) 창정비요소 개발은 소요군 조정, 통제 하에 주계약 업체가 수행하고, 군수사가 관리한다.

3) 국과연은 정부투자 국과연 주관 및 업체주관 연구개발, 업체투자 연구개발 장비에 대한 창정비요소 개발에 적극 참여 및 기술지원을 실시한다.

4) 시험평가 방법 및 절차

가) 시험평가는 소요군 ILS 시험평가 기준에 준하여 개발 및 운용시험 평가를 실시한다.

나) 운용 시험평가는 소요군이 주관하며, 군수사(정비창)가 제반 임무를 수행한다. 군수사의 시험평가계획 및 결과보고 절차는 ILS 운용 시험평가 업무절차와 동일하다.

다) 운용 시험평가 계획에 포함할 사항은 다음과 같다.

(1) 군수지원분석(LSA) 결과

(2) 창정비 작업 요구서(DMWR) 개발 결과

(3) 시험, 정비장비 및 특수공구 개발 결과

(4) 정비인력 양성교육계획

(5) 기타 개발 요소

제 6 절 양산, 배치 및 운용 단계

1. 개 요

양산, 배치 및 운용단계는 체계개발 단계 말에 확정된 종합군수지원요소를 생산, 준비하여 야전에 배치하고, 운영과정에서 수집된 경험자료를 분석 평가하여 부적합한 군수지원 요소를 수정, 보완하며 지속적인 장비 성능을 유지하는 과정을 말한다.

2. 전력화 준비

가. 초도배치 전 교육

운용 및 정비요원에 대한 초도배치 전 교육을 초도배치 1월 전까지 소요군과 협조하여 실시하며 정비요원에 대한 교육은 최신화된 종합군수지원계획서(ILS-P)를 기준으로 실시한다.

1) 개발기관(국과연, 주계약업체)이 소요군에 제시할 교육관련 내용은 다음과 같다.

가) 교육과목, 시간, 장소

나) 부대 및 야전정비 교육에 필요한 시간

다) 과목별 교육계획표(실습계획표 포함)

라) 교육 보조재료

2) 개발기관은 교육계획 작성에 필요한 양식 및 내용에 관해 소요군과 사전 협조한다.

3) 개발기관(국과연, 주계약업체)은 교육실시 후 매주 단위로 피교육생에 대한 평가를 실시하고, 그 결과를 소요군에 통보한다.

4) 개발기관(국과연, 주 계약업체)은 초도배치 전 교육을 방산업체에서 실시할 경우, 실시 전년도(F-1년) 7월까지 소요군에 제기한다.

5) 초도배치 전 교육계획은 종합군수지원 계획서(ILS-P)에 구체화하되, 전력화지원요소의 교육훈련사항 중 운용요원에 대한 교육을 포함할 수도 있다.

나. 기술교범 발간 및 배부

1) 개발기관은 시험평가시 발견된 기술교범 수정 및 보완사항 내용을 수정하여 (CD포함) 소요군 교범담당 부서에 발간 승인을 의뢰한다.

2) 교범담당 부서는 기술교범 발간 및 승인절차에 따라 조치한다.

3) 소요군 교범담당 부서로 하여금 ILS 시험평가 종료 15근무일 이내에 기술교범 배부계획을 작성 보고토록 한다.

4) 소요군은 교범담당 부서에서 작성 보고한 기술교범 배부계획과 주장비 배부계획을 참조하여 기술교범 배부계획을 확정하여 집행승인 건의시 반영한다.

5) 소요군은 방위사업청(계약관리본부)에서 계약한 계약서를 참조, 기술교범 배부계획을 수정하여 교범담당 부서에 하달한다.

6) 교범담당 부서는 소요군에서 하달된 배부계획서를 해당부대에 통보 (하달)해야 하며, 연구개발 주관기관은 계약서에 의거 발간된 교범을 해당부대에 주장비 납품시 Package로 납품한다.

가) 승무원 점검표, 주유명령서, 사용자 교범은 주장비 납품시 Package로 납품토록 조치한다.

나) 부대정비, 야전정비 교범은 개발기관에서 직납을 원칙으로 하나, 필요시 소요군 보급계통으로 배부계획에 의거 보급할 수 있다.

7) 기술교범 납품시기는 IOC간 기술교범 수정사항을 고려하여 초도장비 배치시는 초안복사본으로 납품하고, IOC 이후 정식교범으로 납품한다.

8) 전자식 기술교범(IETM)은 ILS운용시험 평가시 적합 판정(사용가)을 받은 후에 발생하는 기술자료 및 내용의 수정사항을 고려하여 개발 및 시험평가 간 버전(Version) 번호를 부여하여 관리하며, ILS-MT를 통해 결정된 수량을 CD 등으로 제작하여 제출한다. 최종 완성된 IETM은 관련 기술자료묶음(TDP)과 함께 교범담당 부서에 납품한다.

3. ILS요소 전력화

가. ILS요소 전력화계획 작성

1) 소요군은 방위사업청으로 부터 계약서를 접수하면 ILS요소 전력화계획을 작성하여 관련부대에 하달한다. ILS요소 전략화계획은 계약서 내용 중 주장비 인수부대, 정비지원부대, 보급부대 등에 보급될 ILS요소의 수량 및 확보량 등의 내용이며 주장비 전력화계획에 포함하여 작성할 수 있다.

2) 관련부대는 장비 도착일자, 부대별 수령 및 확인해야 할 내용 등을 파악하여 장비인수를 준비

가) 주계약 업체에서 수요지 직납되는 장비 및 물자의 종류와 수량을 주계약 업체(납품업

체)와 해당부대가 공동으로 확인

나) 주장비와 Package로 납품되지 않고 군수 보급시설로 납품된 물자는 해당부대에서 전력화계획 접수와 동시 확인하여 수령

나. 전력화 평가

전력화 평가란 무기체계의 초기배치 또는 후속양산 배치 후 1년 이내에 소요군에서 각종 작전환경 하에서의 전술적 운용을 통해 최초 기획단계에서 설정된 수준의 작전운용성능을 포함한 제반 전력화지원요소를 분석, 평가하여 전력발휘 극대화 방안을 도출하는 과정이며 최초운영능력평가(IOC)[3)]를 포함하여 실시한다.

1) 평가중점

무기체계의 초도생산 및 후속양산 배치 후 1년 이내에 최초운영능력 확인을 포함하여 전력발휘의 완전성 도모에 중점을 두고 실시한다.

2) 평가 대상사업 선정

가) 초도생산 또는 후속양산 배치 후 1년 이내의 사업

나) 전력화평가 후 문제점 시정이 완료되지 않았거나 새로운 문제점이 발생한 사업

다) 후속 양산배치 후 전력화평가가 필요한 사업

3) 평가 절차

가) 소요군의 전력담당 부서는 전력화평가 대상사업에 대한 사업추진 내용을 매년 11월 말까지 분석평가부서에 통보한다.

나) 분석평가부서는 연도 전력화평가계획을 수립하여 관련부대(부서)에 통보하며, 필요한 경우 관련기관 요원으로 평가팀을 구성하여 운용할 수 있다.

다) 분석평가부서는 후속조치에 필요한 사항을 포함하여 평가결과를 1개월 이내에 국방부(정책조정 평가팀)에 제출하고, 소요군 관련부서에 통보한다.

4) 평가 유의사항

가) 전력화평가는 주장비, 전력화지원요소 등 전력발휘 및 부대 운용상의 모든 요소가 망

---

3) 최초운영능력 평가(IOC : Initial Operational Capability) : 신규 획득되어 야전에 배치된 무기체계에 대하여 확정된 운용개념, 요구 운용능력의 달성 정도 및 발전된 전력화지원요소의 완전성을 확인 · 평가하는 것.

라되어 평가되어야 한다.

나) 주장비의 결함 및 기타 전력발휘 제한요소의 현상, 원인 및 영향에 대한 분석결과와 시정방안 등이 보고서에 포함되어야 한다.

다) 평가부서별 자체 평가결과 보고서는 평가목록별 결함여부와 결함에 대한 원인 및 영향 위주로 작성하고, 필요시 사진, DVD 등을 첨부하여야 한다.

라) 전력화평가 대상부대는 연도 전력화 평가계획에 의거 자체분석평가를 실시한 후 분석평가부서에 보고한다.

마) 평가결과에 포함할 사항은 다음과 같다.

- 개요
- 무기체계 및 부대의 야전운용 적합성
- 부대의 요망 임무 수행능력
- 교리, 편성 및 운영개념의 적합성
- 교육훈련여건 및 훈련체계 구비여부
- 종합군수지원요소 적절성
- 소요의 충족성
- 표준화 및 규격화 적절성
- 성능개선 소요
- 운영유지비용 절감방안
- 차기 사업계획 수립시 적용할 교훈
- 기타

바) 전력화평가 결과 및 조치사항을 통보받은 방위사업청과 소요군은 각각의 과제에 대해 후속조치 후 결과를 분석평가부서에 통보(소요군 정보포탈의 분석평가 후속조치 프로그램에 추진내용 입력)하고 분석평가부서는 이를 추적 관리한다.

(1) 방위사업청은 평가결과에서 나타난 문제점에 대한 조치계획을 마련하여 국방부 및 소요군에 통보한다.

(2) 부서별 책임사항

(가) 분석평가부서 : 전력화평가 보완과제 관련부서 통보, 관련부서 후속조치계획 확인 및 결과 보고

(나) 소요군 관련부서 : 보완과제 조치계획수립 및 시행, 조치결과 통보(분석평가부서)

(다) 전력담당부서 : 전력화 평가결과 후속조치 중 방위사업청 관련사항 확인 및 후속 조치 프로그램 입력관리

(라) 각 군사, 군수사, 기타 : 예하부대 보완 과제 조치실태 확인 및 보고

(3) 분석평가부서는 반기별 부서별 후속조치결과를 종합하여 참모총장에게 보고

다. 초도배치 확인방문

1) 소요군은 필요하다고 판단될 경우 전력화평가 이전인 전력화이후 최단기간(전력화후 2~3개월)내에 초도배치된 장비를 대상으로 야전운용의 적합성, 전력화지원, 군수지원능력, 형상 변경사항 등에 관한 야전 요구사항을 수렴하기 위해 최초운용부대 및 지원시설을 방문하여 확인가능하다.

2) 소요군은 필요시 확인팀(소요군 관련부서, 국과연, 기품원, 업체 등)을 구성할 수 있으며, 초도배치 확인방문 후 후속조치에 필요한 사항은 관련부서와 협조하여 조치한다.

3) 필요시 초도배치 확인방문 및 후속조치 결과를 관련부서에 통보 및 하달한다.

라. ILS요소 개발사업 종결

1) ILS요소 개발사업은 전력화 평가에 의한 후속조치 완료시 종료함을 원칙으로 한다. 단, 전력화 기간 중 추가 ILS 보완소요는 방위사업청 주관하에 지속적으로 추진한다.

2) 사업 종결이후 ILS 요소별 관리업무는 현행 군수 방침 및 절차에 의해 수행한다. 단, 주장비 사업 종료 시까지는 방위사업청에서 소요군과 협조하여 ILS를 지속적으로 발전시킨다.

마. 관리유지 능력분석 및 평가

1) 개발된 신규 무기체계의 전력화평가가 끝나고 현행 군수지원 체제 및 제도에 병합 운용되면 2년간 야전 운용실태를 확인하여 평가하는 것으로 군수사 연간 야전 지도방문 사업계획에 포함 시행하며 주요 평가내용은 다음과 같다.

- 보급 · 정비 운용제원 수집 및 평가
- 성능개선 및 야전불만 사항(보급 · 정비분야)
- 운영유지비용 증가원인 및 대책
- 해당 무기체계 관련 목록화 추진실태

2) 소요군은 검토 후 주장비 전력화중인 계속사업인 경우 조기 추진하고, 종료된 사업인 경우 별도의 기술지원 사업으로 중기계획에 반영한다.

4. 성능개량(PIP : Product Improvement Program)시 종합군수지원

가. 개 념

성능개량이란 과학기술의 발달로 신기술이 출현하였거나 운용중인 무기체계에 대하여 현저한 운용개념과 중대한 작전운용성능을 향상시키기 위해 운영유지면의 신뢰성 및 가용성을 증가시키는 것을 말한다.

나. 업무내용

1) 소요군은 전력화 배치되었거나, 양산 중인 무기체계 및 장비의 성능과 품질향상을 위하여 성능개량을 요청할 수 있다.

2) 운용개념이 현저히 변경되거나 중대한 작전운용성능이 변경되는 성능개량은 신규 소요결정 절차에 따라 추진하며, 무기체계의 성능개량은 방위사업청에서, 비무기체계는 군수관리관실에서, 자동화정보체계는 정보화 기획관실에서 소요를 결정하여 무기체계, 비무기체계, 자동화정보체계 획득절차에 따라 추진한다.

3) 전력화 완료 또는 양산 중인 전력의 운영개념이나 작전운용성능의 현저한 변경이 없을 경우 일부 성능 및 기능 향상을 위한 "경미한 성능개량"은 다음과 같이 추진 한다.

가) 소요군은 소요제안서를 접수하여 관련부서의 의견을 수렴 후 소요요청서를 작성, 관련 심의회를 거쳐 관련기관으로 소요요청 한다.

나) 관련기관은 성능개량의 타당성, 비용 대 효과 분석, 형상관리 등에 관한 검토의견을 수렴하여 추진 여부를 결정한다.

다) 방위사업청은 성능개량 분야에 대하여 개발 시험평가를 원칙으로 하나, 필요시 부착시험을 실시한다. 단, 전체 또는 일부 체계에 영향을 줄 것으로 판단될 경우에는 체계 연동부분을 포함하여 운용 시험평가를 실시할 수 있다.

마) 시제품 개발 완료 후 국방부 및 방위사업청은 개발 시험평가와 운용 시험평가 결과에 따라 규격 제정을 추진한다.

4) 방위사업청은 아래의 경우에는 별도의 소요결정절차를 수행하지 않고 관련위원회의 심의를 거쳐 성능개량을 추진할 수 있으며, 중기계획 또는 예산편성을 하여 추진함을 원칙으로 하고, 필요시 진행중인 사업의 성능개량을 포함하여 추진할 수 있다.

가) 소요군으로 부터 성능개량 요구사항이 제기된 경우

나) 연구개발(탐색개발, 체계개발)을 수행하면서 기능향상의 필요성이 제기된 경우

다) 신기술의 적용으로 성능 및 기능향상이 가능한 경우

라) 기타, 형상관리의 일환으로 성능 및 기능향상이 제기된 경우

5) 국과연 및 개발주관업체는 개발과정 중 신기술 출현 및 국방과학기술발전 추세를 근거로 사전계획 성능개량을 소요군 및 방위사업청에 제안할 수 있다.

6) 무기체계가 경미한 성능개량에 해당되는지의 분류가 모호할 경우 소요군은 합참으로 관련 자료를 제출하여 분류를 요청할 수 있으며, 소요군은 합참의 판단결과에 따라 성능개량 또는 경미한 성능개량으로 사업을 추진한다.

제 7 절 국외구매 무기체계 ILS 업무

1. 개 요

국외 직구매의 경우는 외국업체에서 제출하는 제안서에 정확한 종합군수지원 관련자료 제출을 요구하여 협상시 필요한 요소만 획득되도록 하고, 종합군수지원 요소중 한국화 할 내용을 외국업체에 반드시 요구하여야 한다.

기술도입 생산시 주계약업체와 방위사업청이 협조하여 종합군수지원요소를 한국화 시켜야 한다.

가. 구매사업 추진 원칙

1) 구매사업은 국내구매를 우선적으로 추진하되, 국내 생산품이 없는 경우 등 국내구매가 곤란할 때에는 국외구매를 추진한다.

2) 국외구매는 상업구매를 원칙으로 하되, 대정부간 구매만 가능한 물자·용역 및 해당정부의 대정부간 추천물자·용역은 대정부간 구매로 추진하고, 대상 장비가 단일장비로 경쟁이 불가시는 상업구매와 대정부간 구매 중 유리하다고 판단되는 방안으로 추진한다.

3) 무기체계의 구매 방식은 선행연구의 결과로서 제시되는 사업추진기본 전략서에 포함하여 방위사업추진위원회의 심의를 득하여 확정한다.

4) 제안서 작성·평가 및 대상 무기체계 시험평가 등에 소요되는 예산은 방사청에서 종합적으로 국방중기계획 및 연도예산 편성에 반영할 수 있다.

5) 구매사업에 대한 세부 업무절차는 『군수품 조달관리 지침』에 따라 추진해야 한다.

나. 국외구매 구분

1) 대 정부간 구매

국외조달 구매방법의 한 형태로 우리 정부가 외국정부로부터 군수품을 구매하는 것을 말하며, 대외군사판매(FMS)를 포함한다.

가) FMS로 구매할 물자는 그 대상과 구매계약 내용에 따라 지정구매, 총괄구매 및 보급지원협정 구매로 구분한다.

나) 지정구매 대상물자는 무기체계, 주요장비, 탄약, 유류, 동시조달 수리부속, 시험장비 등을 말한다.

다) 총괄구매 대상물자는 아래와 같다.

(1) 수리부속 : 주요결합체, 복구성 수리부속, 소모성 수리부속

(2) 발간물 : 교범, 규격서, 지도, 목록, 양식 등

(3) 지원장비 : 구성품, 특수공구, 시험장비, 무기체계 및 주요장비의 정비 및 보급물자

(4) 기술지원 : 교육 및 장비설치, 운용 등

(5) 교육보조재료 : DVD, 슬라이드, 필름 등

라) 보급지원협정구매 대상물자 : 미군의 현행 무기체계 및 표준장비의 수리부속

2) 상업구매

국외조달 구매방법의 한 형태로 우리 정부가 국외업체로부터 군수품을 구매하는 것을 말한다.

가) 상업구매는 계약방법, 계약내용, 집행기관에 따라 다음과 같이 구분한다.

(1) 계약방법 : 일반경쟁계약, 제한경쟁계약, 지명경쟁계약 및 수의계약 등

(2) 계약내용 : 확정계약, 한도액계약 등

(3) 집행기관에 의한 구분은 다음과 같다.

(가) 중앙조달 : 방위사업청 자체집행, 조달청 집행, 재외 군수무관부 집행 (중앙조달품목에 대한 구분 기준은 방위사업청이 정한다.)

(나) 부대조달 : 소요군·기관이 집행한다.

나) 상기 방법외 사업의 특성을 고려하여 별도의 계약방법 및 내용을 적용할 수 있다.

2. 국외구매 획득 절차

가. 개 요

국외구매는 소요군이 요구하는 무기체계를 국내연구개발이나 국내구매로 획득이 제한되는 경우 외국에서 운용 중이거나 개발 중인 무기체계를 획득하는 것으로서 국외구매절차와 종합군수지원분야 검토사항은 〈그림 3-2〉와 같다.

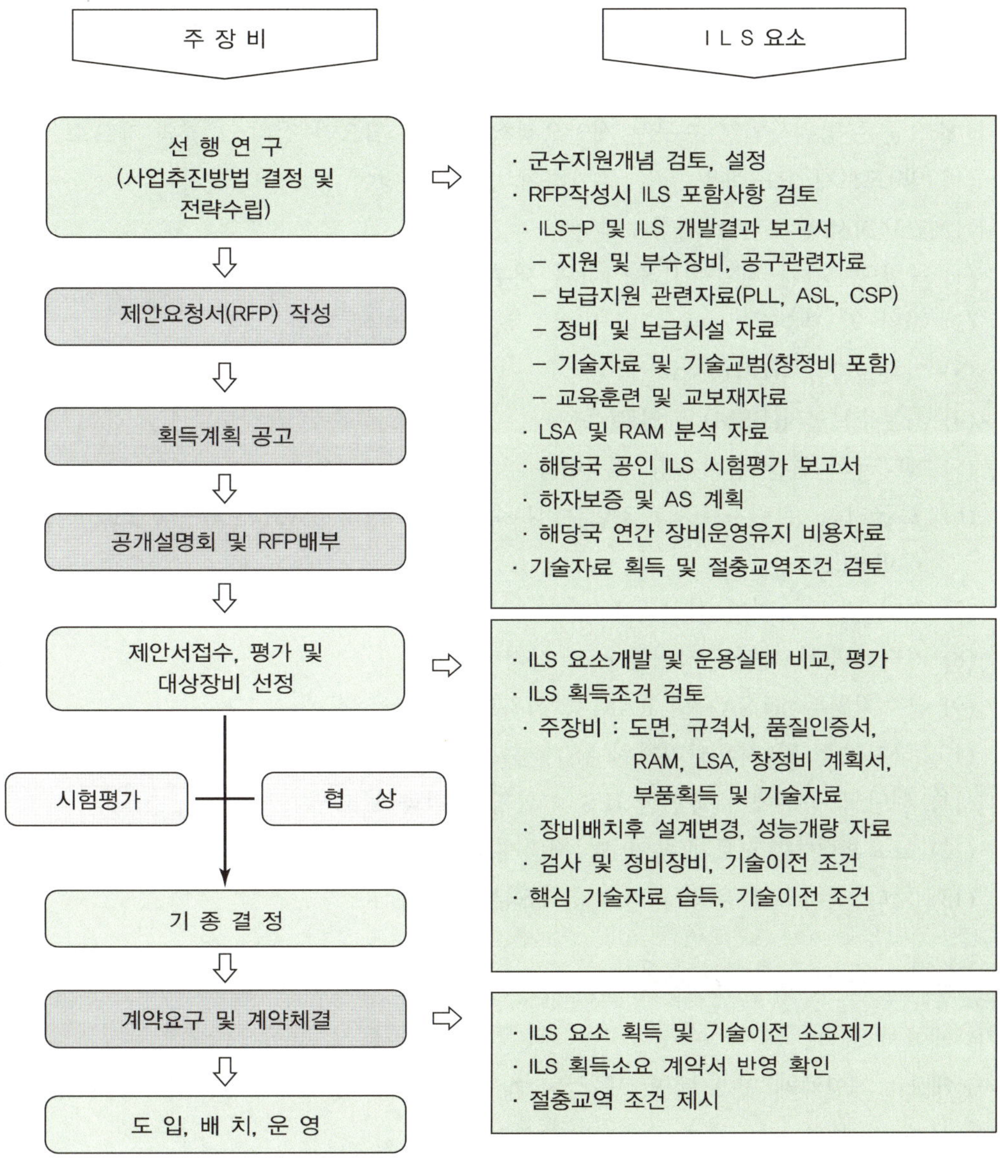

그림 3-2 국외 구매장비 획득 절차

국외 구매의 경우는 외국업체에서 제출하는 제안서에 정확한 ILS 관련자료 제출을 요구하여 협상시 필요한 요소만 획득되도록 하고, ILS요소 중 국산화할 내용을 외국업체에 반드시 요구하여야 하며 기술도입 생산시 주계약업체와 방위사업청이 협조하여 ILS 요소를 국산화시켜야 한다.

나. 획득절차

1) 사업추진 기본전략서를 근거로 제안요청서를 작성하여 사업을 공고한다.

2) 제안요청서 ILS 분야 작성 절차

가) 소요군은 방위사업청 요구시 제안요청서 작성에 필요한 정비, 보급의 제요소, 교육훈련 장비 및 교보재 요구내용 등을 종합하여 방위사업청에 통보한다.

나) 제안요청서에 포함할 사항

(1) 종합군수지원 계획서(ILS-P)상의 세부 사항

(2) 지원 및 부수장비, 특수 및 일반공구, 시험장비에 관한 자료

(3) 기본불출품목(BII) 자료

(4) 기본소모물자(BSM) : 연료(옥탄가), 전원규격, 특수유류(점도)등

(5) 행당국의 연간 장비운영 유지비용

(6) 보급지원 관련자료(동시조달수리부속(CSP), PLL, ASL, 해당국 Sample Data Collection)

(7) 정비 및 보급지원 시설의 Lay - Out

(8) 기술교범(1-5계단), 정비할당표, 창정비 요소

(9) 군수지원분석(LSA) 및 RAM 분석자료

(10) 하자보증 및 사후관리지원(AS) 계획

(11) 해당국 정부에서 공인한 ILS 시험평가 결과 보고서

(12) 교육훈련 및 교보재(운영 및 정비재료 포함) 자료

(13) 기타 장비도입 운용시 필요한 ILS분야의 제 요소

3) 업체제안서에 포함 할 사항

가) 제안서 요약

나) 개요 : 제안체계 및 모델명, 체계운용개념 및 제한사항, 체계성능 입증방법, 인도가능시기 및 물량, 제안체계 수출 및 생산실적

다) 종합군수지원개념(정비지원, 지원장비소요, 보급지원), ILS 11대 지원요소, 수명주기

비용, 연간운용유지비, 보증조건, 동시조달수리부속 산정기준 및 목록, 램(RAM) 및 군수지원 분석자료 등 개발자료, 필요한 해당국가의 야전 운용자료와 기술·검증자료, 무기체계 특성에 따라 필요시 창정비용 표준자재목록 및 자재관리프로그램 등

라) 가격 : 총괄가격, 업무분할구조에 따른 제안가격, 기능적 비용, 비반복 발생비용 및 공제여부, 수명주기비용, 비용절감을 위한 대안 제시

마) 기술이전 : 기술이전의 범위(이전 가능한 하드웨어 및 소프트웨어의 핵심기술의 내용, 핵심기술의 제공보증, 로열티 및 특허의 사용조건), 기술이전 일정 및 조치계획, 이전자 및 전수자의 권리와 의무, 기술사용료의 지급조건, 국내방산 및 기술수준 축적에 미치는 영향, 수출가능성 및 국내업체 참여조건

바) 절충교역 : 제안내역(구분, 유형, 제안내용, 금액), 세부 제안내역, 가치 및 비율, 이행기간, 국내업체 추천(제안요청서 협상방안에 없는 절충교역을 제안할 경우에 한한다), 필요시 희망업체에 대한 추천사유서

사) 시험평가 지원 : 성능입증방법 제안, 시험평가용 장비 소요 및 지원가능 장비, 시험평가 장소, 목적, 기간

아) 교육훈련 및 사업관리 계획

자) 제안요청서에서 제시한 성능 등에 대한 제안체계의 세부성능 및 규격

차) 업체 일반현황, 서약서, 업체연락처

4) 제안서 평가

소요군, 관련부서 및 기관 등의 전문가들로 구성된 제안서 평가팀을 구성하여 평가를 실시 할 수 있으며 제안서 평가는 제안요청서 작성시 설정된 평가요소 및 기준에 따라 평가한다. 주요 평가내용은

가) ILS 요소개발 및 운용실태 비교, 평가

나) 획득조건 검토

(1) 주장비 : 도면, 규격서, 품질인증서, RAM 분석자료, LSA 자료, 창정비 계획서, 부품획득 및 기술자료

(2) 장비배치후 설계변경 및 성능개량 자료

(3) 검사 및 정비장비, 기술이전 조건

다) 핵심 기술자료 습득, 기술이전 조건 등을 평가한다.

5) 협상시 종합군수지원 분야 고려사항

가) 국내 운용환경(전원, 기상, 인체공학, 고압, 건축 등)에 적합한 지원 및 부수장비, 정

비장비 획득

나) 누락 및 중복요소 발생 방지

다) 불필요 ILS요소 획득 방지

라) 수송, 저장, 취급에 관련된 사항

마) 절충교역에 관련된 사항

6) 기종결정 지원

가) 소요군은 기술도입 생산계획서 검토결과와 방위사업청의 구매 가계약서를 근거로 도입방법 결정요소를 비교평가 후 도입방법을 결정에 참여할 수 있다.

나) 기종결정시 소요군의 검토사항

- 절충교역 조건
- 국내업체 참여조건
- 도입기술의 수준 및 파급효과
- 정비지원
  - 국내정비능력 활용성 및 해외정비 예상소요
  - 정비공구, 시험장비, 지원 및 부수장비
  - 현 운용중인 유사장비와 부품 호환성
  - 유지부품의 국산화 가능성
- 보급지원
  - 수리부속지원의 보장
  - 동시조달 수리부속(동시조달수리부속(CSP))의 재판매(Buy-Back)
- 하자보증 및 사후지원(AS) 수행방법
- 투자비 및 유지비에 대한 경제성분석
- 계약조건(도입가격, 인도조건)
- 초도배치전교육 및 양성교육소요
- 기 타

3. 시험평가 방법

구매사업에 대한 시험평가 방법은 자료에 의한 시험평가, 실물에 의한 시험평가로 구분하며 상호 보완하여 수행할 수 있다.

가. 자료에 의한 평가는 업체가 제시한 성능자료, 개발경위, 제작국의 시험평가 결과, 해당

국의 군사용 여부 및 판매실적 등이 포함된 제안서와 수집된 각종 자료 및 정보 등의 관련 자료를 이용하여 작전운용성능, 종합군수지원요소 등의 충족여부를 판단하는 시험평가이다.

나. 실물에 의한 시험평가는 국내 시험평가 또는 국외 시험평가로 구분하며, 작전운용성능, 군 운용적합성 및 전력화지원요소 등의 충족여부를 판단하되 국외 시험평가의 경우 한국적 작전환경에서의 적합성이 필요한 경우에는 국내시험을 실시한다.

4. 구매 및 배치

가. 종합군수지원 계획서(ILS-P) 발간

1) 방위사업청에서 시험평가가 완료되면 관련업체는 종합군수지원 계획서(ILS-P)를 최신화하여야 한다.

2) 소요군은 관련업체가 제출한 자료 및 야전운용 경험자료를 포함하여 종합군수지원 계획서(ILS-P)를 검토하고 검토의견을 방위사업청에 통보하면, 방위사업청은 시험평가 및 전력화평가 이후 최신화하고, 전력화평가 후 후속조치가 완료되면 종합군수지원 계획서를 발간한다.

나. 국외도입 무기체계 배치확인 및 협조

소요군은 기종결정 결과를 접수하면 배치계획을 전력부와 협조하여 방위사업청에 확인하고 신규 무기체계 도입에 따른 현용 무기체계의 군내 전환시 소요되는 정비·보급시설 및 시험장비, 공구, 교범 등 제반 ILS요소가 관리될 수 있도록 소요군의 장비정비 담당부서에 통보한다.

다. 초도배치전 교육

1) 소요군은 초도배치전 교육계획을 작성하여 외국업체나, JUSMAG -K[4] (FMS로 도입방법 결정시)에 교육개시 12개월 전 까지 다음과 같은 내용을 포함하여 제시한다.

4) 미태평양 사령부 주한 미 합동 군사 고문단(JUSMAG-K : Joint US Military Affairs Group-Korea) : 미태평양 사령부 예하 군 기관으로 사령부의 전구 안보협력 계획 및 미 대사의 임무수행지원과 국방부와 각군 본부에 미국의 무기체계 및 기술획득; 교육 및 훈련지원에 관한 자문, 해외 군사판매를 통한 무기체계 직구매시 국방부에 제반 정보를 제공한다.

2) 초도배치전 교육계획 작성시 포함사항

- 교육 대상인원 : 운용요원, 부대 및 야전정비요원, 교관요원(운용 및 정비)
- 국내에서 교육을 실시할 수 있는 방안제시 요구
- 해외연수교육
  - 과정 명
  - 주요 교육장비
  - 주요 교육내용
  - 교육시작 일자
  - 교육 장소
  - 해당 국가 편의시설 이용여부
- 한국어 통역 및 한국어로 교육 가능여부
- 교육기간 산출
  - 입교전 준비 일자(교육준비일자)
  - 순수 교육시간(Academic Hour)
  - 출국 준비일자

3) 소요군은 해외연수 교육대상인원 선발을 교육개시 12개월 전에 장교, 준사관, 군무원은 인참부로, 부사관은 부관감실로 선발 의뢰한다.

4) 선발된 인원은 정보교에 협조하여 사전 어학교육과 해당 무기체계에 대한 교육을 실시한다.

5) 사전 어학교육의 기간은 4개월 이상으로 하고 선발된 인원은 선발과 동시에 인사담당부서로 명령을 의뢰한다.

6) 소요군은 외국업체나 JUSMAG-K로 초도 배치전 교육계획을 통보한다.

라. 기술교범 번역 및 발간

1) 소요군은 방위사업청에서 협상요구자료 작성시 기종결정 통보 후 1개월 이내에 1~4계단 기술교범 및 보급교범 각각 5부와 필요시 전자식기술교범(IETM) 제작에 필요한 디지털 자료를 제출할 수 있도록 반영한다.

2) 국외구매 무기체계의 원서 기술교범 소요판단은 아래와 같다.

가) 기술교범

(1) 부대정비 : 부대정비를 실시하는 부대당 1권씩

(2) 야전정비 : 야전정비 부대당 1권씩

나) 보급교범 원서는 해당 보급창과 군수사에 각각 1부씩

3) 소요군은 외국업체 및 JUSMAG-K로부터 제출된 기술 및 보급교범 2부를 교육사에 배부한다.

4) 교육사는 기술 및 보급교범을 기술교범 번역절차에 의거 번역하며, ILS 요소 발전업무에 사용 후 주장비 전력화시에는 해당 학교에 배부한다.

제 8 절 비무기체계 ILS 업무

1. 획득 개요

가. 비무기체계는 무기체계 외의 장비 · 부품 · 시설 · 소프트웨어, 그 밖의 물품 등 제반요소를 말하며 비무기체계의 소요제기 및 결정, 획득방법 결정, 사업관리, 시험평가 및 판정절차는 무기체계의 절차를 준용하고 비무기체계 획득은 국내개발과 상용품 구매를 우선으로 적용하며, 필요시 국외 구매를 할 수 있다.

나. 비무기체계 연구개발에는 정부가 개발비를 부담하여 개발하는 정부투자 연구개발과 업체가 개발비를 부담하여 개발하는 업체투자 연구개발로 구분하며, 비무기체계의 연구개발은 국방부(군수관리관실) 관리를 원칙으로 한다. 다만, 소요군에 위임된 업체투자 연구개발 사업은 소요군(비무기체계 사업단)에서 관리하며, 필요시 방위사업청, 국과연, 기품원의 지원을 받을 수 있다.

다. 비무기체계는 업체투자 연구개발 위주로 추진하며, 업무주관 부서에서는 소요량과 예산, 종합군수지원(ILS) 요소를 국방중기계획에 반영한다.

라. 각급부대, 병과학교 및 업체는 소요군 군참부로 소요를 제안하며, 교육훈련지원 요소는 정작부로 소요를 제안하여 교육훈련지원 요소 소요결정심의회를 통하여 결정된 사항을 소요군 군참부로 통보한다.

마. 국방부(군수관리관실)는 비무기체계에 대하여 아래 사항을 고려하여 연구개발 대상 사업을 선정하고, 획득방법을 결정하여 소요군(비무기체계 사업단), 관련부서 및 기관에 통보한다. 다만, 소요결정이 위임된 사업은 소요군에서 획득방법을 결정한다.

- 군사요구도가 필요한 표준장비로서 민간대체가 곤란한 장비
- 방위산업에 관한 특별조치법에 의거 지정된 방산물자 부품
- 수입대체 효과가 높은 경제성 품목
- 운용유지상 국산화가 요구되는 필수품목
- 장차 무기개발에 필요한 첨단기술 품목
- 기술파급 효과가 높은 품목
- 기타 군용장비의 유지부품(소규모 일반물자를 포함)

바. 양산 및 전력화 중인 무기체계의 전력화지원요소에 해당하는 비무기체계 추가소요는 합참의 필요성 검토를 거쳐 해당 무기체계 사업에 포함하여 추진토록 한다.

사. 비무기체계의 사업관리부서는 다음과 같다.

1) 비무기체계는 비무기사업단에서 사업관리를 한다. 다만, 정보화기획실에서 소요요청한 자동화 정보체계는 정보화기획실에서, 그리고 특수품목은 별도의 사업관리 조직을 구성하여 사업관리를 할 수 있다.
2) 사업관리부서 결정이 곤란한 비무기체계는 국방부 군수관리관실에 문의하거나, 비무기체계 심의회에서 결정한다.

아. 비무기체계 개발품에 대한 시험평가는 개발시험과 운용시험으로 구분하여 실시하며 다만 국산개발품이 완성장비의 성능, 신뢰성, 내구성 등에 큰 영향을 주지 않는 품목일 때는 사업주관부서의 판단에 의거 개발시험만을 실시하거나 운용 시험만을 실시할 수 있으며, 유지부품 개발시험은 부착시험을 원칙으로 한다.

2. 종합군수지원(ILS) 원칙

가. 비무기체계의 개발 및 획득간, 향후 전력화 이후 주장비 운영유지에 필요한 종합군수지원요소가 포함되도록 한다.

나. 종합군수지원은 주장비에 요구되는 군수지원요소를 정립하고, 이를 개발 및 획득한다.

다. 주장비 및 지원장비의 표준화와 호환성을 유지하고, 가급적 현 지원체제를 활용할 수 있도록 개발하여 운영유지비의 최소화로 경제적인 군수지원이 보장되도록 한다.

3. 종합군수지원 관리

비무기체계의 효과적, 효율적, 경제적인 군수지원을 보장하기 위하여 소요, 개발, 시험, 획득, 야전배치 및 폐기까지 종합적으로 관리하며 그 목표는 다음과 같다.

가. 비무기체계의 군사요구도를 충족하면서 군수지원요소를 최소화할 수 있도록 비무기체계 설계에 반영한다.

나. 주장비에 대한 정비 및 지원개념을 설정하고 세부 지원요소들을 조기에 판단한다.

다. 설정된 종합군수지원요소들이 주장비와 동시에 계획, 개발, 시험평가, 획득, 배치되도록 보장한다.

라. 비무기체계 개발품목 중 군의 보급 및 정비능력이 제한되거나 개발 업체 군수지원이 효율적일 경우 군수지원의 일부 또는 전부를 일정기간 계약업체에 의한 군수지원(CLS)으로 수행할 수 있다.

계약업체에 의한 군수지원(CLS) 대상 및 범위는 다음과 같다

1) 대상 : 군내에서 정비능력이 제한되거나 경제성 면에서 업체지원이 효율적인 사업(장비 · 물자, 교육지원요소)
2) 적용기간 : 위원회에서 정한 기간 또는 군내 군수지원능력 확보까지의 기간
3) 군수지원 개념 : 업체요원이 야전 현장위주 순회 군수지원, AS개념의 군수지원
4) 군수지원 범위 : 종합군수지원 11대 요소의 일부 혹은 전부 (정비, 수리부속 보급, 운용 및 정비요원 교육, 야전 경험제원 산출 등)

마. 비무기체계를 정부투자 또는 업체투자 연구개발시 개발업체는 종합군수지원을 위해 제안서(개발계획서) 수립단계 및 시제품 개발단계간 기술품질원, 국과연, 국방연 및 국방부장관이 승인한 군 관련 전문연구기관의 지원이나 자문을 받을 수 있다. 세부 절차는 해당 기관의 내규 및 방침에 의한다.

바. 필요시 군수지원분석(LSA)을 통한 지원시스템의 요구조건 식별과 조직적인 종합군수지원 활동으로 최적의 지원소요를 산출한다.

사. 비무기체계에 대한 표준화 및 호환성을 유지하여 개선한다.

4. 종합군수지원 계획서(ILS-P) 작성

가. 연구개발 주관기관(업체)은 종합군수지원요소 개발에 관련된 업무를 수행하기 위한 전반적인 계획인 종합군수지원 계획서(ILS-P)를 작성하여 업체 선정 후 1개월 이내 비무기체계 사업단에 제출하여야 한다.

나. 연구개발 주관기관(업체)은 종합군수지원 계획서 작성시 다음 사항을 포함한다.

1) 개 요 : 사업개요, 운용개념, 제원 및 특성, 사업예산
2) 종합군수지원관리 : 관리목표, 업무분담 및 업무체계, 종합군수지원 요소별 관리개념, 표준화 및 목록화 계획, 군수지원 분석계획
3) 세부계획 : 관련기관 및 부서별 시행내용과 절차 등 획득단계별 적용계획, 요소별 소요 및 획득일정계획, 품질보증계획
4) 시험평가계획 : 시험평가요원 편성, 시험장소, 시험목표 및 중점, 관리요소별 평가범위 및 방법 등
5) 종합군수지원 실무조정회의(ILS-MT)구성 및 운영계획
6) 적용 참고문헌 및 기타 관련된 사항

제 9 절 장비 정비 관리

1. 개 요

정비는 무기체계를 운용 · 유지하는데 매우 중요하며 종합군수지원 업무와 밀접한 관계에 있으므로 무기체계 개발시 소요군의 정비업무를 이해해야 종합군수지원 업무를 원활하게 수행할 수 있다.

2. 정비 개념

정비(Maintenance)란 장비를 항상 사용 가능한 상태로 유지하거나 사용 불가능한 것을 사용 가능한 상태로 복구시키는 일체의 행위를 말한다. 효과적인 정비를 수행하기 위해서는 정비목표를 달성할 수 있는 정비원칙이 필요하며 또한 정비원칙을 구현하기 위한 정비지원체계가 뒷받침되어야 한다.

가. 정비의 본질과 행위

정비는 개념적 요소로 본질과 행위로 분류할 수 있다. 정비의 본질은 장비별로 정해진 기준 수명을 연장하려는 적극적인 활동이 아니라, 다만 기준수명이 단축되지 않도록 효율적으로 관리 유지하는 것이다.

따라서 정비에 의해서 수명이 연장되는 것이 아니라 장비의 기준 수명 단축현상을 억제하는 데 그 본래의 뜻이 있다.

정비 행위에는 장비를 사용 가능상태로 유지하는데 필요한 검사, 시험, 근무, 조정, 정열, 측정, 제거 및 설치, 교환, 수리, 분해검사, 재생 등이 포함된다.

나. 정비(Maintenance)와 수리(Repair)

수리라 함은 파손되었거나, 기타 이유로 사용 불가능한 수리부속품(부분품, 결합체, 구성품)을 검사, 분해, 손질, 용접, 조정, 교환 등을 함으로서 사용 가능한 상태로 복구시키는 것을 말한다. 그러므로 정비와 수리는 차이가 있다. 즉 수리는 정비행위의 일부이므로 "정비 및 수리" 또는 "정비 및 재생" 등으로 말하는 것은 잘못된 표현이다. 따라서 정비와 수리는 대상면과 상태면에서 각각 다른 개념으로 사용된다. 즉 정비의 대상은 장비 및 물자인데 반하여 수리의 대상은 수리부속품이며, 상태면에서 정비는 장비 및 물자를 사용 가능한 상태로 유지하거나 사용 불가능한 것을 사용 가능하게 하는 것이며, 수리는 사용 불가능한 것을 사용 가능한 상태로 복구시키는 행위이므로 양자는 차이가 있다.

다. 정비의 중요성

장비를 계속 사용하기 위해서는 부단한 정비가 수행되어야 한다.

이것은 마치 인간의 건강관리와 같다. 효율적인 정비는 장비 및 물자의 기준 수명유지, 신뢰도 향상과 새로운 정비소요를 억제하여 전투지속 능력을 유지하며, 비능률적인 정비는 장비의 불가동, 장기간의 정비 대기, 장비성능의 약화 등으로 부대 전투력을 약화시키게 된다.

특히, 장차전의 양상으로 볼 때 신속한 정비지원은 전승의 요체이므로 최상의 장비 가동상태가 되도록 장비를 관리하여야 한다.

라. 정비 필수요소

효과적인 정비를 위해서는 정비요원, 정비용 장비 및 공구, 수리부속품, 정비시설 등 정비여건이 구비되어야 한다. 특히, 지휘관 및 참모는 요망수준에 도달하는 정비요원을 확보하도록 노력해야 하며 우수한 기술은 고장부분의 확대방지, 수리부속의 소요감소, 불가동 기간의 단축, 상급시설로의 후송 억제 등에 기여하기 때문이다.

마. 정비기술 확보 및 유지

1) 소요군은 신무기체계획득에 대한 종합군수지원업무 수행 시 정비기술 확보계획을 수립·실시하고 확보된 정비기술유지를 위하여 정비인력에 대한 주기적인 교육과 평가를 실시하여야 한다.

2) 방위사업청은 계약 시 정비기술 개발 및 확보에 관한 내용을 계약서 특수조건에 포함하여 실시하도록 되어있다.

바. 정비용 장비 및 공구

1) 신규 무기체계 및 이에 준하는 장비획득 시 정비용 장비 및 공구를 종합군수지원 내용에 포함하여 획득하고 편제표에 반영한다.

2) 정비용 장비 및 공구는 인가부족량을 획득하고, 보급 및 정비 거래선을 유지하여 항상 사용 가능한 상태를 유지하여야 한다.

사. 정비시설

소요군은 종합군수지원업무 수행 시 정비활동에 필요한 정비시설을 신개발 무기체계의 정비업무 수행 전까지 확보하도록 반영해야 한다.

3. 정비목표

장비를 임무수행이 가능하도록 장비별 장비가동목표(목표운용 가용도) 수준을 유지하고 수명기간 동안에 최소의 비용과 적기 정비활동으로 장비의 신뢰성, 가용성, 정비성을 보장하는데 있다. 따라서 모든 정비활동은 불가동 장비를 신속히 복구하여 장비 사용자가 전투임무수행을 위해 필요로 하는 시기에 즉각 사용이 가능하도록 하는데 주안을 두어야 한다.

4. 정비원칙

장비보유 각 군·기관은 장비를 수명기간 동안 최소의 비용으로 적기에 정비하여 항상 전투임무수행이 가능하도록 최상의 가동상태를 유지하기 위하여 다음과 같은 정비원칙에 입각하여 정비 업무를 수행해야 한다.

가. 정비는 예방정비 개념에 의해 사용자 정비를 우선 실시한다.

나. 정비능력 초과 시에는 상급 정비부대에서 지원한다.

다. 허용된 정비수준 범위 내에서 신뢰성 보장과 경제적인 정비를 수행한다.

라. 정비가 필요한 장비는 최단시간 내에 정비를 실시한다.

마. 전·평시 신속한 정비지원이 가능토록 정비지원체제 및 능력을 구비한다.

바. 정비계단을 초과하는 정비실시는 금지한다.

사. 사용 불가능한 장비에서 사용가능한 수리부속품을 탈거하여 고장난 타 장비의 기능발휘가 가능하도록 수리·복구하는 행위 즉 "동류전용"을 금지한다.

다만, 유사시에 신속한 정비 복구가 요망되거나 평시에 수리부속이 긴급히 필요할 경우 또는 수리부속의 장기 고갈로 보급 전망이 불투명할 경우는 가능하다.

5. 장비 정비 구분

정비는 장비 및 물자를 영구적으로 가치를 부가시키거나 당초에 설정된 기준수명을 더욱 연장시키기 위한 적극적 행위를 뜻하는 것이 아니라 사용 가능상태로 유지하려는 소극적인 행위로 예방정비로부터 완전 분해수리나 재생에 이르기까지 망라된다. 군에서는 이와 같은 정비가 효과적이며 체계적으로 수행될 수 있도록 하기 위해 각급 부대에서 담당해야 할 정비범위와 책임한계를 명확히 하기위해 정비구분을 설정한다.

정비구분을 설정함에 있어서는 부대의 기본임무, 기동력의 구비정도, 요망되는 인적·물적·기술적 자원의 가용도 등에 따라 결정한다. 정비구분은 일명 정비분류라고도 하며 정비작업을 실시하는 부대(기관) 또는 정비작업의 정도에 따라 군정비, 외주정비, 해외정비, 3군상호정비 및 군외정비 등 5가지로 구분한다.

가. 군(군직)정비

군 정비는 군이 보유하고 있는 정비능력(정비인력, 정비기술, 정비용 장비 및 공구, 수리부속, 정비시설 등을 말한다)을 활용하여 군 보유 장비 및 수리부속품을 직접 정비하는 것을 말한다. 군직정비는 정비수준에 따라 부대정비(1, 2계단), 야전정비(3, 4계단), 창정비(5계단)로 분류한다.

나. 외주정비

1) 군에서 정비할 수 없을 때 민간업체에 의뢰하여 정비하는 것을 말한다. 그러나 군에서

정비할 수 있는 품목이라 하더라도 군의 정비능력, 경제성, 품질면, 기타 여건에 따라 민간업체에 의한 외주정비를 실시할 수 있다.

가) 외주정비품의 정비기준은 기술교범 · 사양서 및 각 군의 작업 · 검사기준표에 의하며 외주정비품의 특성과 품질보증을 위하여 규제가 필요한 사항은 계약서의 특수조건에 명시한다.

나) 각 군 · 기관은 불가피한 경우를 제외하고는 역수송 방지를 위하여 수요지에 납품하여야 한다.

2) 외주수리

희소 및 비표준 장비로서 군 정비가 불가능하거나 비경제적인 장비 및 주요 결합체를 야전에서 직접 민간업체에 의뢰하여 정비한다.

3) 외주재생

창에 후송된 품목중 군 정비능력이 없는 품목을 민간업체에 의뢰하여 재생한다.

다. 국외정비

국내정비가 불가한 장비 및 수리부속품을 국외생산 또는 정비업체가 실시하는 정비를 말하며, 각 군 · 기관은 국외정비품의 기술자료 및 정비능력을 확보하여 가능한 국내정비로 전환하여야 한다.

라. 3군 상호정비

3군 상호정비는 주 소요군의 기존 장비 정비시설을 이용하여 타군의 장비에 대해 정비지원을 제공하는 것을 말한다. 3군 상호정비지원은 주 장비 보유 군에서 지원을 담당한다. 즉, 지상 공통장비는 육군이 해 · 공군에 대한 야전 및 창 정비 지원을 담당하고, 통신 특수장비 및 표준원가에 의한 정밀 측정 등은 공군에서 담당하며, 선박은 해군에서 정비지원을 담당한다.

마. 군외정비

정부 및 대외기관에서 보유한 장비 중 정부, 대외기관 및 민간업체에는 정비능력이 없어서 군에서 정비지원하는 것을 말하며, 세부절차는 장비정비 및 탄약보급지원에 관한 국방부와 법무부, 행정안전부, 국토해양부 간 합의서 및 3군 공통군수지원규정에 따라 정비지원한다.

6. 정비계단

정비계단은 정비행위별(검사, 교환, 시험, 조정, 수리, 재생 등)로 요구되는 기술적 수준으로서, 특정장비나 구성품, 결합체, 부분품을 정비함에 있어 소요되는 장비 및 공구, 수리부속의 사용이 허용된 최저 정비책임부대를 나타낸다. 군은 장비 및 물자의 효율적인 정비를 위하여 정비계단을 아래와 같이 5계단으로 구분하여 설정하고, 계단별 정비작업 제대와 작업범위를 해당 장비의 기술교범(2계단 정비교범)의 정비 할당표에 수록하고 있다.

가. 1계단 정비(사용자 정비)

1) 사용부대에서 장비유지를 위해 실시하는 가장 기초적인 정비로서, 장비 운용병 및 승무원에 의해 수행되는 정비작업이며 기술교육을 받은 정비병의 도움을 받아 실시하는 점검, 손질, 주유, 허용된 조정, 사소한 수리 및 시험, 허용된 부속품 교환 등의 정비작업을 말한다.

2) 1계단 정비는 장비의 운용 전·중·후의 점검 및 정비 등 일일정비와 주간정비로 나누며, 예방정비 개념에 의거 실시한다.

나. 2계단 정비

1) 특별히 기술교육을 받은 부대 정비병에 의하여 수행되는 정비작업으로써 1계단 정비수준을 초과하는 정비작업을 위해 정비병, 수리부속, 공구 및 기재, 시험장비 등이 편제표나 기타 배당표에 인가되거나 할당된다.

2) 2계단 정비는 월간, 분기, 반년정비 등 계획정비를 실시한다.

다. 3계단 정비

1) 특별히 기술교육을 받은 정비요원에 의하여 수행되는 정비작업으로서 결합체 및 구성품의 교환작업 위주로 실시한다.

2) 3계단 정비는 주로 직접지원 정비부대에서 실시하나 부대정비에서도 특별한 경우 인가를 받아 실시 할 수 있다.

라. 4계단 정비

1) 고도의 기술수준을 가진 정비요원에 의하여 수행되는 정비작업으로 장비, 구성품, 결합체 등의 내부진단과 수리작업을 실시한다.

2) 4계단 정비는 주로 일반지원 정비부대에서 실시하나 특별히 인가된 경우는 3계단 정비부대에서도 실시 할 수 있다.

마. 5계단 정비

1) 고도의 기술과 숙련된 정비요원에 의하여 수행되는 정비작업으로 완제품, 구성품, 결합체의 분해수리와 재생작업을 위주로 한다.

2) 5계단 정비는 창정비 부대에서 실시하나 특별히 인가된 경우는 4계단 정비부대에서도 실시할 수 있다.

참고문헌

국내자료

1. 김영기, "전력화지원요소 : 이론과 실제", 한국 학술정보, 2007.
2. 김철환 · 이건제, 『무기체계 획득관리』, 국방대학교, 2001.
3. 방위사업청 "방위력개선 사업관리규정", 2009.
4. 방위사업청, "종합군수지원 개발업무지침서", 2009.
5. 정용길, "종합군수지원 : 이론과 실제(창정비 중심으로)", 북 코리아, 2008.

국외자료

1. James V. Jones, 『Integrated Logistics Support Hand Book』, 학연 문화사, 2008.
2. Benjamin S. Blanchard, 『Logistics Engineering & Management』, 학연 문화사, 2008.

제4장 RAM 분석

제1절 개 요

1. 개 요

어떤 개인이 임무를 수행함에 있어서 아무리 우수한 능력과 자질을 갖추고 있다 하더라도 자주 병이 나서 치료기간이 장기화되어 주어진 업무를 수행할 수 없게 된다면 문제가 될 것이다.

마찬가지로 무기체계나 장비의 획득 및 운용에 있어서 제아무리 성능이 우수하고 획득가격이 저렴하다 하더라도 자주 고장이 발생하고 정비하는데 많은 시간과 노력을 요한다면 유사시 전투준비태세에 심각한 영향을 미치게 되고 이를 운용 유지하는데도 많은 비용이 들 것이다. 따라서 어떤 장비를 개발하는 과정에서 개발자나 소요군은 "이 장비는 얼마나 자주 고장이 날 것인가?, 또한 정비하는데 얼마나 시간이 소요되는가?"라는 문제에 봉착하게 된다.

무기체계의 개발은 막대한 예산이 투입될 뿐 아니라 전투준비태세에 직결되는 것으로 우리가 개발한 각종 고가의 장비들이 가동되지 못하는 상태에 있거나, 정비를 위하여 많은 시간을 정비시설에서 대기하고 있어야 한다면 이는 전투력 발휘에 지대한 영향을 주기 때문이다. 이러한 문제를 해결하여 무기체계의 운용 가용상태가 규정된 수준으로 유지 되도록 하고, 장비에 부여된 임무의 성공적인 수행을 도모하며, 나아가서는 정비인력 및 군수지원 비용을 절감하기 위하여 RAM 분석을 해야만 한다.

2. 정 의

RAM이란 신뢰도(Reliability), 정비도(Maintainability), 가용도(Availability)의 약어로 RAM 요소별 예측 및 분석활동을 통하여 설계지원 및 평가, 설계 및 대안 도출, 군수지원분석(LSA) 등을 지원하는 업무로서 무기체계 및 장비의 고장빈도(신뢰도 : MTBF, MRBF, MKBF), 정비업무량(정비도 : MTTR, MR), 전투준비태세(가용도 : Ao, Ai, Aa)를 나타내는 척도로 사용되고 있다.

군 및 방위산업체에서는 'RAM'으로 통용되고 있지만 최근에는 안전요소(Safety)를 포함하여 'RAMS' 와 내구도(Durability)를 포함하여 RAM-D[1] 로 불려지고 있으며 RAM과 LSA는 무기체계 설계와 동시에 고려해야 할 설계변수(Design Parameter)로서 밀접한 관계가 있다. 무기체계 수명주기간 업무의 중요도를 고려하면 RAM은 50%, LSA는 30%, ILS는 20%로 RAM 분석결과는 LSA 및 ILS요소 개발에 지대한 영향을 미친다.

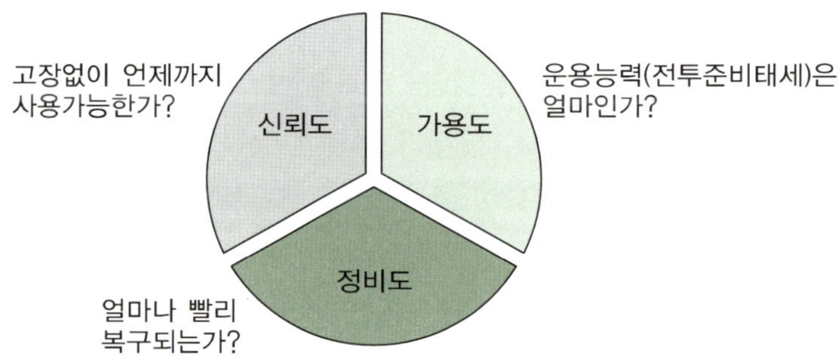

그림 4-1 RAM의 개념

가. 신뢰도(Reliability)

신뢰도란 어떤 체계가 주어진 조건하에서 일정기간 동안 고장 없이 의도된 기능(성능)을 수행할 수 있는 정도(확률)를 뜻하며, 고장빈도와 관계되는 요소이다. 신뢰도는 다음과 같이 표시된다.

$$\text{신뢰도}(Rt) = \frac{\text{일정기간 동안 운용결과 무고장 대수}(n)}{\text{총 운용 대수}(N)}$$

1) RAM-D업무는 개발장비의 최초 개념설계부터 폐기시(전 LifeCycle)까지 수행되는 업무로 설계, 시험 및 운용자료를 수집 및 분석 DB화하여, RAM-D 요소별 예측 및 분석활동을 실시하여 설계지원 및 평가, 설계개선 및 대책방안 도출, 군수(물자)지원요소 분석(LSA)등의 업무를 지원하는 체계공학 업무중 하나이다.

나. 가용도(Availability)

가용도란 어떤 체계가 고장과 수리를 거쳐 임의의 시점에서 가동상태에 있을 확률을 뜻하며, 신뢰도와 정비도에 의해 결정된다.

가용도는 어떤 체계가 불시에 임무를 부여받았을 때 가용될 수 있는 정도를 나타내는 것으로 무기체계의 경우에는 전투준비태세 측정치로 사용되며 운용환경에 따라 고유가용도, 달성(성취)가용도, 운용가용도로 분류된다.

가용도(At)=f{신뢰도(Rt) 정비도(Mt)}

1) 고유가용도(Ai)

고유가용도란 계획정비 없이 규정된 조건하에서 가동상태에 있을 확률로서 체계 자체의 요인 즉, 고장으로 인한 불가동 시간만을 반영한 값이다. 고유가용도는 체계개발단계에서 체계의 설계개념을 설정할 때 이용된다.

2) 달성(성취)가용도(Aa)

달성가용도는 고유가용도에 계획정비 시간을 추가로 고려한 것으로 체계 자체의 직접적인 원인 즉, 정비(고장, 예방)와 관련되지 않는 불가동시간을 제외한 값이다. 달성가용도는 체계개발이 활발히 수행되는 체계개발 단계로부터 전력화평가 단계까지 적용된다.

3) 운용가용도(Ao)

체계를 운용하는 경우 체계자체의 직접적인 원인에 의한 불가동시간이 아닌 간접적인 원인에 의한 불가동시간도 무시할 수 없다. 따라서 운용가용도는 현실적으로 발생할 수 있는 모든 불가동시간을 고려한 값으로 체계 운용시에 적용된다.

따라서 운용가용도는 체계가 만족해야 할 장비가 실제의 운용환경과 규정된 조건 하에서 사용될 때 임의의 시점에서 만족스럽게 작동할 확률이며 체계가 만족해야 할 운용가용도는 체계의 작전운용형태 및 임무유형(OMS/MP)[2] 또는 전투준비태세로부터 산출하고 운용가용도를 만족하는 운용 평균고장간시간(MTBF)을 구하는 것이며 전투준비태세 수준으로부터 운용가용도를 결정하는 기본적인 개념은 체계가 1년 또는 어떤 주어진 시간 중 얼마 동안 작전 가능한 상태에 있어야 하느냐 하는 요구조건을 설정하는 것으로 체계의 종류, 전투준

2) 작전운용형태/임무유형(OMS/MP : Operation Mode Summary, Mission Profile) : "해당 무기체계의 임무는 무엇이며, 어떻게 사용될 것인가"를 체계적이고 정량적으로 분석하여 모든 운용 및 임무형태별 필수임무기능의 구체적 운용량을 기술한 것을 말한다. ☞ 제5절 참조

비태세의 요구조건에 따라 달라진다.

다. 정비도(Maintainability)

정비도란 규정된 정비여건이 갖추어진 상태 하에서 정비를 실시할 경우 지정된 기간 내에 어떠한 체계가 규정된 상태로 복구될 수 있는 정도(확률)를 뜻하는 것으로 정비의 용이성, 즉 정비업무량과 관계되는 요소이다. 정비도는 일반적으로 다음과 같이 표시한다.

$$\text{정비도} = \frac{\text{부여된 기간 내 정비 완료된 대수(n)}}{\text{정비시도 대수(N)}}$$

이상에서는 램(RAM)에 대한 이해를 용이하게 하기 위해 그 정의를 요약하여 설명하였으나, 램(RAM)은 응용하는 사람에 따라 서로 다른 의미를 부여하는 광범위한 뜻을 지니고 있다. 즉 체계를 설계하는 설계자에게는 무기체계 및 물자의 품질, 설계형상, 기술 및 공학적 관리와 관련된 기술적 문제로서 설계기준으로 활용되며, 군수 운용자는 인력, 수리부속, 지원 장비 등의 군수자원과 지원업무를 배분하는 도구로 활용할 수 있다. 또한 획득단계에서의 군수요원은 램(RAM)을 활용하여 군수지원 요소별 소요를 판단하고 나아가서는 운영유지비를 예측할 수 있다.

무기체계 획득 과정에서 램(RAM)이 중요한 의미를 가지는 것은 고(高) 신뢰도의 무기체계를 야전에 배치함으로써 불 가동시간을 최소화하는 동시에 경상운영비를 감소시킬 수 있기 때문이다. 이것은 결과적으로 무기체계 사용효과를 제고하여 전투력 증강에 기여할 뿐만 아니라 수명주기비용을 절감함으로서 효과성과 경제성을 보장하는 것이다.

3. 관련규격 및 기준

가. RAM 업무관리

1) MIL-STD-785B : 체계의 개발, 생산, 배치단계 신뢰도 일반요구사항 업무내용
2) MIL-STD-470A : 체계의 Maintainability 필요업무 내용

나. RAM 업무기법

1) MIL-STD-721 : RAM 용어정의
2) MIL-STD-756B : 신뢰성 예측 및 할당

3) MIL-HDBK-472 : 정비성 예측 및 할당
4) MIL-HDBK-217 : 전자장비 신뢰도 예측
5) MIL-STD-2155 : FRACAS

4. 목 적

RAM은 신뢰도 업무를 통해서 결함 발생시기를 예측하고, 정비도 업무를 통해서 고장발생시 복구성을 평가하며, 가용도를 통해 전투준비태세를 평가한다. 즉, 체계 신뢰성을 증대하고, 수명주기 비용을 절감하기 위해 RAM을 수행한다.

무기체계 운용시 필요정보사항	평가요소	척 도
얼마만큼 운용시 결함이 발생할 것인가?	신뢰도(R)	MTBF, MKBF, MRBF
운용장비의 가용능력 및 전투준비태세는?	가용도(A)	Ai, Aa, Ao
발생된 고장을 얼마나 신속히 정비할 수 있는가?	정비도(M)	MTTR, MR
최적의 교환시점 및 완전분해 수리시점은 언제인가?	내구도(D)	Km, Hr, Round

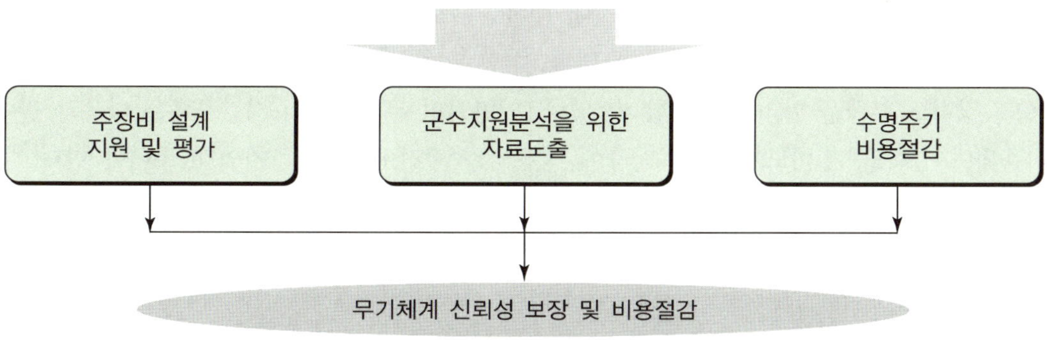

그림 4-2 RAM 목적

5. 적용의 필요성

가. 수명주기비용 절감

램(RAM) 기법을 적용하게 되면 장비의 설계 및 시험비용은 더 많이 요구되지만 램(RAM)분석을 통한 군수지원의 향상효과를 가져와 장비의 운용 및 지원비용을 줄일 수 있으므로 장비의 수명주기비용면에서 실질적인 절감효과를 기대할 수 있다.

나. 장비성능 향상 및 인명 피해 방지

장비의 효율성을 높임과 동시에 고장을 미연에 방지할 수 있으므로 장비의 성능을 향상시키고 안전면에서도 예방정비를 통하여 각종 사고가 예방된다.

다. 원활한 군수지원

정비단계별로 램(RAM)요소 값의 정확한 산출을 통하여 예비부품, 수리부속품등의 정비계획 및 보급지원에 즉각적인 대처가 가능하다.

라. 의사결정의 계량적 근거 제시

의사결정을 위한 대안설정 및 각 안별로 램(RAM) 비교를 통하여 맹목적이 아닌 계량적 근거에 의한 주요의사 결심자료의 제공이 가능하다.

6. 체계 및 장비운용 관련 시간분류

무기체계의 RAM분석을 위해서 시간에 대한 정확한 정의와 구분을 반드시 해두어야 한다. 시간 구별 중에서 특히 정비활동에 관한 시간 구별이 정확하게 이루어져야만 신뢰도, 가용도, 정비도 분석을 합리적으로 할 수 있다. 일반적인 무기체계의 시간구분은 다음과 같이 사용되며 신뢰도, 정비도, 가용도 산출에 적용되는 시간이므로 잘 기억해 두어야 한다.

표 4-1 운용 및 정비시간 분류

<table>
<tr><th colspan="7">총 시 간(TT)</th></tr>
<tr><td colspan="3">총 가동시간(TUT)</td><td colspan="4">총 불가동시간(TDT)</td></tr>
<tr><td rowspan="2">운용시간
(OT)</td><td colspan="2">비 운용시간
(NOT)</td><td colspan="2">총 정비시간
(TMT)</td><td colspan="2">총 행정 및 군수지연시간
(TALDT)</td></tr>
<tr><td>대기시간
(ST)</td><td>경계
(AT)</td><td>수리정비
(TCM)</td><td>예방정비
(TPM)</td><td>행정지연시간</td><td>군수지연시간</td></tr>
</table>

가. 총시간(TT : Total Time) : 체계나 장비 전력화 후부터 폐기시까지의 총 시간
나. 총 가동시간(TUT : Total Up Time) : 체계나 장비가 가동할 수 있는 상태로 있는 시간
다. 총 불가동시간(TDT : Total Down Time) : 체계나 장비가 고장이나 예방정비

로 인하여 가동 불가능한 상태에 있는 시간

라. 대기시간(ST : Standby Time) : 장비 가동을 위하여 대기상태에 있는 시간

마. 경계시간(AT : Alert Time) : 장비 운용을 위하여 경계상태로 대기하고 있는 시간(대기상태보다 상위의 대기태세 유지)

바. 운용시간(OT : Operating Time) : 장비나 체계가 실제 운용된 시간

사. 비 운용시간(NOT : Non Operating Time) : 장비가 가동될 수는 있으나 운용되고 있지 않는 상태(대기 또는 비상대기상태)

아. 총 정비시간(TMT : Total Maintenance Time) : 고장 수리 정비 및 예방정비를 합한 시간

자. 총 수리정비 시간(TCM : Total Corrective Maintenance Time) : 고장수리를 위해 소요되는 정비시간

차. 총 예방정비시간(TPM : Total Preventive Maintenance Time) : 예방정비를 위해 소요되는 정비시간

카. 총 행정 및 군수지연시간(TALDT : Total Administrative & Logistic Delay Time) : 고장수리정비와 예방정비를 수행하는 과정에서 발생하는 행정적, 군수적 지연시간의 총합을 말하며, TALDT는 부속품, 정비요원 또는 수송을 위해서 소요되는 시간으로 RAM 요소값과 밀접한 상관관계를 갖고 있다. 만약에 TALDT를 낮게 평가하면 RAM 요소값은 매우 낮게 설정된다. 체계에 고장이 발생했을 경우에 「이 고장을 부대정비에서 고칠 수 있는 고장인지? 부분품 필요한 고장인지? 또한 부분품이 필요한 고장이라면 이 부분품이 PLL 부품인지 ASL 부품인지?」의 여부에 따라서 TALDT는 상이한 값을 갖게 된다. 따라서 이러한 모든 가능한 경우에 대하여 현재의 정비지원체계를 이용하여 1개의 고장에 평균적으로 소요되는 시간을 구하여 이 값을 TALDT로 판단한다. TALDT의 계산을 좀 더 손쉽게 하기 위하여 개발된 기법이 의사결정 계보 분석기법(Decision Tree Technique)이다.

이 기법에 의하면 1개의 고장에 대하여 발생할 수 있는 모든 가능한 경우의 경로를 구하여 각 경로에 대한 지연시간을 구하고, 모든 경로의 지연시간을 더하여 TALDT를 구한다.

이러한 의사결정 계보모델을 작성할 때는 개발하고자 하는 장비와 유사한 장비가 과거에 어떠한 지원체계로 어떻게 지원되었는가 하는 과거자료를 환류해야 한다.

예를 들어 설명하면 임의의 ABC체계에 대한 TALDT 의사결정 계통도모델이 〈그림 4-3〉과 같다고 하면 〈그림 4-3〉에서의 각 분기점은 다음과 같다.

① 부분품이 필요하다.

② 부분품이 규정 휴대량 목록(PLL)에 저장되어 있다.

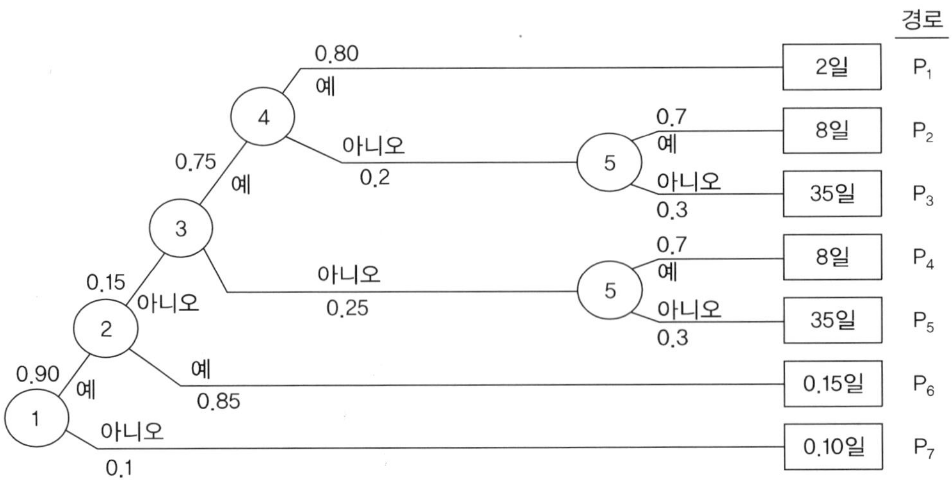

그림 4-3 ABC 시스템의 의사결정 계통도 모델

③ 부분품이 인가저장목록(ASL)에 해당한다.

④ 부분품이 인가저장목록에 저장되어 있다.

⑤ 부분품이 일반지원 정비부대에 저장되어 있다.

여기에서 각 경로에 대한 지연시간을 구하면 아래와 같다.

경 로

P1 : (0.9)(0.15)(0.75)(0.8)(2)=0.16

P2 : (0.9)(0.15)(0.75)(0.2)(0.7)(8)=0.11

P3 : (0.9)(0.15)(0.75)(0.2)(0.3)(35)=0.21

P4 : (0.9)(0.15)(0.25)(0.7)(8)=0.19

P5 : (0.9)(0.15)(0.25)(0.3)(35)=0.35

P6 : (0.9)(0.85)(0.15)=0.11

P7 : (0.1)(0.1)=0.01 이므로, TALDT(총 행정 및 군수지연시간)을 구하면

$$\text{TALDT} = 0.16 + 0.11 + 0.21 + 0.19 + 0.35 + 0.11 + 0.01 = 1.14\text{일}$$

따라서 27시간이 된다.

제 2 절 램(RAM) 업무 수행 절차

1. 개발단계별 램(RAM) 활동

가. 개 요

RAM 분석자는 무기체계 획득주기와 밀접한 관련을 가지고 주요 업무를 추진하게 되며, 운용개념 분석에서부터 야전자료 수집 및 관리까지의 일련의 과정을 거치게 된다.

이러한 RAM 업무는 무기체계 획득주기와 밀접하게 관련이 있는데 무기체계 개발단계는 〈그림 4-4〉와 같다.

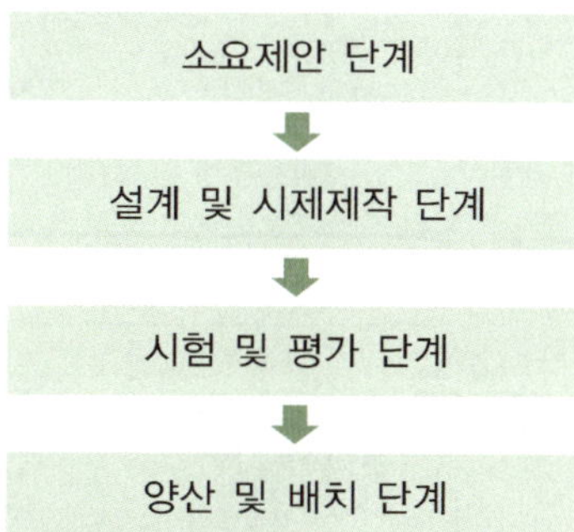

그림 4-4 RAM 개발단계

RAM분석자는 무기체계 개발과정에서 개발될 무기체계의 운용형태 및 임무를 분석하여 RAM요소 목표 값 (MTBF, MRBF, MTTR, MR, 가용도 등)에 대한 요구사항을 도출하고 또한 공학적 기법 혹은 수학적 모델을 사용하여 RAM요소 목표치를 예측함으로써, 이 예측값이 체계의 설계지원이나 군수지원 분석의 기초자료가 되도록 해야 한다. 또한, 무기체계의 신뢰도 시험을 위한 시험의 계획 및 신뢰도 성장을 입증하도록 하고, 무기체계가 야전에 배치되면 야전 데이터를 수집, 분석함으로써 RAM 활동에 필요한 자료를 활용될 수 있도록 해야 한다.

이상에서 언급한 바와 같이 RAM 활동은 무기체계 개발 단계와 유기적으로 결부된 업무 단계를 거치게 되는데 장비의 전 개발 단계별 RAM 업무를 간략화 하면 〈그림 4-5〉와 같다.

나. 소요제안 단계

본 단계에서는 무기체계의 운용개념과 운용환경을 고려하여 개발할 무기체계에 적합한 RAM 요소를 선정하여 목표치를 설정하는 것으로 체계 정비개념과 체계기능 및 구조분석

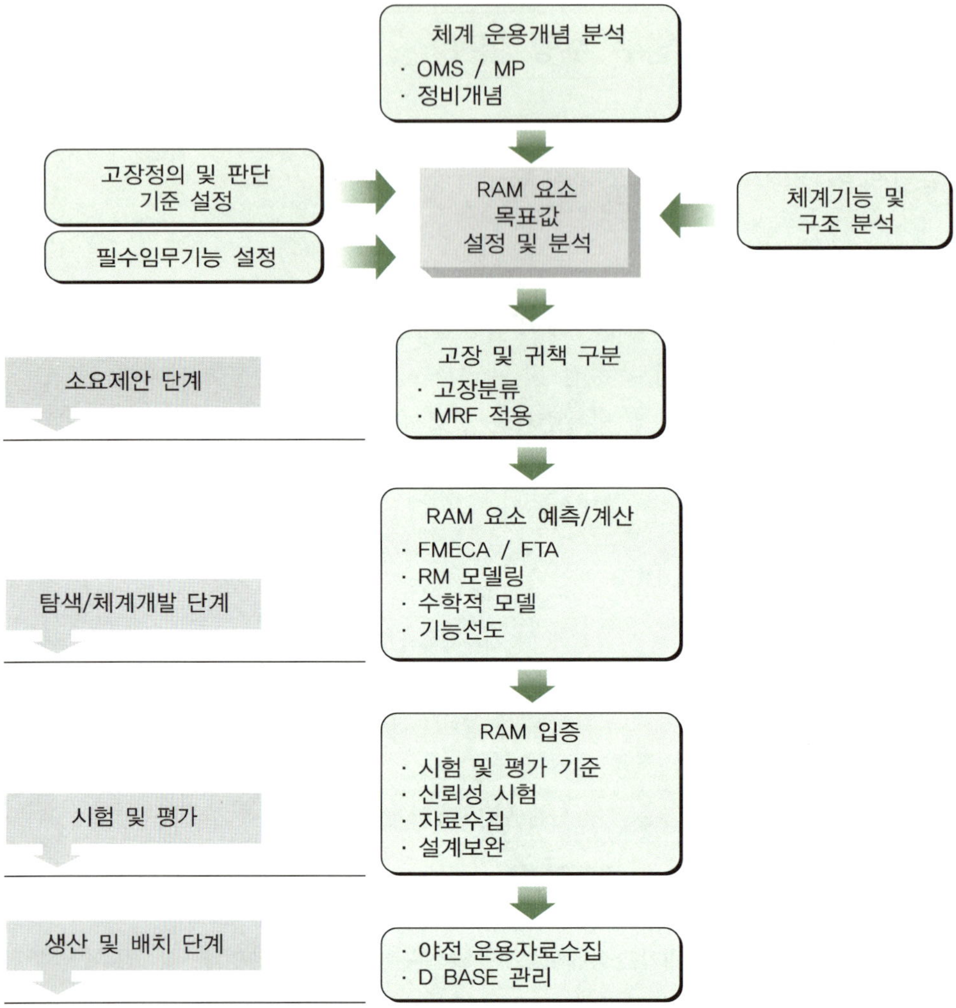

그림 4-5 개발단계별 RAM 업무절차

을 거처 RAM 전투개발자가 장비개발자와의 상호 의견조정으로 RAM 목표치를 잠정적이나마 정량적으로 결정하여 이를 연구 개발 동의서에 반영하며 고장을 정의한다.

RAM 요소 목표치 설정 및 예측과 시험 및 평가 과정에서 일관성 있게 적용할 수 있는 개발(체계)장비의 고장정의 및 판단절차를 필수 임무기능(Mission Essential Function), 운용임무고장(Operational Mission Failure), 고장분류(Classification) 및 고장귀책(Chargeability)을 고려하여 수립한다.

특히 RAM 요소 선정은 장비(체계)의 특성을 고려하여 수리가 불가능한 장비(예 : 탄약, 미사일)는 신뢰도 요소만 선정하고 수리가 가능한 장비(예 : 기동장비, 통신장비, 사격통제장비)는 신뢰도 요소와 정비도 요소 또는 신뢰도 요소와 가용도 요소를 선정한다.

1) 체계 운용개념

체계 운용개념은 사용자의 운용개념을 의미하는 것으로 이는 무기체계 소요를 보다 구체화 하기 위하여 전투 개발자는 무기체계의 운용 및 조직계획과 작전운용형태 및 임무유형(OMS/MP)를 수립하게 되는데 새로이 개발될 체계에 대한 소요의 근간이 된다.

특히 작전운용형태 및 임무유형(OMS/MP)을 구조적으로 분석하여 RAM 요소 목표치를 결정하는 분석틀로 제공될 수 있어야 하는데 세부적인 내용은 제5절 작전운용형태 및 임무유형(OMS/MP) 참고한다.

2) 체계의 정비개념

체계의 정비개념은 체계의 운용개념을 기초로 거의 동시에 수립하는데 여기에는 무기체계의 수, 정비지원 수준, 수리방침, 정비계단별 주요기능 및 책임, 계단별 정비 허용시간, 정비환경 등을 포함하며, 이러한 정비개념은 무기체계 및 장비 설계시에 군수지원 가능성을 판단하는 기초를 제공할 뿐 아니라, 군수지원(시험 및 지원 장비, 대규모 시설 등)의 주요소에 대한 설계기준을 제공한다.

XXX 체계에 대한 정비개념의 "예"는 다음과 같다.

1. 결함/고장 중 70%는 20계단 이하에서 발견 및 수리 가능할 것
2. 정비율 (= 정비인시/운용시간)

20 계단	0.132 이하
30 계단	0.162 이하
40 계단	0.103 이하

3. 정비개념
   가. 10 및 20 계단 정비의 90% 이상은 1시간 이내에 완료되어야 하며 최대 4시간을 초과할 수 없다.
   나. 30 및 40 계단 정비의 90% 이상은 4시간 이내에 완료되어야 하며 8시간을 초과할 수 없다.
   다. 20 계단의 평균 수리시간은 2시간 이하이어야 한다.

3) 체계기능 및 구조분석

체계의 기능은 작전운용형태와 임무유형에 따라 각 임무를 달성하기 위하여 임무시작부터 완료까지 수반되는 제반적인 활동으로서 체계의 구성품과 직접 연계되며 또한 체계기능에서 체계가 임무를 성공적으로 완결하는 과정에서 수행되는 최소한의 기능을 필수 임무기능이라 한다.

체계기능은 분석대상 체계에 따라서, 그리고 분석자 및 분석 자료의 활용대상에 따라 여러 가지로 분류할 수 있으며, 체계기능과 구조분석을 통하여 체계의 임무수행과 관련한 기능과 체계구조간의 연관관계를 설정하면 RAM 요소 목표치에 대한 분석틀을 만들 수 있다.

4) 고장정의 및 판단기준

가) 개념

고장정의 및 판단기준은 램(RAM) 요구수준을 설정, 제기할 때 중요한 의미를 지닌다. 왜냐하면, 체계결함 중에서 어디까지를 고장으로 보느냐에 따라 신뢰도는 크게 달라지기 때문이다.

고장정의 및 판단기준의 설정과정은 먼저 체계의 모든 결함을 식별한 후 이들 결함 중에서 고장기준을 결정하게 된다.

고장은 통상 필수임무기능(Mission Essential Function) 수행을 불가능하게 하거나, 인원 및 장비에 치명적 또는 중대한 위험을 초래하는 것으로, 발생 즉시 정비를 요하는 결함을 기준으로 결정한다.

나) 고장판단 기준 제기(예)

표 4-2 XX 화포체계 고장판단 기준

구 성 품	고 장 유 형	고 장 판 단
엔진 결합체	• 출력일부 또는 완전상실 • 과열 • 누유	C C NC
오일 냉각용 라지에이터	• 누유 • 오일흐름 불량	C C
헤드라이트 램프 (2개)	• 1개 고장 • 2개 고장	NC C
BD Lamp	• 모든 고장	NC
사수 조준경 및 헤드미러 결합체	• 구동장치 고장 • 전단증폭기 고장 • 냉각장치 고장 • 주사장치 고장 • BITE 장치 고장 • 초점 조절장치 고장	C C C NC NC C

☞ C : 고장인정(Chargeable), NC : 고장부인(Non-Chargeable)

다) 기 타

(1) 시스템(System) 고장

부대 정비사항에 해당하는 결함으로서 차기 계획정비시 까지 연기할 수 없는 결함, 직접 또는 일반정비에 해당하는 결함으로써 품목의 대체, 개조 또는 폐기할 때까지의 규정된 잔여수명 기간 내에 정비가 필요한 결함

(2) 임무(Mission) 고장

필수임무 기능을 상실하거나 저하시키는 결과를 초래하는 시스템(System)고장을 말하며 임무(Mission)고장에 대해서는 임무 신뢰도 계수(Mission Reliability Factor)를 적용한다.

(3) 고장분류 기준

구 분	고장분류 기준	XXX체계 대상품목별 기준
치명결함	기동 및 사격 임무수행을 위한 필수 기능품의 고장으로 수리가 불가능하여 교환이 불가피하거나 창정비가 요구되는 결함	• 차량분야 - 완전교환 : 엔진, 변속기, 종감속기 - 창정비 수리 : 차체 구조물 • 포탑분야 - 완전교환 : 포신, 포 마운트, 선회기어 박스, 레이스 링, 고저/평형 실린더, - 창정비 수리 : 포탑 구조물
중결함	기동 및 사격기능에 중대한 영향을 미치는 중요 기능품의 고장으로 중요 구성품의 수리 또는 교환을 해야만 임무수행이 가능한 결함	• 차량분야 - 기동 및 사격이 불가능한 정도의 중요 기능품 고장으로 교환 및 수리(차체 구조물, 동력, 현수, 전기장치 등의 중요 구성품) • 포탑분야 - 사격이 불가능한 정도의 중요 기능품 고장으로 교환 및 수리(포탑 구조물, 포신, 포 마운트, 포탑 구동, 송탄, 사통 및 통신 장치의 중요 기능품)
경결함	기동 및 사격기능에 경미한 영향을 미치는 중요 부품고장 이나 기본임무에 영향이 적은 구성품 및 부품의 결함	• 차량 및 포탑 구성품의 하부 부품 교환 및 수리

5) 고장에 따른 임무신뢰도 계수

운용간에 고장이 발생하면 필수임무기능을 상실함으로써 체계의 임무달성에 큰 영향을

미치게 되는데 이는 고장 수준에 따라 미치는 정도가 다르다. 따라서 고장에 임무신뢰도 계수(MRF : Mission Reliability Factor)를 부여함으로써 그 수준을 구분한다.

임무신뢰도 계수는 특정한 임무를 수행하는데 있어서 필수임무기능의 고장 또는 기능저하로 인해 성공적으로 수행될 수 없는 비율을 나타낸 것으로 체계의 특성에 따라 다르지만 일반적으로 임무실패 고장을 중심으로 적용하며 그 값을 부여한다.

XXX 시스템의 MRF 적용기준에 대한 예는 다음과 같다.

가) 기능상실 : 차량의 기동임무 수행불가

나) 기능저하 : 발생된 고장으로 인하여 차량에 부여된 임무수행능력이 수준 이하로 되거나 수준이하로 될 가능성이 있는 결함

(1) 계속적인 임무수행이 의문시

(2) 어느 정도 임무수행은 가능하지만 시간이 지남에 따라 기능저하가 심화되거나 기능상실이 될 수 있는 고장

(3) 임무수행에 경미한 영향을 주는 고장, 즉 다른 기능에 있어서 비슷한 임무수행을 할 수 있는 고장

또한 임무신뢰도 계수는 신뢰도를 평가 하는데 영향을 미치는데 이를 고려하지 않을 경우 신뢰도는 "MMBF=Test Miles / 임무실패 고장 수"로 표시하며 임무신뢰도 계수를 고려할 경우의 신뢰도는 "MMBF=Test Miles / 모든 실패고장의 임무신뢰도 계수의 합"으로 표시한다.

다. 탐색 및 체계개발 단계

탐색 및 체계개발 단계에서는 연구개발 동의서에 반영된 RAM 요소의 정량적 달성가능성을 검토하고 확정하기 위하여 기능 블록 다이아그램을 작성하고 RAM 목표치를 예측하며, 무기체계의 신뢰도 및 정비도를 향상시키기 위하여 개발 단계부터 폐기시 까지 무기체계에 대한 고장형태 및 영향분석을 지속적으로 실시하여 분석결과에 따라서 설계보완 대책을 강구한다.

또한 무기체계의 설계가 진행됨에 따라 RAM 요소의 요구수준을 달성할 수 있는가를 정량적으로 판단하기 위하여 첫째, 체계의 기능분석, 둘째, 신뢰도 및 정비도 예측방법 설정(신뢰도 모델링, 정비도 모델링 등), 셋째, 신뢰도 및 정비도 수학적 모델설정, 넷째, 부품 및 하부체계의 고장률 및 정비시간 자료수집, 다섯째, RAM 요소 계산의 활동이 수행된다.

상술한 내용들을 요약하면 다음과 같다.

1) 고장유형 및 영향 분석(FMEA)

장비의 신뢰도 및 정비도를 향상시키기 위하여 개발 초기부터 개발이 완료될 때까지 시스템에 대한 고장형태 및 영향분석이 끊임없이 이루어져야 하며, 분석결과에 따라서 설계보완 대책을 강구해야 한다.

설계된 시스템이나 기기의 잠재적인 고장모드를 찾아내고 시스템 가동 중에 이와 같은 고장이 발생하였을 경우 임무달성에 미치는 영향을 검토하여 평가함으로써 보다 높은 수준의 장비를 개발하기 위하여 노력하여야 한다.

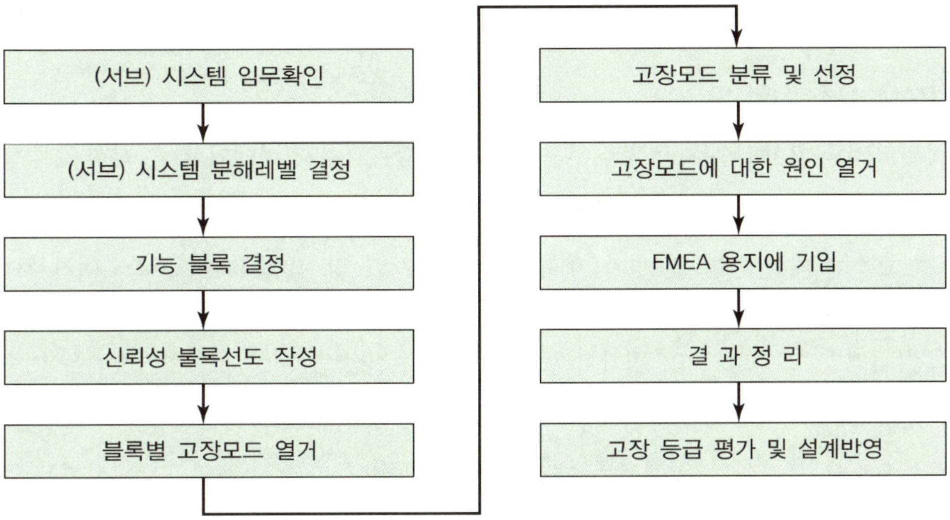

그림 4-6 고장유형 및 영향분석(FMEA) 실시절차

2) RAM 요소 예측

장비 설계가 진행됨에 따라서 RAM 요소의 요구 수준을 달성할 수 있는가를 정량적으로 판단하기 위한 활동으로서 아래와 같은 업무를 수행한다.

가) 신뢰도 및 정비도 예측방법 설정

나) 신뢰도 및 정비도 수학적 모델 설정

다) 부품 또는 하부체계의 고장률 및 정비시간 자료 수집

라) RAM 요소의 계산

라. 시험 및 평가

시험 및 평가단계에서는 개발된 무기체계의 RAM 수준 달성여부를 확인하는 활동으로써

신뢰도 및 정비도 평가를 위한 고장분류 방법 및 고장정의를 규정하고, 시험 종류 및 시험 대수, 시험환경조건, 시험시간(사격발수, 주행거리), 평가기준, 시험자료 수집방법, 시험방법, 평가방법 등을 정한다.

시험의 종류는 신뢰도 개발시험, 신뢰도 보증시험, 양산품 신뢰도 수락시험, 정비도 입증시험이 있으며, 또한 RAM 요소 예측과 RAM 요소 시험평가 결과가 RAM 측면에서 체계의 취약점이 발견될 때에는 중복설계, 정격감소(Derating), 확률적 방법에 의한 기계 부품의 설계, 부품의 재선정, 형상변경 등과 같은 방법을 이용하여 보완하며 개발과정에서 수집되는 무기체계의 하부체계, 구성품, 부품 등의 고장자료와 정비자료는 데이터베이스에 입력하여 관리한다. 이에 관한 세부 업무는 아래와 같다.

1) RAM 요소 시험 및 평가

제작된 장비의 RAM 수준 달성 여부를 확인하는 활동으로서 아래와 같은 사항을 수행한다.

가) RAM 요소 시험 및 평가 계획 수립

RAM 요소에 대한 시험 및 평가 계획은 주장비 시험 및 평가계획에 포함되어야 하며, 신뢰도, 정비도 평가를 위한 고장 분류 방법, 고장정의, 시험 종목, 시험 대수, 시험환경조건, 시험시간(사격발수, 주행거리), 평가기준, 시험자료 수집방법, 시험자료 평가방법을 기술한다.

나) 시험 종목

RAM 요소를 평가하기 위해서는 개발 장비의 특성에 따라 아래와 같은 시험을 주장비 시험과 병행하여 실시한다.

(1) 신뢰도 개발시험
(2) 신뢰도 보증시험
(3) 양산품 신뢰도 수락시험
(4) 정비도 입증시험

2) 설계 보완

RAM 요소 예측, RAM 요소 시험 및 평가 결과 신뢰도나 정비도에 취약한 점이 발견될 때에는 아래와 같은 방법을 이용하여 이를 보완한다.

가) 중복구조
나) 정격감소(Derating)
다) 확률적 방법에 의한 기계 부품의 설계
라) 부품 재선정

마) 현상 변경

3) RAM 자료 관리

개발 과정에서 수집되는 장비, 하부체계, 구성품, 부품 등의 고장 자료와 정비자료는 RAM 데이터베이스에 입력한다.

마. 양산 및 배치 단계

현대 무기체계는 고도로 정밀하고 복합적인 임무수행 능력을 갖는 추세로 발전함에 따라 무기체계의 획득 및 개발비뿐만 아니라 장비의 운영유지비도 점차 증가하고 있다.

그 결과 장비개발초기부터 야전 운용성 및 지원성을 고려한 설계 및 개발이 중요한 사안으로 대두되었고 이를 위해 개발단계에서의 체계적인 군수지원 분석기법의 적용을 통한 최적화된 종합 군수지원 요소의 개발과 배치 및 운용단계에서의 RAM분석을 통한 야전운용 결과의 반영활동이 점차 활성화 되고 있다.

무기체계 개발 및 배치이후의 야전 운용결과 반영에 관한 일반적인 업무흐름은 〈그림 4-7〉과 같이 나타낼 수 있다.

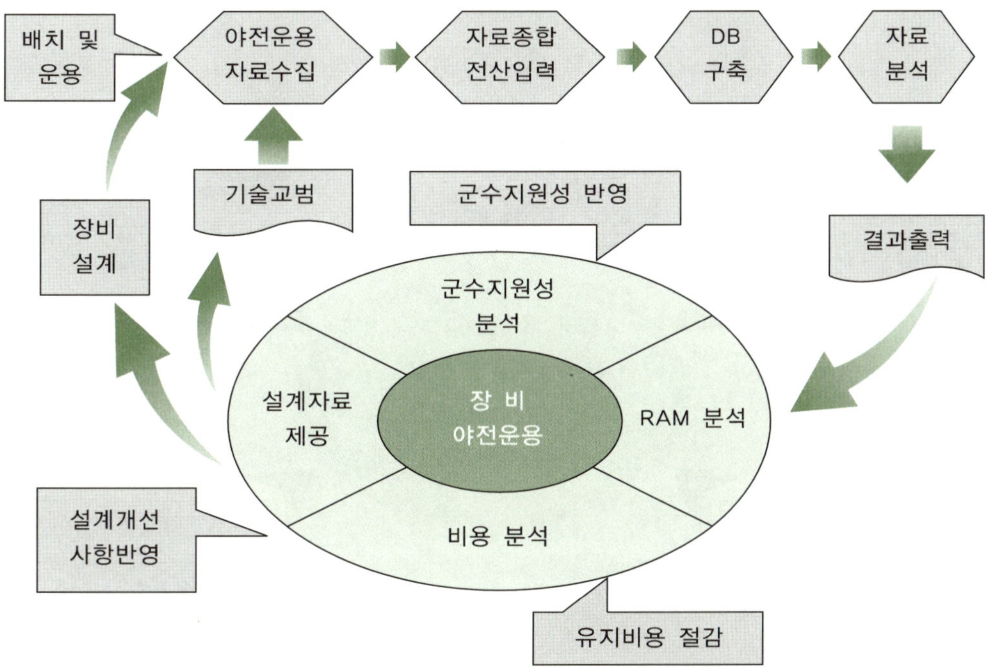

그림 4-7 야전배치 후 LSA 업무흐름

일반적으로 군수지원 분석과 RAM 분석은 무기체계 하드웨어의 설계 특성으로부터 기초자료를 획득함으로써 기본적인 분석은 가능하지만 이는 실제 야전운용 상황과는 많은 차이가 있으며, 보다 정확하고 실질적인 운용현황을 얻기 위해서는 야전에서의 설제 운용자료에 대한 기록, 관리 및 분석절차가 필요하다.

야전운용 자료는 무기체계가 실제로 운용되는 환경에서 발생 및 수집되는 소중한 경험제원으로 무기 체계의 RAM 수준 및 군수지원의 문제점을 정확하게 분석 및 평가할 수 있는 중요한 기초자료가 되어 배치장비에 대한 RAM 특성 및 군수지원성을 향상시킴으로써 군전투력에 증강에 기여하고 향후 유사 신규 무기체계 개발 시 야전 경험제원으로 유용하게 활용될 수 있다.

배치장비에 대한 주기적인 현황파악 및 자료수집을 수행함으로써 개발업체에 대하여 고장 및 정비내용의 환류(Feedback) 체계를 구성하고, 수집 자료의 분석결과에 따른 운용 · 정비부대 요원 교육수행 및 장비개선을 통하여 보다 효율적인 장비 유지에 기여하고, 장비 운용유지 비용 측면의 비효율성을 파악하여 주 장비 및 지원 장비에 대한 보완사항을 제시하고 운용유지비용 절감에 기여한다.

야전 운용자료 분석결과에 따른 기대효과는 다음 〈그림 4-8〉과 같이 나타낼 수 있다.

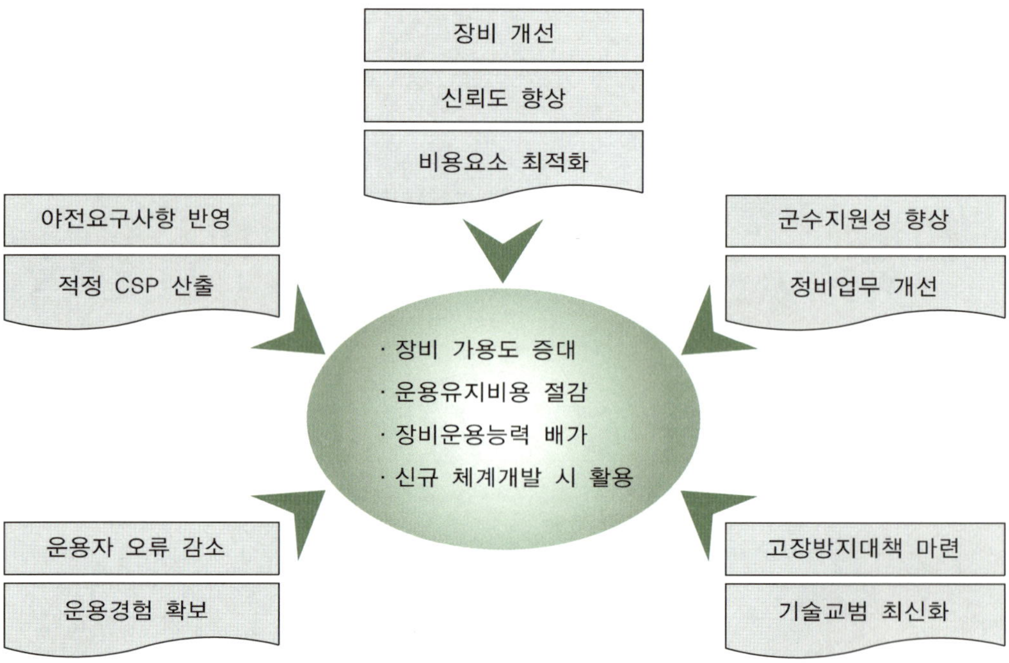

그림 4-8 야전운용자료 분석결과 기대효과

2. RAM 목표값 설정

가. 개 요

RAM 목표값은 작전운용성능(ROC) 조건을 충족할 수 있도록 설정되어야 하며, 체계 및 구조정보 형성 후에 장치별로 할당하여 RAM분석 전용프로그램을 활용(Relex 등)하여 신뢰도(MTBF, MKBF, MRBF), 정비도(MTTR), 가용도(%) 형태로 산출한다.

RAM 요소 목표값 설정은 소요제안 단계에서 장비개발 담당자에 의해 이루어지며, 장비개발 담당자는 장비운용에 대한 RAM 목표를 설정하고 성공적인 임무수행을 위해 RAM 요구조건의 타당성을 확인하여 체계 설계과정에 반영될 수 있도록 하여야 한다.

생성된 RAM 분석자료는 주장비 설계공정으로 환류(Feedback) 되어 「신뢰도 성장관리」[3]에 기초한 설계 개선업무가 수행되어야 한다. 또한 최적화된 최종 RAM 분석결과는 군수지원분석(LSA : Logistic Support Analysis) 기초입력 자료가 되어, 제반 ILS 요소 생성의 근거자료로 활용된다.

RAM 요소 목표치를 설정하기 위해서는 먼저 소요군의 운용개념과 정비개념에 따라 요구하는 RAM 요소 목표치와 제약조건을 확인하고 운용개념에 따른 임무유형과 체계기능별 관련시간을 세분화하여 가용한 정비인력과 이에 따르는 행정 및 군수지연시간에 대한 분석을 실시하고 난 후, 적절한 신뢰도 모델을 설정하여 RAM 요소 목표값을 설정한다.

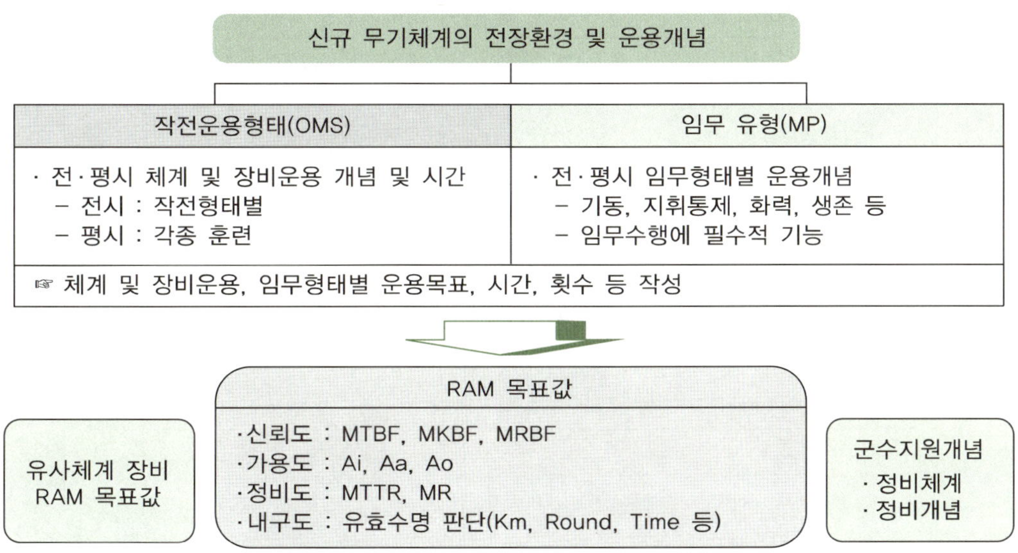

그림 4-9 OMS / MP에 의한 RAM 목표값 설정

3) 신뢰도 성장관리 : 예측결과를 목표값과 비교, 신뢰도를 향상시키는 활동을 말한다.

이러한 RAM 요소 목표값은 운용가용도, 전투준비태세, 임무 성공률에 대한 분석을 통하여 소요군이 만족할 수 있도록 하여야 한다.

나. RAM 요소 목표값 산출절차

RAM 요소 목표값 설정을 위한 주요활동은 다음과 같다.

첫째, RAM 목표 및 제약조건 설정

둘째, 작전운용형태 및 임무유형(OMS/MP) 분석 (임무 및 체계기능 시간 분석)

셋째, 체계요구조건 분석 및 장비운용가용도 산출

넷째, RAM 목표 대안 설정 및 분석

다섯째, RAM 목표값 산출

여섯째, RAM 목표값 신뢰성 검증

일곱째, RAM 목표값 설정에 따른 타당성 분석

여덟째, RAM 목표값 설정

이와 같은 일련의 RAM 요소 목표치 설정절차를 도식화하여 나타내면 〈그림 4-10〉과 같다.

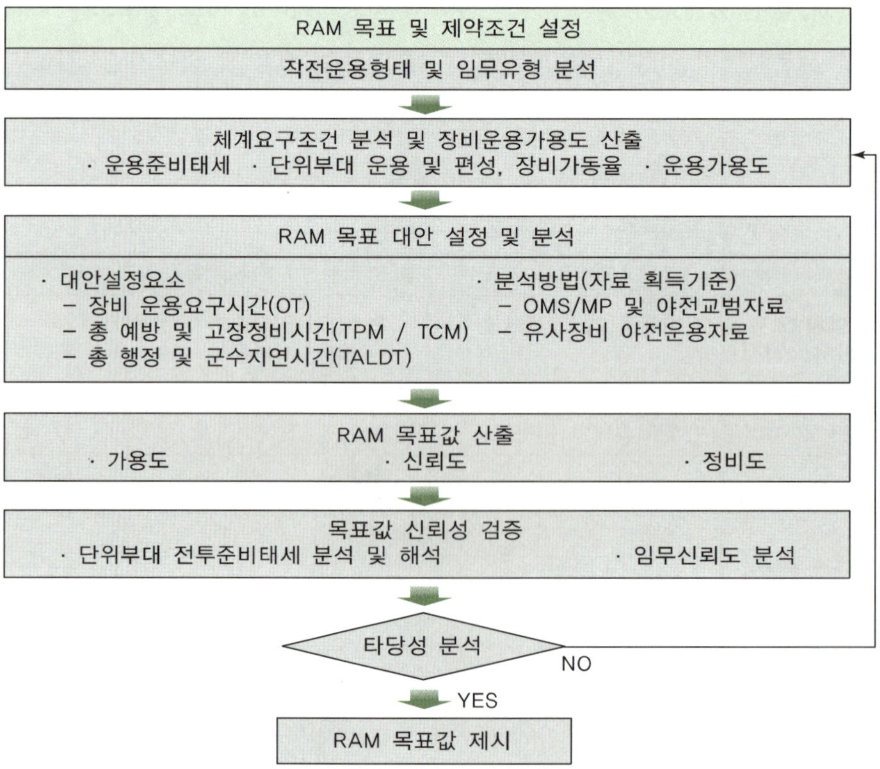

그림 4-10 RAM 목표값 산출절차

다. RAM 목표 및 제약조건 설정

전투장비 개발자가 RAM 목표와 제약조건을 설정하면 이것은 설계자에게는 RAM 설계의 기준이 되는 것으로 RAM 목표와 제약조건으로는 첫째, 임무신뢰도(Mission Reliability), 둘째, 전투준비태세(Readiness), 셋째, 정비인력(Maintenance Manpower), 넷째, 군수지원비용(Logistic Support Cost)이 포함되고 이들 각 사항에 대한 목표는 체계의 개발이 진행됨에 따라 다소 가변적일 수 있으며 현재의 능력으로 초과달성이 가능하면 재조정될 수 있다.

RAM 목표와 제약조건을 예를 들어 설명하면 다음과 같다.

1) RAM 목표 : XX 무기체계의 임무신뢰도 전시목표는 90이며, 전투준비태세는 C-2범주를 유지하고 기존 유사장비와 비교할 때 정비인시 소요를 20%절감하여 정비 수준을 5명에서 4명으로 줄인다.

2) 제약조건 : 정비체계에 소용되는 새로운 MOS는 없고, 표준 소요군 정비 및 보급체계를 사용하여 지원하여야 한다.

3) XXX 체계에 대한 RAM 요구 목표치의 예는 아래와 같다.

구 분		개발 적용값	비 고
정비도	요구 최대 수리시간(MaxTTR)	4 시간	
	요구 평균 수리시간(MTTR)	2 시간	완제품 MTTR
	요구 고장간 평균시간(MTBF)	19.73시간	완제품 MTBF
가용도	요구 고유 가용도(Ai)	0.91	
	요구 운용 가용도(Ao)	0.82	
	요구 성취 가용도(Aa)	0.85	
운용소요	연간 운용일수	275일	
	엔진 가동시간	253일	
	포탑 운용시간	760시간	체계 연간운용 시간×0.75
	요구 행정 군수 지연시간(ADLT)	288시간	
	요구 대기시간(ST)	6186시간	

라. 작전운용형태 및 임무유형(OMS/MP) 분석

작전운용형태 및 임무유형은 시스템이나 훈련장치가 미래전장에서 평시나 전시에 어떻게 사용되는지를 나타내며 구성 및 연간 장비사용 정도를 나타낸다. 임무 및 체계의 기능시간은 체계의 운용개념으로부터 산정하고 있으며 체계의 운용개념에서는 작전운용형태, 임무유형, 체계기능으로 구분하였는데 이러한 구분은 전, 평시로 고려하여 분석하게 된다.

1) 전시 운용형태에 따른 임무유형과 체계기능에 대한 시각분석

전시의 시나리오에 기초하여 운용방식에 따른 임무를 확인하고 여기에 소요되는 시간을 산정하며 전시 임무수행을 위한 체계 기능의 시간 분석에서는 각 임무수행에 따른 체계의 가능시간을 분석한다.

2) 평시 운용형태에 따른 임무유형과 체계기능에 대한 시간분석

부대훈련 계획을 중심으로 각 훈련 시나리오별 수행할 임무를 확인하고 여기에 소요되는 시간을 산정하며, 평시 임무수행을 위한 체계 기능의 시간 분석에서는 각 임무수행에 따른 체계의 기능시간을 분석한다.

가) 작전운용형태 및 임무유형(OMS/MP)의 구성

OMS/MP는 물자획득 절차상에서 많은 기관들을 위한 기초 자료 이며 미래 장비사용 유형의 시초이다. 또한, 소요군이 개발물자의 요구사항 입증을 위해 제기하며 전시, 평시의 예상되는 장비운용방법을 설명한다.

모든 형태의 방지에 적합한 OMS/MP의 표준 형식이나 범위는 없다.

그러므로 각각의 OMS/MP는 독특하며 내용 및 범위는 시스템에 부합되게 작성되어 진다.

작전운용형태(OMS)	임무유형 (MP)
• 다양한 임무의 관련 빈도 • 장비 수명주기 동안 각각의 환경 상태에 노출되는 시간률 • 비계획 정비시간은 언급하지 않음 • 사용상의 특수상황 언급 (Ex. 전시 운용상의 급격한 변화율, 전쟁이외의 사용(OOTW), 평시의 고강도 사용)	• 특정임무의 처음부터 끝까지 장비가 경험하는 운용 및 환경상의 시간적 측면 표현 • 임무의 각각의 요소를 위한 장비의 임무, 운용, 기간, 운용상태

(1) 전시 운용율(Wartime Usage Rates : WUR)

OMS/MP 정보는 차기시스템의 장비사용유형(EUP) database를 위해 사용되고 유지된다.

(가) 장비운용유형(Equipment Usage Profile : EUP)

(나) 전시 비행시간(Wartime Flying Hours : WFH)

(다) 탄약 소모율(Ammunition Consumption Rates : ACR)

(2) 임무 유형 특정 운용량

실제 운용 data, 훈련경험 및 실질적이고 구조적인 실 시뮬레이션 결과들은 이들 특정 운용량의 자원요소이다.

(가) 시간

(나) 발수

(다) 거리

(라) 주기

(3) 배치 및 운용이 기대되는 환경상태의 기대치

환경상태는 장비가 저장, 수송, 전략적 배치되는 동안 노출되는 많은 요소들을 포함한다.

(가) 자연적 요소(기후, 지형 등)

(나) 인공적 요소

(4) 각 임무와 관련된 운용 및 경계시간

(가) OT(Operating Time) : 주어진 임무수행시간

(나) AT(Alert Time) : 운용가능, 승무원 탑승, 임무수행가능, 실제임무수행 안함

(다) ST(Standby Time) : 운용 및 임무수행 안함

(라) DT(Down Time) : 운용 불가(계획정비시간 + 고장시 수송시간)

(마) CT(Calendar Time) : 임무수행 중 소비되는 전체 시간

$$(CT = OT + AT + DT)$$

(5) 전시 및 평시 운용

전투지원장비 및 훈련장비 OMS/MP

(가) 매일의 활동 동일, 일반적으로 Calendar day에 기초

(나) 훈련장비의 임무유형(MP)은 보통 전시나 평시 동일

3) 정비인력 분석

정비인력 분석은 주어진 작전운용형태 및 임무유형(OMS/MP)에서 정비에 필요한 인력을 분석하는 것이다.

여기서 중요한 것은 정비인시 분석과 정비율 분석인데 이는 다음과 같다

가) 정비인시 분석

정비인시란 정비인원 1명이 1시간 동안 할 수 있는 작업량을 표시하는 측정단위로, 간접생산 정비인시와 직접생산 정비인시로 구분한다.

간접생산 정비인시는 정비인시에 문서작성 등 정비를 위한 준비시간을 포함하며, 직접생산 정비인시는 이들 시간을 포함하지 않는다.

직접생산 정비인시에 대한 간접생산 정비인시 비율 즉, (간접생산 정비인시)/(직접생산 정비인시)를 간접 생산인자라고 한다.

나) 정비율 분석

정비율은 체계 1대 당 단위 운용시간에 할당되는 가용 정비인시를 나타내는데 이는 정비계단별로 분석된다.

4) 행정 및 군수지연시간(ALDT)분석

행정 및 군수지연시간은 부속품, 정비인원 또는 수송을 위하여 소요되는 행정 및 군수지연시간을 말한다.

☞ 세부적인 사항은 제4절 가용도 분석 참조

마. 목표 운용가용도(Ao)

1) 무기체계 및 장비가 규정된 운용조건 및 정비·보급 환경 하에서 운용될 경우 임의의 시점에서 무기체계 및 장비가 정상적으로 가동될 확률로서 운용가용도(Operational Availability)의 목표치이며 체계의 운용소요, 임무특성, 비용대 효과분석 등을 근거로 설정된다.

2) 목표운용가용도가 높으면 ILS요소의 획득소요가 증가되고, 낮으면 감소된다.

3) 목표운용가용도는 전투력발휘에 중대한 영향을 미치는 무기체계의 경우 통상 90~95% 수준에서 설정된다.

4) 체계공학적인 산출이 불가할 경우에는 유사 무기체계의 운용가용도를 고려하여 설정된다.

바. RAM 요소 목표값 산출 방법

RAM 목표값을 산출하기 위한 방법은 개발하는 체계의 종류와 사용자의 요구사항에 따라 달라지고 적용은 분석적 모델과 시뮬레이션 모델로 구분되며, 사용자의 요구사항에 따라 분석적 모델을 적용하면 다음과 같다.

1) 작전운용형태 및 임무유형(OMS/MP)이 주어졌을 때

RAM 요소 변수의 관계식은 체계의 운용 가용도를 어떻게 설정하고 정비계단을 어떻게 설정하는가에 따라 달라지고 RAM 요소 목표치 설정에 있어서 목표치는 군 사용자 요구에 부합되어야 하는데 작전운용형태 및 임무유형의 시간분석을 통하여 운용 가용도를 산출하면 이 값이 곧, 군 사용자의 운용개념에 부합되는 가용도가 되며 이를 바탕으로 기타 RAM 요소 목표치 즉, MTBF를 RAM 요소 관계식을 이용하여 설정한다.

정비계단이 한 개 이상일 경우를 고려한 정비모델에서 모델의 입력변수, 결정변수를 구분하면 아래와 같다.

가) 입력변수

(1) 운용관련 입력변수

① TT : 분석대상 기간

② OT : 분석대상 기간 중 운용시간

③ ST : 대기시간

④ AT : 경계시간

(2) 정비관련 변수

① Ns : 대상체계의 수

② Nri : i번째 정비계단의 정비병의 수

③ AMi : i번째 정비계단의 간접생산 연간 정비인시

④ Pi : i번째 정비계단의 정비병이 체계에 할당할 수 있는 정비비율

⑤ F : 간접 생산인자

⑥ ALDT : 행정 및 군수지연시간

(3) 결정변수

① MTBF : 고장간 평균소요시간

② Ao : 운용가용도

(4) 모델구성

모델에서는 평균 고장시간과 가용도간의 관계를 식으로 나타내고 이를 통하여 전투 준비태세와 임무신뢰도를 분석하고 이를 해석하여 적절한 RAM 요소값을 결정한다. 그래서 모델에서는 아래사항이 포함된다.

① 가용도 정의

② 연간 운용시간(ALT : Annual Life Time) 산정

③ i정비계단의 직접생산 연간 정비인시(DM : Direct Productive Annual Maintenance Man-Hours) 산정

④ i정비계단의 정비율(MR : Maintenance Ratio) 산정

⑤ i정비계단의 연간정비시간(TCM : Total Corrective Maintenance Time / TPM :

Total Preventive Maintenance Time)

⑥ RAM 요소 변수 관계식 유도

사. RAM 목표값 산출을 위한 수학적 모델

RAM 목표값을 설정하기 위한 분석적 모델을 설정하고 이용 가능한 자료를 획득하여 RAM 요소 값을 계산한 후에는 이 값이 적당한 지의 여부를 아래와 같은 방법을 통하여 판단하고 조정하여야 한다.

산출방법은 제3, 4, 5절 신뢰도, 정비도, 가용도 분석 참고

1) 단위 부대 전투준비태세 분석

장비 1대의 운용가용도(Ao)에 대한 해석을 수행한 후에는 이러한 장비를 여러 대 보유하고 운용하게 될 단위부대에 대한 전투준비태세를 해석하여 앞서 결정한 운용가용도(Ao)가 적합한지를 판단하여야 한다.

따라서 RAM 업무 담당부서는 단위 부대가 보유하게 될 장비대수 및 각 장비의 운용가용도(Ao)에 대해서 각 전투 준비태세 범주(C-i)에 속하게 될 단위부대 전투준비태세 비율을 예측하여야 한다.

표 4-3 전투준비태세 범주

전투준비태세 범주 (C-i)	가동 장비대수 비율
C-1 : (전투준비 : 결함이 없음)	0.90～1.00
C-2 : (전투준비 : 사소한 결함)	0.70～0.89
C-3 : (전투준비 : 큰 결함)	0.60～0.69
C-4 : (비 전투준비)	0.00～0.59

2) 전투준비태세유지확률 예측을 위한 수학적 모델

$$C_i = \sum_{x=r1}^{x=r2} \binom{n}{x} A_o^x (1 - A_o)^{n-x}$$

여기서 C_i : 단위부대 전투준비태세 범주 C-i에 속하게 될 확률

n : 단위부대가 보유하게 될 총 장비대수

$r2$: 전투준비태세 범주 C-i를 달성하기 위해서 운용이 가능해야 할 최대 장비대수
$r1$: 전투준비태세 범주 C-i를 달성하기 위해서 운용이 가능해야 할 최소 장비대수
A_o : 장비의 운용가용도

☞장비가동률 = 운용가능 장비대수 / 총 장비 보유대수

이와 같이 각 전투준비태세 범주에 속하게 될 단위부대 전투준비태세 비율을 예측한 후에는 이 비율이 타당한지의 여부를 판단하여야 하는데 이러한 판단에는 특정한 기준이 존재하는 것은 아니고 단지 새로운 무기체계를 직접 사용하게 되는 사용자의 판단에 달려 있는 것이다.

하지만 이러한 판단에 이용되는 중요한 개념은 단위부대 전투준비태세가 자원의 할당(인적자원 및 물적 자원의 적절한 배분)에 커다란 영향을 미친다는 것이다. 즉, 자원을 보존하기 위해서는 급작스런 운용을 해야 하는 장비의 비율이 C-i 전투준비태세 범주의 비율보다 커서는 안 된다는 것이며 만약 이러한 조건을 만족하지 못한다면 단위부대에서 보유하게 될 장비대수를 늘리는 방안과 장비 1대의 운용 가용도를 높이는 방안 사이의 선택적 교환분석을 통하여 이러한 조건을 충족시키도록 하여야 한다.

3) 임무신뢰도 분석

계산된 MTBF의 값이 장비의 임무기간보다 작은 값이 나오게 되면 그 임무를 완수할 확률이 낮게 된다. 즉, 임무신뢰도가 낮다는 것을 뜻한다.

이와 같은 임무 신뢰도와 MTBF의 관계는 주어진 임무 기간 동안 고장률이 일정하다는 가정 하에서 아래와 같이 표현된다.

$$R(t) = e^{-\frac{MD}{MTBF}}$$

여기서, $R(t)$: 임무신뢰도, MD : 임무시간
$MTBF$: 고장 간 평균시간

위의 식으로 계산된 신뢰도 값은 사용자 요구를 충족시키지 못할 수도 있다. 이러한 경우에는 더 큰 신뢰도 값을 얻을 수 있도록 MR 및 ALDT에 대한 분석을 다시 수행하여 사용자 요구를 충족시킬 수 있는 MTBF를 다시 구하도록 한다.

4) 임무성공률

체계의 능력에 영향을 미치는 가용도와 신뢰도 수준을 확인한 후 체계가 임무를 한번 착수하면 완전하게 임무를 수행할 수 있는 능력을 산출하는 것이 임무 성공률이며, 이는 임무수행

기간동안 우선 고장이 없어야 하고 동시에 가용해야 하므로 다음과 같이 나타낼 수 있다.

$$P(임무성공률 = A_o \times R(MD)$$

3. RAM 목표값 산출사례

가. OMS-MP 및 야전교범자료 이용 산출

1) OMS-MP 제시 (00무기체계 사업 작성기준)

가) 야전교범을 근거로 정비, 행정, 보급체계를 설정하고 운용형태를 종합한다.

나) 작전운용형태(OMS)를 산정한다.

구분	총 가동시간(TUT)			총 비가동시간(TDT)					총시간 (CT)
				소계	총 정비시간(TMT)			TALDT	
	소계	OT	AT&ST		계	예방정비 (TPM)	고장정비 (TCM)		
평시	7,266	234	7,032	1,494	1,095	?	?	399	8,760
전시	5,450	645.6	4,804.4	3,310	?	?	?	?	8,760

다) 분석(평시)

(1) 총 정비시간(TMT, 1,095 시간)만 제시되고 RAM 목표값 산출에 필요한 예방정비(TPM) 및 고장정비(TCM)에 대한 횟수와 시간이 미제시되었다.

(2) 제시되지 않은 예방정비 및 고장정비 시간을 별도 산출하여 OMS를 보완할 필요가 있다.

2) OMS 보완 후 RAM 목표값 산출분석

가) 예방정비 및 고장정비 시간을 산출한다.

(1) 야전교범의 00무기체계 야전정비자료를 이용하여 예방정비(TPM) 및 고장정비시간(TCM)을 산출한다.

(2) 산출결과

예방정비(TPM)			고장정비(TCM)			계(TMT)	
횟수	총시간	평균	횟수	총시간	평균	횟수	총시간
23.40	776.8	33.20	8.0	318.2	39.78	31.4	1,095

나) OMS 보완 결과

구 분	총 가동시간(TUT)			총 불가동시간(TDT)					총시간 (CT)
				소계	총 정비시간(TMT)			TALDT	
	소계	OT	AT&ST		계	TPM	TCM		
평 시	7,266	234	7,032	1,494	1,095	776.8	318.2	399.0	8,760

다) RAM 목표값 산출 및 전투준비태세 분석 결과

(1) RAM 목표값 산출 : 수학적 모델 적용

RAM 요소	가용도			신뢰도	정비도	
	고유(Ai)	성취(Aa)	운용(Ao)	MTBF	MTTR	MR
목표값	95.8%	86.9%	83.0%	7.45시간	10.1시간	4.68

(2) 전투준비태세 유지확률 산출

(가) 체계운용 요구조건 설정

① 단위부대 편성 : 합동참모회의 결과 적용

② 장비가동률 : 75% 적용

③ 전투준비태세 유지확률 : 95%

(나) 식(1)을 적용하여 산출한 결과 전투준비태세 유지확률은 82%이다.

라) 분 석

(1) 정비시간 관련 자료가 부적절함에 따라 활용 제한

(가) 평균 수리시간(MTTR)이 10.1시간으로 큼

(나) 정비율(총 정비시간 ÷ 운용시간)이 4.68로 큼

(2) 전투준비태세 유지확률이 82%로 체계운용 목표값 95%를 충족하지 못함

마) 소결론

(1) 전투준비태세 유지확률이 95% 이상이 되도록 목표 운용가용도를 설정

(2) 유사장비 야전운용 자료를 수집 및 분석하여 정비시간(TPM/TCM) 재산정

(3) 이로부터 OMS 재산정 후 00무기체계 RAM 목표값 산출이 필요

나. 유사장비 야전경험자료 이용 RAM 목표값 산출

1) 산출절차

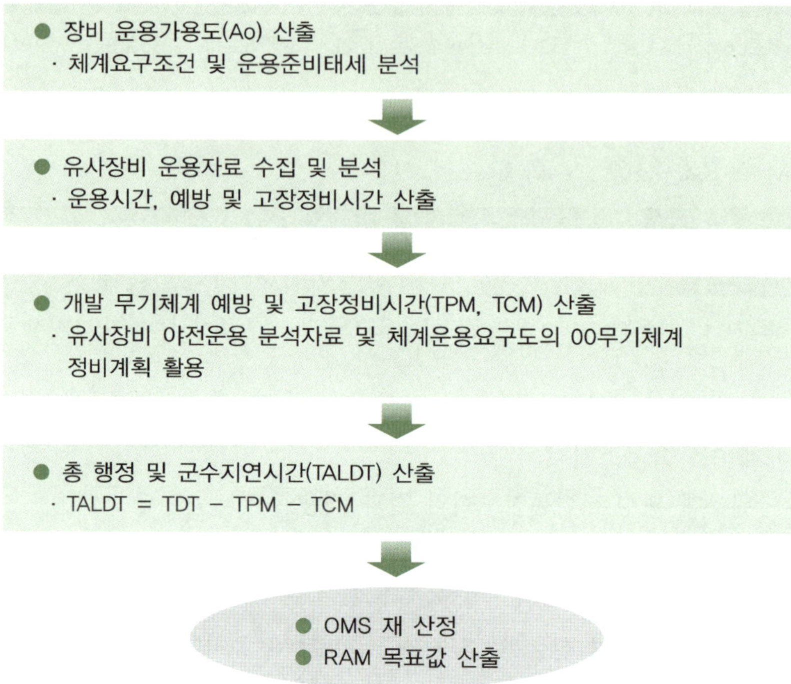

그림 4-11 산출절차

2) 체계운용목표 분석 및 운용가용도 산출

가) 단위부대의 체계운용목표 분석

(1) 단위부대 편성은 000차 합동참모회의 결과 적용

(2) 장비가동률 : 75% 적용

(3) 전투준비태세 유지확률 : 95% 적용

나) 단위부대의 전투준비태세에 따른 운용가용도(Ao) 산출

(1) 체계운용목표 분석값을 적용하여 산출된 장비 운용가용도(Ao) : 88.36%

3) 유사 무기체계 야전운용자료 수집 및 분석

가) 유사 무기체계 야전운용자료 수집 내용

(1) 운용부대 : 운용시간, 예방 및 고장정비 자료(4,079 건)

(2) 야전정비부대 : 이동 및 입고정비자료 (124 건)

나) 야전운용자료 분석(연 평균)

운용시간 (H)	예방정비(TPM)		고장정비(TCM)		총 정비시간(TMT)	
	횟수	정비시간	횟수	정비시간	횟수	정비시간
188.53	25.335	146.57	3.176	19.34	28.511	165.91

(1) 운용시간당 고장률(고장횟수÷운용시간) = 1 ÷ 59.36

(2) 평균예방정비시간 = 5.785 시간, 평균고장정비시간 = 6.09 시간

4) RAM 목표값 산출

가) 00무기체계 예방정비(TPM) 및 고장정비시간(TCM) 산출

(1) 유사 무기체계 야전정비자료 분석결과 이용

구분	예방정비(TPM)		고장정비(TCM)		총 정비시간(TMT)	
	횟수	정비시간	횟수	정비시간	횟수	정비시간
평시	26.071	150.82	3.942	24.01	30.013	174.83

(2) 예방정비횟수 = 365일 ÷ 14일 = 26.071 회

(3) 고장정비횟수 = 총운용시간(234) × 유사 무기체계 고장률(1÷59.36) = 3.942 회

나) 총 불가동시간 및 총 행정 및 군수지연시간 산출

(1) 총 불가동시간(TDT) = 8,760 × (1-Ao) = 1,020 시간

(2) 총 행정 및 군수지연시간(TALDT) = TDT − TPM − TCM = 845.2 시간

(3) 행정 및 군수지연시간(ALDT) = TALDT ÷ 총고장횟수 = 845.2 ÷ 30.013 = 28.2 시간

다) 평시 작전운용형태(OMS) 재산정

구 분	총 가동시간(TUT)			총 불가동시간(TDT)					총시간 (CT)
				소계	총 정비시간(TMT)			총행정/군수 지연시간 (TALDT)	
	소계	OT	AT& ST		계	예방정비 (TPM)	고장정비 (TCM)		
평 시	7,740	234	7,506	1,020	174.8	150.8	24.0	845.2	8,760

라) 평시 RAM 목표값 산출

구 분	신 뢰 도	가 용 도	정 비 도
평시	MTBF : 7.8 시간	Ai : 99.69 % Aa : 97.79 % Ao : 88.36 %	MTTR : 0.8 시간 MR : 0.75

다. RAM 목표값 신뢰성 검증

1) 목표운용가용도 신뢰성 분석

가) 전투준비태세 범주별 전투준비태세 유지확률을 분석하여 산출된 운용가용도의 타당성을 해석한다.

나) 전투준비태세 범주

전투준비태세 범주 (C-i)	가동 장비대수 비율	
	일반장비	헬기
C-1 : (전투준비 : 결함 없음)	0.90～1.00	0.75～1.00
C-2 : (전투준비 : 사소한 결함)	0.70～0.89	0.65～0.74
C-3 : (전투준비 : 큰 결함)	0.60～0.69	0.50～0.64
C-4 : (전투준비 : 불가)	0.59 이하	0.49 이하

(1) 전투준비태세 유지확률 예측을 위한 수학적 모델

$$P_i = \sum_{x=r1}^{n} \binom{n}{x} A_o^x (1 - A_o)^{n-x}$$

(2) 전투준비태세 분석결과

전투준비태세 범주 (C-i)	전투준비태세 유지확률
C-1 : (전투준비 : 결함 없음)	64.96
C-2 : (전투준비 : 사소한 결함)	34.75
C-3 : (전투준비 : 큰 결함)	0.28
C-4 : (전투준비 : 불가)	0.007

☞ 목표운용가용도 Ao＝0.8836일 때, 전투준비태세 C-1 범주는 64.96%로 불만족 하나, 00체계에 해당되는 C-2 범주는 64.96+34.75＝99.71%로 만족함

2) 임무신뢰도 해석

가) 임무신뢰도 함수를 적용

$$R = e^{-\frac{MD}{MTBF}}$$

여기서, R : 임무신뢰도, MD : 임무시간,

$MTBF$: 평균 고장간 시간(7.9H)

나) 임무신뢰도 결과

(1) 임무형태별 세부 비행시간에 대한 임무신뢰도는 92% 이상이고, 임무별 총 운용시간에 따른 임무신뢰도는 64~81% 수준이다.

임무신뢰도		지상작동	전술비행	적재, 적하	하버링	연료,탄약 재보급	기타 (비상절차)	계	
								운용시간	신뢰도
훈련 (T)	연·합동훈련	99.0	-	-	-	-	-	03+30'	64.2
	대대전술훈련	99.0	-	99.0	97.9	-	-	01+40'	81.0
	중대전술훈련	99.0	-	99.0	97.9	-	-	01+40'	81.0
	표준화평가	99.0	97.9	99.0	97.9	-	99.0	01+40'	81.0
	교육훈련	99.0	97.9	99.0	97.9	-	99.0	01+40'	81.0
작전 (C)	AAT/RMT	99.0	-	97.9	-	-	-	01+40'	81.0
	고공강화	99.0	91.9	99.0	-	95.9	-	03+50'	61.6
	산불진화	99.0	97.9	97.9	99.0	95.9	-	03+30'	64.2
	기 타	99.0	96.9	99.0	99.0	-	-	01+40'	81.0
행정	행정업무	99.0	91.9	99.0	-	-	-	01+40'	81.0
정비	정비업무	99.0	97.9	-	99.0	-	99.0	01+40'	81.0

라. 결 론

1) ROC에 제시된 RAM 목표값과 비교

구 분		ROC 목표값	유사장비	산출된 목표값	
				산 출 값	제시(안)
가용도	운용가용도(Ao)	미 제시	-	88.36	88.36
	고유가용도(Ai)	미 제시	96.3	99.69	99.69
	성취가용도(Aa)	미 제시	91.5	97.79	97.79
신뢰도	MTBF(시간)	5.2	5.0	7.8	7.9
정비도	MTTR(시간)	0.68	0.68	0.80	0.80
	MR	미 제시	-	0.75	0.74

☞ ROC의 목표값은 미국의 유사장비 자료를 참고하여 제시

2) OMS-MP 및 야전교범자료를 이용 RAM 목표값 산출결과 ⇒ 정비시간 및 운용목표가 불만족스러워 활용이 제한된다.

3) 유사장비 야전경험 자료를 이용 RAM 목표값 산출결과

⇒ 체계운용 요구조건 및 전투준비태세 유지 목표를 충족한다.

☞ RAM 목표값 산출시 적용 조건

- 전 · 평시 장비 가동율 : 75% 이상
- 전투준비태세 유지 목표 : 95% 이상
- 운용 가용도는 체계요구조건을 분석하여 산출
- 예방 및 고장정비자료는 유사장비의 야전운용자료 이용

제 3 절 신뢰도 분석

1. 신뢰도 정의

신뢰도는 특정 체계 및 장비가 「일정 시간동안 주어진 운용 조건하에서 요구된 기능을 만족 하게 수행할 수 있는 정도(확률)」을 말한다. 이는 장비의 고장정의 및 판단기준(FD 및 SC)으로 부터 출발하여 장비를 설계하고, ILS 요소를 개발하기 위한 분석업무의 첫걸음이라 할 수 있다.

가. **기술(고유) 신뢰도** : 체계가 주어진 기간동안 주어진 조건하에서 임무를 수행할 때 체계가 어떠한 고장도 발생하지 않고 작동할 확률(모든 고장을 포함 : MTBF)이다.

예) 자동차 미등 고장은 기술적 고장

나. **운용(임무) 신뢰도** : 체계가 주어진 기간동안 임무를 수행할 때 임무수행에 영향을 미치는 고장이 발생하지 않고 작동할 확률(오직 운용 임무 고장만을 고려 : MTBCF)이다.

예) 자동차 엔진 고장은 운용적 고장

2. 신뢰도 예측의 목적

가. 무기체계의 고장발생이 최소화 될 수 있는 부품 및 장비 개발

나. 신뢰도 분석을 통한 설계 개선사항 도출 및 군수지원분석의 기초자료 제공
다. 가용도 예측의 기초자료로 활용(비례관계)

3. 신뢰도의 대표적인 척도

신뢰도는 소요군의 장비요구성능, 계약요구 규격, 시험지침, 성능평가를 나타내기 위하여 산출되고 산출된 신뢰도 값은 임무달성의 평가요소로 작용한다. 신뢰도와 관련된 용어와 개념은 다음과 같다.

항 목	설 명
고장간 평균 운용시간(MTBF : Mean Time Between Failure)	총 운용시간(또는 주행거리, 사격발수)을 총 고장횟수로 나눈 값으로 정의
고장간 평균 주행거리(MKBF : Mean Killometer Between Failure)	
고장간 평균 사격발수(MRBF : Mean Round Between Failure)	
고장률(λ : Failure Rate)	단위시간(또는 운행거리, 사격발수) 동안의 고장 발생수 즉 MTBF(MKBF, MRBF)의 역수
시스템 신뢰도(System Reliability)	규정된 조건하에서 성능상 고장이 없을 확률 또는 사용기간
임무 신뢰도(Mission Failure)	규정된 임의 기간 동안 요구된 기능을 수행할 확률 또는 사용기간

시스템 신뢰도는 그 시스템의 어떤 신뢰도 모델을 구성하고 있느냐에 따라 달리 계산된다.

1) $\text{평균 고장간시간}(MTBF) = \dfrac{\text{총운용시간}}{\text{총고장횟수}}$ 혹은 $\dfrac{OT \times ALDT}{(1-Ao)TT - TPM - TCM}$

2) $\text{평균 고장간 거리}(MKBF) = \dfrac{\text{총 운용거리}}{\text{총 고장횟수}}$

3) $\text{평균 고장간 발수}(MRBF) = \dfrac{\text{총 발사탄수}}{\text{총 고장횟수}}$

4) $\text{고장률}(\lambda) = \dfrac{1}{MTBF}$

4. 신뢰도 예측절차(MIL-HDBK-217)

입 력	계 산(Relex SW 활용)		출 력
• OMS/MP, ROC - 환경요소, 운용온도, 임무주기 • 실데이터, 유사장비 제원 - 스트레스 요소 (전압, 진동 등)	기본고장률 (λb) 제공	• MIL-HDBK-217F N2, • NSWC Mechanical • EPRD / NPRD	고장률 / MTBF (부품~기계류)
	고장률 산 정	• 시스템 고장률(λsys) $= \Sigma$ 개별부품의 고장률(λp) • 개별부품의 고장률(λp) = 부품 기본고장률(λb)$\times$ 스트레스 요소(Pi)	

그림 4-12 신뢰도 예측절차

5. 신뢰도의 할당 및 예측

신뢰도 분석업무는 최초 무기체계 작전운용형태/임무유형(OMS/MP)로부터 신뢰도 목표 값을 설정하고, 설정된 신뢰도 목표 값 범위 내에서 신뢰도 값이 할당된다.

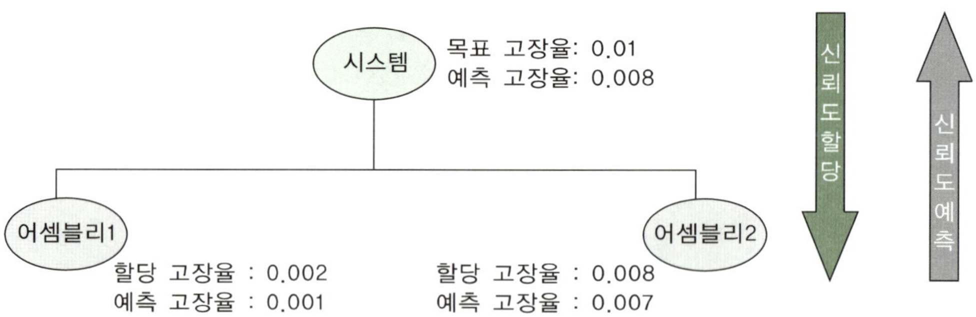

그림 4-13 신뢰도 할당 및 예측

신뢰도(Reliability)의 할당은 체계의 신뢰도 목표값을 달성하기 위해 최상위 수준에서 하위 수준(체계 → 장치 → 조립체 → 단품순)로 목표값을 설정해 나가는 것이고, 예측은 설계 자료를 토대로 단품으로부터 최상위 수준(단품 → 조립체 → 장치 → 체계)까지 각각의 신뢰도를 계산하는 과정이다. 무기체계가 복잡해지고, 부품 수가 많아지면서 신뢰도 분석을 위해 전문 SW가 개발 운용되고 있으며, 대표적인 SW로 Relex(미 국방성 RAM 분석 표준 모델)가 있다.

가. 신뢰도 할당

신뢰도 할당의 목적은 무기체계 및 장비의 신뢰도를 하위 수준의 설계 범위까지 논리적으로 배분하는 것이며, 하위 수준의 신뢰도값은 달성 가능성을 결정하는 척도로 해당품목의 설계목표로 활용된다. 할당절차는 〈그림 4-14〉와 같다.

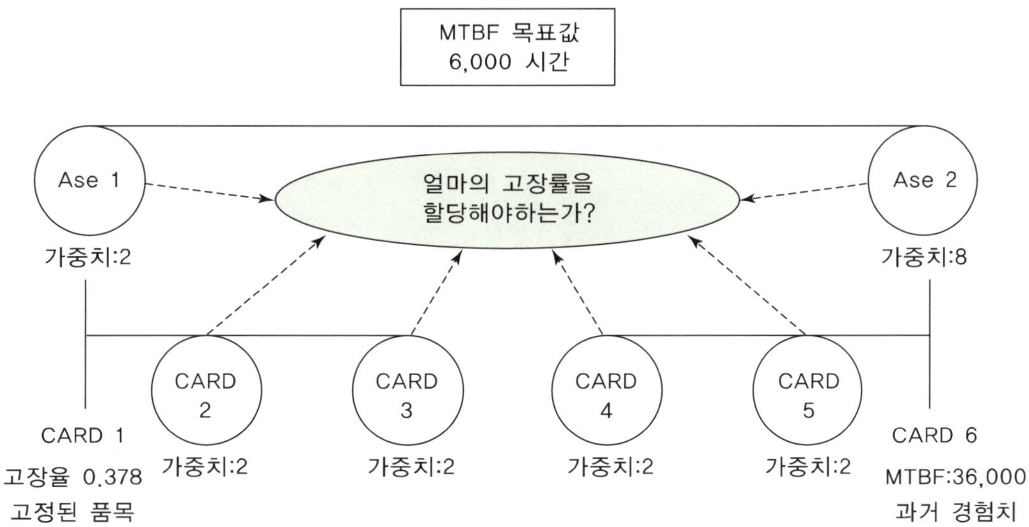

그림 4-14 RAM 목표값 할당절차

이러한 신뢰도 할당업무를 통해서 품목별 명확한 신뢰도 목표값 설정이 가능해지고, 목표지향적 설계가 가능해진다. 신뢰도 할당은 개발초기(탐색개발 단계)에 실시되어야 하는데 이 시기에 부품이나 적용될 기술을 선택하고 주요 요구사항을 결정한다. 신뢰도 할당 지연은 자원낭비와 개발일정 지연을 초래한다.

나. 신뢰도 예측

신뢰도 예측이란 무기체계의 부품에서 체계에 이르기까지 신뢰도를 정량적으로 도출하는 과정으로 개발시기별로 대상을 세분화하여 수행하는 것이 바람직하다.

표 4-4 개발단계별 신뢰도 분석범위

구 분	탐색개발	체 계 개 발		
		체계설계검토	예비설계검토	상세설계검토
예측 범위	신뢰도 값 할당	장치단위 신뢰도값 예측	조립체단위 신뢰도값 예측	단품단위 신뢰도 예측 및 체계 종합

신뢰도의 세부 예측절차는 〈그림 4-15〉와 같고, 예측값은 할당값을 충족(예측값≥할당값) 해야 한다. 예측값이 할당값을 충족하지 못할 경우(예측값 < 할당값)에는 설계개선 및 변경을 통해 할당값을 달성토록 해야 한다.

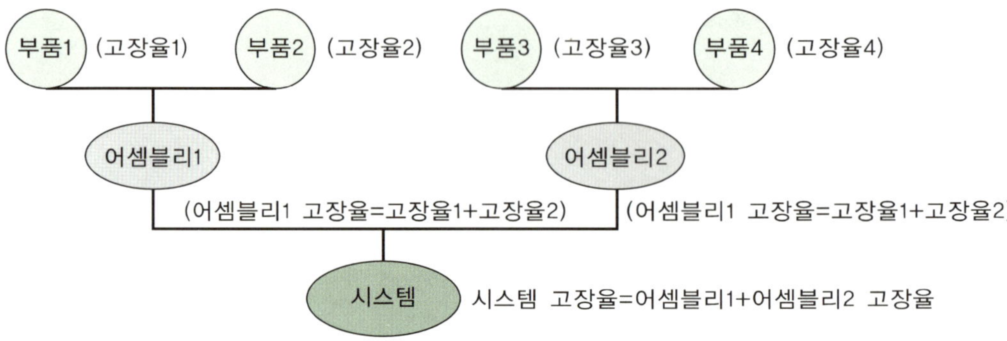

그림 4-15 RAM 예측절차

다. 계산방법

1) Part Count 방법 : 개별부품의 기본고장률 × 개별부품의 수, 시스템 설계 초기에 적용하는 개략적인 예측방법

2) Part Stress 방법 : 개별부품의 기본고장률 × 개별부품의 수 × 스트레스 요소, 시스템 완성단계에서 적용하는 예측방법

6. 주요 신뢰도 예측 규격

표 4-5 신뢰도 예측 규격

구 분	제정기관(업체)	비 고
MIL-HDBK-217F	미 국방성(DOD)	상용 분석도구에 수록
NPRD-95	미 신뢰성 분석센터(RAC)	기계/전기·전자류 통합
NWSC	미 해군	기계류 중심
PRISM	미 신뢰성 분석센터(RAC)	상용 분석도구에 수록
Bellcore RPP	Bell 연구소(Telcordia)	상용 분석도구에 수록
AT&T	AT&T	
RDF 2000	영국 표준협회(BIC)	
CNET	프랑스 텔레콤	상용 분석도구에 수록
Itatel IRPH93	이태리 텔레콤	

가. MIL-HDBK-217F

전기 및 전자부품, 통신장비 등에 대한 신뢰도 예측자료 수록

1) 가속수명 테스트를 통한 수명예측, DB화
2) 초기, 마모단계 고장률 추이분석 제한

나. Bellcore RPP

초기~정상상태(고장률 일정기)에 대한 신뢰도 예측자료 수록

1) 고유의 고장유형에 기초를 둔 DB
2) 체계의 실 운용단계 MTBF 적용(운용단계 고장률 예측에 적합)

다. PRISM

전 기간(초기-정상기-마모기) 신뢰도 예측자료 수록, 전기 및 소자류를 중심으로 초기 및 마모기 DB 구축

라. 고장 간 평균시간(MTBF : Mean Time Between Failure)

$$\text{MTBF} = \frac{1}{\text{고장률}}(\text{고장률의 역수})$$

☞ 고장률(λ : Failure Rate) = 고장횟수/운용시간 [단위 : 106시간, MIIL-HDBK-217 기준]

$$\therefore \text{MTBF} = \frac{1}{\lambda} = \frac{10+20+30(\text{가동시간})}{3\text{회}(\text{고장횟수})} = 20$$

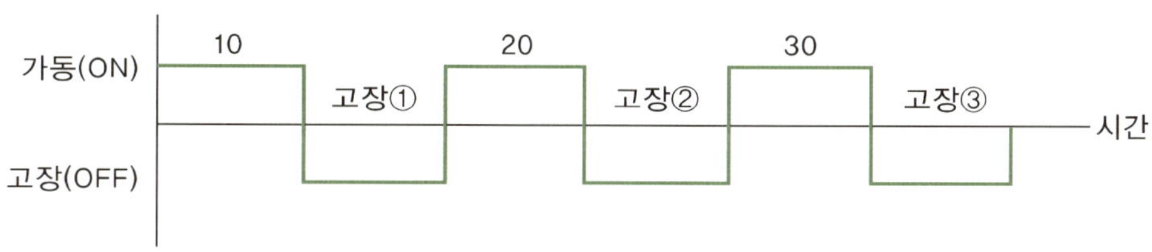

그림 4-16 가동과 고장시간의 관계

마. 시간에 따른 고장률 추세(욕조곡선, Bathtub Curve)

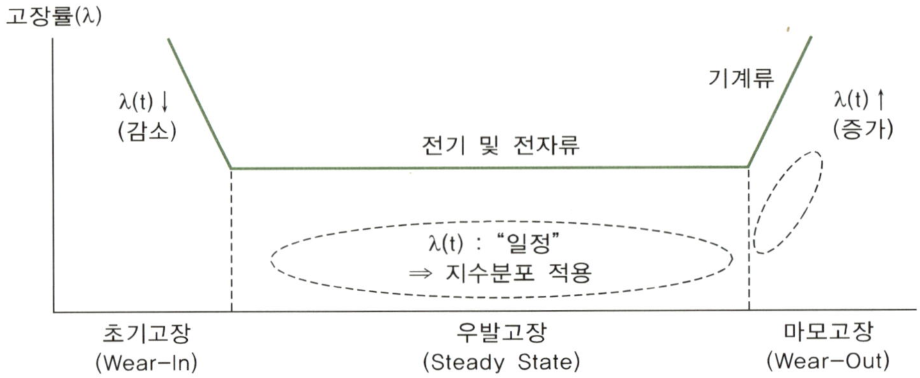

그림 4-17 시간에 따른 고장률 추세

7. 규격별 환경조건

1) 초기고장 : 고장률은 높지만 급격히 감소, 통상 개발 후 1년(10,000시간)

2) 우발고장 : 체계가 안정기에 접어든 시기로 일정한 고장률과 상대적으로 낮은 고장률 발생, 예방정비 필요(전기 및 전자류)

3) 마모고장 : 고장률이 급격히 증가하여 완전분해 수리가 필요, 마모단계 진입전 정비활동이 체계의 고장률 감소에 기여(기계류)

표 4-6 규격별 환경조건

구 분	MIL-HDBK-217F	Bellcore(SR-332)
Ground Benign (환경적 통제 가능)	온·습도 조정이 가능한 고정 운용 환경 예) 실험실 장비, 테스트 기기	최적 동작 및 관리수준을 가진 환경 예) 환경적 통제 가능한 곳
Ground Fixed (환경적 통제 제한)	반영구적 고정 및 온도 조정 가능한 환경 예) 관제 레이더, 통신설비	제한된 환경통제 가능 예) 진동, 온도, 대기환경에 노출된 시설
Ground Mobile (기동장비에 탑재)	기동장비 탑재체계 및 품목 예) 유도탄 지상이동장치, 이동통신장치 등	충격, 진동에서 GF보다 가혹 예) 휴대폰, 휴대 작동장치

표 4-6 계속

<table>
<tr><th>구 분</th><th>MIL-HDBK-217F</th><th>Bellcore(SR-332)</th></tr>
<tr><td>Naval Sheltered</td><td colspan="2">보호장치나 갑판이 있는 선박 및 잠수함에 장착된 장치</td></tr>
<tr><td>Naval Unsheltered</td><td colspan="2">외기 노출 비방호 선박의 장치 및 해수내 작동장치
예) Sonar, 어뢰발사장치 및 수중선박 장착장치</td></tr>
<tr><td>Airborne Inhabited Cargo</td><td>승무원이 통제할 수 있는 적재함에 장착된 환경
예) 장기 임무수행 항공기 탑승부분 장착장치</td><td>압력, 온도, 충격 및 진동이 GF보다 심한 공중 환경
예) 민간항공기 객실</td></tr>
<tr><td>Airborne Inhabited Fighter</td><td colspan="2">AIC와 동일하나 전투기, 요격기처럼 고속임무수행 항공기에 장착될 경우
예) F-15, 16, 18 장착 장치</td></tr>
<tr><td>Airborne Uninhabited Cargo</td><td colspan="2">비행 중 승무원의 통제불가능 위치에 탑재된 품목
외부압력, 온도, 충격 극심
예) 항공기에서 승무원이 통제할 수 없는 부분</td></tr>
<tr><td>Airborne Uninhabited Fighter</td><td colspan="2">AUC와 동일하나 전투기, 요격기처럼 고속 임무수행
항공기에 장착될 경우</td></tr>
<tr><td>Airborne Rotary Winged</td><td colspan="2">헬기에 장착되는 조건이며 레이저 거리측정기, 화재통제 체계, 통신체계 등과 같이 헬기 내·외부에 장착된 장치</td></tr>
<tr><td>Space Flight</td><td>지구궤도에서 작동하는 위성
무중력 상태 운용기기
예) 위성 및 우주왕복선</td><td>저궤도조건, AG조건과 유사하지만 관리 불가상태
예) 상용위성통신</td></tr>
<tr><td>Missile Flight</td><td colspan="2">순항 미사일 또는 무동력 미사일과 관련된 조건</td></tr>
<tr><td>Missile Launch</td><td colspan="2">궤도 추진장치, 미사일 발사장치와 관련된 조건
예) 로켓 모터 장착체계, 어뢰 및 미사일 발사장치 등</td></tr>
<tr><td>Cannon Launch</td><td colspan="2">발사되어 비행 후 표적을 타격하는 발사체에 적용</td></tr>
</table>

8. 환경팩터(Environment Factor : πE) (예) : 저항체 등

표 4-7 환경 팩터 영향비

환 경 조 건		환경 팩터(πE)	비 고
환경 유형	GB	1.0	저항(Resistor)과 체계신뢰도와의 관계를 측정, 도출한 DB 분석결과
	GF	3.0	
	GM	8.0	
	NS	5.0	
	NU	13	
	AIC	4.0	
	AIF	5.0	
	AUC	7.0	
	AUF	11	
	ARW	19	
	SF	0.5	
	MF	11	
	ML	27	
	CL	490	

9. 고장률 계산식(예: Resistor) : $\lambda_p = \lambda_b \pi_R \pi_Q \pi_E$

- λ_p : 부품 고장률
- λ_b : 기본고장률
- π_R : 저항팩터
- π_Q : 품질팩터
- π_E : 환경팩터

10. 체계특성별 신뢰도 분포형태

체계 및 장비가 마모 특성을 보일 때, 고장이 발생할 조건부 확률은 다음에서 설명하는 바와 같이 6개의 기본형태로 나타난다.

가. 욕조곡선(Bathtub Curve) 형태 : 전체 품목의 4% 수준

욕조곡선 형태는 초기고장 구역과 우발고장 구역 및 마모구역으로 나누어진다. 우발고장 구역에서는 예방정비가 요구되고, 마모가 시작되는 시점에서는 수명유지를 위한 주기교환이 요구된다.

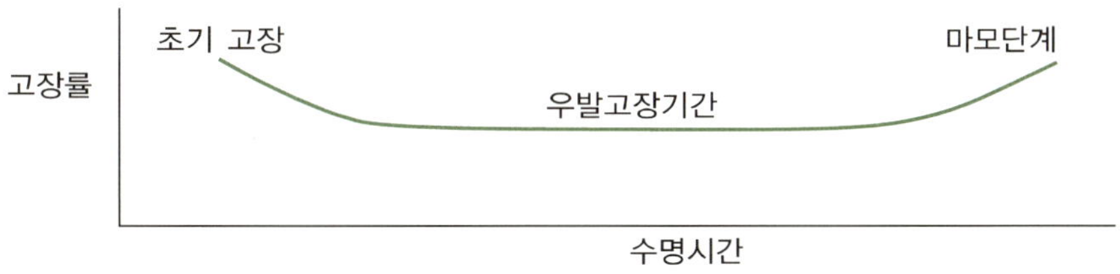

그림 4-18 욕조곡선(Bathtub curve) 형태

1) 초기고장

제조나 완전분해 수리 후의 초기상태로서 상대적으로 높은 고장 발생 확률을 내포하며. 고장률은 점진적으로 감소한다.

2) 우발고장구역

체계가 안정기에 접어든 시기로 일정한 고장률과 상대적으로 낮은 고장발생 확률을 보인다.

3) 마모구역

고장발생 확률이 급격히 증가하기 시작하여 정상적인 예방정비활동의 범위를 초과하는 단계로 완전분해 수리를 요구한다.

특정 품목의 고장패턴이 〈그림 4-18〉에 부합된다면, 마모단계 진입전의 정비활동이 체계의 고장률 감소에 기여한다. 그러나 마모구역을 도달하였을 경우에는 정상적인 정비활동을 통해서 체계의 고장률을 감소시킬 수 없다. 이는 정비를 통한 신뢰도 증대치보다 마모에 의한 고장치가 더 높기 때문이다. 이러한 마모 특성을 보이는 품목은 항공기 타이어, 왕복엔진 실린더, 브레이크 패드, 터빈3엔진 압축 블레이드, 그리고 엔진구조물의 모든 부속 등이 있다.

나. 일정 및 점진적 고장발생확률 증가 형태 : 전체 품목의 2% 수준

우발고장기간에는 예방정비가, 마모단계에는 완전분해수리가 요구된다. 항공기 왕복엔진이 여기에 해당한다.

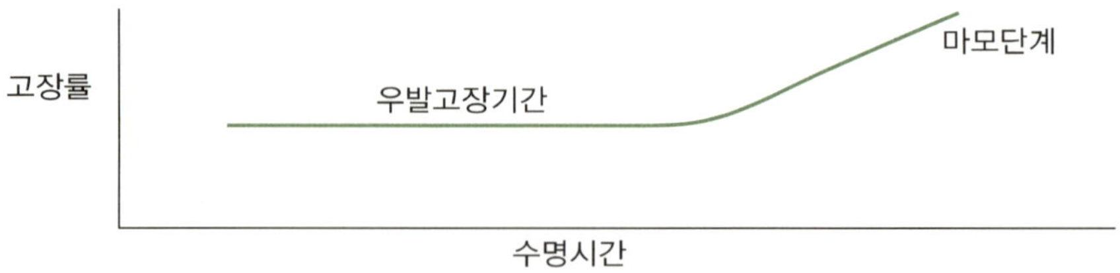

그림 4-19 일정 및 점진적 고장 증가형태

다. 점진적 고장발생확률 증가 형태 : 전체 품목의 5% 수준

점진적으로 고장발생확률이 증가하여 뚜렷한 마모구역을 정의할 수 없는 상태이다. 통상적으로 주기교환을 강요하지는 않으며 항공기 터빈엔진이 이에 해당한다.

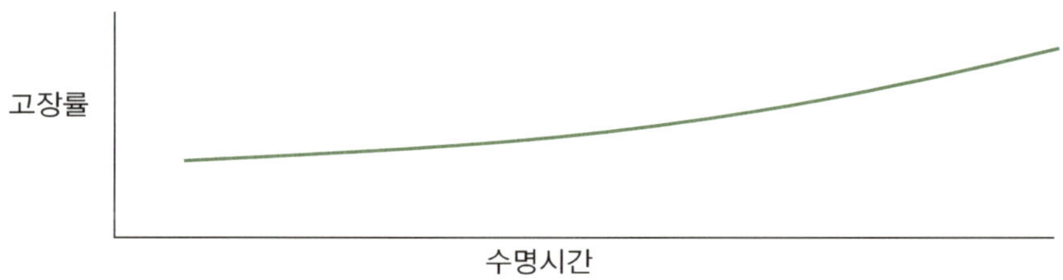

그림 4-20 점진적 고장 발생증가 형태

라. 초기 적은 고장 후 일정 고장률 유지 형태 : 전체 품목의 7% 수준

품목이 신규 제작되거나 출하될 때에는 낮은 고장률을 보이다가 고장률이 급증하나 일정시간 경과 후 일정한 상태를 유지하는 형태이다. 우발고장단계 진입시 예방정비를 통해서 일정수준의 체계 신뢰도를 유지할 수 있으나, 완전 분해수리를 통한 체계 신뢰도 증가효과는 없다.

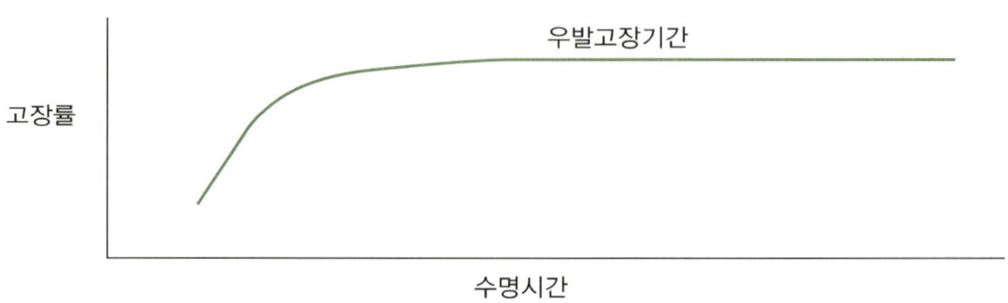

그림 4-21 초기 적은 고장 후 안정형태

마. 일정 고장률 유지 형태 : 전체 품목의 14% 수준

전 수명기간 중 일정한 고장률을 유지하는 형태로 예방정비를 통해서 적정 수준의 체계 신뢰도를 확보할 수 있으나 완전분해수리를 통한 체계 신뢰도 증가의 효과는 없다.

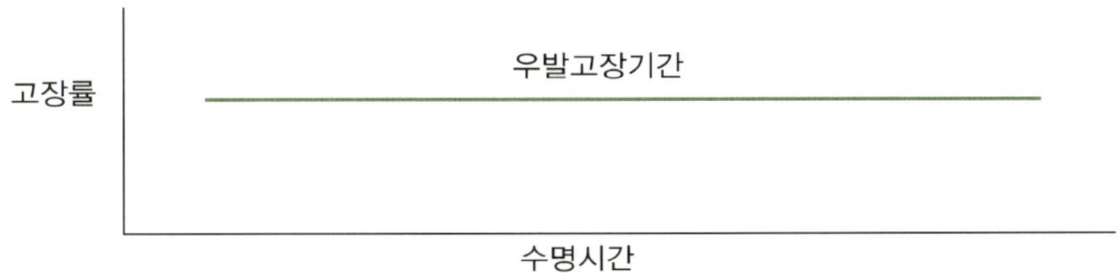

그림 4-22 일정 고장률 유지형태

바. 초기 마모 및 일정 고장률 형태 : 전체 품목의 68% 수준

초기 마모 이후 고장률이 일정하거나 매우 완만하게 증가하는 형태로 전자부품 및 소자류가 해당된다. 이 경우 초기 마모단계의 예방정비활동은 오히려 체계 고장 발생률을 증가시키고, 우발 고장기간에는 예방정비를 통한 체계 신뢰도를 유지할 수 있다.

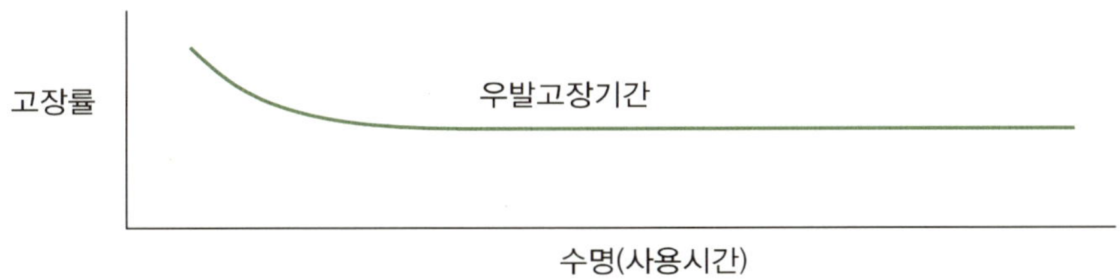

그림 4-23 초기 마모 이후 일정 고장률 유지형

11. 신뢰도 블록 다이어그램(RBD : Reliability Block Diagram)

신뢰도(Reliability) 계산은 체계 구조에 따라 그 방식이 달라진다. 구조적, 기능적 분석을 위해 블록 다이어그램 기법이 사용되고 있고, 이는 복잡한 체계를 단순화해서 체계에 대한 이해를 증진시킨다.

가. 직렬구조

동일한 기능을 수행하는 품목을 한 개씩으로만 구성한 구조

신뢰도는 주어진 시간 t 동안 해당 품목이 성공적으로 작동할 확률로써 $R(t)$로 표현되고,

〈그림 4-24〉와 같은 구조에서 체계 신뢰도는 각 품목 신뢰도의 곱으로 표현된다.

$$R_{\text{system}}(t) = R_A(t) \times R_B(t) \times R_C(t)$$

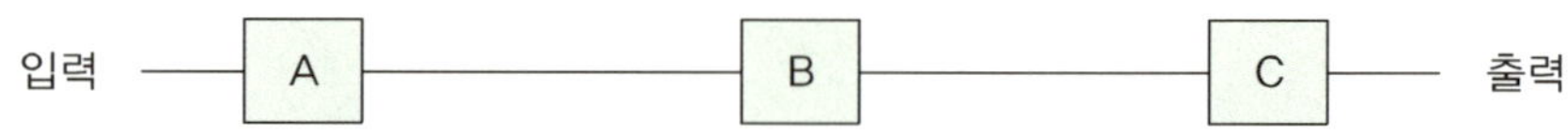

그림 4-24 3개 품목으로 구성된 직렬구조 체계

따라서 〈그림 4-24〉의 구조식에서 각 부품의 신뢰도 $R_i(t)$가 0.9라면 체계의 신뢰도는 0.93=72.9%가 된다. 반대로 체계의 신뢰도가 90% 이상으로 요구된다면 각 부품은 평균적으로 0.9655 이상의 신뢰도를 가져야 한다.

$$0.9 \geq R_i(t)^3 \text{에서 } R_i(t) \text{는 } 0.9^{1/3} = 0.9655$$

〈그림 4-24〉의 구조식에서 특정 품목의 신뢰도가 결정되어있다면 타 품목들의 신뢰도 값을 할당하여 요구 신뢰도를 달성해야 한다.

나. 병렬구조

동일한 기능을 수행하는 품목을 두개 이상 중복으로 구성한 구조

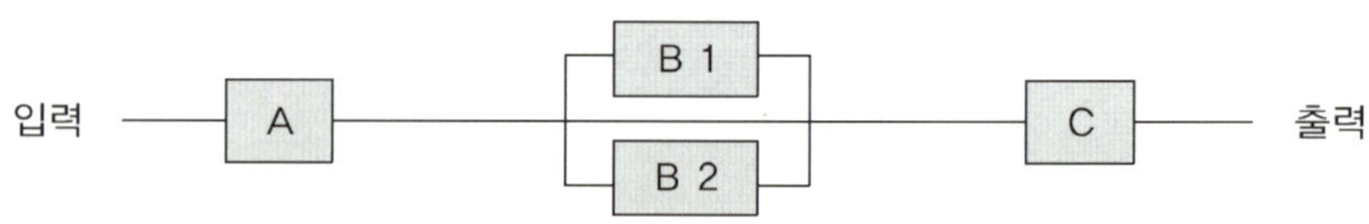

그림 4-25 4개 품목으로 구성된 작병렬 혼합구조

신뢰도는 주어진 시간 t 동안 해당 품목이 성공적으로 작동할 확률로써 R(t)로 표현되고, 위의 〈그림 4-25〉와 같은 구조에서 체계 신뢰도는 병렬로 구성된 $R_B(t)$의 신뢰도를 먼저 구한 다음 아래와 같이 산출한다.

$$R_{\text{system}}(t) = R_A(t) \times R_B(t) \times R_C(t)$$

〈그림 4-25〉의 구조식에서 B1과 B2로 구성된 부분의 신뢰도[$R_B(t)$]는 B1이 작동할 확률에서 B2가 작동할 확률을 더한 후 두 부품 모두가 작동하는 중복 확률을 제외해야 한다.

$$R_B \text{System}(t) = R_{B1}(t) + R_{B2}(t) - R_{B1}(t) \cdot R_{B2}(t)$$

B1과 B2의 작동확률이 각각 0.9라면 체계 B의 작동확률은 상기 공식에서 0.9+0.9－0.81＝0.99가 된다. 즉, 병렬구조를 통한 신뢰도 향상이 9% 있었음을 알 수 있다.

〈그림 4-25〉의 구조식에서 A와 C의 신뢰도가 각각 0.9라면 체계의 신뢰도는 공식 $R_{\text{system}}(t) = R_A(t) \times R_B(t) \times R_C(t)$에 의거 $0.9 \times 0.99 \times 0.9 = 0.802$가 된다.

이는 직렬구조로만 구성된 〈그림 4-24〉 구조(72.9%)보다 7.3%의 신뢰도가 향상되었음을 보여준다. 그러나 병렬구조를 통한 체계 신뢰도 향상은 추가적인 비용발생을 유발하므로 비용과 효과를 고려하여 구조를 설계토록 해야 한다. 저 신뢰도 부품을 병렬화할 경우 신뢰도 값의 상승폭이 크므로 신뢰도가 낮은 품목과 비용 유발이 적게 드는 품목을 중심으로 구조개선을 수행해야 한다.

제 4 절 정비도 분석

1. 정비도 정의

정비도(Maintainability)란 「어떤 체계나 장비가 고장 발생시 규정된 정비요원이 가용한 절차 및 자원을 이용하여 주어진 조건하에서 주어진 시간 내에 체계 및 장비를 정비하여 그 성능을 규정된 상태로 원상 복구할 수 있는 확률」이며, 정비도값은 정비인력을 판단하는 근거자료로 활용된다.

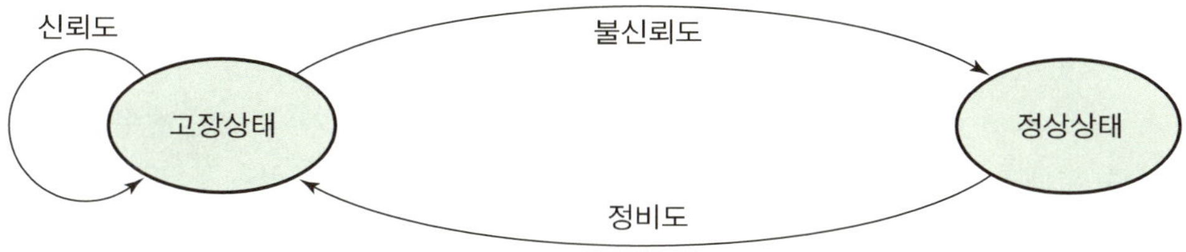

그림 4-26 신뢰도와 정비도의 관계

2. 정비도 예측 목적

가. 시스템 고장시 규정된 정비 및 수리수준에서 가용한 자원을 이용해 주어진 시간 내에

수리를 할 수 있는지를 판단

나. 가용도 예측 기초자료로 활용(반비례 관계)

3. 정비도 예측의 필요성

체계가 정비되는 동안 불가동 상태이거나 비운용 상태가 되는 시간의 예측은 운용자에게 중요한 의미를 지닌다.

가. 설계자가 개선, 수정 또는 설계변경을 요하는 분야(정비도 예측값이 낮은 분야)를 식별할 수 있도록 해준다.

나. 운용자로 하여금 예측된 불가동시간, 인력의 질적 · 양적 수준, 공구 및 시험장비의 체계 운용요구조건 부합여부를 조기에 평가 할 수 있도록 해준다.

4. 정비도의 대표적인 척도

평균수리시간(MTTR), 정비인시율(MR), 평균예방정비시간(M_{pt})

5. 정비도 예측절차(MIL – STD – 472)

정비도의 예측은 MIL-HDBK-472(정비도 예측)를 준용하여 부품단위 교환 및 수리시간 판단결과를 종합하며, 구성품 및 장치에 대한 정비시간을 판단하고 이를 최종 종합하여 체계의 정비도를 출력하고 있다. 〈그림 4-27〉은 MIL-HDBK-472에 근거한 정비도 예측절차를 나타낸 것이다.

이를 기초한 한국적 정비환경하의 무기체계 정비업무절차는 〈그림 4-28〉과 같이 나타낼 수 있다. 최초 작전운용성능 및 운용 요구능력서를 기준으로 체계에 대한 운용개념을 설정하고, 이를 토대로 정비개념을 설정한다.

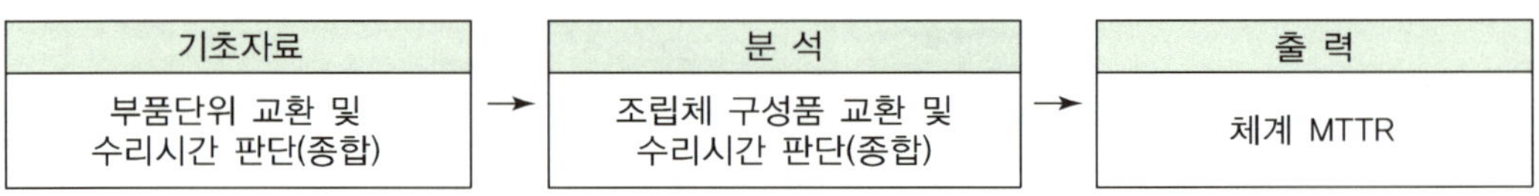

그림 4-27 정비도 예측절차

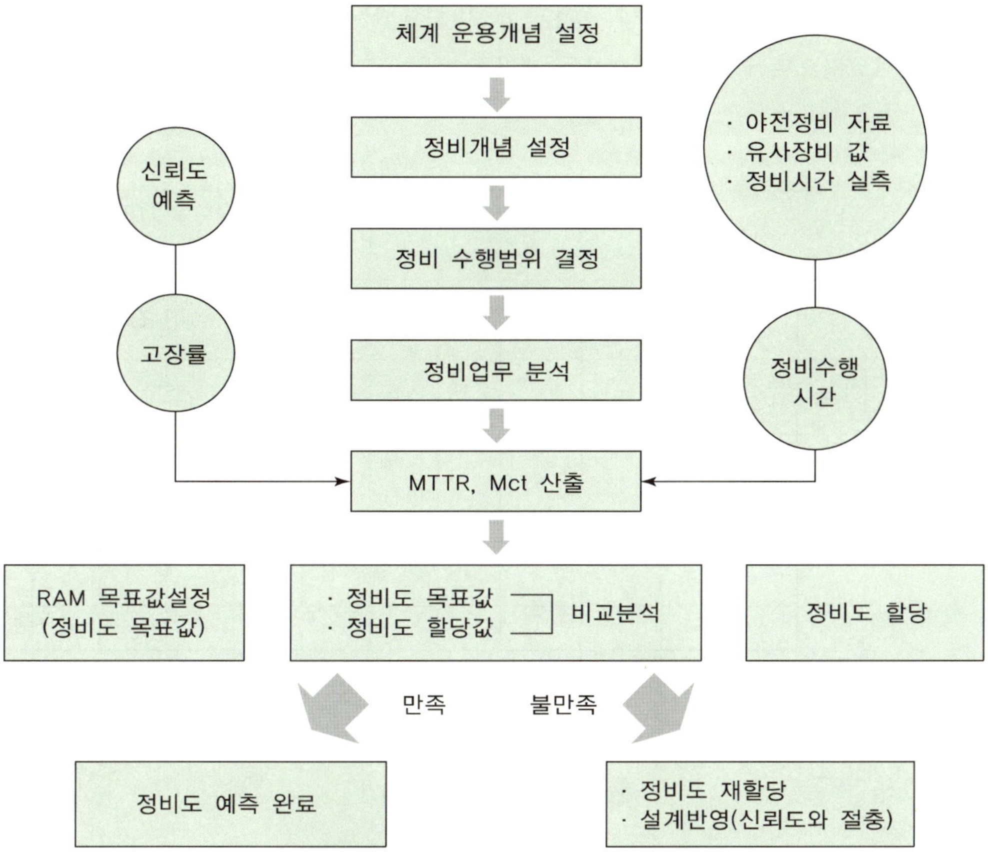

그림 4-28 무기체계 정비업무 수행절차

정비개념은 정비 수행범위 결정의 근거가 되고, 결정된 정비수행 범위내에서 정비업무를 분석하고, MTTR 및 Mct(평균 고장정비시간) 등을 산출한다. 이 과정에서 체계의 정확한 MTTR 및 Mct를 산출하기 위해서 야전정비자료와 유사장비 MTTR, Mct, 정비실측값 등을 환류해야 한다. 또한, 설계자료에 근거한 신뢰도 예측자료와 고장률 자료를 참조하여 해당 장비 및 무기체계의 MTTR 및 Mct를 최적화한다. 산출된 MTTR 및 Mct는 개발초기 설정된 RAM 목표값 중 정비도 목표값 및 할당값과 비교하여 이를 충족시는 정비도 예측이 완료된 것으로 보고, 미충족 되었을 때에는 장비의 정비도를 재할당하여 상기 과정을 반복하여 MTTR 및 Mct 를 최적화 한다

6. 정비도 예측의 원칙

정비도 예측은 규정된 정비업무를 수행하기 위해 요구된 추정 정비 업무시간을 사용한다.

정비업무시간은〈그림 4-29〉와 같은 도표로부터 획득될 수 있고, 추정할 수 있다. 〈그림 4-29〉는 튜브고장으로 인한 장비 오작동 제거를 위한 정비업무수행에 소요되는 평균시간을 제시한 것이다.

기능적 수준									수리정비업무					
									진단		교체		시험	
9	8	7	6	5	4	3	2	1	위치측정	분리	분해	조립	조정	성능검사
시스템	하부시스템	세트	그룹	유닛	조립품	하부조립품	스테이지	부품	0.021	0.265	0.313	0.438	0.156	0.175
								스테이지	0.029	0.315	0.231	0.362	0.077	0.167

그림 4-29 정비업무 시간

7. 정비도 산출형태

신뢰도와 함께 가용도를 산출하는데 필요한 요소이며, 그 평가를 위하여 평균수리시간(MTTR), 정비활동간 평균예방정비시간(Mpt), 평균실 정비시간($\overline{M}$), 정비율(MR), 정비활동간 평균시간(MTBMA) 등을 산출하며 그 개념 및 산출절차는 다음과 같다.

가. 정비시간

1) 평균 수리시간(MTTR : Mean Time To Repair)

어떤 체계가 고장이 났을 때 수리하고, 복구하기 위해서는 일련의 과정이 필요하며 일련의 과정 동안 걸리는 시간들을 평균한 것이 평균고장 정비시간이다. 이를 수식으로 표현하면 다음과 같다.

$$\overline{Mct} = \frac{\sum_{i=1}^{N} Mcti \sum(\lambda)(Mcti)}{N\sum\lambda i} = \frac{\text{총고장정비시간}}{\text{고장정비횟수}}$$

여기서, $Mcti =$ 예방정비 활동 빈도수

$N = i$ 번째 정비 평균 소요시간

$\lambda i =$ 개별 품목의 고장률

2) 평균 예방 정비시간($\overline{Mpt}$: Mean Preventive Time)

예방정비는 장비 및 물자를 항시 사용가능 상태로 유지하고 조기에 결함을 발견하여 이를 시정하기 위한 주기적인 검사·손질, 계획에 의한 주요 품목의 교체, 조정, 완전분해 등과 같은 활동이다.

이를 수식으로 표현하면 다음과 같다.

$$\overline{Mpt} = \frac{\sum(fpti)(\overline{M}pti)}{fpti} = \frac{\text{총예방정비 시간}}{\text{예방정비활동 빈도수}}$$

여기서, $fpti =$ 예방정비활동 빈도수

$\overline{M}pti = i$ 번째 정비 평균 소요시간

3) 평균 실정비 시간($\overline{M}$)

평균 실정비 시간은 예방 및 고장정비를 실시하는 데 소요되는 평균 시간으로 다음과 같이 표현된다.

$$\overline{M} = \frac{\sum(\lambda)(\overline{M}pt) + (fpt)(\overline{M}pt)}{\lambda + fpti} = \frac{\text{총정비 시간}}{\text{총정비 횟수}}$$

여기서, $\lambda =$ 고장률

$$ftp = \text{예방정비율} = \frac{\text{예방정비 횟수}}{\text{총운용 시간}}$$

라) 평균 불 가동 시간($\overline{MDT}$)

평균 실정비시간($\overline{M}$) + 지연시간(군수지연 + 행정지연)

나. 정비인시

정비도의 정량화를 고려할 때 평균 고장정비시간 및 불 가동 시간 등을 도출하는 것도 중

요하지만 정비인시를 고려하는 것도 중요하다. 정비인시는 정비병 1명이 1시간 동안 작업할 수 있는 작업량으로 표시한다.

1) 숙련공

숙련공이라 함은 자기 전공기술 분야의 작업을 타인의 도움 없이 혼자서 작업할 수 있는 정도의 기술 능력을 보유한 정비병으로 정비인시 계산시 1시간 작업하면 1인시로 표시한다.

2) 준 숙련공

준 숙련공이란 자기전공 기술 분야의 작업을 자기 혼자의 능력으로는 작업이 불가하고 어려운 부분의 작업은 숙련공의 도움이 필요한 정비병의 능력으로 숙련공의 75% 기술능력을 인정한다.

3) 미숙련공

미숙련공은 어려운 부분을 숙련공이 도와주어도 혼자서 작업할 수 없는 낮은 수준의 기술을 보유한 정비병이기 때문에 단독업무 수행은 불가하여 숙련공이나 준 숙련공과 한 팀으로 작업해야 하며, 숙련공의 50% 기술능력을 인정한다.

무기체계 개발 시 국과연과 개발업체는 숙련공에 기초를 두고 정비인시를 산출하여 소요군에 통보하고, 소요군은 이것을 기초로 정비병 주특기별 소요인원을 정비병 능력 구분별로 판단한다.

4) 무기체계 운용 시간당 정비인시(MMH/OH)

5) 무기체계 운용 월(년)간 정비인시(MMH/Month, Year)

6) 정비 행위 시 정비인시(MMH/MA)

다. 정비빈도

1) 평균 정비간 시간(MTBM)

$$MTBM = \frac{1}{1/MTBMc + 1/MTBMp} = \frac{\text{총운용 시간}}{\text{총정비 횟수}}$$

여기서, $MTBMC =$ 평균 고장정비간 시간$\left(= \frac{1}{\lambda}\right)$

$MTBMP =$ 평균 예방정비간 시간$\left(= \frac{1}{fpt}\right)$

2) 평균 교체간 시간(MTBR)

$$\text{MTBR} = \frac{\text{총운용시간}}{\text{교체횟수}}$$

라. 정비율(MR : Maintenance Ratio)

$$MR = \frac{\text{총정비(예방+고장)시간}}{\text{총운용시간}} = \frac{TCM + TPM}{OT}$$

마. 정비비용

무기 또는 장비 운용시 정비비용은 무기체계 개발초기 단계의 설계과정에 따라 크게 영향을 받게 된다. 따라서 특별히 관심을 가져야 할 사항은 정비행위간 경제성을 고려하는 것이다. 다시 말해서 정비도는 최소의 비용으로 정비할 수 있는 무기체계 설계의 특징과 직접 관련된다.

무기체계 설계 시 정비비용을 산출할 때는 다음 사항을 고려한다.

1) 매 정비시 정비비용(Cost/MA)

2) 무기체계 운용시간당 정비비용(Cost/OH)

3) 월간 정비비용(Cost/Month)

4) 정비비용 대 수명주기 비용 비율

8. 정비도 예측을 위한 요구 정보

정비도 예측을 수행하기 위해서 체계 및 장비에 대한 다음의 정보가 가용해야 한다.

가. 체계 및 장비의 각 구성요소 위치 및 고장률

나. 유형별 교체 가능한 구성품 수

다. 교체 가능한 구성품 목록

라. 데이터 출력 특성의 수(체계 일부분에 대한 감시장치)

마. 내장된 수리부속의 유형

바. 압력 유지 커넥터의 수

사. 시험지점의 수

아. 체계 및 장비를 위해 설계된 특수 시험장비의 특성

자. 마그네트론(마이크로파 발진용 진공관의 일종)의 수

차. 추정 평균임무시간

카. 이동, 식사, 휴식을 포함한 운영과 정비를 위한 시간계획

타. 임무브리핑과 같은 비계획 활동시간 추정치 등

9. 정비도 예측용 작업지

실제 정비도 예측은 〈그림 4-30〉과 같은 작업지를 사용하여 수행된다. 이 작업지는 MIL-HDBK-472에서 제시된 표준 양식으로 체계 및 장비특성을 고려하여 조정 사용 가능하다.

1. 품목 ______________

2. 수리방법 교체 – 부속□ 하위조립체□ 조립체□ 장치□

3 명칭	4 부품 유형	5 고장률 (λ)	정비 업무 시간							13 R_p	14 λR_p	15 $\log R_p$	16 $\lambda \log R_p$
			6 위치측정	7 탈거	8 분해	9 교환	10 결합	11 조정	12 확인				
	17 소계									18 소계		19 소계	

※ λ = 수리부속의 평균고장률, RP = 수리 정비행위를 하는데 필요한 수리시간

그림 4-30 정비도 예측용 작업지(최종 설계단계)

10. 정비도 예측절차 적용

가. 획득방법별 정비도 예측 수행시점

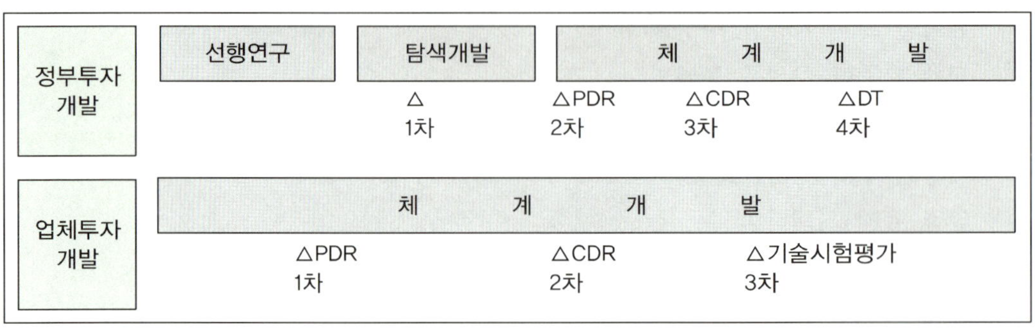

그림 4-31 정비도 예측 수행시점

나. 수행방안

1) 부품수 및 복잡도에 따라 정비도 예측 적용방법 구분

가) 10,000품목 이상일 경우 : MIL-HDBK-472 절차 Ⅲ(종합체계용) 준용 후 절차 Ⅱ (소형 및 부체계용) 선택 적용

나) 10,000품목 미만일 경우 : MIL-HDBK-472 절차 Ⅱ 준용

2) 부품수가 10,000품목 이상이거나 복잡도가 높은 시스템인 경우

수행시점	시 기	예측범위	적용절차	비 고
1차	탐색개발 말기	일부 설계 중 장치	절차 Ⅲ	탐색개발결과보고서 포함
2차	PDR[4]	설계 완료된 장치		치명품목, 핵심장치 선정 절차 Ⅱ 적용
3차	CDR[5]	체계		
4차	기술시험평가	임의장치	절차 Ⅱ, Ⅲ 적용	

3) 부품수가 10,000품목 미만이거나 복잡도가 낮은 경우

수행시점	시 기	예측범위	적용절차	비 고
1차	PDR	설계 완료된 장치	절차 Ⅱ	
2차	CDR	체계		신뢰도와 절충 가능
3차	기술시험평가	임의장치		CDR시 예측자료 평가 병행

제 5 절 가용도 분석

1. 가용도 정의

가용도(Availability)는 「신뢰도」와 「정비에 의하여 고장이 정상상태로 회복되는 부분」으로 이루어지며 시간 t에서 해당 무기체계나 장비가 정상상태에 있을 확률이다. 즉, 「정비 가능한 시스템이나 제품이 어떤 사용조건에서 규정시간에 정상적인 기능을 유지(정상상태)하고 있는 확률」을 말하고 고유가용도, 성취가용도, 운용가용도로 분류할 수 있다.

---

4) PDR(Preliminary Design Review) 예비 설계검토

5) CDR(Critical Design Review) 상세 설계검토

2. 가용도 예측의 목적

시스템이 어떤 사용조건에서 규정시간에 정상적인 기능을 유지하는지를 판단한다.

3. 가용도 대표적인 척도

고유가용도(Ai), 성취가용도(Aa), 운용가용도(Ao)

4. 가용도 산출원리

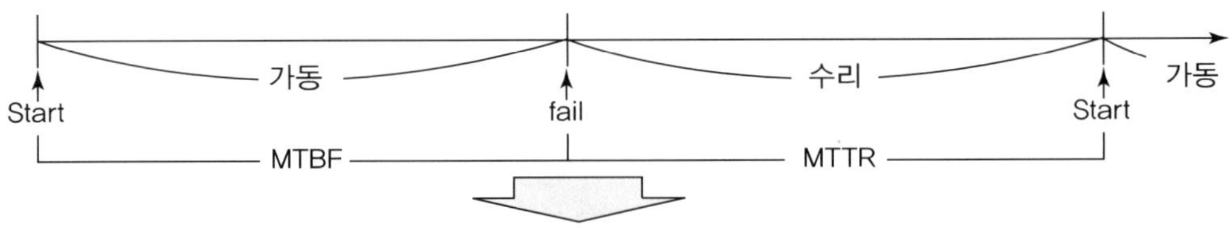

$$A(\text{가용도}) = \frac{MTBF}{MTBF + MTTR}$$

그림 4-32 가용도 산출원리

5. 가용도 분석

전투장비의 경우 어느 때나 작전명령이 하달될 수 있다. 그러므로 정비가 요구되는 경우를 제외하고 일정한 수의 전투장비는 가동상태에 있어야 한다.

어떤 부대에서 OO전투장비 100대를 보유하고 있고, 보유 전투장비 100대 중에서 임무완수를 위해 90대 이상의 전투장비를 항상 가동시켜야 한다고 가정하자. 보유 전투장비 중에서 일부가 어떤 경우에 고장이 발생할 수도 있고, 차후임무를 수행하기 위해서 정비를 실시하는 경우도 있을 것이다. 이러한 경우에 전투장비의 임무수행기간 중 가용도를 〈그림4-32〉와 같이 도식해 볼 수 있다.

다음 〈그림 4-33〉에서 보는 바와 같이 기간 중 임무수행이 가능한 전투장비의 수가 시간의 흐름에 따라 계속적으로 변하고 있다. 중요한 것은 '특정한 시간동안 임무가 부여되었을 때, 임무수행이 가능한 전투장비가 몇 대가 되는가?' 하는 것이다. 즉, 기간 중 보유 전투장비 100대 중에서 90대 이상이 가용한 상태가 되어야 하는데 〈그림 4-33〉의 상태에서는 일부 기간 동안 88대 혹은 87대만 가용한 상태가 된다.

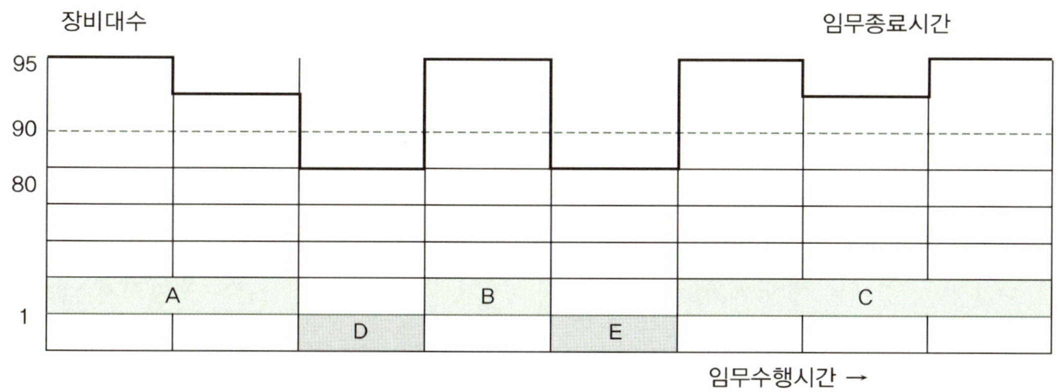

그림 4-33 임무를 고려한 전투장비 가용도

따라서 위 그림에 나타난 기간 중에 OO전투장비는 임무수행 위한 가용한 대수를 항상 확보하고 있지 못한다고 할 수 있다. 〈그림 4-33〉의 구간 A, B, C에서는 OO전투장비 100대 중에서 90대 이상이 가용한 상태라 할 수 있지만 구간 D, E에서는 가용한 장비수가 90대 미만으로 장비가동률이 90% 이하로서 전투준비태세를 충족하지 못하는 경우가 된다.

또한 〈그림 4-33〉의 A, B, C, D, E 구간을 장비 1대의 운용주기라고 가정한다면 구간 A, B, C의 총합은 장비의 총 가동시간이고, 구간 D, E의 시간 총합은 장비의 총 불가동시간이라 할 수 있다. 즉, 장비 총 불가동시간은 고장난 시점으로부터 정비가 끝나서 다시 원상 복귀할 때까지 소요되는 총시간을 말한다. 이 시간은 고장형태(輕, 中, 重)에 따라 달라질 수 있다.

야전에서 운용하고 있는 대부분의 무기체계는 여러 하부 시스템의 조립체로 이루어져 있다. 이와 같은 경우, 한 무기체계를 구성하고 있는 모든 하부 시스템이 정상적으로 작동할 때만 「무기체계(전체시스템)가 가용하다」고 말할 수 있다. 따라서 일반적 개념의 가용도는 다음과 같은 식으로 표현될 수 있다.

$$A = \frac{\text{총 가동시간}}{\text{총 시간}} = \frac{\text{총 가동시간}}{\text{총 가동시간} + \text{총 불가동시간}}$$

6. 가용도 형태

무기체계 운용에 관련된 시간요소를 바탕으로 가용도를 크게 3가지 형태로 분류할 수 있는데 고유가용도와 성취가용도, 운용가용도가 그것이다.

가. 고유가용도(Ai : Inherent Availability)

「무기체계나 장비가 이상적인 지원환경에서 계획정비나 예방정비 없이 규정된 조건하에서 가동될 확률」을 말한다. 즉, 예방정비를 고려하지 않고 이상적인 지원상태하(규정된 공구, 수리부속품, 숙련된 정비요원, 정비교범, 지원장비 및 기타 지원준비가 되어있는 상태)에서 사용될 체계가 어떤 시점에 만족스럽게 작동할 확률을 말하며 다음 식으로 표현될 수 있다. 이때 수리정비시간에는 예방(계획) 정비시간, 군수지연시간, 행정지연시간은 포함되지 않는다.

$$Ai = \frac{\text{운용시간}}{\text{운용시간} + \text{총 수리정비시간}} = \frac{OT}{OT + TCM} \text{ 또는 } \frac{MTBF}{MTBF + M_{ct}}$$

☞ $M_{ct} = MTTR$: 평균정비시간

따라서 고유가용도 Ai는 무기체계나 장비 이외의 다른 요인으로 인한 가동 정지시간을 제외하고 계산한 값이므로 해당 무기체계나 장비의 고유한 특성만을 반영한 가용도이고, 가용도 값은 확률로서 0과 1사이의 값을 갖는다. 이러한 고유가용도는 탐색개발단계에서 체계 및 장비의 설계개념 설정시 주로 이용한다.

나. 성취가용도(Aa : Achieved Availability)

성취가용도란 **「무기체계나 장비가 이상적인 지원환경(공구, 시설준비 상태)과 규정된 조건하에서 운용될 때 체계나 장비가 임의의 시점에 만족스럽게 작동할 확률」**을 말한다.

무기체계나 장비를 운용할 경우, 고장 발생이나 수리부속품 조달, 행정업무 처리, 예방 및 비계획정비 등으로 인한 가동 중단이 발생할 수 있다. 고유가용도를 정의할 때는 MTTR에 예방 및 계획정비로 인한 가동정지시간을 고려하지 않으나, 성취 가용도에는 이러한 요소들 즉, 예방 및 계획정비로 인한 가동중지시간이 MTTR에 포함된다. 이를 식으로 나타내면 다음과 같다.

$$Aa = \frac{\text{총 가동시간}}{\text{총 가동시간} + \text{총 수리정비시간} + \text{총 계획정비시간}}$$

$$= \frac{TUT}{TUT + TCM + TPM} \text{ 또는 } \frac{MTBMA}{MTBMA + \overline{M}}$$

☞ MTBMA(Mean Time Between Maintenance Action) : 평균 정비조치간 시간, $\overline{M}$: 평균 실정비 시간(계획 및 예방정비시간 고려)

여기서 $\overline{M}$은 계획, 예방정비 및 수리정비로 인한 평균 실정비 시간이다.

또한 계획 및 예방정비시간이 무시될 때는 평균정비조치간시간과 MTBF는 동일하다. 그리고 예방정비와 수리정비의 직접시간을 고려하고 장비에 의한 직접적인 요인이 아닌 행정업무처리로 인한 가동정지시간, 부품조달시간 등을 제외시켰기 때문에 Aa는 실제로 성취가능한 가용도란 의미를 갖게 된다. 즉, 간접적인 요인으로 인한 무기체계나 장비의 가동정지시간을 무시하고 직접적인 요인만을 고려한 가용도가 성취가용도라 할 수 있다.

다. 운용가용도(Ao : Operational Availability)

운용가용도란 「**무기체계나 장비가 실제의 운용환경과 규정된 조건에서 사용될 때 임의의 시점에서 만족스럽게 작동될 확률**」을 말한다.

현실적으로 행정업무처리 및 부품조달시간을 0으로 만들 수 없고, 이러한 요인으로 발생하는 지연이 불가피하다. 이 모두를 고려한 가용도가 운용가용도이다. 운용가용도는 현실적인 군수지원 상태하에서 규정된 조건으로 무기체계 및 장비가 가동될 확률로 이며, 다음과 같은 식으로 표현할 수 있다.

$$Ao = \frac{MTBM}{MTBM + MDT} \quad \text{혹은} \quad \frac{TUT}{TUT + TDT}$$

$$\text{혹은} = \frac{\text{총 운용시간}}{\text{총 운용시간} + \text{총 고장정비시간} + \text{총 예방정비시간} + \text{총 지연시간}}$$

☞ MDT : 행정 및 군수지연시간 및 수리시간을 포함해서 정비를 하는데 소요되는 평균시간(평균 불가동 시간)

또한, 전투준비태세 수준으로부터 운용가용도를 결정하는 기본적인 개념은 「체계가 1년 또는 어떤 주어진 시간 중 얼마동안 작전 가능한 상태에 있어야 하느냐」는 요구조건을 설정하는 것으로서 무기체계의 종류 및 전투준비태세 요구조건에 따라 달라진다. 운용가용도를 전시수행임무에 대한 시간분석을 통하여 산출하면 다음과 같은 결과를 얻는다.

표 4-8 운용가용도 기준 전투준비태세 등급

전투준비태세 범주(C-i)	가동장비 대수 비율
C-1 : (전투준비 : 결함이 없음)	0.90～1.00
C-2 : (전투준비 : 사소한 결함)	0.70～0.89
C-3 : (전투준비 : 중대 결함)	0.60～0.69
C-4 : (전투준비 미비)	0.00～0.59

☞ 단위부대 전투준비태세 규정 : 미 육규 220-1(AR 220-1)

1개 포대의 자주포(6문)로 OMS/MP에 언급된 임무소요를 만족시키기 위해서는 「6문중 3문 이상이 항시 가용하여야 한다」고 가정하자. 이때 C-1 수준의 전투준비태세를 유지하려면 자주포 1문의 운용가용도는 얼마가 되어야 하는가?

6문중 3문 이상이 상시 가용할 확률이 C-1 전투준비태세(90% 이상)를 만족할 조건은 아래의 이항분포식으로 계산되며, 이 조건을 만족하는 장비 1대(문)에 대한 운용가용도는 0.666806(≒0.67) 이상이 되어야 한다.

$$P \geq \sum_{X=S}^{n} Ao^{X}(1-Ao)^{N-X}$$

여기서, P : 총 장비에 대한 가용 확률

X : 가용한 장비대수

N : 총 장비대수

S : 총 장비에 대한 가용 확률(P)을 달성하기 위해서 필요한 최소 장비대수

Ao : 장비 1대의 운용가용도

7. 신뢰도 및 정비도에 기초한 가용도 산출

일반적으로 무기체계나 장비의 가용도는 신뢰도 및 지원 효용도 함수로 표현된다. 이것을 식으로 표현하면 다음과 같다.

$$As = f(R_s,\ M_s,\ Ss)$$

여기에서, $As =$ 무기체계 또는 장비의 시스템 가용도

$R_s =$ 무기체계 또는 장비의 시스템 신뢰도

$M_s =$ 무기체계 또는 장비의 시스템 정비도

$Ss =$ 무기체계 또는 장비의 시스템 지원 효용도

신뢰도 함수 $R(t)$가 평균고장률 λ인 지수분포를 따르고 정비도 함수 $M(t)$가 평균 수리율 μ인 지수분포에 따른다고 하면, $R(t)$와 $M(t)$는 다음과 같다.

$$R(t) = e^{-\lambda t}\ ,\ M(t) = 1 - e^{-\mu t}$$

위 식에서 신뢰도는 최초 배치시에 정상적으로 작동되는 무기체계나 장비가 t시간 후 생존할 확률을 의미하는 것이고, 정비도는 고장난 시스템이 t 시간 이내에 정상상태로 회복할

확률을 의미한다. 시스템이 Δt 시간 중에 고장날 확률은 $\lambda \Delta t$ 이고, 고장난 시스템이 Δt 시간 중에 회복된 확률은 $\mu \Delta t$ 이므로 $(t+\Delta t)$ 시간에서의 시스템의 가용도 $A(t+\Delta t)$는 다음과 같다.

$$A(t+\Delta t) = A(t)(1-\lambda \Delta t)+[1-A(t)]\mu \Delta t$$

위 식을 전개해서 양변을 Δt로 나누고, Δt가 0으로 수렴하면

$$\lim_{\Delta t \to 0} \frac{A(t+\Delta t)-A(t)}{\Delta t} = -(\lambda+\mu)A(t)+\mu$$

$$\frac{d}{dt}A(t) = -(\lambda+\mu)A(t)+\mu$$

가 되고 $A(t)+(\lambda+\mu)A(t)=\mu$의 미분방정식이므로 이의 해를 구하면 다음과 같다.

$$A(t) = \frac{\mu}{\mu+\lambda} + \frac{\lambda}{\mu+\lambda}e^{-(\mu+\lambda)t}$$

의 식에서 t가 무한대로 수렴한다고 가정하면 $A = \lim_{\Delta t \to \infty} A(t) = \frac{\mu}{\lambda+\mu}$가 된다.

이 식 우변의 분모와 분자를 각각 $\lambda\mu$로 나누면 다음과 같은 식이 된다.

$$A = \frac{\frac{1}{\lambda}}{\frac{1}{\lambda}+\frac{1}{\mu}}$$

고장발생시간의 확률밀도함수(PDF)가 지수분포인 경우, 평균고장률(λ)과 고장간 평균시간(MTBF)은 서로 역수관계에 있으므로 즉, $MTBF = \frac{1}{\lambda}$ 이다.

이것을 가용도 공식에 대입하면

$$A = \frac{MTBF}{MTBF+MTTR}$$

가 되고, 이것이 가용도이다.

정비도 함수 $M(t) = 1-e^{-\mu t}$ 일 때, 즉, 정비시간의 확률밀도함수가 평균 수리율 μ인 지수분포를 따르면 평균정비시간(MTTR)는 $\frac{1}{\mu}$ 이 된다. 실제로 MTTR은 고장 발생시 수리하는데 소요된 시간 t_i(i : 고장순서)을 집계하여 $MTTR = \frac{\sum_{i=0}^{n} t_i}{n}$ 로 구한다.

예를 들어 1대의 전차를 1,000시간 동안 연속 사용했을 경우 〈표 4-9〉와 같이 6회의 고장이 발생했다고 가정하자.

표 4-9 고장분포 및 정비소요시간

고장 순번	고장이 발생한 시점	정비 소요시간
1	90	10
2	200	20
3	410	30
4	530	10
5	770	20
6	970	10
총 계		100

전차의 고장정비시간이 〈표 4-9〉와 같다면 MTTR은 다음과 같이 계산된다.

$$MTTR = \frac{\sum_{i=0}^{6} t_i}{6} = \frac{100}{6} = 16.7\text{시간}$$

전차를 1,000시간 동안 연속 운용하는 중에 6회 고장으로 인한 총 정비시간이 100시간이기 때문에 실가동시간은 900시간이다. 따라서 MTBF는 다음과 같다.

$$MTBF = \frac{T}{r} = \frac{900}{6} = 150\text{시간}$$

T는 실제 총 작동시간이고, r은 고장횟수이다. 그러므로 전차의 가용도는

$$A = \frac{MTBF}{MTBF + MTTR} = \frac{150}{150 + 16.9} \fallingdotseq 0.9\text{이다.}$$

한편, 무기체계나 장비를 실제 운용환경에서 평가하려고 한다면 운용가용도(Ao)를 검토해야만 한다.

즉, 체계를 운용하는 경우에는 체계 자체의 직접적인 원인에 의한 비가동시간이 아닌, 간접적인 원인(사용자의 실수, 사고)에 의한 비가동시간을 무시할 수 없으며, 운용가용도는 현실적으로 발생할 수 있는 모든 비가동시간을 고려한 값으로 체계운용시 적용된다. 특정 체계의 연간운용결과가 다음과 같다면 체계의 운용가용도는 아래와 같은 식으로 구한다.

$$Ao = \frac{OT + AT + ST}{OT + AT + ST + TPM + TCM + TALDT}$$

$$= \frac{913 + 100 + 6,186}{913 + 100 + 6,186 + 673 + 600 + 288} = 0.82$$

표 4-10 특정체계 연간 운용결과

운용시간 (OT)	경계시간 (AT)	대기시간 (ST)	총 예방정비 시간(TPM)	총 고장정비 시간(TCM)	행정/군수지연 시간(TALDT)
913	100	6,186	673	600	288

제 6 절 작전운용형태 및 임무유형(OMS / MP)

1. 정 의

미래전장에서 "해당 무기체계의 임무는 무엇이며, 어떻게 사용될 것인가?"를 체계적이고 정량적으로 분석하여 모든 운용 및 임무형태별 필수임무기능의 구체적 운용량을 기술한 문서로 미군의 Operation Mode Summary(작전 운용형태), Mission Profile(임무유형)에서 그 기원을 찾을 수 있다. 무기체계 소요제기 시 해당 무기체계의 OMS / MP를 작성토록 하고 있으며 이는 주장비 설계목표 및 ILS요소 개발의 기준이 되는 기초자료로 활용되고 있다.

2. 역 할

작전운용형태 및 임무유형(OMS/MP)는 체계 설계목표와 종합군수지원요소 개발의 기준이 되는 핵심 문서로서 개발 무기체계가 미래 전장환경에서 "어떻게 운용되고, 어떤 임무를 수행할 것인가?"를 임무분석과 전·평시 전투시나리오 및 교육훈련 소요에 의거, 운용 및 정비 제원을 계량화하여 제시한 문서이다.

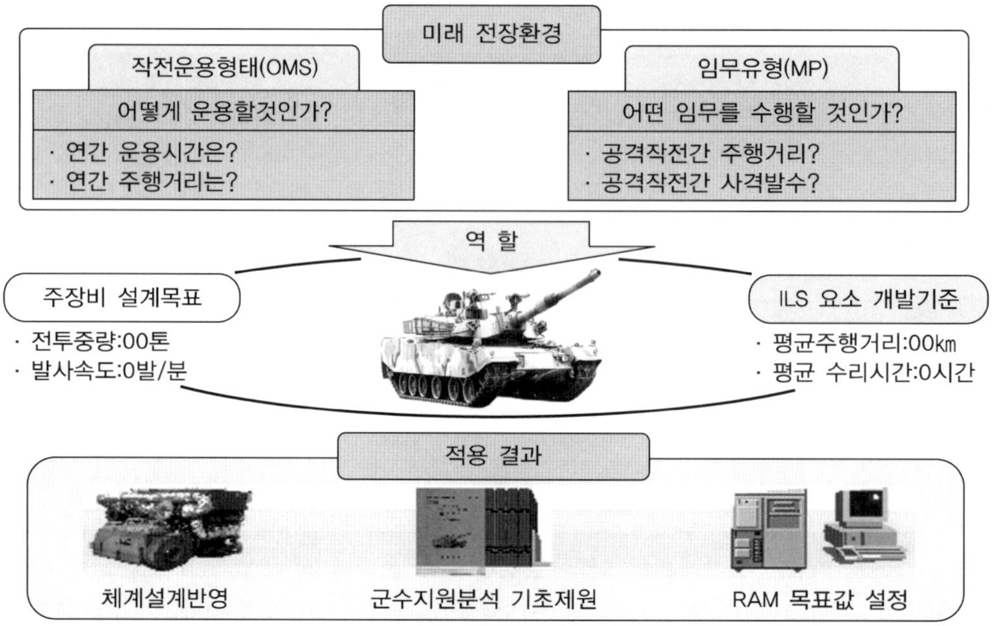

그림 4-34 OMS/MP

3. 시기 및 방법

작전운용형태 및 임무유형(OMS/MP)는 소요제기시 개념발전 단계에서 작성하여 완성하며 예상되는 전투시나리오 즉, 작전운용형태 및 임무유형(OMS/MP)는 소요군이 작성하고 무기체계의 기준과 방향을 제시하는 것으로 개념적 서술부분과 정량적 서술부분이 있으며 다음과 같다.

첫째, 개념적 서술은 미래 전장 환경, 과거 전투경험, 워게임 결과 군수지원 개념, 한국적 여건(적 위협, 지형 및 기상) 등을 고려 비교적 상세하게 작성해야 하는데 무기체계의 형태와 운용개념까지 표현하고 논리적, 체계적으로 작성해야 한다.

둘째, 정량적 서술부분 즉 전시에는 요구되는 작전형태, 평시에는 부대훈련을 고려한 무기체계 운용시간과 그 무기체계의 전투준비태세 목표(가용도)를 제시해야 한다.

무기체계의 신규 전력 소요제기시 작전운용형태 및 임무유형(OMS/MP)을 반드시 작성, 포함해야 정량화된 램(RAM) 목표 값으로 설계 및 개발할 수 있으며 야전 요구에 부응한 무기체계를 생산 및 배치할 수 있다.

4. 작전운용형태(OMS)

무기체계의 전・평시 운용형태를 종합적으로 정리한 자료로 통상 특정 운용형태별 횟수, 총시간, 총 가동시간(운용시간, 경계시간, 대기시간), 총비가동시간(총 정비시간, 총 행정 및 군수지연시간) 등으로 표현된다.

가. 포함내용

1) 운용환경

자연적 환경(온도, 습도, 지형) 및 인위적 환경(충격, 진동, 사격충격 등)이 고려되어야 하며 아래 사항들이 포함된다.

가) 기후조건 : 무기체계가 운용될 지역별, 시기별 강수량, 강설량 및 습도 등

나) 온도조건 : 장비가 운용될 지역별, 시기별 최저, 최고 및 평균기온 등

다) 주행조건 : 운용지역의 지형, 도로 포장상태 및 장비 운용빈도 등

2) 운용형태

가) 운용형태별 시간

작전 및 훈련개념, 각각의 운용에 따른 운용시간 세부내역, 운용횟수(일수), 평균 운용소요, 장비편성 내용(총운용 장비수 및 운용부대수), 임무지속시간, 발생빈도 등을 포함한다.

나) 정비계단별 정비소요

가용도 및 정비도 목표치, 정비계단별 운송거리 및 시간 등을 포함한다.

(1) 정비지원개념 및 목표 설정

정비계단별 정비수준, 수리방침, 기능 및 책임, 개략 정비개념

(2) 정비환경

기술수준, 교육체계, 정비인원 및 주특기 소요, 정비계단별 지원체계 수 등

다) 무기체계 가동시간 및 불가동시간

대기시간, 행정 및 군수 지연시간, 비상대기 시간 등이 포함된다.

나. 평시 OMS

표 4-11 평시 OMS의 "예"

단위 : 시간(H)

운용형태 (OMS)		임무수		총시간 (TT)	총 가동시간(TUT)				총 비가동시간 (TDT)
		회수	일수		소계	OT	AT	ST	
전술 훈련	합동	격년1회	6	124	118	30	35	53	6
	사단급	연1회	6	124	118	30	35	53	6
	여단급	격년1회	3	62	57	14	17	26	5
	대대종합	연2회	9	200	195	49	59	87	5
	중대급	연2회	7	152	148	37	44	67	4
	소대급	연2회	5	104	101	25	30	46	3
계		…	…	…	…	…	…	…	…

다. 전시 OMS

표 4-12 전시 OMS의 "예"

단위 : 시간(H)

임 무 별	총 가동시간 (TUT)	운용시간 (OT)	경계시간 (AT)	대기시간 (ST)
전술적 부대이동	9	7.2	0.9	0.9
집결지 점령	34	10.2	13.6	10.2
공 격	13	10.4	1.95	0.65
방 어	12	7.2	3.6	1.2
진지강화 및 재편성	4	2.0	1.6	0.4
72시간 OMS	72	37	21.65	13.35
연간 OMS	…	…	…	…

5. 임무유형(MP)

무기체계가 운용간 수행해야 할 임무로서 사격발수, 주행거리 등 운용형태별 필수임무기능의 수행시간 및 운용량을 제시한 것이며, 특정한 임무수행이 어떤 환경조건에서 어떠한 형태로 얼마만큼 수행되는가를 정량적으로 표현한 것이다.

가. 포함내용 및 유형

1) 작전임무별 운용소요

각각의 필수임무 수행에 따른 주행거리, 발사탄수, 엔진 가동 및 공회전시간, 임무구간별 이동속도 및 거리, 사격속도 등이 포함된다.

2) 유 형

무기체계 및 장비가 수행해야 할 임무형태로 아래와 같다.

가) 다중기능 임무 : 여러 가지 기능을 연속적으로 수행하는 임무(복합 무기체계 : 전차, 장갑차)

나) 단일 연속기능 임무 : 한 가지 기능을 연속하여 수행하는 임무(탐지장비 등)

다) 단일 주기기능 임무 : 한 가지 기능을 반복하여 수행하는 임무(포신)

라) 단일 일회기능 임무 : 한 가지 기능을 한번만 수행하는 임무(미사일)

나. 평시 MP

표 4-13 평시 MP의 예

운용형태	평 균 기동거리	최 대 기동거리	사격발수		통신운용 시간(H)	생존시간 (H)
			주무장	부무장		
합동훈련	100	115			74	12
사단급훈련	100	115			74	12
여단급훈련	70	80			35	6
대대종합	200	230	300	750	122	20
중대급	70	80			92	15
소대급	50	57			70	10
기 타	00	00	00	00	00	00
계	…	…	…	…	…	…

다. 전시 MP

표 4-14 전시 MP의 예

구 분	평 균 기동거리	최 대 기동거리	사격발수		통신운용시간	생존시간
			주무장	부무장		
전술적 이동	76.18	88.13	2	72	82	2
집결지 점령	5.53	10.1	4.3	186	25	1
공격	75.54	83.6	4	1300	12	2.5
방어	2.39	2.4	4	157	10	0.7
진지강화/재편성	2.32	2.4	1	40	3	
기 타	00	00	00	00	00	00
계	…	…	…	…	…	…

6. 적 용

작전운용형태 및 임무유형(OMS/MP)로부터 도출된 신뢰도 목표치 및 운용 및 정비 소요는 군수지원 분석자료 입력 기초자료로 활용되고, 업무흐름은 〈그림 4-35〉와 같다.

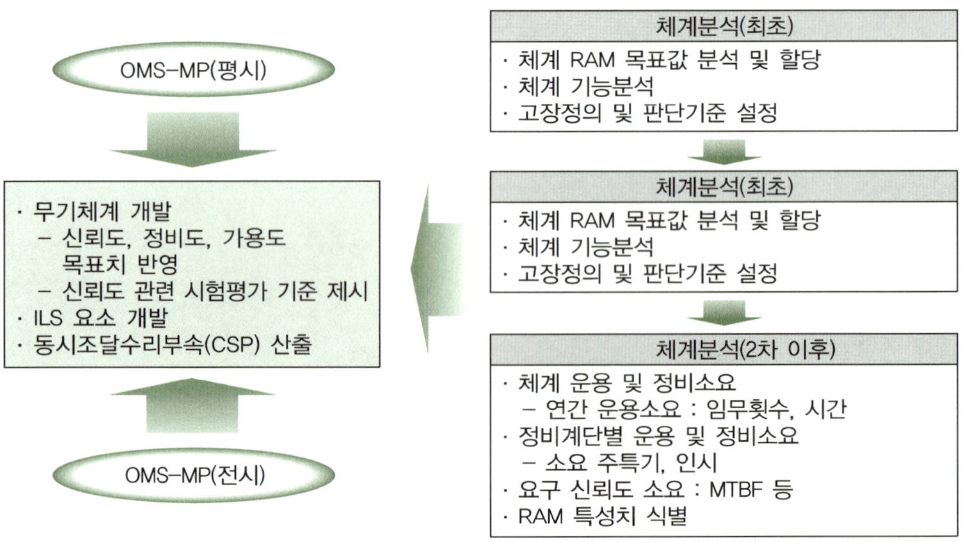

그림 4-35 OMS/MP의 적용 및 업무흐름도

제 7 절 RAM 적용사례

1. 신뢰도(Reliability) 분야

가. 신뢰성 프로그램(Rleliabilty Program : MIL-STD 785B)

장비개발을 위한 모든 군 계약사업에는 개발업체가 신뢰성 프로그램을 수행할 것을 명시하고 있다. 개발기관의 신뢰성 프로그램 수행방법을 명시한 미 국방성 기준서가 MIL-STD-785B이다.

기준서의 1절은 「프로그램 감독 및 통제」, 2절은 「설계 및 평가」, 3절은 「개발 및 생산시험」이다. 기준서의 수행업무(Task)들은 완벽한 신뢰성 프로그램을 수행하기 위해 필요한 지침을 제공할 수 있으며, 획득 장비의 특성을 고려하여 구성을 계약(개발기관-관리기관)에 의해 선택적으로 적용할 수 있다. 주요 무기체계 및 장비에 대해서는 신뢰성 프로그램의 향상을 위하여 일반적으로 모든 Task를 수행한다. 획득업무에 적용되는 업무 프로세스가 민수산업에서도 동일목적으로 활용되고 있으며, 대표적인 예가 항공기, 선박, 자동차, 기타 중장비 산업 등이 있다.

신뢰성 프로그램의 목적은 체계가 고장이 없이 장시간 운용될 수 있도록 설계를 지원하는 것이고, 부가적으로 언제 어떤 고장이 발생할 것인가를 예측하는 것이며 신뢰성 프로그램은 18개의 관련 Task들로 구성되어 있다.

신뢰성 프로그램의 결과는 체계가 야전에 배치되었을 때 체계 유지를 위해 필요한 군수지원요소를 결정하기 위하여 ILS 제 분야에 광범위하게 사용된다. 신뢰도 예측값이나 FMECA의 결과는 이러한 자원들을 위한 요구조건을 결정하고, 체계의 수명주기비용을 결정하는데 사용된다.

〈그림 4-36〉은 이 Task들이 정비 획득단계 중 언제 수행되는 지를 보여준다.

	프로그램 Task	획득단계			
		개념	탐색	체계	양산
	신뢰성 프로그램(100 Series)				
101	신뢰성 프로그램 계획		○	○	○
102	협력업체 및 부품 공급 업체의 관리와 통제		○	○	○
103	신뢰성 프로그램 검토	○	○	○	○
104	고장보고, 분석 및 수리체계(FRACAS)		○	○	○
105	고장분석위원회		○	○	○
	신뢰성 설계 및 평가(200 Series)				
201	신뢰성 모델링	○	○	○	○
202	신뢰성 할당	○	○	○	
203	신뢰도 예측	○	○	○	○
204	고장유형영향 및 치명도 분석(FMECA)	○	○	○	
205	잘못 설계된 회로의 분석			○	
206	전자부품 및 회로 오차분석		○	○	
207	부품 프로그램		○	○	
208	신뢰성 중요품목	○	○	○	○
209	기능시험, 저장, 취급, 포장, 수송 및 정비의 영향	○	○	○	○
	신뢰성 개발 및 생산시험(300 Series)				
301	환경시험				○
302	신뢰성 개발 및 성장 시험 프로그램			○	
303	신뢰성 입증시험 프로그램		○	○	
304	생산품 신뢰성 수락시험 프로그램			○	○

그림 4-36 획득단계별 신뢰도 프로그램 Task

나. 신뢰성 프로그램의 감독 및 통제

Task Section 100은 업체가 신뢰성 프로그램을 수립하고 관리하는 수행업무(Task)들로 구성되어 있다. 이 Task들은 개발기관(업체)이 「무기체계 및 장비의 신뢰성에 영향을 주는 모든 측면을 고려했는가?」를 확인할 것을 요구한다.

1) 신뢰성 프로그램 계획(Task 101)

신뢰성 프로그램 계획은 개발기관 신뢰성 프로그램의 근간이 된다. 이 계획에는 신뢰성 프로그램 목표가 수행, 관리, 보고되는 방법들이 세부적으로 언급된다. 계획은 신뢰성 프로그램 초기에 승인을 위하여 개발기관(업체)에 의해 관리기관(방사청 사업관리팀)에 제출되며, 새로운 정보가 발생되면 이를 반영 최신화 한다.

가) 목적

신뢰성 프로그램의 목적과 업무기술서에 명시된 계약요구조건을 만족시키기 위한 방안을 설명하고, 신뢰성 프로그램의 기대효과를 명시한다.

나) 무기체계 및 장비 설명

개발 장비의 기능적, 물리적 특성을 간단히 설명한다. 관리기관(방사청 등)에 의해 무기체계 및 장비 규격에 명시된 신뢰성 요구조건(MTBF 등)들을 제시한다.

다) 프로그램 TASK

MIL-STD-785B의 각 Task를 수행하는 방안을 제시한다. 최대한 예를 들어 설명하며, 사용기법에 대해서도 세부적으로 제시한다. 특히, 업무기술서에 언급된 사항이 없더라도 타 Task 수행에 필요한 Task는 수행토록 한다. 즉, Task 201 수행요구가 없더라도 202 수행요구가 있으면 201은 선행작업으로 수행되어야 한다.

라) 관 리

프로그램 관리방안을 서술한다. 각 Task를 수행할 책임부서를 정하고, Task 수행을 위한 작업통제 내부절차를 포함한다. 신뢰성에 관련된 결정을 할 수 있는 권한을 가진 책임자에 대해서도 명시한다.

마) 조 직

신뢰성 조직에 대해서 설명하고「다른 조직과 어떻게 협조체제를 유지할 것인가?」를 설명한다. 특히, 아래와 같은 내용들은 그림이나 도해로 제시하여 그 수행임무를 명확히 제공해야 한다.

☞ 신뢰성 조직, 다른 ILS조직과 신뢰성 조직의 협조체제, 위의 조직과 전체 장비관리 조직과의 연관관계

바) 협조체제

신뢰성 프로그램이「무기체계 설계활동과 어떤 협조체제를 유지할 것인가?」를 설명한다. 특히, 신뢰성 자료의 설계 및 군수지원분석 통합방안을 제시해야 한다.

사) 일정계획

Task 시작 및 완료를 나타내는 일정계획을 제시한다. 일정계획은 전체 개발 프로그램과 연계 제시해야 하고, Task 전에 완료해야 하는 것과 다른 Task 완료 후 수행해야 하는 것을 분리 제시해야 한다.

아) 신뢰성 프로그램

무기체계와 관련된 기 식별 또는 예상되는 신뢰성 문제를 언급한다. 이러한 문제점의 예를 살펴보면, 신기술 적용, 고장 주요 구성품, 운용요구사항 등이 될 수 있다. 각 문제에 대한 평가 및 해결방안이 대안으로 제공되어야 한다.

자) 자료 출처(Data Source)

입력자료에 대한 출처를 제시한다. 유사 프로그램 자료는 분석 초기에 가장 신뢰할 수 있는 자료이다. 이러한 자료의 활용방향과 이용에 따른 장점에 관해서도 언급한다. 소요군에서 제공해 주기를 바라는 야전 경험자료에 대해서 명시하고, 프로그램 참여 부품공급업체들로부터 인도받기를 바라는 자료와 기타 예상되는 정보수집방법(연구, 학습 등)에 대해서도 제시한다.

2) 협력업체 및 부품 공급업체의 관리와 통제(Task 102)

주계약업체는 협력업체 등에게 신뢰성 요구조건을 제시한다. 이를 통해 무기체계의 최종 신뢰성 요구조건이 충족될 수 있기 때문이다. 신뢰성 요구사항을 충족하기 위해서 주계약업체는 설계명세서를 협력업체에게 제공한다.

또한, Task 102에서 주계약업체는 협력업체의 신뢰성 프로그램 정립, 신뢰성 검토 참여, 체계 및 장비의 신뢰도 계산을 위한 데이터 제공 등을 관리하도록 하고 있다. 이 Task는 체계 및 장비 개발을 위해 여러 개의 협력업체와 공급업체가 있는 경우 중요하다.

3) 신뢰성 프로그램 검토(Task 103)

Task 103의 목적은 체계 개발일정의 특정 시점에 맞추어 신뢰성 요구조건 달성여부를 정식으로 검토하는 것이다. 개발자는 신뢰성 프로그램 진행상황과 요구조건의 달성여부는 Task 103을 통해 확인한다. 이러한 검토를 통해 관리기관(방사청 사업관리팀)과 개발자간의 자유로운 의사교환과 문제해결을 위한 협의가 가능하다. 신뢰성은 설계검토회의시 중요문제로 대두되는데 설계에 대한 방사청 사업관리팀 승인이 이 시기에 이루어지기 때문이다.

4) 고장보고, 분석 및 교정조치체계(Task 104) : FRACAS(Failure Reporting, Analysis & Corrective Action System)

Task 104는 개발 무기체계를 시험하는 동안 발생한 고장(때로는 야전배치 이후 발생 고장)을 보고하는 공식적인 방법에 관하여 정의하고 있다. 이에 따르면 개발기관은 고장발생 원인 및 수리방법을 제시해야 한다.

또한, Task 수행전에 실제로 무기체계를 운용하는 부분이 있어야한다. 일반적으로 이후에 거론될 Task 200 시리즈의 각 Task 들과 연계되어야 한다. 「고장보고, 분석 및 교정조치체계」는 자동적으로 환류되는 체계이어야 한다. 즉, 각각의 고장 보고는 고장분석보고서로 제시되어야 하며 「수리」 작업을 필요로 한다.

〈그림 4-37〉은 전형적인 「고장보고, 분석 및 교정조치체계」에 대한 업무흐름이다. 일반적으로 개발기관에 의해 초기 생성되는 고장보고, 분석 및 수리체계 과정은 전력화 이후에는 소요군에 의해 수행된다. 여기서 방사청 사업관리팀과 국과연 개발팀은 소요군이 차기무기체계시 필요한 야전운용제원수집을 위한 제도, 예산, 수집체계 등 필수 조건이 반영되도록 적극적인 지원이 선행되어야 한다. 소요군 「고장보고, 분석 및 교정조치」 프로그램은 체계운용간 체계와 고장경향 추적을 위해 장기 개선요구에 초점을 둔다.

5) 고장분석위원회(Failure Review Board)(Task 105)

Task 105에 따라 개발기관(방사청 사업관리팀)은 고장분석위원회를 구성하여 운영한다. 위원회의 목적은 고장경향 및 분석내용을 검토하며, 수리작업 진행여부를 확인하는 것이다. Task는 고장보고, 분석 및 수리체계의 일환으로 TASK 104와 병행 수행된다.

위원회는 보통 설계 및 신뢰성 공학, 체계 안정, 정비성, 제조, 품질보증기관 등으로 구성되고, 소요군도 참여할 수 있다. 위원회를 통해 회의내용 및 수행 작업 및 추천사항에 대한 기록을 작성한다. 〈그림 4-37〉은 고장분석위원회가 전체 고장보고, 분석 및 수리체계중 어느 부분에서 어떤 역할을 수행하는가를 보여주고 있다.

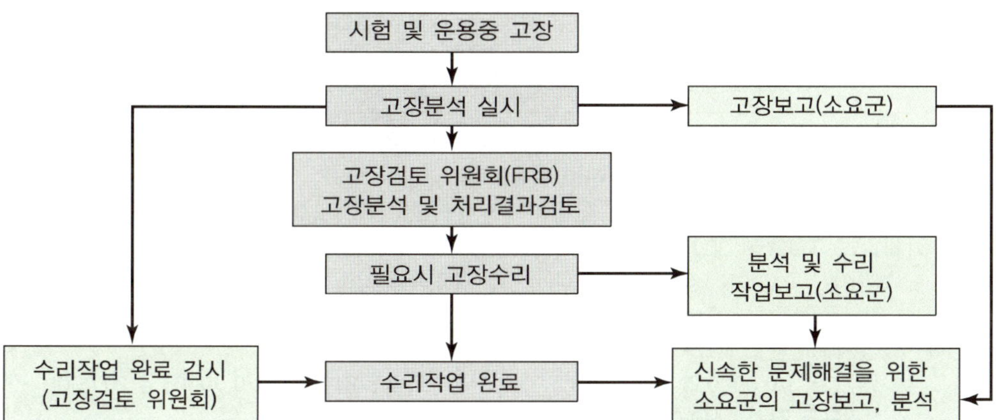

그림 4-37 고장보고, 분석 및 교정조치체계(FRACAS)

다. 신뢰성 설계 및 평가(Task 200)

MIL-STD-785의 Task Section 200 「설계 및 평가」는 9개 Task로 구성되어 있다. 9개 Task는 장비와 조립체, 부품의 고장률을 결정하는 신뢰성 업무수행에 대한 분석을 제시하는데 이는 설계반영을 통한 신뢰성 제고를 위한 것이다. 9개 Task를 정확하고 성공적으로 수행하는 것은 신뢰도가 높은 체계개발의 필수사항이다.

1) 신뢰성 모델링(Task 201)

모델링 절차들은 주로 MIL-STD-756B와 MIL-HDBK-338에 수록되어 있고, 목적은 잠재고장률 예측을 위한 초기 모델링 기법을 제공하는 것이다.

프로그램 초기에 신뢰성블록다이어그램을 개발하는 목적은 장비의 기능적인 형상을 나타내기 위한 것이다. 〈그림 4-38〉은 간단한 신뢰성블록다이어그램의 예로서 이는 MIL-STD-785B의 Task 202, 203을 수행하기 위해 사용된다.

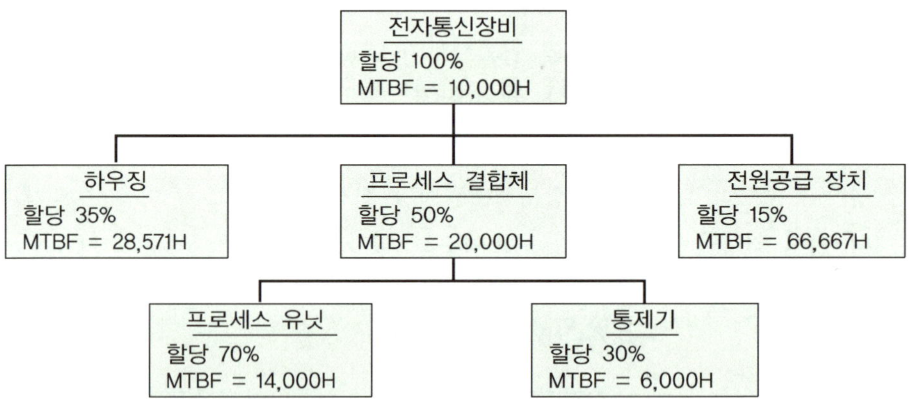

〈1단계〉 장비의 MTBF를 고장률로 바꾼다. 1/10,000(MTBF) = 0.0001(장비 전체의 고장률)

〈2단계〉 차하위 레벨의 각 품목 고장율비를 결정한다.

- 하우징 : 35% · 프로세스 결합체 : 50% · 전원공급 장치 : 15%

〈3단계〉 할당된 고장률을 계산한다.

- 하우징 : 0.0001×35% = 0.000035 · 프로세스 조립체 : 0.0001×50% = 0.00005
- 전원공급 장치 : 0.0001×15% = 0.000015

〈4단계〉 할당된 고장률을 MTBF로 변환

- 하우징 : 1/0.000035 = 28,571H · 프로세스 결합체 : 1/0.00005 = 20,000H
- 전원공급 장치 : 1/0.000015 = 66,667H

〈5단계〉 계속 하위 레벨로 내려가면서 전체 장비에 대하여 〈단계 2, 3, 4〉를 반복

그림 4-38 신뢰도 블록 다이어그램

2) 신뢰도 할당

신뢰도 할당은 개발기관(방사청, 사업관리팀, 국과연)에 의해 체계 획득사양에 규정된 고장간 평균시간(MTBF)이나 고장률을 기초로 시작되고, 유사장비 경험자료나 기술적 판단을 통하여 수행된다. 〈그림 4-39〉는 신뢰성 블록다이어그램을 가진 장비의 신뢰도 할당작업이 어떻게 이루어지는가를 보여준다.

설계과정에서 할당된 고장률은 각 조립체의 신뢰도 목표값이 된다. 설계 진행에 따라 조립체별 예측고장률이 계산되고 이를 할당고장률과 비교함으로써 개발기관(방사청 사업관리팀, 국과연)에서 요구한 고장간평균시간을 달성할 수 있도록 설계되었는가를 검토한다.

이 값을 기준으로 요구 신뢰수준을 달성하기 위하여 고신뢰도 부품 사용, 신기술의 사용, 대체 가능한 제작과정의 추천 등의 대안을 추진할 수 있다.

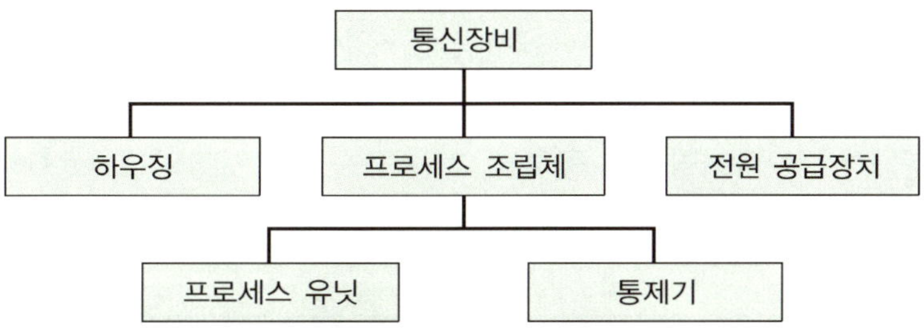

그림 4-39 신뢰도 할당

3) 신뢰도 예측(Task 203)

신뢰도 예측방법은 무기체계 및 장비의 유형이나 설계의 상태에 따라 달라지며 신뢰도 모델링 및 예측방법에는 크게 두 가지가 있는데 첫 번째 방법은 '부품별 계산 신뢰도 예측'으로서 설계 초기단계에 사용되고, 체계에 사용예정인 부품의 유형이나 수량에 대한 총체적인 고장률에 기초를 두고 예측값을 개발한다. 두 번째 방법은 '부품별 스트레스 예측(Part Stress Reliability Prediction)'으로서 상세한 예측을 하기 위하여 실제 설계된 형상을 기초로 예측을 실시한다. 부품별 계산 예측법은 Task 202에서 작성된 신뢰도 할당값과 비교하기 위한 초기 예측 값을 개발하고, 제시된 사례가 기본적인 신뢰도 요구조건을 만족하는가에 관한 정보를 설계자와 관리자에게 제공하는 데 목적이 있다. 설계가 점차 완성됨에 따라 부품 스트레스 분석을 사용하여 신뢰도에 관한 세부적인 정보를 입수하며, 신뢰도가 개선될 수 있는 부분을 찾아낸다.

결과의 정확성은 예측에 사용된 자료의 질과 가정의 정확성에 달려 있다. 무기체계 및 장비 고장률의 예측은 어느 방법을 사용하더라도 부품수준에서 시작하여 완성장비 수준까지 합산시키는 방법으로 수행된다. MIL-HDBK-217에는 상기 두 방법에 대한 세부적인 지침 및 입력 자료에 관한 내용이 수록되어 있다.

가) 신뢰도 할당 및 예측간 주요 착안사항

신뢰도 할당 및 예측간 주요 착안사항은 신뢰도(MTBF, MRBF, MKBF 등) 예측치의 정확성 및 적절성과 조립체별 적정 환경의 설정여부를 중점 확인해야 한다.

또한, DB자료의 경우 부품 분류 및 세부 분류기준의 정확성과 설계 자료에 가장 적합한 부품을 선정, 적용했는지 여부를 검토해야 한다. DB자료의 부품 특성을 임의로 적용할 때에는 신뢰도 할당값과 예측값이 수십 배의 차이가 발생하여 적절한 예측 및 판단기준으로 활용이 불가능한 경우가 발생하기도 한다.

〈그림 4-40〉은 설정된 신뢰도 목표치를 근거로 각종 환경요인과 부품의 고장 특성을 적용하여 예측한 장치별 신뢰도 예측값을 제시한 예이다.

각 부품에 대한 세부정보는 그림 우측에서 볼 수 있는 DB의 자료를 활용하는데, 이때 소요군 운용개념과 세부부품정보가 정확히 일치하는 고장률 정보를 입력해야 한다. 해당자료가 DB에 부재할 경우는 유사장비나 공학적 제원 등을 사용자정의(User Define)로 입력하는 것이 타당하다.

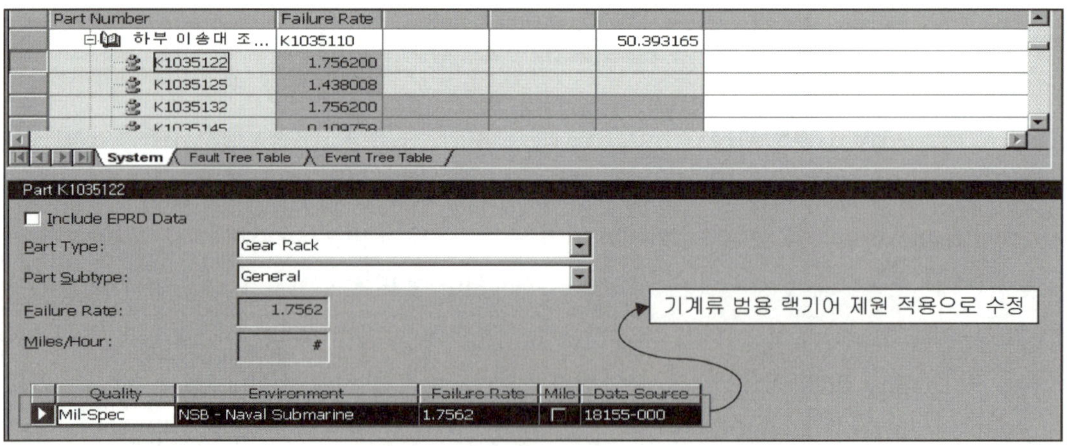

그림 4-40 ○○ 무기체계 수직, 수평 탄 이송장치 신뢰도 할당 및 예측 사례

나) 환경 및 부품정보 오적용시 영향요소

분석 및 예측 환경과 부품정보를 오적용 하였을 시 영향은 체계 및 조립체, 단품 등의 신뢰도 정보를 왜곡하여 수명주기 지원소요 산출의 오류를 유발한다. 이는 다수요 긴요품목을 고장이 없는 것으로 분석하여 소요를 도출하지 않게 할 수도 있고, 고장이 적은 고품질 품

목의 고장소요를 확대하여 많은 수량을 조달, 저장하게 할 수도 있다. 이런 경우 제한된 국방예산의 효율적 집행이 불가능하게 되고, 운용유지비용의 증대를 초래하며, 결국에는 무기체계의 전투준비태세(운용가용도)를 저하시킨다.

〈그림 4-41〉은 무기체계 개발간 부품정보를 오적용(단순 기계용 랙기어를 미 해군 잠수함용 고품질 랙기어로 오적용)한 사례이다.

고장률 정보의 오적용으로 랙기어(수평 X, Y축용)는 수명주기간 고장이 거의 없는 것으로 분석되었고, 이에 따라 운용유지 소요도 없는 것으로 판단되었다. 그러나 부품이 실제 내재하고 있는 고장률은 이보다 훨씬 높아 주기적으로 고장 및 정비소요가 발생하고, 수리를 위해서는 해당품목의 조달도 필요한 것으로 확인하여 수정 조치하였다.

이러한 착오를 방지하기 위해서 신뢰도 분석업무 수행간 설계자료 분석을 통한 부품에 대한 세부정보를 정확히 확인해야 한다. 또 해당품목의 관련 고장률 제원이 DB내에 없는 경우 설계팀과 협의하여 공학적인 경험제원이나 유사 무기체계의 관련 고장률 정보를 입력하여 실제 고장률에 가장 가까운 부품 정보를 입력하여 오류 발생을 최소화해야 한다.

〈그림 4-41〉의 경우 실제 운용 중에 소요가 예측되는 품목을 찾아 그 소요를 최적화함으로써 RAM 업무를 통한 무기체계 가용도(전투준비태세) 향상을 추구할 수 있었다.

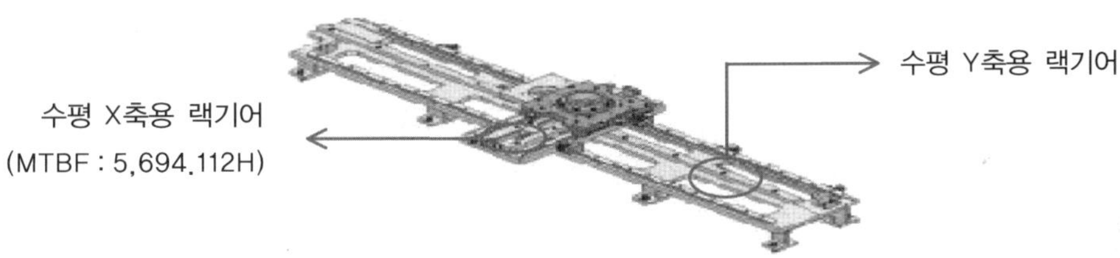

☞ 미 해군 잠수함용 랙기어 고장률 입력제원 적용

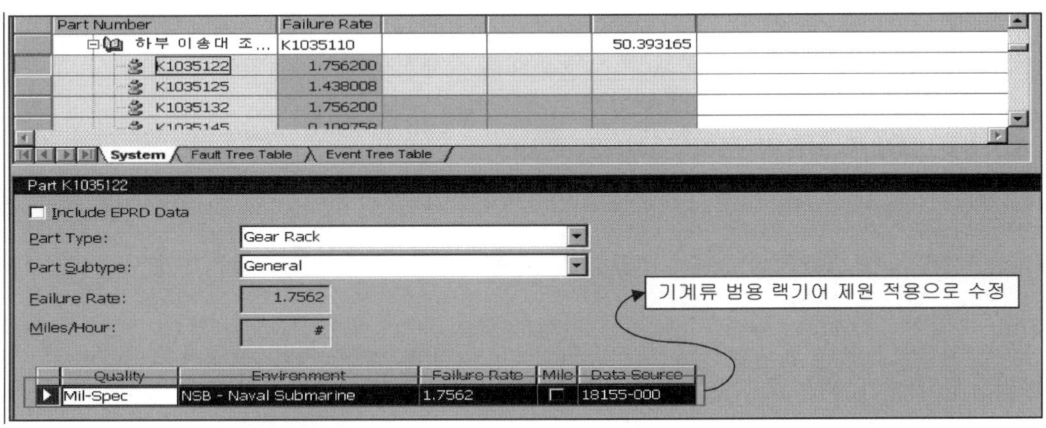

그림 4-41 ○○ 무기체계 랙기어 부품정보 오적용 사례

4) 고장유형·영향 및 치명도 분석(Failure Modes, Effects & Criticality Analysis)

부품, 조립체, 체계에 발생할 수 있는 가능한 고장을 찾아 원인을 분석하고, 고장이 장비 임무수행 동안 성능에 끼칠 영향을 분석해 보는 작업은 신뢰도 업무의 가장 중요한 분야다. FMECA는 Task204 및 MIL - STD-1629(Failure Modes, Effects & Criticality Analysis)에 의거 개발되었으며, 각 분해수준에 대한 완전분석을 가능케 해준다.

고장유형이란 부품의 고장과 같은 장비의 기능에 손상을 주는 어떤 것을 말한다. 한 부품의 고장은 여러 고장유형을 나타낼 수 있다. 여기서 고장유형을 생각할 때 그것이 고장징후가 아니라 실제 고장임을 기억해야 한다.

만일 자동차에 키를 넣어 돌렸을 때 전혀 어떠한 반응이 없다면 그것은 고장징후다. 실제의 고장은 배터리가 방전되었거나 키 박스에 이상이 발생했을 수 있다.

FMECA는 고장징후나 고장이 발생했을 때 사용자가 인지할 수 있는 정보를 제공해 준다.

FMECA를 통하여 다음과 같은 정보도 알 수 있다. 즉, 부품에 대한 각각의 고장 유형에 따른 발생 확률, 고장의 발생 원인에 대한 서술, 고장 발생으로 인한 장비 임무수행에 미칠 영향, 안전상의 위험, 고장 배제를 위해 필요한 방법의 식별, 고장을 수리하기 위한 정비행위 등이 있다.

MIL–STD-1629에는 신뢰성 업무 수행요원들이 FMECA를 수행하고 문서화하기 위한 기법을 설명하는 세부적인 업무들이 수록되어 있으며 MIL–HDBK-338에는 FMECA 데이터를 개발하기 위한 보다 더 세부적인 자료들이 수록되어 있다.

이 FMECA는 다른 ILS 활동의 입력자료로 활용되어지며 이러한 ILS 활동들에는 정비성, 정비계획, 안전성, 군수지원분석(LSA) 등이 포함된다. 그러므로 FMECA는 군수지원요소 개발에 필수적인 부분이다.

FMECA에 대한 내용은 제4장 군수지원분석에 자세히 수록되어 있다.

5) 잘못 설계된 회로의 분석(Task 205)

전자장비의 설계는 매우 복잡한 업무이다. 광범위한 회로에서 설계 오류를 간과하기 쉽다. 오설계는 원치 않는 고장을 유발시키며, 성능에 제한을 주므로 설계분석을 통해서 이러한 숨겨진 과오를 찾아내야 한다.

설계 회로분석방법은 장시간에 걸쳐 전자회로 설계를 하나 하나 분석하는 방법이며 이 분석을 위해서는 전체 기술도면 및 부분도면이 필요하다. 따라서 이 분석은 상세 기술자료가 만들어지는 최종 설계단계에서 수행되며. 분석을 실시함으로써 불필요한 회로, 결함을 찾아낼 수 있고 주요사항을 점검할 수 있다.

오설계 회로분석은 설계의 최종단계에서 실시되므로 많은 시간과 예산이 소요되며. 이러한 이유 때문에 오설계 회로분석은 보통 중요한 부품이나 회로에 대해서만 제한적으로 실시된다.

6) 전자부품 및 회로 오차분석(Electronic Parts/Circuit Tolerance Analysis) (Task 206)

운용온도가 변함으로써 전자부품이나 회로의 전기적 운용특성도 변하며. 오차분석의 목적은 운용사양을 초과하는 상태의 발생 유무를 확인하는 것이다.

이 분석은 복잡성으로 인해 컴퓨터를 이용하여 수행되며 분석수행을 위해서 요구되는 기술과 컴퓨터 시뮬레이션을 개발하기 위해서 필요한 시간 때문에 많은 비용이 소요되므로 이 분석 또한 핵심부품에 국한되어 수행되고, 이러한 분석결과, 신뢰도 향상이 필요한 부분에 대해서는 설계변경을 추진한다.

7) 부품 프로그램(Parts Program)(Task 207)

부품 프로그램의 목적은 설계과정에서 업체가 사용하는 부품을 표준화시키는 것이며 이 부품 프로그램 수립 및 수행지침은 MIL-STD-965A (Parts Control Program)에 언급되어 있다. 대부분의 체계 획득프로그램은 신뢰성 및 품질에 있어서 소요군 표준을 만족시키기 위하여 이 프로그램 수행을 요구하고 있다.

부품 프로그램에 의해 만들어진 기본자료가 프로그램 부품 선정목록(Program Parts Selection List : PPSL)이다. 이 목록(PPSL)에는 어떤 특정 프로그램에 사용될 관리기관(방사청 사업관리팀) 승인 부품들이 열거되어 있으며 이 자료는 여러 개의 기능품을 공급하는 많은 협력업체가 있는 대규모의 사업에 매우 중요하다.

관리기관(방사청 사업관리팀)은 업체에게 사업초기 예비 PPSL을 제공하기도 한다. 이 예비목록은 설계가 진행됨에 따라 관리기관의 승인을 받아 업체에 의하여 수정되며. 표준품목이 아닌 품목은 이 PPSL에 첨부되기 전에 반드시 검토가 있어야 한고 이 목록은 설계요원이 장비에 사용될 부품을 선정할 때 사용한다. 〈그림 4-42〉는 부품 선정목록의 예이다.

설계시 계약업체가 비표준품목을 사용할 필요가 있을 때 지원을 위하여 관리기관 및 소요군은 정부 및 계약업체가 사용한 실적이 있는 비표준품목에 관한 자료를 저장하고 있다. 이 자료는 관리기관 및 소요군이 부품에 관한 이력정보를 축적하기 위하여 수집한 것이다.

총체적 부품번호	군용 부품번호	부 품 명	부품설명	획득 사양번호
LM 741A	M38510/10101B	Microcircuit, Liner, monolithic op amp, bi-polar	Operational amplifier, contain 23 transistors	MIL-M-38510/101
PLT120	03A051C	Fastener, blind flush	100-degree flush head, A-286, self-locking	NAS1675
RCR05	RCR05G***j( )	Resistor, fixed composition	0.125W/150, 2.7ohm to 22M ohms, 5%	MIL-R-39008/4
1N4148	JANTXV1N4148-1	Semiconductor, diode, silicon, switching	VRWM=75V, VF=1.2V TA=25 degree C, IF=50MA	MIL-S19500/116
SE12	SE12XC**( )	Terminal, stud	Stand-off terminal stud non-insulat	MIL-T-55155/12

그림 4-42 부품 선정목록

8) 신뢰성 중요품목(Task 208)

Task 208의 목적은 체계 전체의 신뢰도 목표 달성에 중요한 품목들을 재확인하는데 있다. 이러한 품목들은 高 고장률 품목이나 FMECA 수행결과 잠재적으로 많은 군수지원 소요를 필요로 하는 품목들이 될 수 있다. 이외에도 신뢰성 중요 품목에는 잠재적 高 위험성 품목, 취급, 저장 및 수송시 주의 요망 품목, 생산·정비가 어려운 품목, 과거 유사장비를 운용하면서고장이 많았던 품목 등이 포함된다. 주요 품목의 신뢰도를 증가시키는 것은 전체 프로그램에 큰 영향을 줄 수 있다.

9) 기능시험, 저장, 취급, 포장, 수송 및 정비 영향(Task 209)

업체에 의하여 생산되는 체계는 소요군 인도 후 체계에 가해질 운송, 반복되는 취급 및 시험을 견딜 만큼 충분히 견고해야 한다. Task 209에는 반복되는 시험, 저장, 취급, 포장, 수송 및 정비로 인하여 체계에 미칠 영향분석을 업체에 요구하는 내용이 수록되어 있다.

관심 대상분야에는 시간경과에 따라 또는 극심한 환경조건에서 열화하는 재료나 부품을 식별하고, 장기간 저장 후 시험을 하기 위한 요구조건을 찾아내며, 정비나 원상복구를 위하여 요구되는 특별한 절차 등이 해당된다. Task 결과는 설계하면서 선택적 분석에 활용되고, 야전시험 요구조건 및 포장, 취급·저장 및 수송계획 개발에 활용된다.

라. 신뢰성 개발 및 생산 시험

신뢰성 시험은 제조과정상 부품의 시험에서부터 체계 양산 및 평가에 이르기까지 계속된다. Section 300은 4개의 Task로 구성되어 있다. Task들은 신뢰성을 입증하기 위해 설계나 소재, 절차를 개선시킴으로써 신뢰성을 증가시킬 수 있는 부분을 찾기 위한 부품이나 조립체 또는 장비의 시험방법을 명시하고 있다.

1) 환경시험(Task 301)

환경시험 목적은 체계의 제조결함을 제거하기 위함이다. 이를 위해 성능시험을 수행한 부품을 획득하는 것이 가장 일반적인 방법이다. 어떤 경우 관리자는 계약자보다 더욱 엄격한 환경에서 시험을 수행할 수도 있다.

환경시험의 다음 단계에서는 제조과정에서 생산되는 시험 조립체를 대상으로 시험을 수행하고 이후 차상위 조립체 단위의 시험을 수행한다. 이러한 과정은 개발기관 및 소요군에게는 결함이 없는 체계를 획득하며, 업체는 원가절감과 업무반복을 방지하기 위해 필요하다.

이를 통해서 취약품목과 작업자 오류를 식별하여 결함을 제거할 수 있다. 환경시험 수행에는 비용소요가 증대되지만 잠재적 신뢰성 문제와 초기 야전결함을 미연에 식별, 방지할 수 있기에 충분한 가치가 있다.

2) 신뢰성 개발 및 성장 시험 프로그램(Task 302)

소요군은 업체에 의해 설계된 첫 번째 실용시제에 대하여 신뢰성 개발 및 성장 시험 프로그램 수행을 요구한다. 신뢰성 개발 및 성장시험 프로그램의 특징은 체계에 고장을 발생시켜 수행된다는 점이다.

시험, 분석, 수리과정을 통하여 신뢰성 개발 및 성장시험은 설계 결함이나 모순을 찾아내기 위하여 체계가 배치될 실제환경이나 모의환경 또는 가속환경에서 시험한다. 이를 통해 신뢰도 향상이 조기에 추진될 수 있다. 이 과정의 목적은 체계가 실제로 야전에 배치되었을 때 효율을 증가시키며 정비 및 군수지원비용을 유발하는 고장을 감소시키는데 있다.

3) 신뢰성 입증시험 프로그램(Task 303)

신뢰성 입증시험은 업체의 체계설계가 계약에 명시된 것과 같이 성능요구조건을 만족시키는가를 입증하기 위한 것이다.

생산 전(前) 시험은 생산모델로 승인된 형상을 가진 한 개 이상의 표본에 대하여 실시된다. 입증시험은 신뢰성 개발 및 성장시험과는 두 가지 측면에서 상이하다.

가) 신뢰성 입증시험은 체계설계를 입증하기 위한 것이며 고장을 유발시키지는 않는다.

나) 계약상의 신뢰성 요구사항에 대해 계약자의 달성여부를 입증한다. 신뢰성 입증시험은 독립적인 신뢰성 시험기관에 의해 수행되기도 하지만 대체로 계약자에 의해 수행된다.

4) 생산품 신뢰성 수락시험 프로그램(Task 304)

소요군은 프로그램을 활용하여 체계가 명시된 신뢰성 요구 조건을 만족하는지를 입증하고, 시험할 체계의 수량과 주기는 소요군 요구에 따라 결정된다. 생산품 신뢰성 수락시험은 많은 시험시설과 시간을 필요로 하기 때문에 비용소요가 많다. 시험결과는 업체에 제공되며 설계변경으로 환류된다.

5) 기타 개발간 신뢰도 입력제원 오적용 사례

RAM 업무의 출발점은 엄밀히 신뢰도(Reliability)라 할 수 있으나 아직도 개발과정의 많은 부분에서 신뢰도 입력제원의 오류가 발생되고 있고, 이러한 오류는 정비도 및 운용가용도에 영향을 미쳐 무기체계 전체의 RAM 성능을 저하시키고 있는 것도 사실이다. 이러한 문제점을 미연에 방지하고, 개발 무기체계의 RAM 성능을 향상시키기 위해 자주 발생하는 입력제원 오적용 사례를 제시 교훈을 도출하고자 한다.

가) 세부부품 및 환경특성 미적용, 고장률 일괄 적용

무기체계가 정밀화, 첨단화되면서 많은 회로카드가 체계 내에 내재되고 있으며 이러한 회로카드는 설계특성이나 운용목적, 부하, 전기적 특성 등에 따라 고장률이 상이하다.

그러나 RAM 업무수행 간에 이러한 특징을 반영하지 못하고, 품명이나 재고번호가 비슷하면 동일한 고장률을 적용하는 경우가 발생하고 있으며. 〈그림 4-43〉은 메인용, 축 제어용, 캔 통신용, 기능키용 회로조립체에 대해 일괄적인 고장률을 적용하여 차상위조립체 및 체계 고장률을 왜곡한 사례이다.

프로그램 활용 신뢰도 분석간 위에서 제시한 각종 회로카드에 대한 고장률 정보를 〈표 4-15〉에서 보는 바와 같이 10.98로 일괄적용하고 있다.

이러한 오류를 시정하기 위해서 RAM 업무수행간에 각 조립체에 대한 정확한 고장률 특성을 재해석 하여 〈표 4-15〉와 같이 각 부품의 세부 고장률을 수정 적용해야 신뢰도 산출 오류를 방지할 수 있다.

[OO 체계 △△장치]

형상	비고
	메인용
	축 제어용
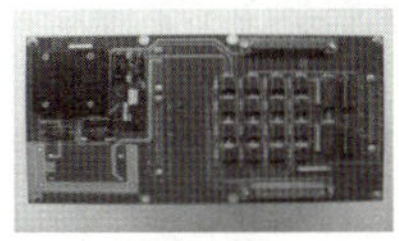	캔 통신용
	기능키용
…	…

그림 4-43 OO 무기체계 내재 회로카드

표 4-15 고장률 수정 조치결과

구 분		고장률(회/100만 시간)	
		최초(~을)	수정(~으로)
회로 카드 조립체	메인용	10.98	72.50
	축 제어용	10.98	40.35
	캔 통신용	10.98	20.05
	기능키용	10.98	8.97

나) 운용환경 오적용

무기체계의 운용환경은 운용목적에 따라 상이하다. 육군 무기체계와 해·공군 무기체계가 운용환경면에서 같을 수 없고, 육군 무기체계도 무인항공기(UAV)처럼 공중에서 운용하는 장비가 있는가 하면, 전차나 장갑차, 차량처럼 기동을 주로 하는 장비가 있다. 뿐만 아니라 레이더처럼 고정운용하는 장비도 있고, 주전산기나 지휘통제장비처럼 적정 환경으로 통제되는 실내에서 고정 운용하는 장비도 있다. 이러한 무기체계나 장비는 운용환경에 따라 고장 특성이 상이하게 나타난다.

수직 이송조립체

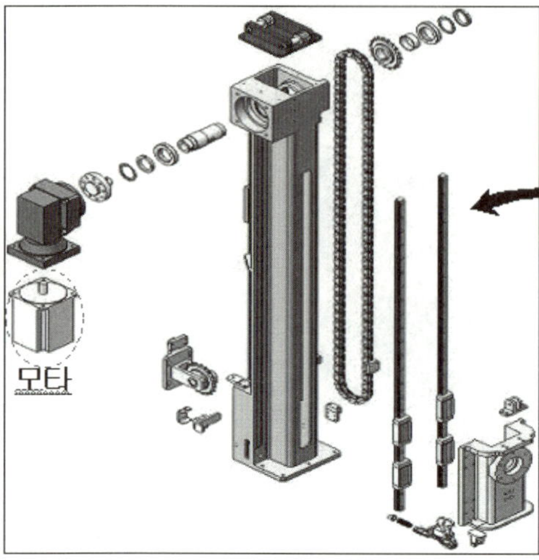

수직이송장치

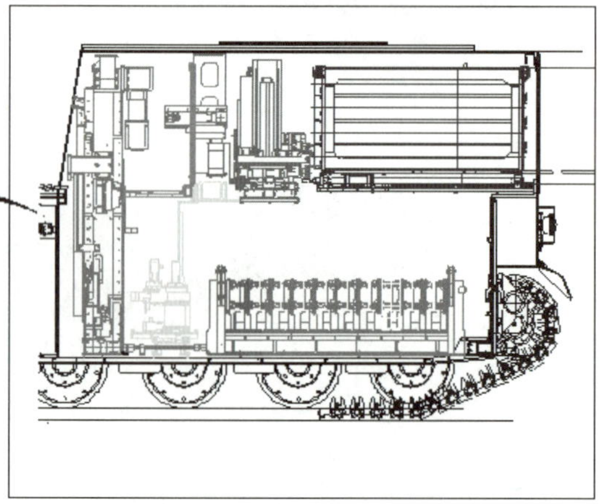

☞ 기동장치 특성 미적용(고정운용으로 적용)

그림 4-44 운용환경 오적용 사례(기동 → 고정)

〈그림 4-44〉는 RAM 업무 수행간 체계나 조립체의 운용환경 특성을 실제보다 가혹하게 혹은 안정적(Mild)으로 입력함으로써 고장률 특성을 왜곡한 사례이다.

이것은 수직이송조립체 하부모터를 고정운용(GB : Ground Benign) 환경으로 분석하여 기동장비인 주체계의 특성을 반영하지 못한 예로, 이런 경우 실 운용환경보다 안정적인 환경조건을 적용하므로 고장률이 축소되어 군수지원소요를 왜곡하게 된다.

RAM 업무수행간 이러한 조립체별 운용환경 오류를 시정함으로써 체계의 RAM값 및 군수지원분석 자료의 정확성을 제고할 수 있다. 분석용 SW를 활용 신뢰도 재분석결과, 운용환경의 변화에 따라 고장간 평균시간(MTBF) 값이 〈표 4-16〉과 같이 연장되는 것을 확인할 수 있었다.

표 4-16 MTBF 수정 조치결과

구 분	최적 고정운용환경(GB)	지상기동(GM)
고장간 평균시간(MTBF)	748H	868H

2. 정비도(Maintainability) 분야

가. 정비도 프로그램 (Maintainabilty Program : MIL-STD 470)

정비도 프로그램의 목적은 인력이나 다른 군수지원자원의 소요를 감소시티면서 장비의 운용준비태세를 향상시키는 것이다. 이 목표를 달성하기 위해 정비공학자들에 의해 사용되는 방법들이 MIL-STD-470(체계 및 장비를 위한 정비도 프로그램)에 기술되어 있다. 이 표준서는 정비도 활동 프로그램을 완료하기 위해 필요한 활동을 프로그램 감시 및 통제, 설계 및 분석, 평가 및 시험 등 3개의 절로 구성되어 있으며, 각 절에는 정비도 프로그램의 해당단계에 직접 관련이 있는 Task들이 포함되어 있다. 〈그림 4-45〉와 〈표 4-17〉은 정비도 프로그램의 각 Task들이 일반적으로 획득단계의 어느 시점에 수행되어야 하는가를 나타내고 있다.

구 분	프로그램 Task	획 득 단 계			
		개념	탐색	체계	양산
	정비도 프로그램의 감시 및 통제(100 Series)				
101	프로그램 계획		○	○	○
102	협력 업체 및 부품 공급자의 감독과 통제		○	○	○
103	프로그램 검토	○	○	○	○
104	자료수집, 분석 및 수정작업 체계		○	○	○
	설계 및 분석(200 Series)				
201	정비성 모델링	○	○	○	○
202	정비도 할당	○	○	○	○
203	정비도 예측		○	○	
204	고장유형영향 및 치명도 분석(FMECA)의 정비성 정보		○	○	
205	정비성 분석	○	○	○	
206	정비성 설계기준		○	○	
207	세부 정비계획/군수자원분석에 활용될 기초자료 준비		○	○	
	정비성 입증(300 Series)				
301	정비성 입증			○	

그림 4-45 획득단계별 수행 정비도 프로그램 Task

표 4-17 정비도 프로그램 Task 설명

구 분	내 용
1	최종 완성장비 부품 번호나 품명을 기록한다.
2	분석되고 있는 부품의 세부 분해수준을 기록한다.
3	분석을 위해 사용되고 있는 기술도면의 도번을 기록한다.
4	분석되고 있는 품목의 기능을 기록한다.
5	MIL-STD 780에 따른 기능그룹번호(FGC)나 MIL-STD 1388-2B에 따른 군수지원분석 관리번호(LCN)를 기록한다. 다른 ILS 활동과의 호환을 위해 군수지원분석 관리번호를 사용하는 것이 용이하다.
6	분석 중인 품목의 명칭을 기록한다.
7	현재 분석 중인 품목의 기능을 기록한다.
8	분석 중인 품목의 모든 가능한 고장들을 기록한다. 현재 분석 중인 단일품목에 대한 여러 가지 고장이 있을 수 있다. 그 고장들은 6번 란에서 기록된 품목 고장이다.
9	고장 발생시 분석 중인 품목에 발생될 현상을 기록한다.
10	고장 발생시 분석 중인 품목의 차상위 조립체 수준에서 발생될 현상은 기록한다.
11	고장 발생시 최종 완성장비에 일어날 현상은 기록한다.
12	고장 발생시 고장의 심각도에 대한 적절한 등급은 기록한다. • 1등급 : 인명 사망, 장비의 손실 등 커다란 손실을 초래하는 경우 • 2등급 : 인명에 심각한 부상, 장비에 커다란 손실을 초래하는 경우 • 3등급 : 인명에 경상, 장비에 약간의 손실을 초래하는 경우 • 4등급 : 인명이나 장비에 경미한 손상을 초래하는 경우
13	고장 발생시기 예측을 위해 적용가능한 방법으로 착륙횟수, 주행거리, 시간 등을 기록한다.
14	운용자가 고장을 인지하는 방법을 기록한다.
15	고장을 수리하기 위해 필요한 예상정비작업을 기록한다.
16	부가적으로 필요한 내용을 기록한다.

정비도 프로그램은 설계과정과 장비를 위한 최종 군수지원자료 개발에 특유의 입력자료를 제공한다. 신뢰성 프로그램은 가능한 한 고장 발생이 없는 장비를 만드는 방향을 추구하는 반면, 정비도 프로그램은 장비가 고장날 것이라는 가정을 하고 고장이 발생했을 때, 가장 손쉽게 수리될 수 있도록 하기 위해 어떻게 설계할 것인지에 중점을 둔다.

나. 정비도 프로그램의 감시 및 통제(Task 100)

Task Section 100의 목적은 정비도 프로그램의 계획을 수립하고 통제하는데 필요한 활동지침을 제공하는데 있고, 4개의 Task로 구성되어 있다.

1) 정비도 프로그램 계획(Task 101)

정비도 프로그램은 개발업체의 정비도 활동을 설명하고 통제한다. 본 계획은 개발업체가 업무기술서에 명시된 정비도에 대한 계약적 요구조건을 어떻게 수행할 것인가에 대한 전반적인 설명을 제공하고, 설계되고 있는 장비가 획득사양서에 명시된 정비도 요구조건을 만족하는지 여부를 확인하기 위한 방법들과 프로그램의 목표를 제시한다.

본 계획에는 정비업무 조직에 대한 설명과 신뢰성, 안전성, 군수지원분석, 지원장비 등과 같은 다른 조직과의 상호연계체계 등이 설명되어 있다. 또한 정비도 업무가 언제 시작하여 언제 끝날 것인가와 같은 일정계획 등이 포함된다. 많은 정비 Task들은 다른 ILS활동에서 나온 출력자료를 받아서 작업을 해야 하고, 정비 Task 또한 다른 ILS 활동에 입력자료를 제공해야 하기 때문에 일정계획은 신뢰도, 군수지원분석 등과 같은 다른 요소들의 활동과 상호 연관되어 수립되어야 한다. 〈표 4-18〉정비도 프로그램 계획에는 전형적인 정비도 프로그램 계획의 예가 나타나 있다.

표 4-18 정비도 프로그램 계획

구분	내용
1.0 목적	정비도 프로그램의 목적을 설명하고「업무기술서에 명시된 계약 요구조건을 어떻게 성취할 것인가?」 및「바람직한 결과」를 설명한다.
2.0 장비설명	장비의 기능 및 외형적 특성 등 간략 언급. 평균수리시간, 운용시간당 평균인시 등 소요군이 획득사양서에 명시한 정비도 요구조건을 기록한다.
3.0 프로그램 Tasks	MIL-STD 470A의 각 Task가 어떻게 수행될 것인가?를 서술. 예를 제시하고, 사용될 방법에 대해서 구체적 언급. 업무기술서에 수행 요구가 없는 Task일지라도 타 Task의 수행을 위해 필요하다면 수행한다.
4.0 관리	프로그램이 어떻게 관리될 것인가?를 설명한다. 각 Task를 수행할 책임조직을 명시하고, 작업통제를 위한 절차를 포함한다.
4.1 조직	정비업무조직 및 다른 조직과의 상호 연관관계를 설명하고, 다음 사항에 대한 다이어그램을 수록한다. • 정비업무조직 • 정비업무조직과 다른 ILS조직의 상호 연관성 • 상기조직과 전체 프로그램 관리체계와의 연관성

표 4-18 계속

4.2 상호 연관관계	정비도 프로그램과 장비 전체의 설계활동과의 연관관계를 설명「정비자료가 설계 및 군수지원분석작업에 어떻게 통합될 것인가?」를 설명한다.
5.0 일정계획	각 Task의 착수 및 종료시점을 보여주는 전체계획을 수록. 일정계획과 전체 장비 개발 프로그램 일정을 제시하고. 타 업무와 종속관계에 있는 중요일정을 명시한다.
6.0 정비개념	정비도 표준을 개발하기 위해 사용될 방법에 대하여 기술한다. 장비가 정비개념을 통하여 정비될 수 있는가? 또는 정비개념이 전체 지원성 목표를 달성하기 위해 어떻게 수정되어야 하는가?를 결정한다.
7.0 자료출처	어떤 출처에서 나온 자료가 정비도 Task에 입력자료로써 사용될 것인가를 설명한다. 유사장비 자료가 가장 신뢰성 있는 최초 활용자료가 되며 이 자료는 유사장비 야전운용을 통하여 수집한 이력자료들이다. 협력 업체나 공급자들로부터 입수되어야 하는 정보도 명시하고, 학습이나 연구 등과 같은 정보 입수처도 명시한다. 또한 정비도 입증 동안 수집된 자료가 장비설계를 개선을 위하여 어떻게 사용될 것인가를 포함한다.

2) 협력업체와 공급자의 감독 및 통제(Task 102)

계약업체가 협력업체와 공급업체에게 소요군이 요구한 정비도 프로그램 요구조건을 따르도록 요구하는 것은 중요하다. Task 102는 계약업체가 협력업체에게 정비도 요구조건을 전달하고 협력업체가 그 정비도 프로그램의 요구조건을 충실히 이행하고 있는가를 감독하는 업무를 규정한다.

이 과정의 첫 번째 단계는 협력업체로부터 어떠한 품목을 획득하든 그 획득계약에 정비도 요구조건을 부과했는가를 확인하는 것이다. 그 계약에는 정비 제한사항 및 요구조건, 정비 및 지원개념과 요구조건, 표준화 및 호환성 요구 조건, 정비도, 고장 탐지 및 분리 입증 요구조건 등이 언급되어야 한다.

계약업체는 협력업체에게 계약업체의 정비도 프로그램을 완벽히 지원할 수 있는 정비도 프로그램을 수행할 것을 요구해야 한다. 또한 협력업체는 그들의 품목과 관련이 있는 설계검토회의에 참여해야 한다. 계약업체는 접근방법의 정확성을 확인하기 위하여 협력업체의 정비도 예측값, 분석기법, 결과치 등을 검토해야 한다. 협력업체가 완전히 정비도 프로그램에 참여하고 있는가를 확인하지 못하면 결국 전체 정비도 프로그램의 목표를 달성하는 데는 어려움이 있을 수 밖에 없다.

3) 프로그램 검토(Task 103)

정비도 프로그램은 보통 일정하게 계획된 검사의 한 통합요소로서 검토되며 검토작업의 목적은 정비도 프로그램의 진척도, 일관성 및 기술적인 정확도를 평가하기 위한 것이다. 정비성은 예비설계검토 및 상세설계검토를 할 때 매우 중요한 검토 분야로 취급된다.

이 검토를 통해 개발되고 있는 장비의 설계는 주관기관(방사청)에 의해 승인된다.

적용되고 있는 개념이나 접근방법의 변경여부를 결정하기 위하여 제안된 설계에 대한 정비성 공학의 영향을 검토한다. 정비도 예측값들은 보통 설계검토시 제시하기 위하여 준비된다. 주관기관은 이 예측값들을 이용하여 설계가 정비도 목표를 얼마나 잘 만족시키고 있는가를 판단한다.

4) 자료수집, 분석 및 수정작업체계(Task 104)

Task 104는 수집되어야 하는 정비성 데이터의 종류 및 활용방법을 설명해 준다. 정비성 관련자료는 정비성 시험, 공학시험, 입증시험 및 사용자 시험으로부터 얻어진다. 이러한 자료는 추이를 분석하기 위해 정리되며 설계상 문제점들을 해결하거나 전체 성능을 향상시키기 위해 조사가 더 필요한 중요한 영역을 식별하기 위해 실시된다.

정비성 자료는 전형적인 ILS 프로그램에 의해 사용되는 동일유형의 정보이며 기술교범, 시험장비, 교육훈련의 적합성을 평가하고, 인력 요구조건을 결정한다. 또한, 정비성 예측과의 비교를 위한 이력 데이터베이스를 개발하기 위해 군수지원분석과정의 입력으로 사용되는 동일유형의 정보이다.

자료의 정리를 위한 형식이나 방법은 일반적으로 주관기관(방사청 사업관리팀)에 의해 결정된다. 결정된 형식이나 방법은 정비행위, 소요시간, 인원수, 지원 및 시험장비의 적합성, 고장탐지 및 식별방법, 어떤 특수하거나 예외적인 발생들을 식별하기 위한 충분한 정보를 포함하고 있어야 한다.

다. 설계 및 분석(Task Section 200)

설계 및 분석은 7개의 Task로 구성되어 있으며, 이 Task들은 설계 중인 장비의 정비성을 검토하고 평가하는 방법과 설계에 영향을 주는 방법을 확정해 준다. 설계 중인 장비의 형태, 획득주기상 단계, 고객의 필요성 등에 따라 수행해야 할 Task가 결정된다.

1) 정비성 모델링(Task 201)

어떤 품목의 정비성을 결정하기 위한 모델 사용은 「어떤 정비가 그 품목에서 수행될 것인가?」를 쉽게 예측할 수 있는 자료를 제공한다. 모델들은 개념연구 초기에 개발되어야 한다.

적절한 모델을 사용함으로써 정비도 개발요원은 그 품목에 대한 초기 정비성 예측값을 개발할 수 있으며 각 품목의 정비성 변경에 따른 완성장비의 정비성 영향을 결정할 수 있고, 정비도 목표를 달성하기 위한 재설계의 필요성도 평가할 수 있다. 장비의 품목별 정비 특성 결정을 위해 적합한 모델을 선정하는 것이 장비 불가동시간을 예측하는 첫 번째 단계이다.

MIL-HDBK-472에는 장비의 정비도를 예측하기 위해 사용될 수 있는 5개의 기본절차가 수록되어 있으며 수록된 모델들은 장비의 형상이나 복잡성 등에 따라 적절하게 선택되고 적용되어야 하며 장비 규모가 작으면 예측모델에 나타난 부분 중 해당되는 부분만 적용된다. 반면에 주요 무기체계는 전체체계 모델을 위한 입력자료를 결정하기 위하여 광범위한 하부모델을 필요로 한다. 만일 전차와 같이 명확한 여러 개의 분해수준을 갖는 장비라면, 몇몇 조립체는 주로 기계적 조립체이고, 나머지는 전자적 조립체 및 이것들의 혼합조립체로 분류할 수 있다.

그러므로 전차에 대한 모델은 이들 각 조립체의 유형에 맞게 선정된 하부모델로 구성되어야 하며 정확하고, 적합한 모델을 개발하는 과정이 예측결과의 타당성을 결정하므로 각각의 경우에 모델은 장비를 정비하는 데 필요한 업무들을 잘 나타내야 한다.

2) 정비도 할당(Task 202)

정비도 설계과정은 장비 전체의 정비성 목표를 할당하는 것으로부터 시작하고, 장비의 정비도 목표는 보통 획득사양서에 나타나며 이 목표는 다음과 같이 각 정비계단별 평균수리시간(MTTR)으로 나타난다.

즉 "부대 정비계단에서의 평균수리시간은 0.25시간을 초과하지 않아야 한다" 또는 "야전 정비계단에서의 평균수리시간은 0.75시간을 초과하지 않아야 한다" 등으로 표현되고 정비도 목표는 한 시간당 장비 운용시 필요한 정비시간으로 나타내기도 한다. 즉 "운용시간당 정비시간은 0.05를 초과해서는 안된다"는 등으로 구체화하여 표현한다.

설계계획을 수립할 때 이 목표들은 주어진 정비계단에서 정비를 위하여 허용할 수 있는 최대정비시간을 나타내며 계약업체는 각 하위 장비수준에 할당된 목표치를 사용하여 할당을 시작하는데 정비개념은 할당과정에 매우 중요한 역할을 한다. 예를 들어 정비개념이 정비계단을 2계단으로 나누었다면 정비도 할당은 2계단에 대해서만 실시된다. 이와 함께 정비개념은 각 정비계단에서 수행될 정비작업에 대한 표준도 확립한다. 만일 부대정비계단에서의 정비업무를 모듈의 제거 및 설치로 규정하고 있다면 부대정비계단에서 모듈의 제거 및 설치가 용이하고 접근이 용이하도록 정비성 업무의 방향이 설정되어야 한다.

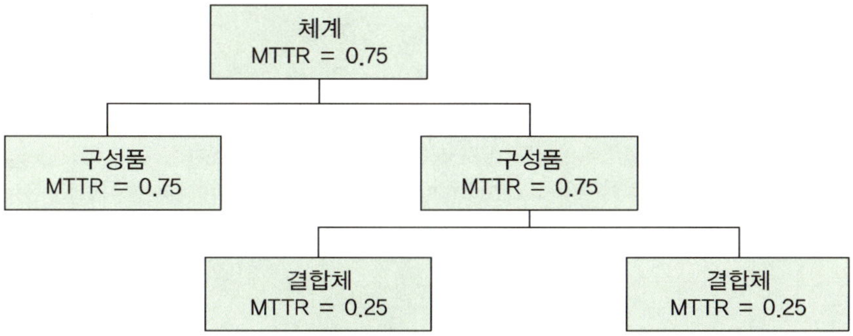

그림 4-46 MTTR 할당

〈그림 4-46〉은 체계 수준에서 두 단계 아래 수준까지의 MTTR 할당을 보여주고 있다. 이들 할당값은 장비 정비성에 있어서 설계 책임이 있는 설계요원에게 그들이 책임영역에 부과된 정비에 관한 요구사항을 이해하도록 제공되어야 하며 할당과정은 장비의 정비성 목표를 달성하기 위한 기준값을 확립하기 위한 세부절차도 제공한다.

초기 할당과정은 유사 장비의 정비성에 관한 경험자료, 초기 예측치, 또는 최적의 기술적 판단에 기초를 둔다. 할당값은 설계가 진행되면서 변경되지만 주관기관의 동의없이는 그 목표값이 변경될 수 없다. 예에서 제시된 바와 같이, 정비성 할당은 동일한 품목과 차상위 조립체에 부합하는 신뢰도 통계치에 크게 의존하여 각 품목에 적용한다.

3) 정비도 예측(Task 203)

정비도 예측의 목적은 수학적 계산방법을 활용하여 설계에서 설정된 정비도 목표를 만족하는가를 점검하는 것이며. 이 과정은 그 목표를 만족시키지 못하는 설계를 찾아내기 위하여 사용된다. 개념연구단계 동안에는 상세한 예측을 수행할 충분한 정보가 없으므로 예측은 기 배치되었던 장비의 운용에 기초를 두고, 새로운 장비 설계와 밀접하게 관련되도록 설계에 반영하여 예측을 실시한다.

상세한 계산을 수행하기 위하여 정비개념, 기능 블록 다이어그램, 교환 가능 장치의 식별, 신뢰도 예측치 등과 같은 정보가 필요하며 이러한 정보를 활용하여 정비요원은 그 장비에 대한 정비도 예측치를 개발하고 장비 설계가 완료되어감에 따라 정보의 양과 질은 증가되어 초기 예측값은 더욱 정확해진다.

선진국 사례로 미군의 경우, MIL-HDBK-472에 예측 실시방법에 관한 지침이 수록되어 있으며 이 핸드북에는 세부적인 정보를 활용할 수 없는 획득단계 초기의 예측 수행방법과 세부적인 정보를 활용할 수 있는 체계개발단계 말기의 예측 수행방법을 구분하여 기술하고 있다.

공식 : MMH/OH = (MTTR × C × F)/MTBF 여기서 : MTTR = 평균수리시간(Mean Time to Repair) C = 정비 요원의 수 F = 운용 서비스 비율(Operation Service Rate) MTBF = 고장간평균시간(Mean Time Between Failures)
품목 : 명칭 : Radar set 품번 : 12345-1
자료 : MTTR = 0.25 C = 2 F = 1.5 MTBF = 1,500
결과 : MMH/OH = 0.0005

그림 4-47 운용시간당 평균인시 계산

실제 선택된 예측방법은 장비 및 예측될 요소들과 일치해야만 하며 〈그림 4-47〉 운용시간당 평균인시 계산은 상기의 평균수리시간 예측치를 사용하여 평균운용시간당 정비인시를 간단히 계산해 놓은 것이다.

이 예측결과는 장비의 정비성 상태를 계속적으로 평가하고, 의사결정에 필요한 정보를 제공하기 위하여 설계과정 동안 계속 최신화되며 이 Task 결과는 다른 분석 및 군수지원분야에 입력자료로 활용된다.

4) 고장유형영향 및 치명도 분석의 정비성 정보(Task 204)

고장유형영향 및 치명도 분석의 목적은 장비의 각 품목에 어떤 유형 고장이 발생할 것인가를 예측하고, 고장이 발생했을 때 어떤 현상이 발생할 것인가를 예측하는 것이다.

여기서 정비성에 관련된 부분은 고장이 발생했을 때 그 고장을 수리하는 방법에 대한 계획을 수립하기 위하여 사용될 수 있는 고장에 관한 정보를 문서화하는 것이다.

5) 정비성 분석(Task 205)

정비성 분석은 정비도 프로그램의 중요업무 중의 하나이다. 정비성 분석 Task의 목적은 장비의 정비성 목표를 만족시키기 위한 장비의 정비성 설계특성을 찾아내고, 설계대안을 평가하며, 정비계획과정에 세부적인 입력자료를 제공하고, 정비도 목표가 만족되었는지 확인하기 위하여 계속적으로 설계를 평가하는 것이다.

본 Task의 분석 업무는 다른 분야에서도 동시에 중복 수행하는 경우가 많이 발생하기 때문에 긴밀한 협조를 통하여 동일한 업무를 이중으로 하는 경우가 발생되지 않도록 해야한다. 본 Task를 완료하기 위해서 정비요원은 정비개념, 정비계획, 예상되는 시험, 고장 분리 능력, 정비기술, 운용정보, 신뢰도 예측과 같은 정보 및 체계설계에 관한 세부적인 정보 등을 잘 알아야 한다.

정비분석과정은 설정된 목표를 달성하기 위하여 필요한 세부적인 설계기준을 개발한다. 이 기준에는 접근방법, 공구사용, 시험방법, 공구 및 절차의 표준화, 조임 기준의 표준화, 모듈화 등과 같이 요구조건을 포함할 수 있다. 이 표준은 장비를 설계할 때 설계자가 지침으로 활용한다. 설계가 진행됨으로써 최적의 정비능력을 제공하기 위한 접근방법을 찾아내기 위하여 대안들이 개발되고 평가되어야 한다. 이 대안들은 차후 프로그램 단계에서 불필요한 재설계 없이 완성되도록 가능한 한 초기에 평가되어야 한다.

정비성 분석은 고장이 발생하였을 때 장비를 시험하기 위한 최적의 방법을 선정하는 데 중요한 역할을 하며 장비 시험능력의 적합성과 효율성은 장비의 정비성에 큰 영향을 미치고 고장은 발견이 쉬울수록 더 빨리 정비될 수 있다. 고장이 발생하면 장비의 비가동시간은 시작되고, 그 시간은 장비의 고장이 수리될 때까지 멈추지 않는다. 시험을 하는데 필요한 입력자료는 신뢰도 분석 및 예측, 추천된 정비요원의 기술수준 및 인원 수에 관한 정보, 장비 안전성 분석, 그리고 정비계획으로부터 나온다. 정비성 분석활동을 통해 산출된 출력은 장비가 야전에 배치되었을 때 필요한 상세한 지원자원 결정을 위해 다른 정비업무 및 타 ILS 분야의 기초자료로 활용된다.

6) 정비성 설계기준(Task 206)

Task 206의 목적은 설정된 정비성 목표를 달성하기 위하여 장비 설계 기준을 정량화 하는 것이다. 본 Task는 앞서 수행되었던 정비성 업무의 결과를 정리하고, 그에 따른 요구조건들을 정리하여 장비설계시 설계요원에 의해서 사용될 수 있는 지침서를 만들어 내는 것과 관련된 것이다.

〈표 4-19〉에는 정비성 설계기준에 관한 예가 제시되어 있다. 이런 표준은 일반적으로 제품 설계를 위한 중요한 요구사항으로서 제품 명세서에 포함된다. 물리적 특성에 관하여 상세한 “How to” 지시사항이 프로그램의 정비요구를 충족시키기 위해 설계표준의 해석 또는 확장된 시스템 공학과정을 통하여 개발된다.

표 4-19 정비성 설계기준

구 분	정비성 설계기준
1	동일한 품번을 가진 조립체나 수리 부속품은 외형적으로 기능적으로 동일하다.
2	정비 중요품목에 접근할 때는 다른 구성품을 제거하지 않고 접근할 수 있어야 한다.
3	계획정비, 조정 및 검교정 요구조건은 가능하면 피해야 한다.
4	부대정비 및 야전정비계단에서는 특수공구 및 시험장비의 소요는 가능한 없어야 한다.
5	장비의 판넬이나, 커버류에는 캡티브 스크류(Captive Screw)나 쉽게 분해가 가능한 조임쇠를 사용해야 한다.
6	모든 스크류나 볼트는 공구의 소요를 줄이기 위하여 표준치수를 사용해야 한다.

7) 세부 정비계획 및 군수지원분석에 활용될 기초자료 준비(Task 207)

표 4-20 정비성 정보

구분	내 용
1	정비도(성) 예측결과
2	계획 및 비계획정비 소요
3	공구 및 시험장비 소요
4	각 정비계단에 대한 기술수준 요구조건
5	고장 확인 요구조건
6	각 정비계단에 요구되는 정비업무의 형태
7	고장 분리를 위한 시험 요구조건

3. 가용도(Availability) 분야

가. 가용도 측정

체계개발 초기단계의 가용도 소요는 의도한 임무와 체계사용에 근거하여 산출된다. 예비설계시 최초 가용도 예측제원이 산출되고, 야전에 배치시 최종설계의 가용도 예측값이 산출된다.

나. 가용도 예측

가용도 예측은 3가지 다른 형태가 있으나 주로 운용가용도가 사용된다. 신뢰도와 정비도 예측의 결과가 확인되면 가용도 가정 및 할당은 최신화된다. 많은 경우 가용도 수준 증가는 비용 허용수준까지 도달할 수 있다는 걸 보여준다. 예를 들어, 무기체계의 기본패키지가 10,000달러 소요된다면 이 패키지는 기본 임무를 수행하는 동안 발생하는 시스템 고장의 수리를 90% 이상 수행하기 위한 지원비용으로 산출된다. 95% 예측고장을 수리하기 위해서는 패키지의 범위가 가용도의 5% 증가를 패키지 비용의 범위 내에서 수행할 수 있느냐 하는 것이다. 어떤 환경에서는 그 비용이 정당화 될 수 있으나 가장 타당한 것은 적절한 비용을 맞춰 적절한 가용도와 절충하는 것이다.

다. 예측방법

고유가용도와 성취가용도 공식은 보편적으로 적용되지만, 운용가용도 공식은 다양할 수 있다. 가용도 예측은 제시된 공식을 적용한다.

4. 내구도(Durability) 분야

가. 내구도 정의 및 역할

1) 개 요

내구도 분석은 수 십년 동안 교량 및 항공기 날개, 기타 많은 품목의 안전한계를 결정하기 위하여 사용되어 왔기 때문에 기계장치를 위한 새로운 개념은 아니다. 이는 확률적 신뢰도기법을 사용하여 고전적으로 설계되는 제품을 보다 안전하게 제조하기 위한 개념이다. 내구도와 확률적 신뢰도는 동일한 설계개념을 가지지 않고, 동일한 기법으로 측정되지 않는다. 내구도는 마모고장 이전의 수명기간을 대상으로 측정되는 반면, 신뢰도는 수명기간 중의 고장수로 측정된다. 이러한 상이한 개념은 〈그림 4-48〉의 고전적 「욕조곡선」으로 설명된다.

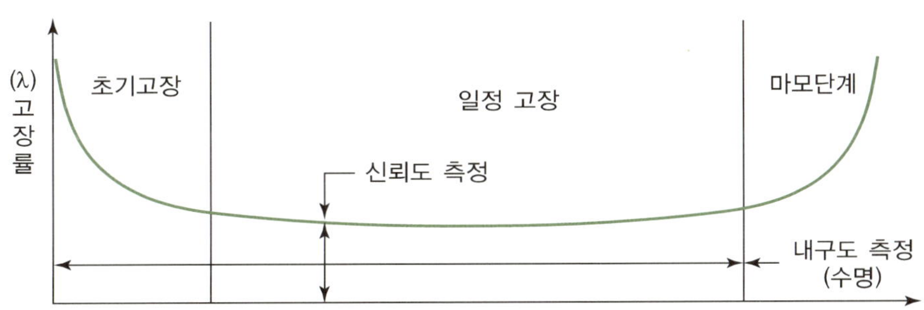

그림 4-48 고장률과 시간과의 관계

2) 정 의

「내구도(Durability)란 내구성(Endurance)과 동일한 개념으로 사용되며 유효수명의 척도로서 품목이 계획된 사용수명, 분해수리시점, 또는 재생시까지 고장 없이 성공적으로 생존할 수 있는 확률」을 말한다.

3) 내구도 분석방법

내구도 분석은 제품 마모현상과 관련된 잠재적 설계문제를 규명하는데 초점을 맞춘 선행적 접근방법이다. 이 과정은 수명주기 부하 및 스트레스(기계적, 열적, 전기적, 화학적) 평가, 제품 설계, 제품 특성, 제품 결함, 고장유형, 고장 메카니즘 평가 등을 통하여 달성된다. 내구도 접근방법은 신·구기술에 동등하게 적용된다. 내구도 분석을 위한 기본단계 및 절차는 다음과 같다.

가) **수명 요구조건 정의** : 「어느 정도의 고장주기가 요구되는가?」 또는 「내구도 고장 없는 수명이 몇 년이나 요구되는가?」

나) **수명환경 정의** : 부하환경은 최대 및 최소 부하상태 및 발생주기 비율을 정량화 해야 한다. 예를 들어, 온도 스트레스를 위한 가장 기본적인 분석은 1일 1회의 주기비율로 사용되고, 제품은 「1일 1회 켜고, 그 날의 마지막에 작동을 중지한다」고 가정한다. 최대 및 최소를 위해 사용되는 온도는 제품이 사용되는 환경으로부터 도출되어야 한다.

다) **부품특성 정의** : 부품특성 및 피로특성은 핸드북에서 식별하는 것처럼 단순화할 수 있거나 또는 독특한 복합재의 특성을 결정하기 위해 요구된 특수시험만큼이나 복잡해질 수도 있다. 그러나, 전자 소자류 분석시는 전체 부품특성이 분석되어지는 소단위의 부품특성과는 거의 일치하지 않는다.

라) **잠재적 고장영역 정의** : 이는 이전의 경험과 Fault Tree, 고장유형, 최악 상황분석 등과 같은 다른 분석의 결과에 기초한다. 새로운 물품, 제품 그리고 기술들은 항상 고장영역이 가정되어야 한다.

마) **고장 발생여부 결정** : 「폐쇄 상태 또는 제한요소 모의기법」을 사용하는 스트레스 분석을 수행한다. 이 분석은 잠재적 고장률을 포인트로 정량화 할 수 있는 기계적 스트레스에서 출발한다.

바) **구성품 수명 결정** : 제품 사양서로부터 피로곡선을 사용하여, 각 스트레스 수준별 고장주기를 결정한다. 스트레스를 야기하는 다양한 부하가 있다면 구성품을 위해서는 고장의 최소주기를 사용해야 한다. 〈그림 4-49〉는 스트레스 대 고장주기를 위한 전형적인 피로곡선이다.

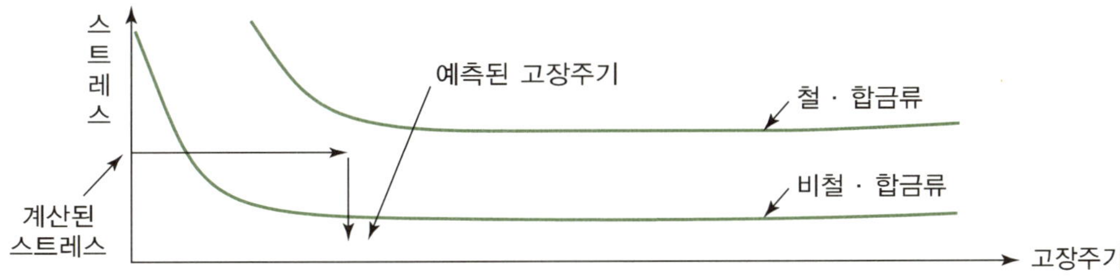

그림 4-49 스트레스 대 고장주기

사) **내구도 분석 유형** : 설계, 분석, 설계개선의 과정이 반복되어야 한다. 내구도 분석 수행을 위한 가장 기본적인 방법을 제시하면 〈그림 4-50〉과 같다. 복잡하고 정확한 많은 방법론이 있지만 그러한 경우에도 부하와 관련된 불확실성의 정도, 빈도, 또는 물품특성이 항상 확인되어야 하고, 그러한 과정에서도 수명예측의 정확성은 떨어질 수 있다.

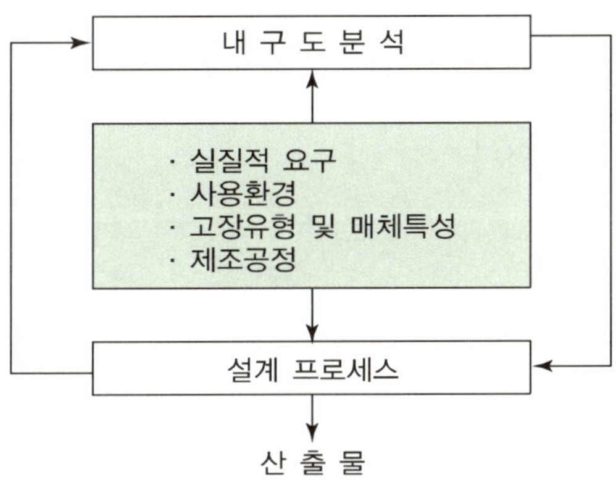

그림 4-50 내구도 설계 프로세스 흐름도

4) 내구도 분석 영역

내구도를 위해서는 제품 설계시 수명한계 고장 또는 피로문제를 유발하는 제품의 경험할 수 있는 모든 부하조건이 망라되어야 한다. 분석영역은 모든 발생 가능한 고장의 위치와 환경이 고려되면 확장될 수 있다. 중요경로를 확인할 수 있는 통제점 선택은 공학적 노력 수행 전에 필요하다. 내구도 분석에 요구되는 가장 중요한 조사영역은 다음과 같다.

- 고 편향 영역(High Deflection Regions)
- 고온영역(High Temperature Regions)
- 물질간 열적 팽창의 상관관계가 높은 영역(High Relative Coefficient of Thermal Expansion Between Materials)

• 고마모 민감영역(High Corrosion Susceptibility Areas)
• 신물질 또는 신기술영역(New Materials or Technology)
• 시험결과에 의해 암시된 시점(Points Indicated by Test Results) *Reliability Toolkit(Commercial Practices Edition)*, RAC

5) 내구도 계산절차

내구도 평가결과는 무기체계 및 장비의 창정비 시점 및 소모성부품의 교환주기 결정에 사용되며, 그 계산절차는 아래와 같다.

가) 내구도 고장(Failure Mode) 정의에 따른 고장을 거리에 따라 표시한다.

나) 고장 발생구간이 짧은 구간부터 누적분포함수에 따라 표시한다.

다) 누적분포함수는 5개로 분류한다.

- 지수분포 : $F(x) = 1 - \exp\left(-\frac{x}{\theta}\right)$
- 와이블분포 : $F(x) = 1 - \exp\left[-\left(\frac{x}{a}\right)^{\beta}\right]$
- 극한치분포 : $F(x) = 1 - \left[-\exp\left(x - \frac{\lambda}{\delta}\right)\right]$
- 정규분포 : $F(x) = \phi\left(\frac{x-\mu}{\sigma}\right)$
- 대수정규분포 : $F(x) = \phi\left(\log x - \frac{\mu}{\sigma}\right)$

라) 가장 적절하고 타당한 한 개의 분포를 선정한다.

마) 데이터를 만족시키는 분포의 파라미터를 결정한 후 내구도 확률을 산출, 적용한다. 만약, 10,000 km 주행하는 동안 동력장치에서 1회의 고장이 났을 경우 5개의 분포 중 어느 분포인지 정확히 알 수는 없다. 지금까지 통계자료로 볼 때 일반적으로 궤도차량의 경우 지수분포 또는 와이블 분포가 적합한 것으로 알려져 있으며, 지수분포 기준으로 계산할 경우 다음과 같은 결과를 얻을 수 있다.

$$R(10{,}000) = \exp(-\,\mathrm{x}/\beta)$$

여기서, $R(t)$: 확률
x : 총 주행거리 z
β : 평균(또는 MKBF)

$\therefore\ R(10{,}000) = \exp(-10{,}000/10{,}000) = \exp(-1) = 0.37 \ll 0.5(*)$

(*) 0.5로 규제한 경우

따라서, 본 예제의 경우 신뢰도 기준을 0.5 이상으로 규제할 경우, 고장이 1회 발생하더라도 내구도 측면에서 부적합한 것으로 판단된다.

바) 내구도 요소의 척도 및 기준

내구도 수명제한품목(Life Limited)과 소모성품목(Wear-out)으로 나누어 〈표 4-21〉과 같이 요소 척도 및 기준을 제시할 수 있다.

표 4-21 내구도 척도

구 분	척 도	기 준
수명제한품목(Life Limited)	Hour(km)	완제품 및 주요장치
	% 또는 hour(km)	창정비 주기
소모성 품목(Wear-out)	% 또는 hour(km)	유효수명 고장까지의 평균수명 또는 도달 확률

사) 내구도 설정기준의 변화 추이

개발 무기체계 내구도 시험평가는 RAM-D 요소 시험평가조건과 동일하게 적용하여 시험한 결과로 평가할 수 있으나, 궤도차량의 운용수명(Operational Life)은 평시 운용조건하에서 통상 10년으로 설계목표를 정하고 있다.

RAM-D 요소 시험평가시의 조건과 동일하게 개발 시점별 운용조건, 설계 및 제작기술의 발전에 따라 3단계로 구분하여 내구도 시험평가를 할 수 있으며, 단계별 창정비 기준에 의한 내구도 설계목표는 누적 주행거리 등을 기준으로 제시되고 있다. 〈표 4-22〉은 ○○계열 전차 내구도 설정기준의 변천과정이다.

표 4-22 미 M1 전차 내구도 설정기준 변천과정

구 분	시 기	내 용	비 고
1단계	1960~63년	야전정비 없이 2,000 miles 운행 창정비 없이 4,000 miles 운행	'60년대
2단계	1964~70년	야전 및 창 정비 없이 5,000 miles 운행	'70년대
3단계	1980~현재	20년 이상의 기간 동안 3회의 오버홀 정비로 6,000 miles 이상 운행	현 재

나. 내구도 평가방법

1) 가속시험(Accelerated Test)

시험기간을 단축할 목적으로 기준조건(운용조건)보다 가혹한 조건(환경 및 시간 측면)에서 행하는 시험으로 이 시험에서 고장유형 및 원인은 변경되지 않는다. 단, 단시간 내에 대상 체계의 내구도를 측정할 수 있는 장점이 있으나 정확성이 떨어지는 단점이 있다.

2) 강제시험(Forced Test)

품목의 성능에 시간 외의 스트레스 인자를 가혹하게 하여 의도적으로 열화시키는 시험방법으로 가속시험과 마찬가지로 정확성이 떨어질 수 있다.

3) 시험실 내구도 시험(Laboratory Endurance Test)

시험실에서 실제 사용하는 경우의 조건을 모방하거나 혹은 규정된 운용 및 환경조건에서 수행하는 시험방법으로, 이 방법은 정확성이 제고될 수 있으나 비용이 증대되고, 또 내구도가 상대적으로 긴 품목에 대해서는 시험이 제한된다. 핵심품목이나 치명품목에 대해서는 제한적으로 시험실 내구도 시험을 실시하고 있고, 특히 우주 및 항공산업에서는 이 방법을 통한 내구도 증명이 중요시 되고 있다.

4) 수명시험(Life Test)

임의의 조건하에서의 품목의 수명에 관한 시험으로 수명이 다 될 때까지 전구를 켜 놓는다든지 휴즈가 단락될 때까지 전류 및 전압을 올리는 등의 시험을 들 수 있다.

이 방법 역시 시험실 내구도 시험과 마찬가지로 핵심품목이나 치명품목을 중심으로 수행된다. 표본조사방법(SDC : Sample Data Collection)은 수명주기 분석을 통해서 내구도 관련 자료를 수집하는 사례가 될 수 있다.

다. 내구도 고장

1) 정 의

내구도 고장(Durability Failure)은 체계특성에 따라 설정기준이 다르다. 통상 기능(임무) 영향, 수명, 마모한계 및 정비기준에 의해 결정되는 사항으로 더 이상 체계를 운용하지 못하게 하는 고장이나 체계의 교체 또는 재생복구에 상당한 비용, 안전도 및 시간이 요구되는 고장형태를 말한다.

2) 내구도 품목 선정기준

내구도 품목으로 특별관리 및 입증이 요구되는 품목은 다음과 같은 조건에 해당되는 경우이다.

가) 주임무와 안전성 등에 관련된 중요 및 핵심품목, 고치명성 품목(전차 엔진 및 주포, 장갑차의 엔진, 자주포의 엔진 및 포탑 등)

나) 고장률이 증가하는 품목 : 마찰, 반동하중, 열하 등의 영향을 받는 품목

다) 고장발생시 2차적 결함으로 타체계에 치명적인 결함이 발생되어 고장전 선교환이 필요한 품목(예 : 궤도, 주통제장치…)

라) 고장시 정비시간이 길고 특수시설 및 기술요구 또는 경제적 손실이 큰 품목

3) RAM - D의 활용

가) 무기체계 및 장비의 야전배치 후 지속적인 고장 및 정비정보를 수집함으로써 해 장비의 실제 내구도(Durability) 정보를 수집할 수 있다. 이를 통해서 공학적, 수학적 기법을 통한 예측 내구도가 아닌 무기체계 및 장비의 실제 내구도를 산출할 수 있다. 특히, 차기 무기체계 개발간 환류를 위해서는 운용단계 고장 정비 정보 수집 및 분석을 통한 실제 내구도 자료 축적이 중요하다.

이렇게 수집된 고장 및 정비 관련 정보는 아래 〈그림 4-51〉과 같이 환류되어 차기 무기체계 및 장비 개발에 반영되도록 함으로써 기존 무기체계의 문제점 및 제약사항이 보완된 신무기체계가 개발되도록 해야 한다.

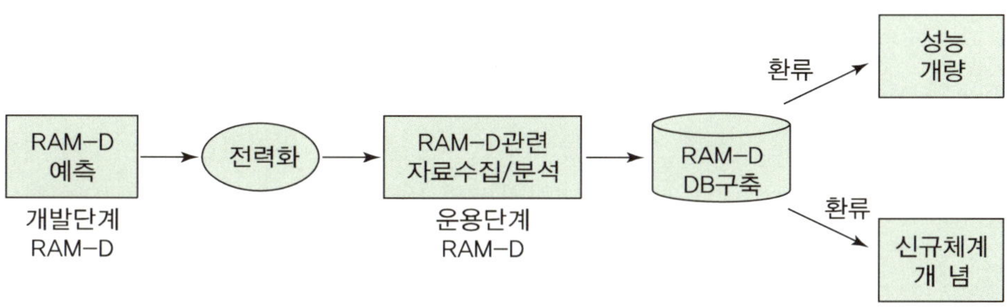

그림 4-51 RAM - D 자료의 활용

나) 수집된 RAM - D 제원은 차기 및 유사무기체계 개발시 RAM 데이터 적용, 부대별 연간 장비운영 유지비 확인, 중·장기 장비운영계획 수집 기초자료 보급수준 결정자료, 전시소모율 및 전투예비량 소요판단, 창정비 주기 및 정책 결정 자료로 광범위하게 활용된다.

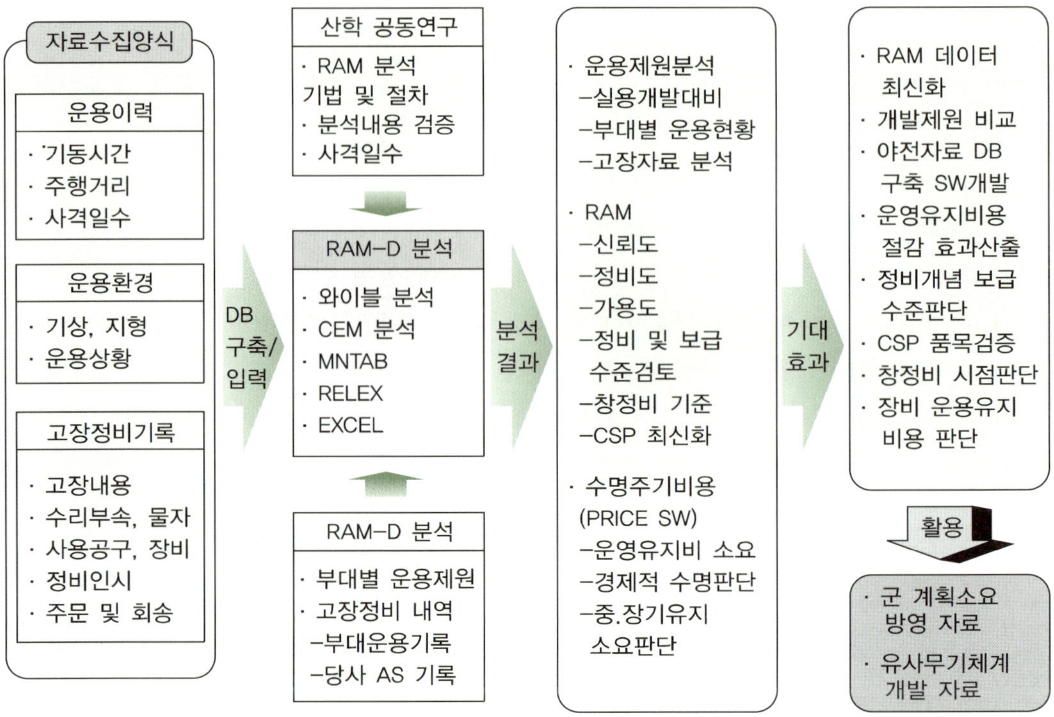

그림 4-52 RAM－D 제원의 활용

5. 고장보고, 분석 및 교정조치체계(FRACAS) 구축

가. 개 념

FRACAS의 개념의 단어적인 의미로 보면 고장-분석-조치 (Failure Reporting Analysis Corrective Action System)라는 의미를 갖고 있다. 그러나 반드시 고장만을 대상으로 하는 것은 아니다. 즉 설계정보, 정비, 이력 등 여러 가지 정보를 의미하는 현상이 발생했을 때 체계적으로 자료를 수집하여 분석하고 의사결정을 내리는 순환적인 과정을 의미한다.

나. FRACAS 구축 현황

FRACAS 초기 개념은 1970년대에 MIL-STD-2155로 문서화 되었으나 그동안 활성화되기 어려웠던 이유는 기간과 공간의 제약 때문이었다. 즉 과거에는 자료의 수집과 분석 그리고 결정을 내려야 하는 시간이 상당히 소요되어 자료의 정확성을 훼손할 가능성이 많았다. 또한 이러한 시간적인 제약은 주로 자료의 수집에서 분석단계까지의 공간적인 제약에 의해 발생된 것이기도 했다.

이후 1990년대 들어서면서 인터넷과 같은 공중망의 발달과 하드웨어 기술의 비약적인 발전은 초창기 FRACAS 개념의 단점을 보완하게 되었고, 90년대 말경에는 범용화되기 시작했다. 현재 미국 및 유럽의 경우 주요 시스템 개발업체는 물론이고 관련된 중소업체들까지도 FRACAS가 일반화된 상태이고, 국내에도 민간부분에서 도입하고 있는 실정이다.

표 4-23 FRACAS 구축 현황

구분	미국	유럽	한국
활용	Lockheed Martin General Dynamics Goodrich Carnegie Mellon University NASA Boeing Northrop Gruman Raytheon 등 약 1,000여 방산업체	Rheinmetal Brirish Airways Honeywell SIEMENS 등 약 800여 시스템 개발업체	한국철도기술연구원 한국항공우주연구원

다. FRACAS 대상품목

1) 비용 대비 효율에 민감한 품목
2) 시스템 효율에 민감한 품목
3) 고장 현상에 대해 식별 및 분리(Identification and Isolation) 가능한 품목
4) 정비절차 및 수준이 분명하게 구별될 수 있는 품목
5) 고장 및 정비에 대해 시간기록이 분명할 수 있는 품목

라. FRACAS 자료 수집양식

자료수집양식은 이미 표준화된 것이 많이 있다. 그러나 반드시 구분해야 하는 것은 분석적 목적의 자료와 관리적 목적의 이력자료의 구분이다. 즉 RAM 분석, LSA, 그리고 ILS 요소 산출 등의 구분이 분명해야 한다. 특히 고장자료의 수집의 경우 고장모드(유형)에 대한 수집은 고장모드를 설명하는 언어의 불명료함으로 인한 분석의 오류를 피하기 위해 반드시 코드화해야 한다. 정비자료 또한 마찬가지로 향후의 정비절차 표준화를 위해 코드화를 해야 한다. 현재 K계열 전차 및 유사 무기체계의 자료 수집양식은 여러가지 이력관리기록에 지

나지 않는다.

마. 수집된 자료의 분석방법 및 분석도구

수집된 자료의 분석방법은 두 가지로 구분된다. 먼저 고장자료의 경우 시간에 대한 경향을 분석하여, 시간에 관계없는 우발고장인지 또는 경향을 가진 고장인지를 판단해야 한다. 전자의 경우 일반적인 횡단면 자료의 분석기법을 사용하며, 후자의 경우 확률과정모델을 통해 분석해야 한다. 한편 정비자료의 경우 횡단면 자료의 분석방법을 사용할 수 있다.

그리고 품목의 종류에 따라 고장이 다를 수 있는데, 전기·전자류의 경우는 우발고장의 형태를, 기계류 부품 또는 기계류를 포함하는 품목 또는 시스템의 경우엔 경향을 갖는 확률과정모델을 이용하여 분석한다.

자료의 수집과 분석을 위해서는 도구가 필요하다. 현재 범용적으로 널리 사용하는 도구는 미측 Relex Software 사의 FRACAS 시스템이 있다.

6. RAM 분석 Relex SW

체계가 단순하고, 하부체계 간의 관계가 상호배타적이라면 수학적 모델링을 통해서도 간단한 RAM값 산출이 가능하다. 정비도(Maintainability)의 경우 전문 SW가 아닌 간단한 도구를 이용해서도 산정이 가능하고, 가용도(Availability)는 신뢰도와 정비도의 함수식으로 계산이 가능하다. 그러나 수 만종 이상의 부품으로 구성된 현대 무기체계의 특징을 고려한다면 SW의 도움 없이 신뢰도(Reliability)를 계산한다는 것은 불가능한 일이다.

현재 RAM 분석을 위한 전문 프로그램은 ISO-9001 인증을 획득한 美 국방성 표준 SW인 Relex가 있으며, 우리 군 및 방위산업체에서 이를 표준으로 활용하고 있다.

참고문헌

국내자료

1. 국방부, "국방전력발전 업무훈령" (국방부훈령 제1252호), 2010. 6.21.
2. 국방과학 연구소, "군수지원분석 자료처리 체계(LOADERS) 입력자료 작성지침서" 대전 : 국과연, 2009.
3. 김영기, "전력화지원요소 : 이론과 실제", 한국 학술정보, 2007.
4. 로템(주), "RAM-D 업무 소개", 로템(주), 2003.
5. 방위사업청 "방위력개선 사업관리규정", 2009.
6. 방위사업청, "종합군수지원 개발업무지침서", 2009.
7. 육군본부, "전력발전 업무규정" (육군규정), 2010.
8. 육군본부, "군수지원분석 실무지침서", 2009.
9. 육군 종합군수학교, "종합군수지원", 2010.
10. 정용길, "종합군수지원 : 이론과 실제(창정비 중심으로)", 북 코리아, 2008.

국외자료

1. Acquisition Logistics Guide, Defens System Management College, 1997.
2. Benjamin S. Blanchard, 「Logistics Engineering & Management」, 학연 문화사, 2008.
3. James V. Jones, 「Integrated Logistics Support Hand Book」, 학연 문화사, 2008.

제5장 군수지원 분석(LSA)

제 1 절 개 요

1. 군수지원분석 개요

군수지원은 평시 및 전시상황하에서의 운용준비 요구사항에 만족하는 비용대 효과적인 무기체계의 설계, 개발, 시험, 생산, 배치, 유지 및 수정활동과 관련한 많은 기능을 포함하는 기술적인 관리 분야이다. 군수지원의 주요 목표는 무기체계에 대한 군수지원 요구사항이 설계 요구사항에 주요한 부분으로 취급 되도록 하고 무기체계 수명주기상 비용 측면에서의 가장 효과적인 무기체계를 개발하고 무기체계의 초기 배치 및 운용에 필요한 군수지원요소를 식별 개발하는 것이다. 군수지원분석은 이러한 목적을 달성하기 위한 체계적인 분석활동이며 시스템 엔지니어링의 중요한 부분으로 관리되어야 한다.

가. 군수지원분석의 정의

군수지원분석(LSA : Logistic Support Analysis)이란 무기체계의 전 수명주기 간에 걸쳐 군수지원 요소를 확인, 정의, 분석, 정량화, 처리하는 체계적인 활동이다.

1) 확인(確認) : 군수지원 요소 식별(識別) 및 판단
2) 정의(定義) : 식별된 군수지원 요소의 특성, 범위 등의 정의
3) 분석(分析) : 군수지원 요소의 상호간의 연관성을 검토 및 확인
4) 정량화(定量化) : 선정된 대안에 대하여 정량적 기준 설정
5) 처리(處理) : 군수지원 관련사항의 입·출력, 적용 및 경험자료의 환류

군수지원분석은 무기체계 획득관리 업무의 전 단계에서 주장비와 지원체계를 결정하는데

필요한 정보를 제공하며 해당 무기체계의 운영유지비용을 최적화시키는 동시에 무기체계의 운용시 지속적인 군수지원이 이루어질 수 있도록 보장하는 종합군수지원업무의 실체적 활동이다. 따라서 군수지원분석은 무기체계 획득관리 전 단계에 걸쳐 체계적이고, 반복적으로 수행하여 주장비 설계에 영향을 미침으로서 군수지원의 소요를 최소화하고, 배치 및 운용시 필요한 군수지원 요소를 식별하며, 이를 규격(기준)화하는데 그 업무의 중점이 주어진다.

나. 배경 및 필요성

군수지원분석 개념이 도입되기 이전에 ILS분야가 직면한 가장 큰 문제점은 최적의 군수자원을 획득하기 위한 업무 활동 및 정보를 어떻게 통합하느냐 하는 것이었다.

이러한 문제점은 장비와 불일치한 기술교범, 기존 장비와 호환되지 않는 수리부속품과 불필요한 지원 장비의 소요를 발생시킨다. 또 다른 문제점은 군수지원업무의 대부분이 시스템 설계가 완료된 후에 수행되기 때문에 장비운용의 효율성과 군수지원의 용이성 및 운용유지비 절감을 위한 설계 과정에 어떠한 영향을 미칠 수 없다는 것이다. 이러한 이유로 군수지원분석 개념이 개발된 것이다.

다. 목 적

무기체계가 수명주기 동안에 소요되는 제반 군수지원요소를 최소화하고, 장비의 성능 및 효율을 높혀 전투준비태세를 극대화하기 위해 군수지원분석 업무를 수행하며 지원체계의 요소를 분석, 평가하여 다음과 같은 효과를 얻도록 정량적, 정성적인 업무분석이 추진되어야한다.

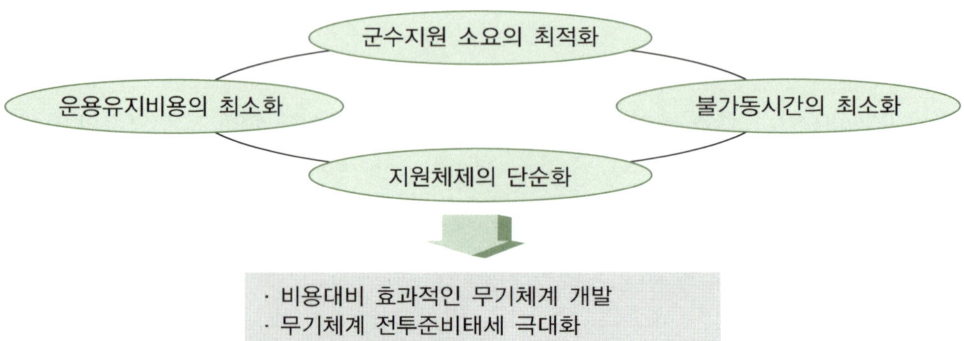

그림 5-1 군수지원분석 목적

따라서 궁극적인 목적은 장비의 고장을 빠르고, 쉽게, 저렴하게 정비할 수 있도록 체계설계에 반영하고 군수지원체계를 구축하는데 있다.

라. 적 용

1) 업무 개요

군수지원분석은 무기체계 소요제기 및 선행연구 단계부터 폐기시까지 군수지원분석 작업이 효과적으로 지속되도록 하는 것으로서, 초기에는 유사장비의 경험제원을 이용하여 수리적·공학적 추정을 통해 각 획득 대안에 대한 정비업무별 소요 및 군수지원 요소별 소요를 효과적으로 산출한다.

주장비의 설계가 진전되면서 군수지원 요소의 소요를 점차 세부적으로 산출하며, ILS시험평가를 통하여 장비 설계가 장비의 개발사양 및 군수 지원목표에 부합되도록 군수지원요소를 확인함으로써 수정, 보완, 확정되어 최초운용능력이 요구되는 시기까지 초도소요가 조달되고 주임무 장비의 획득과 동시에 필요한 군수지원요소가 제공되도록 하며 창정비 요소개발 시에도 최신화 된다.

2) 실시 시기

가) 무기체계 소요제기부터 폐기 시까지 군수지원분석은 계속 실시하며, 체계 개발간 중점적으로 군수지원분석을 실시하여 요소별 소요를 산출한다.

나) 전력화평가 이후에는 사용 경험제원과 비교하여 제원 소요를 조정하며, 창정비 요소개발시에도 군수지원분석을 최적화하여 수행한다.

다) 야전 운용 중 획득된 모든 자료는 개발기관에 환류하여 차기 또는 유사 무기체계를 개발할 때에 군수지원분석자료로 활용한다.

라) 군수지원분석(LSA)은 관련 분석기법에 의한 분석결과를 토대로 초기 ILS 소요를 산출한다.

마) 체계개발시의 군수지원분석은 각종 자료의 체계적인 정보관리 및 논리적인 정량화가 가능한 통합자료 관리체계(설계도면 및 자료, RAM, LSA 등)기반의 군수지원분석 기법을 도입 적용하며, 설계, 체계종합, 분석 및 군수지원분석이 체계적으로 실시되도록 한다.

마. 업무분장

군수지원분석 업무를 효과적으로 수행하기 위해 소요군은 현존 무기체계의 보급 및 정비지원체계와 현행 주특기 등으로 지원 가능한 정비체계를 수립할 수 있도록 현존의 지원 및 시험장비, 수리부속, 훈련장비 등의 보급목록과 주특기 자료, 지원시설, 유사장비 경험제원을 개발업체에 제공한다. 또한 개발업체에서 수행한 군수지원분석 결과의 타당성을 검토 및 활용토록 하며 야전운용 중 획득된 모든자료는 개발기관에 환류(Feed Back)시켜 차기무기체계 개발시 군수지원분석 자료로 활용한다.

방사청은 개발업체로부터 군수지원분석에 대한 의견을 반영하고 군수지원 수행에 대한 기술지원을 해야 한다.

개발업체는 입수한 현존 제원과 기술분석을 통한 군수지원분석 실시, 군수지원분석 자료를 작성하고 군수지원분석 통합시스템(SOLOMON : SOftware for LOgistics support analysis MOdel, Next generation)을 이용하여 입·출력을 실시한다.

표 5-1 군수지원분석 업무분장

부 서	업 무 분 장
소요군	• 현존 무기체계의 야전운용제원 수집 및 제공 • 군수지원분석 운용 및 정비소요 작성 • 군수지원분석 결과 검토 • 군수지원분석 확증(운용시험평가)
방사청	• 군수지원분석 계획 검토 및 의견제시 • 군수지원분석 업무지원 및 야전제원 지원 • 군수지원분석 자료입증 • 군수지원분석 관련 기타 기술지원
개발업체	• 각종 제원수집 및 군수지원분석 계획작성 • 군수지원분석 실시 • IPR 자료작성 및 군수제원점검 • 자체 임무적합성 검토실시 및 최신화

바. 업무영역

군수지원분석 업무는 〈표 5-2〉에서 보는 바와 같이 획득관리 전 단계에서 선별적이고 반복적으로 수행하는 분석활동과 그 분석결과를 전산처리하여 종합군수지원 요소를 개발하기 위한 자료를 만들어 내는 활동으로 구분된다.

표 5-2 군수지원분석 업무영역 및 내용

구 분	활 동 내 역
군수지원 업무의 분석 활동	• 군수지원분석 계획수립 및 조정 • 주장비의 임무 및 지원체제 정의 • 군수지원 대안 개발 및 평가 • 군수지원 소요 결정 • 군수지원 요소의 지원성 평가
군수지원분석 결과의 자료화 활동	• 업무분석 모델 및 자료처리 소프트웨어 개발 • 전산처리 입력자료 작성 • 전산처리 출력 • 통합자료관리체계(DB) 구축 및 응용

사. 관련 분야와의 상관관계

군수지원분석은 새로운 무기체계의 군수지원요소를 식별하고 개발하는 일련의 과정으로 종합군수지원 업무의 핵심적 수단이다. 즉, 주장비 설계와 병행하여 군수지원 소요를 예측, 설계에 영향을 미침으로써 군수지원 소요를 최적화 할 수 있는 설계수준을 결정케 하고 군수지원 요소별 기준을 설정한다.

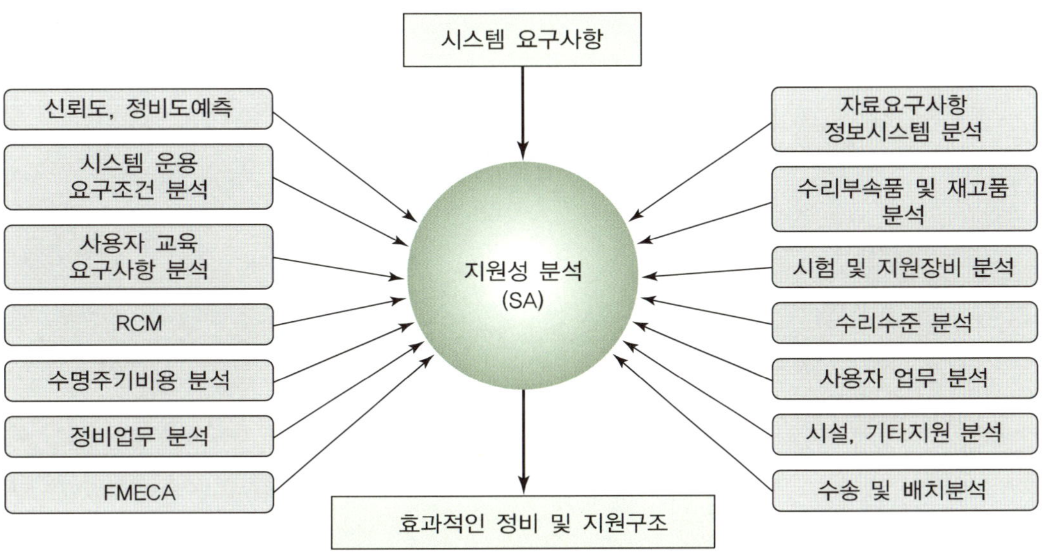

그림 5-2 지원성 분석과 관련 기법간의 상관관계

또한 군수지원분석은 그 업무를 수행함에 있어 RAM 분석, 비용대 효과분석(COEA : Cost & Operational Effectivenees Analysis), 선택적 교환분석 등과 같은 각종 전문기법을 적용함으로써 효율적이고 과학적인 업무수행이 가능하다.

2. 군수지원분석 업무의 세부활동

가. 개 요

MIL-STD-1388-1A(Logistics Support Analysis)에는 LSA프로그램에 대한 요구사항 및 수행되어야 하는 업무(Task)등이 세부적으로 제시되어 있다

나. 군수지원분석 업무의 활동

LSA 프로그램은 15개의 상호 관련성이 있는 과업(Task)이 5개의 영역, 즉, 프로그램 계획 및 통제(Program Planning Control), 임무 및 지원체계 정의(Mission and Support System Definition), 대안 준비 및 평가(Preparation and Evaluation of Alternatives), 군수지원자원소요의 결정(Determination of Logistic Support Resource Requirement), 지원성평가(Supportability Assessment)로 구분되어 있으며 이는 다음〈표 5-3〉과 같다

표 5-3 군수지원분석 업무 활동

- TASK Section 100 - 프로그램 계획 및 통제
  - TASK 101 - 초기 LSA 전략(LSA개념 설정)
  - TASK 102 - 군수지원분석계획(LSAP) 수립
  - TASK 103 - 계획 및 설계검토
- TASK Section 200 - 임무 및 지원체계 정의
  - TASK 201 - 운용연구
  - TASK 202 - 하드웨어, 소프트웨어 및 지원체계 표준화
  - TASK 203 - 비교분석
  - TASK 204 - 기술적 기능성 분석
  - TASK 205 - 지원성 및 지원성 관련 설계요인
- TASK Section 300 - 대안의 준비 및 평가
  - TASK 301 - 기능적 요구사항
  - TASK 302 - 지원체계 대안
  - TASK 303 - 대안평가 및 선택적 분석

표 5-3 계속

- TASK Section 400 - 군수지원요소 요구사항 결정
  - TASK 401 - Task 분석
  - TASK 402 - 초도 야전배치 분석
  - TASK 403 - 생산 후 지원분석
- TASK Section 500 - 지원성 평가
  - TASK 501 - 지원성 시험평가 및 확증

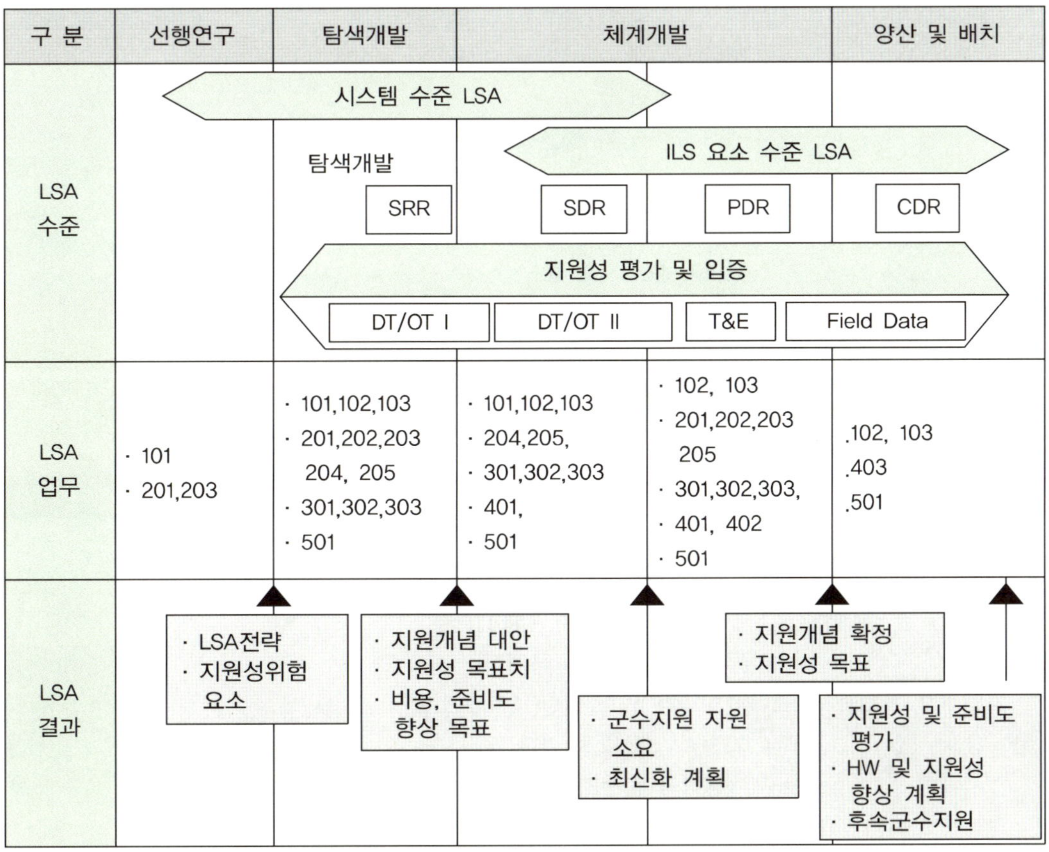

그림 5-3 개발단계별 LSA 수준 및 업무

1) 군수지원분석 계획 및 조정업무

표 5-4 군수지원분석 계획 및 조정업무

세부 업무	업 무 내 용
군수지원분석 개념 설정	• 최적의 군수지원분석 업무수준 및 범위 설정 - 잠정적인 지원성 목표 설정 - 지원성 목표달성의 제한사항 판단 - 단계별 업무 및 세부업무 식별
군수지원분석 계획 작성	• 업무대상 선정(작업분해 구조 : WBS) • 업무분담 : 사업관리구조 및 책임 • 일정계획 : 착수시기와 종료시기 • 업무수행 방법
계획 및 설계검토	• 획득과정의 군수지원분석 업무의 검토, 조정 및 반영 - 주장비 사업검토회의시 군수지원분석 업무 반영 - 주장비 설계검토시 관련사항 토의 * 전력화 일정계획 준수

2) 주장비 임무 및 지원체계 정의

표 5-5 주장비 임무 및 지원체계 정의

세 부 업 무	업 무 내 용
운 용 연구	• 무기체계의 운용 및 정비소요 판단 - 운용소요 : 연간 평균 운용횟수, 시간, 거리 - 정비소요 : MTBF, MTTR 등
지원체계 표준화	• 기존 군수자원 활용 극대화 - 설계제한 요소 판단(ILS 요소별) - 기술적 접근방법 판단
비교 분석	• 유사장비의 군수지원 제원 활용 - 비교대상 무기체계 식별 - 비교체계의 군수지원 제원 특성 정의 - 획득대상 체계의 지원성 목표 결정
기술가능성 분석	• 설계상의 위험요소 판단 • 설계개선사항 판단
지원성관련 설계 요인	• 지원성 향상을 위한 설계 요구조건 설정 - 지원성의 정량적 제원 설정 - 설계목표 한계치, 제한조건 설정

3) 군수지원 대안준비 및 평가

표 5-6 군수지원 대안준비 및 평가

세 부 업 무	업 무 내 용
기능요구 사항 판단	• 무기체계의 운용 및 지원기능 판단 • 운용 및 지원업무 판단 - 정비업무 : 수리, 예방정비 - 지원업무 : 시설, 지원 및 시험장비 등
지원체계 대안	• 지원대안 수립 - ILS 요소별 대안 준비 - 운용가용도 향상, 인력소요 및 운용유지비 최소화
대안평가 및 선택적 교환분석	• 최적의 지원대상 선정 - 성능, 비용, 일정, 지원성간의 민감도 분석 - 최적의 접근방법 결정

4) 군수지원요소 요구사항 결정

표 5-7 군수지원요소 요구사항 결정

세부 업무	업 무 내 용
업무 분석	• 정비업무 분석 및 업무수행 소요 판단 - 품목별 정비업무 - 정비업무 소요시간, 인원 및 지원소요
초기야전분석	• 신장비의 배치 및 운용 영향평가 - 기존 군수지원 체제와의 상충 여부 • 소요 군수자원 고갈시 영향 분석 • 필수 군수자원 소요 결정
양산 배치후 지원 분석	• 양산종료후의 지원성 보장 업무 - 문제점 발생 예상품목 판단 - 잔여 수명기간 동안의 해결대안 개발 - 계획수립 및 예산추정, 반영

5) 군수지원요소의 지원성 평가

군수지원성 검토간 무기체계운용시 요구되는 운용성, 표준화 및 호환성, 정비성, 고장탐지성, 보급용이성, 안전성 등을 평가하는 활동으로 설계초기 군수지원성 검토를 통해 향후 설계 변경소요를 최소화하고 운용 및 정비시 편의성 및 운용유지비 절감을 목적으로 실시한다.

- 시험평가 방법의 준비
- 목표와 기준 설정
- 지원성 평가 실시
- 체계지원묶음 목록 개발
- 최신화 및 보완작업

6) 무기체계 획득단계간 군수지원분석 업무

표 5-8 획득단계 간 LSA업무

구 분	선행연구	탐색개발	체계개발	양산	운용 및 배치
군수지원 분석 (LSA)	TASK 101, 102, 103 TASK 201, 202, 203, 204, 205 TASK 301, 302, 303	TASK 101, 102, 103 TASK 201, 202, 203, 204, 205 TASK 301, 302, 303	TASK 101, 102 , 103 TASK 201, 202, 203, 204, 205 TASK 301, 302, 303 TASK 401, 402, 403 TASK 501	TASK 403 TASK 501	TASK 501

제 2 절 군수지원분석 방법 및 목표

1. 군수지원분석 방법

군수지원분석 업무 수행방법은 순차적인 방법과 종합적인 방법으로 나누어지며 두 가지 업무수행방법의 차이점은 군수지원요소가 시스템 설계와 연계된 상태로 개발될 때 만들어진다. 만일 순차적인 방법에 의해 군수지원분석 업무가 수행될 경우에는 군수지원계획이 수립되기 전에 시스템 설계가 완료되기 때문에 설계에 영향을 미치는 군수지원 고려사항을 식별하여 설계에 반영하고 무기체계 획득 초기에 군수지원 관련 문제점 및 이로 인한 비용증감을 식별하려는 군수지원분석 목적을 달성할 수 없게 된다.

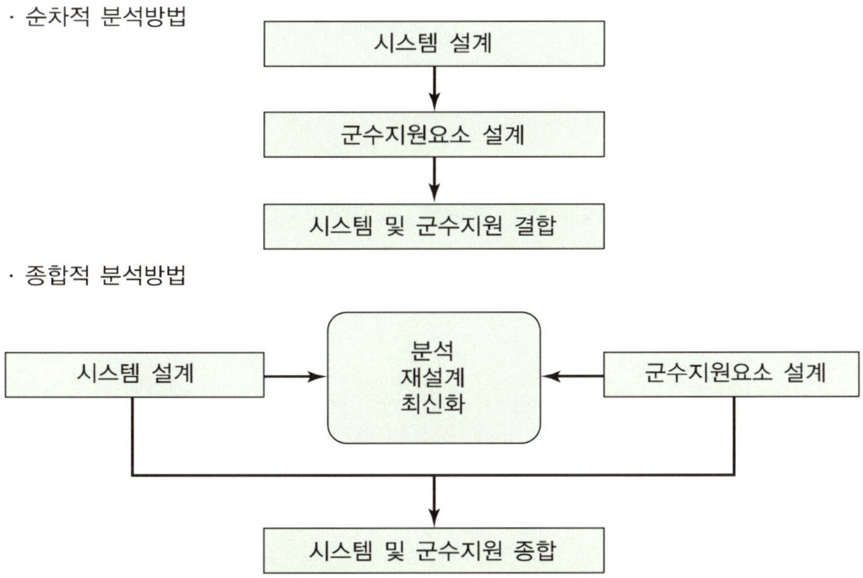

그림 5-4 군수지원요소 분석방법

2. 군수지원분석 업무 수행시 고려사항

대부분의 경우 장비설계 담당자는 군수지원 요구사항을 고려하지 않고 장비성능 요구조건을 만족하는 측면만을 고려하여 장비를 개발한다.

이로 인해 군수담당자가 보다 쉽고 비용 대비 효과적인 군수지원 가능한 설계향상 방법을 알고 있다 하더라도 장비가 생산되기 이전에 설계에 반영하기가 너무 어렵다. 따라서 군수지원성이 반영된 장비개발을 위해서는 다음과 같은 사항이 필히 만족되어야만 가능하다.

가. 군수담당자는 탐색개발 단계부터 설계과정에 참여하여 개발 장비에 대한 군수지원요소를 식별, 분석하고 설계담당자에게 군수지원요소가 설계에 반영될 수 있도록 해야 한다.

나. 설계담당자는 장비설계시 군수 관련 고려사항을 반영해야하며 이를 위해 군수지원사항을 설계에 중요한 부분으로 인식하는 것이 필요하다.

3. 군수지원분석 업무 수행목표

군수지원분석 4가지 목표는 설계에 영향을 미치는 군수지원 고려사항 식별, 무기체계 지원상의 문제점 및 비용증감 요인 초기식별, 무기체계 수명주기 전 단계에 걸쳐 군수지원소요 식별 및 개발, 군수지원분석에 소요되는 군수지원 자료의 통합관리 등이다.

가. 설계에 영향을 미치는 군수지원 고려사항 식별

군수담당자의 가장 어려운 업무로써 군수지원소요를 설계에 반영할 수 있도록 무기체계 수명주기 초기의 설계과정에 포함되어 업무를 수행하고 설계과정이 어떻게 진행되는지를 이해하는 것이 무엇보다 중요하다.

1) 무기체계 요구사항 정의

설계시 만족해야만 하는 체계수준의 요구조건을 설정한다. 여기에는 군수지원 고려사항이 무기체계 설계요구 조건의 중요한 부분으로써 포함되어야 한다.

2) 무기체계 요구사항 검토

무기체계 요구사항 검토의 목적은 무기체계 설계대안이 무기체계 요구사항 정의에 설정된 요구조건의 만족여부를 검토하는 것이다. 여기에는 무기체계 요구사항 정의에 포함된 군수지원 고려사항에 대한 검토도 수행되어야 한다.

설계대안이 모든 무기체계 요구사항을 만족하면 규격이 준비되며 요구사항 정의 및 검토 업무는 수명주기상의 탐색개발 단계에서 수행되고 시스템 설계 검토는 체계개발단계에서 수행된다.

3) 초기 군수지원업무가 수명주기비용에 미치는 영향

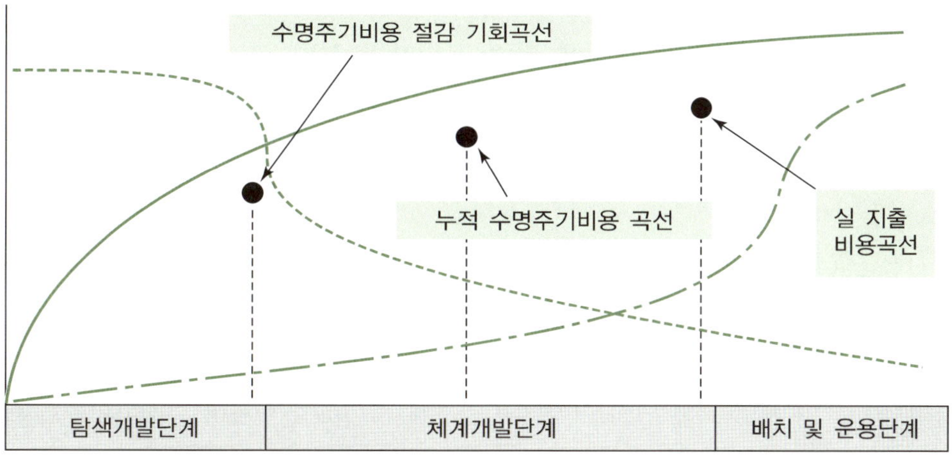

그림 5-5 초기 군수지원 결정사항이 수명주기비용에 미치는 영향

나. 무기체계지원상의 문제점 및 비용증감 요소 초기 식별

무기체계의 총 유지비용중 가장 큰 비중을 차지하는 부분은 무기체계를 운용 및 유지하는데 지출되는 비용이다. 따라서 무기체계의 성능 및 규격을 만족하는 범위에서 운용 및 유지비용에 영향을 미치는 무기체계 설계특성을 설계초기에 식별하여 반영하는 것이 매우 중요하다. 이러한 업무는 군수담당자가 설계에 영향을 미칠 수 있는 최선의 방법이며 무기체계의 운용 및 유지업무를 보다 쉽고 효과적으로 수행하기 위한 필수항목이다. 비용증감 요인을 식별하기위한 업무는 과거 경험자료 에서부터 시작되며 상세한 분석과정을 통해 현존 무기체계에 대한 비용증감 요소를 다음 항목과 같은 경험 자료로부터 결정될 수 있다.

1) 야전 신뢰도
2) 고장분석 자료
3) 정비기록
4) 수리부속품 사용 자료
5) 야전평가 및 조사자료
6) 임무 가용성 자료

다음단계는 이러한 비용증감 요인을 현재 운용 중인 무기체계의 설계특성을 찾아 개발 중인 무기체계의 설계에 반영해야 한다.

이러한 업무를 통해 85%의 수명주기비용 결정에 영향을 주어 무기체계 총 유지비용을 절감시킬 수 있다.

다. 무기체계 수명주기 전 단계에 걸쳐 군수자원 식별 및 개발

군수지원의 전통적인 업무는 무기체계가 야전에 배치되었을 때 무기체계지원에 필요한 수리부속품, 지원 및 시험장비, 교육훈련 및 교보재, 시설 및 기술교범 등 군수자원을 식별하는 것이다.

군수지원분석의 목적은 지원성 요구사항이 통합되고 문서화되는 과정에서 식별되어야 한다는 것을 무기체계 획득업무 목표에 포함시키는 것이다. 과거에는 가정에 의한 방법을 적용하여 군수자원 소요를 식별해왔지만 현재는 지원성 요구사항을 통합시키는 분석기술을 적용하여 수명주기 전 단계에 걸쳐 군수자원 소요를 산출하고 있으며 군수지원분석 업무는 정비업무 분석 및 군수지원분석 기록을 활용하여 모든 군수자원 요구사항을 식별하고 판단하기 위한 방법을 제시하는 것이다.

라. 군수지원분석에 소요되는 군수지원 자료의 통합 관리

군수지원분석에 필요한 자료는 단일 데이터베이스에서 모든 군수 관련 정보를 수집하고 유지한다. 그 이유는 컴퓨터 및 데이터베이스화된 자료가 군수지원업무의 효율성 및 생산성을 크게 증가시키는 표준방법으로 적용됨으로서 각 군수지원업무 사이의 자료공유 및 호환이 용이하게 되기 때문이다.

4. 군수지원분석간 주요활동

가. 군수지원분석 주요활동은 각 기관별 군수지원분석 조직편성과 업무분장에 따라 다를 수 있다. 소요군은 다음과 같은 군수지원분석 활동을 직·간접적으로 수행할 수 있으며, 군수제원점검은 군수지원분석 담당관의 주요 업무에 해당된다.

나. 신뢰도 적절성 검토

1) 작전운용 형태 및 임무유형(OMS/MP)을 근거로 작전운용성능을 충족할 수 있는 목표값이 설정되어야 하며, 이를 기준으로 RAM 분석을 통하여 해당 체계의 「신뢰도 할당 및 예측값」 산출의 적절성을 검토한다. 개발기관은 RAM 분석을 실시하고, 방사청은 개발기관

이 제시한 신뢰도값의 적절성을 검토한다.

2) 장치별 부품 특성과 제원을 고려한 근거있는 '신뢰도 예측값' 산출로 최적의 군수지원 소요를 도출한다.

다. 설계도면의 군수지원성 검토

무기체계 운용시 군수지원성 보장을 위해 설계단계에서부터 군수지원성을 검토하며 개발에 반영하기 위해 개발단계별, 설계단계별로 반복적으로 실시한다. 소요군은 통상 주장비 사업관리요원 위주로 참여하나 군수지원분석 업무담당관도 참석하여 무기체계의 운용유지간 고장 최소화 및 정비 용이성 보장을 위해 의견을 제시해야 한다.

탐색개발	체 계 개 발				양 산	전 력 화 이 후
	SDR	PDR	CDR	시험평가	전력화평가	
• 설계개념	• 체계도면	• 체계도면 • 구성품 및 조립체도면	• 체계도면 • 구성품 및 조립체도면 • 부분품도면	• 체계도면 • 구성품 및 조립체도면 • 부분품도면	• 체계도면 • 구성품 및 조립체도면 • 부분품도면	• 체계도면 • 구성품 및 조립체도면 • 부분품도면

☞ SDR(System Design Review) 시스템 설계 검토

라. 사업공정간 검토(IPR : Inter-Process Review)

군수지원분석 출력자료를 검토하여 최적의 ILS 요소를 개발하는 업무로 세부적인 내용은 본장 제3절 사업공정간 검토업무 참조

마. 군수제원점검(LDC : Logistic Data Check) 회의

무기체계의 구성품 설계와 군수지원분석이 완료되면 연구개발 주관기관(국과연, 개발업체)과 ILS 업무 책임기관이 참여하여 ILS 요소를 확인 · 검토 · 정량화하는 회의이다.

세부내용은 제3장 4절, 제4항 참조

바. 시험 준비상태 검토(TRR : Test Readiness Review)

1) 체계개발 대상 주장비의 개발시험평가를 위해 시험준비 상태를 검토하고 운용시험평가를 위해 시험목적, 시험방법, 절차, 범위 등을 점검 및 검토하는 회의이다.

2) 체계에 대한 프로그램 필요사항과 소요군 요구사항에 대한 검증과 개발수준, 비용, 효

율성, 위험도 등의 시스템 평가를 실시한다.

사. 임무적합성 점검(TAC : Task Adequacy Check)

1) 체계개발 기간중 ILS 요소에 대해 개발기관(업체)이 주도하여 기술적 사항 및 운용상 문제점을 사전에 도출하기 위해 실시하는 점검활동이다.

2) TAC 대상 점검항목 식별(예)

요 소 별	점 검 항 목	자료점검	실기점검
군수지원분석	• 자료의 적절성 및 일치성 • 군수지원분석 자료와 교범 간 연계성	○	
연구 및 설계반영	• 군수지원성 검토(정비, 보급 용이성 등)		○
표준화 및 호환성	• 주장비와 타 장비의 호환성 및 연동성	○	
정비계획	• 정비할당표 적절성	○	○
지원장비	• 특수공구 · 치구 적용성 적절성 • 시험장비 적용성 적절성	○	○
보급지원	• 완제품의 별도 포장품목 및 보급목록 • 기본불출품목, 추가인가품목, 소모성품목	○	○
기술교범	• 부대 · 직접 · 일반지원 정비교범(초안) • 부대 · 직접 · 일반지원 보급교범(초안)	○	○
포장, 취급, 저장 및 수송	• 포장상자 적용성 평가 : 안전성, 수송성 • 수송성 : 육로, 철도, 해상 등	○	

제 3 절 군수지원분석(LSA) 업무

1. 군수지원분석(LSA) 절차

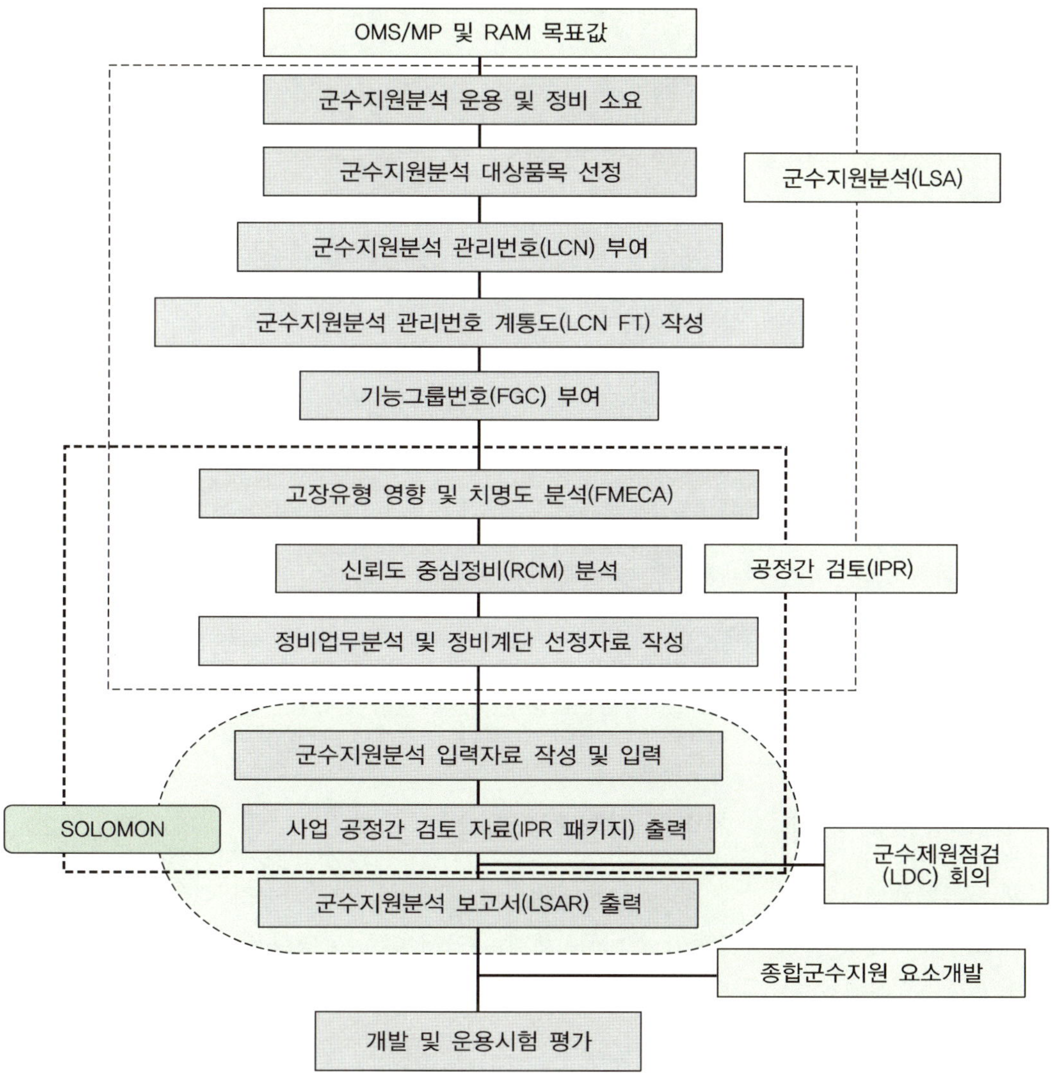

그림 5-6 군수지원분석(LSA) 절차

가. 작전운용형태 및 임무유형(OMS/MP)

제4장 제5절, 작전운용형태 및 임무유형(OMS/MP)을 참고한다.

나. 램(RAM) 분석 : 제4장 램(RAM) 분석을 참고한다.

다. 군수지원분석 운용 및 정비소요 : 제3장 2절 3항을 참고한다.

라. 군수지원 대상 품목 선정

군수지원 대상 장비 기술자료(WBS, BOM, 도면)를 토대로 군수지원분석 대상 품목을 선정한다.

마. 군수지원분석 관리번호(LCN) 부여

군수지원분석 대상 품목에 군수지원분석 관리번호를 부여한다.

바. 군수지원분석 계통도(LCN-Family Tree) 작성

군수지원분석 대상 품목에 부여된 군수지원분석 관리번호를 기준으로 계통도를 작성하여 군수지원분석 대상 품목 목록체계를 구성한다.

사. 기능그룹번호(FGC) 부여

군수지원분석 대상 품목을 기능적인 분류에 따라 분류하고, 기능그룹번호를 부여한다.

아. 고장유형, 영향 및 치명도 분석(FMECA)

획득 무기체계의 성능 요구 조건들이 성취되기 위해서 어떤 기술적 위험요소가 있는지 판단하고, 분석대상 품목의 고장이 완제품, 체계 운영에 미치는 영향을 판단하며, 도출된 잠재적인 고장유형에 대한 치명도를 분석한다.

자. 신뢰도 중심 정비 분석(RCM)

고장유형 및 영향분석, 치명도 분석결과 식별된 정비업무에 대하여 신뢰도 중심 정비 논리를 적용하여 예방정비 업무소요를 판단한다.

차. 정비계단 선정자료

고장유형 및 영향분석, 치명도 분석을 통하여 식별된 고장유형에 대한 위험도 분류와 상대적 치명도 값으로 선별된 고위험도 품목의 고장정비업무와 신뢰도 중심 정비 분석을 통해 식별된 예방정비 업무에 대한 정비수준과 소요되는 시험장비, 공구, 시설 등을 통해 정비계단을 판단한다.

카. 정비업무 분석

식별된 정비업무에 대한 상세 정비절차를 기술하고 정비를 위해 소요되는 주특기, 정비시간, 정비인시, 수리부속 품목, 시험장비 및 공구 등을 판단한다.

타. 군수지원분석 입력자료 작성 및 입력

입력양식 X, A, B, C, E, U, F, G, H, J, K의 해당사항을 SOLOMON에 직접 입력하거나 엑셀 시트로 작성하여 SOLOMON에서 가져오기를 수행한다.

파. 군수제원점검(LDC) 회의

분석 대상품목에 대한 군수지원분석 결과가 소요군의 운용 및 정비소요 요구조건의 달성 여부와 기타 분석내용을 관련기관이 사전검토 후 회의를 통해 타당성을 협의한다.

하. 군수지원분석 기록 보고서(LSAR)

작성된 분석자료는 군수지원분석 통합 시스템인 SOLOMON 통합형 LOADERS Ⅱ에 의하여 군수지원에 필요한 각종 군수지원분석 기록보고서(LSAR)를 출력한다.

갸. 종합군수지원 요소개발

군수지원분석 결과를 기초로 종합군수지원 요소를 개발한다.

냐. 개발시험(입증)

군수지원요소 개발 품목에 대하여 방위사업청 조정 및 통제하에 개발기관(국과연) 및 개발업체 주관으로 개발시험을 실시한다.

댜. 운용시험(확증)

종합군수지원요소 개발 품목에 대하여 소요군 조정 및 통제하에 운용시험을 실시한다.

2. 군수지원분석 부호

가. 군수지원분석 관리번호(LCN)

군수지원분석의 편의성 및 자료의 전산처리를 위하여 부여하는 부호로서 계통도식으로 분류하여 할당하며 할당은 수행기관의 책임이며 설정된 구조는 정부관련 기관의 승인을 받아야 하며 LOADERS의 입·출력 시 분류 부호로 사용한다.

1) 군수지원분석 관리번호 할당방법

가) 군수지원분석 관리번호는 하드웨어 최상위 수준에서 최하위까지 차례로 세분화하여 부여한다.

나) 군수지원분석 관리번호는 군수지원분석의 편의성 및 자료의 전산처리를 위하여 부여하는 부호로써, 자리수는 18자리이다.

다) 군수지원분석 관리번호는 정비 및 보급이 가능한 최소단위 품목까지 부여하며, 지원 및 시험장비, 소모성 물자, 벌크품목, 기본 소모성 물자 등도 별도 그룹을 정하여 LCN을 부여한다.

라) 군수지원분석 관리번호의 자리수 할당은 조립수준에 따라 1-2자리를 할당하고, 사용 문자는 "A~Z", "0~9"가 사용된다.

마) 군수지원분석 관리번호 할당방법은 재래식 LCN 할당, 개조형 LCN 할당, 연속 LCN 할당이 있다.

할당방법	내 용
재래식 할당	• 기본적인 LCN 할당 방법 • 부품번호가 부여된 체계내의 모든 품목에 고유한 LCN 할당
개조형 재래식 할당	• 하위 조립수준에 속하는 부품일 경우 동일한 LCN 할당 허용 • 하위 조립수준에서 사용되는 LCN의 수가 감소
연속 할당	• LCN 할당시 주어진 18자리를 초과할 경우에 적용 • LCN의 12~13자리까지는 재래식, 개조형 재래식 할당방법 사용, LCN의 마지막 5~6자리는 조립수준을 유지하면서 순차적 할당,

2) 군수지원분석 관리번호(LCN) 구성 체계도(예)

가) 목적 : LSA 편의성 및 자료의 전산처리를 위해 부여한다.

나) 구성체계 : 18자료로 구성

A	D	0 1	0 1	0 1	0 1	0 1
①	②	③	④	⑤	⑥	⑦

① 주장비 체계를 의미하며 1자리의 알파벳으로 표기한다.(F)

② 주임무 장비와 지원 장비를 구분하며, 1자리의 알파벳으로 표기한다.(FAA)

③ SYSTEM을 분류하며 2자리의 아라비아 숫자, 또는 1~2자리 알파벳 문자로 표기한다. (FAAAB)

01 : 동체 및 캡 관련장치	02 : 현수장치	03 : 전기장치
04 : 동력발생 및 전달장치	05 : 작업장치	06 : 부수장치
07 : 특수공구, 시험장비	08 : 소모성 물자	

④ SUB-SYSTEM을 분류하며, 2자리의 아라비아 숫자, 또는 알파벳 문자로 표기한다. (FAAABAC)

⑤~⑦자릿수는 하위품목 조립수준 정도에 따라 ⑤까지 또는 ⑦이상까지 기록되어진다. 단 마지막 2자리는 수리가능 여부 판단을 위해 수리가능 품목은 알파벳, 수리불가 품목은 숫자를 기록한다.

나. 대체번호(ALC)

대체번호는 대체 설계개념이나 다른 모델이면서 같은 체계조립 수준 상에서 동일한 LCN을 사용하는 유사품목을 기록하는데 사용된다. 사용가능 숫자는 “00 ~ 99”와 공란이며, 기본체계는 “00”을 부여한다.

부여기준은 동일한 LCN을 갖는 품목에 대한 설계대안 및 대체 정비개념과 동일한 기능적 및 물리적 위치에 있되, 다른 형상 및 모델에서 활용되는 다른 참조번호를 갖는 유사품목에 부여한다.

다. 사용성 부호(UOC)

분석대상품목이 사용하는 체계 및 완제품의 형상을 나타내는 부호로써 각 품목이 어떤 모델 및 형상에서 사용되는지를 나타내며, 사용성 부호는 장비의 오직 한 형상 및 모델만을 나타내 정부기관이 제시하는 사용성 부호할당 지침에 의해 최대 3자리의 영문자로 기입한다. 분석대상 품목이 여러장비에 적용가능하다면 적용가능한 장비에 대한 사용성 부호를 분석대상 품목에 적용하고, 또한 하나의 형상 및 모델만 분석하더라도 반드시 부여하며, LSAR 출력시 첫 번째 KEY로 사용된다. XK-9의 사용성 부호는 "SPH"이며 원격무선폭파장비의 경우 "RFD"로 분류, 식별한다.

라. 기능그룹 부호(FGC)

1) 기능그룹 부호는 무기체계와 시스템을 기능적인 분류에 따라 분류하여 구성품 및 조립체, 부품으로 체계적인 분해를 설정하기 위한 표준 색인 시스템으로써, 기능그룹 부호의 목적은 시스템의 기능적인 분류 및 정비가 가능한 품목을 차상위 조립체와 연결시키는데 있으며 각 시스템부터 2자리 숫자를 부여하고 차하급 조립체로 갈수록 2자리씩 증가한다.

2) 기능그룹 부호는 정비할당표의 시스템별 분해순서에 영향을 미치며 수리부속품 및 특수공구 목록교범과 정비교범의 구성도 순서에 따른다.

3) 기능그룹 부호 부여 "예"는 아래와 같다.

점선으로 처리된 연료장치는 기능적으로 재분류한 장치이다.

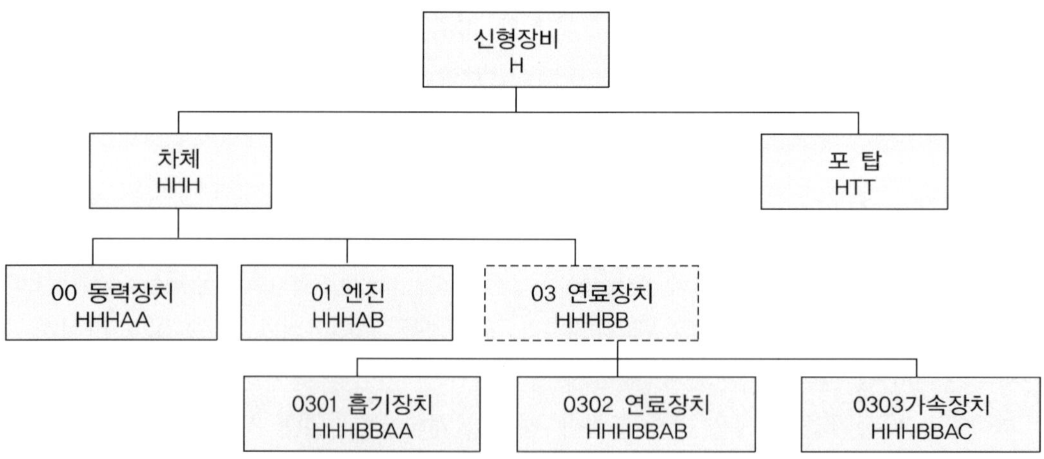

그림 5-7 기능그룹 부호(FGC)부여 "예"

마. 근원정비복구성(SMR) 부호

1) 정 의

모든 개발품목에 대해 획득방법, 정비계단 선정, 복구 또는 폐기처리 한계를 5자리의 영문자로 표기한 부호로써, 군수지원분석 결과 결정된 품목별 보급형태, 교환단계, 수리단계 및 수리가능 여부, 폐기 개념 및 단계 등의 정보를 수록하고 있는 부호이다.

2) 중요성

교범에 반영된 근원정비복구성(SMR) 부호는 품목별 규정된 정비 및 보급업무의 기준이 되며, 장비 운용성 보장 및 수명주기 비용절감을 위한 군수지원분석 업무의 핵심요소이다. 근원정비복구성(SMR) 부호는 장비의 야전배치 운용 간 정비계단, 수리부속 보급소요, 시험장비, 공구 및 창정비 대상품목 결정에 직접적인 영향을 미치게 된다. 근원정비복구성(SMR) 부호설정의 타당성 검토는 실무적으로 단편적인 검토사항이나, 개발장비의 경제성과 운용성 측면에서 큰 파급효과와 영향을 줄 수 있는 중요한 검토사항이다.

근원정비복구성(SMR) 부호 설정기준은 모든 무기체계에 동일하게 적용되는 것은 아니고, 무기체계별 적용기준이 상이할 수 있으므로 개발 간에 세부지침 수립이 필요하다.

3) 영 향

근원정비복구성(SMR) 부호는 각 품목에 대하여 최대의 성능상태를 유지하고 최소의 비용으로 군수지원 목적을 위한 근원, 정비, 복구성 관련사항을 부호화 것으로써, 근원부호(S)는 조달저장 품목을 선정하고 운용 소요를 결정하며, 정비부호(M)는 정비업무체계를 선정하고 지원장비 및 공구 등을 결정하며, 복구성부호(R)는 복구 또는 폐기 한계를 설정하고 창정비 개발소요를 결정하는데 영향을 주게 된다.

근원정비복구성(SMR) 부호의 검토는 부호 자체뿐만 아니라 상·하위 조립체간의 조립개념과 단가, 수리비용 및 폐기비용, LSA 분석결과와의 일치성, 기타 관련부호 간의 일치성 등을 종합적으로 검토해야 하므로 많은 시간이 소요된다.

근원정비복구성(SMR) 부호 검토를 통하여 적정한 정비업무 절차 및 체계를 정립시킴으로써 전투준비태세를 향상시킬 수 있다. 적정한 부호 설정은 품목별 정비계단 및 복구체계를 설정하고 시험평가 단계에도 중요한 평가 대상이 되며 평가 기간의 단축과 평가 업무의 효율을 증대시킨다.

근원정비복구성(SMR) 부호는 보급지원 및 지원 및 시험장비 개발 등의 군수지원요소 소요를 산출하는데 주요 식별요소로 활용된다. 또한 개발장비의 수명주기비용을 절감시키고 적정한 지원 소요량의 산출근거를 제공하여 경제적 군 운용이 가능해 진다.

4) 관련규격 및 기준

가) AR 700-82 (2003. 3) 'Joint Regulation Governing The Use And Application Of Uniform Source, Maintenance And Recoverability Codes'

나) T.O. 00-25-195(1998. 8. 15) 'Source, Maintenance And Recoverability Coding Of Air Force Weapons, System, And Equipment'

5) 부호작성

가) 부호구성

근원부호(S) ① ②	정비부호(M)		복구성부호(R) ⑤
	사용부호③	수리부호④	
품목을 어떻게 획득하는가?	누가 품목을 교환, 사용할 수 있는가?	누가 완전수리를 할 수 있는가?	누가 복구 및 폐기 처분을 하는가?

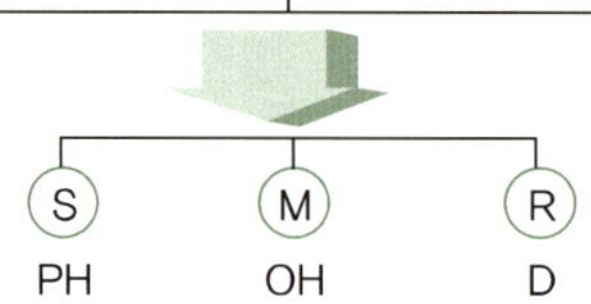

☞ 정비부호 및 복구성 부호 약어
C(사용자), O(정비병), F(직접정비), H(일반정비), D(창 정비)

그림 5-8 근원, 정비 복구성 부호 구성

나) 근원부호

근원부호는 첫 번째 및 두 번째 자리에 위치하며, 완제품의 정비, 수리 또는 분해검사를 위해 지원품목을 획득하는 방법을 나타내며 다음과 같은 부호를 사용한다.

구 분		설 명	적용품목
P계열	PA	• 알려지거나 예상되는 사용을 위해 획득 및 저장되는 품목 • 조달청, 국방부, 방위사업청 또는 군 보급계통에서 저장 보급되며, 지정된 정비계단에서 사용토록 인가된 수리부속품과 특수공구 및 시험장비	조립체, 단품
	PB	• 보급부대에서 보장성 목적으로 획득 및 저장되는 품목, 본질상 보급계통에서 최소량이 확보되는 것이 요구되는 품목.	최소수량만 저장하는 품목
	PC	• PA Code 중 본질상 퇴화되는 성질 때문에 따로 획득되고 저장되는 품목	건전지 등
	PD	• 최초 불출이나 공급을 위해 조달, 저장되는 지원 품목, 자동적인 재 보충품목이 아님	

구 분		설 명	적용품목
P계열	PE	• 특정한 수리활동을 위해 지정된 첫 출고품 및 예비품을 위해 획득되고 저장되는 지원장비	특수, 일반공구류, 지원장비
	PF	• 저장되지 않고 청구에 따라 중앙조달이 요구되고 즉시 획득되는 지원장비	비저장 지원장비
K계열	KD	• 창 분해검사 및 수리키트에 포함되거나 개별적으로 구입되지 않는 품목	실린더 내부 Seal 동시에 교환되어야 하는 품목
	KF	• 정비 키트 중의 한 품목 및 개별적으로 구입되지 않는 품목	
	KB	• 창 분해검사를 위한 수리키트와 정비키트의 양쪽 모두에 포함된 품목	
M계열	MO	• 부대정비 계단에서 제작되는 품목	튜브, 명판, 데칼, 와이어 등
	MF	• 직접지원 정비계단에서 제작되는 품목	
	MH	• 일반지원 정비계단에서 제작되는 품목	
	MD	• 창 정비계단에서 제작되는 품목	
A계열	AO	• 부대 정비계단에서 조립되는 품목	조립품목별 보급 불필요
	AF	• 직접지원 정비계단에서 조립되는 품목	
	AH	• 일반지원 정비계단에서 조립되는 품목	
	AD	• 창 정비계단에서 조립되는 품목	
X계열	XA	• 조달, 저장되지 않는 품목, 이러한 품목의 소요는 한 단계 높은 조립체를 교환함으로써 충족된다.	하우징, 몸체
	XB	• 조달, 저장되지 않는 품목으로, 이러한 품목이 필요시에는 폐품에서 징발하여 사용한다.	브래킷, 덮개 등 단순 구조품 류
	XC	• 설치도면, 도표, 설명서, 야전도면, 제조자의 부품 번호에 의해 식별되는 품목	수리부속품이 아닌 도면, 설명서
	XD	• 저장되지 않고 손실률이 적은 지원품목으로, 필요시 생산자 부호 및 참조번호를 이용하여 보급계통을 통해서 청구하거나 지역구매 한다.	중요구조품목 중 정비할 가능성이 희박한 구성품

다) 정비부호

정비부호는 지원품목을 사용하거나 수리할 수 있는 정비계단을 표시하며 근원, 정비, 복구성 부호양식의 세 번째 및 네 번째 자리에 기록한다.

(1) 세 번째 위치에 표시된 정비부호는 지원품목을 설치 및 제거, 교환하거나 사용 하도록 인가된 최하급 정비계단을 나타내며, 다음 정비계단 중 하나를 사용한다.

부호	품 명
C	부대정비에서 수행되는 승무원 또는 사용자 정비
O	부대정비 계단에서 지원품목이 제거, 교환되는 경우
F	직접지원 정비계단에서 지원품목이 제거, 교환되는 경우
H	일반지원 정비계단에서 지원품목이 제거, 교환되는 경우
D	창정비, 이동 창정비 또는 특수 수리작업에서만 지원품목이 제거, 교환되는 경우

(2) 네 번째 위치에 표시된 정비부호는 해당 품목의 수리를 실시할 수 있는 최저 정비 계단을 나타내며, 다음 정비부호중 하나를 사용한다.

부호	품 명
O	지원품목을 완전히 수리할 수 있는 최저 정비계단은 부대 정비 계단
F	지원품목을 완전히 수리할 수 있는 최저 정비계단은 직접지원 정비 계단
H	지원품목을 완전히 수리할 수 있는 최저 정비계단은 일반지원 정비계단
D	지원품목을 완전히 수리할 수 있는 최저 정비계단은 창 정비 계단
L	특수 수리부대에만 한정된 수리(적용 가능한 인가 특수수리활동 기입)
Z	수리 불가능하며 수리가 인가되지 않음
B	수리가 인가되지 않으며, 이 품목은 사용자 수준에서 조정, 주유 등으로 재사용 할 수 있다. 이 품목의 정비를 위한 수리부속품이나 특수공구는 조달되지 않는다

라) 복구성 부호

구성 부호는 사용 불가능한 품목들에 대한 처리 행동을 지시하기 위해서 지원품목에 지시되며, 근원, 정비, 복구성 부호 양식의 다섯 번째 자리에 기록한다.

부호	품 명
Z	수리 불가능한 품목이며, 사용 불가 시에는 세 번째 위치에 지시된 정비계단에서 폐기 처분한다
O	수리 가능한 품목이며, 수리가 비경제적일 것 같으면 부대정비계단에서 폐기 처분한다.
F	수리 가능한 품목이며, 수리가 비경제적일 것 같으면 직접지원 정비계단에서 폐기 처분한다.
H	수리 가능한 품목이며, 수리가 비경제적일 것 같으면 일반지원 정비계단에서 폐기 처분한다.
D	수리가능 품목이며, 하급정비계단에서 수리 능력이 미치지 못 할 때는 창으로 후송한다. 창 정비 계단 이하에서는 폐기처분이 인가 되지 않는다.
L	수리 가능한 품목이며, 창 정비 및 특수 수리부대 수준이하에서는 폐기처분이 인가되지 않는다.
A	특정한 사유(귀금속류, 고가물, 긴요 물자이거나 위험물질 등)로 인해 특수취급 폐기 절차를 요하는 품목이며, 특별한 지침에 대해서는 해당교범이나 지침을 참고한다.

6) 착안사항

체계개발 중인 장비의 군수제원을 확정하기 위한 군수제원점검회의 전에 개발기관에서 제시한 근원정비복구성(SMR) 부호 설정 내용을 검토하여 오류사항을 식별하고 시정한다. 이러한 관점에서 방위사업청(IPT 및 종합군수지원개발팀)은 개발장비의 정비 및 보급 업무체계 정립과 수명주기비용 절감을 위하여 소요군과 긴밀한 협의 하에 SMR 설정기준을 작성, 적용해야 한다.

가) SMR 부호설정 일반원칙

다양한 품목 특성과 조립 특성으로 인해 SMR 부호의 부여를 위해 설정 기준을 정하기는 매우 곤란하다. 따라서 여기서 제시되는 원칙은 예외가 있을 수 있으나, 검토되는 내용은 일반적인 기준으로 적용 가능하며, 원칙에 위배되는 경우는 그 타당성에 대해 신중한 검토가 요구된다.

(1) 정비부호의 사용 단계(셋째 자리)는 수리 단계(넷째 자리)보다 항상 하위이거나 같아야 한다.

(예) 타 당 : PAOFF, PAFFF, PAODD, PAFDD, PADDD, …

오적용 : PAFOF, PADFF, PADOF, …

(2) 복구성 부호(5자리)는 수리단계(넷째 자리)보다 하위일 수 없다.

(예) 타 당 : PAOFF, PAFFD, PAODD,

오적용 : PAFFO, PADDF, PADDO, …

(3) 각 자리에 부여 가능한 부호 이외의 부호는 사용 불가하다.

(4) 품목의 단가가 상위조립체 단가의 대부분을 차지하는 경우(90% 이상), 상・하위품목의 근원부호가 모두 "P–"가 될 수 없다.

(5) 상・하위 Level 간의 관계

(가) 하위 구성품의 사용단계(셋째 자리)는 상위 조립체의 사용단계 이상이어야 한다. (특성 고려 예외적 적용가능)

(나) 하위 구성품의 사용단계(셋째 자리)는 상위 조립체의 수리단계(넷째자리)보다 높을 수 없다.

(예) LEVEL 4 PAFFF

LEVEL 5 PAOZZ(타당) PAFZZ(타당) PADZZ(오적용)

(다) 수리부호(넷째 자리)가 Z인 품목은 하위 구성품을 가질 수 없다.

(라) 근원부호가 "A–"인 품목의 차하위 구성품은 근원부호가 모두 "P–" 또는 "M-"이어야 한다.

(마) 근원부호가 "A–"인 품목의 2번째 자리 부호와 차하위 구성품의 교환단계(3자리)

는 서로 일치해야 한다.

(바) 근원부호가 "P–"인 품목의 하부품목 근원부호는 모두 "P–" 또는 "M" 이어서는 안 된다.

(6) 주장비 자체는 정비복구성부호를 미부여하고 "XC"(설계도면 식별)부여를 검토한다.

(7) 고단가의 수리부속은 가급적 분해(Break-down)을 실시하고 하위품목에 대하여 수리부호를 부여한다.

나) X계열 근원부호 설정

(1) 근원부호를 "XA"(차상위 품목 교환)로 설정하는 대상품목은 고장발생 및 정비소요 발생이 극히 희박한 구조물류와 수리가 불가한 전기전자 배선류, 회로카드 조립체의 기판 본체 등을 대상으로 부여한다.

(가) 구조물류 : 블록, 하우징, 지지대, 덮개, 브라켓 등 금속 구조물

(나) 전기전자 배선류 : 배선 및 단자 수량이 다수이고 교환. 수리 불가한 배선류

(다) 회로카드조립체 : 칩, 배선, 다이오드 등을 장착하기 위한 기판 본체류

(라) 교환소요가 희박한 고가의 하위부품이 "XA"로 설정되어 상부 품목 전체를 교환하는 예산 낭비요인을 방지

(2) 근원부호가 "XA"(차상위 품목 교환)로 설정된 품목의 차상위 품목은 이중으로 "XA" 부호 설정을 금지한다.

(가) 단순품목 고장시 고가의 상위 품목 전체를 교환해야 하는 부호 설정 방지

(3) 근원부호가 "XA"(차상위 품목 교환)로 설정된 구조물류 품목의 상위품목 근원부호중 경제성·운용성 측면을 고려하여 "PA"(보급저장)보다 "PB"(최소량 조달) 또는 "XD"(필요시 조달) 부호 설정이 효율적일 경우 "PA" 이외의 근원부호를 부여한다.

(가) "XA" 설정품목의 차상위 품목이 현장교환품목(LRU : Line Replaceable Unit)이 아닌 구조물류(지지대, 블록, 브라켓 등)일 경우, 차상위 품목 근원부호를 "PA"로 부여시 불필요한 조달저장 소요가 발생되므로 상위품목 근원부호를 "XD" 또는 "PB"로 검토

(나) "XA" 설정품목의 차상위 품목이 주요 기능품인 LRU(엔진, 변속기 등)일 경우, 차상위 품목의 근원부호는 "PA"부여 가능

(4) "XA" 설정 품목의 사용부호(3번째 자리)는 해당 품목의 사용(검사, 접근)인가 제대를 명시하기 위해 부여하며, 필요시 정비업무 부호를 할당한다.

(가) "XA" 설정 품목의 사용부호(3번째 자리)는 해당품목 사용 인가 제대를 명시하기 위해 부여하며, 구조물류 균열, 배선 단선. 단락 여부에 대한 시험. 검사 등 정비업무기능 부호설정이 필요한 경우에는 정비업무부호(Task Code)를 할당

(5) "XA" 설정 품목은 수리 및 복구절차가 불필요하여 「수리 및 복구성 부호」(4~5번째 자리)는 "ZZ"(수리 및 복구 미실시)를 부여한다.

(가) "XA" 부호 부여품목은 근원부호 개념상 보급저장 대상품목이 아니며, 수리 및 복구가 제한되어 상위조립체 교환이 효과적일 경우에 부여된 품목임.

(나) "XA"(차상위 품목 교환) 부호설정 개념과 일치한 「수리 및 복구성 부호」 부여로 기술교범(정비 및 보급) 작성과 정비계단 선정, 정비개념의 논리적 일관성을 유지

(6) 해당품목이 정비 및 교환소요가 발생될 것으로 예상되는 필수품목이나 근원부호가 "XD"로 설정될 경우, 획득시 장기간 소요되고 운용성·경제성 측면에서 비효율적일 경우 P계열의 근원부호를 검토한다.

다) P계열 근원부호 설정

(1) 하부조립체가 모두 P계열 근원부호인 경우에는 상위 조립체의 근원부호를 A계열(조립) 또는 "XD"(필요시 조달)의 근원부호를 부여한다.

☞ 하위품목 고장시 해당품목을 획득하여 수리하는 것보다 상위 조립체 전체를 청구 및 교환하는 정비를 수행함으로써 사용 가능한 다른 품목도 같이 교환하는 문제점을 예방

(2) 고장률이 적고 경량인 소형 구조물의 근원부호가 상·하위 조립체 모두 "XD"(필요시 조달) 또는 "XA"(상위 조립체 교체)로 설정되는 경우는 적기확보 및 정상적인 장비가동률 유지가 제한되므로 운용성, 경제성 측면에서 "PA"(보급저장)의 근원부호를 부여한다.

라) 복구성 부호 설정

고단가의 특수 재질 부품은 하위 정비계단에서 단순교환 및 폐기하는 것보다는 상위 정비계단에서 수리 및 복구 가능성을 우선 검토하여 반영한다.

☞ 고가이면서 재활용 가능한 소재류(특수소재, 신소재 등) 등을 대상으로 수리 및 복구성 부호를 적용 검토

바. 업무부호(TASK CODE)

분석중인 특정품목에 관련된 각각의 정비 및 운용업무를 고유하게 식별하며, 특정요구 조건에 관련된 자료를 종합적으로 표현하기 위해 사용되는 6개의 각 자료요소의 묶음이다. 첫 5자리 [①~⑤]는 업무자체와 관계되는 정보를 제공하며, ⑥번째 자리는 첫 5자리 [①~⑤] 내의 동일한 기입사항을 갖는 업무를 구별하기 위한 업무순서 부호이다.

J ①	G ②	O ③	A ④	D ⑤	AA ⑥
업무기능부호 (정비형태)	정비 주기 부호	정비계단 부호	소요군 부호	운용도 부호	업무일련부호 (2자리 부여)

1) 업무기능 부호

품목의 운용 및 정의에 필요한 정비, 운용 또는 지원기능을 나타내는 부호

W	접근	K	완전분해수리
D	조정	U	포장 및 포장수리
E	정렬	V	보존
F	교정	L	재생
S	분해 및 조립	R	탈거
Z	최종 수락검사	H	탈거 및 교체
N	고장위치 탐지	J	수리
A	검사	C	손질
G	설치	B	시험
P	주유	Y	수송
M	임무유형 변경	T	수송준비
O	운용		

나) 정비 주기 부호

업무발생의 계획, 비계획을 나타내는 부호

부호	내 용	부호	내 용	부호	내 용
A	운용전	G	비계획	N	반년
B	계획	H	운용후	P	매월
C	일일	J	긴급	Q	CALENDAR
D	운용중	K	정규	R	완전분해 수리주기
E	주기적	L	주간		
F	특수	M	분기		

다) 정비계단 부호

요구되는 정비 기능수행이 인가된 정비계단을 나타내는 부호

부 호	내 용	부 호	내 용
C	승무원 및 사용자 정비	H	일반지원 정비
O	부대정비	D	창정비
F	직접지원 정비	L	특수수리부대 정비

라) 소요군 부호

획득에 대한 집행관리 책임 또는 관할권을 갖는 군 혹은 정부관련 기관을 식별하는 부호

부호	내 용	부호	내 용
A	육군	M	해병
F	공군	X	공통
C	해군	O	기타

마) 운용도 부호

정비기능 수행 중 완성품의 운용상태 및 임무준비태세를 나타내는 부호

부호	내 용	부호	내 용
C	모든 임무수행 가능	E	임무수행 불가
D	일부 임무수행 가능	G	장비탈거 후 정비
A	장비 정비중 체계운용 불가	F	회송
B	장비 정비중 체계운용 가능		

바) 업무 일련부호

각각의 업무에 할당된 정비업무 부호(정비기능, 업무주기, 정비계단, 운용도 부호)가 고유하다면 "AA"로 기재한다. 앞의 5자리 기재 내용이 중복된다면 업무를 구별하기 위해 추가 업무 일련부호는 "AA" ~ "99"까지 된다.

사. 품목 분류 부호(ICC : Item Category Code)

품목의 형태를 식별하고 지원 및 시험장비, 예비수리부품 등 분리될 수 있는 범주를 표시하는 부호

1) 현재 국방부 재고가 없는 특수 지원 장비 및 공구

1	특수 자동시험장비	7	특수 지원품목(기타)
8	특수 공구	M	특수 시험장비
D	특수 취급 장비		

2) 현 국방부 재고로 있는 공통 지원장비 및 공구

2	공통 자동시험장비	4	특수 공구
5	공통 시험장비	6	공통 취급 장비
H	공통 지원 장비		

3) 현 국방부 재고로 있는 공통지원장비 및 공구이지만 부대에 할당되지 않은 것

E	프로그램(장착된 소프트웨어)	F	기술교범
G	공통 지원장비	J	양식 또는 기록표
K	정전기 민감제품	L	전자기 민감제품
N	공통 공구	P	공통 시험장비
Q	소포장 품목(BULK ITEM)	R	공통 취급장비
S	현 국방부에 없는 훈련장비	T	현 국방부에 있는 훈련장비
U	시설물	W	완제품
X	예비품(수리 가능한 지원품목)	Z	KIT 및 SET
Y	수리부품(수리 불가능한 소모성 지원품, 구성품, 조립체)	9	KIT 및 SET에 포함된 수리부품, 구성품 또는 조립체
3	공통 자동시험장비		

아. 필수성 부호(EC : Essential Code)

부품의 고장이 완제품의 의도된 수행능력 및 운용에 미치는 영향을 나타낸다.

부호	내 용
1	분석대상 부품의 고장이 완제품을 운용 불가능하게 할 경우
3	분석대상 부품의 고장이 완제품을 운용 불가능하게 하지 않을 경우
5	분석대상 부품의 고장에 부호"1"을 부여할 수는 없으나, 운용자의 안전을 위해 부호 "1"과 동등하게 취급하여야 할 경우
6	분석대상 부품의 고장에 부호"1"을 부여할 수는 없으나, 법률적, 기후적 혹은 완제품의 계획된 운용 환경에 대하여 특수한 다른 요구 조건들에 의해 부호 "1"과 동등하게 취급하여야 할 경우
7	분석대상 부품의 고장에 부호 "1"을 부여할 수는 없으나, 완제품 운용 효과도의 감손 혹은 일시적인 저하를 방지하기 위하여 요구될 경우

자. 비군사화 부호(DC : Demilitarization Code)

품목 폐기 시 비군사화 조치의 필요여부 및 요구되는 비군사화 조치의 형태를 지시하는 부호로, 분석 대상 품목에 대하여 요구되는 비군사화의 정도를 나타낸다.

부호	내 용
A	비군수품 - 비군사화 불필요
B	군수품 - 비군사화 불필요
C	군수품 - 주요부품의 제거 및 파괴
D	군수품 - 용해, 절단, 압착, 폭파(매장,수장)
E	군수품 - 소각, 쇄절(종이류)
G	군수품 - 탄약, 폭발물, 위험물의 비군사화

10) 불출단위 부호

최종 사용자가 청구시 사용되는 수량 측정단위 부호이다.

AY	조립체	DR	드럼	CM	센티미터
BL	배럴	DZ	다스	FT	피트
BT	병	EA	개	IN	인치
BX	상자	GM	그램	MR	미터
CA	탄약통	KG	킬로그램	SI	평방인치
CB	유리병	LB	파운드	SM	평방미터
CL	코일	OZ	온스	SY	평방야드
CN	캔	TN	톤	YD	야드
CS	케이스, 갑	UN	한 개, 낱개		

11) 단가표시 부호

해당품목의 단가를 화폐 단위로 나타내는 부호이다.

AD	호주 달러	HD	홍콩 달러	NG	네덜란드 길더
CD	캐나다 달러	IL	이탈리아 리라	SF	스위스 프랑
DM	독일 마르크	JY	일본 엔	SP	영국 파운드
FF	프랑스 프랑	KW	한국 원	UD	미국 달러

3. 고장정의 및 판단기준(FD 및 SC)

가. 정 의

무기체계의 영향을 미치는 고장을 정의 및 식별하고 판단기준을 설정하는 자료로서 신뢰할 수 있는 램(RAM) 분석 및 군수지원분석(LSA)의 기초자료로 활용된다.

☞ FD 및 SC : Failure Definition & Scoring Critera

표 5-9 고장과 결함

고장(Failure)	시스템이 요구기능을 수행하지 못하게 되거나 요구 성능을 만족하지 못하게 되는 사건(Event)
결함(Fault)	시스템에 고장이 발생하여 요구기능을 수행할 수 없는 상태를 말하며, 시스템 자체 고장의 결과인 경우가 대부분이다.

나. 관련 규격 및 기준

1) RAM - D Failure Criteria M1A1 Tank

2) 미 교범 TAMMS - Aviation

다. 적 용

1) 무기체계의 개발과정에서 RAM 분석과정의 주된 사항은 「고장」을 분석하는 것이다. 이 과정에서 고장은 분석가의 판단에 따라 서로 다르게 분석될 수 있으므로 이를 방지하기 위해 RAM분석 초기단계에서 고장판단에 대한 기준을 설정한다.

2) RAM 분석과 고장유형영향 및 치명도 분석(FMECA)에 고장유형을 제공하고, 정비업무량 판단 및 기술교범 작성의 기초자료로 활용되며, 설계분석 및 RAM 요소 분석평가의 척도로 사용된다.

3) 개발 초기에 식별 가능한 고장의 형태를 도출하고, 개발 진행간 추가적으로 식별되는 결함에 대하여 판단기준에 의거 고장을 정의한다. 고장정의에 의해 신뢰도, 정비도, LSA 등에 대하여 일관성 있는 분석을 실시하고, 기존 및 유사장비의 고장정보를 활용함으로써 효율적으로 고장을 식별하고 해당 무기체계가 의도된 목적대로 유지되도록 군수지원 요구사항을 결정한다.

라. 고장기준

통상 체계에 대하여 개발규격서의 요구기능이 정상작동되지 않을 경우를 고장이라 정의한다. 즉, 개발규격서 요구기능의 관련 부품이 고장났을 때 이중화(중복구조 : Redundancy)된 부품이 없는 경우에는 고장이라 정의한다. 고장정의의 사례를 들면 다음과 같다.

- 이중화(중복구조)가 되어 있지 않은 구성품 중 어느 한 부품이 결함일 경우에는 고장이다.
- 이중화가 되어있는 구성품목은 고장이 났을 때 대기 부품으로 대체되어 시스템을 작성시킬 수 있으므로 '작동지속'으로 간주한다.(즉, 고장이 아님)
- 대기부품으로 전환되었을 경우, 대기부품의 초기화 및 준비시간이 최대 10분 정도까지 요구될 수 있으나, 이때에는 고장이 아닌 것으로 간주한다.

마. 고장정의에 의한 분류

1) 임무고장

하나 또는 그 이상의 필수임무 기능을 수행할 능력을 상실하게 하거나, 사용자나 장비에 치명적이거나 중대한 위험이 발생하게 하는 시스템의 오동작이나 사고를 말한다.

2) 비임무 고장

구성품, 부품 또는 조립체가 작동하지 않거나 망실 및 여분이나 대체할 능력이 없는 결함이지만, 임무 달성을 위해 장비의 필수임무 기능에 영향을 미치지 않는 고장을 말한다.

3) 시험 외 고장

시험전 점검에서 발생된 모든 고장과 설계변경 및 기술변경으로 시험 제작된 부품을 임시로 설치하여 작동할 때에 발생한 고장이나 특수시험 및 성능초과시험 과정에서 발생되는 모든 고장을 말한다.

4) 승무원 수리가능 고장

사용자의 간단한 정비를 통해서 다시 필수임무 기능을 수행할 수 있는 고장, 또는 사용자가 주어진 공구, 예비부품 또는 수리부속품으로 간단히 수리할 수 있는 고장을 말한다. 필수임무기능에 대하여 요망하는 시간 이내에 수리될 수 있는 고장은 임무고장에서 제외한다.

5) 필수 정비활동에 해당하는 고장

임무수행을 위하여 계획정비시까지 수리를 연기할 수 없는 고장으로 임무고장과 계획정비에 포함되지 않는 모든 추가적인 고장이 포함된다.

6) 비계획정비 활동에 해당하는 고장

비시험고장, 계획정비 활동에 해당하는 고장을 제외한 모든 고장을 말하며, 사용자가 수리 가능한 고장의 경우에는 일반적으로 비계획정비 활동에 포함되지 않지만 경우에 따라서는 포함시킬 수 있다.

7) 계획정비 활동에 해당하는 고장

시간이나 장비 사용량으로 규정한 시간 간격으로 수행되는 교체활동을 말하며, 계획수리로 장비 사용량에 상관없이 마모수준에 의한 교체활동도 포함된다.

바. 고장원인에 의한 분류

1) 하드웨어 결함에 의한 고장

하드웨어 설계 특성에 기인하는 고장을 말한다.

2) 소프트웨어에 의한 고장

컴퓨터에 내장된 소프트웨어 및 자체진단기능(BIT: Built-In Test)의 특성에 기인하는 고장을 뜻한다.

3) 승무원의 조작 실수에 의한 고장

승무원의 조작 실수에 의한 고장은 고장에 포함하지 않는다.

4) 정비자의 조작 실수에 의한 고장

정비자의 조작 실수에 의한 고장은 고장에 포함하지 않는다.

5) 규정된 공구 및 시험장비의 미사용으로 인한 고장

규정된 공구 및 시험장비를 사용하지 않음으로 인해 야기된 고장은 고장에 포함하지 않는다.

6) 교범절차 미준수에 의한 고장

교범에 수록된 절차의 미준수로 인해 발생한 고장은 고장에 포함하지 않는다.

7) 2차 결함

1차 고장으로 인해 유발된 2차 고장은 고장에 포함하지 않는다.

8) 우발적인 사고에 의한 고장

1) ~ 7)의 고장원인이 아닌 기타요인에 의한 고장을 포함한다.

사. 고장판단 절차

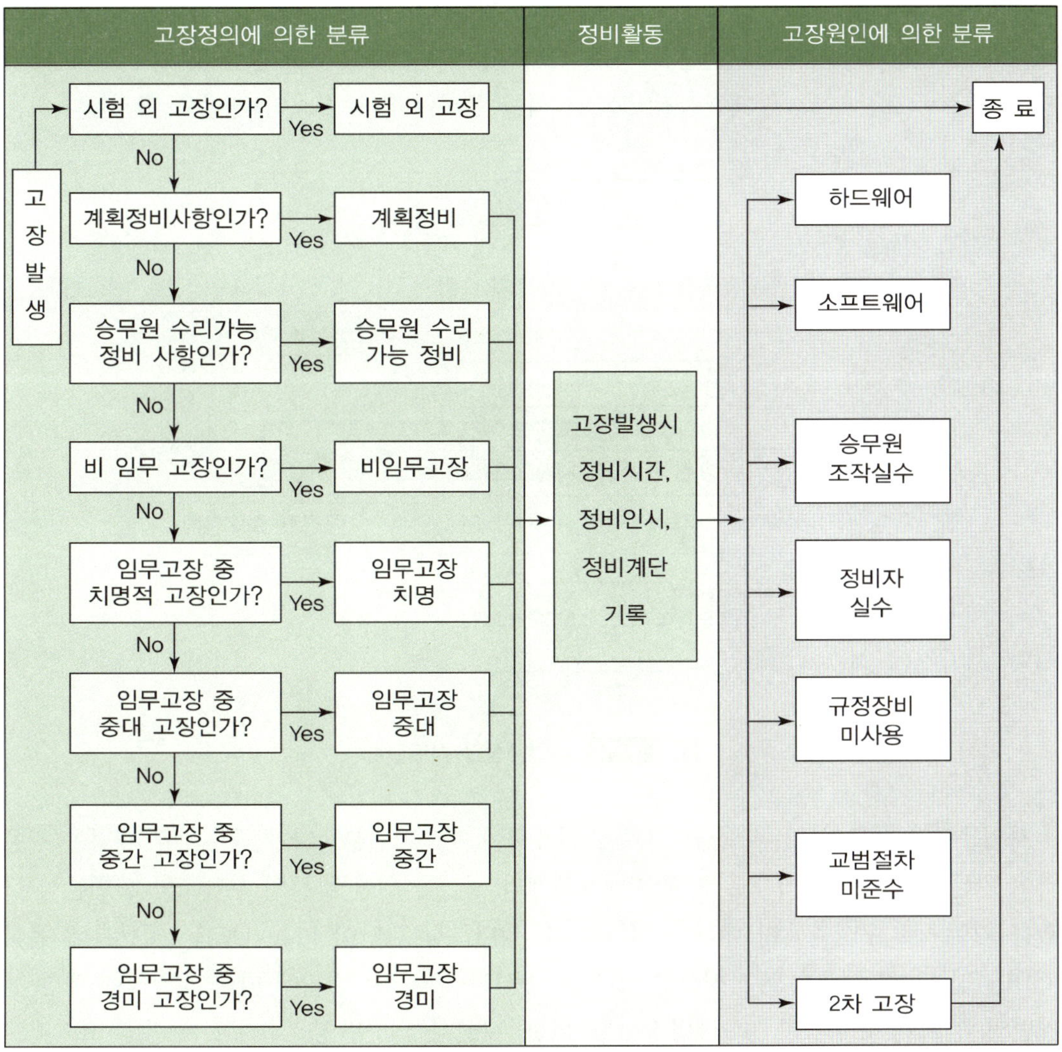

그림 5-9 고장 판단절차

제 4 절 사업 공정간 검토(IPR) 업무

1. 개 요

사업공정간 검토(In Process Review) 업무는 연구개발 무기체계의 종합군수지원 요소 개발과정을 관련 기관이 개발공정간 적절한 시기에 군수지원분석 자료를 검토함으로써 최종 개발품목의 품질을 향상시켜 최적의 ILS요소 개발이 이루어지게 하는데 그 목적이 있다.

개발업체에서는 일정한 양식 및 형태에 따라 자료(IPR Package)를 준비하여 관련기관에 제출하고, 관련기관은 군수지원분석 과정의 적절성, 적합성 그리고 관련 자료의 일치성, 타당성 등을 검토한 후 군수제원점검(LDC)회의를 통하여 ILS 요소의 개발을 확정한다.

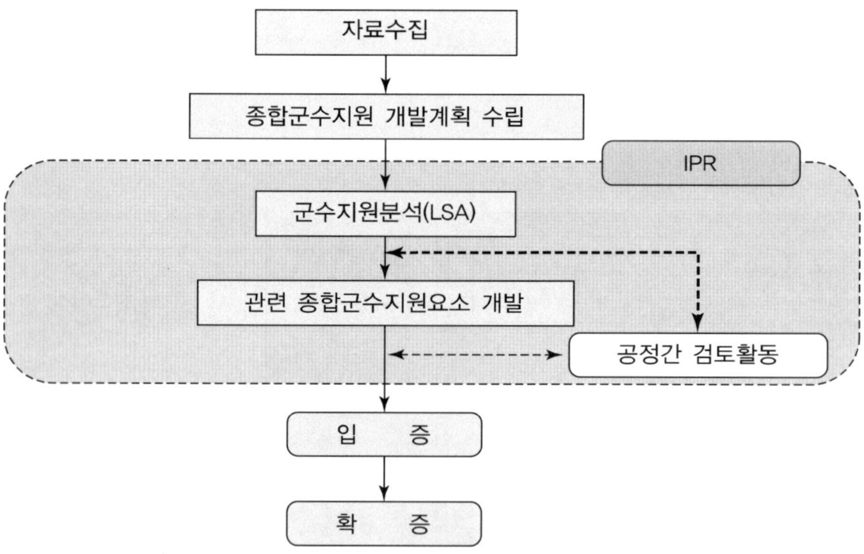

그림 5-10 사업공정간 검토절차

사업공정간 검토업무는 수집된 자료를 이용하여 군수지원분석자가 군수지원 개념을 적용하여 만든 군수지원 분석을 위한 관리번호체계와 생산을 위한 부품의 분해도와 도면분석 결과를 기준으로 구성품목에 대한 조립특성 및 정비특성 판단이 가능하도록 일반분해 목록(GBL) 및 도면분석목록을 작성하고, 신뢰도 중심정비(RCM) 결과에 따라 정비성에 대한 설계반영 검토와 보수정비 및 예방정비를 위한 재설계 의견반영, 그리고 신뢰도 요약자료(RAM MATRIX) 분석과 정비계단 선정 자료를 이용하여 근원정비복구성(SMR)부호 초기할당 등 정비 업무를 분석하며, 산출물(IPR Package)은 다음과 같다.

가. 군수지원분석 요약자료
나. 군수지원분석 관리번호 계통도(LCN Family Tree)
다. 일반분해 목록 (GBL)
라. 고장유형, 영향 및 치명도분석(FMECA)
마. 신뢰도 중심정비(RCM)분석
바. 정비계단 선정자료
사. 정비업무 분석서
아. 신뢰도 요약자료(RAM MATRIX)

2. 군수지원분석 요약자료

가. 개 요

군수지원분석 대상품목의 기능, 형상과 IPR 수행에 필요한 사전 정보요약 자료로 품목의 일반적인 사항을 식별할 수 있다.

나. 적 용

군수지원분석 요약자료는 도면분석 및 RAM 기초분석을 통해 도출된 군수지원분석 결과를 대상으로 분석 대상품목에 대한 전반적인 정비업무를 식별하고 군수제원점검(LDC) 회의시 검토자료의 일부로 활용하며 RAM 분석품목을 대상으로 작성한다.

다. 작성양식

1) 양 식

표 5-9 군수지원분석 요약자료 양식

<table>
<tr><td>①
EIAC</td><td colspan="3"></td><td>②
조립수준</td><td></td><td>③
기능그룹부호</td><td colspan="3"></td></tr>
<tr><td>④
LCN</td><td></td><td>⑤
ALC</td><td></td><td>⑥
참조번호</td><td></td><td>⑦
CAGE</td><td colspan="3"></td></tr>
<tr><td>⑧
품명</td><td colspan="3"></td><td>⑨
SMR 부호</td><td></td><td>⑩
MTBF</td><td></td><td>⑪
단가
부호</td><td></td></tr>
<tr><td colspan="10">⑫ 형상 및 분해도</td></tr>
</table>

표 5-9 계속

⑬ 품목 특성 및 기능		⑭ 정비개념	
⑮ 설계 변경요소		⑯ 유사품목 정비개념	
⑰ 특수공구 및 시험장비		⑱ 형상변경 · OIP 품목	
⑲ 기 타			

2) 작성방법

표 5-10 군수지원분석 관리번호 계통도 작성지침

순번	항 목	세 부 작 성 지 침
1	EIAC	분석대상품목이 속한 무기체계 명칭을 기술한다.(예: XX)
2	조립수준	분석대상품목의 LCN 수준을 기술한다.(예: A, B, C ...)
3	기능그룹부호	분석대상품목의 기능그룹부호(FGC)를 기술한다.
4	LCN	분석대상품목의 군수지원분석 관리번호를 기술한다.
5	ALC	분석대상품목의 대체 부호를 기술한다.
6	참조번호	분석대상품목의 참조번호를 기술한다.
7	CAGE	분석대상품목의 생산자 부호를 기술한다.
8	품명	분석대상품목의 명칭을 기술한다.
9	SMR부호	분석대상품목의 근원, 정비 및 복구성 부호를 기술한다.
10	MTBF	분석대상품목의 고장간 평균시간을 기술한다.
11	단가부호	분석대상품목의 단가기호를 기입한다.
12	형상 · 분해도	분석대상품목을 식별할 수 있는 주요 도해를 입력한다.
13	품목특성 및 기능	분석대상품목에 대한 특성 기능항목으로 입력양식 'B'의 RAM 특성 서술(품목기능) 내용을 기술한다.
14	정비개념	분석대상품목의 정비계단별 정비방법을 기술한다.
15	설계변경요소	분석대상품목의 군수지원성 측면에서 설계 변경사항을 기술한다.
16	유사품목 정비개념	분석대상품목과 유사한 무기체계의 정비경험 및 제원을 기술한다.

표 5-10 계속

순번	항 목	세 부 작 성 지 침
17	특수공구 및 시험장비	분석대상품목의 정비업무 수행시 필요한 특수공구 및 시험 장비를 기술한다.
18	형상변경 · OIP품목	분석대상품목의 형상변경 사항이나 창정비 검사 대상여부를 기술한다.
19	기 타	분석대상품목과 관련된 참고사항, 기타 정보를 기술한다.

3) 출력자료

군수지원분석 요약 자료

EIAC	XK55A1			조립 수준	C	기능그룹부호	00	
LCN	SAAA	ALC	00	참조 번호	A60023321	CAGE	1645F	
품 명	동력장치장착도			SMR 부호	XC	MTBF	1,430.34	단가부호

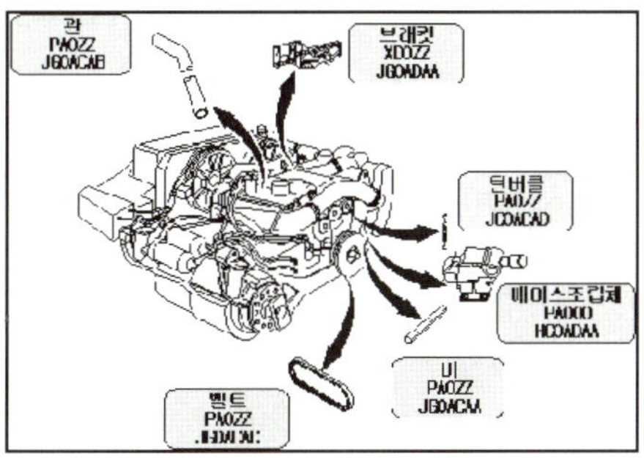

LCN	SAAA	ALC	00	품 명	동력장치장착도
품목 특성 및 기능	연료 장치에서 공급되는 연료를 이용하여 엔진에서 동력을 발생하고, 발생한 동력을 변속기에서 속도에 따라 필요한 회전력으로 바꾸어 전달하는 기능			정비 개념	□ 부대계획정비 : 엔진조립체 분기 점검, 관 반기 주유, 베이스조립체 반기주유 □ 부대비계획정비 : 동력장치 실속시험, 베이스조립체 교환, 바 수리, 관 수리, 벨트 수리, 턴버클 수리, 브래킷 수리 □ 직접지원비계획정비 : 변속기조립체 교환, 엔진조립체 교환, 인서트 수리, 커플링 수리, 진동댐퍼 수리
설계 변경 소요	"해당없음"			유사 품목 정비 개념	□ K77
특수공구 및 시험장비 (ST/TE)	□ 부대 : 렌치(11605662), 육각키이렌치(60307906), 인양슬링(60032109), 케이블 조립체(60307897), 동력장치 받침대(60307907), 스톨체크키트(8351309), 호스 조립체(60032103), 커플링 조립체(7388571), 어댑터(5262058), 리이드,전기용(60307896), 시동기케이블(60307898), 외부시동 시험기 세트(XK55A1-ST-001) □ 직접지원 : 슬링(60307884), 브래킷(8355697), 동력장치 받침대(60307907), 슬링(60032121), 브래킷(10903999), 소켓(60307904)			형상변경/ OIP 품목	
기타	"해당없음"				

그림 5-11 군수지원분석 요약 출력자료

3. 군수지원분석 관리번호 계통도(LCN Family Tree)

가. 정 의

체계, 구성품, 부품간 물리적인 관계를 고려하여 군수지원분석 대상 품목에 부여된 LCN을 기준으로 대상품목 목록체계를 조립수준(Level)에 맞추어 Tree 형태로 구성한 것이다.

나. 관련규격 및 기준

MIL-STD-1388-2B(DoD Requirement For A Logistic Support Analysis Record) : LSAR 데이터의 개발 및 납품에 대한 요구사항을 규정

다. 적 용

1) 군수지원분석 대상품목에 부여된 군수지원분석 관리번호를 기준하여 군수지원분석 관리번호 계통도를 작성한다.

2) 군수지원분석 관리번호 계통도는 군수지원분석기법에 따라 산출된 기능그룹부호(FGC), 근원정비복구성(SMR) 부호 등을 포함시킬 수 있다.

3) 군수지원분석 계통도는 시스템 설계검토(SDR)부터 설계가 구체화 되면서 계속적으로 수정 · 보완 된다.

4) 일반적으로 군수지원분석 관리번호(LCN)의 구조 설정과 할당은 조립순서, 정비절차 등을 고려한다.

라. 작성양식

1) 군수지원분석 관리번호 계통도

가) LCN-FT 범례(MIL-STD-1388 2B, Appendix C 기준)

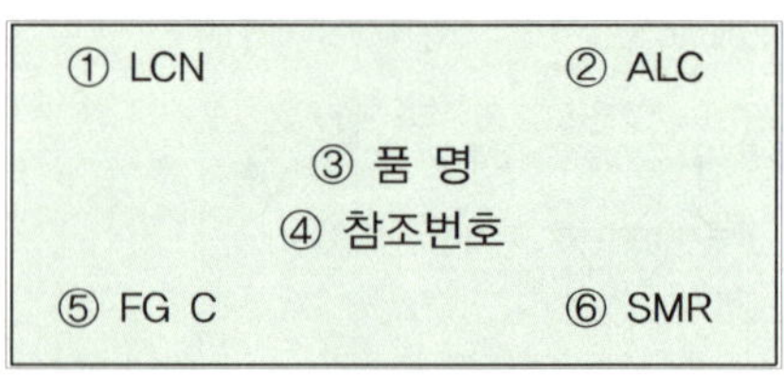

그림 5-12 군수지원분석 관리번호 계통도(LCN Family Tree)구성

2) 작성방법

표 5-11 군수지원분석 관리번호 계통도 작성지침

순번	항 목	세 부 작 성 지 침
①	LCN	분석대상품목의 군수지원분석 관리번호(LCN)를 기록
②	ALC	다른 모델이나 체계조립수준상 동일한 LCN 을 사용하는 유사품목의 경우 대체번호("00~99")를 부여
③	품명	분석대상품목의 명칭을 기록(MIL-STD), 추가적으로 부품번호 등을 기록 사용
④	참조번호	분석대상품목에 대한 참조번호를 기록
⑤	CAGE	정부 및 업체등록 부호 (Commercial & Government Entity Code)
⑥	FGC	분석대상품목의 기능그룹부호를 기록
⑦	SMR부호	분석대상품목의 근원정비복구성(SMR)부호를 기록

☞ 수리 가능한 하위조립체까지 분해하여 작성하며, 군수지원분석 관리번호(LCN) 단품도 목록형태로 추가 작성하여 제출한다.

3) 출력자료

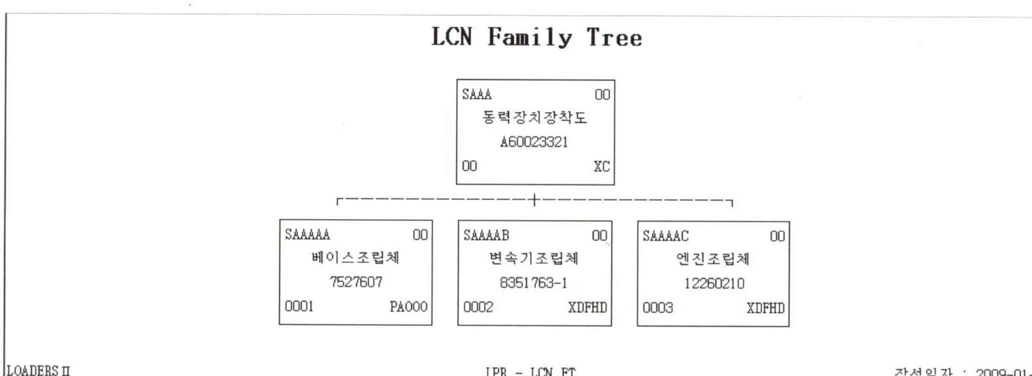

LCN Family Tree

LCN	ALC	품명	부품번호	FGC	SMF
SAAA01	00	조인트조립체	7971266	00	PAOZ
SAAA02	00	여과기	8353655	00	PAOZ
SAAA03	00	엘보 용접물	10909877	00	PAOZ
SAAA04	00	인서트	10910067	00	PAOZ
SAAA05	00	와셔	10910174-3	00	PAOZ
SAAA06	00	와셔	10910174-4	00	PAFZ
SAAA07	00	와셔	10910174-5	00	PAFZ
SAAA08	00	와셔	10910174-7	00	PAFZ
SAAA09	00	브래킷	10921176	00	XDFZ

그림 5-13 군수지원분석 관리번호 계통도 출력자료

마. 군수지원분석 관리번호(LCN) 검토시 착안사항

군수지원분석 관리번호는 군수지원분석 입력양식을 작성하여 군수지원분석 자료 처리체계(LOADERS II)에 입·출력시 분류부호로써, 부여 방법은 군수지원분석 계획서(LSA-P)에 기술되어 있다. 일반적인 착안사항을 아래와 같이 제시하였으며, 검토할 때에는 군수지원분석계획서(LSA-P)의 LCN 부여 방법을 준수하는지 여부를 확인한다.

1) 군수제원점검(LDC) 회의를 통해 각종 군수제원을 확정하고, LDC 회의 이후 수정된 LCN 부여품목에 대하여 타당성을 확인한다.

2) 조립수준별 LCN 부여시 조립체는 영문자로, 단품은 숫자로 부여하는 방법 등(반대의 경우도 가능), 조립체와 단품의 구별이 쉽게 작성 되었는지 확인한다.

3) 체계의 조립수준별로 LCN 부여 여부를 확인한다.

4) LCN에 따른 교범 작성 내용과의 연관성을 확인한다.

4. 일반분해 목록(GBL : General Breakdown List)

가. 정 의

부품목록은 군수지원분석을 위하여 관리번호 체계와 생산을 위한 부품의 분해도와 도면분석 결과를 기준으로 구성품목(HW)에 대한 조립특성 및 정비특성의 판단이 가능하도록 군수지원분석자가 작성하는 것이다.

일반분해목록(GBL)은 도면체계의 분석결과 군수지원분석에 소요되는 실질적인 분석 대상품목을 기준으로 군수지원분석 관련 정보를 기술하며, 도면체계의 일반분해목록(GBL)을 기준으로 군수지원분석에 필요한 분석 대상품목만을 대상으로 작성되기 때문에 일반적인 용접도, 기계 가공도 등은 작성 대상품목에서 제외된다.

나. 역 할

일반분해목록(GBL)은 무기체계의 상·하위 체계 간의 구조를 물리적·기능적으로 분류하고 부품의 세부정보를 식별하는 분석 대상품목의 세부 목록으로서, 생산을 위한 부품의 분해도를 기준으로 HW품목에 대한 군수지원분석, 근원정비복구성(SMR) 부호, 비군사화 부호, 중요도 부호, 생산자 부호, 고장률, 고장간 평균시간(MTBF), 수량 정보 등을 제공한다.

다. 적 용

일반분해목록을 통하여 무기체계의 구성 및 하부 구성품과 기능을 식별 하고, 종합군수지원(ILS) 요소 개발과정을 정비업무의 관련기관(업체)에서 공정 중에 적절한 시기에 검토함으로써 종합군수지원 요소의 최적화와 품질을 향상시키며 적용 절차는 다음과 같다.

1) 일반분해목록을 작성한다.

분석 대상품목의 세부목록으로 생산을 위한 부품의 분해 순서로 구성품목에 대한 군수지원분석 관리번호, 부품번호, 품명, SMR부호, 필수부호(EC), 생산자부호(CAGE), 분석대상품목의 수량 등 부품을 식별 할 수 있는 정보를 제공하며, 군수지원분석(LSA) 입력에 필수적으로 요구되는 사항을 추가할 수 있다.

2) 도면분석을 통하여 군수지원분석 대상품목의 기능, RAM 특성 및 고장 유형을 식별하고 식별된 고장이 체계 운용에 미치는 영향 정도를 판단한다.

가) 군수지원 대상품목 선정

군수지원 대상장비의 구조물에 대한 분해, 조립 특성 및 설계도를 검토하여 정비성, 접근성, 운용성 등을 파악하고, 기술자료(WBS, 도면, 세부부품목록 등)를 토대로 군수지원분석 대상품목을 선정한다.

나) LCN 부여 : 제3절 1항 참조

다) 기능그룹부호(FGC) 부여 : 제3절 1항 참조

라. 작성 양식

1) 양 식

① 순번	② 조립 수준	③ LCN	④ ALC	⑤ 품명	⑥ 참조번 호	⑦ TM FGC	⑧ 수량	⑨ 단위	⑩ SMR	⑪ MTBF	⑫ 단가

그림 5-14 군수지원분석 요약자료 양식

2) 작성방법

표 5-12 일반분해목록 작성방법

순번	항 목	세 부 작 성 지 침
1	순 번	일련번호로서 1부터 연속적인 번호를 부여한다.
2	조립수준	해당품목의 LCN 수준을 기록한다.(예: 1, 2, 3‥‥)
3	LCN	해당품목의 군수지원분석 관리번호(LCN)를 기록한다.
4	ALC	해당품목의 대체부호를 기록한다.
5	품명	해당품목의 명칭을 기록한다.
6	참조번호	해당품목의 참조번호를 기록한다.
7	TM FGC	해당품목의 기능그룹부호(FGC)를 기록한다.
8	수량	상위품목에 대한 해당품목의 수량을 기록한다.
9	단위	해당품목의 수량에 대한 단위를 기록한다.
10	SMR	해당품목의 근원정비복구성 부호를 기록한다.
11	MTBF	소요 대상품목(수리가능품목)에 대하여 고장간 평균시간을 기록한다.
12	단 가	해당품목의 예상단가를 영문부호로 기록한다. ☞ 품목의 실 단가 확인 가능시는 실 단가를 우선기록

구분	범 위	
단가 범위	A : 10만원 이하 B : 10−50만원 이하 C : 50−100만원 D : 100−500만원	E : 500−1000만원 F : 1000−5000만원 G : 5000−1억원 H : 1억원 이상

마. 국방 획득규정의 품명 정의

완제품 (End Item)	수리부속품(Repair Parts)		
	구성품 (Component)	결합체 (Assembly)	부분품 (Parts)
전차	엔진, 변속기	시동기, 발전기	볼트, 너트

바. 조립수준별 품명 정의(MIL-HDBK-505)

표 5-13 조립수준(Level)별 품명

Level	영문명	한글명	정 의
-	Equipment	장 비	MIL-SPEC에는 규정되어 있지 않지만, 무기체계보다 규모 면에서 작으며 운용, 유지하기 위해 필요한 것
1	System	시스템 (체계)	장비의 최상위 단계로서 부시스템으로 구성되며, 완전한 운용 임무를 수행
2	Sub-System	부시스템 (부체계)	조립체, 장치, 그룹, 세트 등의 결합체로서 무기체계에서 하나의 독립된 기능을 수행하는 것
3	Set	세 트	독립적으로 운용 기능을 수행할 수 있는 그룹이나 장치의 결합체
4	Group	그 룹	독립적으로 운용될 수 없지만 장비 운용에 한 가지 역할을 수행할 능력을 가지고 있는 결합체나 장치들이 조합된 것
5	Unit	장 치	부품, 하부결합체로 구성되는 것
6	Assembly	결합체	하부결합체와 부품이 결합된 것으로, 독립된 기능을 수행하는 것
7	Sub-Assembly	하부 결합체	정비 가능한 최하위 단계로서, 두 가지 이상의 부품이 결합되어 있고 분해가 가능한 것
8	Part	부분품	장비를 구성하는 가장 낮은 단계로서, 분해할 수 없는 단품

사. 분해조립도(GBL) 검토시 착안사항

1) LCN이 도면에 근거하여 부여되었는지 검토
2) 부품 수량과 도면상 수량을 비교하여 기록의 정확성을 확인
   : 수량 오류 발생시 신뢰도(고장률, MTBF 등) 및 고장횟수 등에 영향
3) 필수부호(EC)의 적절성을 확인
4) 근원정비복구성(SMR) 부호 부여에 대한 적절성을 검토
5) 방위력개선 관리규정에 의한 부품 명칭 부여기준 준수 여부를 확인

아. 출력자료

분해 조립도 (LSA-GBL)

순번	조립 수준	LCN	ALC	품명	참조번호	TM FGC	수량	단위	SMR	MTBF	단가
1	3	SAAA	00	동력장치장착도	A60023321	00		EA	XC	1,430.34	
2	4	SAAAAA	00	베이스조립체	7527607	0001	1	EA	PAOOO	981,953.12	B
3	4	SAAAAB	00	변속기조립체	8351763-1	0002	1	EA	XDFHD	4,837.21	
4	4	SAAAAC	00	엔진조립체	12260210	0003	1	EA	XDFHD	2,076.01	
5	4	SAAA01	00	조인트조립체	7971266	00	1	EA	PAOZZ	197,199,763.36	B
6	4	SAAA02	00	여과기	8353655	00	1	EA	PAOZZ	1,070,640.89	A
7	4	SAAA03	00	엘보 용접물	10909877	00	1	EA	PAOZZ	394,477,317.55	A
8	4	SAAA04	00	인서트	10910067	00	3	EA	PAOZZ	13,131,459.04	A
9	4	SAAA05	00	와셔	10910174-3	00	2	EA	PAOZZ	25,188,916.88	A
10	4	SAAA06	00	와셔	10910174-4	00	14	EA	PAFZZ	3,598,403.75	A
11	4	SAAA07	00	와셔	10910174-5	00	6	EA	PAFZZ	8,396,235.13	A
12	4	SAAA08	00	와셔	10910174-7	00	6	EA	PAFZZ	8,396,235.13	A
13	4	SAAA09	00	브래킷	10921176	00	1	EA	XDFZZ	17,125,926.94	A
14	4	SAAA10	00	판	10921177	00	1	EA	PBFZZ	42,213,685.68	C
15	4	SAAA11	00	장치대용접물	10913288	00	1	EA	PAOZZ	19,834,579.61	A
16	4	SAAA12	00	인서트	10914550	00	4	EA	PAFZZ	9,848,529.61	A

그림 5-15 분해조립도(GBL) 출력자료

5. 고장유형영향 및 치명도분석(FMECA)

가. 정 의

무기체계 설계상의 불합리성을 찾아내어 분석하고, 그 결과를 설계에 환류(feedback)시켜 치명적인 고장으로 인한 임무 실패와 인명 및 비용 손실을 최소하기 위한 분석기법이다. 무기체계에 발생할 수 있는 고장의 유형을 정의하고 영향을 식별하며 장비 및 사용자에 미치는 치명적 결과를 정량화하여 분석하는 활동으로 치명적인 고장의 발생 가능성을 조기에 식별하여 설계에 반영함으로써, 설계단계에서 잠재적으로 고장 가능성을 사전제거 또는 최소화하는데 사용한다.

장비설계자는 관심을 가지고 FMECA결과를 검토하고 가장 취약요소가 무엇인지를 판단하여 취약요소를 보완할 수 있는 방향으로 설계업무를 진행하여야 하며, FMECA가 설계에

그림 5-16 고장유형영향 및 치명도 분석 절차

반영되지 못할 경우 하나의 분석업무만 늘어나고 시간만 낭비하는 결과를 초래할 수 있으므로 ILS관리자들은 이러한 분석 요소들이 설계에 반영되고 개선되고 있는지를 주의 깊게 관찰해야 한다.

나. 역 할

고장유형영향 및 치명도 분석(FMECA)은 치명적인 고장의 발생 가능성을 조기에 식별하여 설계에 반영함으로써, 설계단계에서 고장 가능성을 사전에 제거하거나 최소화하는데 사용된다.

다. 고장유형영향 및 치명도 분석(FMECA) 양식

① EIAC		② LCN		③ ALC		④ Type		⑤ MTBF		⑥ 측정 단위	
⑦ 품명											

⑧ FMI	⑨ 고장유형	⑩ 고장원인	⑪ 고장 및 손상 유형			⑫ 고장탐지방법	⑬ 고장운용자조치	⑭ 임무단계	⑮ 위험도부호	⑯ 고장영향확률	⑰ 고장유형비	⑱ 고장률	⑲ 운용시간	⑳ 고장유형별치명도	㉑ 품목치명도
			부품	차상위	완제품										

그림 5-17 고장유형영향 및 치명도 분석 작성양식

라. 작성방법

표 5-14 고장유형영향 및 치명도 분석(FMECA) 작성방법

순번	항 목	세부 작성지침
1	완제품 약어부호 (EIAC)	분석대상품목의 완제품 약어 부호를 기록한다. "예"K-9, K1A1 등
4	Type	분석대상품목의 LCN 형태가 물리적(P)인지 기능적(F)인지를 기술한다.

표 5-14 계속

6	측정 단위		연간 운용소요(AOR) 측정단위를 기술한다.
7	품명		분석대상품목의 지정품명을 기술한다.
8	FMI (고장유형 식별부호)		분석대상품목의 고장유형 식별부호를 기록하며, 이 부호의 첫번째 자리는 이 부호가 고장유형(F)인지, 손상유형(D)인지를 나타낸다. 나머지 세 자리는 영문자-숫자의 형태이다. 고장유형 식별부호는 특정 고장 또는 손상유형에 대한 입력 테이블 내의 정보를 상호 연결하는 역할을 한다.
9	고장 유형		고장이 일어나는 형태로 분석되는 조립수준의 모든 예측 가능한 고장유형이 식별·기술되어야 한다. 잠재적 고장유형은 기능·개념도 상에서 식별되는 품목의 반응과 기능적 검사에 의해 결정된다. 모듈이 시스템에서 하나의 품목으로 분류될 때 모듈을 가능한 고장유형으로 식별한다.
10	고장 원인		각 고장유형에 대한 모든 가능한 독립 원인을 식별·기술하며 인접한 조립수준의 고장원인을 고려한다.
11	고장 및 손상 영향	부품	분석대상품목의 고장유형별 운용, 기능, 상태에 대한 각 고장 및 손상 영향의 결과들을 식별 기술한다. 즉, 고장유형이 발생하게 된 분석대상 품목에 대해 어떠한 고장영향이 있는 가를 기술한다.
		차상위	분석대상품목 차상위 품목의 운용, 기능, 상태에 대한 각 고장 및 손상 영향의 결과들을 식별, 기술한다. 즉, 고장유형에 대한 분석대상품목의 차상위 품목에 대해 어떠한 고장영향이 미치는 가를 기술한다.
		완제품	체계의 운용, 기능, 상태에 대한 각 고장·손상유형의 결과들을 식별 기술한다. 즉, 고장유형에 대한 체계의 영향 또는 임무단계·운용유형에 대한 고장영향을 기술한다.
12	고장탐지 방법		사용자 또는 정비 기술자에 의해 고장유형(⑨번 항목)의 발생이 탐지, 인지 할 수 있는 수단 또는 방법을 기술한다.
13	고장운용자 조치		고장을 완화(해소)시킬 수 있는 정비행위 사항을 상세히 기술한다.
14	임무 단계		분석대상품목이 어떤 임무를 수행중일 때 고장을 일으키는가의 예상되는 임무를 기입한다. (예) 기동 : 1, 화력 : 2, 통신 : 3, 생존 : 4

표 5-14 계속

<table>
<tr><td>15</td><td>위험도 부호</td><td>고장 발생으로 인해 나타날 수 있는 가장 치명적인 결과와 관련된 위험도 부호를 기록하며 분석자 판단에 따라 선정한다.
• 범주 1 : 재난(인명 및 완제품 손실을 유발하는 고장)
• 범주 2 : 치명(고장발생시 중상을 일으키거나 임무수행을 못하게하는 능력손실을 야기하는 손상 또는 주요 체계의 파손을 유발하는 고장)
• 범주 3 : 보통(고장발생시 경상, 가용도 또는 임무수행 능력의 저하를 일으키는 경미한 체계 파손을 유발하는 고장)
• 범주 4 : 경미(인명손상, 자산 손실, 체계의 파손을 야기하지는 않지만 고장발생시 예기치 않는 정비나 손실이 요구되는 고장)</td></tr>
<tr><td>16</td><td>고장영향 확률(β)</td><td>고장유형이 발생했을 때 이 고장의 영향으로 인하여 할당된 위험도 부호에 해당하는 결과를 일으킬 조건부 확률을 분석자 판단에 따라 선정 기술한다.
<table>
<tr><th>고 장 영 향</th><th>고장영향 확률값(β)</th></tr>
<tr><td>실제손실(Actual Loss)</td><td>1.00</td></tr>
<tr><td>손실예상(Probable Loss)</td><td>0.10 ~ 1.00</td></tr>
<tr><td>손실가능(Possible Loss)</td><td>0.00 ~ 0.10</td></tr>
<tr><td>무영향(No Effect)</td><td>0</td></tr>
</table></td></tr>
<tr><td>17</td><td>고장 유형비(α)</td><td>분석대상품목의 모든 고장유형([9]번 항목) 중에서 특정 고장유형이 발생할 비율을 기록한다. 각 품목에 대한 고장 유형비의 총합 즉, 분석대상품목의 고장비는 "$\Sigma\,\alpha \leq 1.00$"이 되어야 한다.</td></tr>
<tr><td>18</td><td>고장률(λ)</td><td>분석대상품목이 특정 기간동안 발생한(할) 고장횟수를 운용수명으로 나눈 값에 백만 시간을 곱한 값을 기술하며, 고장률을 기술한다.</td></tr>
<tr><td>19</td><td>운용시간</td><td>체계의 연간 운용소요를 기입한다.</td></tr>
<tr><td>20</td><td>고장 유형별 치명도 (Cm)</td><td>분석대상품목의 각 고장유형에 대한 치명도 값을 기술한다.
$\mathrm{Cm} = \beta \times \alpha \times \lambda \times t$
• β : 고장영향확률(⑮번 항목)   • α : 고장유형비(⑯번 항목)
• λ : 고장률(⑰번 항목)   • t : 운용시간(⑱번 항목)</td></tr>
<tr><td>21</td><td>품목 치명도 (Cr)</td><td>분석대상품목의 고장유형 중 동일 임무단계 및 위험도 부호(1, 2, 3, 4) 별로의 조합을 가진 모든 고장유형의 고장유형별 치명도값([20]번 항목)의 합을 기술한다.
• Cr = Σ (Cm)n : 유형의 고장 유형별 치명도 값의 합 기술
• Cr : 분석대상품목의 치명도 값
• Cm : 고장유형별 치명도 값
• n : 특정임무단계/위험도 부호에 해당하는 품목의 첫 번째 고장유형
• l : 특정임무단계/위험도 부호에 해당하는 품목의 마지막고장 유형</td></tr>
</table>

마. 검토시 착안사항

1) 분석된 고장유형이 부품의 기능과 관련되었는지 검토한다.
2) 해당부품, 상위조립체, 체계 및 인원에 미치는 영향이 적절하게 분류되었는지 검토한다.
3) 해당 부품의 고장원인은 근본원인이 밝혀졌는지, 제조·조립변동을 유발할 수 있는 설계 결함이 고려되었는지, 또한 고장원인들은 부품특성과 관련하여 기술되었는지 확인한다.
4) 해당부품의 설계도면 상에서 고장유형 및 원인을 확인할 수 있도록 작성되었는지 확인한다.
5) 고장등급은 고장유형에 가장 심각하게 미치는 영향을 기초로 부여했는지 확인한다.

바. 출력자료

고장유형영향 및 치명도 분석(FMECA) - 통합형

EIAC	XK55A1	LCN	SAAA	ALC	00	Type	P	고장율	699.13	측정단위	0
품 명	동력장치장착도										

FMI	고장유형	고장원인	고장 및 손상 영향			고장탐지 방법	고장 운용자 조치	임무 단계	위험도 부호	고장 영향 확률	고장 유형비	고장율	운용 시간	고장 유형별 치명도	품목 치명도
			부품(Local)	차상위	완제품										
FAAA	베이스조립체의 손상	외부 충격	동력장치 고정 기능 저하	차체 기동 임무 저하	XK-55A1 기동 임무 저하	육안탐지	교환(부대)	A	3	0.60	0.001	699.13	938.00	393.4704	8,656.34
FAAB	변속기조립체의 손상	외부, 전기적 충격 및 진동, 이물질	동력전달 기능 불가	차체 기동 임무 불가	XK-55A1 기동 임무 불가	작동 점검	교환(직접지원)	A	2	0.20	0.252	699.13	938.00	33,051.5106	110,171.70
FAAC	엔진조립체의 손상	전기적 충격 및 진동	동력 발생 기능 불가	차체 기동 임무 불가	XK-55A1 기동 임무 불가	조종수계기/조종판 표시창에 고장코드	교환(직접지원)	A	2	0.20	0.588	699.13	938.00	77,120.1913	
FAAD	인서트의 손상	외부 충격	동력장치 기능 영향 없음	차체 기동 임무 영향 없음	XK-55A1 기동 임무 영향 없음	육안탐지	수리(직접지원)	A	4	1.00	0.001	699.13	938.00	655.7839	3,934.70
FAAE	브래킷의 손상	외부 충격	동력장치 고정 기능 저하	차체 기동 임무 저하	XK-55A1 기동 임무 저하	육안탐지	수리(부대)	A	3	0.60	0.001	699.13	938.00	393.4704	8,656.34

그림 5-18 고장유형 및 영향 분석 출력자료

6. 신뢰도 중심정비(RCM) 분석

가. 정 의

신뢰도 중심정비(RCM, Reliability-Centered Maintenance)분석은 정비 대상품목의 고장유형, 영향 및 치명도 분석(FMEA)의 결과와 과거의 운용 경험자료를 기초로 고장예방을 위한 예방정비 업무의 필요성과 적합성을 논리적으로 결정하는 방법이며, 선정된 예방정비

업무의 최적 소요를 분석하는 과정이다.

☞ FMECA를 통하여 비계획정비업무가 도출됨에 반해 RCM분석은 예방정비 대상품목과 주기를 설정한다.

나. 역 할

신뢰도 중심정비(RCM)는 현재 미국의 국방성 모든 무기체계 및 장비에 대한 정비계획 분석과 예방정비 계획수립에 필수적으로 적용하도록 규정되어 있으며, 이에 따라 미국의 각 군은 무기체계별로 알맞은 논리와 절차를 개발하여 체계 및 장비의 수명주기 전 기간에 적용하고 있다.

신뢰도 중심정비 업무분석을 통해 예방정비 대상 업무, 유형, 주기를 식별하여 기술교범 작성의 기초자료를 제공하고, 정비계단과 정비업무 설정자료를 제공한다.

다. 적 용

신뢰도 중심정비(RCM)는 최소의 비용으로 해당 무기체계 및 장비에서 최초 설계된 고유 신뢰도와 안전성을 폐기할 때까지 유지하기 위하여 필수적인 정비업무 형태와 양(量)을 결정함으로써 다음과 같은 효과가 있다.

1) 예방정비에 대한 설계 우선순위와 방향 결정
2) 무기체계의 신뢰도와 안전성 보장
3) 성능이 저하되었을 때 최초 수준의 신뢰도와 안전성으로 복구
4) 고유신뢰도가 부적절한 품목에 대한 설계변경 필요성 제시
5) 1)항~4)항까지 업무를 최소비용으로 실현

라. 작성양식

신뢰도 중심정비분석 업무는 국과연 기술보고서 SYMD-815-88132의 RCM 논리(FSI : Functional Significant Item, 중요기능품목)를 적용하여 고장예방을 위한 예방정비업무의 필요성과 적합성을 논리적 결정방법과 해석절차를 통하여 분석하며 신뢰도 중심정비분석 작성양식은 다음과 같다.

① EIAC		② LCN		③ ALC		④ Type		⑤ MTBF		⑥ 측정단위	
⑦ 품명											

⑧ FMI	⑨ 품목 선정 부호	⑩ RCM 논리도					⑪ 적용 업무	⑫ 업무 내용	⑬ 검사 주기	⑭ 예방정비대상 LCN	⑮ 업무 부호
		1	2	....	18	19					

그림 5-19 신뢰도 중심 분석

마. 작성방법

표 5-15 신뢰도 중심정비(RCM) 작성방법

순번	항 목	세 부 작 성 지 침
1	EIAC	분석대상품목의 완제품 약어 부호를 기술한다.
2	LCN	분석대상품목의 군수지원분석 관리번호를 기술한다.
3	ALC	분석대상품목의 대체 부호를 기술한다.
4	Type	분석대상품목의 LCN 형태가 물리적(P)인지 기능적(F)인지를 기술한다.
5	MTBF	분석대상품목의 고장간 평균시간을 기술한다.
6	측정단위	연간운용소요(AOR) 측정단위를 기술한다.
7	품명	분석대상품목의 지정품명을 기술한다.
8	고장유형 식별부호 (FMI)	이 부호의 첫 번째 자리는 이 부호가 고장유형(F)인지, 손상유형(D)인지를 나타낸다. 나머지 세 자리는 영문자-숫자의 형태이다. 고장유형 식별부호는 특정 고장 또는 손상유형에 대한 입력 테이블 내의 정보를 상호 연결하는 역할을 한다.
9	품목 선정부호	분석대상품목이 구조적 중요품목(SSI), 비중요품목(NSI) 및 기능적 중요품목(FSI) 여부를 기록한다. 본 항목은 고장유형에 대한 RCM 분석대상품목 선정시 해당 논리도에 의거 기록하며 기능적 중요품목(FSI)에 대해서만 RCM 논리도를 적용한다.
10	신뢰도 중심정비 질문사항	RCM 논리 흐름도의 질문에 따라 결정사항을 기록한다. 각 해당되는 질문과 관련하여 「Y」 또는 「N」으로 표기하고 해당 없는 질문 항목에는 공백으로 한다.

표 5-15 계속

순번	항 목	세 부 작 성 지 침
11	적용업무	RCM 분석결과 적용될 계획 정비업무를 기술한다. • 주유업무(Lubrication Task) • 근무업무(Servicing Task) • OC 업무(On-Condition Task) • HT 업무(Hard Time Task) • FF 업무(Failure Finding Task) 기능고장이 이미 일어났으나 승무원이 확인불가하여 숨은 고장을 찾기 위해 계획된 검사 업무이다. • 업무조합(Combination of Task)
12	업무내용	계획정비 업무 내용을 기록한다. (예: 검사, 주유, 조정 등)
13	검사주기	신뢰도중심정비 질문사항 결과의 검사주기를 기록한다.
14	예방정비 대상 LCN	계획정비 업무수행 대상품목에 대한 LCN을 기록한다.
15	업무부호	신뢰도중심정비 질문결과의 정비업무부호를 기록한다.

바. RCM 수행절차

1) RCM 결정논리 흐름도는 25개의 단계별 질문형식으로 구성되어 있고 각 질문마다 "예", "아니오"의 대답으로 논리 흐름도의 경로를 결정한다.

2) RCM 결정논리 흐름도는 위 논리 흐름도에 따라 수행한다.

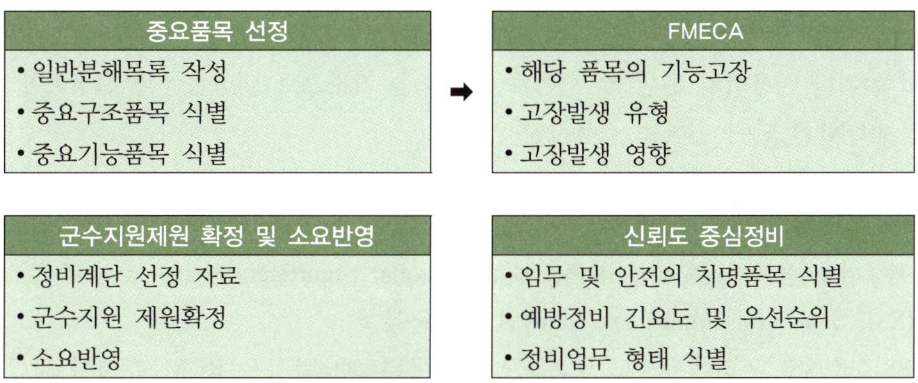

그림 5-20 RCM 수행절차

3) RCM 결정논리 흐름도에서 처음 3가지 RCM 질문은 고장결과를 결정하고, 그 고장결과는 다음 4가지 유형으로 구분한다.

- 안전영향
- 경제 및 운용영향
- 안전과 관계없는 영향
- 안전과 관계있는 영향

4) 고장결과에 따라 제시된 정비업무는 고장유형을 파악하기 위해 고장유형의 적용성 및 영향성에 대해 평가한다.

5) RCM 결정논리는 가장 적합한 경우에 해당하는 경로를 명쾌하게 제공하는 것이다.

6) 고장결과의 형태는 예방정비 업무를 수행하기 위한 긴급함과 고장유형의 영향성을 결정하기 위한 치명도의 정도를 식별하는 것이다.

가) 주유 및 손질업무 : 소모성과 윤활유 보충 업무

나) OC업무(On-Condition Task) : 잠재된 고장을 탐지하는 주기적인 검사행위, 교정(주기 점검 업무)

다) HT업무(Hard Time Task) : 식별 가능한 마모수명을 갖는 품목에 대한 HT 한계 부여(재작업 및 폐기 업무)

라) OC와 HT업무의 조합 : 재설계 대안을 사용하기 이전에 예방정비 업무의 모든 수단을 평가

마) FF업무(Failure Finding Task) : 숨겨진 기능 고장에 대한 주기적인 검사업무(고장탐지 업무)

사. RCM 논리의 사용방법

1) RCM 적용품목 선정

RCM 논리를 사용하기 위한 첫 단계로 기능도를 기준으로 대상품목을 선정해야 하는데 통상 장치(UNIT) 단위 이하는 적용하지 않는다.

2) RCM 논리 적용

가) 해당되는 품목이 주요기능품목(FSI, Functional Significant Item) 인지 주요구조품목(SSI, Structural Significant Item)인지를 구분

나) FSI 및 SSI 논리에서 비중요품목으로 분류된 해당품목은 RCM 분석이 불필요하며 차상위 품목까지만 분석

다) FSI와 SSI로 구분된 후 각각의 논리에 따라 해당업무를 식별하며, 비교적 단순한 무기체계 및 장비의 경우는 RCM 논리표 Ⅱ를 적용

라) 각 논리에서 OC업무(On–Condition Task)는 은폐된 고장을 탐지하기 위한 활동이 필요한 경우이며, CM(Condition Monitoring Task)은 무기체계의 운용 초기 시점마다 점검 활동과 통상 자체 내장된 지시기로 알 수 있는 고장탐지 활동이 요구되는 경우이다.

마) HT업무(Hard Time Task)는 계획정비가 요구되는 경우로 계획된 교체 업무도 포함된다.

아. 검토시 착안사항

1) 개발기관의 RCM 업무수행 능력을 판단한다.

가) 분석업무에 의한 논리적 접근성 및 타당성 여부 확인

나) 기존 유사장비의 예방정비 업무자료 반영실태 확인

2) 정비업무 부호(Task Code) 선정 및 LSA 입력자료에 분석결과 반영여부를 확인한다.

3) 유사장비의 예방정비업무를 식별하고 활용여부를 확인한다.

4) 정비지원계획 작성 및 LSA와 연계성 여부를 확인한다.

5) 군수지원분석 계획서(LSA–P)에 기록된 RCM 결정논리를 적용하여 순서도가 기록되었는지, 오기가 없는지를 확인한다.

6) 예방정비에 대한 주기설정의 타당성과 정비업무에 맞는 검사주기 및 정비업무부호(Task Code)가 설정되었는지를 확인한다.

7) 유사 부품(좌 · 우 동일부품)은 동일하게 분석되었는지 확인한다.

8) 신뢰도중심정비 분석결과 식별된 예방정비 사항의 정비교범 포함여부를 확인한다.

자. 출력자료

신뢰도 중심 정비 (RCM)

EIAC	XK55A1	LCN	SAAA	ALC	00	Type	P	MTBF	1,430.34	측정단위	O
품 명	동력장치장착도										

FMI	품목 선정 부호	RCM 논리도																									적용 업무	업무 내용	검사 주기	예방 정비 대상 LCN	업무 부호
		1	2	3	4	5	6	7	8	9	10	11	12	13	14	15	16	17	18	19	20	21	22	23	24	25					
FAAB	FSI	N		N								Y															주유	베이스 조립체 반기 주유	6(T)	SAAAAA	PNOADAA
FAAC	FSI	Y	Y		N	Y																					OC	엔진조립체 분기 점검	3(T)	SAAAAC	AMOAEAA
FAAG	FSI	N		N								Y															주유	관 반기 주유	6(T)	SAAA	PNOACAA

그림 5-21 RCM 출력자료

7. 정비계단 선정자료

가. 정 의

고장유형영향 및 치명도 분석(FMECA)을 통해 식별된 고장유형에 대한 위험도 분류와 상대적 치명도 값으로 고 위험도 품목으로 식별된 비계획 정비 업무와 신뢰도 중심정비(RCM) 분석을 통해 식별된 계획정비 업무에 대한 정비인시, 보급품(수리부속, 소모성 물자 등), 시험장비 및 공구 등을 식별한다.

또한 식별된 정비소요에 대해 해당 정비계단의 정비수행 타당성을 검토하기 위하여 정비계단 선정자료를 작성한다.

나. 역 할

군수지원분석의 주요 기능으로 정비업무가 식별된 후 군수지원개념을 고려하여 최소의 비용으로 「어느 정비계단에서 정비할 것인가?」를 판단하고, 수리할 때 「어느 계단에서 수리할 것인가?」를 판단하는 과정으로 SMR 부호에 대한 논리적 분석절차를 제공한다.

다. 적 용

1) 획득단계별 정비계단 선정을 위한 수리수준 분석 업무

구 분	수 리 수 준 분 석 업 무
선행 및 개념연구	• 설계 및 지원성 반영. 공학적 분석 및 평가 • 과거 경험제원에 대한 전문가 의견 • 정비개념 설정. 신뢰성·정비성 요소 식별
탐색개발	• 정비정책 확인. 비용 대 효과분석
체계개발	• 경제성 등 외적 요소의 평가를 통한 정비개념 및 정책 도출
양산 및 배치	• SMR 부호, 정비할당표(MAC), 기술교범 확정 및 개발 • 창정비 계단 및 수리수준 분석 실시
야전 운용	• 적용 중인 정비정책 평가 및 수정 및 보완

2) 수리수준 분석 절차

각 품목에 대하여 최적의 성능상태를 유지하고, 최소 비용으로 군수지원을 하기 위한 근원정비복구성(SMR) 부호는 소요군, 국과연 및 업체가 협의하고 사업공정간검토(IPR) 자료의 검토를 통하여 군수제원점검(LDC) 회의에서 선정한다.

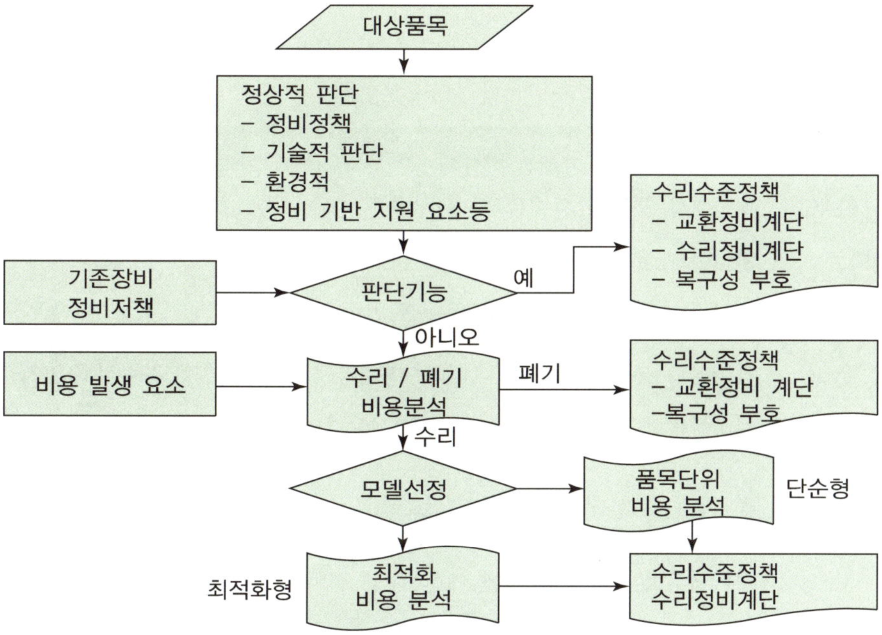

그림 5-22 수리수준 분석절차

라. 정비계단 선정자료 양식

정비계단 선정자료는 식별된 정비업무에 대하여 적합성을 판단하기 위한 자료로 활용하며, 정비업무별 관련 수리부속품, 인원, 일반 및 특수공구, 시설, 시험 장비를 식별함으로써, 관련 정비업무에 대한 정확한 정비계단 선정 여부를 파악하고 정비계단 선정의 문제점을 도출한다.

EIAC		LCN		ALC		Type		① 품명			
② 업무부호		③ 업무식별		업무빈도		SMR 부호		④ 소요인원		⑤ 교육소요	

⑥ 품번	LCN	ALC	⑦ 품 명	SMR 부호	⑧ 업무당 수량	단 위	⑨ 필수 교환품목	⑩ 일반공구	
								품 명	정비계단

⑪ 특수공구		⑫ 시험장비		⑬ 시 설		⑭ 예비 및 차후 절차	
품 명	정비계단	품 명	정비계단	명 칭	정비계단	예비/차후 절차	정비계단

그림 5-23 정비계단 선정 자료

마. 작성방법

표 5-16 정비계단 선정자료 작성방법

순번	항 목	세 부 작 성 지 침
1	EIAC	분석대상 품목의 완제품 약어 부호를 기술
2	LCN	정비업무 분석대상 품목의 업무 LCN을 기술
3	ALC	정비업무 분석대상 품목의 대체 부호를 기술
4	Type	정비업무 분석대상 품목의 LCN 형태가 물리적(P)인지 기능적(F)인지를 기술
5	품명	정비업무 분석대상 품목 업무 LCN의 품명을 기술
6	업무 부호	정비업무 분석대상 품목에 대한 해당 정비업무 부호를 기술
7	업무명	정비업무 분석대상 품목에 대한 해당 정비업무 부호에 대한 정비내용을 기술
8	업무 빈도	업무의 연간 업무 수행빈도를 기술하며, 연간운용소요에 대하여 고장유형별 MTBF를 나눈값을 표기
9	SMR	정비업무 분석대상 품목의 SMR 부호를 기술
10	소요 인원	정비업무 분석대상 품목의 정비업무를 수행하는데 예상되는 소요인원을 기록
11	교육 소요	정비업무 분석대상 품목에 할당된 업무를 수행함에 있어서 정기적인 교육 및 훈련 소요가 있는지 여부를 Y"또는 N"으로 표기
12	품번	세부품목의 부품번호(부품목록, 부품번호)를 기술
13	LCN	세부품목의 LCN을 기술
14	ALC	세부품목의 대체 부호를 기술
15	품명	세부품목의 한글 품명(부품목록, 한글 품명)을 기술
16	SMR 부호	세부품목의 SMR 부호를 기록하며, 이 란에 기록된 SMR 부호는 정비업무 분석대상의 SMR 부호와 비교되어 정비계단 선정의 기초 자료가 된다.
17	업무당 수량	정비업무 분석대상 품목의 정비업무를 수행하는데 필요한 품목 수량를 기술
18	단위	정비업무를 수행하는데 필요한 품목수량에 대한 단위를 기술

표 5-16 계속

순번	항 목	세 부 작 성 지 침
19	필수교환 품목	정비업무를 수행할 때 필수적으로 교환이 필요한 품목 여부를 Y 또는 N으로 표기
20	일반공구	• 품명 : 품목의 정비업무를 수행하는데 필요한 일반공구를 기술 • 정비계단 : 품목의 일반공구가 보급되어 있는 정비계단을 기술
21	특수공구	• 품명 : 품목의 정비업무를 수행하는데 필요한 특수공구를 기술 • 정비계단 : 품목의 특수공구가 보급되어 있는 정비계단을 기술
22	시험장비	• 품명 : 품목의 정비업무를 수행하는데 필요한 시험장비를 기술 • 정비계단 : 품목의 시험장비가 보급되어 있는 정비계단을 기술
23	시설	• 품명 : 품목의 정비업무를 수행하는데 필요한 시설을 기술 • 정비계단 : 품목의 시설이 있는 정비계단을 기술
24	예비절차	• 예비절차 : 품목의 정비업무를 위한 예비작업 절차를 기술 • 정비계단 : 예비절차를 수행하는 정비계단을 기술

바. 검토시 착안사항

1) 선행조치의 일환으로 해당 부품의 정비업무가 정확히 식별 되었는지, 기초자료는 정확하게 점검하였는지를 확인한다.

2) 정비업무 수행을 위한 적정인원이 편성되었는지 검토한다.

3) 정비대상 부품, 해당조립품 및 장치의 정비기술 난이도와 정비인원 숙련도 등이 고려된 교육소요 기준표가 작성되었는지 확인한다.

4) 정비업무시 반드시 교환해야 하는 품목 및 수량의 선정기준이 작성되었는지 확인한다.

5) 정비업무시 필요한 공구가 세부적으로 기록되었는지, 기존 활용공구의 정비계단이 적절히 고려되었는지 검토한다.

6) 정비업무시 필요한 시험장비는 세부적으로 기록되었는지, 해당 시험장비의 정비계단은 적절히 고려되었는지 검토한다.

7) 해당 정비업무를 수행하기 위한 예비절차 선정기준은 작성되었는지, 설계도면 및 모형을 통한 예비절차의 필요성은 충분히 고려되었는지 검토한다.

8) 소요공구들의 목록을 통하여 정비용 공구세트가 구성되었는지, 소요인원 및 교육소요를 고려한 교육계획은 수립되었는지 확인한다.

사. 출력자료

정비계단 선정자료

EIAC	XK55A1	LCN	SAAA	ALC	00	Type	P	품 명	동력장치장착도
업무부호	JGFACAC	업무명	진동댐퍼의 수리	업무빈도	0.00052	SMR 부호	XC	소요인원	4	교육소요	N

품 번	LCN	ALC	품 명	SMR 부호	업무당 수량	단위	필수교환 품목	일반 공구	
								품 명	정비계단
1	SAAA49	00	진동댐퍼	PAFZZ	1.00	EA		XK-55A1 TS-2	F
2	SAAA50	00	나사, 자체잠금식	PAFZZ	0.06	EA			
3	SAAA51	00	와셔, 스프링형, 잠금용	PAFZZ	6.00	EA	Y		

특수 공구		시험 장비		시 설		예비 절차	
품 명	정비계단	품 명	정비계단	품 명	정비계단	예비 절차	정비계단
60307904	F					(1) 동력장치를 제거한다.	F
						(2) 엔진 및 변속기를 분리한다.	F

그림 5-24 정비계단 선정 출력자료

8. 신뢰도 요약 자료(RAM Matrix)

가. 정 의

램 매트릭스(RAM Matrix)는 분석 대상품목의 고장유형별 고장간 평균시간(MTBF)자료, 정비업무, 가용도 값(Ai, Ao, A) 등을 요약하여 만든 양식을 말한다.

나. 역 할

신뢰도 요약자료는 고장유형에 대하여 보수정비업무를 도출하고, 이에 대한 업무보고, 업무내용 소요시간 및 분석대상품목의 신뢰도 값을 표시하며, 군수지원분석의 기초자료가 된다.

다. 적 용

램 매트릭스는 공정간검토 자료의 하나로써, 사업공정간검토(IPR) 업무는 연구개발 무기체계의 종합군수지원 요소의 최적화 개발을 위하여, 개발자의 종합군수지원 요소 개발과정을 관련기관이 적절한 시기에 검토하여 최종 개발품목의 품질을 향상시키는데 그 목적이 있다. 개발업체에서는 일정한 양식 및 형태에 따른 자료를 준비하여 관련기관에 제출하며, 관련 기관은 군수지원분석 과정의 적절성, 적합성, 그리고 관련 자료의 일치성, 타당성 등을 검토한 후, 이를 군수제원점검회의를 통하여 종합군수지원 요소 개발과정에 적용시킨다.

신뢰도 요약자료(RAM Matrix) 양식과 설명은 다음과 같다.

<table>
<tr><td>EIAC</td><td></td><td>①
LCN</td><td></td><td>ALC</td><td></td><td>Type</td><td></td><td>④ 품 명</td><td></td></tr>
<tr><td>②
고장률</td><td colspan="5"></td><td>③
RAM
식별부호</td><td></td><td>⑤
보정계수</td><td></td></tr>
</table>

<table>
<tr><td rowspan="3">⑥
F M I</td><td rowspan="3">⑦
고장
유형</td><td colspan="8">비 계획(고장)정비</td></tr>
<tr><td rowspan="2">⑧
고장
유형비</td><td rowspan="2">⑨
고장
유형별
MTBF</td><td colspan="6">비 계획(고장) 정비업무</td></tr>
<tr><td>⑩
LCN</td><td>⑪
ALC</td><td>⑫
AOR</td><td>⑬
업무식별</td><td>⑭
업무빈도</td><td>⑮
소요시간</td></tr>
<tr><td></td><td></td><td></td><td></td><td></td><td></td><td></td><td></td><td></td><td></td></tr>
</table>

<table>
<tr><td rowspan="3">F M I</td><td rowspan="3">고장
유형</td><td colspan="9">계획(예방) 정비업무</td></tr>
<tr><td rowspan="2">LCN</td><td rowspan="2">ALC</td><td rowspan="2">업무
부호</td><td rowspan="2">업무
식별</td><td colspan="2">⑯ 업무주기</td><td rowspan="2">업무
빈도</td><td rowspan="2">소요 시간</td></tr>
<tr><td>정비
간격</td><td>측정
단위</td></tr>
<tr><td></td><td></td><td></td><td></td><td></td><td></td><td></td><td></td><td></td><td></td><td></td></tr>
</table>

<table>
<tr><td colspan="6">RAM Parameter</td></tr>
<tr><td>MTBF</td><td></td><td>MTTR</td><td></td><td>⑰ MTBPM</td><td></td></tr>
</table>

그림 5-25 신뢰도 요약자료(RAM Matrix) 양식

라. 검토시 착안사항

1) 선행조치로서 고장유형, 영향 및 치명도 분석은 정확히 실시되었는지, 신뢰도중심정비 분석은 정확히 실시되었는지 등을 확인한다.

2) 작성항목은 빠짐없이 기록되었는지 확인한다.

3) 연간운용소요는 작전운용형태 및 임무유형(OMS/MP)를 고려하여 적절히 산출되었는지 검토한다.

4) 보정계수는 해당 조립체 및 장치의 임무유형을 고려하여 적절히 산출되었는지 검토한다.

5) 해당 정비업무에 합당한 업무부호가 할당되었는지 검토한다.

6) 해당 정비업무에 필요한 소요시간은 적절히 산정되었는지를 확인한다.

마. 출력자료

RAM Matrix

EIAC	XK55A1	LCN	SAAA	ALC	00	Type	P	품 명	동력장치장착도
고장율(10^6)	699.13			RAM 식별부호	P			보정계수	1.000

비 계획 (고장) 정비									
FMI	고장유형	고 장 유형비	비 계획 (고장) 정비 업무						
			LCN	ALC	AOR	업무부호	업무명	업무빈도	소요시간
FAAA	베이스조립체의 손상	0.001	SAAAAA	00	938.0	HGOADAA	베이스조립체의 교환	0.00080	1.600
FAAB	변속기조립체의 손상	0.252	SAAAAB	00	938.0	HGFAEAA	변속기조립체의 교환	0.16550	5.667
FAAC	엔진조립체의 손상	0.588	SAAAAC	00	938.0	BGOAEAA	동력장치 실속시험	0.38570	1.000
			SAAAAC	00	938.0	HGFAEAA	엔진조립체의 교환	0.38570	5.667
FAAD	인서트의 손상	0.001	SAAA	00	938.0	JGFACAA	인서트의 수리	0.00010	1.733
FAAE	브래킷의 손상	0.001	SAAA	00	938.0	JGOADAA	브래킷의 수리	0.00001	2.175
FAAF	바의 손상	0.004	SAAA	00	938.0	JGOACAA	바의 수리	0.00260	0.467
FAAG	커플링의 손상	0.002	SAAA	00	938.0	JGFACAB	커플링의 수리	0.00142	4.542
FAAH	관의 손상	0.001	SAAA	00	938.0	JGOACAB	관의 수리	0.00027	0.550
FAAJ	진동댐퍼의 손상	0.001	SAAA	00	938.0	JGFACAC	진동댐퍼의 수리	0.00052	4.533
FAAK	벨트의 손상	0.016	SAAA	00	938.0	JGOACAC	벨트의 수리	0.01056	1.613
FAAL	턴버클의 손상	0.001	SAAA	00	938.0	JGOACAD	턴버클의 수리	0.00004	0.150

계획 (예방) 정비									
FMI	고장유형	계획 (예방) 정비 업무							
		LCN	ALC	업무부호	업무명	업무주기		업무빈도	소요시간
						정비간격	측정단위		
FAAB	변속기조립체의 손상	SAAAAA	00	PNOADAA	베이스 조립체 반기 주유	6	T	2.00000	0.783
FAAC	엔진조립체의 손상	SAAAAC	00	AMOAEAA	엔진조립체 분기 점검	3	T	4.00000	3.000
FAAG	커플링의 손상	SAAA	00	PNOACAA	관 반기 주유	6	T	2.00000	3.000

그림 5-26 신뢰도 요약자료(RAM Matrix) 출력자료

9. 정비업무 분석서

가. 정 의

주장비를 운영, 유지하기 위해 예방정비 및 고장정비 등의 정비 업무를 누가, 언제, 어디서, 어떻게 수행할 것인가에 대한 분석업무자료로서 정비계단 설정 및 정비지원 책임, 정밀·고가·복합장비 등 장비의 특수성, 임무수행을 위한 무기체계의 긴요성, 무기체계 운용과 장비의 특수성 및 기준 군수환경 등을 고려하여 작성한다.

나. 관련규격 및 기준

1) MIL-STD-1388-1A Subtask 303. 2. 7 Repair Level Analysis
2) MIL-STD-1390C Level of Repair Analysis

다. 적 용

1) FMECA 및 RCM을 통해 선정된 정비대상품목에 대한 실질적 분석
2) 정비업무와 관련된 예비절차, 수리부속품, 필수교환품목, 소요인원, 지원 및 시험장비

의 가용성을 고려하여 제시된 정비계단에서 임무수행 가능한지 판단

3) 실질적인 정비업무수행을 위한 정비절차와 행위 등을 세부적으로 분석

라. 작성양식 및 지침

1) 양 식

<table>
<tr><td>EIAC</td><td></td><td>L CN</td><td></td><td>ALC</td><td></td><td>Type</td><td></td><td>품 명</td><td></td></tr>
<tr><td>① Task Code</td><td colspan="2"></td><td>② 업무식별</td><td colspan="4"></td><td>③ FGC/ WUC</td><td></td></tr>
<tr><td>④ 평균 소요 시간</td><td></td><td>⑤ 평균 인시</td><td></td><td>⑥ 연간 운용 소요</td><td></td><td>⑦ 측정 단위</td><td></td><td>⑧ 업무 빈도</td><td></td></tr>
</table>

<table>
<tr><td colspan="10">⑨ 세부 품목</td></tr>
<tr><td>LCN</td><td>ALC</td><td>품명</td><td>참조번호</td><td>CAGE</td><td>업무당 수량</td><td>단위</td><td>ICC</td><td>SMR 부호</td><td>필수 교환 품목</td></tr>
<tr><td></td><td></td><td></td><td></td><td></td><td></td><td></td><td></td><td></td><td></td></tr>
</table>

<table>
<tr><td colspan="6">⑩ 시험장비 및 공구</td></tr>
<tr><td>참조 번호</td><td>CAGE</td><td>품 명</td><td>업무당 수량</td><td>단위</td><td>ICC</td></tr>
<tr><td></td><td></td><td></td><td></td><td></td><td></td></tr>
</table>

그림 5-27 정비업무 분석서 양식

2) 작성방법

표 5-17 정비업무 분석서 작성방법

순번	항 목	세 부 작 성 지 침
1	EIAC	분석대상 품목의 완제품 약어 부호를 기술한다.
2	LCN	정비업무 분석대상 품목의 업무 LCN을 기술한다.
3	ALC	정비업무 분석대상 품목의 대체 부호를 기술한다.
4	Type	정비업무 분석대상 품목의 LCN 형태가 물리적(P)인지 기능적(F)인지를 기술한다.

표 5-17 계속

순번	항 목	세 부 작 성 지 침
5	품명	정비업무 분석대상 품목 업무 LCN의 품명을 기술한다.
6	Task Code	정비업무 분석대상 품목에 대한 해당 정비업무 부호를 기술한다.
7	업무명	정비업무 분석대상 품목에 대한 해당 정비업무 부호에 대한 정비내용을 기술한다.
8	FGC • WUC	정비업무 분석대상 품목의 기능그룹 부호 또는 작업단위 부호를 기술한다.
9	평균소요 시간	정비업무 수행에 대한 평균소요시간(단위 : 시간)을 기술한다.
10	평균인시	정비업무 수행에 대한 평균인시(단위 : 시간)를 기술한다.
11	연간운용 소요	분석대상 체계에 적용되는 연간 운용소요를 기록한다.
12	측정단위	연간운용소요(AOR) 측정단위를 기술한다.
13	업무빈도	해당 업무의 연간 업무빈도를 기록한다.
14	세부업무 부호	정비업무 분석대상 품목에 할당된 정비업를 소그룹으로 분류하고 순서화하는데 사용되는 번호로 001~999까지 할당한다. 문장순서 부호와 구분하기 위해 100 단위로 기술한다.
15	순서	세부업무 내용에 대한 절차의 문장을 순서화 할 때 부여하며, 10 단위로 구분하여 순차적으로 기술한다.
16	요소	업무수행 절차상 해당 과정이 세부 업무수행에 필요한 최소 단위로 나누어질 수 있는 행동인 업무요소인지 여부를 나타내는 한자리 부호인 요소식별 부호를 기술한다. • F : 주 • N : 주의 • D : 경고 • R : 예비절차 • S : 차후정비 • E : 업무요소
17	정비절차	정비업무 분석대상 품목에 할당된 업무내용 즉, 특정 운용 및 정비의 세부 업무수행을 위한 필요한 모든 내용을 기술한다.
18	요원 ID	업무 수행에 요구되는 각 인원을 식별하는 3자리 부호(A~999)인 요원 식별 부호를 기술한다. • AAA • AAB • AAC • AAD
19	주특기	각각의 세부 업무부호에 대하여 기술하며, 세부업무를 수행하는데 필요한 인원의 주특기를 기술한다.
20	평균인분	각각의 세부 업무부호에 대하여 기술하며, 세부업무를 수행하는데 필요한 평균인분을 기록한다. 정비자가 2명 이상일 경우에는 평균 소요시간보다 소요시간이 많아야 한다.

표 5-17 계속

순번	항 목	세 부 작 성 지 침
21	평균소요시간(분)	각각의 세부업무부호에 대하여 기술하며, 세부 업무수행에 필요한 평균시간을 분 단위 정수로 기록한다.
22	LCN	세부품목의 LCN을 기술한다.
23	ALC	세부품목의 대체 부호를 기술한다.
24	품명	세부품목의 한글 품명(부품목록, 한글 품명)을 기술한다.
25	참조번호	세부품목의 참조번호(부품목록, 부품번호)를 기술한다.
26	CAGE	세부품목의 생산자 부호를 기술한다.
27	업무당 수량	정비업무 분석대상 품목의 정비업무를 수행하는데 필요한 품목 수량를 기술한다.
28	단위	정비업무를 수행하는데 필요한 품목단위를 기술한다.
29	ICC	세부품목의 품목분류 부호를 기술한다.
30	SMR 부호	세부품목의 SMR 부호를 기록하며, 이 란에 기록된 SMR 부호는 정비업무 분석대상의 SMR 부호와 비교되어 정비계단 선정의 기초 자료가 된다.
31	필수교환품목	세부품목이 필수교한 품목인 경우 “Y”를 기술한다.
32	참조번호	[6]번 정비업무를 수행하는데 필요한 시험장비 및 공구의 참조번호를 기술한다.
33	CAGE	[6]번 정비업무를 수행하는데 필요한 시험장비 및 공구의 생산자부호를 기술한다.
34	품명	[6]번 정비업무를 수행하는데 필요한 시험장비 및 공구의 품명을 기술한다.
35	업무당 수량	[6]번 정비업무를 수행하는데 필요한 시험장비 및 공구의 수량을 기술한다.
36	단위	[6]번 정비업무를 수행하는데 필요한 시험장비 및 공구의 수량 단위를 기술한다.
37	ICC	[6]번 정비업무를 수행하는데 필요한 시험장비 및 공구의 품목분류 부호를 기술한다.

마. 검토간 착안사항

1) 해당부품의 정비업무가 정확히 식별되었는지, 기초자료는 정확하게 점검하였는지를 확인한다.

2) 정비업무를 수행하기 위한 적절한 인원이 고려되었는지 검토한다.

3) 해당 정비업무를 수행하기 위한 절차가 누락됨이 없이 작성되었는지 확인한다.

4) 정비업무시 필요한 시험장비 및 공구가 세부적으로 기록되었는지 확인한다.

바. 출력자료

정비업무분석

EIAC	XK55A1	LCN	SAAA	ALC	00	Type	P	품 명	동력장치장착도
Task Code	JGFACAC	업무명	진동댐퍼의 수리					FGC/WUC	0(
평균소요시간	4.533(P)	평균인시	17.033(P)	연간운용소요	938	측정단위	O	업무빈도	0.0005:

세부업무부호	순서	요소	정비 절차	요원ID	주특기	평균인분	평균 소요 시간(분)
100			예비절차				125.00
	10	R	(1) 동력장치를 제거한다.	AAA	2351	125.000	
	20	R	(2) 엔진 및 변속기를 분리한다.	AAB	2351	125.000	
				AAC	2351	125.000	
				AAD	2351	125.000	
200			제거				11.00
	10	E	(1) 소켓을 사용하여 볼트를 약 3㎜ 느슨하게 한다.	AAA	2351	11.000	
	20	E	(2) 크랭크축 회전방지를 위하여 끼움쇠를 설치한다.				
	30	E	(3) 콘을 제거하기 위해서 망치로 볼트를 친다.				
	40	F	주 : 댐퍼의 손상 유무를 확인한다. 손상시 교환한다.				
	50	E	(4) 소켓를 사용하여 볼트, 스페이서, 허브조립체 및 댐퍼를 엔진으로부터 제거한다.				
	60	E	(5) 소켓렌치(5/8″)를 사용하여 6개의 볼트 및 잠금와셔를 제거한다.				
	70	E	(6) 허브조립체 및 댐퍼를 분리한다.				
	80	E	(7) 댐퍼, 허브조립체 및 스페이서의 손상 유무를 검사한다.				
	90	E	(8) 댐퍼의 오일누출 및 흔들어서 소리가 나는지를 검사한다.				
600			설치				11.00
	10	E	(1) 토크렌치(5/8″)를 사용하여 6개의 볼트 및 새로운 잠금와셔를 허브조립체에 댐퍼를 8.3 ~ 9.7 Kg·m(60 ~ 70FT-LBS)의 우력으로 설치한다.	AAA	2351	11.000	
	20	F	주 : 댐퍼를 망치로 쳐서는 안 된다.				

세부 품목

LCN	ALC	품명	참조 번호	CAGE	업무당 수량	단위	ICC	SMR부호	필수교환 품목
SAAA49	00	진동댐퍼	12361442	19207	1.00	EA	Y	PAFZZ	
SAAA50	00	나사, 자체잠금식	MS90727-84	96906	0.06	EA	Y	PAFZZ	
SAAA51	00	와셔, 잠금식	MS35338-47	96906	6.00	EA	Y	PAFZZ	Y

시험장비 및 공구

참조 번호	CAGE	품명	업무당 수량	단위	ICC
50307904	1645F	소켓, 소켓 렌치용	1.00	EA	8
XK-55A1 TS-2	1645F	XK-55A1 야전정비 일반공구세트	1.00	EA	V

그림 5-28 정비업무 분석서 출력자료

10. 정비 할당표

가. 정 의

정비근무(검사, 수리, 재생, 교환)에 대한 제대별 사용공구 및 장비 정비시간(소요 인시)을 장비별로 작성하고 기술교범의 부록으로 수록되는 문서이다.

나. 역 할

정비할당표는 식별된 완제품 또는 구성품에 대해 정비기능을 수행하는데 필요한 전반적인 권한 및 책임을 규정하며, 완제품 또는 구성품에 대한 정비기능의 적용은 규정된 정비계단의 능력과 일치한다.

다. 적 용

정비할당표는 군수지원분석의 결과를 종합하여 기술교범의 부록으로 형태로 포함되어 발간되며, 군수지원분석 자료의 검토 후 확정된 자료를 통해 정비소요를 판단하는데 적용된다.

라. 작성양식

그룹 번호 ①	구성품/조립체 ②	정비 기능 ③	정비계단 및 인시 ④					정비용 장비/공구 ⑤	비고 ⑥
			1	2	3	4	5		
01	00세트	검사	0.2						1
		시험			1.0				4
0101	00결합체	수리						1.2.4	3
		검사	0.2						1
		교환		0.2				9,11,14	3
0102	00 조립체	검사	0.2						
		시험		0.5					
		수리			0.2			3,5,7	3

그림 5-29 정비할당표 양식

마. 작성방법

표 5-18 정비할당표 작성방법

순번	항 목	세 부 작 성 지 침
1	그룹번호	그룹번호는 정비를 요하는 구성품, 조립체, 결합체 및 부품을 차상급 조립체와 연결시키는 목적이 있으며, 완제품의 그룹번호는 2자리 숫자이어야 한다. 그룹번호는 수리부속품 목록과 정비기능 부여의 기준이 되며 구성품 및 결합체 명칭과 상호 연관을 갖는다.
2	구성품 및 조립체	정비하도록 인가된 구성품, 조립체, 결합체, 부품의 명칭을 기록한다.

표 5-18 계속

순번	항 목	세 부 작 성 지 침	
3	정비기능	정비대상 품목에 대하여 수행하는 정비기능을 기록한다.	
		검사	품목의 물리적, 기계적 또는 전기적 특성을 조사(시각, 청각, 촉각 등)하여 정해진 기준과 비교하여 사용가능 여부를 결정하는 것.
		시험	품목의 기계적·공기압적·유압적 또는 전기적 특성을 규정된 기준과 비교하여 품목의 사용 가능성을 확인하는 것.
		근무	장비 및 장치를 적절한 상태로 유지하기 위하여 정기적으로 필요한 작업, 즉 손질, 보존, 배유, 배출, 도색 또는 연료, 윤활유, 유압액, 압축공기 등의 보충에 필요한 작업
		조정	정확한 위치에 놓거나 또는 작용 특성을 규정된 매개변수에 놓아서 일정한 한계 내에서 유지토록 하는 것
		정렬	최적의 또는 요구하는 성능을 발휘하도록 어떤 품목의 특정 가변요소를 조정하는 것
		교환	사용 불가능한 품목을 제거하고 그 자리에 사용 가능한 대용품 을 설치하는 것. 교환은 정비할당표에 의해 인가되며, 근원정비복구성 부호의 셋째자리 부호로 나타낸다.
		수리	결함 및 고장발견, 제거 및 설치, 분해 및 결합을 포함하는 정비근무와 고장을 식별하여 부분품, 소결합체, 모듈, 완제품 또는 장치 내의 손상, 결함, 기능장애나 고장을 교정함으로써 그 품목을 사용 가능한 상태로 복구시키는 정비조치를 적용하는 것
		분해검사	어떤 품목을 관련되는 기술발간물 정비 기준에 의거 사용 가능상태로 하는데 필요한 정비작업(근무 및 정비조치). 분해검사는 보통 소요군에 의해 수행하는 최고의 정비의 유형이다. 분해검사를 실시할 경우 보통 신품 상태로는 복구되지 않는다.
		재생	사용 불가능한 장비 및 조립체를 해체하여 그 구성품의 상태를 파악하고 마모되었거나 사용 불가능한 부분을 수리 및 교환하여 다시 결합함으로써 장비 및 조립체의 형태, 성능 및 사용수명을 신품 또는 신품에 가까운 수준으로 복구시키는 행위로 소요군에서 최고 등급의 물자 정비 형태를 의미한다.
4	정비계단 및 작업인시	기록된 정비기능을 수행할 수 있는 최저 정비계단과 정비기능 수행에 필요한 실질적인 시간값이다. 열거된 정비기능 내에서 임무의 수 또는 작업의 복잡성이 정비계단에 따라 달라질 경우에는 각 계단에 해당되는 작업인시를 동시에 표시한다. 정비할당은 정비기능 수행에 이용 가능한 시간, 정비용 장비 및 공구, 기술 수준을 고려하여 수행 가능한 최하 정비부대에 부여한다. 시간(인시)에는 어떤 품목(구성품, 조립체, 결합체, 부분품)을 전형적인 야전 작업조건에서 사용 가능한 상태로 회복시키는데 필요한 평균시간으로, 이 시간에는 준비시간, 고장배제 및 결함발견 시간, 품질보증 시간 등이 포함된다.	

표 5-18 계속

순번	항 목	세 부 작 성 지 침
5	정비용 장비 및 공구	할당된 정비기능을 수행하기 위해 필요한 일반공구 세트(낱개 공구 제외) 및 특수공구. 시험, 측정 및 진단장비, 지원장비를 부호로 기술되며, 부호는 「정비용 장비 공구일람표」상의 일련번호를 의미한다.
6	비 고	기록된 정비기능을 수행하는데 도움이 되는 보충지침 및 참고교범을 부호로 기술한다.

11. 군수지원분석 출력 보고서

가. 입력 양식(11개 항목)

표 5-19 입력양식 작성항목

양식명	제 목	작 성 내 용
X	상호기능 소요	• 기능적 및 물리적 상호 LCN 연계 • 완제품 정보, LCN 정보, 사용성부호 • CAGE, 기술교범 정보, 임무단계 설정, 업무 비고 등 ☞ 분석대상별 프로젝트 생성을 지원
A	운용 및 정비소요	• 무기체계 운용소요, 정비소요, 신뢰도 소요, 지원소요
B	폼목의 RAM 특성, FMECA 및 정비도분석	• RAM 특성 • 군수지원 고려사항 • RAM 데이터 • 고장유형 선정 • FMEA • FMECA • RCM • MTBF
K	IPR 자료	• 도면분석 • 정비계단 선정자료 • 군수지원분석 요약자료
C	업무 목록화, 업무분석, 인원 및 지원소요	• 정비업무 분석 • 정비절차 및 소요자원 • 정비절차 ☞ 정비업무에 대한 절차, 소요인원 및 지원소요 (수리부속, 지원장비 및 공구) 관련자료 식별
E	지원장비 및 훈련장비소요	• 지원장비 및 공구관련 정보식별

표 5-19 계속

양식명	제 목	작 성 내 용	
U	시험중 품목소요 및 설정	• 시험중 품목 • 어댑터 연결장비	• 운용시험 프로그램 • 시험중 품목 및 지원장비
F	시 설	• 분석 대상 무기체계 완제품과 관련된 신규 및 개조 시설식별	
G	주 특 기	• 소요 주특기 분석	• 교보재 소요
H	포장 및 보급소요	• 품목식별 • 포장제원	• 품목단가 • 보급제원
J	수송	• 수송대상 장비 및 품목에 대한 수송소요 식별	

나. 군수지원분석 출력보고서 (28개 항목)

표 5-20 군수지원분석 출력보고서 활용분야

보고서 번호	보고서 내용	활 용 분 야
LSA-001 (주특기 및 정비계단별 인시 요약)	• 정비계단 및 주특기별 연간 정비인시 요약 • 각 정비업무별 소요인시 기록	• 체계장비의 인력소요 예측 • 주특기별 인원, 인시, 업무당 소요인원 예측
LSA-003 (정비 요약)	• 완제품당 총 정비인시요약 (계획, 비계획)	• 정비업무 분석결과를 군 요구사항과 비교 • 예방정비 인시 예측
LSA-004 (정비할당표 요약)	• 정비기능, 정비계단별 정비 인시 할당	• 기술교범 정비할당표 작성 • 정비개념 및 SMR 부호 타당성 확인
LSA-005 (지원품목 활용 요약)	• 정비계단, LCN별 품목 활용 요약	• 지원장비 소요검토 및 소요량 결정 • 수리부속의 추천 주문량 결정
LSA-006 (초과정비 업무목록)	• 업무빈도, 소요시간, 인시 또는 정비 인시에 대하여 임계값을 초과하는 모든 정비업무 목록	• 주요 구성품에 대한 문제점 도출 • 정비계획 수립시 활용
LSA-007 (지원장비소요)	• 주특기 및 정비계단별 활용되는 모든 지원장비 기록	• 주특기 및 정비계단별 지원 장비 소요판단시 활용

표 5-20 계속

보고서 번호	보고서 내용	활 용 분 야
LSA-008 (지원품목 입증요약)	• 정비계단별 업무를 수행하는데 필요한 지원품목 요약	• 해당 정비업무에 대한 지원품목 소요 검토시 활용
LSA-009 (지원품목 목록)	• 정비를 지원하는데 필요한 모든 수리부속품, 공구 및 시험장비에 대한 보급정보 자료	• 초도보급 과정에 필요한 정보 제공
LSA-011 (특수 훈련 장비소요요약)	• 특수 훈련장비가 소요되는 정비업무를 요약한 부분	• 특수 훈련장비 소요식별 및 타당성 판단 검토자료
LSA-012 (시설 소요)	• 신규, 개조시설이 필요한 모든 정비업무 기록	• 신규, 개조시설 건축을 위한 소요 및 타당성 제공 • 기존시설에 대한 추가 수정작업 검토시 활용
LSA-013 (지원장비그룹 활용 요약)	• 정비계단 및 지원장비 그룹별 지원장비를 기록한 목록	• 지원장비 획득에 대한 소요, 수량 및 타당성에 대한 근거자료로 활용
LSA-014 (훈련업무목록)	• 훈련정비 업무수행에 필요한 교육소요를 주특기별로 요약	• 교육훈련을 위한 소요제기 기초 자료로 활용
LSA-019 (업무분석요약)	• 정비항목별 시설, 교육 및 주특기 소요내용 수록	• IPR 검토자료로 활용 • 정비항목(업무) 검토자료로 활용
LSA-023 (정비계획요약)	• 선정된 체계, 품목과 관련된 일반적인 정보기록 • 예방 및 고장정비소요 기록	• 정비계획 수립시 활용
LSA-026 (포장 개발자료)	• 품목의 보존 및 포장에 필요한 기본 품목 식별자료	• 적절한 포장지침 제공
LSA-027 (고장 및 정비율 요약)	• 고장율, 고장형태 및 업무 빈도에 대한 정보를 수록	• 품목의 교체율 검토에 필요한 정보 제공
LSA-033 (예방정비 점검 및 근무표)	• 예방정비 업무식별 기술	• 정비교범의 예방정비 점검 및 근무표 작성

표 5-20 계속

보고서 번호	보고서 내용	활용분야
LSA-040 (인가 품목 목록요약)	• COEL, BII, AAL, ESML 목록식별	• 사용자 교범작성에 활용
LSA-050 (RCM요약)	• 신뢰도 중심정비 분석내용 식별	• 정비교범의 예방정비 업무 소요판단 기준자료로 활용
LSA-056 (FMECA 요약)	• FMECA 분석내용 식별	• 정비교범에 고장배제 작성참조 • 장치별, 품목별 치명품목 식별
LSA-058 (RAM 요약)	• 재설계 제안품목에 대한 신뢰도 요약 및 수리가 수행되는 정비계단에 대한 설명	• 재설계를 위한 대안검토 • 품목 수리시간에 대한 신뢰도 및 정비도 요인검토
LSA-065 (인력소요 기준)	• 주특기별 및 정비업무별 인시요약	• 인원소요판단 기준자료로 활용
LSA-070 (지원장비 서술)	• 지원장비에 대한 명세 및 할당자료, 인가 및 시험중 품목과 관련된 인수 등이 기술	• 지원장비 판단 기준자료로 활용
LSA-074 (지원장비 공구목록)	• 현 보유 지원장비의 목록	• 시험장비 소요판단시 현재 보유장비의 활용 가능성여부 검토시 활용
LSA-075 (인력, 인원 및 훈련보고서)	• 정비계단, 주특기별 소요 인력을 총괄하여 수록	• HW 인력 소요분석 기준으로써 필요한 평시의 정비계단 및 신규, 수정 주특기 소요로 주요 인력 및 인원 자료
LSA-077 (창정비 자료요약)	• 창정비 가능품목에 대한 업무빈도, 시설, 훈련장비 등의 소요여부를 수록한 목록자료요약	• 창정비 관련 업무량 및 시설, 장비의 소요판단 시 근거 자료로 활용
LSA-151 (보급품 목록 색인)	• 보급품목의 참조번호와 보급목록의 해당 NSN 간 상호 참조자료	• 보급제원 참조자료로 활용
LSA-201 (업무빈도 요약)	• 분석 대상품목에 대한 정비 업무별 업무빈도 요약	• 정비업무빈도의 타당성 검토 • 고장빈도가 높은 품목 식별

다. 집계표

집계표는 분석된 LSA 자료에 대한 현황을 파악하기 위한 관리용 출력문서이다.

표 5-21 집계표 활용내용

번 호	보고서 명	내 용
집계표001	분석대상 품목별 정비할당 및 고장유형 수 집계	• 분석대상 품목의 고장유형 개수 및 RCM 분석결과에 따른 정비할당별 정비업무 수
집계표002	위험도 부호별 고장 유형 항목 수 집계	• 분석대상 품목의 위험도 부호별 고장유형 항목 수
집계표003	업무기능별 계획·비계획 정비업무 수 요약	• 분석대상 품목의 업무부호에 대한 업무기능에 따른 계획 및 비계획 업무 분류
집계표004	정비계단별 지원장비 소요목록	• 정비계단별 지원장비의 품목분류 부호별 소요 목록
집계표005	SMR 부호의 근원부호 부여 현황	• 분석대상 품목의 SMR 부호 중 근원부호별 현황
집계표006	정비계단별 정비업무량 산출	• 정비계단별 정비업무 빈도에 근거한 정비 업무량 산출 결과
집계표007	훈련 추천분류별 교육훈련 소요업무 수 요약	• 훈련 추천 분류별 교육훈련이 필요한 업무 수
집계표008	분석대상 품목별 교육 훈련소요 정비 업무 요약	• 분석대상 품목의 정비업무를 기준으로 교육 훈련 소요가 제기되는 정비업무의 수
집계표009	특수훈련 장비 소요업무 수 요약	• 정비업무 대상 품목에 대한 특수훈련장비 소요 업무 수
집계표010	품목별 정비업무 요약	• 분석 대상 품목의 정비계단별 계획·비계획 정비업무 수

제5절 ILS 분석 SW

1. 개 요

ILS 업무의 정량화·과학화를 위해 운용되어지는 분석도구들은 여러 종류가 있다. 그 중에는 국방 표준으로 지정된 것도 있고, 또 선진국에서 적용하고 있는 상용도구를 그대로 도입하여 활용하는 경우도 있다. 현재 대부분의 개발업체에서 RAM업무를 수행하기 위해서 미 국방성에서 주로 사용하고 있는 Relex를 분석도구로 활용하고 있고, 일부의 경우는 Excel 등을 활용하기도 한다.

군수지원분석 및 동시조달수리부속 소요산출의 경우는 국내에서 개발되어 표준으로 지정된 SOLOMON 체계의 LOADERS II와 OASIS를 활용하고 있고, 이는 관리기관 및 개발기관(업체 포함), 소요군에 공통적으로 적용하도록 하고 있다.

SOLOMON 체계는 LSA자료를 전자식기술교범 자료로 자동 변환하는 기능이 있다. 전자식기술교범 제작용 SW는 저작의 편리성과 효과성을 제고하기 위해 KAIS를 표준으로 지정하여 공통 적용하도록 하고 있다.

2. 목 적

ILS 업무수행 간 공학적 분석기법을 적용해야 하는 목적은 명확하다. 지금까지의 주먹구구식 개발에서 탈피하여, ILS 개발을 정량화·과학화함으로써 운영유지에 소요되는 제반 ILS 요소를 최적화 개발하고, 이를 통해서 체계의 전투준비태세를 보장하며, 수명주기간 운영유지비용을 최소화 하는 것이다.

3. RAM 분석도구

무기체계 RAM 분석을 위한 SW는 다양하게 개발되어 적용되고 있으나, 현재 주요 무기체계 연구개발간 RAM 분석도구로는 Relex SW가 주로 운용되고 있으며 본 항에서는 Relex를 중심으로 신뢰도 분석기법 및 자료검증 기법을 살펴보기로 한다.

가. 신뢰도 분석기법

1) 신뢰도 예측(Reliability Prediction) : SW 활용 모델링

가) 신뢰도 분석의 가장 일반적 방법

나) 하나의 ITEM에 고장이 발생할 비율을 예측하기 위해 부분품 및 구성품 등 하위품목으로부터 Bottom-Up 방식으로 고장률을 입력 후 분석
다) 분석모델(MIL-HDBK-217, Telcordia, Mechanical 등)의 규격(Spec)에 기초함
라) 고장률 계산 : Stress, 품질 정보, 온도, 환경인자 등을 고려하여 표준방정식으로 계산
마) 조립체의 구성은 모두 직렬이라고 가정(병렬구조의 경우는 RBD 활용)
바) 신뢰도 예측에서 나온 고장률은 FMECA, LSA, 동시조달수리부속(CSP) 소요산출 등에 사용됨(분석의 기초 제원이 됨)

2) 신뢰도 블록 다이어그램(RBD) 분석

가) 중복(병렬)구조가 있는 복잡한 시스템에 적용
나) 본서 '병렬구조 신뢰도 계산' 분야 참조(3장 2절 신뢰도 분석)

나. 신뢰도 예측절차

아래의 프로세스에 의거 신뢰도를 예측하고, 검증시 소요군의 ROC 및 운용환경 조건 등의 충족여부를 반드시 검증한다.

① Relex SW 실행
② Project 파일 생성
③ Project 파일 내 System Tree의 구조를 설정하고 System Tree 내 구성요소의 특성을 검토
④ 각 구성품에 대한 부분품(Part)을 Part 표에 입력
⑤ 모든 부분품(Part)에 대하여 General Data와 Prediction Data를 입력
⑥ 신뢰도 예측 Calculation
⑦ Report 작성

4. SOLOMON 체계

SOLOMON은 ''주장비 설계정보, 군수지원분석, RAM 분석정보를 통합하고 분야별 SW 간 유기적 연계를 통해 신속 · 정확한 LSA 수행체계를 구축하기 위한 소프트웨어 패키지로 ILS 요소개발을 위한 군수지원분석 지원체계''이다.

SOLOMON은 군수지원분석 업무의 방대한 양의 자료관리 필요성과 전산에 의해 분석 · 처리하기 위해 국과연 주관으로 '통합 DB 기반의 LSA 기법개발' 과제명으로 2002년부터

개발에 착수하여 2007년 9월에 완성한 시스템이다.

통합 DB 기반이란 RAM 및 LSA 분석정보 뿐만 아니라, 설계정보, 멀티미디어자료 및 전자문서관리기능을 하나의 데이터베이스로 구축한 것을 의미하며, 분야별 SW 즉, RAM 분석도구, 수리수준분석도구(ORORA)[1], 동시조달수리부속(CSP) 산정도구(OASIS-II)[2], RAM검증도구(RAMSim)[3] 등의 분석·검증도구간 데이터를 연동하여 운용할 수 있도록 한 것을 말한다. SOLOMON 체계는 통합형과 단독형으로 구분되는데 형태에 따라 그 기능은 아래와 같다.

가. 통합형

1) 군수지원분석기(LOADERS II)

LSA 관련정보를 효과적으로 저장, 관리, 검색 및 출력하기 위한 군수지원분석 데이터베이스 체계로서 군수정보 및 군수관련 설계자료를 체계적, 종합적으로 관리하는 분석도구이다. 군수지원분석기의 메뉴 구성은 〈그림 5-30〉과 같다.

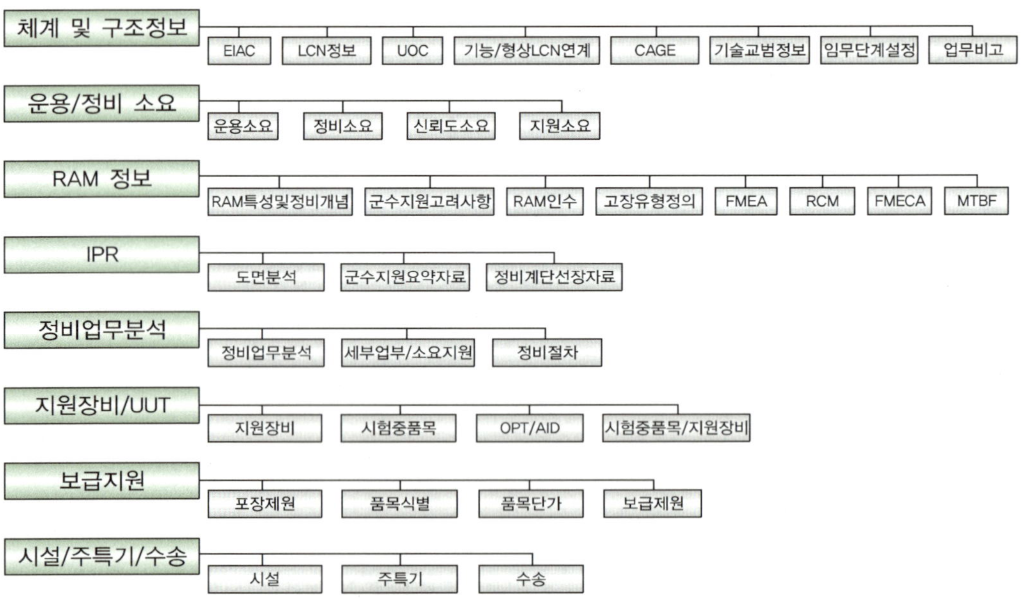

그림 5-30 LOADERS II 메뉴 구성

1) ORORA : Optimal Repair level analysis On Resource Allocation
2) OASIS-II : Optimal Allocation of Spares for Initial Support, Second Version.
3) RAMSim : RAM Simulator

2) LSA 데이터처리기

LSA 데이터처리기는 IPR패키지, LSA-R, 집계표 및 사용자 정의출력을 담당하는 기능과 IETM 생성기능, 타체계와의 데이터연동기능을 포함한다. 〈그림 5-31〉은 LSA 데이터처리기의 메뉴 구성이다.

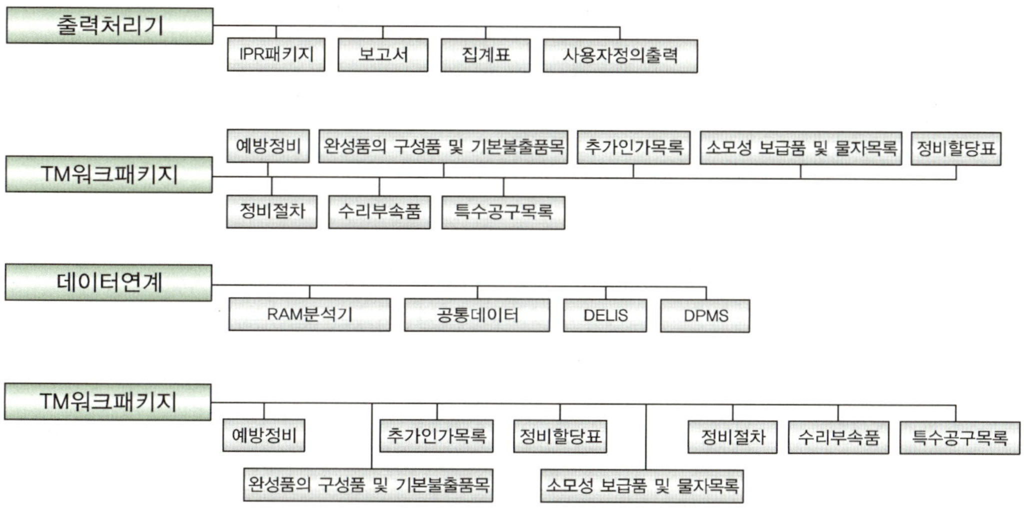

그림 5-31 LSA 데이터처리기 메뉴 구성

3) RAM 분석기

RAM 분석기는 설계자료를 이용하여 RAM 요소별 예측과 고장유형 및 영향관계 분석을 수행하고, 예측결과와 시스템 요구조건을 평가하여 개발 가능성을 판단하며, 시험결과를 분석하여 RAM 예측결과의 최신화 및 설계개선 자료를 도출하는데 그 업무 운용범위는

① RAM 특성예측 및 관리
② 고장유형, 영향 및 치명도 분석
③ 시험자료 수집, RAM 요소별 분석 및 도출
④ 시험데이터를 이용한 신뢰도 성장분석
⑤ RAM 특성 비교 및 출력
⑥ 외부시스템 연계 등이다.

RAM 분석기는 RAM 특성 정보를 관리하는 RAM-DB관리기와 시험자료 고장분석을 통한 RAM 특성 판단을 위한 RAMDAS로 구성되어 있는데 세부 내용은 〈그림 5-32〉와 같다.

그림 5-32 RAM 분석기 구성

나. 단독형

1) OASIS II

OASIS II는 동시조달수리부속(CSP) 소요 예측용 분석도구로 소요군의 군수지원 특성을 고려한 동시조달수리부속(CSP) 산출 모델이다. 육·해·공군용으로 분류되며 입력용과 분석용으로 구분되어 있다. 주요 특성은 다음과 같고 메뉴 구성은 〈그림 5-33〉과 같다.

① 한국 군수 보급체계에 적합한 시스템 개발
② 정비계단별 군수지원체계고려 정확한 소요 반영
③ 현실과 유사한 모형 개발을 통한 동시조달수리부속(CSP) 획득비용 절감 및 운용 가용도 향상
④ 의사결정 지원을 위한 다양한 기능
⑤ 소프트웨어의 사용자 편의성 증대

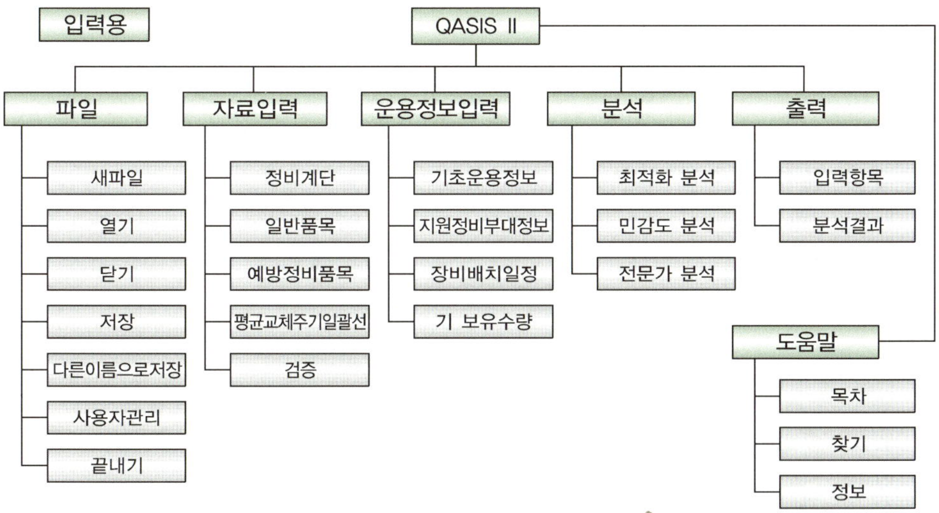

그림 5-33 OASIS II 메뉴 구성

2) ORORA

ORORA는 수리수준분석용 프로그램으로 정비정책 및 경험에 의해 정성적으로 판단하는 일반형 모델과 신규장비 및 정비정책상 수리수준 판단이 곤란한 대상품목의 정량적 분석을 수행하는 최적화 모델로 구분된다.

ORORA는 SMR 부호에서 교환계단, 수리계단 및 폐기계단을 판단 및 분석하기 위한 프로그램으로 의사결정을 지원한다. ORORA 프로그램을 운용하기 전에 대상 체계의 정비정책과 구성품의 RAM 특성, FMECA 및 비용 자료가 확보되어야 한다. 〈그림 5-34〉는 ORORA의 메뉴 구성이다.

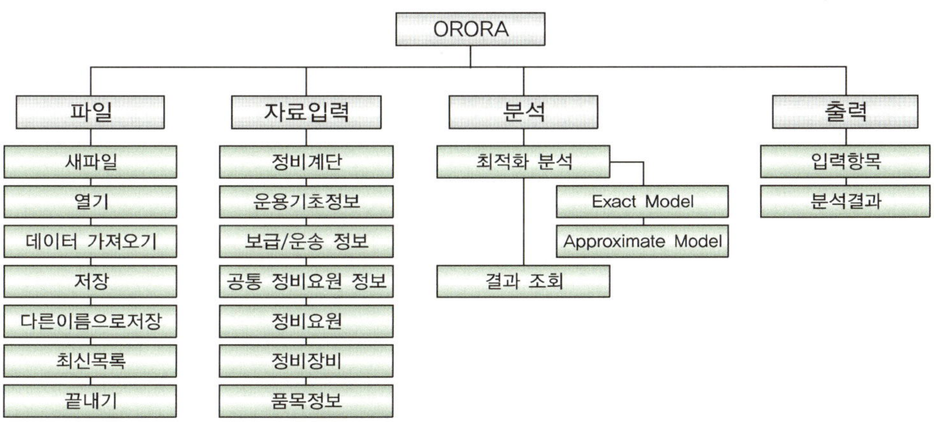

그림 5-34 ORORA 메뉴 구성

3) RAMSim

RAMSim은 무기체계의 운용 시나리오 및 신뢰도 구조, 정비 및 보급 개념, 고장 특성 등을 모델링하고, 시뮬레이션 기법을 이용하여, 개발 무기체계의 체계 및 부체계의 RAM 특성 예측, 운용 환경 및 임무 특성을 반영한 종합적인 체계 운용가용도 분석 등을 수행하기 위한 분석도구이다. RAMSim의 메뉴 구성은 〈그림 5-35〉와 같다. 입력정보는 OMS/MP등을 근거로 제시되어져야 한다.

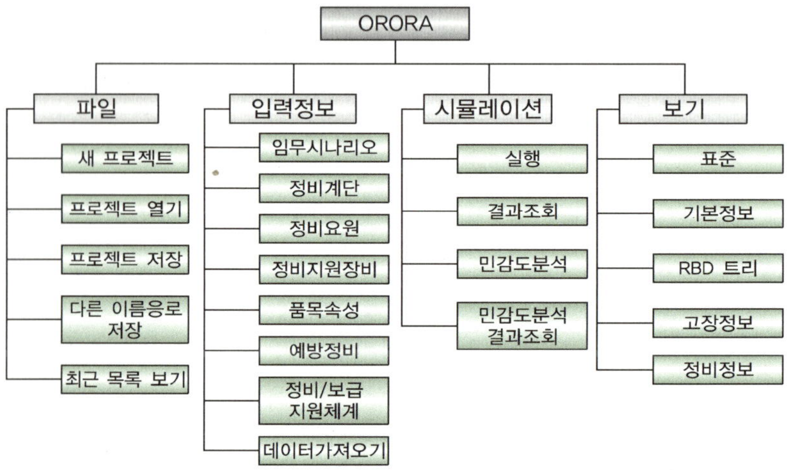

그림 5-35 RAMSim 메뉴 구성

다. 체계구조

SOLOMON의 체계구조는 〈그림 5-36〉과 같다. 사용자 인터페이스는 개인용 컴퓨터에 설치되어 있는 웹 브라우저를 통해 업무를 수행할 수 있도록 하였다.

LSA 응용 SW는 LSA 정보 종합처리 SW, LSA, RAM 분석 SW, ILS 정보관리 운용 SW, 타체계 연동 SW의 4개의 부분으로 구분된다.

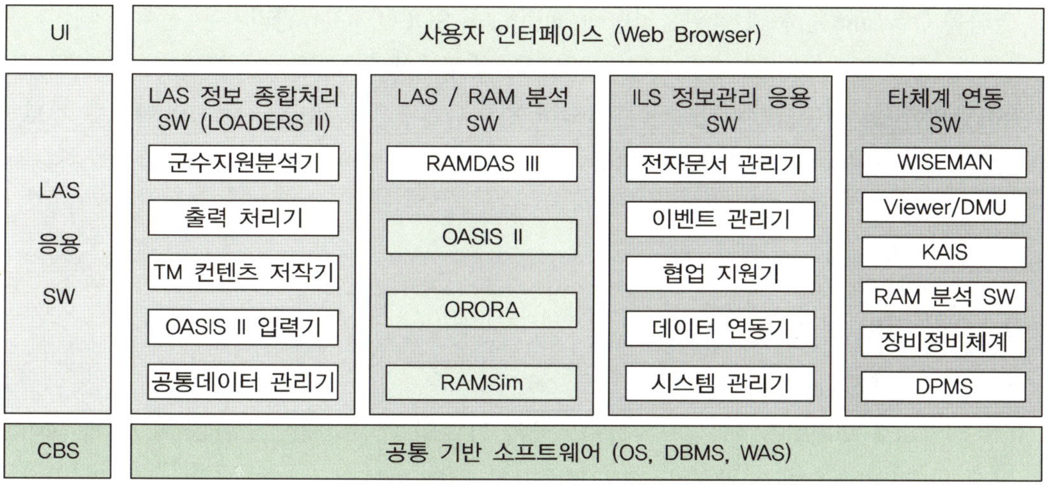

그림 5-36 SOLOMON 체계구조

라. 운영개념

SOLOMON은 방위사업청에 통합관리 서버를 두고 인트라넷을 통해 정보를 교류할 수 있다. 또한 국방전산망을 통해 국방부, 소요군 및 국과연 담당자가 언제든지 접속하여 관련 정보를 열람할 수 있다. 체계개발업체는 별도의 SOLOMON을 운영하여 데이터를 입력하고,

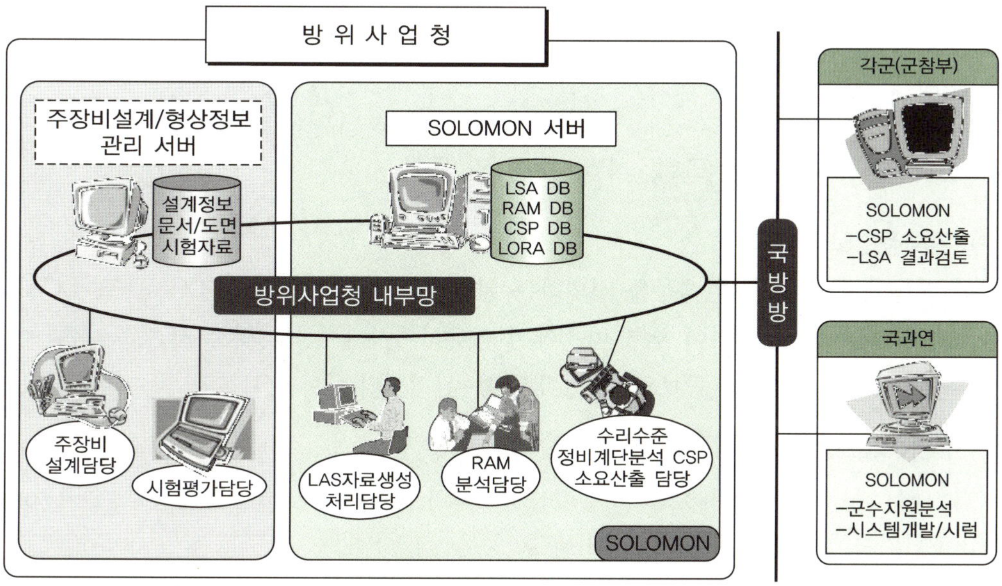

그림 5-37 SOLOMON 운영도

그 결과를 Off-Line을 통해 방위사업청에 제출하면, SOLOMON 관리자는 접수한 데이터를 등록하여 활용하게 된다. 또한, SOLOMON은 무기체계 설계 및 형상 정보관리체계(WISEMAN)[4)]와 연동할 수 있도록 개발되어 방위사업청은 WISEMAN과의 연동을 검토하고 있다. SOLOMON의 운영도는 〈그림 5-37〉과 같다.

마. 운용절차

1) LOADERS II 운용 및 실행

가) LOADERS Ⅱ 입력 정의

ILS 개발요소 최적화를 위한 군수지원분석은 11종의 데이터베이스 Sheet를 48개 테이블로 작성 및 입력함에 따라 방대한 양과 계속적인 수정 반복으로 분석도구를 이용한 전산체계 운용을 필수적으로 요한다.

군수지원분석 실시를 위한 관련정보의 입력에는 설계도면, RAM분석자료, LCN자료, FMEA 및 CA, 정비계단분석자료, RCM자료 등 IPR-P를 중심으로 입력 Sheet(X, A, B, C, E, U, F, K, G, H, J 양식)를 작성하여 체계적이고 종합적, 효율적으로 입력 후 자료처리를 수행한다.

나) LOADERS-Ⅱ 초기화면

해당 무기체계의 완제품 생성정보(EIAC, LCN구조, 시작문자 등) 입력 및 LSA분석자료 Import 완료 후 아래 절차로 진입하여 "군수지원 분석기" 및 "LSA데이터 출력기"에서 업무를 실행한다.

2) 상호기능소요에 대한 조회, 식별, 수정 및 등록

가) 완제품정보(X1)

분석 대상 무기체계 및 완제품을 정의하는 완제품 약어부호(EIAC), LCN구조, LCN시작문자 및 LSA 분석과 관련하여 체계 차원에서 공유하여야 할 정보 및 문서 등을 식별 ⇒ 조회, 등록, 수정, 저장, 취소 콤보로 화면(내용)을 관리한다.

나) LCN정보(X2)

입력 대상 무기체계 완제품을 구성하는 LCN이 부여된 품목(체계에서 단품까지)들의 LCN, 조립위치, 기능그룹부호(FGC)와 부호 등을 식별한다.

---

4) WISEMAN : Weapon system information Integration for System Engineering and MANagement

다) 사용성 부호(X3)

체계 및 완제품으로 식별되었거나, "A"로 조립수준 부호가 부여된 품목들을 나타내는 LCN품목에 대하여 UOC를 부여(체계 완제품은 소총, 수신기 등과 같이 본래 의도된 용도로 독립적인 운용이 가능한 품목, 또는 별도의 보급 계약관리되고 보급되는 장비의 분류 및 묶음) 한다.

3) 운용 및 정비소요에 대한 조회, 식별, 수정 및 등록

가) 운용소요(A1)

사용군에 따른 분석대상 무기체계 및 장비의 운용, 정비 소요를 식별한다.

나) 정비소요(A2)

운용 및 정비계단, 전시 및 평시, 소요군 등에 따른 무기체계 및 장비의 운용 및 정비 소요, 각 정비계단에서의 특정 주특기와 관련된 운용, 정비 인력의 제한조건 및 부대정비 수준에서의 운용 및 정비 소요를 식별한다.

다) 신뢰도소요(A3)

측정단위에 의해 달리 표현될 수 있는 무기체계 및 장비에 대한 군 요구 신뢰도값(Parameter)을 연간운용소요(AOR) 측정단위에 따라 식별한다.

라) 지원소요(A4)

신규 체계 및 장비를 수송하거나 상호운용 가능한 체계 및 장비의 명칭, 국가재고번호, 기술교범 등을 식별, 작성 대상품목은 체계 및 완제품으로 정의된 것이다.

4) RAM특성에 대한 조회, 식별, 수정 및 등록

가) RAM 특성(B1) : 분석 대상품목에 대한 연간운용소요 및 신뢰도 특성을 입력

나) RAM 데이터(B2)

측정(Measured), 예측(Predicted), 할당(Allocated), 비교분석으로 분류한 분석 대상품목의 신뢰도 및 정비도 특성치를 하나의 측정단위로 입력하며, 전시 및 평시 신뢰도 및 정비도 특성을 입력한다.

다) 고장유형 선정(B3)

분석 대상품목이 갖는 고장유형을 식별하고 해당 고장유형의 고장유형비, 고장유형 MTBF, 측정단위를 입력한다.

(1) 고장유형 : 고장발생 형태. 분석 대상품목의 모든 예측 가능한 고장유형이 식별, 기술되어야 한다.

(2) 손상유형 : 각 하부체계~부분품에서 발생된 모든 손상유형을 식별, 기술한다.

라) 고장유형 및 영향분석(FMEA)(B4)

고장유형에 대한 원인, 영향, 재설계 의견 및 해당 고장을 복구하기 위한 고장정비업무를 식별한다.

마) 신뢰도 중심정비(RCM)분석(B5)

고장유형에 대한 신뢰도 중심정비(RCM)분석 결과에 따른 예방 정비업무 식별한다.

5) IPR자료에 대한 조회, 식별, 수정 및 등록

가) 군수지원분석 요약자료(K1)

LSA 요약자료를 등록, 수정, 삭제할 수 있으며 여기서 입력한 정보가 IPR 출력의 LSA 요약자료를 통해 출력된다.

나) 도면 검토(K2) : 도면 검토사항과 관련된 정보들을 입·출력한다.

다) 정비계단 선정자료(K5) : 정비계단 선정자료를 조회·출력한다.

6) 정비업무분석에 대한 조회, 식별, 수정 및 등록

가) 정비업무분석(C1)

작성 대상업무 부호와 평균 소요시간, 업무 빈도, 중요도, 업무 식별 및 업무 부호와 같은 업무 수준의 정보, 인원 및 훈련 관련 정보를 처리한다.

(1) 업무부호 : 분석대상 품목에 대한 운용 및 정비업무를 고유하게 식별하는 부호로 다음과 같이 구성된다.

(2) 양식

J	G	O	A	D	AA
① 업무기능 부호 (정비형태)	② 정비주기 부호	③ 정비계단 부호	④ 소요군 부호	⑤ 운용도 부호	⑥ 업무일련 부호 (2자리)

(3) 부호 설명

(가) 업무기능 부호

W	접근	A	검사	V	보존
D	조정	G	설치	L	재생
E	정렬	P	주유	R	탈거
F	교정	M	임무유형 변경	H	탈거 및 교체
S	분해 및 조립	O	운용	J	수리
Z	최종 수락검사	K	완전분해 수리	C	손질
N	임무유형 변경	U	포장 및 포장수리	B	시험
Y	수송	T	수송준비		

(나) 정비주기 부호

A	운용전	F	특수	L	주간
B	계획	G	비계획	M	분기
C	일일	H	운용후	N	반년
D	운용중	J	긴급	P	매월
E	주기적	K	정규	R	완전분해 수리주기

(다) 정비계단 부호

C	승무원 및 사용자 정비	F	직접지원 정비	D	창정비
O	부대정비	H	일반지원 정비	L	특수수리부대 정비

(라) 소요군 부호

A	육군	N	해군	X	공통
F	공군	M	해병	O	기타

(마) 운용도 부호

C	모든 임무 수행가능	A	장비정비중 운영불가	E	임무수행 불가
D	일부 임무 수행가능	B	장비정비중 운영가	G	장비 탈거후 정비

(바) 업무일련 부호

정비업무부호 고유하면 “AA”, 추가업무 일련부호 “AA”~“99”까지

나) 정비절차 및 소요자원(C2)

정비 업무분석에서 정의된 업무부호에 대하여 정비절차, 소요지원 장비 및 공구, 보급품목 등을 식별한다.

7) 지원장비에 대한 조회, 식별, 수정 및 등록

가) 지원장비 (E1) : 분석 대상 무기체계 및 완제품을 지원하기 위하여 필요한 모든 지원장비 및 시험장비, 특수공구, 일반공구를 식별한다.

나) 지원장비 목록 : 대상 무기체계 완제품과 관련하여 DB 내에 저장된 모든 지원장비 목록을 품목 분류부호(ICC)에 따라 일반공구, 일반 시험장비, 특수공구 및 특수시험장비로 분류한다.

8) 품목 식별에 대한 조회, 식별, 수정 및 등록

가) 품목 식별 (H1) : 분석 대상품목의 보급제원, 단가, 포장 목록자료 및 품목의 적용과 관련된 정보를 기록 및 관리한다.

나) 품목 단가 (H2) : 참조번호 또는 CAGE로 품목단가를 조회하며 통상 업체에서 제공된 단가를 적용하고, 품목 불출단가와 품목 측정단가로 나눈다.

(1) 품목 불출단가 : 불출단위 "하나"에 해당하는 가격을 기록

(2) 단가 표시 부호 : 해당 품목에 대한 화폐 단위의 부호

구 분	단가 해당 품목	부 호
내 용	해당 불출단위당 단가를 사용할 때	Y
	해당 불출단위당 단가를 사용하지 않을 때	N

(3) 불출 단가 부호 (UI Price Provision)

(4) 불출 단가 로트 수량 (UI Price Lot Quantity)

불출 단가가 적용되는 구매 및 생산 로트 수량의 범위를 식별하기 위한 항목으로, 로트의 시작과 끝을 나타내는 항목으로 구성한다.

(5) 불출 단가 선정 형태부호 (UI Price Type of Price Code)

구 분	불출 단가 선정 형태부호 설명	부 호
내 용	기술적 추정치(Engineering estimate)	A
	조달 가격(Federal catalog Price)	B
	계약자 견적 가격(Vendor catalog Price)	C
	협상 가격(Negotiated Price)	D

다) 포장 제원 (H3) : 적용장비 및 포장규격과 포장제원정보 확인, 수정 및 등록 등을 수행한다.

라) 보급 제원 (H4) : 분석대상 무기체계 완제품의 HW에 대한 적용 자료를 식별하기 위

해 부품과 관련된 정보를 조회, 확인, 수정 및 등록한다.

9) 시설, 주특기 및 수송에 대한 조회, 식별, 수정 및 등록

가) 시설(F1) : 운용 및 정비업무 분석결과 제기된 신규 및 개조시설 소요를 식별

(1) 시설 형태(Facility Type) : 운용, 시험, 훈련, 창과 같이 시설 형태를 식별

시험시설 (Test Facility)	A	운용시설(Operational Facility)	B
훈련시설(Training Facility)	C	창 시설(Depot Facility)	D

(2) 신규 및 개조 시설 여부 : 신규 시설인지, 개조 시설인지, 기존 시설인지 식별

신규 시설	N	개조 시설	M	기존 시설	E

(3) 시설 설명

대상 시설에 대한 추가적인 설명 항목으로, 시설의 주 용도, 위치, 크기 및 시설이 갖추어야 할 설비 및 환경 등과 같은 사항을 입력하여 추후, 시설과 관련사항을 개발할 때 참고자료로 제공하기 위함

(4) 신규 및 개조 시설 서술

신규 시설에 대한 소요, 또는 기존시설 개조와 관련된 정보를 내용으로 하며 시설 설계기준, 시설 설치 소요기간, 시설 업무영역 분류, 시설 활용, 시설 단가, 시설 타당성, 건축형태와 설비소요 등을 기술

나) 주특기(G1) : 무기체계 완제품을 지원하는데 요구되는 기존 및 신규로 필요하거나 추가적 훈련이 필요한 정비 및 운용 요원의 주특기 식별하고 해당 주특기에 대한 간략한 서술

(1) 주특기 부호 : 임무 수행상 요구되는 정비 또는 운용 기술을 나타내는 부호로, 작성 대상 주특기 부호를 기입함

(2) 주특기 : 작성 대상 주특기가 신규 및 수정 주특기를 나타내는 부호

신규 주특기	N	개조 주특기	M	기존 주특기	E

(3) 주특기 설명 : 신규 또는 수정 주특기와 관련된 추가 소요, 교육 자격, 타당성 및 추가 훈련소요 등을 식별

다) 수송(J1) : 체계, 장비 및 별도 수송이 이루어지는 품목에 대한 수송소요 식별

(1) 수송 제원 : 수송시 분석 대상품목의 크기, 무게 등을 기입

① 길이(너비) : "수송제원 측정단위"로 측정된 분석 대상품목의 길이(너비)

② 높이(중량) : "수송제원 측정단위"로 측정된 분석 대상품목의 높이(중량)

③ 수송제원 측정단위

측정 단위 설명	부 호	측정 단위 설명	부 호
센티미터(Cm)	CM	야드(Yard)	YD
피트(Feet)	FT	밀리미터(mm)	MM
미터(Meter)	MR		

10) IPR 자료 출력

LSA데이터 출력기에서 IPR을 선택 후 대상을 선정하여 각 LCN을 활용, 출력한다. 모든 IPR 요소를 출력할 수 있다.

11) 집계표 출력체계

데이터 출력기에서 집계표 출력버튼 클릭후 대상을 선정 조회 및 출력한다. 세부집계표 목록은 아래 〈표 5-22〉와 같다.

표 5-22 집계표 목록

집계표 번호	집계표 수록 내용
집계표 001	분석대상 품목별 정비할당 및 고장유형수 집계
집계표 002	위험도 부호별 고장유형 항목수 집계
집계표 003	업무 기능별 계획 및 비계획 정비 업무수 요약
집계표 004	정비계단별 지원장비 소요 목록
집계표 005	SMR 부호의 근원부호 부여 현황
집계표 006	정비계단별 정비업무량 산출
집계표 007	훈련 추천 분류별 교육훈련 소요업무 수 요약
집계표 008	분석 대상 품목별 교육훈련 소요 정비업무 수 요약
집계표 009	특수 훈련장비 소요업무 수 요약
집계표 010	분석 대상 품목별 계획 및 비계획 정비업무 수 요약

12) 군수지원분석 출력보고서(LSA-R) 출력체계

가) 군수지원분석 보고서 초기화면

LSA데이터 출력기에서 대상을 선정, 해당 LSA-R을 조회 출력한다.

나) 주요 군수지원분석 출력보고서 목록

〈표 5-20〉 군수지원분석 출력보고서 활용분야 참조

13) SOLOMON체계의 전자식 기술교범(IETM) 관리

가) 군수지원분석기에서의 관리

'상호기능소요(X Sheet)', '정비업무분석(C Sheet)', '지원장비(E Sheet)' 등에서 입력 및 정의하며 기술교범 생성에 기본자료로 활용 및 적용한다.

나) 데이터 연동기에서의 관리

SOLOMON에서 운용되고 있는 기술교범 데이터들을 페키지 형태로 KAIS[5]에 입력 후 교범 저작(著作) 시 활용할 수 있는 기능을 제공한다.

5. 동시조달수리부속(CSP) 소요산정 도구

가. 정 의

동시조달수리부속(CSP)이란 초기 일정기간 동안 재보급 없이 무기체계에 주어진 운용임무를 수행하기 위해 필요한 필수소요 수리부속품을 말하며, 무기체계의 효율적인 유지 및 정비관리 도모를 위하여 초도 및 후속 보급되는 무기체계와 동시에 조달되며 소요산정 도구는 OASIS II 를 활용하여 산정한다.

나. 목 적

동시조달수리부속(CSP)는 과소 책정되면 수요품목이 누락되어 재고가 부족하게 되며, 반대로 과다 책정하게 되면 재고 초과로 예산낭비를 초래하게 된다. 따라서 가용 예산 범위 내에서 전투준비태세를 보장하고 효율적이고 원활한 운용·유지를 위해서 적정 수준의 동시조달수리부속(CSP) 산정이 필요하다.

다. 동시조달수리부속(CSP) 산정절차

1) 초도전력화 무기체계

가) 동시조달수리부속(CSP) 산정절차

방위사업청 출범 이후 육·해·공군별로 추진해오던 동시조달수리부속(CSP)업무를 통합 추진하게 되었으며, 산정절차는 〈그림 5-38〉과 같다.

---

5) KAIS(Korea defence Acquisition program IETM Software) 한국 국방획득사업 전자식 기술교범 작성용 표준 SW

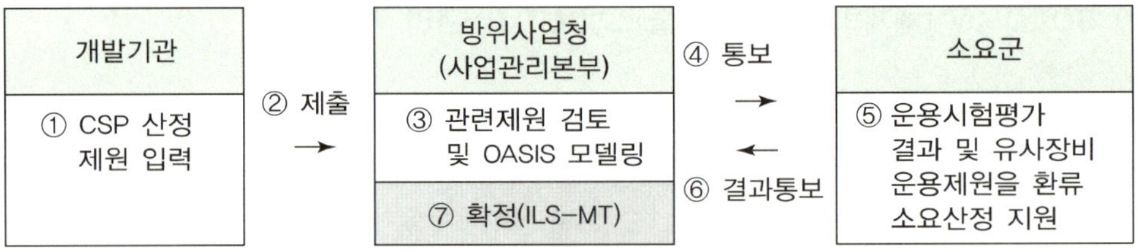

그림 5-38 초도전력화 무기체계 동시조달수리부속(CSP) 산정절차

방위사업관리규정 등에 근거하여 방위사업청에서 개발기관이 작성한 동시조달수리부속(CSP) 입력제원을 검토하고, 표준 분석도구를 활용하여 이를 분석하고 있다.

또한, 동시조달수리부속(CSP) 확정업무도 진일보하여 소요군 및 개발기관 등 관련 기관이 참석한 ILS-MT에서 품목 및 수량을 산정한다.

나) 입력 항목별 작성책임

표 5-23 동시조달수리부속(CSP) 입력제원 표준항목 작성 책임

메뉴명	처리되는 내용	입력항목	제출기관
통제파라미터	분석수행에 필요한 기본제약요소를 설정하고 입력	운용가용도	소요군
		비용	개발기관
		화폐단위	개발기관
지원구조에 관한 정보	무기체계의 지원구조에 관한 정보를 입력	정비부대수	소요군
		완제품 배치대수	소요군
		직접지원 완제품 수리시간	소요군
		AS기간	청, 소요군
		주문 및 회송시간	소요군
완제품에 관한 정보	대상장비의 완제품에 관한 정보를 입력	완제품 명칭, LCN, 단가	개발기관
		연간운용시간	소요군
		완제품 MTBF	개발기관
		완제품의 평균수리시간	개발기관
		운용가용도 목표치	소요군
		수리회송 시간	소요군

표 5-23 계속

메뉴명	처리되는 내용	입력항목	제출기관
소모성 구성품 및 모듈에 관한 정보	대상무기체계의 소모성 구성품 및 모듈에 관한 정보 입력	구성품 명칭, LCN, 단가	개발기관
		SMR 부호, MTBF	개발기관
		긴요도부호	개발기관
		교체업무 및 수리업무분포	소요군
		수리회송 시간	소요군
		상위품목의 단가	개발기관
예방정비 품목에 관한 정보	주기교환 및 시한성 품목에 관한 정보	품명 및 품목번호	개발기관
		LCN, NSN	개발기관
		단가	개발기관
		교환개수 및 1회, 교환주기부호	개발기관
		단위척도	개발기관
		일간격	개발기관
		SMR 부호, 정비책임	개발기관

2) 후속 양산 무기체계

가) 동시조달수리부속(CSP) 산정 절차

후속 양산사업에 대한 동시조달수리부속(CSP) 산정업무는 소요군 중심으로 수행되며 후속 양산되는 무기체계의 동시조달수리부속(CSP)은 소요군에서 표준 SW산출값, 야전운영제원, 기 보급 동시조달수리부속(CSP) 재고 및 운영재고를 고려하여 수리부속 소요를 산정하고, ILS-MT를 통해 보급소요를 확정한다.

후속 양산 무기체계는 야전운용제원과 기 보급된 동시조달수리부속(CSP) 재고 등을 토대로 소요를 산정한다. 즉, 소요가 형성되어 판단의 근거자료가 확보된 시기이므로 공학적 분석결과보다 야전운영제원의 영향이 커진다 할 수 있다.

3) 동시조달수리부속(CSP) 산정업무 수행간 착안사항

가) 초도 및 후속 무기체계로 구분하여 동시조달수리부속(CSP) 소요산정

(1) 초도보급 무기체계 : 표준 SW 산출결과 + 유사장비 야전운영제원

(2) 후속보급 무기체계(2년차 이후)

: 표준SW 산출결과 + 초도보급 무기체계 운영제원 + 유사장비 야전운영제원

나) 대상품목 선정기준 타당성 검토

(1) 조립체 위주로 동시조달수리부속(CSP) 소요품목 선정 지양 : 부분품 중심으로 확보

(2) 고가품목 위주 선정 지양 : 가동률에 영향이 큰 저가 품목 중심으로 확보

다) 소요산출 자료의 타당성 검토

(1) 소모성품목은 수리행위 없이 교환할 수 있는 단순 품목 중심으로 선정

(2) 품목단가 누락으로 동시조달수리부속(CSP) 소요산출 비용의 신뢰성이 결여되지 않도록 검토

라) SMR 부호 적정성 검토

(1) 동시조달수리부속(CSP)는 SMR 부호 설정개념에 부합하게 'PA'(보급저장)품목 등 P계열을 중심으로 산출하였는지 확인

(2) 동시조달수리부속(CSP) 품목이 될 수 없는 A계열 및 'XA'(상위조립체 교체)품목 포함여부 확인

마) 동시조달수리부속(CSP) 보급소요량 산출의 적절성 확인

(1) 정비계단별 동시조달수리부속(CSP) 소요의 적정성 확인

(2) 장비운용 및 지원부대 수를 고려한 적정 보급소요량 산정 여부 확인

4) 자료입력시 유의사항

OASIS Ⅱ 에서는 일반품목을 4가지의 종류로 구분하고 있으므로 각 품목별 특성을 고려하여 입력해야 한다.

가) 수리가능 현장교환품목(LRU : Line Replaceable Unit) : 정비시 완제품에서 탈거하여 교환하고, 탈거된 품목을 수리가능할 경우 수리가능 LRU라고 한다.

나) 소모성 LRU(Line Replaceable Unit) : 정비 시 완제품에서 탈거하여 교환하고, 탈거된 품목은 수리가 불가능한 품목을 소모성 LRU라고 한다.

다) 수리가능 공장교환 품목(SRU: Shop Replacement Unit) : 정비 시 완제품에서 탈거되지 않고, 탈거된 LRU 또는 SRU에서 탈거되며, 탈거된 품목이 수리가능한 품목을 수리가능 SRU라고 한다.

라) 소모성 SRU : 정비 시 완제품에서 탈거되지 않고 탈거된 LRU 또는 SRU에서 탈거되며, 탈거된 품목이 수리불가능한 품목을 소모성 SRU라고 한다. 이러한 일반품목들은 상위품목의 종류에 따라 하위품목으로 구성될 수 있는 품목의 종류가 달라지는데 상위품목에 따른 하위품목은 〈표 5-24〉와 같다.

표 5-24 상위품목에 따른 하위품목 종류

구 분	하위 일반품목	비 고
완제품	수리가능 LRU, 소모성 SRU	
소모성 LRU	-	하위품목 구성불가
수리가능 SRU	수리가능 SRU, 소모성 SRU	
소모성 SRU	-	하위품목 구성불가
수리가능 LRU	수리가능 LRU, 소모성 LRU, 수리가능 SRU, 소모성 SRU	

6. 전자식 기술교범(IETM) 저작도구

가. 개 요

전자식 기술교범이란 "무기체계의 고장탐구 및 정비를 위해 필요한 기술정보를 최종 사용자에게 상호대화식 형식으로 시현하기 위해 서식 및 구성을 최적화 한 체계" 를 말한다.

국방 획득분야에서는 이러한 IETM 저작의 효율성을 제고하기 위해 KAIS를 IETM 저작 표준 소프트웨어로 지정했고, 지상·해상·항공전력 사업용으로 구분하여 운용 중에 있다.

〈그림 5-39〉에서 제시한 것처럼 IETM은 컴퓨터를 통해서 볼 수 있는 디지털 교범을 말함인데 그 수준에 따라서 아래와 같이 구분할 수 있다. 즉, 책자형 교범을 단순히 스캐닝 입력한 Class 1으로 부터 시험장비와 연동을 통해 고장진단 및 정비로 연결할 수 있는 Class 5까지 수준이 다양하다.

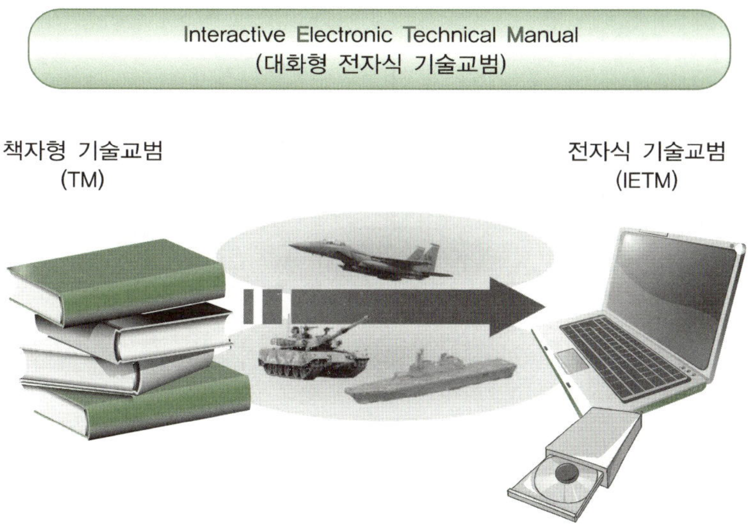

그림 5-39 KAIS 체계를 통한 변화(책자형 → 전자식)

구분	Class 1	Class 2	Class 3	Class 4	Class 5
형태	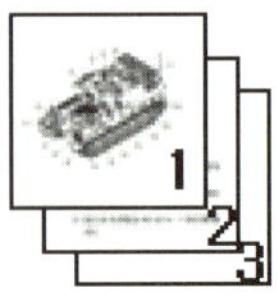	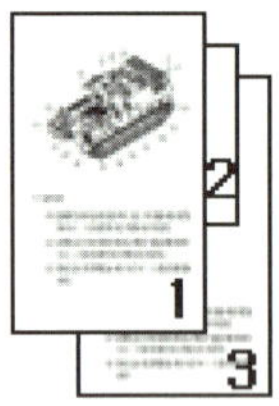	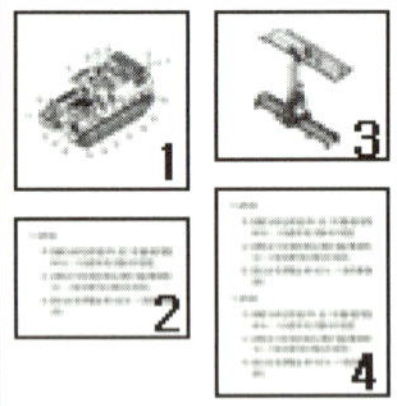	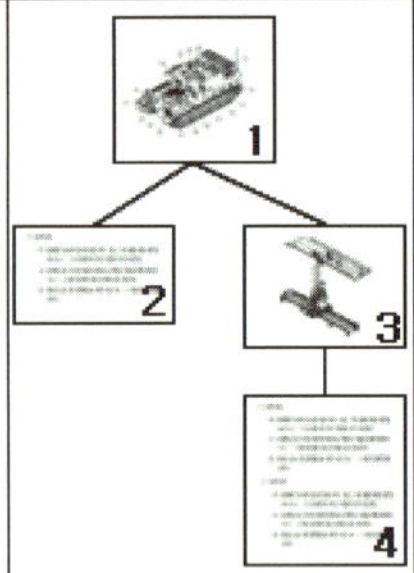	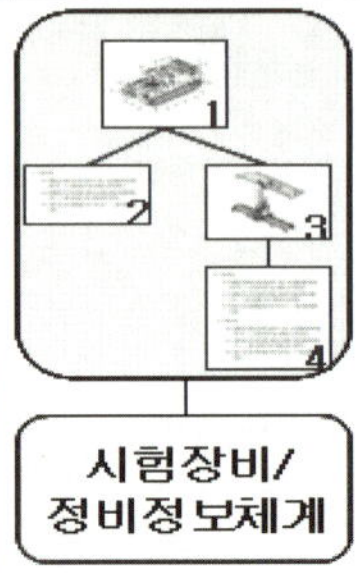
특징	스캐너 입력, 페이지 단위	문서파일, 화면 상하이동	그림과 도해 분리 형태	계층구조, DB체계	시험장비 등 연동

그림 5-40 IETM 수준

나. 체계구조

1) KAIS 구성

KAIS의 체계 구조는 저작체계를 중심으로 관리체계, 전시체계가 〈그림 5-41〉과 같이 구성되어 있다.

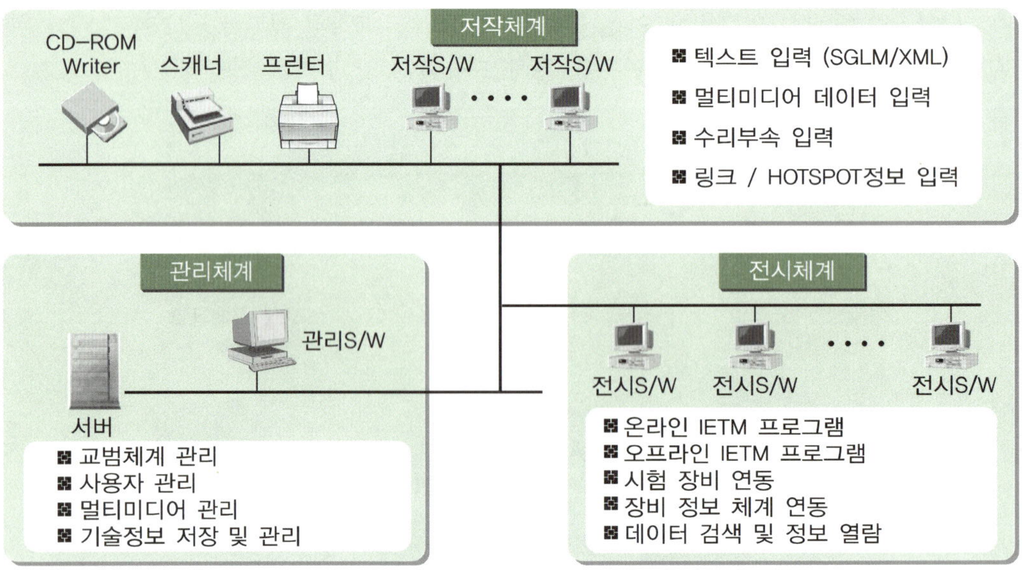

그림 5-41 KAIS 체계구조

2) 체계별 기능

가) 저작체계는 IETM을 저작하는 주요 기능으로 텍스트 입력, 멀티미디어 데이터 입력, 수리부속 입력, 링크 및 Hot Spot 정보 입력 등을 수행한다.

나) 관리체계는 기술교범 구성(정비계단, 정비·보급교범 등) 및 목차를 정의한다.

다) 전시체계는 기술교범을 검색 및 열람한다.

3) KAIS 운영환경

KAIS는 야전의 정비환경(PC, 네트워크 등)을 고려, PC에 IETM 데이터를 탑재하여 단독으로 사용할 수 있는 Local 방식과 사령부급 이상 부대에서 전산망을 활용하여 데이터를 공유할 수 있는 Client 및 Server 방식으로 운용된다.

참고문헌

국내자료

1. 국방부, “국방전력발전 업무훈령” (국방부훈령 제1252호), 2010. 6. 21.
2. 국방과학 연구소, “군수지원분석 자료처리 체계(LOADERS) 입력자료 작성지침서”, 2009.
3. 김영기, “전력화지원요소 : 이론과 실제”, 한국 학술정보, 2007.
4. 김철환 · 이건제, 『무기체계 획득관리』, 국방대학교, 2001.
5. 로템(주), “RAM-D 업무 소개”, 2003.
6. 방위사업청 “방위력개선 사업관리규정”, 2009.
7. 방위사업청, “종합군수지원 개발업무지침서”, 2009.
8. 육군본부, “전력발전 업무규정”(육군규정), 2010.
9. 육군본부, “군수지원분석 실무지침서”, 2009.
10. 육군 종합군수학교, “종합군수지원”, 2010.
11. 정용길, “종합군수지원 : 이론과 실제(창정비 중심으로)”, 북 코리아, 2008.

국외자료

1. Acquisition Logistics Guide, Defens System Management College, 1997.
2. Benjamin S. Blanchard, 「Logistics Engineering & Management」 학연 문화사, 2008.
3. James V. Jones, 「Integrated Logistics Support Hand Book」 학연 문화사, 2008.

부 록

부록 1 ILS 용어해설

부록 2 ILS 약어

부록 3 각종 양식(별첨 CD)

1 ILS 용어해설

ㄱ

1. 가계약(假契約 : Draft Contract)

계약의 효력이 특정조건의 충족시 발효키로 약정하고 체결한 계약을 말한다. 이는 회계법상의 지출원인행위가 아니고 지출원인행위를 위한 행정상 쌍방의 사전 약정이 요구되는 경우 이 형태를 취할 수 있다. 이 경우 쌍방이 약정한 협상가격 등을 활용하여 기종 또는 연구개발주관기관이 결정된 이후 상부지시에 의거 발효시키게 되면 가계약은 바로 유효한 계약(지출원인행위)이 된다. 따라서 모든 가계약에는【본 계약 초안이 관계기관의 승인이 되지 않으면 자동적으로 무효이며, 정부는 어떠한 책임도 부담하지 않는다.】는 단서조항을 삽입한다.(국방부 「재정회계용어해설집」 행정 간행물 등록번호 : 25000-41341-9707)

2. 가용성(도)(Availability)

어떤 체계가 정비업무를 거쳐 임의의 시점에서 가동상태에 있는 확률로서 신뢰도와 정비도에 의해 결정되며, 어떤 장비가 불시에 임무를 받을 때 가용될 수 있는 정도를 나타내는 것으로 전투태세의 측정치로 사용된다. 일반적으로 가용도는 고유가용도를 말하나, 달성(성취)가용도, 고유가용도, 운용가용도로 세분화하여 나타내기도 한다.

가. 고유가용도(Inherent Availability : Ai)

예방정비를 고려하지 않고, 이상적인 지원환경하의 규정된 조건하에서 사용할 때 임의의 시점에서 체계가 만족스럽게 작동할 확률을 말한다.

나. 성취(달성)가용도(Availability Achieved : Aa)

이상적인 자연환경에서 규정된 조건대로 사용하는 경우 시스템이 임의의 시간에서 만족스럽게 작동할 확률을 말한다. 성취가용도는 예방조치에 대한 고려를 포함하고 있다는 점에서 고유가용도와 다르다.

다. 운용가용도(Operational Availability : Ao)

규정된 조건하에서 사용되는 무기체계가 어느 시점에서 만족스럽게 작동할 확률을 말한다.

운용가용도는 행정과 군수지연시간 및 정비대기시간이 포함되는 점에서 달성(성취)가용도와는 구분된다.

3. 간접절충교역(Indirect Offset)

획득하고자 하는 군용물자와 직접 관련없는 기술을 이전받거나 부품을 수출하는 것 등을 내용으로 하는 절충교역을 말한다.

4. 개념설계(Conceptual Design)

개략적인 작전운용성능(안)을 기준으로 함정운용 개념과 작전운용성능(안)을 작성하기 위해 함정 선행연구단계에서 수행하는 설계로, 함정 개략제원 및 성능, 예상 탑재무기체계 및 장비의 배치, 선형 등 함정의 주요 성능, 특성 등을 구체화하여 작전운용성능(안) 및 함정건조기본지침서를 작성하기 위한 활동을 말한다.

5. 개발계획서(Development Plan, DP)

연구개발주관기관에서 탐색개발 또는 체계개발단계에서의 수행계획을 문서화한 것으로 탐색개발계획서와 체계개발계획서가 있다.

6. 개발관리계획서

연구개발주관기관에서 작성한 개발계획서를 검토하여 통합사업관리팀이 사업을 관리하기 위한 계획문서로서 탐색개발관리계획서와 체계개발관리계획서가 있다.

7. 개발시험평가(Development Test and Evaluation : DT&E)

체계개발 단계에서 제작된 시제품에 대하여 기술상의 성능(신뢰도 · 유지성 · 적합성 · 호환성 · 내환경성 · 안정성 등)을 측정하고 설계상의 중요한 문제점이 해결되었는가를 확인 평가하여 무기체계 획득과정에 있어서 기술적 개발목표가 충족되었는지를 결정하기 위하여 수행되는 시험평가를 말한다.

8. 개발주관업체

대상업체 중 개발능력 및 생산여건을 비교하여 정부가 최적격업체로 결정한 업체로서, 지정된 무기체계의 연구개발 및 생산과 관련한 정부와의 계약이행에 대한 책임이 있으며, 구성품 협력업체의 개발 및 생산을 관리하고 설계 · 시제품 제작 · 공정설정 및 기술자료작성의 책임을 지는 업체를 말한다.

9. 경제적 수리한계(Economic Repair Limits, ERL)

수리 또는 재생활동시 이용되는 재생원가의 최대 허용치로서 장비의 경제수명 기간중 임의시점에서 정비할 시 투입되는 정비비용과 장비 가격(현 시가)을 비교하여 정비 또는 폐기 여부를 결정하는 한계인데, 연차별 비율 감소제도를 적용하여 장비별 유지비 한계비용을 결정하는 것이다. 적용시 고려사항은 다음과 같다.

가. 장비특성 및 임무 긴요도

나. 장비표준화 및 무기체계
다. 장비획득 및 도태계획
라. 장비성능(효율성)
마. 전술적 가치
바. 군직 및 외주 재생능력

10. 계약업체 군수지원(CLS : Contractor Logistics Support)

신형도입 무기체계에 대한 소요군의 정비능력 확보시까지 정비, 수리부속보급, 교육 및 기술지원 등을 업체에서 한시적으로 지원하는 제도로 미군이 90년대에 도입하여 시행중에 있으며 한국군은 '03년 MLRS, KT-1 정비에 적용하고 '06년에 방위사업법 시행령(제28호)에 규정하고 있다.

11. 계획수요품목

계획수요 품목은 주기교환품목과 시한성품목으로 구성되며, 주기교환품목이란 주기적으로 실시되는 계획정비 활동시 소요되는 품목을 말하고 시한성 품목이란 일정기간 사용후에는 반드시 교환하도록 계획된 품목을 말한다.

12. 공동개발

국제협력연구개발의 한 형태로서 외국과의 기술협력 등에 의하여 양개 국가가 공동으로 참여하여 특정품목을 개발하는 것을 말한다.

13. 고장계통분석(FTA : Fault Tree Analysis)

품목의 고장을 발생시키는 Event와 그 원인과의 관계를 논리기호를 사용하여 나뭇가지 모양의 그림으로 나타낸 고장계통도를 만들고, 이에 따라 고장계통별로 시스템의 고장 원인을 Top-Down 방식으로 분석하는 기법이다.

14. 고장과 고장유형

고장은 결과적인 개념으로서 부품의 기능이 정지하였거나 열화(劣化) 한계에 도달한 상태를 말한다. 고장유형은 고장에 이르기까지의 Process를 나타내며, 고장유형을 명시할 때는 생각할 수 있는 모든 유형을 다 열거하는 것이 원칙이나 현실적인 여건과 고장 메커니즘 연구결과를 고려하여 어느 정도 가능성이 있는 고장유형을 중심적으로 기록한다.
이때 중요한 것은 고장유형의 발생을 방지하는 것이다. 고장유형을 구할 때에는 가급적 고장원인별로 구별하는 것이 바람직하며, 부위별이나 기타 여러가지 기준으로 구별하는 것도 필요하다.

15. 고장 배제(Fault Isolation)

체계 고장 발생 시 수리 가능한 고장위치 및 원인을 찾아내는 작업을 말한다. 즉, 발생된 문제점을 해결하기 위하여 어떤 품목이 교환되거나 수리될 수 있는 수준까지 내려가기 위해 필요한 시험이나 평가를 수행하는 고장분리작업을 말한다.

16. 공동 생산(Co-Production)

기술도입생산 사업의 한 형태로서 외국과의 기술도입생산 계약에 의거 양국이 해당 품목을 일정 비율로 나누어 생산한 후 이를 결합하여 완제품을 생산하는 것을 말한다.

17. 공정간 검토(IPR : In Process Review)

군수지원분석 입력제원의 타당성을 검토하는 행위를 말한다. 공정간 검토자료(군수지원분석 관리번호, GBL, 도면분석자료, FMECA, RCM, RAM Matrix, 정비계단선정자료, 정비업무분석 등)를 이용하여 군수지원분석자가 설정된 군수지원개념에 맞추어 각 품목의 군수지원성을 검토하는 것으로 공정간검토 결과는 군수제원점검 및 ILS-MT를 통해서 체계에 반영된다.

18. 공통품목

폼목상으로 육·해·공군 중 2개군 이상이 사용하며, 군간 상호지원이 가능한 장비 및 물자 등을 말한다.

19. 교체가능품목(구성품 및 모듈) 분류

가. 구성품(LRU : Line Replacement Unit)

나. 모 듈(SRU : Shop Replacement Unit)

대상체계를 구성하는 부분품을 장비의 계층적 구조에 따라 정비능력을 고려하여 교환 가능 수준까지 분류한다. 체계 하부의 부분품이 완제품에서 직접 탈거, 교환 가능한 경우에는 구성품(LRU)으로 그 외의 경우에는 모듈(SRU)로 분류한다. 모듈로 분류된 품목의 경우에는 차상위 품목이 식별될 수 있도록 분류해야 한다.

20. 국가재고번호(NSN : National Stock Number)

부품의 식별 및 관리 목적을 위해 제정된 13자리 숫자의 기초 제원으로 품목분류, 국가부호, 품목 고유번호 등을 나타내고 있다.

☞ 미국 : 00, 01, 영국 : 99, 한국 : 37 등

21. 국내연구개발

연구개발사업의 한 형태로서 우리 기술진에 의하여 개념을 설정하고 이를 설계·시제품 제작·시험평가를 통하여 특정 무기체계 또는 핵심 기술·부품을 개발하는 것을 말한다.

22. 국내 참여업체(Korean Industry Participation, KIP)

절충교역과 관련하여 부품생산, 정비능력 구비, 타국의 물자정비, 타국과의 공동 연구개발 등 각 분야에 국내업체가 참여하는 것을 말하나, 좁은 의미로는 국내업체가 국외업체로 부터 기술을 제공받아 특정제품을 생산하는 것을 말한다. 이 경우에는 보통 하도급생산 (Subcontract Production)의 형태를 취한다.

23. 국방기획관리

국방목표를 설계하고 설계된 국방목표를 달성할 수 있도록 최선의 방법을 선택하여 보다 합리적

으로 자원을 배분 · 운영함으로써 국방의 기능을 극대화시키는 관리활동을 말한다.

24. 국방보급목록체계(Automated Defense Integrated Supply Cataloging System)

국방보급품에 대하여 각 품목이 유일한 품목임을 식별케 해주는 자료와 그 품목을 군수체계 내에서 관리하는 데 필요한 자료를 작성 · 유지하며, 이를 필요로 하는 생산, 보급, 정비기관 및 보급품 최종 사용자에게 배포하는 제반조직 및 절차를 전산처리 지원하도록 구축한 목록 자료체계(Date Base System)를 의미한다.

25. 국방비

군사력 건설 및 유지에 소요되는 제 경비로서, 투자비와 경상운영비로 구분된다.

26. 국방정보체계

국방목표 달성과 관련하여 적군과 아군 또는 우군의 자원과 기술 등에 대한 모든 정보의 수집 · 생산 · 전파 · 활용 및 관리를 유기적으로 연결하고, 통합하여 최적화하는 과학적 수단의 집합체를 말한다.

27. 국방정보화

전 · 평시 국방업무 수행에 필요한 정보와 지식의 유통, 활용 및 가치 발휘를 극대화하여 국방구조 전반을 정보화 지식중심(Knowledge Base) 두뇌집약적 구조로 전환시키는 제반활동 및 행위로서, 정보화는 전쟁수행 및 국방운영, 관리기능을 첨담 정보기술을 이용한 전산화(Computer)+자동화(Automation)+네트워크화+디지털화(Digitalization)함으로써 전쟁에서 정보지배 및 우위를 보장하고 평시 국방운영의 합리화, 효율화, 능률화로 정예강군을 도모한다.

28. 국방중기계획서

국방정책과 군사력 건설 및 운영유지 소요를 구체적으로 구현하기 위하여 기준연도로부터 5개년간을 대상기간으로 하여 국방재원을 판단하고 이를 기초로 국방사업 소요를 종합적으로 검토 · 조정하여 연도별 · 사업별 · 부대 및 기능별로 가용자원을 배분한 계획으로서 연도예산편성의 근거를 제공하며 부대계획 및 정원계획 수립과 인력계획 수립에 기초자료를 제공한다.

29. 국방 M&S(Defense Modeling and Simulation)

국방 M&S는 모델링(Modeling)과 시뮬레이션(Simulation)의 합성어로써 기존의 워게임 영역을 대폭 확대하여 국방기획관리상의 소요제기, 획득관리 및 분석평가는 물론, 군의 훈련까지를 과학적으로 지원하는 도구 및 수단을 총칭하는 개념으로 전쟁 또는 전투요소들의 영향을 연구하기 위해 실전과 유사한 가상전투상황을 조성해 주고, 전쟁 또는 전투요소들의 효과를 측정 및 평가해 주는 도구이다. 이러한 국방 M&S는 적용분야 및 체계특성에 따라 통상 다음과 같은 3가지 용도로 구분된다.

가. 훈련용 M&S 체계: 전술훈련모의장비(시뮬레이터)를 제외한 개별병사의 전술 · 전기 연마훈련으로부터 전구급 합동지휘관 및 참모의 지휘훈련까지에 사용되는 M&S 체계이다.

나. 분석용 M&S 체계: 군사력 평가, 개념분석, 군 및 부대구조 분석, 작계분석, 소요분석, 작계분

석 및 전투실험 등에 사용되는 M&S 체계이다.

다. 획득용 M&S 체계: 무기체계의 획득관리활동(사전분석, 비용분석, 시험평가 등) 전 주기에 걸쳐 사용되는 M&S 체계이다.

30. 국방 아키텍처(MND-EA : Ministry of National Defence - Enterprise Architecture)

최상위 아키텍처부터 기관 아키텍처, 각 단위 체계별 아키텍처를 포함하는 전군 통합 아키텍처로서 조직전체 관점에서 체계적인 정보서비스를 업무혁신의 도구로 활용하기 위한 살아 있는 종합 설계도를 말한다.

31. 국산화

국산화란 무기체계·비무기체계 획득과 관련하여 외국으로부터 도입하는 장비·부품 및 물자 등을 연구개발 또는 기술도입 등의 방법으로 확보한 기술과 국내·외 설비(해외설비는 시험평가장비에 한한다)를 사용하여 생산하려는 제반과정을 말하며, 그 대상 구분은 다음과 같다.

가. 국산화 대상 구분

1) 체계국산화란 연구개발단계 또는 생산단계에서 최종 조립업체가 자체 인력 또는 여타 국내업체의 인력을 사용하여 최종 대상체계(또는 최종 대상체계의 시제품)를 설계하여 생산하는 것과 생산 단계에서 자체 보유한 체계생산기술(조립기술포함)을 사용하여 최종 대상체계를 생산하는 것을 말한다.

2) 부품국산화란 국내연구개발 또는 기술도입 등을 통하여 확보한 기술과 국내설비를 사용하여 최종 대상체계를 구성하는 부품과 동일한 품목을 생산하거나, 그 이상의 성능과 기능을 발휘할 수 있는 대치품을 생산하는 것을 말한다.

나. 국산화 단계 구분

1) 연구개발국산화란 국내연구개발을 통한 대상체계 획득시 최종 시제품 또는 그 하부체계·부품을 국내에서 개발하여 생산하는 것을 말한다.

2) 생산국산화란 국내연구개발단계시 개발된 품목 이외의 추가적인 하부체계·부품을 생산단계시 국내에서 개발하여 생산하는 것과 기술도입생산 초기단계에 외국으로부터 도입하던 장비, 부품 및 물자 등을 국내에서 개발하여 생산하는 것을 말한다.

3) 운영유지국산화란 운영유지단계에서 필요한 소모성 하부체계·부품을 국내에서 개발하여 생산하는 것을 말한다.

32. 국산화율

장비(물자)의 총 조달가격에서 그 장비에 사용된 부품·소재 및 기술 도입비 등에 소모된 외화 지출액을 제외한 금액의 총 조달가격에 대한 백분율(%)을 말한다.

$$\text{국산화율(\%)} = \frac{\text{총 조달가격} - \text{외화지출액}}{\text{총 조달가격}} \times 100$$

☞ "외화지출액"이라 함은 주계약업체와 제1차 부품 생산업체가 부품·소재 및 기술도입 등을 위

하여 지불한 외화지출액에서 장비획득과 직접 관련된 Off-Set에 의한 역수출로 발생하는 외화 수입금액을 제외한 금액을 말한다.

33. 국외 구매

무기체계 획득업무 구분의 한 형태로 각 군 및 기관에서 소요제기한 무기체계 중 연구개발 대상 사업으로 분류되지 않은 무기체계에 대하여 국외로 부터 기술도입 생산이나 직구매의 형태로 획득하는 방법이다.

34. 국제공동연구개발

외국자본(외국정부 및 외국업체 자본 포함)과의 공동투자로 추진하는 연구개발의 형태를 말한다.

35. 국제협력 연구개발

국내 연구개발 주체가 외국 연구개발 주체와 연구개발 자원을 공동으로 부담하여 연구개발을 수행하거나, 국내에서 부족한 기술에 대해 협력을 얻어 연구개발을 수행하는 방법을 말하며, 국제공동 연구개발과 기술협력연구개발로 구분한다.

가. 국제공동연구개발

국내 연구개발 주체가 외국 연구개발 주체와 공동의 연구개발 목표를 위해 연구개발 자원을 공동으로 부담하여 연구개발을 수행하는 형태

나. 기술협력연구개발

국내 연구개발 주체가 우리의 특정 연구개발 목표를 위하여 단독의 책임과 비용부담으로 국내에서 부족한 기술을 외국의 연구개발 주체로부터 협력을 얻어 연구개발을 수행하는 형태

36. 국책사업(National Project)

사회, 경제 등의 필요성에 따라 해결하지 않으면 안 될 연구개발 과제 중 국가가 그 목표를 설정하여 관리, 추진하는 대규모 연구개발사업을 말한다. 대형 프로젝트, 문라이트계획, 원자력 분야의 원심분리법, 우라늄 농축기술, 신형 전환로 개발, 고속증식로 개발 등이 그 대표적인 예이다.

37. 군사력 소요

승인된 군사전략 목표, 임무 또는 과업을 완수하는데 필요한 능력을 확보하기 위하여 연차별로 단계화한 군사력의 건설, 유지 및 운영에 관한 요구이다.

38. 군사요구도(ROC)

군사적 목적에 부합될 수 있도록 소요군 등이 요구하는 군수품의 필요성, 운용개념, 작전운용성능 등 제반 요건을 말한다.

39. 군사용 품목

군수품 표준화 절차에 의하여 제정된 국방표준 및 규격 또는 외국 군사규격 등을 적용하여 군사용으로 분류된 품목을 말한다.

40. 군수산업

국방산업, 방위산업, 무기산업 등의 용어와 같이 쓰여지고 있으며, 넓은 의미로는 군사적 요구를 충족시키기 위한 모든 산업이 망라된다. 좁은 의미로서는 군비 또는 전쟁에 소비되는 물자를 생산하는 산업이며, 단순한 군수산업이라고 할 때는 좁은 의미의 해석이고 민수산업과 구별된다.

41. 군수지원분석(Logistic Support Analysis, LSA)

무기체계의 수명주기간에 걸쳐 군수지원 요소를 확인, 분석, 구체화하는 활동으로 획득단계별로 주장비의 지원체계를 결정하는데 필요한 정보를 제공하며, 해당 무기체계의 운영유지 비용을 최적화시키는 동시에 무기체계 운용시 지속적인 군수지원이 이루어질 수 있도록 보장하는 종합군수지원 업무의 실체적인 활동이다.

42. 군수제원점검 (LDC : Logistic Data Check) 회의

소요군 및 관련기관과 합동으로 분석자료 및 군수지원요소에 대하여 제원을 확인하고 점검하는 회의를 말한다. 점검에는 신규 무기체계에 대해 수립된 군수지원요소 및 지원성 관련 설계요소에 필요한 지원능력상의 문제가 포함되며, 평가결과에 따라 군수지원 입력자료와 출력자료에 포함되는 내용, 문서화된 지원계획과 군수지원 자원 소요를 최적화 한다.

43. 군수품(Military Supplies Munitions)

가. 군에 소요되는 물품관리법상의 물품으로서 국방부 및 그 직할기관과 육·해·공군에서 관리하는 동산 중 현금, 유가증권을 제외한 모든 동산을 말한다.

나. 군부대를 장비하여 유지하며 작전하는 데 필요한 모든 품목, 식량, 의류, 장비, 무기, 탄약, 연료, 물자 그리고 모든 종류의 기계를 포함한다.

44. 군용물자부품

방산물자로 지정받아 양산 및 배치·운용중인 장비·물자의 구성품·결합체 및 부분품과 기타 일반장비·물자의 구성품·결합체 및 부분품을 말한다.

45. 군원장비

미국으로부터 무상군원으로 제공된 장비로 재산의 처리권한이 미국에 있는 장비를 말한다.

46. 군외정비

정부단체에서 보유한 장비 중 군에는 정비능력이 있으나 정부기관 또는 민간업체에는 정비능력이 없을 때 군에서 정비지원을 제공하는 것이다.

47. 규격서(Specification, SPEC)

제품 및 용역에 대한 기술적인 요구사항과 요구 필요조건의 일치성 여부를 판단하기 위한 절차와 방법을 포함하여 서술한 문서를 말하며, 제품의 성능, 재료형상, 치수, 용적, 색채, 제조, 포장 및 검사방법 등이 포함되며, 국방규격서는 정식규격서와 약식 규격서로 구분한다.

가. 정식규격서는 일정한 형식과 내용을 구비하여 계속적으로 통용하고 반복사용하기 위하여 제

정된 규격서이다

나. 약식규격서는 용도와 조건에 따라 임시규격서, 포장규격서, 구매규격서, 도면 규격서로 구분한다.

1) 임시규격서는 기술자료가 미비할 때 제정하는 규격서로서 정식규격화하지 아니하고는 원칙적으로 동일품목 구매에 재사용하지 못하는 규격서이다. (다만, 기술자료 획득곤란 등 특별한 사유가 있는 경우에는 규격제정기관의 심의 및 국방부 승인 후 재사용 가능)

2) 포장규격서는 완성장비 부품 등 포장사항이 규제되지 않는 품목의 수송, 저장, 취급의 편의성을 위하여 포장조건을 정한 규격서를 말한다.

3) 구매 규격서는 KS 및 정부부처, 외국, 업체규격을 그대로 적용할 수 없거나 품종 및 품질수준이 다양하여 조달에 적용하기 곤란한 품목에 대하여 구매에 필요한 최소한의 요구조건을 정한 규격서를 말한다.

4) 도면규격서는 군용물자 부품 등 단순 기능을 구매하는데 적용하기 위해 도면위주로 작성한 규격서를 말한다.

48. 규정휴대량목록(Prescribed Load List : PLL)

규정휴대량은 편성부대 및 독립중대와 격리된 파견대에서 부대정비를 실시하기 위하여 보유하여야 할 15일분의 수리부속품과 인가된 공구를 말하며, 규정휴대량 품목을 열거해서 수록해 놓은 목록을 규정휴대량 목록이라 한다.

49. 기능그룹부호(FGC : Functional Group Code)

무기체계와 장비를 기능적으로 분류하고, 구성품·조립체·부분품으로 체계적인 분해를 하기 위한 표준 색인 시스템을 말한다. 이는 기술교범의 장·절 편성과 연결된다.

50. 기능시험(Function Test)

각종 장비의 구조별 제 기능 발휘 여부를 규정된 절차와 시험장비, 테스터기 등을 이용하여 시험하며, 탄약의 기능을 확인하기 위하여 일정한 절차에 의거 육안 및 사격을 통해 시험하는 것을 말한다.

51. 기본 부속장비

무기체계 주장비(System)의 기본설계 및 기본성능에 영향을 미치는 장비로 주장비에 탑재·연결·결합된 상태에서만 기능발휘가 가능하고, 주장비와 분리시는 기능발휘가 불가하며, 다른 장비와 공용으로 사용할 수 없는 장비이다.

52. 기본 불출품목(Basic Issue Item, BII)

완성장비를 사용부대에 불출시 즉각적인 운용유지가 가능하도록 주장비에 소요되는 각종 부수장비, 공구, 교범 등이 포함되며, 주장비와 동시에 보급되어야 할 품목을 말한다.

53. 기본소모물자(基本消耗物資 : Basic Sustainment Material, BSM)

체계의 일부는 아니지만, 체계가 의도했던 기능을 발휘하기 위하여 소모되는 필수품목(예를 들면, 탄약, 프린터 리본, 특수용도 종이, 컴퓨터 테이프, 특수 유류)으로 주장비 전력화시 초기에 보급해야 할 물자이다.

54. 기성고(既成高)

공사나 제조 등의 도급계약에 있어서 일정시점을 기준으로 산정한 공사나 제조의 기성공정도를 말한다. 기성고는 공사도급 내역서를 기초로 하여 기성부분의 공정도를 화폐가치로 산정하는 것이 원칙이다.

55. 기술개발(Engineering Development)

군사용으로 승인되었거나 조변되지는 않았으나, 군사적 목적으로 개발하는 기술(기술설계, 기타)과 관련된 모든 개발사업을 포함한다.

56. 기술개발비

당해 군수물자의 생산을 위하여 지출되는 노하우(Know-how) 획득액, 해외 기술자 초청비, 연구개발비 등을 말한다.

57. 기술개발 준비금

기술의 개발 및 혁신에 소요되는 비용의 지출에 대비하기 위하여 적립하는 준비금을 말한다.

58. 기술교범(Technical Manual, TM)

기술교범이란 군의 주요장비 및 물자의 운용을 위한 원리, 설치, 사용, 정비점검 등에 관한 내용과 이에 필요한 수리부속품, 특수공구목록, 그리고 전문적이고 기술적인 업무수행을 위한 지식과 지시가 수록된 발간문을 말한다. 이 기술교범에는 해당장비 관리방법에 대한 각종자료가 수록되어 있으며, 사용용도에 따라 다음과 같이 분류한다.

가. 사용자교범 (10)
나. 부대정비교범 (20)
다. 직접지원 정비교범 (30)
라. 일반지원 정비교범 (40)
마. 창정비 작업요구서 (50)
바. 수리부속 및 특수공구목록교범 (P교범)
사. 점검교범

59. 기술관리기관

기술의 실질적 소유권을 가지고 기술을 관리·보관하는 국방관련 기관을 말한다.

60. 기술도입생산

외국에서 개발되어 실용화된 무기체계를 외국의 원제작업체와 기술협력에 의하여 생산권한을 양도, 대여 또는 지원하에 국내에서 생산하는 것을 말하며, 기술도입생산의 세부형태는 공동생산·조립생산·면허생산 등으로 구분하며, 계약내용에 따라 단일 또는 복합적으로 적용된다.

62. 기술구조(TA : Technical Architecture)

세부적인 요구사항을 충족시키는 적합한 체계(Conformance System)를 보장하기 위하여 체계를 구성하는 부품 또는 요소간의 배열(Arrangement), 상호 작용 또는 상호 독립성을 지배하는 규칙의 최초 집합을 명시한 것으로서, 표준, 규정 및 지침 등으로 구체화 된다.

63. 기술변경(Engineering Change)

규격제정 이후에 발생되는 물품의 형상, 특성 및 기능 등의 변경을 말하며, 기술변경은 해당 기술자료묶음의 수정을 필요로 한다.

64. 기술수출 예비승인

방산물자 수출업체(방산업체를 포함한다)가 기술을 국외에 수출하고자 하는 경우 정부가 수출상담을 승인하는 것이며 이는 수출허가의 전 단계를 의미한다.

65. 기술시범

연구개발간 비용증가, 기간 연장, 실패 등의 위험성을 감소시키고, 군사활동간 확인된 제 결함사항을 해소하기 위하여 민간부문의 발전된 과학기술을 적용한 해결방안(실제 물건 또는 무형적인 기술)이 군사적으로 유용한 지 평가하는 절차로서 전투실험 방법중의 하나임.

66. 기술시험소(Testing Laboratory)

자격을 인정받는 시험 및 기술검사를 수행할 수 있는 시설을 갖춘 정부시험소 또는 정부가 인가한 민간시험소를 말한다.

67. 기술시험평가(Developmental Test, DT)

체계개발 단계에서 제작된 시제품에 대하여 기술상의 성능(신뢰도 · 유지성 · 적합성 · 호환성 · 내환경성 · 안정성 등)을 측정하고 설계상의 중요한 문제점이 해결되었는가를 확인 평가하여 무기체계 획득과정에 있어서 기술적 개발 목표가 충족되었는지를 확인하기 위한 시험 평가를 말한다.

68. 기술용역(Technical Services)

용역이란 물자의 형태를 취하지 않고 생산과 소비에 필요한 노무를 제공하는 일(Service)을 말하며, 기술용역은 타인의 위탁에 의하여 고도의 과학기술을 응용하여 사업 및 시설물의 계획, 연구, 설계, 분석, 조사, 조달, 시험, 감지, 시운전, 평가, 자문, 지도, 기타 사항을 용역 지원하는 것을 말한다.

69. 기술원조(Technical Assistance)

외국에 기술전수(Know-how Transfer), 기술지원(Technical Support) 및 기술교육(Technical Training)을 유 · 무상으로 제공하는 것을 말한다.

70. 기술이전(Technology Transfer)

산업재산권의 이전, 산업재산권의 실시권 및 기술자료의 제공 등 기술을 보유한 '갑'이 기술을 필요로 하는 '을'에게 새로운 기술을 제공하는 것을 말한다.

71. 기술자료(Technical Data)

기술자료묶음(Technical Data Package, TDP), 기술정보(Technical Information, TI), 기술교범(Technical Manual, TM) 및 기술규격서 (Technical Specification, TS)등 기술에 대한 내용을 수록한 것을 말하며, 책자 또는 필름 등 그 표현형식 여하는 상관하지 아니한다.

72. 기술자료묶음(Technical Data Package, TDP)

군에 소요되는 장비의 품목 및 용역에 대한 기술적인 특성 및 필수사항을 제작 · 생산 및 조달이 적합하도록 완전하고 명확하게 묘사한 기술자료로서, 규격서 · 도면 · 소프트웨어(소스코드 포함) 기술자료 · 품질보증보충규정(SQAP) · 자료목록 등이 포함된다.

☞ SQAP : Supplementary Quality Assurance Provision

73. 기술협력생산

외국에서 개발되어 실용화되었거나 실용화를 위하여 시험평가결과 전투용 적합으로 판단되어 생산중인 무기체계를 외국의 원제작업체와 기술협력에 의하여 생산권한을 양도 및 대여 또는 지원하에 국내에서 생산하는 것을 말한다.

74. 기획체계

예상되는 위협을 분석하여 국방목표를 설정하고 대응전략 수립 및 군사력 소요를 제기하며 적정수준의 군사력을 효과적으로 건설하기 위한 제반정책을 수립하는 과정을 말한다.

75. 긴요품목(Critical Supplies and Material)

요구하는 기능을 발휘하지 못할 경우 생명의 안전 또는 군사 임무수행에 치명적인 위험을 미치는 성질을 지닌 품목을 말한다.

ㄴ

1. 내구도 (D : Durability) 및 내구성(Endurance)

유효수명의 척도로서 장비 운용간 부품이 사용수명, 분해수리시점 또는 재생 시까지 고장 없이 성공적으로 운용될 수 있는 확률을 말한다.

2. 내구성 평가(Endurance Evaluation)

기계부품이나 구조물, 전자부품 등을 반복적으로 사용했을 때 사용하중을 예측하여 실험적으로나 이론적인 방법으로 기대되는 수명까지 견디어 낼 수 있는 지 여부를 가려내는 것을 말한다.

3. 내구수명(Service Life)

사용하게 되는 날로 부터 열화(劣化)가 진행되어 품목이 더 이상 경제적으로 사용가능 상태로 회복할 수 없게 될 때까지의 기간을 말한다.

4. 내장형 소프트웨어

각종 무기·비무기체계에 내장되어 해당 장비의 임무에 전용으로 제공되는 소프트웨어를 말한다.

ㄷ

1. 단위부대(Unit)

편성 및 장비표와 분배표에 의거 편성된 편성부대의 일부를 구성하는 부대로서 편성부대의 재산을 관리하고, 개인 지급품목을 분배받아 개인에게 지급하는 군수품 관리상의 최소부대를 말하며, 중대, 포대, 참모부 또는 처, 부 단위 등이 이에 해당된다.

2. 단위소요량증명서 발급

국내에서 생산되는 방산물자 및 수출용 방산물자(절충교역 포함) 또는 외주정비 물자의 제품 단위당 실제 소요되는 자재의 양을 확인하여 증명서를 발급하는 것을 말한다.

3. 대상업체

군수품의 연구개발(기술협력생산을 포함한다)에 참여하기 위하여 제안한 업체(연구기관을 포함한다) 중 제안내용을 평가하여 후보로 선정된 협상 대상업체를 말한다.

4. 대금지불청구서(Billing Statement, BS)

FMS로 구매하는 장비 및 물자에 대한 자금거래 현황을 계정하는 회계처리 문서이며, 미 국방재무회계본부에서 매분기별로 작성하여 구매국에 발송하는 소요 대금청구서를 말한다.

5. 대외군사판매(Foreign Military Sales : FMS)

국외구매방법의 한 형태로 미국정부가 무기수출통제법(Arms Export Control Act) 등 관련 법규에 의거 미국의 우방국 및 동맹국 또는 국제 기구에 정부간의 계약에 의하여 대외지급수단 및 차관금액으로 군사상 필요한 물자를 유상으로 판매하는 방법을 말하며 지정구매, 총괄구매 및 군수보급지원약정으로 구분한다.

가. 지정구매(DEFINED ORDER CASE : DO)

FMS 구매물자를 구매할 경우에 대상품목, 수량, 예상가격 및 인도 예정일 등 제반조건을 청약 및 수락서상에 구체적으로 명시하여 구매하는 계약방법을 말한다.

나. 총괄구매 (Blanket Order Case : BO)

FMS물자를 구매할 경우에 구매대상품목에 대하여 총금액 및 구매기간만을 명시하여 계약한 후 그 범위 내에서 수시로 청구하여 구매하는 계약방법을 말한다.

다. 군수보급지원 약정 (CLSSA)

미국 국방성 군수지원체제를 통하여 외국에 군수지원을 제공해 주는 국제 협동군수지원체제로서 미국과 해당 우방국 간의 군별 쌍무약정에 의해 평시 지속적인 계획의 일환으로 시행되고 있는 대외판매의 형태를 말한다.

6. 대외군사판매법(The Foreign Military Sales Act)

1968년 10월 미국은 대외군사판매법안을 제정하여 1961년에 제정한 대외지원법으로 부터 군사판매만을 독립시켰다. 이로써 미국은 우방국 및 국제기구에 대하여 공동생산과 협동군수지원을 포함한 방위물자 및 용역판매를 위한 단일 입법조치를 강구하게 되었다.

7. 대 정부간 구매

직구매 방법의 한 형태로서 대외지급수단 또는 차관자금으로 외국정부와 우리나라 정부간의 계약에 의하여 구매하는 것으로서 미 대외군사판매(FMS) 등을 포함한다.

8. 대체납품

기 납품된 제품이 하자품으로 판명되어 통보되는 경우 제품규격을 만족하는 정상품으로 하자품을 교체하여 하자처리 하는 것을 말한다.

9. 대체부호(ALC : Alternate Logistic support analysis Code)

대체 설계개념이나 다른 모델이면서 같은 체계 조립 수준상에서 동일한 LCN을 사용하는 유사 품목을 기록하는데 사용되는 식별부호를 말한다. 사용 가능 숫자는 '00~99'와 공란이며, 기본체계는 '00'을 부여한다.

10. 데이터공유환경(SHADE : SHAred Data Environment)

공통운용환경을 위한 데이터 부분의 상호운용성 및 통합성을 위한 전략으로써, 정보체계가 데이터를 공유할 수 있도록 하는 공통의 서비스 및 도구 및 절차를 말한다.

11. 도급

도급계약에 있어 수급인이 자가 인수한 일의 완성을 다시 제3자에게 도급시키는 것으로 하청이라고 하고 그 하청을 받은 자를 하청인이라 한다. 도급은 일의 완성이 목적이므로 하도급이 허용되고 있으나 법률 또는 계약에 의거 이를 금지하는 경우도 많다. 건설업법은 일괄하도급을 원칙으로 금지하고 있다. 하청인은 법률상 이행 보조자이므로 그 행위에 대하여서는 수급인이 책임을 진다.

12. 도면 분석

고장유형영향 및 치명도 분석, 신뢰도 중심 정비분석 등을 통하여 고장유형 및 영향, 품목별 치명도, 예방정비 및 보수정비 업무를 식별하고 SMR 부호 및 정비업무 부호를 할당하는 등의 IPR의 한 과정을 말한다.

13. 도메인(Domain)

일반적으로 어떤 특정 분야의 실무자들이 이해할 수 있는 개념과 용어들로 표현될 수 있는 지식과 행동의 범위를 말함.

14. 도입방법 결정

획득방법이 국외 도입인 경우 기술도입생산 또는 직구매 중 국익차원에서 가장 유리한 방법을 택일하여 결정하는 것을 말하며, 도입방법 결정은 무기체계 기종결정과 동시에 수행될 수 있다.

15. 독자개발(Incountry Development)

연구개발사업의 한 형태로서 특정 무기체계를 우리 자체의 기술진에 의하여 설계·시제품제작·시험평가를 하여 개발하는 것을 말한다.

16. 동류전용

수명초과로 폐기되는 장비중 복구가능부품을 탈거하여 타장비에 사용할 때와 정비과정중 필요한 수리부속이 보급되지 않았을 때 다른 요수리 장비에서 탈거 사용하는 경우를 말한다.

17. 동시조달수리부속(Concurrent Spare Parts)

초도 및 후속보급되는 장비의 필수요소 수리부속품을 장비와 동시에 조달하여 효율적인 정비관리 및 장비유지를 도모하기 위해 확보되는 수리부속품을 말한다.

ㄹ

1. 램(RAM)

신뢰성(도)(Reliability), 가용성(도)(Availability), 정비성(도) (Maintainability)의 약어로서, 어떤 체계의 고장빈도, 정비업무량 및 전투준비태세 등을 측정하는 척도로 활용한다.

가. 신뢰성(도) : 어떤 체계가 주어진 조건하에서 일정기간 동안 고장없이 의도된 기능을 수행할 수 있는 확률로서, 고장 빈도와 관련된 요소이다.

나. 가용성(도) : 어떤 체계가 고장수리를 거쳐 임의의 시점에서 가동상태에 있는 확률로서 신뢰도와 정비도에 의해 결정되며, 어떤 장비가 불시에 임무를 받았을 때 가용될 수 있는 정도를 나타내는 것으로서, 전투태세의 측정치로 사용된다.

다. 정비성(도) : 규정된 절차에 따라 정비를 실시한 경우 지정된 기간 내 어떤 체계가 요구된 상태로 복구될 수 있는 확률로서 정비의 용이성 즉, 정비 업무량과 관계되는 요구사항이다.

2. 로열티(Royalty)

특허권, 저작권 또는 산업재산권의 사용료로서 흔히 외국으로 부터 기술에 관한 권리를 도입한 후 그 권리 사용에 따른 대가를 지불하는 것을 말한다.

ㅁ

1. 면제(Waiver)

제품생산 도중 또는 검사를 받기 위하여 제출된 후, 규정된 필요조건과 상이한 것이 발견되었으나 상이한 상태 그대로 또는 추가 인가된 방법으로 재 작업 후 사용 가능한 것으로 간주되는 경우, 문서절차에 의하여 그 제품을 합격으로 인정하는 것을 말한다.

2. 면허생산(License production, LP)

기술도입생산 사업의 한 형태로서 외국으로 부터 생산권한을 양도 또는 대여받아 외국의 기술지원 없이 특정품목을 생산하는 것을 말한다.

3. 명시이월(예산회계법 제23조)

세출예산 중 사업의 성질상 1회계 연도내에 경비지출을 끝내지 못하고 다음 연도에 이월하여 지출해야 할 경우 그 취지를 예산에 명시하여 미리 국회의 의결을 얻은 경비를 말하며, 이는 회계연도내에 지출하지 못하게 된 사업의 중단을 방지하고 연도내에 무리한 사업의 집행으로 인한 예산의 낭비를 예방하기 위한 것이다. 방위력개선사업의 경우 연도내에 당해연도 계획된 사업의 예산이 승인되지 않았거나 계획된 사업의 예산집행은 승인되었으나 지출원인행위를 하지 못한 경비 및 집행결과 발생된 잔액으로 미리 국회의 의결된 범위내에서 다음연도로 이월하는 것을 말한다.

4. 모 듈(Module)

모듈이란 유사제품의 구성요소(부품 및 결합체)중 공통으로 사용되는 별도의 구성단위를 말한다. 예를 들면 유사 및 동일기능을 수행하는 다종의 전자부품을 1개의 인쇄회로기판(Printed Circuit Board, PCB)에 조합배열한 전자부품의 구성단위가 있다.

5. 모방개발(Imitation)

외국에서 운용중인 군사장비나 한국군에서 운용중인 외국의 군사 장비를 생산실적이 있는 제작규격서에 의하거나 역설계하거나 또는 일부를 개조하여 개발하는 것을 말한다.

6. 모의시험(Trial Examination, Simulation)

실제의 상황 또는 유사한 환경여건하에서 어떤 무기체계 또는 조직, 절차, 방법 등을 구매하기 전이나 혹은 편성하여 운용전에 그 타당성과 적합성을 평가하기 위한 시험이다.

7. 목록화

표준화된 체계와 제도화된 절차에 따라 보급품에 대한 분류 및 식별, 품명 및 재고번호, 특성 및 관리자료 작성 등 일련의 과정을 말한다.

8. 목표가격

외자상업구매에 있어서 현재 거래실례가격이 없는 경우 등 예정가격을 작성할 수 없는 품목에 대하여 가격협상이나 입찰시 경제적 조달의 기준이 되도록 재무관이 설정한 가격을 말한다.

9. 목표비용(Target Cost)

방위력개선사업을 수행함에 있어 무기체계의 개발, 양산, 운영유지에 소요되는 직・간접비를 포함한 총 사업비(TOC : Total Ownership Cost)의 목표치로 설정한 비용을 의미하며, 계획된 예산 범위내에서 개발 및 양산사업을 효과적으로 수행하고 운영유지단계의 경제성을 보장하기 위하여 설정한다. 이러한 목표비용은 개발단계 목표비용, 양산단계 목표비용 및 운영유지단계 목표비용으로 세분화할 수 있으며, 개발 및 양산단계에서는 운영유지단계까지의 목표비용을 고려하여 개발 및 양산한다. 이러한 목표비용은 정확한 비용분석을 통하여 설정하되, 소요기획단계에서는 개략적인 목표비용이 설정되며, 계획단계에서 연구개발사업은 탐색개발 시, 구매사업은 선행연구 시 보다 구체적으로 설정되며, 예산단계에서는 목표비용 설정의 최종단계로 판단, 확정적으로 설정하여 의사결정시 반영한다.

10. 목표운용 가용도

무기체계 및 장비의 규정된 운용조건 및 정비 보급환경 하에서 운용할 경우에 임의의 시점에서 무기체계 및 장비가 정상적으로 가동될 확률을 말한다.

11. 무기체계(Weapon Systems, WP)

하나의 무기체계(장비포함)가 부여된 임무달성을 위하여 필요한 인원・시설・소프트웨어・종합군수지원요소・전략・전술 및 훈련 등으로 성립된 전체 체계를 말한다.

12. 무기체계 기종결정

국외도입으로 획득하는 무기체계에 대하여 시험평가 및 협상결과를 근거로 대상 무기체계 중 획득할 무기체계의 기종을 결정하는 것을 말한다.

13. 무기체계 획득정보

무기체계에 대한 가격, 성능, 비용 대 효과분석, 절충교역, 시험평가 및 품질보증, 해외업체 현황 등 무기체계 획득을 위해 수집・분석・가공된 정보를 말한다.

14. 무역대리업자

외국의 수입업자 또는 수출업자의 위임을 받아 국내에서 수출 물품을 구매하거나 수입물품을 수입함에 있어서 그 계약의 체결과 이에 부대되는 행위를 업으로 영위하는 자(외국의 수입업자 또는 수출업자의 지사 또는 대리점을 포함한다)를 말한다.

15. 물자인도명세서(Delivery Listing)

해당 분기중 구매국에 인도된 FMS 물자에 대한 재고번호, 수량, 금액, 청구번호를 차변 및 대변으로 구분하여 작성한 문서를 말한다.

16. 민・군겸용기술(Dual Use Technology, DUT)

현재 보유하고 있지 않은 기술을 민과 군이 공동으로 연구개발하여 겸용할 수 있는 기술 및 민과 군이 각각 보유하고 있는 기술 중에서 상호 전환하여 활용할 수 있는 기술을 말한다.

ㅂ

1. 방산물자(방산품)

군용으로 제공되는 물자(군용물자)로서 방위산업에 관한 특별조치법에 의하여 지정된 물자를 말하며, 그 지정 대상은 무기체계로 분류된 물자를 원칙으로 한다. 다만, 군용으로 연구개발중인 물자로서 연구개발이 완료된 후 무기체계로 분류될 것이 예상되는 물자도 방산물자로 지정할 수 있다.

2. 방산업체(방위산업체)

방위산업물자를 생산하는 업체로서 방산업체 지정 규정에 의하여 지정된 업체를 말한다.

3. 방위산업(Defense Industry)

일반적으로 적의 직접 또는 간접적인 침략에 대하여 국가방위를 목적으로 직·간접으로 사용하는 무기, 장비, 물자 및 소재의 생산에 종사하는 산업을 말하며 방산특조법에는 방산물자를 생산(제조, 가공, 조립, 정비, 재생, 개량 또는 개조)하거나, 연구개발하는 업으로 규정하고 있다.

4. 보급교범(Supply Manual, SM)

보급교범이란 보급관리를 위하여 품목식별 및 운용요령과 보급품이 인가량 및 저장지침, 보급제원, 기타 보급업무에 필요한 사항을 수록한 교범을 말한다.

5. 보급문서 선정부호(PTDS : Provisioning Technical Documentation Selection code)

분석 대상품목이 수록될 해당 보급 기술문서 목록을 식별하는 부호로서, 품목이 적용되는 대상목록에는 'Y', 또는 '공란'으로 기입한다.

6. 보급회보(Supply Bulletin, SB)

보급회보란 군수보급제원, 보급품 획득내용, 협정 및 통제된 품목표와 같이 보급문제에 관한 기술적 지시와 정보사항을 수록하여 전달하는 발간물을 말하며, 행정보급지시는 포함하지 않는다.

7. 보급목록(Supply Catalog, SC)

보급목록이란 군수보급계통 내에서 반복적인 조달, 분배 및 불출이 이루어지는 보급품목에 관한 품목 식별 및 관리자료를 수록한 발간물을 말하며 청구 및 분배에 대한 지침으로 활용한다.

8. 보정계수(Conversion Factor)

체계 및 장비의 연간운용소요를 분석, 대상품목의 연간운용소요로 변환하는데 사용하는 계수로써, 분석 대상품목 사용(주기, 거리, 발수, 시간 또는 기타 적절한 측정단위로 표시)을 체계 및 장비의 사용률로 나누어 계산한다.

9. 복구성 부호

SMR 부호의 다섯째 자리. 사용 불가능한 품목들에 대한 처리 방향을 지시하기 위해서 제시되는 부호('예' Z : 수리불가 품목이며, 사용 불가 시 세번째 위치에 지시된 정비계단에서 폐기 처분)를 말한다.

10. 부대정비(O : Organizational, 2계단 정비)

편성장비표 또는 배당표에 인가된 공구, 수리부속품을 사용하여 운용부대 정비병이 수행하는 정비이다. 부대정비 계단의 능력은 보통 주기적인 장비의 점검, 고장을 확인하기 위한 조치 및 주요 품목의 제거 및 교환 등으로 제한된다. 즉, 정비수준은 공구, 시험장비 및 훈련된 인원에 의해 임무수행 가능여부를 점검하는 일일점검, 고장 품목의 제거, 교환 등과 같은 낮은 수준이다.

11. 부품국산화

군 운용장비에 사용되는 부품을 그와 동일한 품목으로 생산하거나, 그 이상의 성능과 기능을 발휘할 수 있는 대치품을 국내에서 생산하는 형태를 말한다.

12. 분산 데이터베이스

기술 및 무기체계 정보관리기관이 독립적으로 자체기관에 필요한 자료를 데이터 베이스(Data Base)화한 것을 말한다.

13. 분석평가체계

최초 기획단계로부터 예산편성단계까지 실시하는 사전분석과 당해연도 집행되는 사업과 완료사업에 대하여 실시하는 사후분석으로 구분되며, 사전분석이라 함은 기획·계획, 예산단계에서 주요사업추진에 따른 각종 의사결정에 기여하기 위하여 실시하는 분석을 말하고, 사후분석이라 함은 사업집행중에 문제점이 발견되면 최단 시간내에 이를 시정하고, 사업완료후에 발견되는 장단점 등을 차기계획에 반영하고자 실시하는 분석을 말한다.

14. 분해수리(Overhaul)

관련기술발간물(창정비작업요구서, 기술교범)에 명시된 정비기준에 의거 정비허용 한계까지 완전분해, 검사 및 수리 등을 통하여 완전사용 가능상태로 복귀시키는 정비행위를 말한다.

15. 분해 수준(레벨)

고장유형영향 및 치명도 분석(FMCEA)을 위해 체계의 어느 수준까지를 분석대상으로 할 것인가를 결정하며 체계(System), 하부체계(Sub system), 구성품(Component), 조립체(Assembly), 부분품(Part) 등으로 나눈다.

16. 불가동 장비(Dead Line Equipment, DL)

가. 파손, 고장 또는 수리가 필요하기 때문에 사용이 불가능한 장비 및 긴급 수정작업을 요하는 장비

나. 긴박한 전투상황에서는 사용이 가능하더라도 아래 장비는 불가동 장비로 간주한다.

1) 안전에 유해로운 장비
2) 계속 사용으로 장비에 심한 결함을 초래케 하는 장비
3) 부대정비를 요하는 불가동장비(부대 DL)
4) 정비지원시설에서 정비를 요하는 장비(시설 DL) 단, 기지 후송된 장비는 DL 개념에서 제외한다.

17. 분석평가

사업을 기획, 계획, 예산편성 및 집행함에 있어서 사업목표의 달성과 자원의 합리적인 배분 및 효율적 사용을 보장하기 위해 사업추진과 관련되는 제 요소를 분석하고 평가함으로써 의사결정권자 또는 각종 심의 및 의결기구에서의 합리적 의사결정을 보좌하는 기획관리제도상의 한 기능이다.

18. 비군사화 부호(DC : Demilitarization Code)

품목에 대하여 요구되는 비군사화의 정도를 나타내는 부호로서, 미 군수본부 목록부호집(DoD 4100.38-M)을 참조한다.

19. 비용관리제도(Cost As an Independent Variable : CAIV)

공격적이고 달성가능한 비용목표를 설정하고, 전 사업기간 동안 지속적으로 양산단가 및 운영유지비용과 성능 간의 절충(Trade-Off)을 통하여 목표비용 내에서 성공적으로 체계를 개발하게 하는 제도를 말한다.

20. 비용대 효과분석(Cost and Operational Effectiveness Analysis, COEA)

무기체계 개발, 생산, 구매, 운영유지에 소요되는 수명주기 비용 및 전력증강·정비유지 등의 직접효과와 기술적·경제적 파급효과 등을 종합 비교 분석하는 활동을 말한다.

21. 비용분석

사업의 연구개발비, 투자비 및 운영유지비를 분석, 당해 연도를 기준으로 본 현재가로 산출하여 대안별 총순기 비용을 집계 비교하는 분석을 말한다.

22. 비용통제

무기체계의 개발·양산·운영유지단계에 설정한 목표비용을 달성하기 위하여 주기적으로 해당 시점의 목표비용, 실 소요비용, 그에 따른 성과를 분석하여 최종 소요될 비용을 추정하고, 이를 목표비용과 비교함으로써 최종 소요될 비용이 목표비용에 일치하도록 사업주관부서에서 소요될 비용을 조정·통제하는 것을 말하며, EVMS(Earned Value Management System : 성과관리체계), CAIV(Cost as An Independent Variable : 비용의 독립변수화 절차) 등을 활용할 수 있다.

23. 비축장비

편제소요는 없으나, 전시 즉각적인 재 보급을 위해 평시부터 확보하여 저장 및 관리하고 있는 장비를 말한다.

24. 비표준장비(Nonstandard Equipment)

작전요구 성능을 충족할 수 없고 경제적으로 부적합한 장비로서 도태 계획에 의거 처리해야 할 장비(도태계획에 포함할 장비는 비표준장비로 선행 분류함)를 말한다.

ㅅ

1. 사고이월

연도 내 지출원인 행위가 이루어졌고, 연도 내에 지출케 되어 있었으나 납품지연, 공사지연, 하자발생 등의 부득이한 사유로 연도 내에 지출하지 못한 세출예산을 다음 연도로 넘겨 사용하는 것을 말한다.

2. 사양(서)

함정 설계·건조시에 필요한 함정, 장비 및 자재 등의 기술적인 요구사항을 명시한 문서이다.

3. 사업관리기관 및 부서

무기체계 또는 장비, 물자 등을 연구개발 또는 구매함에 있어서 해당사업에 대한 모든 계획, 집행 및 사후관리까지 직접적인 책임을 담당하고 있는 부서로서 사업관리본부, 국책사업단, 각 군(군수사 포함), 국방부 직할기관, 국과연, 특정사업을 담당하는 방위사업청 획득기회국·방산진흥국·분석평가국 등이 여기에 속한다.

4. 사업(관리)단(Project Management Office, PMO)

주요 사업으로 지정된 무기체계 획득업무를 효율적으로 추진하기 위하여 획득방법 결정 시점부터 최초 운영능력 확인단계까지 책임을 부여받은 사업관리 책임기구로서 설치 및 해체 여부는 획득본부(획득정책국)에서 결정한다.

5. 사업관리자(Project Manager, PM)

각 군 내에서 선정된 무기 또는 장비체계를 마련하는 데 포함되는 모든 계획, 방향 및 과제의 통제와 관련자원 등 전반에 걸쳐 전적인 권한을 행사하는 요원을 말한다. 그 권한은 명시된 목표달성을 위한 계획의 균형유지를 위해 연구, 개발, 생산, 분배 및 군수지원의 모든 단계에 걸쳐 행사된다.

6. 사업분류

가. 착수사업 : 기준연도(F+2)에 최초로 자금(전력화 준비비 제외)이 투자되는 사업을 말한다.

나. 신규사업 : 중기계획 대상기간(F+3~F+6년)에 처음으로 계획되는 사업을 말한다.

다. 계속사업 : 기준연도(F+2) 이전부터 계획 및 집행되어 온 사업으로서 대상기간에도 기계획된 대로 추진되는 사업을 말한다.

라. 기계획사업 : 대상기간 기준연도(F+2) 이전 계획에 기포함 되었던 사업을 말한다.

마. 조기추진사업 : 대상기간 중에 계획된 사업 중에서 목표량이나 자금이 1년 이상 앞당겨 계획이 조정되는 사업을 말한다.

바. 순연사업 : 대상기간 중 계획되었던 사업 중에서 목표량이나 자금이 1년 이상 지연되는 사업을 말한다.

사. 물량조정사업 : 기계획사업중에서 연도변경 없이 목표량만 조정된 사업을 말한다.

7. 사용성부호(UOC : Usable On Code)

분석 대상품목이 사용하는 체계 및 완제품의 형상을 나타내는 부호로서 각 품목이 어떤 모델 및 형상에서 사용되는지를 나타내며, 사용성부호는 장비의 오직 한 형상 및 모델만을 나타내며 정부가 제시하는 사용성부호 할당 지침에 의해 최대 3자리의 영문자로 기입한다.

8. 사용자 정비(C : Crew, 1계단 정비)

운용병·승무원에 의해 실시되며 고도의 기술이 요구되지 않는 조정이나 소모성 품목의 교환, 기본불출품목이나 추가인가품목으로 수리할 수 있는 정비를 말한다. 부대정비공구나 지원장비가 필요하지 않는 단순 정비이다.

9. 사업성과 관리제도(Earned Value Management System : EVMS)

사업계획을 수립하고, 수행성과와 실비용을 측정하여 사업의 진행상태를 점검하고 미래를 예측하며 문제점을 조기에 식별함으로써 적절한 대책을 강구토록 지원하는 제도를 말한다.

10. 사전분석

사업을 추진함에 있어서 소요 및 사업의 타당성, 각종 계획의 합리성, 집행의 효율성 및 경제성 등을 제공하기 위해 기획단계로부터 집행직전까지 실시하는 분석이다.

11. 사후분석

당해연도 집행되는 사업과 완료사업에 대한 최초운영능력 확인과 사업성과 측정 및 전력운영분석 등을 통하여 발견되는 문제점을 시정하고 이를 차기계획에 반영하기 위해 실시하는 분석을 말한다.

12. '37'국가재고번호품목

'37'국가재고번호는 대한민국 군수품의 국가재고번호로서 나토(NATO)에서 부여한 것으로, 국내 자본이나 기술에 의해 국내·외에서 독자적으로 개발된 품목 또는 외국 제품 중 국내개발시 형상 등이 기존품목과 다르게 개량된 품목 등을 말한다. '37'국가재고번호의 부여대상은 대체로 연구개발품목, 성능 및 품질개선품목, 국내 기술에 의거 조립생산된 품목, 국내생산 사용품중 군수품으로 대체된 품목 등이 이에 해당된다.

가. 국가재고번호(National Stock Number : NSN)

보급품목을 식별하기 위하여 세계 전 국가에서 공히 사용되는 재고번호로서 그 구성은 13자리 숫자로 되어 있으며 4자리는 군급분류부호(FSC)를 그대로 적용하고 다음 2자리의 국가부호국부호(NCB Code)와 마지막 7자리는 품목식별번호(IIN)로 구성되어 있다.

나. 국가부호국부호(National Codification Bureau Code : NCB Code)

국가재고번호중 군급분류번호(FSC)다음 2자리숫자로 구성되며 각 국가별 부호는 다음 표와 같다.

부호	국 가	부호	국 가	부호	국 가
00	미 국	22	덴마아크	32	싱가포르
01	미 국	23	그리이스	33	스페인
11	NATO표준품목	24	아이슬란드	34	말레이지아
12	독 일	25	노르웨이	35	태 국
13	벨기에	26	포르투칼	36	이집트
14	프랑스	27	터 키	37	대한민국
15	이탈리아	28	룩셈브루크	66	호 주
17	네델란드	29	아르헨티나	70	사우디아라비아
18	남아프리카	30	일 본	98	뉴질랜드
21	캐나다	31	이스라엘	99	영 국

13. 상세설계검토 (CDR : Critical Design Review)

중요한 공학적, 기술적 검토가 수행되는 설계검토의 마지막 단계로서 세부설계에 대한 완벽성 및 인터페이스의 적절성 여부 등을 검토한다. 하드웨어에 대한 상세설계가 제품규격서 초안 및 이와 관련된 공학적 도면으로 발전되고, 승인된 상세설계는 최초제작 및 생산계획의 기초 역할을 수행한다. 상세설계검토는 하드웨어의 경우 설계와 생산의 중간에서, 소프트웨어의 경우 코딩 및 시험 이전에 수행하며, 이의 성숙도가 불완전할 경우 차후의 빈번한 변경이 생산에 지장을 초래하게 된다. 또한, 이를 너무 수행할 경우, 생산일정에 지장을 초래하므로 사업관리자는 적절한 수행시점을 선정해야 한다.

14. 상세형규격(Detail Specification)

구매에 적용될 품목과 용역에 관한 기술적인 요구사항과 요구성능의 달성방법을 구체적으로 기술한 규격을 말한다.

15. 상업구매

국외조달 구매방법의 한 형태로 우리 정부가 국외업체로부터 군수품을 구매하는 것을 말한다.

16. 상용품목

민수용으로 생산·유통되고 있는 품목을 군에서 군수품으로 채택 사용하는 품목을 말한다. 상용품목으로 지정된 품목은 완제품 및 부분품의 정상요소를 반영하여 조달할 수 있으며, 국방규격을 제정하지 아니하고 한국산업규격 및 정부관계기관 규격적용을 원칙으로 한다.

17. 상호운용성(Interoperability)

한 시스템에 있어서 기술특성의 차이에 관계없이, 그리고 인원에 대한 추가적이 훈련을 거의 하지 않고서도, 기본적으로 같은 기능을 수행하거나 상호 보완할 수 있는 2개 또는 그 이상의 품목 또는 장비 구성품의 능력을 말하며, C4ISR 상호운용성이란 감시 및 탐지 및 정보체계, 지휘통제체계, 타격체계 및 관련 통신체계를 포함, 체계들간의 상호운용성을 말한다.

17. 상호운용성 수준

절차(procedure), 응용체계(application), 기반구조(infrastructure), 데이터(data)별로 상호운용성과 관련하여 체계가 구비하여야 하는 특성 및 수준을 말한다.

18. 선하증권(Bill of Loading, BL)

화물선적을 입증하는 기본서류이며, 유통할 수 있는 유가증권이므로 이 서류가 없으면 대금을 받을 수도 없고, 화물을 인수할 수도 없다. 다시 말하면 선하증권은 선박회사가 화주로 부터 화물을 선적 또는 선적을 목적으로 수탁한 사실과 화물을 인도할 것을 약속한 화물 수취증권이다.

19. 선행연구

장기소요 무기체계에 대하여 소요군의 요구사항을 식별하여 체계 구성을 구상하고, 개념설계(Sketch)를 수행하는 연구단계. 이 과정에서 무기체계의 운용개념을 형성한다.

20 성과기반 군수지원(PBL : Performance Based Logistics)

군이 제시한 목표가동률, 군수반응시간 등 성과지표를 기준으로 계약업체의 성과정도에 따라 비용을 지불하는 제도

21 성능개량 및 성능개선(Product Inprovement Program, PIP)

가. 성능개량은 운용중인 무기체계에 대하여 일부 성능 또는 기능을 변경시켜 중대한 작전운용성능을 향상시키거나 운용유지면의 신뢰성 및 가용성을 증가시키는 것을 말한다.

나. 성능개선은 양산중 이거나, 배치 중인 무기, 장비 및 물자에 대한 단순기술 변경 및 품질 개선으로 성능과 기능을 향상시키는 것을 말한다.

22. 성능형규격(Performance Specification)

요구되는 결과를 얻기 위한 구체적인 방법을 기술하지 않고 요구성능, 환경조건, 연동성・호환성 등을 명시한 규격을 말한다.

23. 성취가용도 (Aa : Achieved Availability)

고유가용도에 비계획정비시간을 추가로 고려한 것으로 체계 자체의 직접적인 원인이 아닌 비가동시간(행정 및 군수지연시간)을 제외한 값이며, 이상적인 지원 환경(공구, 시설, 준비상태)과 규정된 조건 하에서 사용될 때 체계나 장비가 임의의 시점에서 만족스럽게 작동할 확률이다. 체계개발이 활발히 수행되는 시제개발 단계로부터 최초운영능력 확인단계까지 적용되는 설계 관련 가용도이다.

24. 세부설계(상세설계, Detail Design)

무기체계 설계의 3단계 중 세 번째 단계로서, 예를 들면 항공기 설계의 경우 항공기 구조설계와 장비설계가 수행되며 구조물 각 부위의 치수, 재질, 제작방법 등이 완성되는 단계이다. 또한 기계장치(Mechanism), 체결부위(Joint) 및 피팅(Fitting) 등의 설계도면, 제작도면이 완성되며 전기계통, 유압계통 및 조작계통의 배치와 장착방법이 결정된다.

25. 소요(Requirements)

통상적인 개념은 요구조건 또는 필요한 것을 말하며, 군에서 사용하는 개념은 다음과 같다.

가. 광의의 소요란 승인된 군사목표, 임무 또는 책임을 완수할 수 있는 능력을 갖출 수 있도록 하기 위해서 적절한 자원배분을 합법화 하는 확실한 필요성이라 할 수 있다. 이는 기획이나 계획수립 과정에서 사용한다. 즉, 국방목표를 달성하기 위하여 군사전략을 수립하고, 이러한 전략을 실천하기 위하여 군사조직을 편성하며, 편성된 조직체에 임무가 부여된다.

나. 협의의 소요란 "어떤 부대가 일정기간 또는 시기에 어떤 임무를 수행하기 위하여 필요한, 지정된 품목의 총 수량"을 뜻한다.

다. 통상적으로 소요란 특정시기 또는 특정기간에 있어 인원, 장비, 보급, 자원, 시설 또는 근무지원이 특정량 만큼 필요하다는 것을 표시하는 계획을 말한다.

26. 소요결정

합참이 각군 및 기관에서 연중 수시로 제기한 신규소요를 종합·검토하여 결정하는 과정을 말하며 소요결정 결과는 중·장기 합동군사전략 목표기획서(JSOP) 및 국방중기계획서에 수록된다.

27. 소요군(기관)

기획 및 계획과정에서 어떤 부대(기관)가 일정시기에 임무를 수행하기 위하여 필요한 소요(전력명, 필요성, 운용개념, 전력화 시기, 소요량 등)를 제기하는 군(기관)을 말한다.

28. 소요량(Requirement)

광의의 소요량이란 사업계획 또는 목표를 성취하기 위하여 필요한 장비, 물자, 용역, 때로는 자금 등의 필요량을 말하며, 협의로는 원가회계상의 소비량의 개념으로서, 예를 들면 재료의 소요량은 일정제품의 단위당 제조에 소요되는 소비량을 의미한다.

29. 소요요청

군이 임무를 수행하기 위하여 일정기간 또는 시기에 필요하다고 지정한 군수품에 대하여 충족되어야 할 조건 등을 포함하여 소요제기기관에 요청하는 것을 말한다.

30. 소요제기

소요요청기관에서 요청한 소요에 대하여 분석·검증 등 기획관리체계 의한 절차를 거쳐 심의·조정한 소요를 기획하여 소요결정기관에 제출 및 보고하는 것을 말한다.

31. 소요결정

소요결정기관에서 연중 수시로 제기된 소요를 검토하여 승인하는 것을 말한다.

32. 손상유형

각 하부체계, 구성품, 부분품의 분석을 통해 규정된 위협에 기인하여 발생된 모든 손상의 형태를 말한다. 개별 품목의 손상유형들은 이미 언급된 임무소요, 규정된 위협과 체계기술 사항에 근거를 둔다. 가능한 손상유형들의 영향은 품목의 고장뿐만 아니라 술 품목의 고장과 같은 성능저하도 포함된다.

33 수리(Repair)

가. 파손되었거나 또는 사용 불가능한 부속품 및 결합체를 검사, 분해, 손질, 용접, 조정 교환함으로써 사용가능한 상태로 복구시키는 것을 말한다.

나. 민수업체에 수리 의뢰시 외주수리라 한다.

34. 수리부속품

부분품, 결합체, 구성품을 통칭하여 수리부속이라 한다.

가. 부분품(part)

한 개의 품목이 그 이상 분해될 수 없거나 또는 그 품목을 더 이상 분해하는 것이 실질적으로 불가능한 최소단위 품목을 말한다. 볼트, 너트, 와셔, 핀 등이 그 예이다.

나. 결합체(assembly)

두 개 또는 그 이상의 부분품(part)이 서로 연결되었거나 서로 관련되어 뭉쳐진 품목을 말하며, 이것은 부분품으로 분해될 수 있다. 캬브레타, 제네레타, 증폭기, 방아틀 뭉치, 노리쇠 뭉치 등은 결합체의 대표적인 예에 속한다.

다. 구성품(component)

두 개 이상의 결합체(assembly)가 연결 또는 결합되어 한 개의 물체로 구성된 품목으로서, 독자적인 성능을 발휘할 수 있지만 외부에서 조정하거나, 전원을 공급해 주어야 하는 품목을 말한다. 엔진, 트랜스미션 등은 구성품의 예에 속하는 품목이다.

35. 수리수준분석(RLA : Repair Level Analysis)

정비분석업무의 기초자료로서 정비활동의 비용효과성을 평가하며「어느 단계에서 정비를 수행할 것인가?, 또는 폐기할 것인가?, 창정비는 반드시 수행해야 하는가?, 비용 모델을 적용하는가?」등 수리수준을 분석하는 과정을 말한다.

36. 수요품목

수요품목이란 해당년도에 최초 배치되는 무기체계 및 장비 전체 대수를 대상으로 하여 동시조달 수리부속 운영기간을 기준으로 1회 이상 소요가 예상되는 품목을 말한다.

37. 수명주기 비용(Life Cycle Cost, LCC)

하나의 장비를 개발, 획득하여 도태시까지에 소요되는 전체비용을 말하며, 여기에는 연구개발비, 투자비, 운영유지비 등이 포함된다.

가. 연구개발비 장비를 연구개발 하는데 소요되는 비용으로 여기에는 연구비, 시제품 개발비, 시험평가 및 최초 운영능력 확인시까지 모든 비용이 포함된다.

나. 투자비

장비의 소요량을 생산, 획득 및 운영을 위하여 필요로 하는 제반비용을 말하며, 여기에는 장비생산비, 시설비, 초기단계의 군수지원비 등이 포함된다.

다. 운영유지비

장비가 야전배치 부터 도태시까지 소요되는 운영유지비용으로서 여기에는 인력운영, 수리부속, 탄약, 연료, 정비비 등이 포함된다.

38. 수정작업(Modification)

장비 사용자의 안전, 전투 또는 비전투시 장비의 능률향상, 생산재생 및 수리의 간소화와 고가재료 사용제거 등을 목적으로 장비의 수정(개조)이 필요할 때, 승인권자의 승인을 득하여 수정(개조) 작업 명령을 하달하여 장비의 설계를 수정(개조)하는 것을 말한다.

39. 수정작업 명령(MWO : Modification Work Order)

장비의 수정(개조) 지시로서 사용자의 안전, 전투 및 비전투용으로서 능률향상, 생산, 재생 및 수리의 간소화, 그리고 고가재료 사용의 제거 등을 목적으로 하달하는 작업명령이며, 이는 주로 장비수정(개조) 건의나 장비 제작회사로 부터의 통보를 근거로 작성된다. 수정작업 명령은 긴급 수정작업 명령과 보통 수정작업 명령으로 분류한다.

수정작업명령서(MWO)에 포함할 사항

가. 수정(개조)를 요하는 기재의 형(型)

나. 수정(개조)작업 수행에 허용된 정비계단

다. 수정(개조)작업에 소요되는 부속품과 소요일시

라. 수정(개조)작업의 완료일자

40. 시뮬레이션(Simulation)

시뮬레이션은 모델링의 산출물인 모델들의 시간의 흐름상에 구현한 컴퓨터 소프트웨어의 운용으로 다양한 전투문제에 대한 조사수단을 제공하며, 다음과 같은 종류가 있다.

가. 실제 시뮬레이션(Live Simulation) : 실제 시스템 운영에 실제 사람(병사)이 참여하는 시뮬레이션 유형으로 대표적인 사례로는 사격훈련장, 과학화훈련장 및 야외기동훈련 등이 있다.

나. 가상 시뮬레이션(Virtual Simulation) : 모의되는 시스템 운영에 실제 사람이 참여하는 시뮬레이션 유형으로 비행 항공기(모터제어), 화력통제자원 운용(협조, 의사결정 절차) 및 통신(C4I 팀의 구성원) 등과 같은 분야에서 임무숙달연습을 위해 핵심역할에 인간을 참여시키는 HITL(Human-In-The-Loop) 개념의 각종 시뮬레이터가 대표적인 사례에 해당된다.

다. 구성 시뮬레이션(Constructive Simulation) : 모의되는 시스템의 운영에 모의되는 사람이 참여하는 시뮬레이션 유형으로 실제 사람은 이러한 시뮬레이션에 자극(입력작성)은 제공하나, 시뮬레이션의 결과결정 과정에는 전혀 간여하지 않는다. 구성 시뮬레이션의 대표적인 사례로는 워게임이 있다.

41. 시스템(System)

주어진 임무유형과 운용형태를 수행하거나 지원할 수 있는 품목, 결합체(또는 세트), 숙련도, 그리고 기술이 합쳐진 구성체를 말한다.

한 완전한 시스템에는 그 시스템 본연의 운용 내지는 비운용 또는 지원환경에서 독자적으로 운용하는 데 소요되는 관련시설, 품목, 재료, 근무 및 인원 등이 포함된다.

42. 시스템 통합(System Integration, SI)

기업의 경영목표 달성을 위해 정보시스템을 구축하는 종합서비스를 말한다. 하드웨어, 소프트웨어, 통신망, 전산인력 등의 전산자원을 일의 목적과 특성에 맞게 통합해 최적의 해결점을 제시하고 정보시스템을 개발·유지 보수하는 과정까지 포함하는 광범위한 개념이다. 요즘 큰 관심을 모으고 있는 리엔지니어링도 SI의 기초 단계이다.

43. 시용장비

무기체계 또는 표준화 채택을 위한 시험용 장비 또는 표준장비 지정을 위한 신규장비를 말한다.

44. 시제품

체계개발 단계에서 설계에 적용된 각종 기술이 요구운영능력을 충족시키는 데 적합한가를 평가하기 위하여 제조된 제품으로서 기술 시험평가 및 운용시험평가의 대상이 된다.

45. 시제협력업체

시제업체와의 계약에 의하여 시제품 제작에 참여하는 업체를 말한다.

46. 시험개발

핵심기술·부품 개발의 최종단계로서, 무기체계의 주요기능을 담당하는 핵심기술·부품을 제작하여 이를 기존 무기체계에의 적용가능성 및 미래 무기체계에의 응용가능성을 입증하는 단계를 말한다.

47. 시험준비 검토(TRR : Test Readiness Review)

시험절차, 방법, 기준 등 시험평가계획에 대한 검토를 실시하는 단계로서, 공식적으로 시험평가 준비 완료 여부를 판단하며 비공식 시험결과의 타당성 여부를 검토한다.

48. 시험평가(Test and Evaluation, TE)

특정 무기체계가 기술적 측면 또는 운용관리적 측면에서 소요제기서에 명시된 제반 요구조건의 충족 여부를 확인 검증하는 절차로서, 시험평가의 종류에는 요구성능에 대한 기술적 도달정도에 중점을 두는 기술시험평가와 요구성능 및 운용상의 적합성과 연동성에 중점을 두는 운용시험 평가로 구분한다.

49. 시험평가기본계획서(TEMP:Test and Evaluation Master Plan)

연구개발하는 무기체계의 시험평가계획을 종합적으로 명시한 문서로서 최초 체계개발 수행시 분석시험평가국에서 작성하며, 개발시험평가 및 운용시험평가의 기준문서가 된다.

50. 신개념기술시범(ACTD : Advanced Concept Technology Demonstration)

성숙된 신기술을 이용하여 새로운 개념의 작전운용성능을 갖는 무기체계 및 주요 구성품의 군사적 효용성을 시범을 통하여 단기간(약 5년), 저비용으로 입증하는 사업 또는 제도를 말한다.

51. 신뢰도 예측자료

신뢰도 제원 입력 후 분석도구 등을 활용하여 산출한 값. 분석을 위해 장비의 운용환경을 고려 팩터값을 입력하며, 이렇게 산출된 자료는 군수지원분석 및 동시조달수리부속(CSP) 소요산출 시 기초제원으로 입력된다.

52. 신뢰도 중심정비(RCM : Reliability Centered Maintenance) 분석

체계의 신뢰도 유지에 중점을 둔 정비분석체계로 고장유형 및 영향분석 결과를 RCM 논리에 적용하여 각 고장유형 및 품목에 대하여 고장예방을 위한 예방정비 업무의 필요성과 적합성을 분석하여 예방정비 대상품목과 주기를 설정한다.

53. 신용장(Letter of Credit, LC)

은행이 수입상이나 해외여행자의 의뢰에 응해서 금액이나 기간 등을 일정조건하에서 그들의 신용을 보증하기 위해 발급하는 보증서로서 '화환신용장' 또는 '보증신용장'이라고도 한다.

54. 실용화

핵심기술·부품 연구개발의 결과를 배치운영중인 무기체계에 적용하거나, 체계연구개발에 활용하기 위한 제반 노력을 말한다.

55. 실험시제품(Experimental Prototype)

탐색개발 단계에서 기술적인 불확실성을 감소시키고, 실현가능성을 검토하여 현실적인 비용을 산정하기 위한 목적으로 제작되는 시험제품이다.

56. 심사분석(Review and Analysis)

기계획된 사업과 예산을 집행과정중 또는 집행완료시 목표와 실적을 비교 분석하여 차이점을 발견하고, 그 원인을 규명, 개선 대안을 제시하여 시정 조치함은 물론 분석결과를 차기 계획발전에 반영하는 평가를 말한다. 심사분석은 계획된 사업이 목표에 도달할 수 있도록 투입된 자원이 경제적, 효율적, 능률적으로 사용되고 있는가를 강구함으로써 설정된 기간 내에 사업이 정상적으로 추진되도록 유도하는 기능이다.

57. 심사평가

국방부 사업계획 중 주요시책과 운영유지 사업 및 교외이전 사업 등을 대상으로 사업의 진행을 점검하고, 사업결과의 효율성과 적합성, 합목적적 달성여부를 분석 및 평가하는 기능을 말한다.

ㅇ

1. 아이론 정비(IROAN)

완제품 및 결합체의 수리정도를 검사를 통하여 결정한 다음 불필요한 분해수리를 억제하고 필요한 부분만 정비함으로써 최소한의 비용으로 신속하게 정비를 수행하는 것을 말한다.

2. 업무기능부호

업무부호(Task Code)에서 ①항에 해당되는 부호. 품목의 운용 및 정의에 필요한 정비, 운용 또는 지원기능을 나타내는 부호를 말한다.

W	접근	G	설치	R	탈거
D	조정	P	주유	H	탈거 및 교체
E	정렬	M	임무유형 변경	J	수리
F	교정	O	운용	C	손질
S	분해 및 조립	K	완전 분해수리	B	시험
Z	최종 수락검사	U	포장 및 포장수리	Y	수송
N	고장위치 탐지	V	보존	T	수송 준비
A	검사	L	재생		

3. 업무부호(Task Code)

분석 중인 특정 품목에 관련된 각각의 정비 및 운용업무를 고유하게 식별하며, 특정 조건에 관련된 자료를 종합적으로 표현하기 위해 사용되는 6개 자료요소의 묶음이다. 첫 5자리 ①~⑤는 업무 자체와 관계되는 정보를 제공하고, 6번째 자리⑥은 첫 5자리 ① ~ ⑤내의 동일한 기입사항을 갖는 업무를 구별하기 위한 업무일련번호이다.

J	G	O	A	D	AA
① 업무기능부호 (정비 형태)	② 정비주기부호	③ 정비계단부호	④ 사용군부호	⑤ 운용도부호	⑥ 업무일련부호

4. 업무분할구조(WBS : Work Breakdown Structure)

사업의 최종목적을 달성하기 위해서 수행해야 하는 全 작업을 Tree 구조로 표현한 것으로 제품을 개발 및 생산하는 과정에서 기술적인 사항과 관련하여 하드웨어, 소프트웨어, 서비스 및 기타 작업 과제들을 상세하게 구성·조직화하는 것을 말한다. 수준1은 체계, 수준2는 최종조립체, 소프트웨어, 서비스 및 기타 체계 지원요소로 하고, 그 하부단계의 수준3, 수준 4, … 등 순차적으로 하부체계를 구성·조직화 한다.

5. 업체 자체개발

업체가 자체시설과 기술능력으로 개발하는 것으로 개발에 관련된 모든 비용은 업체가 부담하며, 정부는 개발실패에 따른 개발비용 보상과 개발완료 후 구매 여부에 책임을 지지 않는 개발형태를 말한다.

6. 업체투자 연구개발

업체자체시설과 기술능력으로 군수품을 개발하는 것으로 개발업체가 개발에 관련된 모든 비용을 부담하며, 정부는 개발실패에 따른 개발비용보상과 개발완료 후 구매여부에 책임을 지지 않는 연구 개발 형태를 말한다.

7. 업체주관 연구개발

국본 · 각군 · 방위사업청의 조정 · 통제하에 업체에서 개발계획수립, 설계, 시제품 제작, 종합군수지원요소개발, 규격작성 등 기본업무를 주관하여 수행하는 연구개발 형태를 말한다.

8. 역설계(Reverse Engineering)

현품에 대한 정밀측정과 이화학시험을 실시하여 치수와 재질 등을 파악하고 기술자료 묶음을 생성하는 것을 말한다.

9. 역수출(Buy-Back)

국외 계약자로 부터 기술을 전수받아 구성품 및 부품을 국내업체가 제작하여 생산한 물량을 국외 계약자나 제3국에 수출하는 것을 말한다.

10. 연구개발

무기체계 획득방법 중 하나로서 우리가 보유하지 못한 기술을 국내 단독 또는 외국과 협력하여 공동으로 연구하고, 연구된 기술을 실용화하여 필요한 무기체계를 생산 · 획득하는 방법을 말하며, 연구개발의 종류는 체계연구개발과 핵심기술 · 부품 연구개발로 구분하고, 연구개발 추진형태는 국내 연구개발과 국제협력연구개발로 구분한다.

11. 연구개발비(Reserch and Development Cost)

당해 방산물자의 생산을 위하여 직접 필요한 국내기술개발 및 연구비로서 시험 및 시험제작에 소요되는 비용 또는 연구기관에 의뢰한 기술개발 용역비 등을 의미한다. 이는 증권관리 위원회에서 제정한 "기업회계기준" 및 "연구개발에 관한 회계처리 준칙"을 준용하여 계산한다.

12. 연구기관(Research Agency)

방산물자의 연구, 개발, 시험, 측정, 기기의 제작 또는 검정과 경영분석 등을 하는 기관으로 정부의 위촉을 받은 기관을 총칭한다. 예를 들면, 국방과학연구소(ADD), 한국개발연구원(KDI), 한국국방연구원(KIDA) 등이다.

13. 연동(Interconnection)

체계간 상호운용성 보장을 위하여 어느 한 체계의 HW 및 SW적인 구성요소 또는 계층적 프로토콜 구조(Layer)들이 상대 체계의 그러한 대응요소들과 전기 · 전자적으로 연결되는 것 또는 능력을 말한다.

14. 연동계획(Rolling Plan)

중기계획을 매년 수정 · 보완하되 계획기간을 1년씩 늦추어 가면서 5년간 동일한 연한의 계획을 유지해 나가는 제도를 말하며, 최초연도(F+2)말에 한해동안의 집행결과와 여건변화를 고려하여 마지막 연도(F+6)에 1년을 추가시켜 항상 5개년 계획이 연속적으로 이동(Rolling Forward) 되는 것을 말한다.

15. 예비설계(기본설계, Preliminary Design)

무기체계 설계의 3단계 중 두 번째 단계로서, 예를 들면 항공기 설계의 경우 개념설계(conceptual design) 단계에서 윤곽이 잡힌 비행기를 대상으로 여러 가지 매개변수를 변화시키면서 구체적인 계산 및 풍동(wind tunnel) 시험 등을 수행한다. 그리하여 성능과 가격 면에서 최저치를 구한 다음 항공기의 3면도를 결정하는 단계이다.

16. 예비설계 검토(PDR : Preliminary Design Review)

체계 요구사항이 완벽하고 적절하게 반영되었는지를 확인하고, 사업관리부서와 개발기관이 체계 요구사항에 대한 상호이해를 일치시키는 단계. 체계설계의 최적화를 위해 운용, 군수지원, 시험, 생산 및 배치 시 요구사항들이 통합되도록 제안된 체계요소들의 서술내용을 검토하고, 인터페이스 부분, 고위험도 분야 등에 대해서 개략적인 검토가 이루어진다.

개략설계가 진행 중이거나 상세설계 전에 실시하고, 주요 문서화 대상으로는 개발규격서가 있으며, 이 문서에서는 제안된 모든 기술적 요구사항이 할당 기준을 통하여 추적 가능하도록 작성되어야 한다.

17. 예비사업

방위력 개선사업중 추진불가 또는 순연사업과 계획 및 결산잔액 발생 등의 사유로 집행연도에 가용자금 발생시 방위력 개선예산의 효율성 제고를 위하여 해당연도에 추진가능성 등을 고려해서 추가로 추진하는 사업을 말한다.

18. 예방정비(Preventive Maintenance, P.M)

장비 및 물자를 항상 사용가능한 상태로 유지하고 조기에 결함을 발견하여 이를 시정하기 위한 손질, 보존, 점검, 조정 및 간단한 수리작업을 말한다.

19. 예정가격(Arranged Price)

국가나 지방자치 단체가 당사자가 되어 계약을 체결할 때에 계약 금액결정의 기준을 삼기 위하여 입찰전 또는 계약대상자와의 협상 전에 계약공무원이 미리 작성, 비치하여 두는 계약금액의 예정액을 말한다.

20. 오퍼(Offer)

구매자가 요구 또는 필요로 하는 특정품목을 특정가격 및 조건으로 판매하겠다는 판매제안서로서, 무역에서는 구매자가 판매자에게 매입조건을 제시하여 신청하고 판매자가 구매자에게 판매조건을 제시하여 신청한다.

☞ 시행오퍼

미 국방성 산하의 해당 오퍼 발생부서가 미 국방재무회계본부의 채무확정승인(OA)에 의거 채무이행됨을 통보하는 오퍼를 말한다.

21. 오퍼요청서(Letter of Request, LOR)

FMS를 통하여 구매하고자 하는 물자의 정보 또는 오퍼를 미 국방성 및 산하 해당기관에 요청할 경우에 사용하는 표준서식을 말한다.

22. 외자도입

정부나 공공단체, 사업체 등이 자본이 부족한 경우 외국차관을 들여오거나 또는 외국자본을 국내 산업이 투자하는 것을 말한다.

23. 외자구매(국외구매)

국방목표를 달성하기 위하여 대외지급수단 및 차관자금으로 장비·물자 및 용역(이하 "물자"라 한다)을 획득하는 것으로서 구매방법에 따라 대정부간 구매와 외자상업구매로 구분한다.

24. 운영분석(Operations Research, OR)

관리상의 문제를 해결하는 데 있어 상황을 보다 계량적이고 또 보다 과학적으로 해석하고, 결정을 보다 합리적으로 내리기 위하여 이용되는 모든 방법으로, 복잡한 관리문제를 해결하기 위하여 수학적, 통계적 또는 개념적 모델을 이용하며, 이를 위하여 많은 과학, 이론, 원칙, 방법 및 기법이 응용된다.

25. 운영분석평가

신규 무기체계 획득시 소요군이 야전운영을 통하여 작전운용성능 충족여부를 확인하고, 전력화지원요소에 대한 운영제원을 수집·분석 및 평가하는 활동을 말하며, 소요군이 이를 통하여 성능개량 자료를 제출하고 도태여부를 결정한다.

26. 운영유지 자료(Sample Data Collection, SDC)

국외도입시 구입하고자 하는 무기체계를 해당국에서 운영유지 하는데 필요한 자료를 말한다.

27. 운용성확인(Operational Assessment)

탐색개발기간중 획득하고자 하는 체계가 사용자의 요구사항을 만족할 수 있는지 여부 및 운용자에게 적합 또는 효용가치가 있는 지에 관한 잠재성 등을 확인하기 위한 시험으로, 잠재적 운용효과와 운용적합성과 관련하여 조기에 의사결정 자료를 제공하기 위하여 실시한다.

28. 운용시험평가(Operational Test, OT)

소요군이 시제품에 대하여 각종 작전환경 또는 이와 동등한 조건에서 작전운용성능 충족여부를 확인하고, 교리·편성·교육훈련·종합군수 지원요소 등에 대한 적합성을 시험평가하는 것을 말한다.

29. 운용 및 정비소요

소요군(사용자)과 개발기관의 협의하에 작성하는 종합군수지원 소요제기서에 포함할 사항으로 운용 및 정비소요는 주장비 획득에 따른 종합군수지원요소를 개발하는 기준으로서 이는 주장비 요구성능과 함께 매우 중요한 요소이다. 운용 소요에 포함할 사항은 연간 운용소요(거리, 시간, 발사탄수), 월간 운용횟수, 연간 운용일수, 평균 운용소요(거리, 시간, 발사탄수 등) 등이며, 정비 소요에는 평균 고장간 시간, 평균 수리시간, 평균 불가동시간, 평균 정비간 시간, 고유가용도 및 성취

가용도 등이 포함된다.

30. 운용형태종합 및 임무유형(OMS/MP)

어떤 무기체계가 "미래전장환경에서 전·평시 어떻게 사용되어질 것인가?" 하는 필수임무기능을 체계적이고 정량적으로 표시하는 방법이며, 요구 임무기능을 평가하는 기준이 되고 무기체계 개발에서 가장 핵심이 되는 부분이다.

가. 운용형태종합(OMS : Operational Mode Summary) : 체계가 운용임무를 수행하기 위하여 사용할 예상방법을 서술한 것으로서 전시 작전지속 시간 동안의 모든 형태별 운용시간 및 상대적 발생빈도를 고려하여 산출한다.

나. 임무유형(MP : Mission Profile) : 여러 전투상황에서 체계가 수행해야 할 임무. 사격발수, 주행거리, 통신시간 등 운용임무 형태별 필수임무기능 및 量을 나타낸다.

31. 유지부품(수리부속 포함)

운용장비의 수리 및 유지를 위하여 소요되는 부속으로서 장비의 기본부분에 부가하여 그의 기본적인 사용범위와 목적을 확대 및 변경시킴 없이 사용되는 보충적인 품목을 말한다.

32. 유용수명(Useful Life Longevity)

고장률이 규정된 값보다 낮은 시간의 길이를 말한다.

33. 응용연구

기초연구 결과를 군사적 문제의 해결책으로 전환하는 단계로서, 비운영적(실험실) 환경하에서 기술의 타당성과 실용성을 입증하는 연구단계이다.

34. 이행보증금(Performance Bond, P-Bond)

계약의 이행을 확보하기 위한 물적 담보로서 계약 불이행의 경우에 국가가 입은 손해의 배상을 용이하게 하려는 목적으로 계약 상대방으로 부터 일정한 금액을 징수하는 손해배상에 대한 예정액의 성격을 갖는다.

35. 인가 저장목록(Authorized Stockage List, ASL)

보급지원 시설부대에서 현 보급운영을 지속하고 장차 예측되는 소요를 충당하기 위하여 항시 저장 유지하도록 인가된 보급품의 총 목록을 말한다.

36. 인체공학적 적합성

제품을 개발함에 있어서 인간, 기계, 환경이 상호 복합관계에 있으므로 장비품질과 인간의 생리 및 행동과 연관된 적합성을 말한다.

37. 일몰제(日沒制)

군용물자부품의 국산화 개발 승인기간(3년)이 지나면 자동적으로 개발승인이 취소되는 제도를 말한다. 이것은 과거 개발업체가 개발승인을 받은 후에 여러 사정을 이유로 개발기간을 계속 연장시킴으로써 우수한 전문업체의 개발기회를 제한할 뿐만 아니라 개발하더라도 적용장비의 도태 또는 노후화로 개발된 부품을 사용할 수 없는 경우가 많아 국가자원을 낭비하는 결과를 초래하기 때문에 도입한 제도이다.

38. 일반지원정비 (H : Heavy, General Support, 4계단 정비)

야전정비 개념으로 특수공구를 사용하여 구성품 또는 결합체의 전반적인 수리 및 내부 부품수리를 수행하는 정비를 말한다. 장시간이 소요되거나 고도의 기술이 요구되며 주요 구성품의 정비가 수행된다.

39. 일반품목

완성장비나 구성품의 성능에 크게 영향을 주지 않으며, 특수기능이 요구되지 않은 품목으로서 품목확인과 일반시험 및 검사(공인시험소 이용 포함)로 시험평가가 용이한 품목을 말한다.

40. 임무 적합성 점검 (TAC : Task Adequacy Check)

ILS 산출물에 대해 개발기관 주관으로 개발시험평가 前에 군 요구조건 및 체계개발계획서 충족여부를 개발시험평가 방법 및 절차와 동일하게 점검하는 과정이다.

41. 임무 필수품목

동시조달수리부속 운영기간 동안 1회 이상 소요가 예상되지는 않으나 예기치 않는 사고 발생, 오작동, 정비실수 등으로 소요가 발생할 경우에 체계운용이나 안전에 심각한 영향을 미칠 것으로 판단되는 품목을 말한다.

42. 임무효과도

운영유지단계에 임무 달성 정도를 확인하는데 그 달성도를 말한다. 대표적인 방법은 M&S로써 이를 통해서 교전간 피아우열지수 등을 도출한다.

43. 입찰요구서(Request for Proposal II, RFP-II)

협상 및 계약을 목적으로 주무부서(조달본부)가 해외업체(제안서를 제출한 업체)에 가격, 절충교역, 기술도입조건 등을 요구하는 문서를 말한다.

44. 외주정비

군에서는 정비 불가능하거나 수량상 능력초과분에 대하여 국내 민간업체에 의뢰하여 정비하는 것을 말한다.

ㅈ

1. 자료교환협정(Data Exchange Agreement, DEA)

우방국 간의 상호 관심 있는 군사과학 기술정보자료를 교환하기 위한 협정이다. 우리 나라는 1963년 미국과 기본협정을 체결하고, 그 이후 특히 1970년 국방과학연구소 창설 이후 활동이 본격화되면서 각군별, 분야별 부록을 확대 신설하면서 자료교환 활동을 확대해 왔다.

2. 자체분석

사전분석의 대상이 되는 사업에 대하여 각 소요제기 부서에서 실시하는 분석으로서 소요제기 배경, 사업의 필요성 및 타당성, 비용 대 효과 분석 등을 포함한다.

3. 작업분해구조(Work Breakdown Structure, WBS)

제품을 개발 생산하는 과정에서 기술적인 사항과 관련하여 하드웨어, 소프트웨어, 서비스 및 기타 작업과제들과 상세하게 구성하여 조직화하는 것을 말한다.

4. 작전운용성능(ROC : Required Operational Capability)

군사전략 목표달성을 위해 획득이 요구되는 무기체계의 운용개념을 충족시킬 수 있는 성능수준과 무기체계능력을 제시한 것으로서 주요 작전운용성능과 기술적·부수적 작전운용성능으로 구별되며, 이는 연구개발 또는 국외구매 무기체계의 획득을 위한 시험평가의 기준이 된다.

5. 장비개선 보고

장비의 기능, 구조 및 전술적 운용과 경제성을 고려하여 사용에 불편하거나 만족치 못할 때 또는 안전성이 없을 때 그 장비의 구성품을 개선하기 위하여 사용자 또는 사용부대가 지휘계통과 지원계통으로 보고하는 것을 말한다.

6. 장비수정작업

장비개선 보고 또는 장비 제작회사의 통보에 의거 사용자의 안전과 장비관리 운용효과를 향상시킬 목적으로 기 보급된 장비의 일부분을 수정하는 것을 말하며 이는 수정작업명령서(MWO)에 의거 실시된다.

7. 재료비

방산물자의 생산(제조·가공·조립·정비·재생·개량 또는 개조를 포함)을 위하여 직접 또는 보조적으로 소비되는 재료의 가치를 말한다.

가. 직접재료비 : 제품의 생산에 직접 소비되는 원재료비로서 당해 제품에 직접 부과할 수 있는 비용을 말하며 주요재료비, 구입 부품비, 포장 재료비로 구분된다.

나. 간접재료비 : 제품 제조에 보조적으로 소비되거나 여러 제품에 공통적으로 소비되는 것으로 제품의 실체로 구성하지 아니하는 재료의 가치를 말하며, 보조재료비, 소모공구·기구·비품비로 구분된다. 소모공구·기구·비품비는 경비 중 소모품비로 처리 되는 것이 일반적이나 방산물자 원가계산 규정상으로는 이를 간접재료비로 구분된다.

8. 재시험평가

시험평가 결과가 평가기준에 만족할 수 없을 시에 또는 시험평가 중 전투용 사용가 판정이 불가능한 경우에는 이를 개선 보완후 전반적인 시험평가 항목을 재시험평가하는 것을 말한다.

9. 재생(Rebuild)

사용 불가능한 장비 및 결합체를 해체하여 사용 불가능한 부품을 수리 또는 교환하여 재결합함으로써 장비 및 결합체의 형태, 성능 및 사용 수명을 신품 또는 신품에 준하는 수준으로 복구시키는 행위를 말한다.

10. 재실시권

기술도입자가 기술제공자로 부터 이전받은 기술을 정부가 제3자에게 재 이전토록 할 수 있는 권리를 말한다.

11. 전력발전업무

무기체계 및 비무기체계에 대한 소요기획 · 획득 · 운영유지 · 폐기 등 전 수명주기에 걸친 관리와 그에 대한 정책 발전을 포괄하는 개념으로 전력을 조성(造成)하는 업무이다.

12. 전력운영분석

전력화되어 야전운영 중인 무기체계에 대해 합동차원에서 전력발휘효과 및 운용실태를 분석하여 문제점 및 개선요구를 확인한 후 성능개량 및 유사사업에 반영함으로써 현존전력을 극대화하고 미래전력의 효율성을 제고하는 분석이다.

13. 전력화

무기체계를 소요군에 배치 · 인수하는 활동을 말한다.

14. 전력화 준비비

대상 무기체계에 대한 현지확인 및 시험평가와 사업준비 및 협상에 필요한 자료수집 등에 소요되는 비용을 말하며, 사업착수 전에 집행이 가능하다

15. 전력화지원요소

무기체계 획득시 야전배치와 동시에 전력화할 수 있도록 발전시켜야 할 교리 · 편성 · 교육훈련 등 전투발전요소와 종합군수지원요소를 말한다.

16. 전력화평가

무기체계의 배치 후 1년 이내에 각종 작전 환경하에서의 전술적 운용을 통해 최초 기획단계에서 설정된 수준의 작전운용성능 및 전력화지원요소 등의 달성정도를 소요군에서 확인 · 평가하는 것을 말한다.

17. 전장관리정보체계

무기체계 중 정보를 수집, 가공, 전달, 전시하는 기능들을 수행하는 컴퓨터 · 소프트웨어 · 데이터 · 통신수단이 통합되어 그 기능을 발휘하는 소프트웨어 중심의 체계로서 범용컴퓨터를 활용하는 체계를 말한다. 다만, 무기체계의 일부로 포함된 특수목적의 컴퓨터에서 수행하는 내장형 소프트웨어는 제외한다.

18. 절충교역(Off-Set)

외국으로부터 군수품을 획득할 때 외국 계약자에게 기술이전 및 부품 역수출 등 일정한 반대급부를 요구하는 조건부교역으로서 현금지급이 아닌 절충교역 가치(Offset Value)로 인정하는 것을

말하며, 이는 획득하고자 하는 군용물자와 관련된 기술이전 및 부품수출에 관한 직접절충교역과 획득하고자 하는 군용물자와 직접 관련이 없는 간접절충교역의 두가지 형태로 구분한다.

19. 전력화지원요소 입증·확정

가. 전력화지원요소 입증

무기체계 획득과정에서 전력화지원요소의 운용성에 대한 적합성 여부를 국과연이 시험평가시 기술적 측면에서 검증하는 것을 말한다.

나. 전력화지원요소 확증

무기체계 획득과정에서 전력화지원요소의 운용성에 대한 적합성 여부를 소요군이 시험평가 결과를 검토하여 전투용으로 사용 가능한 지의 여부를 결정하는 것을 말한다.

다. 전력화지원요소 확정

무기체계 채택전 전력화지원요소의 운용성에 대한 적합성 검증결과를 합참이 최종적으로 승인하는 것을 말한다.

20. 전투발전지원요소

소요군의 전투발전을 위하여 무기체계 획득과 연계하여 개발·획득하여 지원하는 요소로서 군사교리, 부대편성, 교육훈련, 시설, 무기체계 상호운용에 필요한 하드웨어 및 소프트웨어(주파수 확보 포함)로 구분한다.

가. 군사교리는 무기체계 획득에 따라 운용개념을 재정립하고 관련교리·교범 등을 발전시키는 것으로 운용개념 정립와 중장기 교리발전 소요 판단, 관련 교리 문헌 발간 및 정비 등을 고려하여 확보한다.

나. 부대편성은 무기체계 획득과 연계하여 부대의 부여된 임무, 기능 등을 수행하는데 필요한 최적 인적소요를 판단하여 중기 부대계획에 반영하고 편제표를 작성 및 발간하는 것으로 부대 증창설·해체·감편소요와 병력 증감 소요, 편성 구조 발전 소요 등을 고려하여 확보한다.

다. 교육훈련은 무기체계 획득에 따른 교육훈련 기획소요(교육훈련 제도 및 체계, 학교교육, 부대훈련)를 판단하고, 교육훈련을 위한 장비(학교교육용, 부대훈련용) 및 교보재(CBT, 시뮬레이터, 시청각 교보재, 각종 절개식 교보재) 등을 확보한다.

라. 시설은 무기체계의 운용·시험·훈련을 지원하는데 필요한 부동산과 관련 설비로 시설사업 소요판단은 현존시설의 가용성과 장비운용에 필요한 부대시설 및 편의시설 소요, 시험평가 시설 소요, 시설보안 및 전술적 측면, 운용시설의 환경대책, 특수시설 및 훈련시설 등을 고려한다.

마. 무기체계 상호운용에 필요한 하드웨어 및 소프트웨어는 무기체계간 상호연동 및 통합운용을 위해 필요한 장비 및 물자로 무기체계간 상호연동체계와 통합운용 소요장비 및 물자, 주파수 확보 등을 고려하여 확보한다.

21. 전투발전체계

육군이 지상작전 수행개념을 설정하고 이를 구현하기 위한 세부 개념을 발전시킴으로써 미래에 요구되는 능력을 구체화하고 전투실험을 통해 검증된 전투발전 분야별 소요를 도출하여 기획 및 계획문서에 반영하는 체계

22. 전투실험(Warfighting Experimentation)

전투발전분야에 공학적인 실험방법을 적용하는 방법론으로 운용개념과 요구능력을 충족하는 신기술·신체계·신교리·신조직 등의 대안들을 반복적으로 실험, 성숙시켜 성공이 보장되도록 하는 소요제기 과정이다.

23. 절차평가제도(절차심사 및 평가제도)

군수품 품질보증의 한 수단으로 계약업체가 제품의 기술적 요구조건을 만족시키기 위해 정부가 요구하는 품질제도 요구규격에 따라 자체 품질보증제도를 갖추고 이행하며, 정부 품질보증기관은 계약업체가 수립한 품질보증제도(절차)가 요구규격에 타당한지 심사하고, 이행상태를 평가하여 신뢰성 있는 제품생산을 유도하는 제도를 말한다.

24. 절충교역(Off-Set)

국외로부터 무기 또는 장비 등을 구매할 때 국외의 계약상대방으로부터 관련 지식 또는 기술 등을 이전받거나 국외로 국산무기·장비 또는 부품 등을 수출하는 등 일정한 반대급부를 제공받을 것을 조건으로 하는 교역을 말하며, 이는 획득하고자 하는 군용물자와 관련된 기술이전 및 부품수출에 관한 직접절충교역과 획득하고자 하는 군용물자와 직접 관련이 없는 간접절충교역의 두가지 형태로 구분한다.

25. 절충교역가치와 실제금액

국외업체가 제안한 내용에 대하여 이 지침에 의한 가치인정 기준에 따라 산출한 가치를 절충교역가치라고 말하며, 실제로 매매가 이루어지는 가격을 실제금액이라고 한다.

26. 절충교역가치축적

국내업체가 참여하여 제작한 직접 절충교역 물량이 한국에서는 최초로 제작되는 물량을 국외업체가 구매할 경우 절충교역 의무액과 초과 이행한 금액을 동일품목 차기사업의 절충교역 금액으로 포함시킬 수 있도록 한 것을 말한다.

27. 절충교역계약서(Memorandum Of Agreement : MOA)

절충교역과 관련하여 방위사업청과 국외구매물자를 계약한 국외업체간의 절충교역 계약조건과 제안내용에 대한 합의사항을 명시한 문서를 말한다.

28. 절충교역 양해각서(MOU : Offset Memorandum Of Understanding)

국외업체와 각급기관 및 국내업체간에 절충교역과 관련하여 상호간의 권리, 의무에 관한 사항을 명시한 문서이다.

29. 절충교역 자산(Offset Assets)

방위사업청(계약관리본부)에서 절충교역과 관련하여 국외 업체로부터 무상으로 획득하여 소유권

이 대한민국에 속하는 기술자료, 장비 및 각종 치공구류를 말한다.

30. 절충교역제안서(Offset Proposal)

국외업체가 절충교역 조건으로 제시한 이행약정사항 및 이행계획 등을 명시한 문서를 말한다.

31. 절충교역평가(Offset Evaluation)

절충교역 협상결과를 제안내용의 등급(기술의 정도 또는 중요도), 재정적 가치(외형금액) 및 이행기간 등을 중요평가요소로 하여 가치평가함을 말하며, 평가가치가 높은 국외업체는 계약체결에 유리하다.

32. 절충교역 협상대안(Offset Requirements)

절충교역 협상을 위하여 국외업체에 제시할 기술 분야 및 부품제작 물량 등의 내용을 말한다.

33. 정보융합체계(Data Fusion System)

다양한 센서로 부터 얻어진 다량의 데이터를 융합기법을 이용하여 양질의 정보를 만들고, 이들 서로의 상관관계를 파악하여 상황 및 위협평가를 실시하여 지휘관의 결심 지원에 필요한 자료를 제공하는 체계이다.

정보융합체계는 크게 필요한 정보를 신속·정확히 제공하기 위하여 적시적소에 센서를 배치하는 센서관리, 각종 센서에서 수집되는 데이터들을 기존의 데이터베이스에 사건별, 시간별로 적절히 연계 및 갱신시키는 데이터 연계과정, 중복되어 수집되는 표적이나 사건들을 범주별로 분류하고 분류된 데이터들을 결합하여 정보의 불확실성과 모호성을 감소시키는 데이터 결합과정, 그리고 결합된 데이터들로 부터 표적의 이동과 의도를 밝히는 데이터 추론과정, 상황 위협평가를 실시하여 지휘관 지휘결심을 지원할 수 있는 자료를 제공하는 지휘결심 지원과정으로 나누어진다.

34. 정보통신망

부호, 문헌, 영상, 음향 등 전자적·전기적 방법으로 의사를 전달하는 전송수단으로서 1개 구간 이상 전송로의 집합체를 말한다.

35. 정부주도연구개발

국방부(획득본부)의 조정·통제하에 국과연이 개발계획을 수립, 규격서 및 기술자료를 작성하고 업체를 활용하여 시제품을 제작하며, 시험평가·품질보증·종합군수지원요소 개발 등 기본업무를 주관하여 개발하는 연구개발 주도형태를 말한다.

36. 정 비(Maintenance)

가. 장비 및 물자를 항상 사용 가능한 상태로 유지하거나 사용 불가품을 사용가능한 상태로 복구시키는 일체의 행위로써 손질, 검사, 수리, 보존, 재생, 시험개조 및 교정 등을 말한다.

나. 민수업체에 의뢰시 외주정비라 한다.

37. 정비기록관리제도(TAMMS : The Army Maintenance Management System)

장비를 경제적이고 효율적으로 관리하기 위하여 부대 배치에서 폐기까지 이력, 운용, 정비제원을 기록유지하고 장비별 획득된 데이터를 종합, 분석, 활용하는 미군의 제도를 도입하여 '83년부터 적용되어 월 장비 운행증, 장비 종합이력부, 포 이력부, 검사 및 작업지시서 등 수기로 기록하여 관리하여 왔으나 2009년부터 사용중인 장비정비 정보시스템에 포함되어있다.

38. 정비환경

자연적, 인공적 또는 자체 유발에 의거 어떤 품목의 형상, 성능, 신뢰도 및 생존성과 정비지원에 관련된 모든 요소에 영향을 주는 외적 및 내적 요건들(온도, 습도, 방사능, 전자장, 충격, 진동 등의 집합체)을 말하며 이는 관리대상 장비의 획득시점(야전배치 및 운용)에 적합하도록 정의되어야 한다.

39. 정비대충장비(Maintenance Float, MF)

정비지원시설에서 즉각적인 수리가 불가능하거나, 정비기간동안 정비 대상장비를 장기간 운영치 못함으로써, 임무수행에 지장을 초래하는 것을 방지하기 위하여 정비대치품목을 정비지원시설에 저장토록 인가한 완성장비 또는 장비 구성품을 말하며 다음과 같이 구분한다.

가. 운용유지 대충장비(Operational Rediness Float) 직접지원정비시 제한된 정비기간으로 인하여 수리반환 불가에 대비하여 직접지원 정비부대에 인가 운용되는 장비 및 장비 구성품

나. 순환정비 대충장비(Repair Cycle Float) 야전 및 기지순환정비 대기기간에 전투력 공백을 방지하기 위하여 일반지원정비 및 기지정비 시설부대에 인가 운용되는 장비 및 장비구성품

40. 정비인시

정비작업시 정비공의 기술수준을 숙련공(1.00), 준숙련공(0.75), 미숙련공(0.5)으로 분류하여 정비할 수 있는 작업량을 표시하는 측정단위로서 숙련공 1명이 1시간 동안 실시하는 작업량을 1인시라고 한다.

41. 정비할당표(Maintenance Allocation Chart : MAC)

정비근무(검사, 수리, 재생, 교환)에 대한 제대별 사용공구 및 장비 정비시간(소요 인시)을 장비별로 작성, 기술교범의 부록으로 수록된 정비실무지침서이며, 정비용 기술교범에 포함된다.

42. 제안서(Proposal)

제안요청서에 명시된 무기체계 등을 공급하기 위한 생산(연구개발을 포함한다), 품질보증, 형상관리, 일정관리 등의 계획과 관련 기술자료를 제안하는 문서를 말한다.

43. 제안요청서(Request For Proposal : RFP)

구매대상 무기체계의 시험평가 또는 무기체계 연구개발 위한 주관기관 선정을 위하여 관련업체의 기술자료, 공급(연구개발)계획, 일정 등의 제안을 요구하는 문서를 말한다.

44. 조립생산

기술도입생산의 한 형태로서 외국과 계약에 의하여 부품이나 구성품을 도입하여 이를 국내 기술진이 조립하여 생산하는 것을 말하며, 조립하는 구성품 단위에 따라 완전 조립생산과 부분 조립생

산으로 구분한다.

45. 조립수준 부호 (Indenture Code)

체계에 대하여는 'A', 체계구성품은 'B', 조립체는 'C', 하부조립체는 'D'와 같이 체계 혹은 완제품, 구성품, 조립체 및 하부조립체에 대하여 하향식 조립계통도 상의 각 품목 간 관계를 나타내는 부호이다.

46. 종합군수지원 (ILS : Integrated Logistics Support)

장비의 효율적이고 경제적인 군수지원을 보장하기 위하여 소요제기 시부터 설계·개발·획득·운용 및 폐기 시까지 전 과정에 걸쳐 제반 군수지원요소를 종합적으로 관리하는 활동이다.

47. 종합군수지원계획서 (ILS-P : Integrated Logistics Support Plan)

종합군수지원 업무수행과 체계적인 관리를 위한 전반적인 계획문서로서, 종합군수지원요소, 획득단계별로 달성해야할 업무, 주관 및 관련부서별 임무, 임무달성을 위한 세부 일정 계획과 예산, 시험평가 및 군수지원분석 계획 등이 포함된다.

48. 주계약 업체

주계약 대상업체 중 개발능력 및 생산여건을 비교하여 정부가 최적격업체로 결정한 업체로서 지정된 무기체계의 개발 및 생산과 관련한 정부와의 계약에 대한 이행의 책임이 있으며, 구성품 협력업체의 개발 및 생산을 관리하고, 설계, 시제품 제작, 공정설정 및 기술자료 작성의 책임을 지는 업체를 말한다.

49. 주계약 대상업체

방산물자를 정부관리 업체주도로 연구개발 또는 기술도입 생산하는데 참여할 수 있는 능력을 갖춘 업체로서, 방산물자와 방산업체의 전문화 및 계열화규정에 의하여 선정된 전문화 업체를 원칙으로 한다.

50. 주특기 숙련 수준부호 (Skill Level Code)

가. 해당 주특기의 숙련수준을 나타내는 한자리 부호

(초급 Basic : B, 중급 Intermediate : I, 고급 Advanced : A)

나. 주특기 평가부호

(적합 : A, 수정 필요 : M, 신규 주특기 필요 : E)

51. 주유명령서(Lubrication Order, LO)

주유명령서란 반드시 주유를 하도록 지시하는 명령서를 말하며 이에는 장비의 주유개소, 주유량, 윤활유의 종류 등이 명시되어 장비별로 발행된다.

52. 중요도부호

가. CC (Criticality Code)

허용 오차, 조립 제한사항, 적용, 핵 방호성 혹은 품목의 식별에 영향을 미치는 특성들로 인해

품목이 기술적으로 중요한지를 나타내는 부호

나. EC (Essentiality Code)

부품의 고장이 완제품 운용에 미치는 영향을 나타내는 부호

53. 직구매

무기체계 국외 도입방법 중 하나로서, 국외에서 개발 생산된 무기체계를 완제품 형태로 구매하는 것을 말하며, 구매형태에 따라 대정부간 구매 및 상업구매로 구분한다.

54. 직접지원 정비(F : Field, Direct Support, 3계단 정비)

주요 구성품별 수리교육을 받은 정비병이 수행할 수 있는 정비로서 사용 불가능 구성품 및 결합체 교환, 수리 또는 지시된 수리작업을 행한다.

55. 진화적 획득

선진획득개념의 하나로 완벽한 체계를 장기간 개발하기보다, 시차별 소요제기로 사용 가능한 체계를 조기에 개발하고 새로운 첨단기술을 체계에 적용하기 위한 것으로 점증적 개발과 나선형 개발 전략으로 구분한다.

56. 집행

집행승인된 세부사업과 과목별 예산 또는 국회심의 의결로 성립된 당해연도 국방예산 각목명세서에 의한 예산배정과 계약, 계약대금지출, 납품 및 준공, 정산까지의 전 과정을 말하며, 협의의 집행은 계약 및 대금지출(정산)까지를 말한다.

57. 집행 잔액

승인예산 중 계약 및 예산집행과정에서 발생한 차액을 말하며, 계약잔액과 지출잔액으로 구분한다.

가. 계약잔액 : 승인액과 계약액의 차액

나. 지출잔액 : 계약액과 지출액의 차액

58. 집행준비

집행준비란 사업별 세부내용과 예산을 가격조사, 협상, 기종결정 및 도입방법결정 등을 거쳐 사업승인건의서 작성, 건의, 국방부 검토, 조정 및 방위력개선사업추진위원회(이하 "방위력개선위"라 한다) 심의 후 최종결재권자가 사업승인 결재하기 전까지의 과정을 말한다.

ㅊ

1. 창정비 작업요구서(Depot Maintenance Work Requirement, DMWR)

창정비 작업요구서란 부분품, 결합체, 구성품, 완제품 등에 대한 분해수리나 완전재생을 위한 작업소요를 수록한 교범을 말하며, 창정비계단 수행부서에서 활용한다.

2. **체계(System)**

주어진 임무유형과 운용형태를 수행하거나 지원할 수 있는 품목, 결합체(또는 세트), 숙련도, 그리고 기술이 합쳐진 구성체를 말한다. 한 완전한 시스템에는 그 시스템 본연의 운용 내지는 비운용 또는 지원환경에서 독자적으로 운용하는 데 소요되는 관련시설, 품목, 재료, 근무 및 인원 등이 포함된다.

3. **체계개발(Full Scale Development)**

설계 및 시제품을 제작하여 기술시험평가와 운용시험평가를 거쳐 양산예정인 무기체계를 개발하는 개발단계를 말한다.

4. **체계개발동의서(Letter of Agreement, LOA)**

무기체계 체계개발 착수시 연구개발을 관리하는 기관이 개발할 무기체계의 운영개념, 요구제원, 성능, 소요시기, 기술적 접근방법, 개발 일정계획 및 전력화지원요소와 비용분석 등에 대해 소요군의 의견을 고려하여 작성하고 소요군으로부터 동의를 받는 문서를 말한다.

5. **체계구조(SA : System Architecture)**

운용구조에 의하여 제시된 정보화소요를 충족시키기 위한 최적의 가용 기술을 적용한 결과로서, 모든 노드 (컴퓨터, 단말기, 교환기 등)의 구분 및 물리적 전개(배치), 각 노드에서 운용되는 응용체계 및 데이터의 분산, 노드간의 물리적 연결성 (통신망체계 등)을 명시한 것을 말한다.

6. **체계설계(System Design)**

방법, 절차 또는 기술의 조합을 조정하는 것으로서 조직화된 통일체를 형성하기 위해 규제된 상호작용에 의해 통일된다.

7. **체계설계검토 (SDR : System Design Review)**

예비설계검토 이후 설정된 체계 수준의 설계에 대하여 최적성, 추적 가능성, 상호 연관성, 완벽성 및 위험성 등을 평가 및 검토하는 절차이다. 체계가 복잡한 경우 개발단계에서 최초 검토하고, 구성품 단위로 구분 실시할 수 있다.

하드웨어, 소프트웨어, 설비, 인원, 초기 군수지원 고려사항에 대한 전반적인 체계요구사항(운용·유지·시험·교육 등)을 포함한다.

8. **체계 요구사항 검토 (SRR : System Requirement Review)**

체계 요구사항이 완벽하고 적절하게 식별 되었는지?, 사업관리자측과 계약자측이 체계 요구사항에 대한 완벽한 상호이해를 달성했는지?, 군수지원, 시험 및 배치, 양산 상의 계약조건 등에 관한 諸 요소 확인 및 검토 등을 실시한다. 실시 시기는 개념정립 단계나 시험 및 입증단계에서 체계수준의 기준 분석, 요구사항이 제기된 후 실시한다.

9. **체계통합(System Integration : SI)**

기업의 경영목표달성을 위해 정보시스템을 구축하는 종합서비스를 말한다. 하드웨어, 소프트웨어,

통신망, 전산인력 등의 전산자원을 일의 목적과 특성에 맞게 통합해 최적의 해결점을 제시하고 정보시스템을 개발·유지 보수하는 과정까지 포함하는 광범위한 개념이다.

10. 초도생산품

개발이 완료된 제품에 대하여 양산체계를 갖춘 생산설비에서 실용시제품과 동질의 물품이 생산되는가를 확인하기 위하여 양산에 앞서 처음으로 소량을 생산해 보는 제품을 말한다.

11. 초도시험평가

초도양산을 결정하기 위한 시험평가로 개발시험평가 항목과 운용시험평가 항목 중에서 초도양산 결정에 필수적으로 요구하는 항목만을 실시하는 평가를 말한다.

12. 초도양산

연구개발사업 또는 기술도입생산사업의 당해사업 계획물량 중 최초(초도)에 사업승인된 물량을 생산(양산)하는 것을 말한다.

13. 측정단위

특정 운용기간 혹은 사건 수의 측정단위를 식별하기 위한 한 자리의 부호이다.

통신단위	A	시간(Hours)	H	발수(Rounds)	R
주기(Cycle)	C	거리(Kilometer)	K	시동(Start)	S
일(Days)	D	착륙	K	월(Months)	T
비행시간	F	마일(Miles)	M	년(Years)	Y
분(Minutes)	G	운용시간	O	사출(Captapults)	B

14. 치명도 분석 (CA : Criticality Analysis)

고장유형 및 영향분석에서 식별된 고장유형 및 원인에 대하여 상대적인 치명도 값을 산출하여 위험도가 높은 품목을 선정, 설계에 반영하고 신뢰도 중심정비 분석, 업무부호 선정, 고장개소 확인, 고장배제절차 개발 및 정비교범의 항목 결정에 기초자료로 활용하는 분석행위를 말한다.

15. 최초운영능력(Initial Operational Capability, IOC) 확인

신규 획득되어 야전배치된 무기체계에 대하여 확정된 운영개념·요구운영능력의 달성정도 및 발전된 전력화 지원요소의 완전성을 확인·평가하는 것을 말한다.

ㅌ

1. 탐색개발(Exploratory Development)

선행연구로 도출된 체계개념에 대하여 부체계 또는 주요 구성품에 대한 위험분석, 기술 및 공학적 해석, 시뮬레이션을 실시하며, 핵심요소 기술연구와 필요시 1:1 모형을 제작하여 비교검토 후 체계개발단계로 전환할 수 있는 가능성을 확인하는 단계를 말한다.

2. 통합 사업관리팀

중기계획 및 예산요구, 사업내용과 예산사용계획을 구체화하고 소요결정 이후 선행연구단계에서부터 사업종결 시까지의 사업추진과 관련된 제반업무를 관리하는 주된 조직으로서 사업관리본부를 중심으로 편성되며, 사업추진 단계에 따라 초기 통합 사업관리팀, 통합 사업관리팀으로 구분하며, 사업 형태에 따라 달리 편성할 수 있다.

3. 통합시험평가(Combined Test & Evaluation)

시험평가 업무의 효율적인 수행을 위하여 개발시험평가와 운용시험평가를 하나의 통합된 내용 및 일정으로 계획하여 수행하는 시험평가로, 주로 개발시험평가와 운용시험평가를 단계적으로 수행하여 획득기간의 지연과 비용상승이 예상될 경우 실시한다.

4. 투자비

군사력 증강에 소요되는 총체적 개념의 제 비용으로서 각종 무기체계 획득비용, 전투력 발휘에 직접적으로 소요되는 장비·물자획득 비용, 전투 필수시설 및 연구개발 비용과 전력 발휘에 필요한 제반 패케지요소 비용 및 이와 연관된 초년도 운영유지비·용역비 등 비반복적인 비용을 포함한다.

5. 투자 소요의 종류

가. 기획소요

군사전략개념을 구현하기 위한 전력구조별 및 전장기능별 순수 요망소요로서 전시동원·부대확장 및 긴급 구매계획 발전에 필요한 기준이 된다.

나. 증강목표

가용재원, 상비전력 운영수준, 작전운용성 등을 고려하여 실제적으로 확보가 요망되는 소요로서 중기계획 수립에 기준이 된다.

다. 목표소요

소요전력 우선순위에 입각하여 대상기간중에 반영한 중기 군사력 건설소요를 말한다.

6. 투자 사업

군사력 건설과 유지에 필요한 무기체계, 장비, 물자를 획득하기 위해 국방 기획관리제도와 국방획득관리규정에 의거 추진하는 사업을 말한다.

7. 특정 조달품목

국제무역협정에서 양허한 품목을 "국가를 당사자로 하는 계약에 관한 법률 시행령 특례규정"에 따라 국제입찰계약으로 조달되는 품목(군수품)을 말한다.

8. 특정품목

기술적 난이도가 매우 높으며, 완성장비의 성능, 신뢰성, 내구성 등에 큰 영향을 주는 특수기능 품목으로서 완성장비에 준한 시험평가가 필요하며, 특수한 시험장비 및 시설이 필요한 품목을 말한다.

ㅍ

1. 편성

집단의 공동목표를 달성하기 위하여 필요한 인원, 물자, 시설, 예산 등을 유기적으로 결합하고 조화시키는 과정, 즉, 목적달성을 위하여 소정의 편제를 취하게 하는 것을 말하며, 통상 고정된 임무와 병력을 가진 부대에 적용되는 편성종별은 완전편성, 감소편성, 기간편성 및 해외파견 부대편성 등으로 구분한다.

2. 편제

부대 또는 기관의 임무수행에 적합하도록 하부조직에 대하여 임무 및 기능을 부여하고 부서 또는 부대를 편성하며 정원 및 장비의 책정과 지휘관계 등을 정하는 것으로써 평시체제와 전시편제로 구분한다.

3. 편제병력

편제표상에 편성된 병력으로 각군은 정원에서 부수병력을 감한 인원이며, 각군 예하의 부대 또는 기관의 경우는 정원 그 자체를 말한다.

4. 평균 고장간 운용시간 (MTBF : Mean Time Between Failure)

수리 가능한 품목의 신뢰성 특성치를 표현하는 단위로, 총운용시간을 총고장횟수로 나눈 평균값이다.

5. 평균 고장 간 사격발수 (MRBF : Mean Round Between Failure)

총 사격발수를 총 고장횟수로 나눈 값으로, 화포체계에 적용한다.

6. 평균 수리 시간 (MTTR : Mean Time To Failure)

수리 불가능한 장비에 대한 신뢰성 특성치의 하나로 수리활동의 업무빈도에 대한 신뢰성을 나타낸다. 이는 설계특성 및 정비성에 영향을 주고, 수리업무에 소요되는 총시간을 정비활동의 총 행위 수로 나눈 값이다.

7. 평균 고장 간 주행거리 (MKBF : Mean Kilometer Between Failure)

총 주행거리를 총 고장횟수로 나눈 값으로 정의되며, 엔진 및 변속기 등에 대한 고장률 값 산정 시 적용한다.

8. 표준장비(Standard Equipment)

표준장비의 구분은 아래와 같다.

가. 작전 요구성능을 충족시킬 수 있는 장비

나. 완제품으로 조달이 가능한 장비

다. 국방규격 제정 대상 장비

라. 상용장비중 군계통을 통하여 보급 및 정비유지가 되어야할 장비, 전투지원 및 전투근무지원에

직접 참여하는 장비 및 제대별 소요가 광범위한 장비

9. 표준 프로파일(Profile)

개발대상 무기체계의 특정한 기능 수행에 필요한 변수나 선택사항을 결정하는 것으로, 표준 프로파일은 체계 요구 사항을 구현하는 수단으로서 표준 구현의 핵심적인 역할을 한다. 무기체계는 국방정보체계기술구조를 토대로 한다.

10. 표준화(Standardization)

군수품의 조달·관리 및 유지를 경제적·효율적으로 수행하기 위하여 표준을 설정하고, 이를 활용하는 조직적 행위와 기술적 요구사항을 결정하는 규격 및 표준품목 등의 지정에 관한 제반활동을 말한다.

11. 품질관리(Quality Control, QC)

수요자의 요구에 맞는 품질의 제품을 경제적으로 만들어 내기 위한 모든 수단과 체계로서 제품결함을 예방 및 통제하는 관리기능을 말한다.

12. 품질보증(Quality Assurance, QA)

군수품 전 주기에 걸쳐 사용자 요구조건에 충족되도록 개발단계에서 품질을 설계하고, 생산단계에서 품질을 형성하며, 배치 및 운영단계에서 품질을 유지하는 데 있어서 신뢰감을 확보하기 위하여 계획되고 조직된 모든 활동의 총체를 말하며, 협의로는 생산단계에서 설계품질을 형성하는 과정에 대한 계획검토·절차평가·확인검사 및 시정조치 등을 포함한 정부의 제반활동을 말한다.

13. 품질보증 보충규정(Supplementary Quality Assurance Provisions, SQAP)

품질보증 보충규정은 품질보증자료의 일부분으로 품질보증을 위하여 검사하여야 할 개소를 지정하고 그 검사 특성 및 방법과 합격품질 수준을 명시하는 것을 말하며, 이는 기술자료묶음에 포함된다.

14. 필수부호 (Essentiality Code)

부품 고장이 「완제품의 의도된 기능」에 미치는 영향을 나타내는 부호이다.

가. 1 : 분석대상 부품의 고장이 완제품을 운용 불가능하게 할 경우

나. 3 : 분석대상 부품의 고장이 완제품을 운용 불가능하게 하지 않을 경우

다. 5 : 분석대상 부품의 고장에 부호 “1” 을 부여할 수 없으나 운용자의 안전을 위해 부호 “1”과 동등하게 취급할 경우

라. 6 : 고장에 부호 “1” 을 부여할 수 없으나 법률적, 기후적 혹은 운용환경 등 특수한 타 조건에 의해 부호 “1”과 동등 하게 취급할 경우

마. 7 : 고장에 부호 “1” 을 부여할 수 없으나 완제품 운용 효과도의 감손 혹은 일시적 저하 방지하기 위하여 요구될 경우

ㅎ

1. 하도급

도급계약에 있어 수급인이 자기가 인수한 일의 완성을 다시 제3자에게 도급시키는 것으로 보통 하청이라고 하고 그 하청을 받은 자를 하청인 또는 하수급인이라 한다. 도급은 일의 완성이 목적이므로 하도급이 허용되고 있으나 법률 또는 계약에 의거 이를 금지하는 경우도 많다. 건설업법은 일괄 하도급을 원칙으로 금지하고 있다. 하청인은 법률상 이행보조자이므로 그 행위에 대하여서는 수급인이 책임을 진다.

2. 하도급계약 또는 기술지원협정서(Technical Assistance Agreement, TAA)

국외업체와 국내업체간에 절충교역을 이행하기 위하여 기술을 제공받아 특정 제품을 생산 또는 기술이전에 따른 내용 및 조건을 명시한 문서를 말한다.

3. 하자품

군수품의 치수, 재질, 성능 및 시험방법에 의한 품질정도가 기술자료에서 규정한 수치나 수준에 미달되어 계약조건을 충족하지 못하는 품목을 말한다.

4. 하자처리

하자품이 발생하였을 때 보고절차, 보고된 하자품의 기술조사와 분석, 군재산권 복구를 위한 요구 및 이행상태의 감독과 행정정리 일련의 과정을 총칭한다.

하자품이란 군수품의 치수, 재질, 성능, 및 시험방법에 대한 품질보증도가 기술자료에서 규정한 수치나 수준에 미달되어 계약조건을 충족하지 못하는 품목을 말하며 하자의 종류는 다음과 같다.

가. 보급원 하자(공급자 하자)

도착된 화물의 포장이 완전하고, 취급상 결함이 없는 경우로서 물자 적송 이전 보급원에서 발생한 하자로서 아래와 같은 유형이 있다.

1) 파손 : 보급원측의 불성실한 포장방법에 기인하여 발생한 하자
2) 부족 : 적송송장에 명시된 수량보다 적은 경우로서 물자인도상에는 부족증거가 없었으나, 개봉하여 내용품 검사에서 발견된 부족품
3) 초과 : 청구 및 송장상의 수량보다 초과 수입된 것 및 이전 적송한 품목과 완전히 부합되는 이중 적송품
4) 행선지 착오 선적 : 착지 착오로 오송된 화물
5) 이종품: 계약상의(청구)품목과 실제 인수한 품목이 상이한 품목
6) 불완전품 : 구성품중 일부가 부족한 "내용부족", 외부상으로는 이상이 없으나 작동되지 않는 상태의 "작동불가", 작동은 되나 의도한 기능이 발휘되지 않는 "성능미달" 및 시효만료 품목
7) 식별 불가품 : 적송 통보된 물자를 확인한 결과 어떤 물자인지 확인이 불가능한 품목

8) 미수령하자 : 사전 불출통보(AS-1) 혹은 선적서류(BL) 접수 120일 경과후까지 도착하지 않은 미수령품, 지불요구서의 부정확 또는 누락, 보급서류의 불완전 또는 망실에 의한 미수령품목 등

9) 중고품 : 계약상에는 신품으로 되어 있으나, 중고품으로 선적된 품목

10) 잠재적하자 : 군에 납품한 이후에 발견된 물품의 흠이나 결함

11) 포장내 불량하자 : 물품을 수령 입고후 포장내에서 부족, 훼손, 이종품 발생 또는 제조된 품목의 잠재적 결함 등이 발생한 것

나. 수송하자

보급원(공급자)의 귀책사유가 아닌 운송업체의 귀책사유로 인해 수송중 발생한 하자로서 수량부족, 파손, 훼손 및 이종품 등과 같이 송장과 상이한 상태를 말한다.

5. 한도액 계약(Basic Ordering Agreement, BOA)

계약형태의 하나로서 항공기, 함정 및 전차 수리부속의 부족으로 작전불능상태에 있는 것을 신속히 해소하기 위하여 계약금액만을 한정한 계약을 장비 제작회사와 체결하고 소요발생시 소요군의 청구에 따라 수령을 허용하며, 대금은 신용장에서 결재토록 약정하는 계약의 형태를 말한다.

6. 합격 품질수준(Acceptable Quality Level, AQL)

샘플링검사를 실시하는데 있어서 만족하다고 판단되는 불량률 또는 결점

7. 합동군사전략목표기획서(JSOP : Joint Strategy Objective Plan)

국방목표 달성과 군사전략 수행을 위한 중·장기 군사력 건설소요, 부대기획소요 및 소요의 우선순위를 제시하는 문서로서 국방연구개발기획서 및 국방중기계획 수립에 필요한 근거를 제공하며, 매년 국방정보판단서, 국방기본정책서, 합동군사전략서 및 합동전장운영개념 등을 기초로 중기(F+3∼F+7년)와 장기(F+8∼F+17년)로 구분하여 작성된 기획문서를 말한다.

8. 합동군사전략서(JMS : Joint Military Strategy)

국가 및 국방목표 달성을 위한 군사전략과 군사력 건설방향이 제시된 문서로서 합동군사전략목표기획서(JSOP), 국방연구개발계획서 및 국방중기계획서 작성에 기초자료를 제시하며, 매3년주기로 국가안보전략서, 국방정보판단서 및 국방기본정책서 등을 기초로 중·장기 대상기간(F+3∼F+17년) 동안의 군사전략 목표 및 개념, 군사력 건설방향 등이 제시된 기획문서

9. 합동성(Jointness)

미래 전장 양상에 부합한 합동개념을 발전시키고, 이를 구현하기 위한 군사력을 건설하며, 각군(육·해·공·해병)의 전력을 효과적으로 통합 발휘시킴으로써, 전투력의 상승효과(Synergy Effects)를 극대화시켜 전승을 보장하는 것

10. 합동실험(Joint Experimentation)

미래합동작전능력에서 커다란 진전을 달성하는데 필요한 보다 부가가치 있는 전투발전요소(교리, 조직, 훈련, 물자, 리더십, 인력, 정책, 설비 등)의 변경사항을 식별, 추천하기 위해 개념을 수집,

개발, 탐구하는 반복적인 과정이다.

11. 합의각서(Memorandum Of Understanding, MOU)

국외업체와 각급기관 및 국내업체간에 절충교역과 관련하여 상호간의 권리, 의무에 관한 사항을 명시한 문서이다.

12. 핵심기술

무기체계 또는 비무기체계의 국내개발 또는 생산에 필요한 고도·첨단기술 및 이러한 기술들이 집약되어 생산되는 중요부품으로서 국내생산을 위한 관건이 되며, 선진외국에서 기 개발되어도 기술이전이나 판매를 회피하는 사항 또는 새로운 기술을 말한다.

13. 핵심기술연구개발

무기체계 또는 비무기체계의 국내개발 또는 생산에 필요한 고도·첨단 기술을 연구 및 개발하는 활동으로 기초연구, 응용연구, 시험개발의 단계를 거쳐 이루어진다.

14. 행정 및 군수지연시간 (ALDT : Administrative and Logistic Delay Time)

전·평시에 분석대상 품목이 행정처리 및 군수지연 때문에 체계 및 장비를 정비지연으로 운용할 수 없는 총시간을 "일" 단위로 산정하여 기술한다.

15. 협력업체

주계약업체가 생산하는 무기체계의 구성품 또는 부품생산과 관련하여 주계약 업체와의 계약에 대한 이행책임이 있는 업체를 말하며, 방산물자와 방산업체의 전문화 및 계열화 규정에 의하여 선정된 계열화 업체를 원칙으로 한다.

16. 형상관리(CM : Configuration Management)

품목의 기능적 또는 물리적 특성을 식별하여 문서화하고, 그 특성에 대한 변경 통제 및 형상식별서(도면·규격서 등)와 제품의 합치여부를 점검하며, 승인된 형상변경의 이행현황 등 필요한 정보를 기록·유지하는 활동을 말한다.

17. 형상식별서(Configuration Identification)

품목에 대하여 각 순기 단계별 기능적, 물리적 특성을 식별하여 규격서, 도면 및 부품목록 등 기술자료를 말한다.

18. 형상통제(Configuration Control)

형상식별서가 승인된 후 발생되는 형상품목의 형상변경에 관하여 평가·협조·변경제안의 승인·기각 및 승인된 변경사항의 이행 등을 말한다.

19. 호환성

가. Interchangeability의 의미로 사용되는 경우에는 서로 교환될 수 있는 성질을 말하며, 제품에 따라 치수상(규격상)의 호환성과 성능상의 호환성으로 구분되며, 제품의 표준화를 통하여 호환성을 높일 수 있다.

나. Compatibility의 의미로 사용되는 경우에는 동일체계·환경속에서 상호 간섭 없이 장비, 구성품 및 품목들이 독자적으로 기능을 수행할 수 있는 능력을 말한다.

20. 혼성장비

독립적으로는 장비로 분류되는 2개 이상의 장비가 상호 결합되어 독자적인 장비명 또는 제형을 가지고 기능을 발휘하는 복합체로써 주장비와 보조장비부분으로 구분하며 장비수불은 주장비 기능에서 한다.

21. 환경시험(Environmental Test)

이 시험은 한 품목 또는 무기체계의 자료묶음에 명시된 성능특성을 근거로 하여 환경이 이 장비에 미치는 영향을 알기 위한 시험이다. 모의환경시설이나 야외시험시설에서 개발품목이나 무기체계를 통상 시험하며, 기술시험·운영시험과 동시에 실시하거나 또는 운용시험 후 실시하기도 한다. 이 시험은 통상 생산배치 결정을 검토하기 이전에 실시하게 된다.

22. 획득 (Acquisition)

사용자를 위하여 무기체계 및 비무기체계를 개발, 생산, 공급하는 제반노력의 집약적인 뜻으로 사용하는 용어이다. 획득은 개념 형성단계로부터 운용자에게 최종 제품이 공급될 때까지의 활동이다. 야전부대가 임무수행을 위해 보급된 무기체계를 운용하는 활동은 여기에 포함 되지 않는다.

23 획득방법 부호 (AMC : Acquisition Method Code)

품목의 획득방법(수의계약, 경쟁입찰 등) 검토결과를 기술하기 위하여 정부기관(소요군 또는 재고통제기관)이 부여한 부호를 말한다.

24. 후속양산

연구개발사업 또는 기술도입생산 사업의 당해 사업의 계획물량 중 초도양산 이후에 사업 승인된 물량을 생산(양산)하는 것을 말한다.

25. 후속 보급장비

후속보급장비란 군 또는 기관에서 도입 및 운용실적이 있는 장비중 초도보급 이후에 보급되는 장비로서 전력화계획이 2년이상 계획되어 있는 장비 중 전력화계획 2차년도 이상부터 종료시까지 보급되는 장비를 말한다.

26. 희소장비

동종 모델장비로 전군보유 10대 미만 장비를 말하며 이는 현행 정비체제에 의거 정비시 비경제적인 장비에 속한다.

27. F년도(Fiscal Year)

모든 관리활동을 수행하는 “현재연도”로서 지침하달, 계획수립 및 문서 발간시 적용하는 대상기간을 표시하기 위하여 사용된다.

2 ILS 약어

A

Aa	(Achieved Availability) 성취가용도
AAL	(Additional Authorized List) 추가인가 목록
ADD	(Agency for Defence Development) 국방과학연구소
ADP	(Automatic Data Processing) 자동자료 처리
AIC	(Allowance Item Code) 인가품목 부호
AID	(Adapter Inter connector Device) 어댑터 연결장치
Ai	(Inherent Availability) 고유가용도
ALC	(Alternate LSA Code) 대체부호
ALDT	(Administrative and Logistic Delay Time) 행정 및 군수지연시간
AMC	(Acquisition Method Code) 획득방법 부호
AMSC	(Acquisition Method Suffix Code) 획득방법 접미 부호
Ao	(Operational Availability) 운용가용도
AOR	(Annual Operating Requirements) 연간운용소요
ARN	(Additional Reference Number) 추가 참조번호
AS	(After-Service) 사후관리
ASL	(Authorized Stockage List) 인가저장목록
AT	(Alert Time) 경계시간
ATE	(Automatic Test Equipment) 자동시험장비
ATP	(Acceptance Test Procedure) 수락검사 절차서

B

BCC (Battery Control Computer) 포대제어기
BCM (Beyond Capability of Maintenance) 정비능력초과
BDSR (Below Depot Scrap Rate) 창 미만 폐기율
BII (Basic Issue Item) 기본불출품목
BIT (Built-In Test) 자체 시험
BITE (Built-In Test Equipment) 자체 시험장비
BOM (Bill of Material) 세부부품목록
BSM (Basic Sustainment Material) 기본소모물자
BTCS (Battalion Tactical Command System) 대대전술 명령체계

C

C (Crew) 사용자 정비 (1계단)
CA (Criticality Analysis) 치명도 분석
CALS (Continuous Acquisition & Life-Cycle Support) 수명주기간 지속 지원 및 획득
CAGE (Commercial and Government Entity Code) 정부 및 업체등록 부호
CBIL (Common and Bulk Item List) 공통 및 소포장품목
CC (Criticality Code) 중요도 부호
CDR (Critical Design Review) 상세 설계검토
CFE (Contractor Furnished Equipment) 계약자 인도장비
CIC (Critical Item Code) 치명 부품 부호
CIMMS (Computer Integrated Maintenance Management System) 종합 정비관리 시스템
CLS (Contract Logistic Support) 계약자 군수지원
CM (Configuration Management) 형상관리
CMRS (Calibration and Measurement Requirement Summary) 교정 및 측정 소요요약
CN (Contract Number) 계약번호
COEI (Component Of End Items) 완성품의 구성품
COEA (Cost and Operational Effectiveness Analysis) 비용 대 효과분석
CONFAC (Conversion Factor)변환계수
CPC (Concurrent Production Code) 불출 동시생산 부호
Cr (Item Criticality Number) 품목 치명도 값
CSP (Concurrent Spare Parts) 동시조달 수리부속

CTIC (Contract Technical Information Code) 계약자 기술정보 부호
CTDT (Contact Team Delay Time) 이동정비반 지연시간

D

D (Depot) 창정비(5계단)
DAIS (Defence Ammunition Information System) 국방 탄약정보체계
DDCC (Design Data Category Code) 설계자료 분류 부호
DED (Data Element Definition) 자료항목 설명
DELIIS (Defence Logistics Integrated Information System) 장비정비 정보체계
DIC (Document Identifier Code) 문서 식별 부호
DID (Data Item Description) 자료항목 설명
DEP (Draft Equipment Publication) 초안교범
DMIL(=DC) (Demilitarization Code) 비군사화 부호
DMWR (Depot Maintenance Work Requirement) 창정비 작업요구서
DSR (Depot Scrap Rate) 창 폐기율
DT (Development Test) 기술시험
DWG (Drawing) 도면

E

E (End Item) 완제품
EC (Essentiality Code) 필수성 부호
ECP (Engineering Change Proposal) 설계변경 제안
EI (End Item) 완성품
EIAC (End Item Acronym Code) 완제품 약어 부호
EPRD (Electronic Parts Reliability Data) 전자부품 신뢰도 자료
ESML (Expendable Supplies and Material List) 소모성 보급품 및 물자목록
ETIL (Equipment of Troop Installation List) 부대설치 목록

F

F (Field) 야전정비(3계단)부대
FDEP (Final Draft Equipment Publication) 최종 초안교범
FD/SC (Failure Definition & Scoring Criteria) 고장정의 및 판단기준서

FEDC (Field Exercise Data Collection) 전투(훈련)상황 중 발생된 자료 관리
FEP (Failure Effect Probability) 고장영향 확률(β)
FF (Failure Finding) 고장탐지
FGC (Functional Group Code) 기능그룹 부호
FMEA (Failure Modes and Effects Analysis) 고장유형 및 영향분석
FMECA (Failure Modes and Effects and Criticality Analysis) 고장유형, 영향 및 치명도 분석
FMC (Failure Mode Code) 고장유형 식별부호
FMI (Failure Modes Indenture) 고장유형 식별
FMR (Failure Mode Ratio) 고장유형비
FQR (Formal Quality Review) 공식 품질 검토
FRMS (Formation Resources Management System) 편성 자원관리 체계
FSCM (Federal Supply Code for Manufactures) 생산자 부호
FSC (Federal Supply-Classification) 물자분류
FSI (Functional Significant Item) 중요기능품목
FSD (Full Scale Development) 실용개발
FT (Fault Tree) 고장계통도
FTA (Fault Tree Analysis) 고장계통 분석
FTE (Factory Test Equipment) 공장 시험장비
FTR (Firepower Test Rig) 화력분야 시제

G

GBL (General Breakdown List) 총 부품목록
GS (General Support) 일반지원 정비

H

H (House) 야전정비(4계단)부대
HC (Hazardous Code) 위험부호
HCI (Hardness Critical Item) 화생방 방호품목
HSU (Hydropneumatic Suspension Unit) 유기압 현수장치
HT (Hard Time) 탈거로 인한 장비운용불가시간

I

IC	(Interchangeability Code) 교환성 부호
	(Indenture Code) 조립 수준 부호
i-CAST	(Intelligent Computer based Acquisition logistics Support Tool) 군수지원분석(LSA) 도구 SW 명칭
ICC	(Item Category Code) 품목 분류부호
ICL	(Interoperability Check List) 상호 운용성 점검목록
ICS	(Interim Contract Support) 잠정 계약자 지원
ID	(Interface Device) 연결장치
IDC	(Item Designator Code) 품목 명칭 부호
IETM	(Interactive Electronic Technical Manual) 전자기술교범
ILS	(Integrated Logistics Support) 종합군수지원
ILS-MT	(Integrated Logistics Support-Management Team) 종합군수지원 관리위원회
ILS-P	(Integrated Logistics Support-Plan) 종합군수지원계획서
IMC	(Item Management Code) 품목 관리 번호
IMF	(Inherent Maintenance Factor) 고유 정비계수
ISN	(Item Sequence Number) 목록품 일련번호
IRCC	(ILS Requirement Category Code) ILS 소요 분류 부호
IOC	(Initial Operational Capability) 최초운영능력
IPR	(Inter-Process Review) 중간평가
	(In-Process Review) 공정간 검토
IPT	(Integrated Product Team) 통합 사업관리 조직
IROAN	(Inspect & Repair Only As Necessary) 필수품목 검사 정비
ISIL	(Interim Support Items List) 잠정 지원품 목록
ISO	(International Standards Organization) 국제표준 규격
ITR	(Interim Test Report) 시험 수시보고서

J

JCL	(Job Control Language) 전산명령어 집합체
JSOP	(Joint Strategic Objectives Plan) 합동 군사전략목표기획서
JT&E	(Joint Test & Evaluation) 합동 시험 및 평가

K

KAIS (Korea defence Acquisition program IETM Software) 한국 국방획득사업 전자식 기술교범 작성용 표준 SW

KDIA (Korea defence Industry Association) 한국 방위산업진흥회

KFP (Korea Fighter Program) 한국 차세대 전투기사업

KIDA (Korea Institute Defence Analysis) 한국 국방 연구원

KIH (Kilometers In Hour) 시간당 운행속도(km/H)

KIL (Korea Industry Identification List) 한국 식별목록

KIP (Korea Industry Participation) 국내 참여업체

L

LAMIS (Logistics Support Analysis Management Information System) 군수지원분석 관리정보체계

LAY-OUT 시설배치설계

LCC (Life Cycle Cost) 수명주기 비용

(Logistic Control Code) 군수관리 통제부호

LCN (LSA Control Number) 군수지원분석 관리번호

LCN-IC (LCN Indenture Code) LCN 조립수준 부호

LCN-FT (LCN Family Tree) LCN 계통도

LDC (Logistic Data Check) 군수제원점검

LLTIL (Long Lead Time Items List) 장기 인도품 목록

LOA (Letter Of Agreement) 체계개발 동의서

(Letter of Offer and Acceptance) 청약 및 수락서

LOADERS (Logistics Support Analysis Data Entry and Retrieval System) 군수지원분석(LSA) 도구 SW 명칭

LOR (Letter of Request) 오파 요청서

LORA (Level of Repair Analysis) 수리수준 분석

LRI (LSAR Input) 군수지원분석 입력

LRU (Line Replaceable Unit) 현장 교환품목

LRW (LSA Record Write) 군수지원분석 기록보고서

LSA (Logistics Support Analysis) 군수지원분석

LSA-P (Logistics Support Analysis Plan) 군수지원분석 계획서

LSA-R (Logistics Support Analysis Record) 군수지원분석 보고서

M

MAC	(Maintenance Allocation Chart) 정비할당표
MAMDT	(Mean Active Maintenance Down-Time) 실질 정비당 평균소요시간
MAOT	(Maximum Allowable Operating Time) 최대 허용 운용시간
Max TTR	(Maximum Time To Repair) 최대 수리시간
MB	(Measurement Base) 측정단위
MEA	(Maintenance Engineering Analysis) 정비기술 분석
MDT	(Mean Down Time) 평균 불가동 시간
MF	(Maintenance Float) 정비대충장비
MFP	(Material Fielding Plan) 야전배치계획
MIL HDBK	(Military Handbook) 군용 핸드북
MIL SPEC	(Military Specification) 군용 규격
MHE	(Materials Handling Equipment) 물자 취급장비
MKBF	(Mean Kilometers Between Failure) 평균 고장간 거리
MMH/MA	(Mean Man Hours per Maintenance Action) 정비업무별 평균인시
MMH/OH	(Mean Man Hours per Operation Hours) 운용시간별 평균인시
MMI	(Man-Machine Interface) 운용자-장치 상호 연동
MOS	(Military Occupational Specialty) 군사 주특기
MP	(Mission Profile) 임무유형
MPC	(Mission Phase Code) 임무단계 부호
MPR	(Mid-Program Review) 중간 검토회의
MPTA	(Manpower, Personnel, and Training Analysis) 인력, 인원, 교육분석
MR	(Maintenance Ratio) 정비율
MRBF	(Mean Round Between Failures) 고장간 평균횟수
MRR	(Maintenance Replacement Rate) 정비 교체율
MRF	(Mission Reliability Factor) 임무 신뢰도 계수
MRT	(Mean Repair Time) 평균수리시간
MRU	(Minimum Replacement Unit) 최소 교체량
MTA	(Maintenance Task Analysis) 정비업무 분석
MTBF	(Mean Time Between Failure) 평균고장간시간
MTBM	(Mean Time Between Maintenance) 평균정비시간
MTBMIN	(MTBM Induction) 유발 MTBM
MTBMND	(MTBM No-Defect) 무결함 MTBM
MTBMA	(Mean Time Between Maintenance Action) 정비활동간 평균시간

MTBPM (Mean Time Between Preventive Maintenance) 예방정비간 평균시간
MTBR (Mean Time Between Replacement) 평균수리간시간
MTD (Maintenance Task Distribution) 정비업무 분포
MTR (Maneuver Test Rig) 기동시제
MTTR (Mean Time To Repair) 평균수리시간
MWO (Modification Work Order) 수정 작업지시서

N

NI (Nondevelopment Item) 비개발품목
NHA (Next Higher Assembly) 차상위 조립체
NI (Non Interchangeability) 호환 불가
NIIN (National Item Identification Number) 국가품목 식별부호
NOFF (Non-Operability, Fragility Factor) 비운용 취약성 인수
NPRD (Non-electronic Parts Reliability Data) 비전자 부품 신뢰도 자료
NSCM (National Supply Code for Manufactures) 생산자 부호
NSCM (National Supply Code for Manufactures) 생산자 부호
NSI (Non Significant Item) 비중요 품목
NSN (National Stock Number) 국가재고번호

O

O (Organization) 부대정비(2계단)
OASIS (Optimal Allocation of Spares Initial Support) 동시조달수리부속(CSP) 산정 프로그램
OC (On Condition) 주기 점검
OJT (On the Job Training) 실무교육
OM Level (Operations/Maintenance Level) 운용/정비계단
OMS/MP (Operational Mode Summary / Mission Profile) 운용형태종합 및 임무유형
ORLA (Optimum Repair-Level Analysis) 최적 수리수준 분석
OSAMM (Optimum Supply And Maintenance Model) 최적 정비 및 보급 정책 모델
OT (Operational Test) 운용시험
(Operational Time) 운용시간
OTP (Operational Test Program) 운용시험 프로그램

P

PCA	(Physical Configuration Audit) 물리적 형상 확인
PCCN	(Provisioning Contract Control Number) 보급계약 관리번호
PCL	(Post Conference List) 사후 협의 목록
PDEP	(Preliminary Draft Equipment Publication) 예비 초안교범
PDM	(Preliminary Development Model) 예비 개발모델
PDR	(Preliminary Design Review) 예비 설계검토
PERT	(Program Evaluation and Review Technique) 사업평가 및 검토기술
PGC	(Parameters Grouping Code) 인수 그룹 부호
PHS&T	(Packaging, Handling, Storage and Transportability) 포장, 취급, 저장, 수송
PIP	(Product Improvement Program) 성능개량
PL	(Prescribed Load) 규정 휴대량
PLCC	(Provisioning List Category Code) 보급분류 부호
PLISN	(Provisioning List Item Sequence Number) 보급제원목록 항목 일련번호
PLL	(Prescribed Load List) 규정 휴대량 목록
PLT	(Production Lead Time) 생산 소요시간
PM	(Preventive Maintenance) 예방정비
PM	(Planned Management) 사업 관리자
PMI	(Preventive Maintenance Inspection) 예방정비 검사
PMAC	(Preliminary Maintenance Allocation Chart) 예비 정비할당표
PMO	(Program Management Office) 사업관리자
PMCS	(Preventive Maintenance Checks and Services) 예방정비 점검 및 근무
PN	(Part Number) 부품번호
POL	(Petroleum, Oil and Lubricants) 석유, 오일, 윤활유
PPL	(Provisioning Parts List) 보급제원 부품목록
PPSL	(Program Parts Selection List) 계획 부품선정목록
PRO	(Pilot Rework/Overhaul) 완전분해수리 교체율
PTD	(Provisioning Technical Documentation) 보급 기술문서
PTDS	(Provisioning Technical Documentation Selection Code) 보급문서 선정부호
PTLD	(Physical Teardown Logistic Demonstration) 교범작성 및 실증

Q

QA	(Quality Assurance) 품질보증
QAR	(Quality Assurance Requirement) 품질보증 요구서
QC	(Quality Control) 품질관리
QPA	(Quantity Per Assembly) 조립체당 수량
QPEI	(Quantity Per End Item) 완성품당 수량
QQPRI	(Qualitative and Quantitative Personel Requirements Information) 인원소요자료

R

R&D	(Research and Development) 연구 및 개발
R&M	(Reliability and Maintenance) 신뢰도 및 정비도
RAM	(Reliability, Availability, Maintainability) 신뢰도, 가용도, 정비도
RAM–D	(Reliability, Availability, Maintainability Durability) 신뢰도, 가용도, 정비도 및 내구도
RAM–S	(Reliability, Availability, Maintainability Safety) 신뢰도, 가용도, 정비도 및 안전도
RBD	(Reliability Block Diagram) 신뢰도 블록선도
RCM	(Reliability-Centered Maintenance) 신뢰도 중심정비
RDC	(Reference Designation Code) 참조색인 번호
RFI	(Ready For Issue) 불출 준비품
RFP	(Request For Proposal) 제안요구서
RIL	(Repairable Item List) 수리가능 품목 목록
RIP	(Remain-In-Place indicator) 탈거후 즉시 교체품목 표시
RNCC	(Reference Number Category Code) 참조번호 범주부호
RNVC	(Reference Number Variation Code) 참조번호 분류부호
ROC	(Required Operational Capability) 작전운용성능
RPM	(Revolution Per Minute) 분당 회전 수
RPP	(Request for Pre-Proposal) 예비 제안요구서
RPSTL	(Repair Parts and Special Tools List) 수리부속품 및 특수공구목록
RRR	(Rework Removal Rate) 재작업 탈거율
RSR	(Repair Survival Rate) 수리 재생율
RTD	(Replacement Task Distribution) 교체업무 분포
RV	(Range/Value Code) 범위 및 값 부호

S

S	(System) 체계
SCC	(Significant Character Code) 주요특성 부호
SCPL	(System Configuration Provisioning List) 장비 형상 보급목록
SDC	(Sample Data Collection) 야전운용제원
SDR	(System Design Review) 시스템 설계 검토
SDRL	(Subcontract Data Requirements List) 하청계약 자료요구 목록
SE	(Support Equipment) 지원장비
SERD	(Support Equipment Recommendation Data) 지원장비 추천자료
SESAME	(Selective Essential Item Storage for Availability Method) 수리부속 소요산출 방법
SFPPL	(Short Form Provisioning Parts List) 단기 보급품 목록
SHSC	(Safety Hazard Severity Code) 위험도부호
SI	(System Improvement) 성능개선
SIC	(Suppression Indicator Code) 별도보급 표시부호
SIASCN	(Standard Interservice Agency Serial Control Number) 군기관 일련번호
SMCC	(Special Material Countent Code) 특수물자 부호
SMR	(Source, Maintenance and Recoverability Code) 근원, 정비, 복구성 부호
SMIC	(Special Maintenance Item Code) 특수 정비품목 부호
SL	(Shelf Life) 보존수명
SLAC	(Shelf Life Action Code) 보존수명 처리 부호
SLC	(Shelf Life Code) 보존수명 부호
S/N	(Stock Number) 저장번호
SPEC	(Specification) 규격서
SOLOMON	(SOftware for Logistics support analysis and data Management Of Next generation) 군수지원분석용 표준 소프트웨어
SPEC MKG	(Special Marking Code) 특수 표지 부호
SPI	(Special Packaging Instruction) 특수 포장 지침
SQAP	(Specification Quality Assurance Provisions) 품질보증 보충 규정
SRA	(Specialized Repair Activity) 전문 수리기관
SRO	(System Readiness Objective) 체계 준비도 목표
SRR	(System Requirements Review) 체계 요구분석
SRU	(Shop Replacement Unit) 공장교환 품목(모듈)

SSC	(Skill Specialty Code) 주특기 부호
SSI	(Structural Significant Item) 중요구조 품목
SSR	(Software Specification Review) 소프트웨어 규격서 검토
ST	(Stand-by Time) 가동 대기시간
STE	(Special Test Equipment) 특수 시험장비
STS	(System Technical Support) 장비 기술지원
ST/TE	(Special Tools and Equipment) 특수공구 및 시험장비

T

TAC	(Task Adequacy Check) 임무 적합성 점검
TAMMS	(The Army Maintenance Management System) 정비기록관리 제도
TAR	(Test Accuracy Ratio) 허용오차 비율
TB	(Technical Bulletin) 기술회보
TBD	(To Be Determine) 추후 결정
TC	(Task Criticality) 업무주요도
	(Task Code) 업무부호
TDP	(Technical Data Package) 기술자료 묶음
TDT	(Total Down Time) 총 작동 불가능시간
TF	(Task Frequency) 정비업무 빈도
TIC	(Total Item Changes) 총 변경 횟수
TM	(Technical Manual) 기술교범
	(Two Modification) 수정 후 호환 가능
TMC	(Technical Manual Code) 기술교범 부호
TMCN	(Technical Manual Change Number) 기술교범 변경번호
TMDE	(Test, Measurement and Diagnostic Equipment) 시험, 측정 및 진단장비
TMIC	(Technical Manual Indenture Code) 기술교범 조립수준 부호
TMT	(Total Maintenance Time) 총 정비시간
TOCC	(Type of Change Code) 변경 형태 부호
TM FGC	(Technical Manual Functional Group Code) 기술교범 기능그룹 부호
TOE	(Table of Organization and Equipment)편성 및 장비목록
TPI	(Test Program Indicator) 시험 프로그램 지침
TPM	(Technical Performance Measurement) 기술성능 측정

TPS	(Test Program Set) 시험 프로그램 세트
TRC	(Training Recommendation Code) 훈련 추천 부호
TRD	(Test Requirement Document) 시험요구 문서
TRR	(Test Readiness Review) 시험준비 검토
TSC	(Text Sequencing Code) 문장 순서 부호
TT	(Total Time) 총시간
TTEL	(Tools and Test Equipment List) 공구 및 시험장비 목록
TUC	(Type of Unit of Measure/Issue Price Code) 불출단가 선정 형태 부호
TUT	(Total Up Time) 총가동시간
TW	(Two Way) 호환가능

U

UI	(Unit of Issue) 불출단위
UM	(Unit of Measurement) 측정단위
UNIT CONT	(Unit Container Code) 단위용기 부호
UOC	(Usable On Code) 사용성 부호
UUT	(Unit Under Test) 시험중 품목

W

WBS	(Work Breakdown Structure) 체계분석 구조
WISEMEN	(Weapon System Information Integration for System Engineering) 무기체계 연구개발 정보화 체계 명칭
WUC	(Work Unit Code) 작업 단위 부호

기타

α	(Failure Mode Ratio) 고장유형비
β	(Failure Effect Probability) 고장영향 확률
λ	(Failure Ratio) 고장률
3M	(Maintenance, Material Management system) 미해군 SDC 정비 정보관리체계

■ 저자 약력

김 문 조 : (예) 준장

- 육사 31기 임관
- 육본 정비계획 과장, 정비처장
- 제1야전군 군수처장
- 합참 군수부장
- 제3 군수지원 사령관
- 배제대 초빙교수 역임
- 경기공대 겸임교수 역임
- 현재 경민대 효충사관과 교수

김 백 현 : 서기관

- 3사 10기 임관
- 육군 군수관리학교 전략군수학처장
- 한양대학교 경영대학원 생산관리 석사
- 국방대학교 무기체계 사업관리 기본과정 ILS 관리 초빙강사 역임
- 육군 종합군수학교 ILS 담당교수 역임

〈주요저서 및 논문〉

· 북과군 후방지원('93)
· 전투력복원('94)
· 종합군수지원 발전방향('06)
☞ E-mail: k510769@hanmail.net/cp 011-741-8950

전 종 순 : 대령(현역)

- 육사 36기 임관
- 육군 교육사령부 ILS 처장
- 육군본부 전투발전단 전력화지원 과장
- 합동 참모대학 교수(전력기획/전력화지원 담당)
- 미 군수관리대(ALMG) 군수행정개발 과정 수료
- 미 해군대학원 국제국방관리 과정 수료

〈주요저서 및 논문〉

· 무기체계 신뢰성 향상을 위한 OMS/MP 작성방안(2006)
· 미 육군의 ILS 규정 개정과 시사점(2006)
· 미군의 TLCSM/PBL제도와 시사점(2006)
· 성과기반군수(PBL)의 한국군 수용방안(2009년)
· QDR 2010을 통해 본 미 국방인력 규모 · 구조의 변화
「국방 민간인력과 인소싱(In-sourcing)의 확대」(2010)

무기체계획득 & 종합군수지원(ILS)

초판 인쇄 2011년 3월 25일
초판 발행 2011년 3월 30일

저 자 김문조·김백현·전종순
발행자 신 소 연
발행소 양 서 각

저자와의
협의 하에
인지 생략

주소 : 서울시 도봉구 쌍문2동 716-27
전화 : 02) 991-6234~5
FAX : 02) 6007-1693
등록 : 1992년 4월 30일 제3-412호

ISBN 978-89-5568-333-2-93390 **[정가 28,000원]**